DIE SÄUGLINGSERNÄHRUNG

EINE ANLEITUNG FÜR ÄRZTE UND STUDIERENDE

VON

L. F. MEYER UND **E. NASSAU**

PROFESSOR DER KINDERHEILKUNDE,
DIRIGIERENDER ARZT AM WAISENHAUS
UND KINDERASYL DER STADT BERLIN

LEITENDER ARZT DER KURSTÄTTE
FÜR RACHITISCHE KINDER DER
STADT BERLIN

MIT 85 ABBILDUNGEN IM TEXT

MÜNCHEN

VERLAG VON J. F. BERGMANN

1930

ISBN-13: 978-3-642-98402-0   e-ISBN-13: 978-3-642-99214-8
DOI: 10. 1007/978-3-642-99214-8

HEINRICH FINKELSTEIN
ZUGEEIGNET

Vorwort.

Der Ausbau der Ernährungslehre des Säuglings ist heute in bezug auf die Praxis in wesentlichen Zügen vollendet, wenn auch theoretisch noch vieles der Erforschung harrt. Dieses Ziel wurde durch eine nie ruhende, mühsame Forschungsarbeit erreicht, deren Hauptanteil in den letzten 30—40 Jahren geleistet wurde. Es ist nicht zu erwarten, dass der Weg bis zu diesem Punkt geradlinig verlaufen ist. Die verschiedenen Arten der aufeinanderfolgenden Epochen haben ihm ihre Merkmale aufgeprägt, und die Wesensart der Meister die ihn bauten, sind auch heute noch erkennbar. Letzten Endes fügte sich aber auch das anfänglich Auseinanderstrebende und Disharmonische zu einem einheitlichen Werk, das sich für den praktischen Gebrauch heute einfacher und übersichtlicher erweist als in manchen Zeiten des Werdens möglich schien. Wenn daher im Folgenden versucht wird, einen Führer auf diesem Weg zu geben, so geziemt es sich, einleitend dankbar der Wegebauer zu gedenken, die richtunggebend gewirkt haben: Heubner, Escherich, Czerny, Finkelstein.

Noch immer bleibt das Kapitel der Ernährungsstörungen für Autor und Leser gleich schwierig. Für den Autor deshalb, weil das Leben immer wieder Verlaufsarten hervorbringt, die in keine Systematik zu zwängen sind; für den Leser, weil die Ernährungsstörungen und die Nährschäden jener scharfen Symptomatik entbehren, die in der Krankheitslehre sonst das Verständnis so erleichtert.

Wenn unsere Darstellung imstande wäre, den Leser bei seiner praktischen Arbeit auf diesem Gebiet zu führen und zu fördern, dann wäre ein Hauptzweck unseres Buches erfüllt.

Berlin, im Dezember 1929.

L. F. Meyer. Erich Nassau.

Inhaltsverzeichnis.

Erster Teil.

Physiologie der Säuglingsernährung.

Zweiter Teil.

Pathologie der Säuglingsernährung.

Physiologie der Säuglingsernährung.

A. Die Entwicklung des gesunden Säuglings.

Mehr als irgend ein anderes Sondergebiet der Medizin ist die Kinderheilkunde eine Lehre von der Krankheitsverhütung geworden. Das gilt ganz besonders für das Kapitel von der Ernährung des Säuglings. Das Streben der Pädiatrie geht letzten Endes nicht dahin, etwaige Krankheiten und Störungen der Entwicklung zu heilen, sondern sie zu verhüten. Vieles ist durch diese zielbewusste Berücksichtigung der Prophylaxe in den letzten Jahren erreicht worden. Die sich von Jahr zu Jahr verringernde Säuglingssterblichkeit ist ein objektiver, zahlenmäßiger Beweis für den Erfolg.

Mit geschultem und geschärftem Auge muss daher der Kinderarzt den normalen Gang der Entwicklung verfolgen, um die frühsten und feinsten Abweichungen vom Normalen wahrzunehmen und in ihren ersten Anfängen wieder auszugleichen.

In dem Worte „normale Entwicklung" ist die wichtige Vorstellung festgelegt, dass das Gesetz, nach dem ein Individuum angetreten ist und auf seinem Lebenspfade weiter marschiert, in gewisser Weise fixiert ist. Die Konstellation der Erbfaktoren entscheidet in erster Linie über die Zukunft. Alles, was sich entwickelt, muss von Anfang an gegeben sein, oder, wie man sagt, „die prospektive Potenz in der Entwicklung" ist bestimmt. Äussere Reize jeglicher Art von mäßiger Stärke vermögen die dem Individuum eigene Richtung der Entwicklung nicht abzubiegen. Bei richtiger Pflege und quantitativ und qualitativ zweckmäßiger Ernährung vollzieht sich die Entfaltung der Anlagen unter der Herrschaft des Wachstumstriebes bis zu seiner vorbestimmten Höhe. Von aussen her lässt sich an dem Resultat der Entwicklung, wie es aus der — durch Rasse und Familie bestimmten — Anlage heraus erwächst, daher wenig bessern. Dagegen lässt sich aber um so mehr hemmen, schädigen und zerstören. Daher muss es die Sorge des Arztes sein, vom wachsenden Säugling alle schädlichen stärkeren Reize fernzuhalten, damit die naturgegebene und naturgewollte Entwicklung sich störungslos vollzieht.

I. Das Wachstum.

Der Wachstumstrieb regt die Neubildung protoplasmatischen Gewebes an unter Erhaltung der gesamten lebenden Substanz durch Ersatz des Absterbenden. Seine Leistungsfähigkeit ist in bezug auf die klinisch feststellbare Massenzunahme an lebender Substanz auf einen bestimmten Lebensabschnitt begrenzt, während Differenzierung und Zellvermehrung als Ersatz für verlorenes Gewebe während des ganzen Lebensablaufes noch weiter gehen. Relativ selten kommt es zu endogen bedingten Abirrungen des Wachstumstriebes; sie äussern sich als echter Zwergwuchs oder als Riesenwuchs.

Voraussetzung des Wachstums ist q u a n t i t a t i v und q u a l i t a t i v a u s r e i c h e n d e Nahrungszufuhr. Die Neubildung lebensfähigen, artangeglichenen

Protoplasmas hört im Hunger auf, sobald die Nahrungsmenge unter den Erhaltungsbedarf sinkt. Neben dieser Form der Wachstumshemmung durch kompletten äusseren Hunger, kann es beim Säugling durch partiellen äusseren Hunger, d. i. das Fehlen oder das ungenügende Angebot eines einzigen Nährstoffes (von Eiweiss, Kohlenhydraten, Wasser oder Vitaminen, vielleicht sogar von Fett) zum Wachstumsstillstand kommen. Aber auch bei quantitativ und qualitativ ausreichendem Nahrungsangebot kann innerer Hunger dadurch, dass die Kinder „die ihnen gereichten Nahrungsmittel nicht ausnützen" (Czerny), und das Aufbaumaterial fehlt, zur Wachstumshemmung führen; doch selbst unter den schwersten Graden der Hungerschädigung (innerer oder äusserer Hunger) kommt es nicht zu einer Vernichtung des Wachstumstriebes. Mit dem Aufhören der Schädigung (genügende Nahrungszufuhr, Komplettierung der Nahrung, Beseitigung der Ernährungsstörung) wird in vielen Fällen sogar durch überschiessendes Wachstum das Versäumte in relativ kurzer Zeit wieder eingeholt und überholt. Der Vergleich mit einer während des Stillstandes in Spannung geratenen Feder liegt nahe. Von potentiellem oder latentem Wachstumstrieb könnte in diesen Fällen auch gesprochen werden. In den Geweben kommt es während des Wachstumsstillstandes entweder zu einem Stillstand der Zellneubildung, die Zellteilungen ruhen; oder die Zellteilungen gehen weiter, wenn auch vielleicht in langsamerem Tempo; die neugeschaffenen Zellen wachsen aber nicht zu gehöriger Grösse (als Folge des Nährstoffmangels) heran (Aron). Wahrscheinlich finden beide Vorgänge statt. Das überschiessende Nachwachstum könnte eher für die zweite Annahme, im Sinne einer raschen Auffüllung bereits vorgebildeten Gewebes bei komplettem Nahrungsangebot sprechen. Dabei nimmt in bezug auf das Tempo des Wachstumstriebes und den Verbrauch an Energie zur Bewältigung dieser Leistung der menschliche Säugling eine Sonderstellung ein. Der menschliche Säugling ist gegenüber den Jungtieren des gesamten Tierreichs ausgezeichnet durch die Langsamkeit der Entwicklung und durch den hohen Energieverbrauch bis zur Verdopplung des Anfangsgewichts. So beträgt die Zeit bis zur Verdopplung des Geburtsgewichts (Verdopplungszeit)

beim	Kaninchen	6	Tage
„	Hund	8	„
„	Schwein	16	„
„	Rind	47	„
„	Pferd	60	„
„	Menschen	180	„

und die Gesamtsumme von Reinkalorien zur Verdopplung des Geburtsgewichts, die bei allen Tieren um 4000—5000 liegt, erhebt sich nur beim Menschen auf 28864 Kalorien (Rubner). Von dem wesentlichsten Nahrungsmittel in der Zeit der Verdopplung des Geburtsgewichts, von der Milch, verbraucht der Mensch daher 46710 g pro 1,5 kg mittleren Gewichts, alle anderen Säugetiere für die gleiche Gewichtszunahme aber nur 3000—10000 g Milch. Daraus folgt, dass der Verbrauch an Kalorien im Vergleich zum Ansatz (Wachstumsquotient), der bei den Tieren um 34,4 liegt, allein beim menschlichen Säugling 5,2 ist.

Was bisher schlechthin als Entwicklung bezeichnet wurde, ist aber nicht nur Massenzunahme einer mehr oder weniger komplizierten Substanz, sondern ein unendlich vielgestaltiger, noch gar nicht übersehbarer Differenzierungsvorgang. Nicht besser kann man das Wunder der Säuglingsentwicklung zeigen, als durch den Vergleich von drei Etappen des Entwicklungszustandes, wie sie der Säugling in der kurzen Spanne eines Jahres durchläuft: der Neugeborene in seiner ganzen Unbeholfenheit; ein Säugling im Alter von etwa vier Monaten, der schon dem „dummen Vierteljahr" entwachsen, die ersten Interessen und beherrschten Bewegungen aufweist; und der bereits aufrecht stehende, seiner Sinnesorgane mächtige Einjährige. Diese Entwicklung und fortschreitende Differenzierung kann in einzelne Faktoren aufgeteilt werden, von denen einige klinisch leicht fassbare und für die Beurteilung des Gesundheitszustandes bedeutsame im folgenden besprochen werden sollen.

a) Das Massenwachstum.

Der Maßstab des Massenwachstums ist die steigende Gewichtskurve. Bei einer qualitativ und quantitativ richtigen Ernährung weist in der Tat jede Gewichtszunahme auf die Vermehrung lebender Substanz hin. Rückschlüsse auf die Art der neugebildeten Zellen und Gewebe oder auf die Beschaffenheit des Protoplasmas erlaubt dagegen die Kontrolle des Körpergewichts nicht.

Die Voraussetzung der „Umwandlung der Nahrung in Zellen" ist die Anwesenheit von Wasser in ausreichender Menge. Ohne Wasser oder bei ungenügender Wasserzufuhr ist irgend eine Form des Wachsens in der lebenden Natur unmöglich. Damit hängt es zusammen, dass die Nahrung des jugendlichen Organismus stets besonders wasserreich ist, dass der Wasserbedarf, berechnet auf die Gewichtseinheit, in der Zeit des Wachstums besonders gross ist, und dass der gesamte Organismus in der ersten Lebenszeit prozentual mehr Wasser enthält als in der Zeit nach Beendigung des Wachstums. Zum Wachstumsstillstand kommt es, wenn zu einer bestimmten Lebenszeit, gesteuert durch die Einflüsse innersekretorischer Drüsen und des Nervensystems, der Wassergehalt der Zellen auf ein bestimmtes Niveau gesunken ist. Der Wasserzufuhr in bestimmter Höhe muss für das Wachstum die entscheidende Bedeutung zugesprochen werden. Ein Zuviel an Wasser ist dagegen kein Stimulans des Wachstums. Im Übermaß aufgenommenes Wasser wird vom gesunden Organismus ohne Schwierigkeiten und wahrscheinlich ohne Schädigung durch die Nieren ausgeschieden. Nur bei Kindern mit besonderer Konstitution (hydropische Konstitution, Lymphatiker, Kinder mit exsudativer Diathese u. a.) kann ein Überangebot an Flüssigkeit zu einem krankhaften Gewebsaufbau führen.

Die überragende Rolle des Wassers im Rahmen der Wachstumsvorgänge zeigt vielleicht am besten die Analyse der Gewichtszunahme eines Tages oder einer Woche (s. Abb. 1), wie sie vom gedeihenden Kinde geleistet wird. Bei einer Gewichtszunahme von 25 g am Tag wird in den Organismus neu aufgenommen:

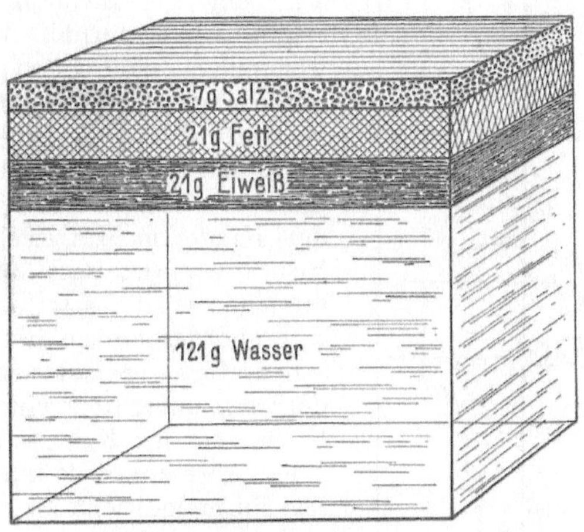

Abb. 1. Wöchentlicher Ansatz eines gedeihenden Säuglings. Eiweiss 21 g, Fett 21 g, Salze 7 g, Wasser 121 g = gesamt 170 g.

Wasser	etwa	18 g
Eiweiss	„	3 g
Fett	„	3 g
Kohlenhydrat	„	—[1]
Salze	„	1 g
		25 g

[1] Als Glykogen in Muskeln und Leber in geringer, nicht exakt auszudrückender Menge.

Diese Zahlen sagen aber nicht aus, an welchen Stellen des Organismus jeweils die neue Substanz eingebaut wurde. Denn die Gewichtszunahme des Säuglings setzt sich aus einer grossen Reihe von Faktoren zusammen, von denen einzelne klinisch als Ansatz von Fett, als Wachstum des Skeletts, als Zunahme des Protoplasmas (z. B. Muskulatur) fassbar sind. Angesichts dieser Vielheit komplizierter Vorgänge, die z. T. ineinander greifen und sich verflechten, muss es wunderbar erscheinen, dass — wenn auch der Gewinn an Körpersubstanz sich keineswegs in allen Abschnitten des ersten Lebensjahres aus den gleichen Elementen zusammensetzt — trotzdem beim gesunden Säugling als Endergebnis ein stetiger Anstieg von Woche zu Woche stattfindet. Trotz der Mannigfaltigkeit der wechselnden Vorgänge, die am Massenwachstum beteiligt sind, war es daher möglich, **Mittelwerte für die Massenzunahme** aufzustellen, von denen sich ein grosser Teil der gedeihenden Säuglinge nur wenig entfernt. Mäßige Abweichungen nach oben oder nach unten sind aber ohne pathologische Bedeutung. Die grosse Regelmäßigkeit der Gewichtszunahme, durch die schon von dem werdenden Kinde im Mutterleib ein Geburtsgewicht von 3000—3200 g erreicht wird, setzt sich noch während des ganzen ersten Lebensjahres fort. Selbst von den Kindern, die unter den schlechten Verhältnissen der Kriegs- und Nachkriegsjahre zur Welt kamen, wurde das Normalgewicht bis zur Geburt meistens erreicht.

Die Wachstumskurve erleidet bei einem grossen Teil der Kinder beim Übergang vom intra- zum extrauterinen Leben eine vorübergehende Unterbrechung, die als **physiologische Gewichtsabnahme des Neugeborenen** bekannt ist. Bei regelmäßiger, täglicher Kontrolle des Körpergewichtes zeigt sich in

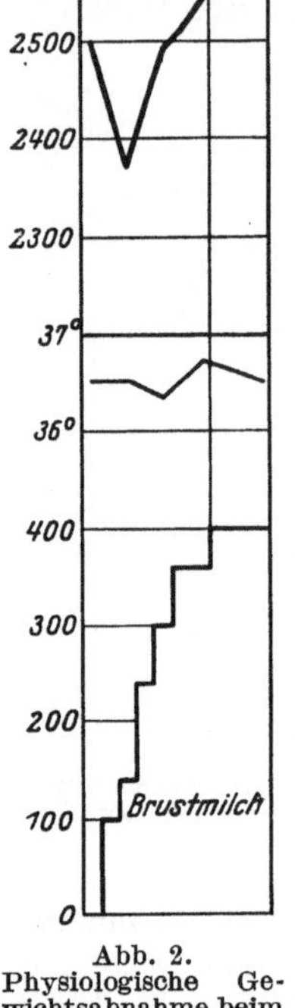

Abb. 2.
Physiologische Gewichtsabnahme beim Neugeborenen. Rascher Ausgleich bei schnell einsetzender Milchsekretion.

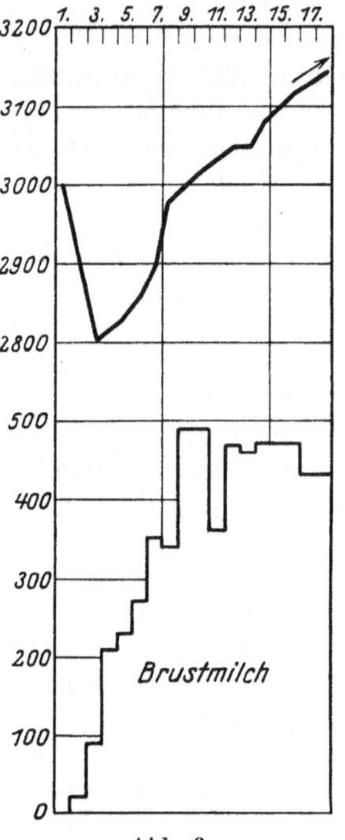

Abb. 3.
Physiologische Gewichtsabnahme beim Neugeborenen. Ausgleich etwa nach 10 Tagen entsprechend der zögernd steigenden Milchmengen.

den ersten Tagen nach der Geburt eine Gewichtsabnahme von 200—300 g, die bei Kindern mit hohem Geburtsgewicht stärker zu sein pflegt als bei den Kindern mit relativ niedrigem Gewicht. Daneben scheint die Grösse der Abnahme vom Termin der Abnabelung abhängig zu sein; bei spät Abgenabelten ist sie grösser als bei früh Abgenabelten (Schick). Der Abstieg der Gewichtskurve darf, wenn es sich um die physiologische Gewichtsabnahme handelt, den fünften Lebenstag nicht überdauern. Spätestens nach dieser Zeit erfolgt bei einem kleinen Teil der Kinder eine Umkehr und ein steiler Anstieg der Gewichtskurve, so dass bereits am 8.—10. Lebenstage das anfängliche Geburtsgewicht wieder erreicht ist. Bei dem grössten Teil der Kinder stellt sich der Wiedergewinn des Verlorenen langsamer ein. Erst am Ende der dritten Lebenswoche gleicht ein nicht kleiner Teil der Neugeborenen die Gewichtsabnahme wieder aus.

Als Ursache der physiologischen Gewichtsabnahme wurde der Abgang des Mekoniums, der Verlust an Urin, der Abfall des Nabelschnurrestes beschuldigt. Die von Rott refraktometrisch nachgewiesene Eindickung des Blutes, deren Stärke dem Laufe der Gewichtskurve spiegelbildlich gleicht, zeigte eindeutig, dass als Ursache der Abnahme im wesentlichen Wasserverluste zu beschuldigen seien. Die Kontrolle des respiratorischen Stoffwechsels (Birk und Edelstein) bestätigte diese Annahme, zumal der Stoffwechselversuch bei physiologischer Ernährung mit Colostrum keine Verluste an N und Mineralsubstanzen ergab. Ein Gewebszerfall als Ursache der Abnahme, wie ihn Langstein und Niemann bei Ernährung mit Frauenmilch gefunden hatten, war damit auszuschliessen. Das im Vergleich mit der Ernährung durch Colostrum geringe Angebot an N und Salzen in der Frauenmilch erklärt auch die Beobachtung, dass Neugeborene an der reichlich fliessenden Brust einer bereits längere Zeit stillenden Frau nicht weniger, zuweilen sogar mehr abnehmen als an der wenig Colostrum spendenden Brust der eigenen Mutter.

Der klinische Ausdruck für den Wasserverlust ist ein Welken der Neugeborenen in den ersten Tagen nach der Geburt. An der Entstehung des Wasserverlustes dürften zwei Faktoren beteiligt sein: mit dem Übergang zum extrauterinen Leben wird das Kind, das bisher völlig in Flüssigkeit eingetaucht war und weder durch Lunge noch durch Haut Wasser verlor, gezwungen, die komplizierten Vorgänge seines Wasserhaushaltes selbst zu regulieren. Störungen in diesem Mechanismus mögen bei der Entstehung der physiologischen Gewichtsabnahme mit beteiligt sein. Sie sind aber nicht allein ausschlaggebend. Denn es gelingt, durch forcierte Ernährung mit Frauenmilch, die physiologische Gewichtsabnahme fast oder völlig zu unterdrücken (Jaschke, Schick). Die ungenügende Ernährung, vor allem mit Wasser, dürfte die wesentliche Ursache der physiologischen Abnahme sein.

Nach Ausgleich der initialen Gewichtsabnahme schreitet beim gesunden Neugeborenen die Gewichtszunahme stetig fort. Schwankungen im Fortschritt der Gewichtskurve sind dabei um so weniger zu beobachten, je seltener das Kind gewogen wird. Bei wiederholter täglicher Wägung finden sich beträchtliche Schwankungen der Gewichtskurve, die jenseits des ersten Vierteljahres 150—500 g am Tage betragen können, die unabhängig von der Nahrungsaufnahme sind und die mit dem regelmäßigen Wechsel der Stoffwechselintensität zusammenhängen, der bald eine Mobilisierung, bald eine Stabilisierung des Wassers zur Folge hat. Diesen Schwankungen passt sich die Niere an. In den späten Nachtstunden schwemmt der Organismus Wasser aus, vor Mitternacht wird Wasser als Folge einer herabgesetzten Diurese retiniert. (Vollmer).

Bei wöchentlicher Wägung des Säuglings ergibt sich bei ausreichender Ernährung im ersten und zweiten Vierteljahr eine steil anstrebende Kurve, die sich erst im Laufe des dritten Quartals verflacht, um gegen Ende des ersten Jahres in eine nur noch sanft ansteigende Linie auszulaufen. Nur dann ist gelegentlich im dritten oder vierten Quartal ein erneuter steiler Aufschwung des Gewichts zu beobachten, wenn nach langdauernder ausschliesslicher Brusternährung, die um diese Zeit den Bedarf des Kindes nicht mehr völlig deckt, Beikost zugefüttert wird. Die tägliche Zunahme des gedeihenden Kindes beträgt im Durchschnitt im ersten Halbjahr 15—30, im zweiten Halbjahr 10—15 g; die monatliche Zunahme demnach in den ersten sechs Lebensmonaten ca. je 600 g, in den Monaten des zweiten Halbjahres etwa je 500 g. Daraus ergibt sich: das zu erwartende Sollgewicht eines gesunden, ausgetragenen Kindes beträgt Geburtsgewicht + jeweilige Zahl der Lebensmonate multipliziert mit 600 resp. 500; z. B. ein Kind mit einem Geburtsgewicht von 3 kg sollte im dritten Monat $3000 + 3 \times 600 = 4800$ g, im neunten Monat $3000 + 9 \times 500 = 7500$ g wiegen

(Finkelstein). Nach einem halben Jahr verdoppelt danach der Säugling sein Geburtsgewicht; am Ende des ersten Jahres soll das Dreifache des Geburtsgewichts erreicht sein.

Von dem ständigen und regelmäßigen Anstiege des Körpergewichts finden sich mannigfache Abweichungen: Kurven mit anfänglich steilem Anstieg, dafür mit frühzeitiger Verflachung; andere, bei denen der Gewichtsgewinn stufenförmig im Wechsel von Fortschritt und Stillstand vor sich geht. Nicht konstitutionelle Besonderheiten, sondern Unterschiede und Wechsel in der Grösse des Nahrungsangebotes dürften für die Differenzen im Kurvenablauf verantwortlich sein.

Steigerung des Massenansatzes über die Durchschnittswerte hinaus durch Mästung ist nur in engen Grenzen möglich. Zwar kommt es bei einem Teil der Kinder zur Ablagerung grösserer Fettpolster, niemals aber zu einer die Norm nachweisbar übersteigenden Zellneubildung. Hemmungen des Massenwachstums und Gewichtsabnahme stellen sich dagegen ausserordentlich häufig ein und sind wertvolle Hinweise auf Störungen des Ernährungsablaufes im Säuglingsalter. Im ganzen ist für die Praxis die Kontrolle der Massenzunahme auch heute noch der einfachste und — unter Ausschliessung von keineswegs häufigen Täuschungen — auch der empfindlichste Indikator für die Entwicklung eines Säuglings.

Am besten orientiert die von Pirquet nach den Werten von Camerer und Feer zusammengestellte Tabelle über den durchschnittlichen Fortschritt der Massenzunahme beim gesunden Säugling.

Gewicht kg	Knaben Alter	Länge cm	Mädchen Alter	Gewicht kg
3,48	Geburt	49	Geburt	3,24
3,7	,,	50	,,	3,5
3,9	,,	51	,,	3,7
4,1	,,	52	,,	3,9
4,4	1 Monat	53	1 Monat	4,1
4,7	,,	54	,,	4,3
5,0	,,	55	,,	4,5
5,3	2 Monate	56	2 Monate	4,8
5,6	,,	57	,,	5,1
5,9	,,	58	,,	5,4
6,2	3 Monate	59	3 Monate	5,7
6,5	,,	60	,,	6,0
6,8	4 Monate	61	4 Monate	6,3
7,0	,,	62	,,	6,6
7,3	5 Monate	63	5 Monate	6,9
7,6	,,	64	,,	7,1
7,9	6 Monate	65	6 Monate	7,4
8,2	,,	66	,,	7,6
8,5	7 Monate	67	7 Monate	7,8
8,7	,,	68	,,	8,0
8,9	8 Monate	69	8 Monate	8,2
9,2	9 Monate	70	9 Monate	8,5
9,5	10 Monate	71	10 Monate	8,8
9,7	,,	72	,,	9,1
9,9	11 Monate	73	11 Monate	9,4
10,2	1 Jahr	74	1 Jahr	9,7

Die Mechanik des Massenwachstums.

Ein Versuch, in die Mechanik des Wachstums einzudringen, führt noch nicht allzu weit. Jeder Neubildung von Gewebe, das nahezu $^3/_4$ aus Wasser besteht, geht die Aufnahme und Rückhaltung von Wasser im Organismus voraus. Wenn wir die gradlinig ansteigende Gewichtskurve des gesunden Säuglings immer wieder bewundern, so müssen wir uns darüber klar sein, dass sie im wesentlichen durch die gleichmäßig andauernde Retention von Wasser zustande kommt. Wüsste man das nicht, so würden uns Störungen, die mit einem raschen Gewichtsverlust von mehreren hundert Gramm und einem ebenso raschen Wiederanstieg binnen weniger Tage einhergehen, darüber belehren, dass das Wasser den Hauptbestandteil des Ansatzes darstellt.

Wie und in welcher Form das Wasser durch die wachsende Zelle gebunden wird, ist noch ganz ungeklärt. Nur das eine weiss man, dass die Art der Wasserbindung von fundamentaler Bedeutung für den Wert des Anwuchses oder ganz allgemein für den Gesundheitszustand des Kindes ist. Das zeigt sich vor allem im verschiedenen Verhalten des Anwuchses gegenüber jeder Belastung, die von seiten der Ernährung, von Infektionen und Pflegeschäden aus die Gesundheit des Kindes bedroht. Eine Speicherung von Wasser allein im Organismus ist beim gesunden Säugling, selbst bei reichlichster Zufuhr von Flüssigkeit, in grösserem Ausmaße nicht möglich. Voraussetzung zur Wasserretention im Organismus ist das Zusammentreffen von Wasser mit anderen Nährstoffen.

In engstem Zusammenhang mit der Wasserretention stehen in erster Linie die Kohlenhydrate. Das beweisen die Untersuchungen von Weigert, der den Körper fettreich ernährter junger Hunde fettreicher und wasserärmer fand, als die Körper von kohlenhydratreich gefütterten Tieren. Das lehren auch die klinischen Beobachtungen an Säuglingen, die mit Milchmischungen ernährt werden, die gar keinen oder zu wenig Zucker enthalten. Die früheren Misserfolge bei der Ernährung junger Säuglinge mit Vollmilch (ohne Zuckerzusatz) zeigen deutlich das Ausbleiben von Gedeihen und Wachstum bei Zuckermangel. In gleiche Richtung weisen die Erfahrungen bei der Entstehung des sogenannten Milchnährschadens, der auch im wesentlichen als Zuckermangelkrankheit zu deuten ist, die geheilt wird, sobald den Organen Zucker in ausreichenden Mengen angeboten wird. Die wasserspeichernde Kraft der Kohlenhydrate erklärt die Beobachtung, dass Gewichtszunahme des Kindes nur möglich ist, wenn ein bestimmtes Minimum von Kohlenhydraten in der Nahrung angeboten wird. Bleibt das Angebot unter diesem individuell verschiedenen Minimum, so ist selbst durch stärkste Vermehrung aller übrigen Nahrungsbestandteile ein Gedeihen des Kindes nicht zu erzwingen. Erst auf Zulage von Kohlenhydrat setzt eine Zunahme des Gewichts ein und gleichzeitig kommt es im Stoffwechselversuch zu einer Verbesserung der Retention von N, Cl, Na und K. (Rosenstern, Niemann). Der verschieden grosse Kohlenhydratbedarf der Säuglinge wird neben individuellen Besonderheiten von der Zusammensetzung der Nahrung bedingt. Molkenreiche Gemische erfordern weniger Kohlenhydratzusatz als molkenarme; eiweiss- und fettreiche häufig weniger als eiweiss- und fettarme Gemische. Auch das Alter des Kindes ist für die Grösse des Kohlenhydratbedarfs von Bedeutung, junge Säuglinge bedürfen in Tagen der Gesundheit und zum Ausgleich von krankhaften Störungen relativ mehr Kohlenhydrat als die Kinder des zweiten Lebenshalbjahres.

Auf jede Zulage von Kohlenhydraten folgt eine starke Gewichtszunahme und zwar bereits bei Zulage weniger Gramm, die z. T. wieder verloren geht, wenn nach einigen Tagen die Kohlenhydratzulage erneut entzogen wird. Dass es sich dabei um Bindung und Abgabe von Wasser durch Kohlenhydrate handelt, konnten Freund und Niemann durch Kontrolle der Urinsekretion beweisen. Zulage von Mehl und Zucker zur Nahrung liess bei einem grossen Teil der Kinder die Harnabsonderung fast um die Hälfte absinken. Auch im sogenannten kombinierten Wasserversuch (Aufnahme von Zuckerwasser) zeigt sich an der Verzögerung der Urinausscheidung die hydropigene Eigenschaft der Kohlenhydrate (Rietschel).

Die einzelnen Kohlenhydrate verhalten sich in bezug auf die wasserbindenden Fähigkeiten nicht gleichwertig. Die Ursache der verschiedenen Wirkungen wird z. T. in dem Abbau zu suchen sein, dem die Mehle und Zucker je nach ihrer Gärfähigkeit im Darm unterliegen. Daneben sind vielleicht auch bestimmte Ergänzungsstoffe von Einfluss, die, wie Aron zeigen konnte, durch ein vorsichtiges Rösten oder Backen des Mehls zur Entfaltung gelangen. Und schliesslich ist, wie Versuche von Rosenstern und Lauter zeigen, auch die kolloidale Beschaffenheit des Nährgemisches von Bedeutung für die Grösse des eintretenden Ansatzes. Zusatz von Schleim wirkt günstiger als Zusatz von kristallinischem Zucker.

Über die physikalisch-chemischen Vorgänge bei der Wasserretention durch Kohlenhydrate ist kaum etwas bekannt. Die Speicherung eines Teils der zugeführten Kohlenhydrate als Glykogen, das die dreifache Menge seines Gewichts an Wasser zur Ablagerung braucht, erklärt sicherlich nur z. T. die beträchtlichen Gewichtszunahmen, die klinisch nach Zulage von Kohlenhydraten zur Nahrung zu beobachten sind. Die Annahme Freudenbergs, dass eine stärkere Wasserretention als Folge einer Beschleunigung des Stoffwechsels bei dem raschen Umsatz der Kohlenhydrate eintritt, entbehrt vorerst noch der experimentellen Unterlagen.

Etwas besser sind wir über die Wirkungen der wasserbindenden Kräfte der Salze unterrichtet. Wasserbindungen durch Salz und Kohlenhydrate sind in ihrem Mechanismus und in ihrer Bedeutung für den

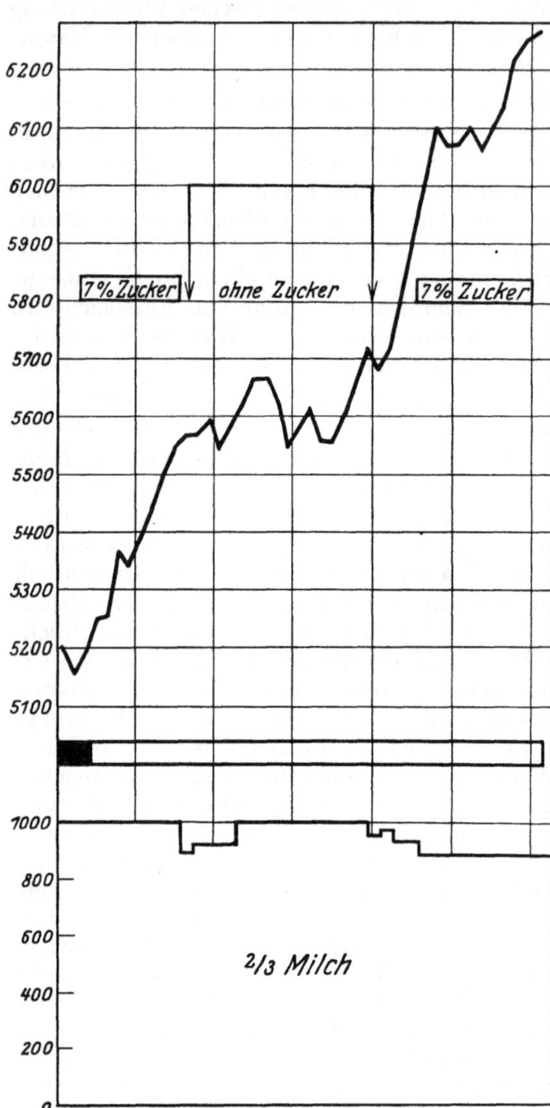

Abb. 4. Ansatzfördernde Wirkung der Kohlenhydrate. 6 Monate alt. In einer Zeit guten Gedeihens bewirkt Fortlassen der Zuckerzusätze aus einer ²/₃ Milch sofort Gewichtsstillstand trotz Ersatzes des Zuckers durch äquikalorische Mengen von Fett. Erneute Zuckerzulage bringt sofort wieder Anstieg der Gewichtskurve. Stühle in der ganzen Zeit zwei- bis dreimal täglich geformt.

Organismus sicherlich nicht gleichwertig. Durch Kohlenhydrate findet eine Wasserretention statt, die stabiler erscheint und mehr einem Gewebsaufbau ähnelt, als die Wasserretention nach Salzzufuhr. Als Beweis für die verschiedenartige Wirkung von Kohlenhydraten und Salzen kann die klinische Beobachtung angeführt werden, dass nach Entziehung vordem zugelegter Kohlenhydrate die

Gewichtskurve nicht immer zu ihrem vorherigen Niveau zurückkehrt, ein Teil des Gewebswassers also trotz der Entziehung gebunden bleibt, während bei Zulage und späterer Entziehung hydropigener Salze (z. B. von NaCl) die Gewichtskurve nach ihrem Ausgangspunkt zurückschnellt.

Einfluss auf den Wasserhaushalt besitzen nur die freien Ionen der Salze, und zwar wirken die Kationen (Na·, K·, Ca··) stärker als die Anionen (Cl·, HPO_4··, HCO_3·· usw.). Wasserbindend wirkt in erster Linie das Natriumion, wasserentziehend vor allem das Kalziumion. Die hydropigene Wirkung des Na· und die antagonistische Wirkung des Ca·· schien zunächst den schulgemäßen Anschauungen zu widersprechen, die die wasserbindende Kraft des Kochsalzes nach den Erfahrungen der allgemeinen Pathologie dem Chlorion zuschrieb. Aber auch für den Erwachsenen, hier allerdings nur im Stadium der Ödembereitschaft, ist das Primat des Na· bei der Wasserbindung anerkannt. Dass aber auch dem Anion Einflüsse auf die Grösse der Wasserretention zustehen, beweisen vergleichende Untersuchungen verschiedener Natriumsalze, die ergaben, dass die stärkste wasserbindende Kraft dem Chlornatrium zukommt.

Die Wasserretention auf Zulage bestimmter Salze kann freilich nur unter gewissen Voraussetzungen beobachtet werden. Geringfügiger Belastung durch Salzzufuhr wird beim gesunden Säugling kaum eine stärkere, in der Gewichtsbewegung sich ausdrückende Wasserretention folgen. Deutlich aber zeigt sich der Wasseransatz nach einer Kochsalzzulage nicht zu geringer Quantität (2—3 g täglich) beim Säugling der ersten Lebenswochen und auch beim älteren chronisch ernährungsgestörten Säugling. In beiden Fällen ist die Ausscheidungsfähigkeit für das Salz herabgesetzt, sei es, dass eine stärkere Avidität des Gewebes für das Kochsalz (Noeggerath) oder eine insuffiziente Nierentätigkeit die schnelle Ausscheidung des Salzes aus dem Körper hindert. Retiniertes Salz wird nunmehr Wasser an sich ziehen, um das physikalisch-osmotische Gleichgewicht im Milieu interne nicht zu stören. Beim älteren Kind und beim Erwachsenen tritt die Wasserretention selbst nach grösseren Salzdosen nicht zutage, weil das Salz mit grosser Schnelligkeit wieder zur Ausscheidung gelangt. Nur bei Körperwägungen in kurzen Intervallen zeigt sich auch hier in einer flüchtigen Gewichtszunahme die Wasseranziehung des Salzes. Die wasserspeichernde Wirkung des Kochsalzes oder anderer Na-Salze kann in eine wasserentziehende umgestaltet werden, sobald man gleichzeitig mit der Salzzufuhr das Wasserangebot drosselt. Dann verfügt der Organismus nicht über die Möglichkeit, das Salz ohne eingreifende Störung seiner Isotonie zu retinieren und stösst es deshalb aus. Verstärkte Diurese ist wie beim Erwachsenen die Folge und mit ihr verbunden Gewichtsabnahme. —. Unter physiologischen Verhältnissen dürfte die Speicherung von Wasser und hydropigenen Salzen meistens parallel gehen, doch gibt es auch Ausnahmen, in denen sie verschiedene Wege gehen. Wenn Rominger diese Ausnahmen zur Regel machen will, so können wir ihm vorläufig auf Grund des Tatsachenmaterials nicht folgen.

Die Deutung der diuretischen Kraft des Kalziumions ist gleichfalls noch umstritten. Die eine Anschauung (L. F. Meyer) sieht in der Wirkung nicht eine direkte Ca-Wirkung auf die Diurese, sondern eine Folge der verschiedenen Wege, die die Teile des Kalziumsalzes im Organismus nehmen. Während das Kation nur vorübergehend den Organismus passiert und durch den Darm ausgeschieden wird, häufen sich die Anionen (vor allem das Cl·) im Blute an, weil sie durch den Hinzutritt von Na· und K· harnfähig gemacht werden müssen. Dem entspricht die viel geringere diuretische Wirkung von solchen Kalziumsalzen, deren Anionen (Azetat, Karbonat) zu CO_2 und H_2O verbrannt werden und auf anderen Wegen den Organismus verlassen, ohne in das Salzgefüge des Organismus und damit in den Wasserstoffwechsel einzugreifen. Freudenberg erklärt die wasserentziehende Wirkung des Ca·· indirekt, durch den Einfluss auf die Reaktion des Gewebes. Durch $CaCl_2$-Darreichung tritt eine azidotische Umstimmung des Stoffwechsels ein. Azidose soll nach Freudenberg-György entquellend, also diuretisch wirken. Demgegenüber darf nicht verschwiegen werden, dass andere Autoren die Säuerung des Gewebes als Ursache einer stärkeren Wasserbindung der Kolloide ansehen.

Die antagonistische Wirkung der einzelnen Mineralstoffe lehrt, dass für den Zustand der Gesundheit eine bestimmte Korrelation der einzelnen Salze von besonderer Wichtigkeit ist. Welche Bedeutung das Gleichgewicht der Elektrolyte für die Funktionen des Organismus, insbesondere für das vegetative Nervensystem besitzt, ist von Kraus wiederholt betont worden.

Die bisher betrachteten Nährstoffe beteiligen sich nur indirekt an der Wasserbindung im Organismus. Sie sind lediglich wichtige Vermittler des Flüssigkeitsstromes; sie sind die treibenden Kräfte, die den Wassertransport zu und von den Geweben besorgen, auf Wegen und durch Fähigkeiten, die sich zur Zeit noch unserer Kenntnis entziehen. Die eigentlichen wasserbindenden Substanzen, die imstande sind, Wasser anzulagern, sind die Kolloide, die damit zum Kern des Wachstumsvorgangs werden.

Der Flüssigkeitsstrom im Organismus wird nach den Vorstellungen von Ellinger und Heymann vielleicht vom Quellungsdruck der Kolloide mehr getrieben als von den osmotischen Kräften der Kristalloide. (Starling, Bayliss). Differenzen im Quellungsdruck zwischen Gewebssolen (Körperflüssigkeit) und Gewebsgelen (Plasma der Zellen) bedingen die Flüssigkeitsbewegung, wenn durch Änderungen der Reaktion durch Salze (s. oben), durch Hormone oder durch Pharmaka der Quellungsdruck der Gewebsflüssigkeit an einer Stelle verändert wird.

Daneben scheint aber auch dem Eiweiss ein direkter Einfluss auf die Wasserretention zuzukommen. Wenigstens spricht die klinische Beobachtung und der Ausfall des Stoffwechselversuches in diesem Sinne (Howland und Stolte). Zulagen von Eiweisspräparaten zur Nahrung führen beim nicht gedeihenden Brustkinde und bei einem Teil der Flaschenkinder zu einem sofortigen Anstieg der Gewichtskurve, der zunächst nur als Wasseransatz gedeutet werden kann.

Der Quellungsgrad der Kolloide, der nach Rubner beim Menschen und beim ausgewachsenen Tier stets konstant (etwa 23% Trockensubstanz) gefunden wird, nähert sich während des Wachstums nur langsam diesem Wert. Damit hängt es wohl auch zusammen, dass junges Gewebe stärker quellbar als gleiches Gewebe älterer Individuen ist. Entquellung bedeutet Stillstand des Wachstums, eine Vorstellung, die vielleicht auch Interesse für die Pathologie der Säuglingsernährung hat.

Die Bindung des Wassers im Protein geschieht nach Naegeli in drei Formen: 1. als Konstitutionswasser, das fest gebunden ist und etwa dem Kristallwasser der Kristalloide entspricht; 2. als Adhäsionswasser, das, etwas weniger fest gebunden, etwa dem hygroskopisch gebundenen Wasser der Kristalle zu vergleichen ist, und 3. als locker gebundenes freies Wasser, das sich in den Maschen der Mizellen findet. Zu ähnlicher Unterscheidung verschiedener Formen der Wasserbindung ist von klinischen Gesichtspunkten aus Tobler gekommen. Auf diese, für die Pathogenese der Gewichtsabnahmen bedeutsamen Vorstellungen wird noch einzugehen sein.

Als letzte, die Wasserbindung fördernde Substanz in der Nahrung sind die Vitamine anzusehen. Hierfür sprechen die Beobachtungen Glanzmanns, der die Wirkungen der Vitamine auf den Wachstumsvorgang mit Änderungen des kolloidalen Gefüges des Protoplasmas erklären möchte. Vitaminzufuhr führt zur Peptisation, das ist zur stärkeren Dispergierung der kolloidalen Teilchen, die dadurch zur Wasserbindung geeigneter werden. Weiter schreibt er den A- und B-Vitaminen auch eine Rolle bei der Bildung der wachstumsfördernden Hormone des Thymus zu. Andere Vorstellungen erklären die Vitaminwirkung mit Änderungen der Reaktion: Vitaminmangel macht Azidose, Vitaminzufuhr Alkalose. Die Beschleunigung der Zellatmung und Zelloxydation durch die Vitamine (Freudenberg, György, Bickel) würde der alkalotischen Wirkung der Vitamine entsprechen. Vor allem aber dürfte der Einfluss der Vitamine auf den Mineralstoffwechsel, den v. Wendt und Abderhalden, und für den Säugling

Freise und Hamburger bewiesen haben, auch von ausschlaggebender Bedeutung für den Wasserhaushalt und damit für die Entwicklung des Kindes sein.

Dem Fett kommen positive Beziehungen zur Wasserbindung nicht zu. Dafür spricht schon, dass die fettreichsten Gewebe im Organismus am wasserärmsten befunden wurden. In diesem negativen Verhalten zum Wasserhaushalt sind sich anscheinend alle Fettarten gleich. Dagegen scheinen die Fette, vor allem die, die Lipoide und Phosphatide enthalten, zur Festigung des Gewebsaufbaues von besonderer Bedeutung zu sein. Infolge ihrer Oberflächenaktivität überziehen sie die protoplasmatischen Massen als ein Häutchen fettiger Substanz, das der Struktur des Proteins erst Haltbarkeit verleiht (Donnan, Loeb). Auf die wichtigen, qualitativ verschiedenen Einflüsse, die den Fettarten in anderer Richtung für die Gesundheit des Organismus zukommen, sei hier nur hingewiesen.

Ein Überblick über die Bedeutung der einzelnen Nährstoffkomponenten zu den Vorgängen beim Wachstum zeigt, dass im Mittelpunkt des Problems die Quellungsvorgänge stehen, das ist die Wasserbindung an Kolloide. Wachstum' und Wasserretention sind untrennbar verbundene Funktionen (Czerny, Finkelstein). Erste Voraussetzung zum Eintritt einer normalen Wasserretention ist das Vorhandensein einer genügenden Menge arteigenen, kolloidalen Proteins, dessen Quellungsfähigkeit durch Einflüsse, die von Salzen, Kohlenhydraten und Vitaminen ausgehen, reguliert wird. Die Nährstoffe selbst beteiligen sich beim Gesunden aber nur wenig aktiv an den Vorgängen der Wasserretention. Es sind lediglich quellungsfördernde Kräfte, die imstande sind, das Wasser zur wachsenden Zelle hinzuleiten.

Die Vorstellung vom Antagonismus der Natrium- und Kaliumsalze, der Kohlenhydrate und Vitamine als quellungsfördernde, und der Kalksalze und Fette als quellungszügelnde Kräfte gewinnt bei der Auswahl und der Zusammensetzung der Säuglingsnahrungen praktisches Interesse. Übermäßige Wasserretention ist für den Säugling ebensowenig erwünscht wie Ausbleiben der Wasserbindung. Zu einem normalen Ansatz ist das Vorhandensein sämtlicher Nährstoffe in bestimmter Korrelation notwendig. Nur der komplette „Ring der Nährstoffe" (Finkelstein) sichert auch beim künstlich genährten Kinde den besten Aufbau der Gewebe.

Diese Vorstellung zeigt gleichzeitig die Besonderheit des Quellungsvorganges beim wachsenden Säugling. Während bei den nicht organisierten Kolloiden und z. T. auch noch bei den Pflanzen der Wachstumsvorgang lediglich in der Einlagerung von Wasser und Salzen besteht, liegt beim Säugling ein kompliziertes Wechselspiel zwischen Wasser und einer komplexen Nährstofflösung bestimmter Korrelation vor. Deswegen ist zum Unterschied vom einfachen Gel oder selbst von der Pflanze eine Entquellung der Gewebe des Säuglings kein einfacher, reversibler Vorgang; er ist stets mit einer beträchtlichen, oft nicht mehr heilbaren Schädigung der lebenden Substanz verbunden.

Angesichts dieser vielfach verschlungenen Wirkungen der einzelnen Nahrungsbestandteile auf den Anwuchs müsste die Auswahl und Zusammensetzung der zum Aufbau und zur Einlagerung notwendigen Nahrungsstoffe beim Säugling fast ein unlösbares Problem erscheinen, wenn nicht in der Frauenmilch ein in Qualität und Quantität der Bestandteile ideales Nahrungsmittel vorhanden wäre, das den Bedürfnissen des wachsenden Säuglings in jeder Richtung angemessen ist.

Diese Erkenntnis hat immer wieder zu dem Versuch geführt, die chemische Zusammensetzung der Frauenmilch in Art und Menge ihrer Komponenten nachzuahmen. Ein Erfolg ist diesen Mühen trotz aller Fortschritte der Wissenschaft und Technik bisher nicht beschieden gewesen. Da es aber inzwischen gelungen ist, mit ständig zunehmendem Erfolg Säuglinge mit artfremden Nahrungsgemischen aufzuziehen, so muss versucht werden, zu einer Vorstellung zu kommen, worin denn letzten Endes das Geheimnis der wunderbaren Wirkung der natürlichen Ernährung beschlossen ist; d. h. welche Unterschiede zwischen arteigener und artfremder Milch bestehen, und durch welche ausgleichenden Maßnahmen auch die heterologe Nahrung den Bedürfnissen des menschlichen Säuglings angepasst wird (s. Kap. Milch).

Der klinische Ausdruck der festen Wasserbindung beim gesunden Säugling ist der gute Tonus der Muskulatur, der pralle Turgor der Gewebe, der schöne Glanz der Augen, die rosige Durchblutung der Haut und ähnliches mehr. Die Fähigkeit zur regelrechten Wasserbindung ist aber nicht allen Säuglingen im gleichen Maße gegeben. Bei gleicher Ernährung und trotz der Vermeidung grober Fehler in der Nahrungsbeschaffenheit und in dem Nahrungsangebot, begegnet der Arzt doch immer wieder Kindern, deren Fähigkeit zur erwünschten festen Wasserbindung ungenügend entwickelt ist. Bei diesen Kindern versagt die Steuerung zur Einlagerung von Wasser in der Form, die den gesunden Säugling auszeichnet. Das Versagen der Steuerung muss zu abnormem und krankhaftem Gewebsaufbau führen. Die Fähigkeit zur normalen, festen Wasserbindung bezeichnet Finkelstein als Hydrostabilität, sein Gegenteil, eine krankhafte, lockere Wasserbindung als Hydrolabilität.

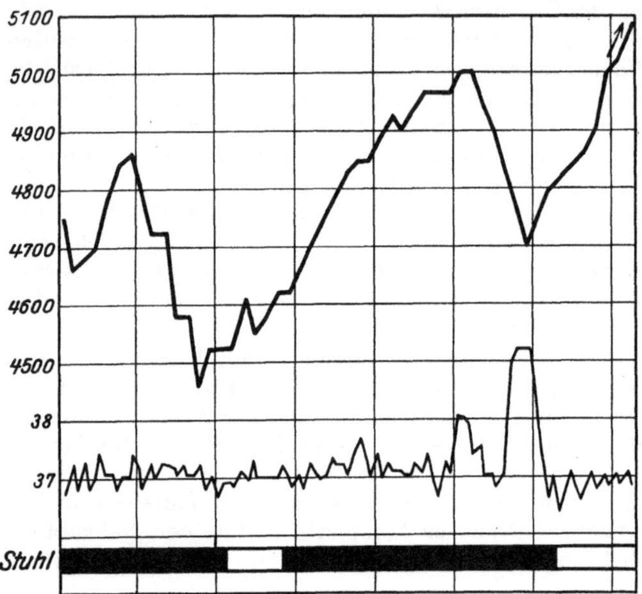

Abb. 5. Starke Gewichtsschwankungen eines hydrolabilen Kindes. Gelegentlich geringfügiger Durchfälle oder leichter Infektionen kommt es zu grossen Einbussen an Körpergewicht, die spontan wieder ausgeglichen werden.
Es bedeutet hier und in allen folgenden Kurven: ■ schlechte Stühle (Durchfälle) ☐ gute Stühle.

Czerny spricht in diesem Falle von hydropischer Konstitution. Beide Begriffe scheinen sich nicht völlig zu decken. Während Czerny „einen eigentümlichen Zustand der Gewebe damit bezeichnet, das die Fähigkeit hat, locker gebundenes Wasser anzuhäufen“, das bei Infekten usw. ebenso leicht wieder abgegeben wird, liegt in dem Finkelsteinschen Begriff der Hydrolabilität nicht ohne weiteres die Vorstellung von der die Norm übersteigenden Wasserbindung. Hydrolabilität bedeutet das Fehlen der physiologischen Festigkeit des Wasseransatzes. Der Wasseransatz selbst braucht aber dabei, und das erscheint fast als Regel, die Norm nicht zu überschreiten. Die Hydrolabilität zeigt sich klinisch in dem ständigen Auf und Ab, den beträchtlichen Schwankungen der Gewichtskurve, die sich aus kleinem Anlass bei diesen Kindern einstellen und die einen stetigen Gewichtsansatz der Kinder hindern. Die Vorgeschichte eines Säuglings gibt in den meisten Fällen bereits einen Anhalt für die Beurteilung der Art der Wasserbindung.

Finkelstein hat daneben noch eine Funktionsprüfung in dem sogenannten Entquellungsversuch angegeben, dessen Ausfall den Schluss auf eine lockere oder feste Fixation des Wassers im Gewebe zulässt. Reicht man einer Reihe von Säuglingen eine Nahrung, die arm an wasserspeichernden Nährstoffen, an Salzen und Kohlenhydraten ist (entweder fünffach verdünnte Milch oder eine Aufschwemmung von gelabtem Käse in destilliertem Wasser), so kommt es bei den meisten Kindern zu einer geringfügigen Gewichtsabnahme von 100—200 g, die sehr bald in einen Gewichtsstillstand übergeht. Bei einer anderen, kleineren Gruppe von Kindern, den Hydrolabilen, kommt es zu beträchtlichen, ja zuweilen unaufhaltsamen Gewichtsstürzen, die nur durch die Rückkehr zur salz- und zuckerhaltigen Nahrung gehemmt werden können.

So einfach die Existenz der Hydrolabilität und der hydropischen Konstitution aus den klinischen Beobachtungen zu folgern ist, so schwierig ist es heute, zu sagen, auf welchen physikalisch-chemischen Fundamenten sie beruhen. Begünstigt wird die Entwicklung sicherlich durch Einflüsse der Ernährung. Es sei hier nur an die Neigung zur Wasserretention bei einseitiger, kohlenhydratreicher Ernährung (s. Mehlnährschaden) erinnert. Die Bedeutung der Konstitution erhellt aus der Tatsache, dass auch Kinder ohne Ernährungsstörungen, selbst an der Brust, Zeichen der Hydrolabilität aufweisen, während andere Kinder bei unnatürlicher Ernährung, selbst bei Ernährungsfehlern, hydrostabil bleiben können. Zweifellos ist der letzte Unterschied beider Kindertypen in endogenen Besonderheiten zu suchen. Über Vermutungen kommt man aber noch nicht hinaus. An die bekannten Zusammenhänge von Thyreoidea und Wasserstoffwechsel wäre zu denken; der starke Einfluss des Insulins auf den Wasserhaushalt weist gleichfalls auf die Bedeutung innersekretorischer Vorgänge für die Wasserbindung hin. Letzten Endes dürfte eine zentrale nervöse Regulation durch Vermittlung des vegetativen Nervensystems den Ausschlag geben.

b) Das Längenwachstum.

Aus der Summe der Vorgänge, die klinisch als Entwicklung imponieren und die insgesamt die Massenzunahme des Säuglingsorganismus darstellen, hebt sich ein auffälliges Geschehen besonders hervor: Das Längenwachstum. Die Kontrolle dieser Sonderleistung des Kindes steht zur Beurteilung des Gesundheitszustandes gleichwertig neben, wie einige Autoren sogar meinen, über der regelmäßigen Bestimmung des Körpergewichts. Neben der Wage gehört das Zentimetermaß zu dem wichtigsten Handwerkszeug des Kinderarztes.

Zunahme an Länge ist der Ausdruck der Entwicklung des Skeletts. Die Beobachtung des Längenwachstums ermöglicht es, den Einfluss innerer und äusserer Faktoren auf das normale und krankhafte Geschehen in einem einzigen Organsystem zu verfolgen. Das Wachstum der Knochen besteht in Massenzunahme und Differenzierung, in quantitativem und qualitativem Fortschritt (Stettner, v. Pfaundler). Beide Prozesse laufen nach einem vorgezeichneten Plan meistens nebeneinander her. Dissoziation beider Vorgänge ist aber möglich; beim Myxödem z. B. bleibt die Differenzierung gegenüber der Massenzunahme zurück. Ein Maß der fortschreitenden Differenzierung ist das Auftreten der Knochenkerne in den knorpelig vorgebildeten Epiphysen der Röhrenknochen. Das Auftreten der Knochenkerne im Laufe des ersten Lebensjahres zeigt nicht die Gesetzmäßigkeit, wie man früher glaubte. Recht grosse Schwankungen in der Reihenfolge im Auftreten der Knochenkerne kommen vor (Gött, Engel und Runge). Bei der Geburt vorhanden sind die Knochenkerne des Talus und des Cuboideums, und bis zum dritten Lebensmonat wird der Knochenkern der unteren Femurepiphyse gebildet. Im vierten Lebensmonat tritt der Knochenkern des Os capitatum, zwischen erstem und sechstem Monat der des Os hamatum, im vierten bis achten Lebensmonat die Kerne der proximalen Humerusepiphyse, im sechsten des Os cuneiforme III, im zehnten der des Caput femoris auf. Gleichzeitig erfahren die Röhrenknochen auch einen völligen Umbau ihrer inneren

Struktur. Aus dem mehr fibrillär strukturierten Knochen des Neugeborenen, der reich an grossen Knochenkörperchen, an Blutgefässen und Knochenmarkselementen ist, entwickelt sich im ersten Lebensjahre die fester gefügte Struktur des Erwachsenenknochens. Die mechanische Beanspruchung der Knochen durch den Muskelzug ist für diese Umwandlung der Knochenstruktur von wesentlicher Bedeutung.

Die Intensität des Längenwachstums wechselt mit dem Alter. Sie ist am grössten in der Zeit des fötalen Lebens, in dem die Frucht vom Ei in neun Monaten zum Neugeborenen von 50 cm heranwächst; sie ist noch intensiv im ersten Vierteljahr, in dem in drei Monaten noch eine Längenzunahme von mehr als 8 cm geleistet wird; sie klingt dann bereits am Ende des ersten Lebensjahres ab, um aber während der ganzen Kindheit und während des Jugendalters nicht zu erlöschen.

Die Länge des Neugeborenen beträgt bei der Geburt 49—52 cm. Knaben werden im Durchschnitt mit grösserer Körperlänge geboren als Mädchen. Beim Ausgleich der durch die Geburt verursachten Deformation des Kopfskelettes, kommt es gelegentlich zu einer Abnahme der Körperlänge in den ersten zehn Tagen nach der Geburt (Camerer, Stolte), die bis 1 cm betragen kann. Die wahre Körperlänge des Neugeborenen kann daher erst etwa am zehnten Lebenstage bestimmt werden. Von diesem Zeitpunkt steigt die Länge beim gesunden Kinde stetig, wenn auch nicht regelmäßig an. Einem raschen Aufschiessen in den ersten Lebenswochen und Lebensmonaten mit einem Maximum im zweiten Monat folgt eine Verlangsamung des Wachsens im zweiten Halbjahr. Die durchschnittliche monatliche Zunahme beträgt beim Säugling im ersten Halbjahr etwa 2—2,5 cm, im zweiten Halbjahr 1—1,5 cm. Die statische Belastung der Wirbelsäule beim Sitzen und Stehen könnte die auffallende Verlangsamung am Ende des dritten Quartals erklären.

Die Längenzunahme wechselt in den einzelnen Monaten des Jahres. Sie ist am grössten in den Monaten April—Juni, viel geringer in den heissen Monaten, wenig stärker in der Zeit von September—November und wieder geringer während des Winters Dezember—März (Frank). Zwischen Länge und Gewicht bestehen für jeden Lebensabschnitt bestimmte Beziehungen: bei der Geburt kommen auf jeden Zentimeter Körperlänge 60 g des Gewichts, am Ende des ersten Lebensjahres aber bereits 125 g. Diese Zahlen zeigen, dass der Fortschritt an Körperlänge eigene Wege geht, die von dem Massenwachstum im engeren Sinne unabhängig sind. Die Konstanz des Verhältnisses im einzelnen Lebensabschnitt gibt aber wertvolle Hinweise für die Beurteilung einer regelrechten oder fehlerhaften Entwicklung.

Die Kontrolle der Längenzunahme bei einer grossen Zahl gesunder Kinder ergab folgende Tabelle des Längenwachstums im ersten Lebensjahr:

Längenzunahme. (Camerer, Heubner, Waser).		zu erwartende Länge: Geburt 50 cm
im 1. Monat 2,8 cm	1. Vierteljahr	am Ende des 1. Monats 53 cm
„ 2. „ 3,5 „	8,4	„ „ „ 2. „ 56 „
„ 3. „ 2,1 „		„ „ „ 3. „ 58,5 „
„ 4. „ 2,2 „	2. Vierteljahr	„ „ „ 4. „ 61 „
„ 5. „ 2,1 „	5,9	„ „ „ 5. „ 63 „
„ 6. „ 1,6 „		„ „ „ 6. „ 64,5 „
„ 7. „ 1,5 „	3. Vierteljahr	„ „ „ 7. „ 66 „
„ 8. „ 1,1 „	4,0	„ „ „ 8. „ 67 „
„ 9. „ 1,4 „		„ „ „ 9. „ 68,5 „
„ 10. „ 1,1 „	4. Vierteljahr	„ „ „ 10. „ 69,5 „
„ 11. „ 1,2 „	3,4	„ „ „ 11. „ 71 „
„ 12. „ 1,1 „		„ „ „ 12. „ 72 „

Für die frühgeborenen Kinder ist die Bestimmung der Körperlänge vielleicht das brauchbarste Zeichen zur Beurteilung der Reife (Guggenberger). Es entspricht:

45 cm Körperlänge 9 Wochen zu früh geboren.
46 „ „ 3—4 „ „ „ „
47 „ „ 2—3 „ „ „ „
48 „ „ 1—2 „ „ „ „
49 „ „ 1 „ „ „ „
50 „ „ ausgetragen.

Von den Normalzahlen finden sich aber zahlreiche Abweichungen, die auch bei Freibleiben von Störungen in Erscheinung treten und die in der Anlage begründet sein müssen. Jedenfalls bedeutet ein rascherer Fortschritt des Längenwachstums als der Norm entspricht nicht gleichzeitig eine bessere Entwicklung auf anderen Gebieten, etwa im Erwerb statischer Funktionen; ebenso wie umgekehrt ein Zurückbleiben der Körperlänge nicht immer auf Rückständigkeit anderer Funktionen hinzuweisen braucht.

Wenn die regelmäßige Kontrolle des Längenwachstums von einzelnen Autoren als Gradmesser des Gedeihens oder Nichtgedeihens mehr geschätzt wird als die Bestimmung des trügerischen Körpergewichts, so kann die einseitige Betrachtung des Längenwachstums ebenso zu Täuschungen Veranlassung geben, wie die ausschliessliche Beurteilung des Gesundheits- und Ernährungszustandes nur nach dem Gewicht.

Gewichtsstillstände und Stillstände im Längenwachstum verlaufen nicht immer parallel. So kann ein atrophischer Säugling von drei Monaten bei einer normalen Körperlänge von 59 cm ein Gewicht von vielleicht 3,5 kg (anstatt 4,8 kg) aufweisen. Solche Dissoziation zwischen Längenwachstum und Gewicht findet sich vor allem bei den jungen Säuglingen der

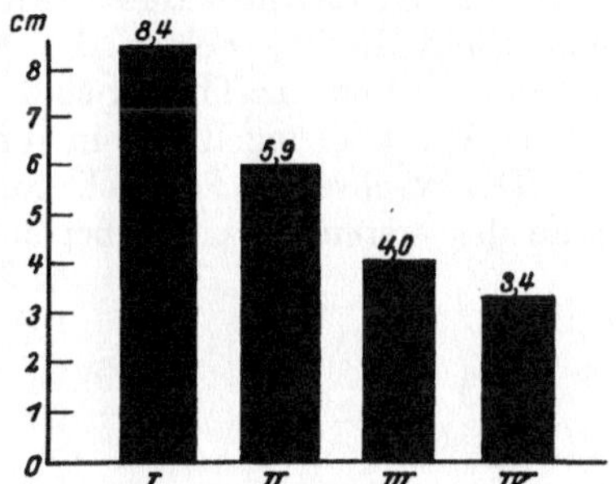

Abb. 6. Längenzuwachs in den einzelnen Vierteljahren des 1. Lebensjahres.

ersten Lebensmonate. Die grosse Intensität des Wachstumstriebes wird in diesem Alter selbst durch ernste Ernährungsstörungen kaum aufgehalten. Stillstände des Längenwachstums in dieser Zeit sind daher immer Zeichen einer schweren Schädigung der gewebsaufbauenden Funktionen. Denn in der Regel geht bei akuten Durchfallserkrankungen selbst bei länger dauernden Gewichtsstillständen das Längenwachstum ungestört weiter. Nur eine beträchtliche Unterernährung (z. B. Pylorusstenose) schädigt in diesem frühen Alter auch den Wachstumstrieb. Anders im zweiten Halbjahr. Jede Infektion, jeder längere Gewichtsstillstand genügt dann, um auch das Längenwachstum zum Stehen zu bringen. Die Verzögerung oder Hemmung des Längenwachstums hält aber in jedem Alter nur solange an, bis die Schädigung, die zum Stillstand führte, behoben ist. Dem Stillstand folgt dann sofort ein starkes Nachwachstum. Der Wachstumstrieb versucht in jedem Falle das Versäumte nachzuholen und zu seinem Ziele zu gelangen. Ausbleiben des Nachwachstums nach scheinbarer klinischer Genesung muss jederzeit die Prognose der heilenden Krankheit mit Zurückhaltung stellen lassen. Der Ausgleich des Verlustes nach starkem Zurückbleiben im Längenwachstum ist aber selbst unter günstigen Bedingungen bis zum Ende des ersten Jahres nicht immer möglich.

Die stärkere Hemmung des Gewichtsfortschritts gegenüber dem Längenwachstum durch Störungen leichteren und mittleren Grades gewinnt bei der Bemessung des Nahrungsbedarfs praktische Bedeutung. Die üblichen Schemata

der Bestimmung des Nahrungsbedarfs beziehen sich auf die Gewichtseinheiten, mit
Ausnahme des von Pirquet angegebenen Nemsystems, das die Sitzhöhe als Grundlage nimmt. Für jedes Kilogramm Körpergewicht wird eine bestimmte Menge
von Nahrung (Brennwert) benötigt. Ist es durch Krankheit zu stärkeren Gewichtsabnahmen gekommen, so dass an Stelle des zu seiner Grösse rundlichen ein
magerer, relativ zu langer Körper entstanden ist, so wird es zweifelhaft sein können,
ob die Nahrungsmenge, die dem reduzierten Körpergewicht entspricht, tatsächlich
den Bedarf des Kindes decken kann. Wenn die Gewichtsverluste, die ein Kind
erlitten hat, nicht extrem gross sind, so wird die Länge und das ihr entsprechende
Sollgewicht der bessere Maßstab für die Bemessung des Nahrungsbedarfs sein.
„Die Kinder haben das Alter ihrer Länge und nicht das ihres Gewichts" (Variot).
Bei den in sehr schlechtem Ernährungszustand befindlichen Kindern muss daher
der Bestimmung des Nahrungsbedarfs unter Berücksichtigung der Sitzhöhe
(= Entfernung Scheitel — Sitzfläche) der Vorzug gegenüber der des Körpergewichts
gegeben werden (s. Nahrungsbedarf).

Neben der Bestimmung der gesamten Körperlänge gewinnt die regelmäßige
Beobachtung des Wachstums von Kopf und Brust praktische Bedeutung für die
Beurteilung der Entwicklung des Säuglings.

Die Zunahme des Schädelumfangs und des Brustkorbs sind
nicht allein direkte Folgen des Wachstums der Knochen. Die Veränderungen
am Cranium und am Thorax sind viel mehr durch Wachstumsvorgänge und funktionelle Veränderungen der in ihnen eingeschlossenen Organe bedingt.

Der wachsende Schädel, gemessen in seinem grössten Umfang, nimmt im
Laufe des ersten Quartals beträchtlich, später weniger, an Grösse zu.

1. Monat	35,4 cm.
3. ,,	40,9 ,,
6. ,,	42,7 ,,
9. ,,	45,3 ,,
12. ,,	45,9 ,,

Geringfügige Abweichungen von diesen Zahlen sind auch beim Gesunden
häufig. Starkes Zurückbleiben des Schädelwachstums und vorzeitiger Schluss
der Fontanelle stellt sich bei einer gehemmten Gehirnentwicklung (Mikrozephalus)
ein. Die Schädelknochen sind dann auffallend kompakt und hart. Umgekehrt
führt das grössere, stärker gequollene lipoid- und kalkarme Gehirn des Rachitikers
zu einem scheinbar stärkeren Schädelwachstum (s. auch Frühgeburt).

Der Brustkorb nimmt im Laufe des ersten Jahres nicht nur an Umfang zu,
sondern verändert gleichzeitig seine Gestalt. Am fassförmigen Thorax des jungen
Säuglings mit seinen fast horizontal stehenden Rippen (Rippen-Wirbelsäulenwinkel
70⁰—90⁰) ist der sagittale Durchmesser grösser als der Querdurchmesser. Erst
im Laufe des zweiten Halbjahres überholt der Querdurchmesser den sterno-
vertebralen Durchmesser; damit nähert sich, da gleichzeitig eine Senkung der
Rippen erfolgt, die Thoraxform des Säuglings der des Erwachsenen.

Brustmaße beim Säugling.

	Knaben			Mädchen		
	Umfang	Sterno- vertebraler Durchmesser	Quer- durchmesser	Umfang	Sterno- vertebraler Durchmesser	Quer- durchmesser
Neugeborene .	32 cm	7,7 cm	7,2 cm	31,2 cm	7,5 cm	6,9 cm
3. Monat . . .	37,5 ,,	9,0 ,,	8,8 ,,	36,9 ,,	8,6 ,,	8,7 ,,
6. ,, . . .	40,3 ,,	9,3 ,,	9,7 ,,	38,9 ,,	9,0 ,,	9,0 ,,
9. ,, . . .	43 ,,	10,0 ,,	10,4 ,,	41,8 ,,	9,6 ,,	9,9 ,,
12. ,, . . .	45,8 ,,	10,9 ,,	11,3 ,,	44,5 ,,	10,5 ,,	10,5 ,,

Praktisch bedeutsame Veränderungen des Schädelwachstums im Zusammenhang mit der körperlichen Entwicklung sind beim Säugling, mit Ausnahme der Rachitis und mancher zerebralen Prozesse, nicht bekannt. Dagegen folgt die Grösse des Brustumfanges im allgemeinen dem Laufe der Gewichtskurve. Stillstand des Wachstums, sogar Abnahme des Brustumfanges stellen sich als Folge jeder Einschmelzung von Fett, Muskulatur und Verlust an Gewebswasser bei den konsumierenden Ernährungsstörungen ein. Als Zeichen der Genesung nimmt auch der Brustumfang wieder zu.

Die Beobachtung der Relation Brustumfang: Kopfumfang kann schon frühzeitig über den Beginn einer rachitischen Erkrankung Aufschluss geben (Czerny). Beim gesunden Säugling gleicht während des ganzen ersten Lebensjahres der Brustumfang annähernd dem Umfang des Kopfes; bei vielen Kindern überwiegt sogar der Brustumfang. Überschiessendes Wachstum des Kopfes ist krankhaft und zeigt meistens den Beginn der Rachitis an.

c) Die Entwicklung der Fettpolster.

Die Entwicklung eines Fettpolsters von bestimmtem Ausmaße ist neben der Zunahme und Differenzierung der protoplasmatischen Substanz eine wesentliche Aufgabe des wachsenden Säuglings. Die grossen Fettpolster, die die Körperformen des Säuglings runden und verschönern, bringt das Kind nicht mit auf die Welt. Schon bei der Geburt lassen sich in bezug auf die Fettbildung drei Typen der Kinder unterscheiden: die Mageren mit einem Bauchfett von 2—2,5 mm, die Mittelfetten mit 3 mm Bauchfett und die gut Fettbildenden mit 5 mm und mehr an Bauchfett (Bosch). Dabei entspricht der gesamte Entwicklungszustand in bezug auf Länge, Gewicht und Brustumfang annähernd dem Grad des Bauchfettpolsters. Diese Unterschiede verwischen sich zwar jenseits des ersten Trimenons, doch behalten sie ihren Wert für die weitere Entwicklung des Kindes. Je besser an Fett ausgestattet das Kind in der ersten Lebenszeit war, um so besser übersteht es die Gefahren, insbesondere die Infektionen des Säuglingsalters. Nur ein Teil der Neugeborenen erscheint bereits bei der Geburt wohlgenährt. Von der Körperfülle der ersten Lebenstage büssen aber auch diese Kinder noch einen beträchtlichen Teil ein. Offenbar hatte es sich nur um eine Wasserdurchtränkung und nicht um Fettpolster gehandelt. Besonders frühgeborene und debile Kinder sind fast immer auffallend mager. Die geringen Fettlager, die sich bei den meisten ausgetragenen Neugeborenen finden, gelangen anscheinend erst in den letzten Schwangerschaftsmonaten zur Ablagerung. Der erwünschte Panniculus adiposus, der den Anblick des gesunden älteren Säuglings so erfreulich macht, wird erst im Laufe der ersten sechs Lebensmonate erworben. An der Entwicklung der Fettlager muss daher die Nahrung weitgehend beteiligt sein. Da das Vorhandensein eines gewissen Fettpolsters als ein wesentliches Zeichen der Gesundheit beim Säugling aufzufassen ist, so ergibt sich die praktische Frage, aus welchen Nahrungsstoffen das junge Kind sein Fett bilden kann.

Die Physiologie lehrt, dass Fettbildung bei einem Überschuss an Nahrung im tierischen Organismus, bei einer Ernährung mit Fett oder Kohlenhydraten möglich ist. Für die theoretisch denkbare Fettbildung aus Eiweiss fehlt noch immer der letzte Beweis. Für die Praxis des Fettansatzes würde sie aber, selbst wenn sie bewiesen werden sollte, nicht in Frage kommen.

Die Möglichkeit der Fettbildung aus Kohlenhydrat ist für den tierischen Organismus durch die vielfachen Erfahrungen der Landwirte und Tierzüchter bewiesen. Immerhin verhalten sich aber schon hier nicht alle Tiere gleichmäßig. Durch Kohlenhydrat leicht mästbaren Tieren (Schwein, Gans) stehen schwer oder gar nicht mästbare (Kaninchen) gegenüber. Für den Erwachsenen konnte durch das beträchtliche Ansteigen des respiratorischen Quotienten bei kohlenhydratreicher Nahrung die Fettbildung aus Zucker bewiesen werden. Für den Säugling stehen ähnliche Erfahrungen noch aus. Die Praxis der Säuglingsernährung lehrt aber, dass die Fähigkeit zur Fettbildung aus Kohlenhydraten bei Fettarmut der Kost nur einem Teile der Säuglinge gegeben ist. Der grössere Teil der jungen Kinder bleibt bei fettarmer, zuckerreicher Ernährung (z. B. Buttermilch + Mehl + Zucker) selbst bei leidlicher Gewichtszunahme mager. Erst nach Fettzulage fangen die Kinder an, ein Fettpolster zu entwickeln (Lasch). Eine Gleichwertigkeit von Fett und Kohlenhydraten in bezug auf den Körperansatz kann daher für den grössten Teil der Säuglinge nicht zugegeben werden. Klinisch nachweisbarer Fettansatz tritt bei den meisten Säuglingen erst in dem Augenblick ein, in dem die Nahrung Fett enthält.

Eine Fettbildung im Organismus aus dem Fett der Nahrung ist bewiesen. Die Messung des respiratorischen Quotienten bei fettreicher Kost ergibt keineswegs die Werte, die bei vollständiger Verbrennung des Fettes im Organismus zu erwarten wären. Aufgenommenes artfremdes Fett konnte mit seinen qualitativen Besonderheiten in den Fettdepots nachgewiesen werden. Ähnlich sind die Befunde bei stillenden Frauen, in deren Milch sich ein aufgenommenes artfremdes Fett wiederfand; Gänsefett, Leinöl, Palmin, Sesamöl, Olivenöl in der Nahrung genossen, tauchten als Milchfett wieder auf. Die qualitativen Veränderungen, die das Depotfett im Laufe des ersten Jahres erleidet (s. später), sind vielleicht durch solche Einflüsse des Nahrungsfettes auf die Beschaffenheit der Fettablagerungen zu erklären. Das im Organismus aus der Nahrung abgelagerte Fett wird aber immer nur Depotfett. Die Bildung der lebenswichtigen, für die Tätigkeit der Zellmembranen, für die Immunitätsvorgänge und ähnliches, unentbehrlichen Fette und fettähnlichen Substanzen (Cholesterin, Lezithin, Phosphatide) ist dagegen anscheinend eine komplizierte Leistung des intermediären Stoffwechsels.

Im Tierexperiment liess sich auch eine funktionelle Überlegenheit des Fettes, das durch Fettmast entstanden war, gegenüber dem Kohlenhydratfett nachweisen. Die Resistenz fettgemästeter Tiere gegen Infektionen (Tuberkulose) war besser als die kohlenhydratgemästeter Tiere (Weigert). Auch die hohe Immunität des Brustkindes soll mit dem Fettreichtum der Brustmilch zusammenhängen. Für die Praxis ergibt sich die Forderung: jede künstliche Säuglingsnahrung muss — und darauf weist ja auch schon die Zusammensetzung der natürlichen Nahrung eindringlich hin — Fett enthalten. Die Zusammensetzung aller bewährten Nahrungsgemische entspricht dieser Forderung. Der Nutzen eines Fettvorrates liegt dabei nur z. T. in dem Besitze einer Reserve von Nährstoffen. Darüber hinaus trägt der Fettmantel zu Ersparnissen bei der Wärmeabgabe bei, da die Oberfläche des vom Fettpolster gerundeten Säuglingskörpers im Verhältnis zur Masse kleiner ist als die des gleich grossen, mageren Säuglings. Vor allem scheint der Stand der Immunität in einem fettreich ernährten Körper besser zu sein, als bei fettarmer Kost; und schliesslich werden im Fett dem Organismus Ergänzungsstoffe zugetragen, die in allen anderen Nahrungsstoffen fehlen, und die die Zelle nicht aus eigener Kraft bilden kann (s. später).

Grösse und Zusammensetzung des Fettpolsters ist ganz besonders im Säuglingsalter durch entsprechende Bemessung und Zusammensetzung der Nahrung in weiten Grenzen wandelbar. Wenn auch schon beim Säugling konstitutionelle Momente in die Entwicklung des Fettpolsters hineinspielen, so muss doch versucht werden, das Optimum des Fettansatzes sowohl in bezug auf seine Topographie als auch mit Rücksicht auf seine Massigkeit zu bestimmen.

Die Messung des Fettpolsters geschieht am besten in einer Schiebleere, in der eine aufgehobene Hautfalte gefasst wird. Die abgelesene Zahl der Millimeter gibt nicht ohne weiteres die absolute Dicke des Fettes an. Sie setzt sich zusammen aus der doppelten Dicke des Fettpolsters + doppelte Dicke der Epidermis (ca. 2 mm) + doppelte Dicke des Unterhautzellgewebes. Hierzu kommen die Ungenauigkeiten, die sich durch den wechselnden Wassergehalt von Epidermis und Subkutis ergeben. Für die Praxis genügt aber trotz aller Ungenauigkeiten die an der Schiebleere abgelesene Zahl als Vergleichsmaß der Fettpolsterdicke.

Die Fettbildung folgt beim gedeihenden Kinde bestimmten Gesetzmäßigkeiten (Marfan, Czerny, Lasch). Beim Neugeborenen zeigt noch am ehesten das Gesicht eine Anlage des Fettpolsters; an Oberschenkeln, Unterschenkeln, an Armen, Brust und Schultern ist es gering, am Bauch fehlt es um diese Zeit bis auf wenige Ausnahmen noch vollständig. Kommt es in den folgenden Lebenswochen zur Thesaurierung von Fett, so geht die Bildung des Gesichtsfettes voran. Es folgen die Fettpolster an Armen, Beinen, an Brust und Rücken. Der Rundung des Gesichtes folgt die Füllung der Gliedmaßen und des Rumpfes. Erst wenn die übrigen Fettdepots bereits reichhaltig gefüllt sind, folgt von der sechsten Lebenswoche ab langsam die Bildung des Bauchfettes. Aber auch später erreicht es niemals das rasche Tempo der Entwicklung, das zeitweise den anderen Fettablagerungen eigentümlich ist. Dafür zeichnet sich der Fortschritt der Bauchfettentwicklung, solange Störungen im Gedeihen ausbleiben, durch seine ausserordentliche Stetigkeit aus, die den übrigen Fettpolstern fehlt. Chemische Besonderheiten der Fette in den verschiedenen Körperregionen und davon abhängige Einflüsse auf die Art und Grösse der Wasserablagerung sind für Vorhandensein oder Fehlen der Schwankungen der Fettpolsterdicke verantwortlich zu machen. Der Fortschritt der Fettpolsterentwicklung erreicht bei einem grossen Teil der künstlich genährten Kinder um die Zeit der Halbjahreswende seinen Gipfel. Beim Brustkinde kommt es bei reichlicher, ausschliesslicher Ernährung mit Muttermilch über diesen Zeitpunkt hinaus nicht selten zu einer unerwünschten Adipositas. Bei regelrechter künstlicher Ernährung oder bei Einschränkung der Brusternährung durch Zufütterung vom sechsten bis siebenten Monate an tritt ein Stillstand der Fettbildung ein, es kommt dafür zu der besseren Ausbildung der Muskulatur und der Knochen, wie es die zu dieser Zeit beginnende Entwicklung der statischen Funktionen erfordert.

Die Grösse des Fettpolsters lässt sich etwa durch folgende Zahlen (Bosch) in den wichtigsten Lebensabschnitten charakterisieren.

Eutrophisches Kind.

	Fettpolster im			
	Gesicht	Oberschenkel	Bauch	Oberarm
Neugeborenes	7 mm	7,7 mm	3 mm	4 mm
Ende des ersten Vierteljahres .	14 ,,	13,1 ,,	5 ,,	6,6 ,,
Halbjahreswende	17 ,,	19,2 ,,	8,0 ,,	9,3 ,,
Ende des ersten Jahres . . .	18 ,,	19,6 ,,	8,8 ,,	11,3 ,,

Auf der Höhe der Entwicklung findet sich beim gesunden Kinde folgende Topographie des Fettpolsters: Gesicht, Schultern, Oberschenkel und Gesäss sind durch stattliche Fettablagerungen gerundet. Arme, Brust und Rücken stehen ihnen nur wenig nach und auch in der Bauchhaut trägt der Säugling, wie eine aufgehobene Hautfalte zeigt, ein beträchtliches Fettdepot. Nur die Kinder, die eine ungestörte Entwicklung durchgemacht haben, zeigen die Gesamtheit dieser Fettablagerungen. Schon geringfügige Störungen, die der Säugling erleidet, genügen, um leicht nachweisbare Lücken in den Fettlagern zu verursachen (siehe später). Die Kontrolle der Entwicklung des Unterhautfettgewebes, die Feststellung des Vorhandenseins aller Fettpolster etwa vom zweiten Lebensmonat ab, ist daher als ein wichtiges Kriterium der Gesundheit des Kindes zu werten.

Neben den Unterschieden in der Quantität der Fettablagerungen an den verschiedenen Körperteilen stellen sich auch qualitative Differenzen der Fettpolster im Laufe des ersten Lebensjahres ein. Einmal kommt es zu konstitutionell bedingten Unterschieden im Fettcharakter. Aus dem allen Neugeborenen eigentümlichen festen und körnigen Fett entwickeln sich im Laufe der ersten Lebensmonate (neben dem seltenen, den Myxödematösen eigentümlichen Fett) zwei klinische, für das Tastgefühl differente Fettarten: die aufgehobene Fettfalte fühlt sich derb und fest an oder sie ist bei gleicher Dicke welk, schlaff, scheinbar wasserreicher, pastös. Das derbe Fett ist das normale Fett des Säuglings, während das Fett der Pastösen auf das Bestehen einer Konstitutionsanomalie hinweist. Das rasche Einschmelzen, dem besonders das pastöse Fett bei Infektionen verfällt, überschwemmt den Organismus mit Abbauprodukten des Fettes und schafft so, nach Czernys Vorstellung, die Ursache der schweren Allgemeinschädigung und des besonders hohen Fiebers, mit dem gerade die dicken, überernährten Kinder erkranken. Der Nachweis chemischer Differenzen zwischen derbem und pastösem Fett ist bisher nicht geführt. Vielleicht sind für die klinisch feststellbaren Verschiedenheiten nicht so sehr Differenzen in der Zusammensetzung des Fettes, als im Bau und in der Beschaffenheit der Stützsubstanzen von Bedeutung (Mosse-Brahm). Die klinische Erkenntnis von den Unterschieden der beiden Fettarten und ihrer klinischen Wertung ist, wie folgendes Zitat aus dem Jahre 1751 lehrt, nicht eben neu:

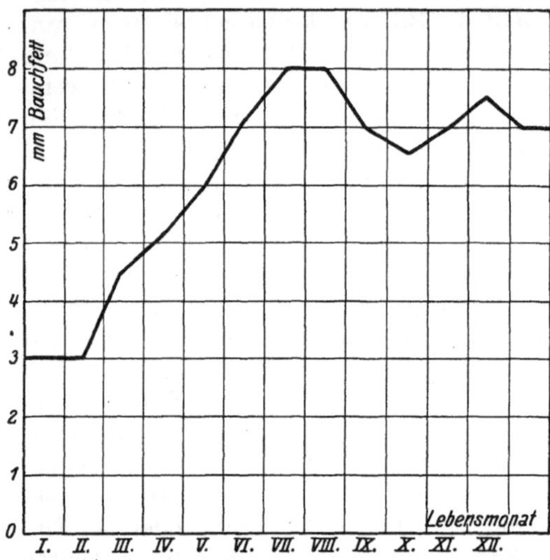

Abb. 7. Entwicklung des Bauchfettpolsters beim gesunden Kinde im Laufe des ersten Lebensjahres.

„Ist sie (id est „Fettigkeit") ex Dispositione hereditaria, und die Kinder sind dabey derb und hart am Fleische, so kann man sie, wie andere, vor gesund erklären; wenn aber die Fettigkeit von der Milch herrührt, und der Habitus corporis dabey schlapf und welk ist, so ist es nicht vor ein gesundes Fett und Fleisch zu halten; es sind dergleichen Kinder vielen Krankheiten und sonderlichen Flüssen unterworfen: werden leicht wund, bekommen Engbrüstigkeit, Husten, Durchfälle, Ansprung und Krätze, und wenn sie entwöhnt werden, fällt dieses Milchfleisch an ihnen zusammen und verfallen darauf leicht in Atrophiam oder Rachitidem." Johann Storch, Eisenach.

Unabhängig von konstitutionellen Bedingungen verändert sich im Laufe des ersten Lebensjahres das Fett der Fettdepots in gesetzmäßiger Weise. (Knöpfelmacher, Lehndorff, Lasch, Lemez). Das Fett der Neugeborenen unterscheidet sich vom Fett der Erwachsenen durch seinen relativ hohen Gehalt an Palmitinsäure:

	Kind	Erwachsener
Oleinsäure	67,75%	89,80%
Palmitinsäure	28,07%	8,16%
Stearinsäure	3,28%	2,04% (n. Langer)
freie Fettsäure	3,21—5,15%	1,50% (n. Engel).

Das Fett Neugeborener ist zudem wasserreicher und oleinärmer als das Fett der älteren Säuglinge. Im Laufe des ersten Lebensjahres macht das Fett einen „Reifungsprozess" durch, indem die Palmitinsäure allmählich abnimmt, die Oleinsäure allmählich zunimmt. Daher erscheint das Fett des älteren Säuglings nicht mehr körnig und fest, sondern dickflüssig. Zu diesen prinzipiellen Differenzen kommen Unterschiede in den einzelnen Fettdepots. Beim Neugeborenen ist das Fett der verschiedenen Körpergegenden noch von gleicher chemischer Zusammensetzung, soweit sich das aus der Jodzahl erschliessen lässt. Später zeichnen sich Wangen- und Oberschenkelfett durch eine höhere Jodzahl aus als das Fett des Bauches. Das Bauchfett ist ärmer an Oleinsäure, damit fester als das Fett der Wange und der Extremitäten; am festesten ist dann das Fett des Bichatschen Fettpropfes der Wange. Erst mit dem Ende des ersten Jahres wird die Zusammensetzung des Erwachsenenfettes erreicht (Siegert). Die Unterschiede in der Festigkeit (Schmelzbarkeit) zeigen sich klinisch bei der Abschmelzung der Fettlager unter dem Einfluss von Infektionen oder Ernährungsstörungen oder im Hunger (s. später). Gleichzeitig, wenn auch nicht ganz gesetzmäßig, findet sich ein höherer Wassergehalt in der fettfreien Trockensubstanz der Körpergewebe, die das oleinreichere Fett beherbergen. Der höhere Wassergehalt der protoplasmatischen Grundgewebe dieser Fettpolster erklärt die starken Schwankungen in der Dicke der flüssigeren Fettpolster, denen gerade das Fett im Gesicht und an den Extremitäten gegenüber dem festeren Bauchfett unterworfen ist.

d) Ausbau von Organanlagen.

Die Erscheinungen des Massen- und Längenwachstums können nur als die klinisch am leichtesten fassbaren Merkmale einer grossen Reihe gleichzeitiger, z. T. parallel verlaufender, z. T. sich kreuzender Vorgänge angesehen werden, deren Gesamtheit das Kind von der Stufe des Neugeborenen auf die hohe Stufe des einjährigen Kindes hebt. In der Entwicklung der Fettpolster wurde aus der Unsumme biologischen Geschehens ein mit einfachen Mitteln feststellbarer Faktor herausgegriffen und ausführlicher betrachtet, weil dem Kommen und Gehen der Fettpolster eine besondere Bedeutung für die Beurteilung von Gesundheit und Krankheit zukommt. Weit darüber hinaus spielen sich aber in jedem Zellterritorium und vielleicht sogar in jeder Zelle im Laufe des ersten Lebensjahres tiefgreifende Wandlungen, Umbauten und Neubauten ab, die anatomisch, funktionell oder klinisch fassbar sind, in denen sich die allmähliche Reifung des kindlichen Körpers äussert. Die Zeit des ersten Lebensjahres bringt einen so raschen Weiterbau und Ausbau der bei der Geburt vorhandenen Organanlagen und Gewebe, dass er in seiner Mannigfaltigkeit und in seinem Tempo der fötalen Entwicklung kaum nachsteht. Dabei ist aber auch hier eine von Monat zu Monat fortschreitende Verlangsamung der postnatalen Entwicklung und Differenzierung zu beobachten. In der Differenzierung liegt das wesentliche, wachstumverzögernde Moment (v. Pfaundler). Gerade die früheste Lebenszeit des Säuglingsalters, die Neugeborenenzeit, bringt die grösste Mannigfaltigkeit in den Wachstumsvorgängen und im Neueintritt physiologischer Funktionen. Dabei wird aber von der gradlinigen Fortsetzung der intrauterinen Entwicklung der Neuerwerb von Leistungen abgetrennt werden können, die sich für das Leben unter den völlig veränderten Bedingungen als notwendig erweisen.

Die Entwicklung und Differenzierung des Organismus zeigt sich klinisch in einer Veränderung der Proportionen. Prinzipiell unterscheiden sich die Körperproportionen des Neugeborenen von denen des Kleinkindes und weit mehr von denen des Erwachsenen nach Weißenberger in folgenden Punkten. Die Klafterbreite ist kürzer als die Körperlänge; die Sitzhöhe und auch die Rumpflänge

(Scheitel —Sitzfläche) ist länger als die Beine; die Rumpflänge ist länger als der Arm, die Arme sind länger als die Beine und der Kopfumfang ist grösser als der Brustumfang. Aus diesen Daten ergibt sich die Form des kurzbeinigen, langarmigen, gedrungenen Säuglingskörpers mit kurzem Hals und relativ sehr grossem Kopf. Der Eindruck der Gedrungenheit und Rundlichkeit wird durch den im Verhältnis zum Körper sehr grossen Kopf verstärkt. Während beim Erwachsenen das Verhältnis Kopf: Gesamtlänge wie 1:8 ist, ist es beim Neugeborenen wie 1:4 und schon beim Kinde am Beginn des zweiten Lebensjahres wie 1:5. Dabei ist das Gesicht relativ klein, die vom Erwachsenen abweichende Proportionalität wird durch den sehr grossen Hirnschädel bedingt. Die rundliche Gedrungenheit des Säuglingskörpers wird durch die Form des Brustkorbes verstärkt, bei dem transversaler und sagittaler Durchmesser fast gleich sind. Erst zur Zeit des Eintritts der ersten statischen Funktionen geschehen auch am Brustkorbe einschneidende Formveränderungen, die für die gesamte Atemmechanik bedeutsam sind. Der transversale Durchmesser nimmt gegenüber dem sagittalen stark zu, so dass der Brustkorb jetzt flacher erscheint. Die Abflachung kommt durch Senkung der Rippen zustande, die nicht mehr nahezu horizontal (in Inspirationsstellung), sondern mehr von hinten oben nach vorn unten verlaufen. Der veränderten Thoraxform passen sich die Lungen an, die nach abwärts sinken, während gleichzeitig Trachea und Bronchien beträchtlich an Länge zunehmen. Gleichzeitig erhält die flache, eher zur Kyphose neigende Wirbelsäule die ersten Andeutungen von Biegung, die wir beim älteren Kinde sehen, und am wenig modellierten Rücken des jungen Säuglings prägen sich bis zum Ende des ersten Lebensjahres die Muskelgruppen und Knochen scharf ab. Die Differenzierung der klinischen Form der Knochen, die sich auch am Schluss der Fontanelle, an Veränderungen in dem Verhältnis Extremitätenlänge: Rumpflänge zeigt, geht einher mit einer Reifung der Knochen in ihrer feineren Struktur, deren praktisch bedeutsamer Ausdruck das Auftreten neuer Knochenkerne im knorpelig vorgebildeten Knochen ist. Die beginnende Verkalkung bestimmter Knochenkerne zu bekannten Zeitpunkten kann als ein ungefähres Maß für die Altersbestimmung im ersten Lebensjahr gelten (s. S. 13).

Über die Entwicklung der einzelnen Gewebe soll hier nur soweit kurz berichtet werden, als es von praktischer und klinischer Bedeutung ist. Hierher gehören in erster Linie die Veränderungen im Blute. Im Blut vermindert sich die anfänglich hohe Leukozytenzahl langsam. An Stelle der relativen Lymphozytose nähert sich das weisse Blutbild ein wenig dem des Erwachsenen. Dem Reichtum an Lymphozyten des kindlichen Blutes entspricht auch die grosse Zahl lymphozytärer Follikel in den Lymphknoten und in der Milz, während das Bindegewebe anfänglich hier fast völlig fehlt. Im auffallenden Gegensatz hierzu steht die mangelhafte Entwicklung der lymphatischen Organe des Rachens, vor allem der Tonsillen beim jungen Säugling, die das Verschontbleiben dieses Lebensabschnittes von Anginen und Rachendiphtherie erklären soll, und dem am Darm die geringe Entwicklung der Lymphapparate des Appendix entspricht. Ob die

Blutstatus.

	Erythrozyten (Millionen)	Hämoglobin	Leukozyten	Blutbild			
				Polynukleare	Lymphozyten	Gr. Mononukleare und Übergangsformen	Eosinophile
Neugeborenen	6,5—7,5	100—140	20 000—30 000	70 %	17 %	11 %	2 %
10. Lebenstag	5,0—5,5	80— 90	12 000—15 000	37 %	46 %	16 %	1 %
$^1/_2$ Jahr	4,5—5,5	70— 80	8 000—12 000	30 %	55 %	12 %	3 %

beim Neugeborenen nachweisbare Polyzythämie und Polychromämie, die sich nach wenigen Tagen bereits ausgleichen, Entwicklungsvorgängen bei der Blutbildung zuzurechnen sind, erscheint zweifelhaft. Dagegen haben sich Gesetzmäßigkeiten in der Entwicklung bei den Serumeiweisskörpern nachweisen lassen, die ihr Verhalten gegenüber eiweissfällenden Substanzen, ihre Stabilität, von Monat zu Monat ändern, um sich erst am Ende des ersten Jahres dem Verhalten des Serums beim älteren Kinde anzupassen. Hierzu dürfte auch die Verzögerung der Senkungsgeschwindigkeit der Erythrozyten zu rechnen sein, die erst nach dem dritten Monat die Geschwindigkeit wie beim älteren Kinde erreicht. Auch die Entwicklung der Agglutinine fehlt beim neugeborenen jungen Säugling. Die fehlende oder mangelhafte Immunkörperbildung wäre ebenfalls als werdende Funktion des ersten Lebensjahres anzuführen.

An den inneren Organen erleidet die bei der Geburt noch sehr grosse Leber bereits im ersten Jahre eine relative Rückbildung. Der Magen verlässt seine fast horizontale Lage und stellt sich mehr senkrecht ein; der Pylorus ist nicht mehr, wie im frühen Säuglingsalter, weit rechts der Mittellinie unter der Leber, sondern nahezu median zu palpieren; ein Umstand, der bei der Diagnose der hypertrophischen Pylorusstenose Bedeutung erlangt. Die Nierenrinde wächst intensiver als das Mark, nicht als Folge einer Vermehrung der Glomeruli, sondern durch Zunahme des interstitiellen Gewebes. An Gewicht verlieren relativ die Nebennieren, während der Thymus noch an Gewicht zunimmt. Schweissdrüsen und Muskulatur schlagen ein individuell ausserordentlich verschiedenes Tempo der Entwicklung ein. Am intensivsten sind die postnatalen Entwicklungsvorgänge aber am Gehirn. Es verdoppelt nicht nur in den ersten $3/4$ Jahren sein Gewicht, sondern aus der bei der Geburt relativ wenig differenzierten Masse entwickelt sich die komplizierte Tektonik des Zentralnervensystems, die die Grundlage der grossen motorischen und sensorischen Leistungen ist, die der Säugling bis zum Ende des ersten Lebensjahres erwirbt. Mit drei Wochen ist die Sehbahn entwickelt; die Pyramidenbahnen scheinen bald nach dem dritten Monat ihre Reifung im wesentlichen vollendet zu haben. Einzelheiten sind hier nur wenige bekannt. Die grossen individuellen Differenzen werden aber am besten durch die von Kind zu Kind so ausserordentlich verschiedene Reihenfolge und Schnelligkeit bewiesen, mit der motorische, sensorische und affektive Leistungen erworben werden.

Über die qualitativen Entwicklungsvorgänge im ersten Lebensjahr liegt, so muss aber gesagt werden, bisher nur ein lückenhaftes Tatsachenmaterial vor. Die Betrachtung der quantitativen Entwicklung steht somit notgedrungen noch im Vordergrunde der Darstellung. Es ist wunderbar, dass trotz der individuell sicherlich sehr verschiedenen Differenzierungsvorgänge, die jedes Individuum im Streben nach der Endform und dann auch wieder in den einzelnen Lebensmonaten durchläuft, das Gesamtresultat, gemessen an der Zunahme von Länge und Gewicht, nur in engen Grenzen schwankt.

e) Die zerebrale Entwicklung.

Der fortschreitenden körperlichen Entwicklung des Säuglings entspricht ein stetiger Neuerwerb psychischer Fähigkeiten. Der Ausbau der seelischen Leistungsfähigkeit und der seelischen Reaktion ist ebenso wie die Beobachtung des körperlichen Zustandes ein wesentlicher Faktor zur Beurteilung des Gesundheitszustandes eines Säuglings. Jede Verschlechterung im Aufbau und in den Funktionen des Somatischen spiegelt sich im Gange der seelischen Entwicklung, die gehemmt erscheint oder selbst Rückschritte macht. Das krankhafte seelische Gehabe eines Säuglings ist für den Arzt ein ebenso wertvolles diagnostisches Symptom, wie irgend ein körperliches Merkmal, das auf den Eintritt einer Störung im Gedeihen hinweist. Die Darstellung der wichtigsten Daten und Etappen der seelischen Entwicklung gehören daher um so mehr in den Rahmen einer Ernährungslehre, da Störungen der Ernährungsvorgänge schon beim Säugling das seelische Gehabe ganz wesentlich und z. T. in durchaus charakteristischer Weise verändern. Es sei nur an die Ängstlichkeit des skorbutkranken Kindes oder an die schweren Bewusstseinsstörungen im Ablauf einer alimentären Intoxikation erinnert. Exakte Kenntnisse der psychischen Fortschritte fehlen aber noch in vielen Richtungen, trotzdem seit Jahrtausenden Legionen von Kindern unter der sorgfältigen Aufmerksamkeit von Eltern und Erziehern aufgewachsen sind.

Zu keiner Zeit des Lebens drängt sich die Fülle des neu Erlernten und neu Erworbenen auf so engem Raume, wie in den Monaten des ersten Lebensjahres. Das lehrt am eindringlichsten der Vergleich des hilflosen Neugeborenen mit dem bereits lebenserfahrenen, vielseitigen Kinde am Ausgange des ersten Jahres. Das Neugeborene ist im wesentlichen ein Instinktwesen, dessen Hauptfähigkeiten Schreien, Saugen und Schlucken sind. Dazu kommt der Besitz einiger weniger Schutzreflexe, z. B. von seiten des Auges. Im Laufe des ersten Lebensjahres erlernt das Kind durch „Selbstdressur" Greifen, Sitzen, später Stehen und schliesslich Laufen. Zu diesen Fähigkeiten gelangt das Kind durch stetige Übung, zu der es reflektorisch getrieben wird. Bei der Mehrzahl der Kinder erscheinen diese Funktionen etwa zu folgenden Zeiten:

Im zweiten Monat Heben des Kopfes von der Unterlage in Bauch- und Rückenlage; Lächeln nach freudig erregenden äusseren Reizen.

Im zweiten bis dritten Monat kurzdauerndes Fixieren eines Gegenstandes.

Im dritten Monat Interesse an der Umwelt.

Im zweiten Vierteljahr Fixieren des Kopfes bei aufrechter Haltung; freies Sitzen mit geradem Rücken; gewolltes Zugreifen.

Im dritten Vierteljahr aufrechtes Stehen; willkürliche Änderung der Körperlage im Liegen; Festhalten von Gegenständen.

Im vierten Vierteljahr erste Gehversuche; Kriechen; seltener selbständiges Laufen.

Hierzu ist aber zu bemerken, dass die Variationsbreite auf diesem Gebiet ganz besonders gross ist. Individuelle Besonderheiten der Entwicklung, Einflüsse der Vererbung und der Erziehung machen sich hier stark bemerkbar.

Der Eintritt der körperlichen Fähigkeiten wird dabei vielfach als Folge einer Kräftigung und Entwicklung der „schwachen Körpermuskulatur des Neugeborenen" gedeutet. Und doch hängt auch die Erwerbung körperlicher Fähigkeiten viel mehr von der fortschreitenden zerebralen Entwicklung des Kindes ab. So lernen idiotische Kinder nur verspätet oder überhaupt nicht zu sitzen, zu stehen oder zu laufen. Die Kraftleistungen, zu denen auch schon die jüngsten Säuglinge befähigt sind, lassen sich ermessen, wenn man beobachtet, wie schwer es bei vielen jungen Kindern ist, den Mund zur Besichtigung der Mundhöhle zu öffnen, oder wenn man sieht, wie die jungen Kinder sich mit stark gebeugten Armen hochheben lassen, eine Leistung, zu der mit gleicher Ausdauer kaum ein Erwachsener befähigt ist. Wenn andere Leistungen dagegen vom Säugling nicht vollbracht werden können, so fehlt es nicht an der notwendigen Kraft, sondern an der Fähigkeit, die zu einer Bewegung usw. notwendigen Muskelkoordinationen aufzubringen. Erst die fortschreitende Entwicklung der Nervenzentren und Nervenbahnen gibt dem Kinde diese Koordination der Muskeln und Muskelgruppen, die zur zweckmäßigen Bewegung notwendig ist. Hierbei scheint die Fähigkeit, einzelne Muskeln und kleinere Muskelgruppen gesondert zu bewegen, von besonderer Bedeutung, denn beim Säugling der ersten Lebensmonate wird jeder Reiz mit Massenbewegung der Muskulatur beantwortet. Aufdecken führt in dieser Zeit zur tonischen Streckung aller vier Extremitäten, bei allen Bewegungen werden rechter und linker Arm, rechtes und linkes Bein stets gleichsinnig bewegt und symmetrisch gehalten. Aus diesem allgemeinen Bewegungsdrang entwickeln sich dann, entsprechend den Fortschritten am Nervensystem, die koordinierten Bewegungen. Alle diese Bewegungen geschehen und werden vom Kinde geübt mit dem Ziele, den aufrechten Gang zu erreichen. An ihrem Zustandekommen sind die von Magnus und Sherrington beim grosshirnlosen Tiere gefundenen Reflexvorgänge anscheinend wesentlich beteiligt (Landau). In dem unbewussten Drang nach aufwärts wird daher jeder dieser Reflexe (Labyrinthreflexe, Stellreflexe, Reflexe auf die Halsmuskulatur, auf die Extremitätenmuskulatur usw.) vom Säugling ständig unbewusst geübt, bis mit der Entwicklung höherer Nervenzentren kompliziertere Bewegungen und schliesslich der aufrechte Gang möglich werden. So sieht man Kinder im vierten bis neunten Monat für viele Stunden in Seitenlage verharren, den unteren Arm gebeugt, den oberen gerade nach oben gestreckt; lagert man das Kind auf die andere Seite, so wird in der neuen Lage prompt die gleiche Stellung der Arme eingenommen (Landau). Andere Kinder liegen halb aufgerichtet mit nach rückwärts aufgestützten Armen ohne zu ermüden. Ist die Entwicklung des Nervensystems erst abgeschlossen, so schwinden diese primitiven, zur Erwerbung der statischen Funktionen aber wichtigen, tiefen Reflexe. Sie werden überlagert, um nur bei Erkrankungen und Ausfall der höheren nervösen Bahnen wieder zu erscheinen.

Der Fortschritt der Koordination lässt sich besonders schön beim Vorgange des Greifens verfolgen, der jederzeit leicht zu prüfen ist und ein praktisch brauchbares Maß für den Stand der psychischen Entwicklung des Säuglings abgibt. Schon der Säugling der ersten Lebenswochen beantwortet einen Reiz, der seinen Handteller trifft, mit einem Schluss der Finger. Sie werden reflektorisch dem Gegenstand angenähert. Der Daumen beteiligt sich an dem Vorgang nicht, sondern bleibt meist senkrecht neben den Grundgliedern der gebeugten Finger stehen. Wenige Monate später wird ein Gegenstand, der den Handteller reizt, vom zweiten bis fünften Finger umfasst, der Daumen geht, ohne selber zuzugreifen, meist gestreckt in starke Abduktionsstellung. Erst nach dem ersten Halbjahr kommt es reflektorisch zur Opposition des Daumens, der sich erst von diesem Zeitpunkt an am Greifvorgang beteiligt. Die Oppositionsstellung wird jetzt vom Daumen bei jedem Zugreifen hartnäckig angestrebt, gleichgültig wie die Stellung des Daumens in dem Augenblick war, als der Reiz den Handteller traf. Störungen und stärkere Verzögerungen in der Entwicklung dieses Koordinationsmechanismus zeigen an, dass durch Hemmungsmissbildung oder durch akute und chronische Erkrankungen (z. B. Rachitis) die zerebrale Entwicklung des Kindes Schaden gelitten hat.

Neben dem Erwachen der statischen Funktionen geht das Erwachen der Ausdrucksbewegungen. Der Neugeborene und der Säugling der ersten Lebenswochen kann schreien und lächeln; er macht Abwehrbewegungen mit dem Kopfe und besitzt auf die entsprechenden Reize die Mimik des Sauren, des Bittren und des Süssen. Reflexbewegungen werden bereits bei allen Säuglingen ausgelöst: Licht wird mit Augenschluss, Schmerz mit Geschrei, Kälte mit Abwehr und Geschrei beantwortet. Geruch und Gehör versagen oft beim Neugeborenen auf Reize. Erst im zweiten Halbjahr tritt aber zu der Sinnesempfindung die zweckmäßige körperliche Bewegung, die zeigt, dass die Sinnesempfindung zum Bewusstsein gekommen ist: hierher gehört der Erwerb des Fixierens vorgehaltener und erblickter Gegenstände, das aktive Sehen und die bewusste Lokalisation von Sinneseindrücken z. B. des Gesichts und Gehörs, die sich durch den Eintritt bestimmter Bewegungen dokumentieren. In dem Eintritt solcher zweckvoller Bewegungen auf Sinneseindrücke liegt die erste Gedächtnisleistung des Kindes.

Erst gegen das Ende des ersten Lebensjahres erscheinen die ersten komplizierten
Seelenregungen, wie die Äusserungen der Furcht, der bewussten Zuneigung, die
dem jungen Säugling zunächst völlig fehlen.

Die gesamte seelische Einstellung des jungen Säuglings ist indifferent.
Erst um die Zeit des zweiten Lebensquartals entwickelt sich der Zustand des
Behagens und der Zufriedenheit, der den gesunden Säugling kennzeichnet und
dessen Verlust ein frühes Zeichen beginnender Krankheit ist. Dabei wandelt
die Mehrzahl der akuten und chronischen alimentären und infektiösen Störungen
die Stimmung des Kindes im Sinne der duldenden Depression und der Unlust.
Schmerzliche Erregung ist der alimentären Intoxikation und im geringen Maße der
alimentären Dyspepsie eigentümlich. Schmerz und Angst kennzeichnen die Kinder,
die an Pylorusspasmus und an manchen Formen der Ruhr leiden, und die sich im
akuten Stadium des vollentwickelten Skorbuts befinden. Die Berücksichtigung
der seelischen Einstellung, die sich in der Mimik des Kindes und in seinem Gehabe
spiegelt, ist für die Diagnose und für die Prognose mancher Ernährungsstörungen
nicht ohne Bedeutung. Der Arzt sollte, von seiner Kenntnis vom normalen
seelischen Gleichgewicht des gesunden Kindes ausgehend, auch die Beurteilung
der Psyche als nicht unwesentliches Merkmal zur Beurteilung des Ernährungserfolges und des Gedeihens schon bei diesen jungen Kindern in Rechnung stellen.

II. Die Immunität des gesunden Säuglings.

Erst relativ spät hat man das wichtige Gesetz erkannt, dass die Reaktion
eines Kindes gegenüber dem bakteriellen Angriff von der Beschaffenheit
seines Ernährungszustandes beherrscht wird. Nur der vollgesunde eutrophische Säugling vermag die zur Abwehr bakterieller Invasion notwendigen
immunbiologischen Leistungen in nahezu idealer Weise zu erfüllen. Das lehrt
neben der klinischen Beobachtung die einfache statistische Zahl. Wenn unter
den im ersten Lebensjahr verstorbenen Kindern die Zahl der Brustkinder allenthalben weit hinter der der Flaschenkinder zurückbleibt, so ist dieses Ergebnis
nicht zum mindesten auf die höhere Widerstandskraft des Brustkindes gegenüber dem Infekt zurückzuführen. Indessen soll damit nicht gesagt werden, dass
die hohe Resistenz ausschliesslich an die natürliche Ernährung gebunden ist,
etwa in dem Sinne eines direkten Übergangs von Immunkörpern von der Stillenden
durch die Milch zum gestillten Kinde. Zwar ist für einige Antitoxine, wie Tetanus
und Diphtherie, in der Tat ein solches Übertreten aus dem Säftestrom der Stillenden
in die Milch erwiesen worden, allgemein aber wird eine derartige passive Immuni-
sierung des Säuglings nicht zutreffen. Die gesunde Zelle vermag vielmehr selbständig, aktiv die erforderlichen Immunisierungsvorgänge zu besorgen. Und wenn
es bei künstlicher Ernährung gelingt, ein allen Ansprüchen genügendes Resultat
zu erzielen, dann ist auch das Flaschenkind zu gleich vollwertiger Abwehr der
Infektion befähigt wie das Brustkind.

Bevor wir die immunbiologische Leistung des Säuglings näher beleuchten,
muss der Begriff der Immunität schärfer, als das nach allgemeinem Sprach-
gebrauch üblich ist, ins Auge gefasst werden. Man darf nicht übersehen, dass
die Immunität, im üblichen Sinne gebraucht, zwei keineswegs zwangsläufig
verbundene Phänomene zusammenschweisst. Einmal sprechen wir von hoher
Immunität, wenn ein Individuum vom Krankheitsanfall überhaupt verschont
bleibt, ein anderes Mal, wenn es zwar der Krankheit verfällt, sie aber schnell,
leicht und komplikationslos überwindet. Es unterliegt keinem Zweifel, dass im
ersten Falle eine hohe Immunität vorgelegen hat. Wie aber, wenn es zum Krankheitsanfall kommt? Gibt es doch einerseits recht anfällige Kinder, bei denen

die jeweiligen Erkrankungen stets leicht verlaufen. Und andererseits wenig anfällige Kinder, die bei dem ersten sie treffenden Infekt dahingerafft werden. Diese Schwierigkeiten und Hindernisse werden behoben, wenn man den Begriff der Immunität in zwei Unterbegriffe aufteilt, die sich zwar decken können, aber nicht decken müssen und gelegentlich sich sogar gegensätzlich verhalten.

1. Die Immunität im engeren Sinne der geringen Anfälligkeit.

2. Die Widerstandskraft gegenüber dem eingetretenen Krankheitsanfall, die Resistenz.

Die Verhütung des Krankheitsanfalls gelingt dem Organismus auf zweierlei Art, entweder durch den Widerstand, den Haut und Schleimhaut von vornherein den eindringenden Erregern entgegensetzen oder durch einen gewissen Vorrat an Immunkörpern, der hinreicht, um die ersten in die Blutbahn eindringenden Mikroorganismen anzugreifen und unschädlich zu machen. Much bezeichnet das dabei in Tätigkeit tretende Kräftespiel als Abwehrimmunität, besser noch könnte man von Vorratsimmunität sprechen. Beispiele mögen das erläutern. Auf der einen Seite gibt es eine Reihe von Erkrankungen, die eine besondere Eintrittspforte, z. B. eine Kontinuitätstrennung der schützenden Epidermis zur Voraussetzung haben. Phlegmonen, Abszesse pflegen sich selten bei intakter Haut zu entwickeln, die Nabelinfektionen setzen die Gegenwart einer Wunde voraus. Einen Schutz gegen den Eintritt dieser septischen Infektionen durch den Antikörpergehalt im Blut kennen wir nicht. Lediglich die lokalen Bedingungen der Eintrittspforte entscheiden hier über den Erkrankungsfall.

Auf der anderen Seite weiss man, dass durch Injektion geringer Mengen von Rekonvaleszentenserum drohende Masern, von Diphtherieheilserum drohende Diphtherie verhütet werden kann. Hier müssen also die dem Blute mitgeteilten spezifischen Antikörper der Erkrankung — wahrscheinlich durch die Auflösung der ersten Eindringlinge — vorgebeugt haben. — Mit anderen Worten: Für den Erkrankungsfall verantwortlich sind Bedingungen der Einbruchspforte und der humorale Antikörperbestand (Vorratsimmunität).

In einem gewissen Gegensatz dazu ist der Verlauf der einmal eingetretenen Erkrankung nur von dem Maß der aufgebrachten Abwehrkräfte — Wiederherstellungsimmunität nach Much — abhängig. Während also die Anfälligkeit eines Kindes durch ungünstige lokale Momente der Eintrittspforte (z. B. Hyperplasie des lymphatischen Rachenrings — Kontinuitätstrennung der Haut) bedingt sein kann, ist die Resistenz das beste klinische Maß für die Grösse der immunbiologischen Verteidigung. Die einfache Feststellung, ob ein Infekt leicht und kurz oder schwer, kompliziert und protrahiert verläuft, lässt damit wichtige Rückschlüsse auf Kräfte zu, die dem Kliniker sonst heute noch nicht fassbar sind.

Wenn die immunbiologische Abwehr des bakteriellen Angriffs in den Mittelpunkt der Betrachtung gestellt wurde, so soll damit nicht in Abrede gestellt werden, dass ausser der Antikörperproduktion mechanische und physikalische Faktoren für den Krankheitsablauf von Bedeutung sind. Es braucht nur an die paravertebralen Pneumonien infolge der venösen Stase, an die Pneumonien der Rachitiker mit weichem Brustkorb erinnert zu werden.

Erst nach diesen Betrachtungen kann man die Bedeutung der „Immunität" für den gesunden, eutrophischen und späterhin für den kranken Säugling in ihrem ganzen Umfang verstehen und würdigen. Zunächst darf gesagt werden, dass der „zarte Organismus" des Säuglings keineswegs so widerstandsschwach ist, wie man früher glaubte. Im Gegenteil, er verfügt über eine ganz erstaunliche Immunität. Durch eine auffallend geringe Krankheitsempfänglichkeit ist der Säugling der ersten Lebensmonate ausgezeichnet. Das drückt sich sowohl in der Tatsache des Verschontbleibens von einer Reihe spezifischer Infektionskrankheiten (Scharlach, Masern, Diphtherie) als auch in der Seltenheit unspezifischer grippaler Affektionen aus.

Zählt man bei vielen Säuglingen in gleichbleibendem Milieu die Anzahl der in jedem einzelnen Lebensquartal erworbenen Infekte katarrhalischer Art, so muss immer wieder ihre Seltenheit im ersten Halbjahr auffallen, in der Anstalt nicht anders wie im Privathaus. Erst mit der Halbjahrswende vollzieht sich physiologischerweise eine andere Einstellung. So mancher Säugling, der in der Familie bis dahin von jeder fieberhaften Erkrankung verschont blieb, erkrankt nunmehr bald nach Überschreitung der Halbjahrsgrenze am ersten Infekt. Es ist nicht unwahrscheinlich, dass diese Beobachtung schon den alten Ärzten geläufig war und als Unterlage für die Annahme eines „Zahnfiebers" Verwendung fand.

So beträgt die Zahl der Infekte bei gesunden Brustkindern im Anstaltsmilieu, wachsend mit aufsteigendem Lebensalter.

1. Quartal   2. Quartal   3. Quartal   4. Quartal[1])
1,0   1,6   3,0   4,0

Wenn der Organismus des jungen Säuglings so eingestellt ist, dass dem bakteriellen Reiz nur in Ausnahmefällen die Krankheit folgt, so kann das nur durch einen gewissen, bereit gehaltenen Vorrat an abgestimmten und unabgestimmten Immunkörpern erklärt werden. Dieser Vorrat (Vorratsimmunität) wird ihm von der Mutter als Lebensmitgift auf den Weg gegeben. Objektiv kann diese Vorratsimmunität für eine bestimmte Krankheit an dem Ausfall des Schick-Testes, der die Giftfestigkeit der Haut gegenüber dem Diphtherietoxin anzeigt, geprüft werden. Neugeborene und Säuglinge in den ersten Lebensmonaten geben zu 85% einen negativen Ausfall des Schick-Testes. Physiologischerweise ist aber die Mitgift um die Halbjahreswende — in pathologischen Fällen schon früher — aufgezehrt, und nun erst steht das Kind in bezug auf die Krankheitsabwehr auf eigenen Füssen. Nunmehr sind Masern-, Diphtherie- und Scharlacherkrankungen keine Seltenheit mehr, und als Zeichen dieser veränderten Empfänglichkeit ist der Schick-Test gegen Ende des ersten Lebensjahres nur noch bei 10% der Kinder negativ.

Während die Krankheitsempfänglichkeit innerhalb der gleichen Umwelt auffallende Konstanz zeigt und im wesentlichen von der Exposition abhängt, weist die Resistenz von Individuum zu Individuum, ja bei demselben Kinde, recht grosse Schwankungen auf. Der grösste Teil der Erkrankten pflegt den Infekt sehr schnell zu überwinden, einzelne brauchen längere Zeit, bis sie wieder gesunden und ein oder das andere Kind geht ungeachtet aller Therapie zugrunde. Diese so verschiedene Auswirkung des gleichen Infektes

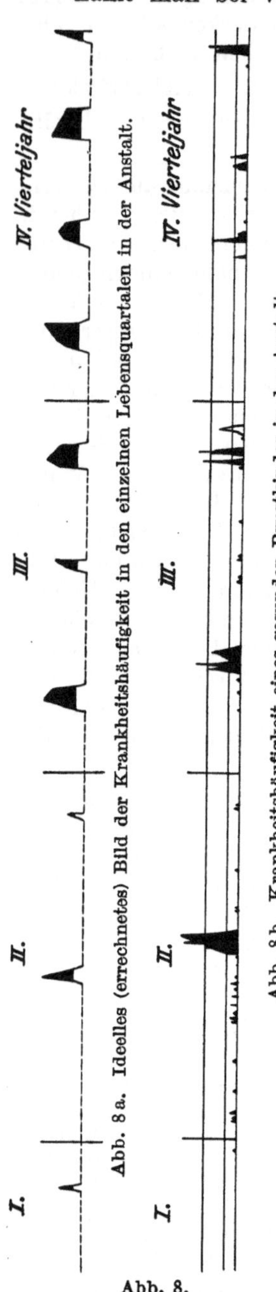

Abb. 8.

---

[1]) Innerhalb der Familie ist die Exposition geringer; im ersten Halbjahr ist eine Infektion selten, im zweiten wird man mit einem bis zwei grippalen Infekten rechnen müssen.

ist nun keineswegs ein Werk des Zufalls, sondern wird von einer Reihe von Faktoren gesetzmäßig beeinflusst.

1. von der Konstitution, 2. der Jahreszeit, 3. dem Alter, 4. dem Ernährungszustand, 5. der Art der Ernährung.

In erster Linie entscheidet die Konstitution über die Stärke der immunbiologischen Widerstandskräfte. Es gibt — genotypisch bedingt — gute und

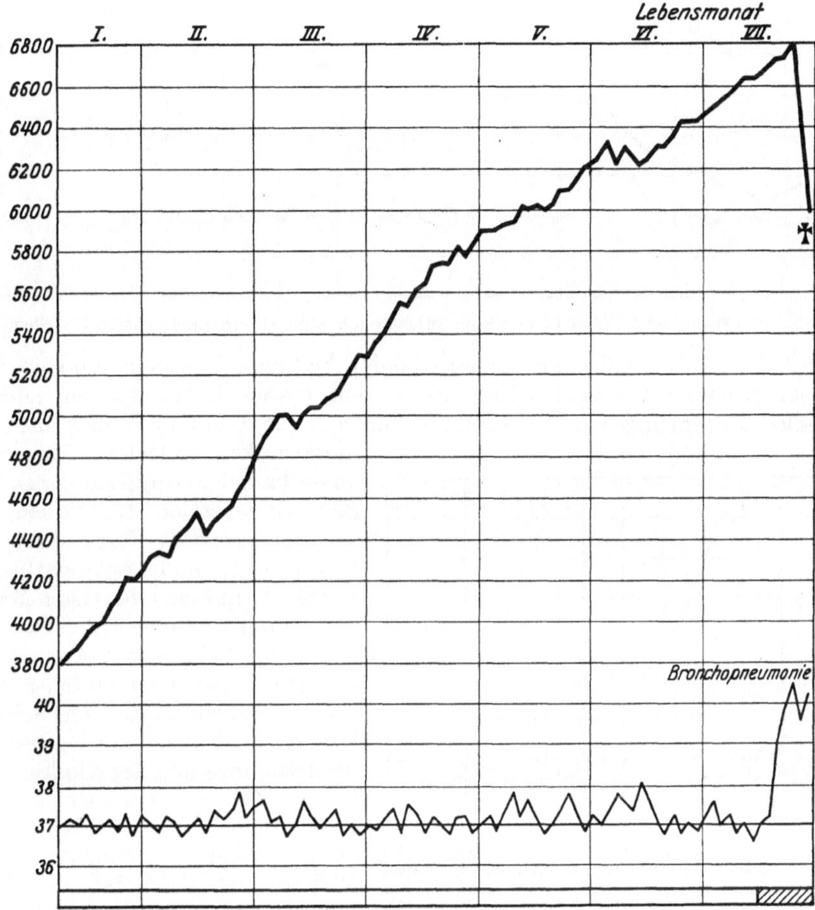

Abb. 9. Tod beim ersten, banalen grippalen Infekt bei einem Kinde, das sich bis in den siebenten Lebensmonat ohne jede Störung vorzüglich entwickelt hat. Und trotzdem muss dieses Gedeihen fehlerhaft, nur scheinbar gut gewesen sein, da mit der guten Gewichtszunahme usw. nicht die Entwicklung einer normalen Abwehrfähigkeit gegen Infekte einherging. Ein Kind darf erst dann als „eutrophisch" bezeichnet werden, wenn es den ersten grippalen Infekt ohne Schwierigkeiten überwunden hat. Der Ausfall der Energie machte sich in typischer Weise auch im vorliegenden Falle mit dem Eintritt ins zweite Lebenshalbjahr bemerkbar (kritische Zeit der Halbjahreswende).

schlechte Antikörperbildner. So werden gelegentlich, wenn auch selten, scheinbar gesunde Kinder von dem ersten Infekt, der sie heimsucht, aufs schwerste betroffen, so dass sie lange Zeit kränkeln und unter Umständen dahingerafft werden. Zumeist hat sich freilich die abwegige Konstitution schon vordem durch eine Verschlechterung des gesamten Ernährungszustandes klinisch bemerkbar gemacht. Nur bei frühgeborenen Kindern kann diese Resistenzlosigkeit gegenüber dem ersten Infekt den Unerfahrenen geradezu überraschen, wenn ohne Warnung durch die gewohnten Zeichen mangelhafter Entwicklung plötzlich im dritten bis sechsten Lebensmonat ein harmlos beginnender Schnupfen sich zur Pneumonie vertieft

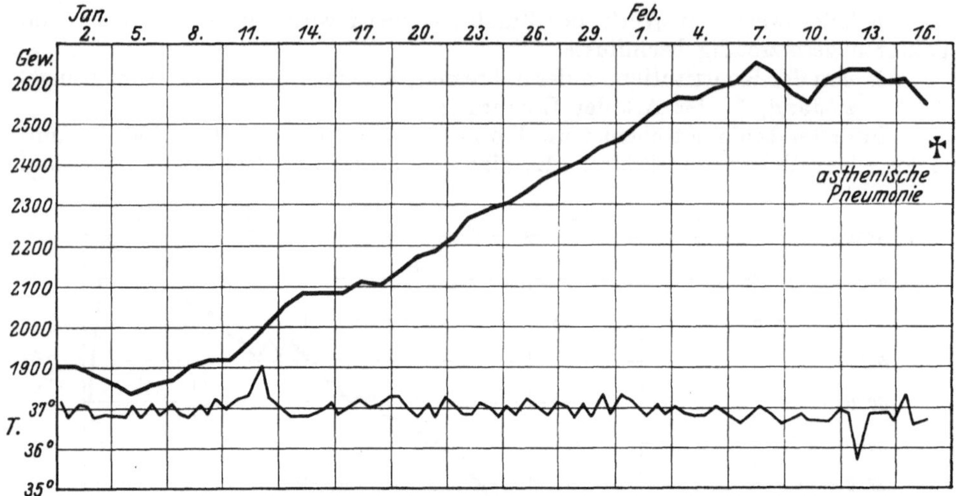

Abb. 10. Frühgeburt. Tod beim ersten Infekt nach klinisch scheinbar gutem Gedeihen.

und tödlich endet. Auf diese konstitutionell bedingte Resistenzlosigkeit frühgeborener Kinder, die nicht selten ein in den ersten Lebenswochen mühsam errungenes Ernährungsresultat zunichte macht, hat Czerny zuerst die Aufmerksamkeit gelenkt. Aber auch ausserhalb der Gruppe dieser Debilen gibt es einzelne Individuen, besonders aus dem Formenkreis der exsudativen und neuropathischen Diathese, mit angeborenem Mangel des Durchseuchungswiderstandes.

Die Jahreszeit oder schärfer gesagt die Dauer und Intensität der Sonnenbestrahlung ist von nachweisbar grossem Einfluss auf die Resistenz des Säuglings und des Kindes. Sorgfältige Zählungen haben ergeben, dass die Zahl der katarrhalischen Infekte zwar im Sommer und im Winter fast gleich ist, der Index infectiosus also durch jahreszeitliche Bedingungen nicht verändert wird, aber die Art des Ablaufes der Affektionen ist in beiden Jahreszeiten ausserordentlich verschieden. Jahr für Jahr wiederholt sich in Säuglingsanstalten die Beobachtung, dass von Mai bis Oktober die Aufzucht der Pfleglinge ohne Schwierigkeiten gelingt, dass dagegen vom November bis in das Frühjahr hinein die Ernährungserfolge durch langandauernde und komplikationsreiche Infektionen bedroht und so manchesmal auch

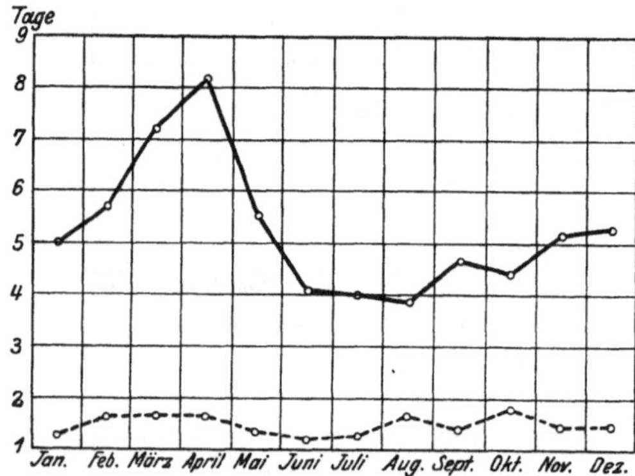

Abb. 11. Die obere ausgezogene Linie stellt die durchschnittliche Zahl der Fiebertage (Infektionsdauer) dar, die untere die Zahl der Infekte in der Anstalt pro Kalendermonat. Sommer und Winter unterscheiden sich nicht durch die Häufigkeit der Infektionen, sondern durch ihren langdauernden Verlauf in der dunklen Jahreszeit.

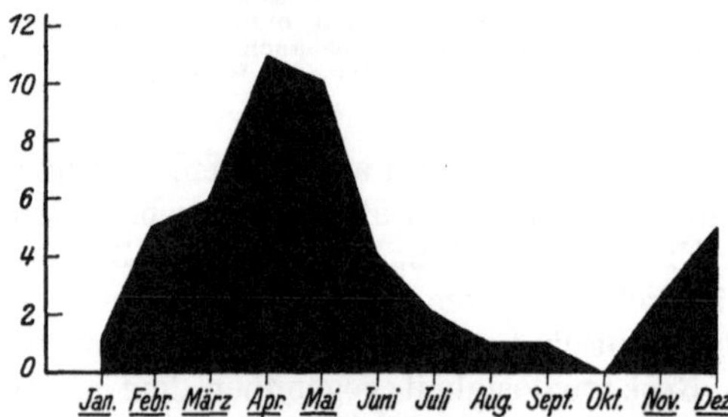

Abb. 12. Sterblichkeit an Pneumonie in der Säuglingsanstalt nach Kalendermonaten. Die Sommermonate bis zum Herbst hinein bleiben fast frei von Pneumonie.

durchkreuzt werden. Die Mortalitätsstatistik innerhalb der Anstalt, aber auch der im Schosse der Familie aufwachsenden Säuglinge, beweist diese winterliche Senkung der Resistenz zur Genüge.

Das Lebensalter des Säuglings, das — wie schon erwähnt — die Krankheitsbereitschaft so wesentlich beeinflusst, ist auch für die Resistenz im Falle der infektiösen Erkrankung von grosser Bedeutung. Wiederum sind es nicht die jüngsten und „zartesten" Individuen, die solchen Erkrankungen den geringsten Widerstand entgegensetzen, sondern merkwürdigerweise die Kinder um die Halbjahreswende. Das geht schon aus der einfachen Beobachtung hervor, dass sowohl die Höhe des Fiebers als auch seine Dauer bei den üblichen grippalen Affektionen vom ersten bis dritten Lebensvierteljahr steigt, um am Ende des ersten Lebensjahres wieder etwas zu fallen. Nach einer Zählung Nassaus aus den Jahren 1918/20 dauerte der Einzelinfekt im

	1. Quartal	2. Quartal	3. Quartal
	1	3,5	7,4 Tage

und die Zahl der Fiebertage über 38^0 betrug

	0,5	1,2	4,0

In der Tat pflegen viele Infektionen, z. B. Varizellen, Pneumonie, Diphtherie im ersten Trimenon unter geringerem Fieber und im ganzen milder zu verlaufen als später. Das dürfte wohl der Grund dafür sein, dass die Pockenimpfung in England im ersten Lebensquartal vorgenommen wird. Der gleiche Organismus, der Störungen der Ernährung mehr als je sonst im Leben ausgesetzt ist, zeigt also eine auffallende Abwehrkraft gegen die bakterielle Invasion. Will man diese Erscheinung dem Verständnis erschliessen, so muss man annehmen, dass der Vorrat an Immunkörpern, der dem Neugeborenen auf den Lebensweg mitgegeben ist, den jungen Säugling zu besserer und vollkommener Abwehr befähigt als den älteren, dem im Falle der Infektion die ganze Aufgabe der aktiven Immunkörperbildung zufällt. Das Beispiel der abortiven Masern im ersten Trimenon gibt eine Stütze dieser Hypothese. —

Nur e in e r Infektion gegenüber werden, klinischer Beobachtung gemäß, keine Antikörper vererbt, der Tuberkulose. Wehrlos ist der junge Säugling dem Angriff der Tuberkelbazillen preisgegeben. Viele bereits im ersten Lebensquartal tuberkulös infizierte Säuglinge gehen zugrunde. Erst allmählich stellt sich die Fähigkeit zur Bildung von Abwehrstoffen gegen die Tuberkuloseinfektion ein; am Ende des ersten Jahres infizierte Säuglinge haben bereits weit mehr Aussicht, den Kampf gegen die Tuberkelbazillen erfolgreich zu bestehen.

Geradezu entscheidend für die Grösse der Resistenz ist der Ernährungszustand des Säuglings. Nur der wirklich Gesunde verfügt über eine maximale Abwehrfähigkeit, und schon geringfügige Veränderungen des Ernährungszustandes führen zu eindeutigem Versagen in der Art der Überwindung der unvermeidbaren Infektionen. In diesem Sinne darf und muss man eine hohe „Wiederherstellungsimmunität" als eines der wichtigsten klinischen Zeichen der Eutrophie bewerten. Bei der Besprechung der Ernährungsstörungen wird noch ausführlich auf die dabei zu beobachtende Senkung der Resistenz und deren Bedeutung eingegangen werden müssen. Vielleicht der Hauptteil tödlicher Ausgänge an Infektionen ist nicht den Krankheitskeimen, sondern der Immunitätssenkung infolge der Schädigung des Allgemeinzustandes zur Last zu legen. Für das gesunde Kind muss als Regel gelten, dass interkurrente Infektionen schnell und sicher überwunden werden. Das gilt vor allem für die grippalen Erkrankungen. Verfolgt man den Verlauf der grippalen Infektion bei einer grossen Zahl gesunder Säuglinge, so kann man einen Grundtypus der Fieberstruktur — Ablauf des Infektes in 3—5 Tagen — herausschälen, der sich immer wieder findet (vergl. Abb. 8). Sobald sich stärkere Abweichungen von diesen Grundtypen einstellen, hat der Arzt allen Grund, nach einer — wenn auch bisweilen noch verborgenen — **alimentär bedingten Schädigung zu fahnden.** Die Prophylaxe schwerer Infektionen, die Verhütung der Pneumonien mit ihrer hohen Sterblichkeit muss also im wesentlichen durch sachgemäße Ernährung und Ernährungstherapie geschehen. Die Übertragung katarrhalischer Infektionen werden wir weder im Privathaus noch in der Anstalt trotz Quarantäne und anderer zweckvoll ausgedachter Einrichtungen vermeiden können. In hohem Maße aber ist die Verlaufsart dieser Infektion in die Hand des Arztes gegeben. Sie ist leicht bei eutrophischen Säuglingen und wird um so schwerer und komplikationsreicher, je mehr sich ein Säugling von der Eutrophie entfernt.

Damit ist zugleich gesagt, dass nur eine **komplette Ernährung den optimalen Stand der Immunität gewährleistet.** Das Vorbild einer kompletten Ernährungsweise ist die Frauenmilch. Nur solche Nährmischungen, die die Nährstoffe ungefähr in der Relation der Frauenmilch darbieten, dürften für die ersten Lebensmonate als komplett zusammengesetzt angesprochen werden. Das gilt besonders für das Verhältnis Fett:Kohlenhydraten, welches in der natürlichen Nahrung ungefähr in der Proportion von 1:2 enthalten ist. Stärkere Abweichungen von dieser Relation durch einseitige Vermehrung der Kohlenhydrate und Verminderung des Fettes scheinen für die Erhaltung der Immunität ungünstig zu sein. In der Tat kann man beobachten, dass seit der Rehabilitierung des Fettes in der Säuglingsernährung die Resistenz der Kinder gegenüber den unvermeidbaren Infektionen grösser geworden ist. Der ungünstige Einfluss der Kohlenhydratmästung ist seit Czerny bekannt und durch Weigerts Tierversuche auch experimentell belegt. Kohlenhydratgemästete Schweine gingen an einer Tuberkuloseinfektion schneller und unter schwereren Krankheitserscheinungen zugrunde, als die fettreich aufgezogenen Tiere. Czerny führt das Versagen der Widerstandskraft der kohlenhydratgemästeten Tiere auf den durch den Kohlenhydratreichtum der Nahrung erzeugten hohen Wassergehalt des Tierkörpers zurück, indem er sich vorstellt, dass ein hoher Wassergehalt des Gewebes pathogenen Erregern einen günstigen Nährboden bietet. Wahrscheinlich reicht diese Erklärung nicht aus. Sollte nicht durch die pathologische Wassereinlagerung der Zelle auch die zelluläre Immunkörperbildung selbst geschädigt werden und dadurch die Einbusse an Resistenz erklärt werden können? Erfahrungen praktischer Art sind es, die die hohe Bedeutung des Fettreichtums der Nahrung für die Immunität ausser Zweifel gestellt und den „Sondernährwert" des Fettes in dieser Richtung bewiesen haben.

Zu einer kompletten Kost gehört nicht nur die Darreichung der bekannten Nährstoffe in der Relation der Frauenmilch, sondern auch die Zufuhr der chemisch noch nicht definierten, aber für Leben und Wachstum unentbehrlichen Vitamine, die nicht nur in Obstsäften und Gemüse, sondern auch in der für ältere Säuglinge notwendigen gemischten Kost enthalten sind. Die Bedeutung der Vitamine für die Ernährung wird später ausführlich gewürdigt werden, so dass wir uns an dieser Stelle darauf beschränken können, ihre Beziehung zur Immunität hervorzuheben. Für das A-Vitamin (im Milchfett) sind diese Beziehungen erwiesen, seit Bloch schwere Einbussen der immunbiologischen Widerstandskraft bei Säuglingen beobachtete, die ganz ohne Milchfett aufgezogen wurden (Dystrophia alipogenetica). Schwieriger ist die Beziehung des antineuritischen B-Vitamins zu den Immunitätsvorgängen zu beurteilen. Während die meisten Autoren annehmen, dass diese thermostabile Vitamingruppe in der Milch, auch in der sterilisierten, in hinreichenden Mengen vorhanden ist, hält Reyher die B-Vitaminzufuhr bei der üblichen Säuglingsernährung für unzureichend. Unter die mannigfachen, durch diesen vermeintlichen Mangel entstehenden Ausfallerscheinungen zählt Reyher die Senkung der Immunität und Resistenz.

Durch frühzeitige Zufuhr von B-Vitamin in Gestalt der Hefe (Hevitan) glaubt er, dieser Senkung wirksam entgegentreten zu können. Es bedarf keines Hinweises, dass diese Auffassung praktisch bedeutsame Folgen haben müsste. Fraglich ist nur, ob die Voraussetzung Reyhers — der Mangel von B-Vitamin in der Säuglingskost — richtig ist. Leider haben die Nachprüfungen anderer Autoren Reyhers Angaben bisher ebensowenig bestätigen können, wie sein vorgelegtes Material überzeugend eine Wirkung des Hevitans auf die Immunität dargetan hat. Die erhebliche Besserung seiner Mortalitätszahlen kann wohl auch durch die anderen Fortschritte, die die Ernährungstechnik ganz allgemein gemacht hat, erklärt werden. Nach unserer Erfahrung sind wir bisher weder zur Annahme eines Mangels an B-Vitamin berechtigt, noch ist ein einwandfreier Beweis für die Wirkung des B-Vitamins auf die Immunität gelungen.

Anders liegt es mit dem antiskorbutischen C-Vitamin, enthalten in Gemüsen und rohen Fruchtsäften und in roher Frauen- und Kuhmilch bei vitaminreicher Ernährung der Milchspenderin. Die Zufuhr von C-Vitamin in ausreichenden Mengen ist für die Erhaltung der natürlichen Immunität von der grössten Bedeutung. Diese praktisch so wichtige Erkenntnis verdankt man den Beobachtungen beim kindlichen Skorbut oder, schärfer gesagt, jener Zeitperiode, die um Wochen dem manifesten Skorbut vorhergeht (skorbutischer Nährschaden, skorbutische Diathese). Lange vor Ausbruch einer Barlowschen Erkrankung kann man eine Häufung und einen protrahierten Verlauf von Infekten jeder Art feststellen (skorbutische Dysergie nach Abels). Und diese Dysergie wird oft schlagartig behoben, sobald mit der Zufuhr genügender C-Vitaminmengen der Skorbut zur Heilung gebracht wird. Unmittelbar kann man in diesen Fällen die immunitätsstärkende Wirkung des Vitamins erweisen. Aus diesen einwandfreien Beobachtungen musste man den Schluss ziehen, dass das C-Vitamin einen allgemeinen immunitätserhöhenden Einfluss ausübt. Es lag daher nahe, C-vitaminreiche Obstsäfte bei der Bekämpfung langwieriger Infektionen zu verwenden. Dabei wird man freilich nicht oft den gleichen, zauberhaften Effekt erleben wie bei der skorbutischen Dysergie. Eine unmittelbare Wirkung des C-Vitamins auf die Resistenzstärkung im Sinne eines schnellen Fieberabfalles ist selten zu gewärtigen, wenn auch an einer günstigen Beeinflussung langdauernder Infektionen (z. B. Pyurien) kaum zu zweifeln ist. Der grosse Einfluss des C-Vitamins zeigt sich viel schärfer in der Prophylaxe schwerer Infektionen, namentlich in Anstalten.

Allgemein hat sich heute in der Kinderheilkunde die Überzeugung durchgesetzt, dass die reichliche Vitaminzufuhr prophylaktisch und therapeutisch bei den akzidentellen Infektionen und den damit verbundenen parenteralen Ernährungsstörungen sehr Gutes leistet. Mit Recht bezeichnen Czerny-Keller die Anwendung der Vitamine als den wichtigsten Fortschritt auf dem Gebiete der parenteralen Ernährungsstörungen. Wer Säuglinge in Anstalten, in denen die Anhäufung von Kindern stets für Verbreitung eingeschleppter Infektionen sorgt, aufzuziehen hat, kann den praktischen Wert vorbeugender Darreichung der Fruchtsäfte gar nicht hoch genug veranschlagen. Von einem „dekonstitutionierenden Massennährschaden" (v. Pfaundler) haben wir seit der systematisch durchgeführten Vitaminprophylaxe nur noch wenig zu beobachten. Mehr noch als im Privathaus muss also ausreichendes C-Vitaminangebot in Anstalten, in denen die Gefahr der Infektion stets grösser ist als in der Einzelpflege, vom vierten Lebensmonat ab gefordert werden, um die Wiederherstellungsimmunität im Fall des unvermeidbaren Infekts möglichst leistungsfähig zu gestalten.

B. Die Milch und das Kolostrum.

Die Kost, die dem Säugling die Baustoffe zum Aufbau und zur Erhaltung seines Körperbestands liefert, ist im Gegensatz zur Kost des Erwachsenen einförmig. Während langer Abschnitte intensivster Entwicklung dient ein einziges Nahrungsmittel, die Milch, zur Deckung des Nahrungsbedarfes. Daraus ist zu folgern, dass die Milch alle zur Entwicklung des Kindes notwendigen Nährstoffe in ihrem Verbande enthalten muss. Eiweiss, Fett, Kohlenhydrate, Salze mannigfacher Art, Wasser und chemisch unbekannte Ergänzungsstoffe waren im Vorhergehenden als lebensnotwendige und unentbehrliche Stoffe für ein ungestörtes Gedeihen des Kindes geschildert worden. Sind alle diese Stoffe, so wäre zu fragen, quantitativ und qualitativ ausreichend in den verschiedenen Milcharten, die der Säuglingsernährung dienen, vorhanden? Für die arteigene Milch wird diese Frage unbedingt bejaht werden müssen. Bedenken könnten aber über die Eignung artfremder Milch als Säuglingsnahrung auftauchen, da diese ja zum Aufwuchs anders gearteter Wesen bestimmt ist, deren Entwicklung nach anderen Gesetzen und anderen Zeitmaßen erfolgt. Als Ersatz der Frauenmilch kommt für die Säuglinge unseres Klimas vor allem die Kuhmilch, weniger schon die Ziegenmilch in Betracht. In anderen Ländern wird die Eselinnenmilch oder die Stutenmilch als wertvolles Surrogat der natürlichen Ernährung gerühmt und angewandt.

Die Zusammensetzung der Milch jeder Tierart ist praktisch konstant. Quantität und Qualität der Nährstoffe, die die Milch zusammensetzen, bewegen sich für die einzelnen Spezies in relativ engen Grenzen. Selbst im Verlauf langer Laktationsperioden sind wesentliche Änderungen, mit Ausnahme der ersten Tage der Laktation, nicht nachzuweisen. Die geringsten Schwankungen zeigt dabei das Eiweiss, der zum Aufbau wertvollste und unersetzliche Bestandteil. Alle übrigen Nährstoffe bewegen sich in Abhängigkeit von äusseren Faktoren, vor allem von der Ernährung des Muttertieres, in etwas breiterem Spielraum. Für die Frauenmilch ergeben sich in den verschiedenen Perioden der Laktation folgende Unterschiede:

	Fett	Zucker	Eiweiss	Asche
Kolostrum	2,83	7,59	2,25	0,31
Übergangsmilch .	4,39	7,79	1,56	0,24
Reife Milch . . .	3,26	7,50	1,15	0,21
Späte Milch . . .	3,16	7,47	1,07	0,20

Ein Vergleich der einzelnen Milcharten untereinander lässt in bezug auf Quantität und z. T. auch auf Qualität der einzelnen Nährstoffe weitgehende Unterschiede erkennen. So hat es nicht an Versuchen gefehlt, die Unterschiede im Erfolge bei natürlicher und unnatürlicher Ernährung bald mit den Differenzen im Gehalt an Eiweiss, bald mit dem verschiedenen Fettgehalt, oder dem Gehalt an Zucker, oder mit den grossen Unterschieden im Salzgehalt zu erklären.

Die Mengen an Eiweiss und Salzen sind in den einzelnen Milcharten beträchtlich verschieden.

	Zeit z. Verdopp-lung d. Geburts-gewichtes (Tage)	Eiweiss %	Salz %	Ca %	Phosphor-säure %
Mensch	180	1,6	0,2	0,033	0,047
Pferd	60	2,0	0,4	0,124	0,131
Kuh	47	3,5	0,7	0,160	0,197
Ziege	22	3,7	0,8	0,197	0,284
Schaf	15	4,9	0,8	0,245	0,293
Schwein . . .	14	5,2	0,8	0,249	0,308
Katze	9,5	7,0	1,0	—	—
Kaninchen . .	6	10,4	2,5	0,891	0,997

Die grossen Unterschiede sind nicht zufällig, sie sind der Ausdruck eines biologisch allgemein gültigen Gesetzes: je grösser die Wachstumsintensität einer Spezies (gemessen an der Schnelligkeit, mit der eine Verdopplung des Geburtsgewichts eintritt), um so höher der Eiweissgehalt der Milch. Gleiche Abhängigkeit vom Wachstum der betreffenden Tierart zeigen auch von den Salzen der Milch Kalzium und Phosphorsäure, die wie das Eiweiss an der Neubildung von Gewebe wesentlich beteiligt sind. Für die Praxis der Ernährung des menschlichen Säuglings folgt, dass ein Angebot reiner Kuh- oder Ziegenmilch in den gleichen Mengen, wie sie das Kind an der Brust der Mutter trinkt und zu seiner Sättigung braucht, ein Übermaß an Eiweiss mit sich bringt. Andererseits führen allzu starke Milchverdünnungen bei der Unentbehrlichkeit des Eiweisses für den Anwuchs zu einem Mangel an dem wichtigsten plastischen Material.

Im Eiweiss ist in den verschiedensten Zeiten kinderärztlicher Forschung immer wieder der Schädling gesucht worden, der die weniger günstigen Erfolge bei der unnatürlichen Ernährung erklären sollte. Die Lehren B662erts von der „Schwerverdaulichkeit des Kuhmilcheiweisses", das zu einem „schädlichen Nahrungsrest im Darm" führt, wurden von den Vorstellungen Hamburgers abgelöst, der in der biologisch bedeutsamen Arteigenheit des Frauenmilcheiweisses die Ursache für die Überlegenheit des homologen Eiweisses sah. Nur in der Form des Frauenmilcheiweisses, so stellte er sich vor, sollte die Assimilation der N-haltigen Stoffe ohne Schwierigkeiten und mit geringer Arbeit (Heubner) vor sich gehen. Diese Anschauungen decken sich aber nicht mit den Kenntnissen von der Eiweissverdauung im Darm. Gegen die Lehren von der schweren Assimilierbarkeit des Kuhmilcheiweisses wurde mit Recht geltend gemacht, dass ja alle Eiweisskörper, selbst die der Frauenmilch vor ihrem Eintritt in den Kreislauf und in den Gewebsaufbau zu Aminosäuren abgebaut werden (Langstein). Die einzelnen Aminosäuren oder Aminosäurenkomplexe besitzen aber für den Aufbau der Gewebe verschiedene Wertigkeit. Einzelne Aminosäuren, die der Organismus nicht aus eigener Kraft aufbauen kann, sind für eine normale Entwicklung des Organismus unentbehrlich. Daher glaubte man in dem Nachweis des Mangels einzelner dieser Aminosäuren die Erklärung der Unterlegenheit der Kuhmilch gegenüber der Frauenmilch bei der Säuglingsernährung gefunden zu haben. Lebenswichtige Aminosäuren, die der menschliche Organismus nicht in seinem Stoffwechsel bilden kann, auf deren Zufuhr in der Nahrung er angewiesen ist, sind Tryptophan, Lysin, Arginin, Histidin u. a. m.

Aminosäuren von Kaseinogen und Albumin (n. Crowther u. Raistrick). (Biochem. Journ. 10. 1916).

	Kaseinogen	Laktalbumin
Zystin—N	1,30%	2,15%
Lysin—N	9,46%	12,54%
Arginin—N . . .	9,31%	7,56%
Histidin—N . . .	6,55%	4,44%

Im Albuminanteil des Milcheiweisses sind diese Aminosäuren am reichlichsten enthalten. Der Gehalt der Milch an Albumin konnte daher als Wegweiser für die Beurteilung der Vollwertigkeit eines Eiweisses dienen.

In der Tat fand sich ein höherer Albumingehalt in der Frauenmilch als in der Kuhmilch (Edelstein und Langstein).

Gehalt der Milch an Laktalbumin und an Kasein (Grenzwerte nach Raudnitz, Schlossmann, Engel).

	Frauenmilch	Kuhmilch
Kasein	$0,4—0,8^0/_0$	$1,91—4,65^0/_0$
Laktalbumin . . .	$0,5—0,6^0/_0$	$0,3\ —1,61^0/_0$

Damit schien eine geringere Wertigkeit des Kuhmilcheiweisses für die Entwicklung des Kindes bewiesen. Doch ist zu bedenken, dass der Mangel an Albumin selbst bei Verdünnung der Kuhmilch kaum jemals den Grad erreicht, der zur Entwicklungshemmung im Tierversuch, als Folge des vollständigen Fehlens bestimmter Aminosäuren notwendig ist. Eher wäre an Beziehungen der lebensnotwendigen Aminosäuren zur Bildung der Purinkörper zu denken, die Czerny für die Entwicklung einer guten Immunität des Säuglings als bedeutsam ansieht.

Die Besonderheiten des arteigenen und artfremden Eiweisses konnte auch dadurch bewiesen werden, dass es nach Injektion einer bestimmten Milchart gelang, spezifische Präzipitine für diese bestimmte Milch im artfremden Organismus nachzuweisen (Bordet, Wassermann).

Es ist vielleicht für die biologische Frage nicht ohne Interesse, dass das Albumin und Globulin der Molke jeweils identisch mit dem Albumin und Globulin des Blutserums der gleichen Spezies, von der die Milch stammte, gefunden wird. Schliesslich wäre hier noch das für jede Spezies charakteristische Verhalten des Milcheiweisskörpers gegenüber Einflüssen, die die Milch zum Gerinnen bringen, zu bedenken. Eine Frauenmilch durch Lab, Säuren oder Salze zum Gerinnen zu bringen, gelingt meist schwieriger als bei Kuhmilch. Die Flockung, die dann eintritt, ist wieder artspezifisch: bei Frauenmilch eine feine Flockung, bei Kuhmilch unter den gleichen Maßnahmen eine grobe Flockung. Neben dem Eiweiss ist aber der Salz- und Säuregehalt und die verschiedene Pufferung der Milcharten für die Form der Eiweissgerinnung von entscheidender Bedeutung.

Neuerdings scheint sich fast wieder eine Rückkehr zu den ersten Vorstellungen Biederts anzubahnen. Wiederum rückt die Schwerverdaulichkeit des Kuhmilchkaseins in neuer Fassung in den Vordergrund. Der höhere Kaseingehalt der Kuhmilch bedingt eine längere Verweildauer der Milch im Magen (Bessau, Rosenbaum, Leichtentritt, Rühle). Diese Verzögerung der Magenentleerung pflanzt sich — so stellt man sich vor — auf den ganzen Darmtrakt fort und schafft damit Störungen in der Motilität, eine Stagnation des Darminhalts und damit die erste Bedingung zur Entwicklung einer Ernährungsstörung. Peptische Vorverdauung des Kuhmilchkaseins, die seine Verweildauer im Magen abkürzt, ist nach diesen Autoren der Weg, auf dem ein Angleich der künstlichen an die natürliche Ernährung möglich ist (s. Kapitel Verdauung).

Aber auch die Anschauungen Hamburgers, der glaubte, die Arteigenheit oder Artfremdheit des Eiweisses in den Mittelpunkt des Problems stellen zu können, sind in veränderter Form wieder aufgelebt und haben vor allem in v. Pfaundler und Marfan Fürsprecher gefunden. Das Gedeihen des Säuglings hängt danach vom Übergang der „lebenden Eiweißstoffe der Muttermilch" auf das Kind ab. Darin eingeschlossen sind alle Immunstoffe, Antitoxine und Fermente. Im Tierexperiment konnte in der Tat der Beweis erbracht werden, dass der Übergang von Immunstoffen nur in der arteigenen Milch auf das Jungtier erfolgt. Auch der hohe Gehalt des Serums an bestimmten Antitoxinen, der sich, wie bei der Diphtherie, direkt im Reagenzglas nachweisen lässt, oder sich im Ausfall der Schickschen Probe zeigt, die Immunität gegen bestimmte Infektionskrankheiten, die beim natürlich ernährten Kinde länger vorhalten soll als beim künstlich genährten, ja sogar an der Brust der eigenen Mutter länger als an der Brust einer Amme, sprechen für die Vorstellungen, die die Arteigenheit der Milch als bedeutsam für das Gedeihen des Säuglings betonen. So wertvoll sie sicherlich für die Immunität des Säuglings ist, so können damit kaum die weniger günstigen Resultate der Tiermilchernährung beim Menschen ihre letzte Erklärung gefunden haben. Gegen die Bedeutung des Eiweisses als wesentlichste Ursache der schlechten Ernährungserfolge bei künstlicher Nahrung sprechen auch die Molkenaustauschversuche (L. F. Meyer). Nicht das Eiweiss, sondern die Art der Molke, in der das Eiweiss verfüttert wurde, war für das Gedeihen der Kinder ausschlaggebend: Kasein der Kuhmilch in Frauenmilchmolke war vorteilhafter als Frauenmilchkasein in Kuhmilchmolke (s. später).

Im ganzen haben alle Versuche, in den Eiweisskörpern der Milch die Ursache für die Unterschiede im Ernährungserfolge bei natürlicher und künstlicher Ernährung zu finden, bisher kein eindeutiges Ergebnis erbracht. Das Ergebnis der Molkenaustauschversuche wurde zur Veranlassung, im Molkenanteil der Milch die Ursache des unterschiedlichen Erfolges zwischen Kuhmilch- und Frauenmilchernährung zu suchen. Die beträchtlichen Unterschiede im Salzgehalte beider Milcharten wiesen ja eindringlich nach dieser Richtung. Kuhmilch enthält mehr als das Doppelte an Salzen als Frauenmilch (72 mg% gegen 30 mg%). Die Differenzen bleiben auch noch bestehen, wenn man berücksichtigt, dass durch die üblichen Verdünnungen der Kuhmilch ($\frac{1}{2}$ Milch oder $\frac{1}{3}$ Milch) ein gewisser Ausgleich in dieser Richtung geschaffen wird.

Vergleich der Salze der Frauenmilch mit $\frac{1}{2}$ und $\frac{1}{3}$ Kuhmilch (Pirquet).

	g in 100 kg Frauenmilch	g in 33,3 kg Kuhmilch = $\frac{1}{3}$ Milch	g in 50 kg Kuhmilch = $\frac{1}{2}$ Milch	g in 100 kg Kuhmilch = Vollmilch
Kalium K_2O	69,0	63,0	95,0	188,5
Kalzium CaO	42,0	57,0	86,0	172,0
Natrium Na_2O	16,0	15,0	23,0	46,5
Magnesium MgO . . .	6,8	6,8	10,2	20,5
Alkalien	133,8	141,8	214,2	427,5
Chlor Cl	29,4	27,0	41,0	82,0
Phosphorsäure P_2O_5 .	33,4	75,0	113,0	225,1
Säuren	62,8	102,0	154,0	307,1

Dazu kommen minimale Mengen von Jod, Fluor, Magnesium, Kupfer und Zink. Eisen enthält die Frauenmilch: 1,6 mg Fe_2O_3 = 1,12 mg elementar. Eisen %o Kuhmilch 0,3—0,7 mg Fe_2O_3 = 0,2—0,4 mg   „   „   %o

Eine Reihe von Beobachtungen sprechen für eine Bedeutung der arteigenen Molke, wenn auch das Wesen dieser Überlegenheit noch nicht fassbar ist. In diesem Sinne kann angeführt werden: 1. die bessere Zellatmung, gemessen an der Sauerstoffzehrung überlebender Zellen; 2. die bessere Zellarbeit, gemessen an der Resorptionstüchtigkeit der Zellen, z. B. in überlebenden Darmstücken; 3. der Nachweis einer besseren Arbeit der Magen- und Darmfermente in Frauenmilchmolke (Freudenberg und Hofmann, Davidsohn) und 4. die Beobachtung einer besseren Milchzuckerresorption aus abgebundenen Darmstücken junger Ziegen in Gegenwart arteigener Molke (v. Pfaundler und Schübel).

Eine Erklärung dieser Beobachtungen nur unter Berücksichtigung der quantitativen Unterschiede im Salzgehalt wird aber dadurch unmöglich, dass nach den Erfahrungen von Biologie und Klinik nicht die absoluten Mengen der einzelnen, in einem Salzgemisch zugeführten Salze für die Lebensvorgänge von Bedeutung sind, sondern dass Wechselwirkungen von den einzelnen Salzen ausgehen, die durch Hemmung oder durch Förderung die Wirkung des gesamten Gemisches bestimmen. Die Korrelation der Salze ist trotz der beträchtlichen absoluten Unterschiede im Salzgehalt von Kuhmilch und Frauenmilch kaum verschieden.

	g in 100 kg Frauenmilch	$^0/_0$	g in 100 kg Kuhmilch	$^0/_0$
Kalium K_2O . . .	69,0	52	188,5	44
Kalzium CaO . .	42,0	31	172,0	40
Natrium Na_2O . .	16,0	12	46,5	11
Magnesium MgO .	6,8	5	20,5	5
	133,8	100	427,5	100

Zur Erklärung der klinischen und experimentellen Beobachtung über den günstigeren Ablauf aller Lebensvorgänge im Milieu der arteigenen Molke könnte man aber annehmen, dass die Aufspaltung der einzelnen Salze in ihre Ionen, die ja letzten Endes für die biologischen Wirkungen bestimmend sind, in der Frauenmilchmolke günstiger als in der Kuhmilchmolke ist. Da aber selbst nach Enteiweissen der Molke nicht ein chemisch reines Salzgemisch zurückbleibt, sondern eine Flüssigkeit, die neben dem Salze noch Fermente, Vitamine usw. enthält, so ist der eindeutige Beweis für eine Minderwertigkeit der Salze in der Mischung, wie sie in der Kuhmilch vorliegen, noch nicht erbracht.

Im Rahmen dieses Versuches, die Unterschiede zwischen natürlicher und unnatürlicher Ernährung mit quantitativen und qualitativen Differenzen der Milcharten zu erklären, können die Vitamine nur bedingt einen Platz finden. Gewiss sind sie von der grössten Bedeutung für den Anwuchs; ihr Fehlen führt ganz besonders häufig zu einem Aufhören der Entwicklung; die Qualität der Vitamine scheint aber, so lässt sich wenigstens nach aller klinischen Erfahrung sagen, in allen Milcharten die gleiche zu sein. In einer Milch, die zur Kinderernährung verwandt werden soll, die von regelrecht gefütterten Kühen stammt und die nicht durch physikalische oder chemische Eingriffe in ihrem Vitamingehalt geschädigt ist, findet sich auch stets eine ausreichende Menge dieser Substanzen. Störungen stellen sich nur ein, wenn der Gehalt an Vitaminen beträchtlich sinkt. Dann liegt aber keine normale Milch mehr vor, sondern eine krankhaft veränderte Milch, von deren Bedeutung für das Gedeihen des Kindes hier nicht die Rede sein soll. Die weniger guten Erfolge bei künstlicher Ernährung ereigneten sich aber selbst dann, wenn eine einwandfreie, sicherlich vitaminreiche Milch gegeben wurde.

Auch von den Kohlenhydraten und ähnlich vom Milchfett lassen sich keine bestimmten Angaben machen, durch die die Differenzen zwischen künstlicher und natürlicher Ernährung erklärt werden könnten.

Qualitative Unterschiede im Gehalt des Zuckers in Kuh- und Frauenmilch bestehen nicht. In beiden Milcharten und auch in der Ziegenmilch findet sich der Milchzucker als Kohlenhydrat. Die quantitativen Differenzen in den Milcharten sind aber recht gross. Sie stehen in etwa umgekehrtem Verhältnis zur Menge

des angebotenen Eiweisses, d. h. je höher der Eiweissgehalt der Milch ist, um so
geringer pflegt der Zuckergehalt zu sein, z. B.:

	Eiweiss	Zucker	Fett
Frauenmilch	1,0	7,0	3,5
Kuhmilch	3,5	3,8	3,4
Ziegenmilch	3,7	4,0	4,3
Schafmilch	4,7	4,6	5,0
Eselinnenmilch . . .	2,1	6,4	1,5

Ein Ausgleich des beträchtlichen Unterschiedes der Milcharten ist ohne
Schwierigkeiten möglich. Es scheint bemerkenswert, dass die Mengen von Milchzucker, die vom Brustkinde in der Frauenmilch leicht verdaut und assimiliert
werden, in grob chemisch ganz ähnlich zusammengesetzten Milchmischungen
(z. B. ½ Milch + 7% Milchzucker, der ersten Stufe der Mischungen von Heubner-
Hofmann) nicht selten zu Ernährungsmisserfolgen beim Flaschenkinde führen.

Ähnliches gilt für das Fett, trotz mancher chemischer und physikalischer
Differenzen, die sich hier zwischen Frauenmilch und Kuhmilch nachweisen lassen:

	Frauenmilch	Kuhmilch
Fettgehalt	4%	1,5—4,5% (3,2%)
Schmelzpunkt	30—34	31—36
Erstarrungspunkt	20	19—24
Spez. Gewicht	0,966	0,9307
Jodzahl	45	32
Reichel-Meisslsche Zahl .	2,5	27
(= flüchtige Fettsäuren)		

Dabei gleicht das Fett der Frauenmilch physikalisch-chemisch nicht völlig
dem der Kuhmilch. So ist das Frauenmilchfett feiner emulgiert als das Fett
der Kuhmilch. Der Cholesteringehalt beider Milchen ist verschieden, wenn er
auch in Abhängigkeit von der Ernährung und dem Alter der Laktation wechselt.

Frauenmilch enthält etwa 12,5—19,2 mg in 1000 ccm Milch
Kuhmilch   enthält etwa 12,5—15,1 mg in 1000 ccm Milch
    oder in 100 g Frauenmilchfett sind 0,427—0,515 g Cholesterin
        in 100 g Kuhmilchfett   sind 0,343—0,364 g Cholesterin.

Auch die Differenzen im physikalisch-chemischen Verhalten der beiden
Milchsorten erklären nicht die Unterschiede, die in der Praxis bei Ernährung
zwischen Frauenmilch und Kuhmilch gefunden werden: Kuhmilch ist mit einer
Ph von 6,5—6,8 saurer als Frauenmilch mit einer Ph von 7,1—7,6.

Endlich trägt auch der Gehalt an Fermenten trotz mancher Unterschiede
nicht zum Verständnis der besseren Verträglichkeit der Frauenmilch bei.

	Frauenmilch	Kuhmilch
Protease	O	O
Lipase	+	O (?)
Lactase	?	Spur
Peroxydase	wechselnd	+
Reduktase	O	O
Indirekte Reduktase, Methylen- blauspaltung unter der Gegen- wart von	O	+

Keine der bisher fassbaren Differenzen zwischen Kuhmilch und Frauenmilch
— und ähnliches gilt auch für alle anderen Milcharten, die gelegentlich zur Säuglings-

ernährung benutzt werden — vermochte eindeutig und unwidersprochen die Unterschiede zu erklären, die sich in der Praxis der Ernährung zwischen beiden Milchsorten ergeben. Das Interesse der Forschung hat sich daher z. Z. — vielleicht mit Unrecht — von dem Studium der Milch als chemischem und kolloidalem System abgewandt. Diese Abkehr von einer im ganzen fruchtlosen, mühsamen Forschungsarbeit musste um so mehr eintreten, als die praktische Erfahrung lehrte, dass auch mit Nahrungsgemischen und Milchpräparaten ein Gedeihen der Kinder zu erzielen war, die recht wenig mit der Frauenmilch übereinstimmten, vorausgesetzt, dass nur von jedem Nahrungsbestandteil ein ausreichendes Quantum in einwandfreier Zubereitung gegeben wurde. Die erfolgreiche m i l c h l o s e Aufzucht von Säuglingen (H a m b u r g e r) hat vielleicht dazu beigetragen, die Jagd nach dem Ideal der Nachahmung der Frauenmilch durch eine künstliche Nahrung als Irrweg zu erweisen. Das Streben geht heute vielmehr dahin, die Vorschriften für die Gewinnung einer einwandfreien Säuglingsmilch aufzustellen, aus denen nach einfachen empirisch gefundenen Regeln eine brauchbare künstliche Säuglingsnahrung bereitet werden kann.

Die Frauenmilch ist praktisch stets als einwandfrei zu bezeichnen, vorausgesetzt, dass die Ernährung der Mutter nicht ganz grobe Defekte aufweist. Das Erkranken von Säuglingen an Beri-Beri, deren Mütter durch Mangel an B-Vitamin in der Nahrung an der gleichen Krankheit leiden, weist darauf hin, dass auch die Milchdrüse ein vollkommenes Sekret nur dann spenden kann, wenn ihr alle Bestandteile aus dem Blutstrome zufliessen. So scheint bei der üblichen Ernährung die Milch der Mutter relativ arm oder fast frei von antirachitischem Schutzstoff zu sein, so dass auch das Brustkind nicht von der Rachitis verschont bleibt. Bestrahlung der Mutter, Zufütterung von den bekannten Vitaminträgern (Butter, Lebertran) vermögen auch die Frauenmilch in dieser Richtung noch zu vervollkommnen. Trotzdem darf aber die Muttermilch, wie der Erfolg beweist, als vollkommen und ausreichend angesehen werden.

Die Forderungen, die heute an eine gute K u h m i l c h gestellt werden, haben sich im Vergleich zu den Forderungen von vor etwa 20 Jahren, als S o x h l e t sein Verfahren zur Bereitung einer einwandfreien Säuglingsnahrung aufstellte, wesentlich gewandelt. Die früheren Forderungen lassen sich etwa dahin zusammenfassen: möglichst keimarme Milch durch höchste Stallhygiene und Trockenfütterung der Milchkühe, rascher Transport zum Konsumenten, evtl. nach ein- oder selbst mehrmaliger Entkeimung (Pasteurisierung usw.); ausreichender Fettgehalt, Ausschaltung tuberkulosekranker Kühe. Die Forderung der Keimarmut, vor allem Freisein der Milch von krankmachenden Erregern, besteht als oberstes Gesetz auch heute noch. Die Erkenntnis von der Bedeutung der Vitamine für die Gesundheit des Kindes hat aber dazu geführt, von der strengen Trockenfütterung abzusehen und für die Fütterung der Milchkühe Zulage von Vitaminträgern zu verlangen, da nur so ein gewisser Vitaminbestand der Milch gesichert werden kann. Weidegang im Sommer, Zulage von Rüben, Schlempe, vorsichtig getrocknetem Heu (Silageheu im W i n t e r) usw. werden heute für die Milchkühe gefordert, die Spender von Säuglingsmilch sein sollen. Die bei dieser Fütterung der Milchkühe mögliche Verschmutzung der Milch muss durch peinlichste Stallhygiene verhütet werden, die so weit geht, dass eine möglichst keimfreie Milch gewonnen wird. Diese Forderung ist notwendig, da jedes künstliche Entkeimen der Milch (Pasteurisieren, Sterilisieren, Biorisieren usw.) die Vitamine mindert oder vernichtet, um so eher, je geringer der ursprüngliche Gehalt der Milch an diesen lebenswichtigen Stoffen ist. Das gilt hauptsächlich für die Wintermilch, die besonders in den Großstädten häufig nur einen minimalen Gehalt an Vitaminen aufweist. Das einmalige Pasteurisieren bei hoher Temperatur hat sich in bezug auf die Erhaltung der Vitamine als das schonendste Verfahren erwiesen. Eine

Anreicherung des antirachitischen Schutzstoffes (Vitamin D) ist durch Bestrahlung der Milch mit ultravioletten Lichtstrahlen möglich geworden. Auf diese Weise kann man in bezug auf den antirachitischen Schutzstoff aus der Wintermilch eine Sommermilch machen. Freilich wird bei der Bestrahlung der Gehalt der Milch an C-Vitaminen vermindert. Über den Nutzen der bestrahlten Milch und die Grenzen ihrer Leistungsfähigkeit s. Kapitel Rachitis.

Ähnliche Bedenken wie gegen das allzu eifrige Keimfreimachen sind auch gegen die Herstellung von Trockenmilchpräparaten erhoben worden. Bei den zur Verfügung stehenden Verfahren wird selbst ein anfänglich hoher Vitamingehalt stark reduziert, ein geringer Bestand an Vitaminen, wie er bei unzweckmäßiger Haltung des Viehes und besonders in den Wintermonaten die Regel ist, wird völlig vernichtet. Eine entsprechende Ergänzung der Kost ist daher bei Ernährung mit Trockenmilch stets notwendig. Nach einer Zulage von Vitaminträgern ist dann gegen eine Verwendung der Trockenmilch nichts mehr einzuwenden.

Durch das Erhitzen der Milch, wie es im Haushalt üblich ist, erleidet die Milch gleichfalls eine Reihe von Veränderungen, die erst zum kleinen Teile bekannt und in ihrer Bedeutung für die Verdauungsvorgänge noch nicht abschätzbar sind. Im Aussehen bewirkt schon ein kurzes Aufkochen ein Dunklerwerden der Milchfarbe, die nicht mehr einen weissen, sondern einen bläulichen oder gelblichen Schein aufweist. Ein grosser Teil der in der Milch enthaltenen Gase, die beim Melken, beim Transport usw. in die Milch hineingelangt sind (vor allem Kohlensäure), wird entfernt, so dass die gekochte Milch weniger sauer reagiert als rohe Milch. Tiefgreifend sind unzweifelhaft die Veränderungen am Kasein; das verschiedene Verhalten gekochter und roher Milch gegenüber dem Lab zeigt diese Unterschiede, ohne dass es möglich wäre, das Wesen der Veränderung am Eiweissmolekül näher zu charakterisieren. Die Umlagerung des Kalkes in andere Bindungen ist an dem Verhalten sicherlich beteiligt. Das Fett der gekochten Milch neigt dazu, in grossen Fettropfen zusammen zu fliessen. Damit hängt es zusammen, dass gekochte Milch weniger aufrahmt als rohe Milch. Die Kohlenhydrate werden bei dem üblichen kurzen Erhitzen nicht verändert. Karamelisierung des Zuckers tritt erst bei intensiver Hitzewirkung auf. Die Vitamine der Milch werden durch kurzes Aufkochen nicht wesentlich verringert. Langdauerndes Erhitzen bei niedriger Temperatur und Einwirkung von Sauerstoff sind als Vernichter der Vitamine bekannt.

Das Kolostrum.

Die Milch, wie sie mit geringfügigen Schwankungen in der Zusammensetzung während der ganzen Dauer der Laktation abgesondert wird, unterscheidet sich bei Mensch und Tier von der Milch der ersten Tage der Laktation in vielen Punkten. Diese Vormilch, das Kolostrum, kann bereits während der letzten Hälfte der Schwangerschaft auf Druck in kleinen Mengen aus der Brust entleert werden. Das Kolostrum ist von der Milch der späteren Stillzeit durch seine dickere, etwas klebrige Konsistenz, durch eine stärker gelbliche Farbe und durch die rasche Gerinnbarkeit bei relativ niedriger Temperatur unterschieden. Mikroskopisch erscheinen im Kolostrum neben den Fettkügelchen rundliche Gebilde, die grösser sind als die Fettropfen und die mit hellglänzenden Tropfen gefüllt sind. Diese Gebilde stellen Leukozyten dar, die Fett phagozytiert haben (Czerny). Diese für das Kolostrum typischen Befunde schwinden, sobald die Laktation in Gang gekommen ist. Sie können wieder auftreten, wenn die Entleerung der Brust unvollkommen ist. Daher sind sie in der Zeit des Abstillens zuweilen wieder zu finden und ihr Wiedererscheinen in der Milch kann als Hinweis für eine ungenügende Entleerung der Brust gelten. Die Leukozyten bedingen

zum wesentlichen Teil wahrscheinlich auch den im Vergleich zur Milch späterer
Stillperioden hohen Eiweissgehalt des Kolostrums. Dieser [Schluss scheint
berechtigt, da der Gehalt der Vormilch an Milcheiweiss, das ist Kasein und Albumin,
sich nicht so wesentlich von dem der Spätmilch unterscheidet (Gesamteiweiss
etwa 3%). Der Milchzuckergehalt des Kolostrums ist dagegen eher erniedrigt,
der Fettgehalt anscheinend stark schwankend, wobei in der frühesten Zeit der
Laktation zunächst ein Fett abgesondert wird, das in seiner Zusammensetzung
dem Körperfett entspricht, während erst mit dem Ingangkommen der Milchabsonderung auch Fett von der Beschaffenheit der Nahrungsfette in der Milch
erscheint. Wesentlich für die Lebensvorgänge der ersten Tage ist vielleicht
der weit höhere Aschengehalt des Kolostrums. Das Kolostrum enthält nahezu
das Doppelte an Gesamtasche als die reife Milch (3,05:1,84 nach Schloss).
Erhöht ist vor allem der Gehalt an Natrium (0,53:0,19 Na_2O) und an Kalium
(0,80:0,53 K_2O). Der Brennwert des Kolostrums schwankt in Abhängigkeit
von seinem stark wechselnden Fettgehalt zwischen 500—1500 Kalorien pro l.
Biologisch bedeutsam ist schliesslich der Reichtum des Kolostrums an Immunkörpern mannigfacher Art.

C. Der Stoffwechsel des gesunden Säuglings.

Das Studium der Stoffwechselvorgänge des Säuglings — aus klinischen Frage-
stellungen heraus begonnen — hat viel zum Verständnis seiner normalen und
krankhaften Lebenserscheinungen beigetragen. Wenn auch das ursprüngliche
Ziel der Arbeit, die Aufdeckung primärer Stoffwechselstörungen, wie etwa des
Diabetes, nicht erreicht worden ist, so lassen sich doch viele klinische Beobachtungen
und therapeutische Fortschritte erst im Lichte der Stoffwechsellehre richtig deuten
und verstehen. Aus der Fülle des mit unendlicher Mühe erarbeiteten Materials
kann an dieser Stelle nur kurz das für die Praxis Wichtige und Unentbehrliche
dargestellt werden. Diese Tatsachen sollen dann das sichere Fundament für das
ärztliche Handeln geben, das notwendig ist, um krankhafte Erscheinungen deuten
und verstehen zu können. Nur so wird der Arzt imstande sein, in Lagen, die
vielleicht dem üblichen Ablauf der Ernährungsvorgänge nicht entsprechen, zielbewusste und zweckmäßige Therapie zu treiben. Die einzelnen Vorgänge des
Geschehens im Stoffwechsel (Fortbewegung der Nahrung im Magen-Darmkanal,
Magen-Darmverdauung, Nahrungsresorption, Nahrungsassimilation) sollen nacheinander besprochen werden; dabei wird aber stets zu bedenken sein, dass alle
diese Vorgänge gleichzeitig nebeneinander und in inniger Abhängigkeit voneinander verlaufen.

I. Mechanik des Nährstofftransportes im Magen-Darmkanal.

Das Saugen ist eine dem Säuglingsalter eigentümliche motorische Funktion,
die von einem nervösen Zentrum im verlängerten Mark gesteuert wird. Das
Saugen, wie es der Säugling übt, ist mit dem inspiratorischen Lutschen oder
Saugen des älteren Kindes nicht identisch (v. Pfaundler). Durch Senken des
Unterkiefers, durch Heben des Zungengrundes bis zum weichen Gaumen und
festes, gleichsam luftdichtes Umfassen des Saugobjektes (Brustwarzenhof, Sauger),
entsteht in der Mundhöhle eine Druckdifferenz gegenüber der Aussenluft, so
dass Milch aus den Milchgängen in die Mundhöhle fliesst. Die beim Saugen entstehende Druckdifferenz in der Mundhöhle von 10—30 cm Wasser (v. Pfaundler)
reicht aber sicherlich nicht aus, um die Brust zu entleeren. Wichtiger als das
Saugen scheint die zweite Phase des Saugaktes zu sein, bei der durch das Heben
des Unterkiefers ein Druck auf die Warze oder den Sauger ausgeübt und dabei
Milch ausgedrückt wird. Dazu kommt als dritter Faktor, dass die Milchdrüse
wie jedes drüsige Organ eine eigene Sekretionsarbeit leistet, so dass durch den
Wunsch, das Kind zu stillen, bei einzelnen Frauen bereits vor dem Anlegen eine
Milchsekretion einsetzt.

Ist durch das Saugen und Drücken ein grösseres Milchquantum in der
Mundhöhle angesammelt, so erfolgt eine Schluckbewegung. Während in den
ersten Minuten der Brustmahlzeit so reichlich Milch in die Mundhöhle gelangt,
dass jeder Saugbewegung eine Schluckbewegung folgt, wird im Laufe der Mahlzeit die Zahl der Schluckbewegungen seltener. Dementsprechend sind bei der
Flaschenmahlzeit in der ersten Zeit des gierigen, hastigen Trinkens die Schluckbewegungen häufiger als in der späteren Zeit der Mahlzeit, in der das Kind
gesättigt und ermüdet langsamer und mit geringer Kraft trinkt. Die Fähigkeit,
regelrecht zu saugen und zu schlucken erlernt ein Teil der Säuglinge erst im Laufe

der ersten Lebenswochen. Viele Kinder erweisen sich zunächst wenig talentiert. Vor allem gibt es eine grosse Anzahl von Säuglingen, die das luftdichte Abschliessen der Mundhöhle in der ersten Phase des Saugaktes vergessen und auf diese Weise grosse Mengen von Luft im Laufe der Mahlzeit schlucken. Durch Aufrichten und Aufsetzen nach Beendigung der Mahlzeit muss dann die verschluckte Luft nach Möglichkeit wieder aus dem Magen entfernt werden, da sie sonst zu lästigem Speien und Erbrechen Veranlassung geben kann.

Saugen und Schlucken ist selbst bei grosshirnlosen Missgeburten möglich. Dagegen können schwere Verbildungen am Gesichtsschädel das Trinken an der Brust oder aus dem Sauger zur Unmöglichkeit machen. Hierher gehört nicht die Hasenscharte oder der Wolfsrachen. Kinder mit diesen Fehlbildungen erlernen in der Regel nach kurzer Zeit, eine ausreichende Milchmenge aus der Brust oder aus der Flasche zu trinken. Viel störender soll gelegentlich ein sehr stark zurücktretender Unterkiefer sein, der die Ausführung des Saugaktes unmöglich machen kann.

Der Magen des Säuglings steht im Vergleich zum Magen des Erwachsenen senkrechter und reicht deswegen kaum über die Mittellinie nach rechts hinaus. Nur bei stark gefülltem Magen ist der Pylorus rechts der Wirbelsäule bei schlaffen Bauchdecken zu tasten. Bei leerem Magen bildet der Pylorus, bei starker Füllung ein Punkt der grossen Kurvatur den tiefsten Punkt des Magens. Die Muskulatur der Magenwand ist mäßig entwickelt; auch die sezernierenden Zellen in ihren verschiedenen Arten scheinen erst unvollkommen angelegt zu sein. Damit hängt es zusammen, dass die motorische Leistung des Magens beim jungen Säugling wenig ausgebildet ist. Das lehrt die Rückständigkeit in der Entwicklung des peristolischen Reflexes (Fähigkeit des Magens, sich um seinen Inhalt konzentrisch zusammenzuziehen und sich dem Inhalt anzupassen) und die beim gesunden Kinde wenig ausgesprochene Trennung der Pars pylorica vom Fundusteil des Magens.

Die Kapazität des Magens reicht für die Grösse einer normalen Milchmahlzeit nicht aus. Das gilt vor allem für die Neugeborenenzeit, in der vielfach das Fassungsvermögen nur Werte von 20 bis 60 ccm erreicht. In späterer Zeit steigt die Vitalkapazität zwar rasch an, doch reicht der Magenraum niemals aus, um eine Milchmenge von etwa 150 bis 200 g zu fassen. Die Folge ist, dass bereits während der Mahlzeit ein Teil der aufgenommenen Nahrung, in erster Linie die abgepresste Molke und andere aufgenommene Flüssigkeit sofort in den Zwölffingerdarm weitergegeben wird.

Die gesamte Nahrungsmenge einer Mahlzeit (bis 200 g und mehr) hat bei Ernährung mit Frauenmilch nach etwa 2 Stunden den Magen verlassen. Bei künstlicher Ernährung können bis zur völligen Magenentleerung 2½—4 Stunden vergehen. Dabei hängt die verzögerte Entleerung z. T. vom Fettgehalte der Nahrung, z. T. aber auch von der Quantität und Qualität des artfremden Eiweisses (Kasein und Molkeneiweiss) ab. Der Vorgang der Magenentleerung ist nach klinischer Erfahrung beim Säugling sehr labil, und allzuleicht kommt es vor allem beim künstlich genährten Kinde zu einer Verzögerung dieser Funktionen. Die Möglichkeit der Stagnation eines unverdauten, von Bakterien durchsetzten Nahrungsgemisches vor den Toren des für alle Abweichungen des Verdauungschemismus ausserordentlich empfindlichen Dünndarms schafft gewiss häufig die Grundlage zur Entwicklung einer akuten Durchfallserkrankung. Verzögernd auf die Magenentleerung wirken beim Säugling in erster Linie parenterale Infekte, krankhafte Spasmen des Magenpförtners und die akuten Durchfallserkrankungen. Atonie des Magens ist bei allen diesen Erkrankungen daher nicht selten. Die Labilität der Magenmotorik zeigt aber auch die Leichtigkeit, mit der es beim Säugling zum Speien und zum Erbrechen kommt. Wenn auch beim Brechakt wahrscheinlich die

Muskulatur der Bauchwand als Motor von grösserer Bedeutung ist als eine aktive Arbeit der Magenmuskulatur und letzten Endes der Brechakt durch Reize in Bewegung gesetzt wird, die vom nervösen Zentrum ausgehen, so kommt es bei jedem Säugling doch viel eher als beim älteren Kinde und als beim Erwachsenen zum Austritt von Nahrung durch den Mageneingang. Die Widerstände, die einem solchen falschen Weg entgegenstehen, müssen jedenfalls beim jungen Kinde recht gering sein. Diese Erfahrung wird am eindringlichsten bestätigt beim Bestehen eines Pylorospasmus oder einer Pylorusstenose, bei der die Zusammenziehung des Magens in der Richtung auf den Magenpförtner hin die Nahrung unter Mithilfe der Bauchdecken durch den Fundus und die Cardia nach aussen presst.

Duodenum und Dünndarm durcheilt die angedaute Nahrung in relativ kurzer Zeit. Dabei ist die Länge des Weges recht beträchtlich. Wenn auch die Angaben über die Länge des Darmes recht stark schwanken und Messungsfehler leicht möglich sind, so kann doch die Entfernung: Magenpförtner bis Rektum mit 2—6 m (= das drei bis elffache der Körperlänge) angegeben werden. Die Bestimmung der Darmlänge hat für die Bestimmung des Nahrungsbedarfs eine gewisse Bedeutung erlangt, nachdem Pirquet die Darmlänge, resp. die Darmoberfläche seiner Berechnung des Nahrungsbedarfs zugrunde gelegt hat.

Abgesehen von rhythmischen Pendelbewegungen, die der Durchmischung der Nahrung dienen, führt der Dünndarm fortschreitende peristaltische Bewegungen aus, so dass die vom Magen schubweise zufliessende, angedaute, flüssige oder dünnbreiige Nahrung gleichsam auf einem fliessenden Bande rasch weiter verarbeitet wird. Diese Einrichtung erlaubt es, den Verdauungsprozess an der ganzen Nahrungsmenge in kurzer Zeit zu beendigen. Damit wird aber die Sicherheit gegeben, dass an keiner Stelle des langen Weges die angedaute Nahrung stagniert und sich zersetzt. Die Keimarmut des Dünndarmes, die fast einer Keimfreiheit gleichkommt (s. später), ist im wesentlichen die Folge der schnellen und stetigen Selbstreinigung dieses Darmabschnittes. Die Zeit, die eine Mahlzeit im Säuglingsalter braucht, um vom Magenpförtner bis zum Anfang des Dickdarms zu gelangen, beträgt etwa 3—6 Stunden. Im Dickdarm, in den zunächst die Nahrungsreste in einem dünnbreiigen Zustand gelangen, kommt die Nahrung nur langsam vorwärts, da ausser den Bewegungen, die der Durchmischung und der Fortbewegung dienen, im Gegensatz zum Duodenum antiperistaltische Wellen auftreten, die das Vorwärtsschieben des Darminhaltes verzögern und hemmen. Für die Vorgänge der Kotbildung (Eindickung des Stuhles) sind diese Darmbewegungen von grosser Bedeutung (s. später). Der Vorgang der Kotentleerung ist bei vielen gesunden Kindern anscheinend wenig entwickelt. Das zeigt die Trägheit, mit der bei vielen Kindern, besonders bei Brustkindern, erst nach Tagen ein Stuhl entleert wird, der aber keineswegs hart und fest ist, sondern breiig, von normaler Konsistenz erscheint. Das zeigt weiter die Anstrengung, die viele Säuglinge aufbringen müssen, um einen Stuhl zu entleeren; der Anspannung der Bauchpresse fällt anscheinend dabei ein grösserer Anteil zu als einer aktiven Arbeit des Darmes.

Die Gesamtheit der Motorik der Darmbewegung steht unter dem Einfluss nervöser Reize und unter Einflüssen, die von den Abbauprodukten der Verdauung indirekt auf Darmschleimhaut und Darmnerven ausgeübt werden. Dabei beeinflusst das Tempo der Öffnung des Pylorus entscheidend den gesamten weiteren Rhythmus der Darmbewegung. Verschluss des Pylorus bedeutet Hemmung der Darmmotorik. Im übrigen können chemische Reize, die den nervösen Plexus der Darmwand treffen, oder Reize vom Zentrum aus, die auf dem Wege des Nervus vagus dem Darm zufliessen, die Peristaltik des Dünndarms und Dickdarms so stark beeinflussen, dass es zur Verstopfung oder zur Diarrhoe kommt.

II. Die Verdauung.

Auf dem langen Weg vom Mund zum Enddarm werden in der aufgenommenen Nahrung die für den Aufbau des Organismus notwendigen und brauchbaren Stoffe von den unbrauchbaren Schlacken geschieden. Bei diesem Prozess sind zwei Kräfte am Werke: die Verdauungssäfte und die Darmbakterien.

a) Die fermentative Verdauung.

Die chemische Verdauung durch die Fermente der Darmdrüsen und der drüsigen Anhangsorgane des Darmes (Speicheldrüsen, Leber, Pankreas) geschieht bis auf einzelne durch die Unreife bedingten Ausfälle beim Säugling vom ersten Lebenstage an durch die gleichen Säfte, die auch beim älteren Kinde und beim Erwachsenen wirksam sind. Die Verdauung beginnt auch beim Neugeborenen bereits in der Mundhöhle durch Einwirkung des Speichels. Die Speichelmengen sind dabei zunächst gering, steigen aber bereits nach kurzer Zeit auf beträchtliche Werte. In dieser Beziehung nimmt die Milch (als flüssige Nahrung) eine Sonderstellung gegenüber allen anderen Flüssigkeiten ein (Sellheim): die Milch ist die einzige „Flüssigkeit", die auch die Speicheldrüsen zu einer starken Sekretion von Schleimspeichel reizt, so dass 10—20% des Nahrungsvolumens an Speichel abgegeben werden. Die Reaktion des Säuglingsspeichels liegt meist ganz konstant und unabhängig von äusseren Einflüssen zwischen Ph 7,6 und Ph 6,8, d. h. der Speichel ist meist eine neutrale oder leicht alkalische Flüssigkeit von einer Ph um 7,0 (Davidsohn und Hymanson). Die Menge des Speichels nimmt beim kranken Säugling beträchtlich ab. Der messbaren Verringerung der Sekretion entspricht der klinische Befund der trockenen, glanzlosen Mundschleimhaut beim ernährungsgestörten oder fiebernden Säugling. Diese Abnahme der Speichelmenge ist für den Verdauungsprozess vielleicht bedeutsamer als eine Verringerung der fermentativen Fähigkeit des Speichels (Diastasegehalt), die nicht regelmäßig der Schwere der Erkrankung entsprechend verringert gefunden wird.

Die Magenverdauung geschieht in Abhängigkeit vom Eiweiss-, Fett- und Salzgehalt der Nahrung. Daraus ergibt sich, dass die chemischen Verdauungsprozesse im Magen bei natürlicher Ernährung nicht völlig mit denen bei Verwendung künstlicher Nahrungsgemische übereinstimmen. Von den eiweissabbauenden Fermenten wird Pepsin und Lab (wenn man dieses als ein besonderes Ferment anerkennen will) bereits beim Neugeborenen von der Magenschleimhaut geliefert. Die Wirksamkeit des Pepsins ist aber, wenigstens bei den jüngsten Säuglingen, beschränkt oder sogar völlig behindert, da die Säurewerte die notwendig sind, um die Pepsinwirkung in Gang zu setzen, im Magen des gesunden Säuglings nicht erreicht werden. Die wahre Azidität des Magensaftes beträgt auf der Höhe der Verdauung etwa Ph = 4,5 — 5,0 (Allaria, Davidsohn, Hess, Salge, Scheer u. a.), wobei die Azidität im ganzen mit zunehmendem Alter ansteigt. Das Optimum der Pepsinwirkung liegt aber bei einer Ph von 1,8—2,4. Ein Aufhören der Pepsinwirkung ist bei einer H' von 10^{-3} bis 10^{-4} anzunehmen (Davidsohn), so dass praktisch mit einem Eiweissabbau durch Pepsin im Magen kaum zu rechnen ist. Dem entspricht, dass der Nachweis von Eiweissabbauprodukten (Pepton) im Mageninhalt nicht gelungen ist. Erst im letzten Vierteljahr des ersten Lebensjahres dürfte, beim natürlich ernährten Kinde stärker und eher als beim künstlich genährten Säugling, eine Pepsinverdauung im Magen einsetzen.

Das Labferment bewirkt im Magen bei Kuhmilch bei einer Ph von 6,0—6,4, bei Frauenmilch bei einer Ph von 5,0 ein Gerinnen der Milch und dadurch eine Trennung der Molke von dem Kasein + Fettgerinnsel. Diese Scheidung der festen von den flüssigen Bestandteilen der Milch schafft die Möglichkeit eines raschen Abspritzens des flüssigen Anteils durch den Pylorus. Damit wird einer Überfüllung des Magens im Laufe einer Mahlzeit, die die Magenkapazität übersteigt, vorgebeugt. Wesentlicher erscheint aber die Labgerinnung für den Verdauungsvorgang dadurch, dass das Milchfett vom Kaseingerinnsel zurückgehalten wird und damit den verdauenden Kräften der Magenlipase anheimfällt. Das Wirkungsoptimum der Magenlipase liegt bei einer Ph von 4—5. Der Fettabbau im Magen ist beim natürlich ernährten Kinde intensiver als beim Flaschenkinde, vielleicht deswegen, weil in der Frauenmilch selbst bereits eine Lipase enthalten ist, die der Kuhmilch fehlt (Davidsohn). Die Milchlipase entfaltet ihre Wirksamkeit bereits in einem Wirkungsbereich von Ph 8—6, in dem die verdauende Kraft der Magenlipase noch gering ist, so dass sich bei Frauenmilchernährung zur Fettverdauung durch die Magenlipase noch die Arbeit der Milchlipase hinzugesellt. Kochen der Milch verzögert die Lipolyse und damit auch die Magenentleerung, da vom Fettgehalt des Mageninhaltes reflektorisch ein Schluss auf den Pylorus ausgeübt wird.

Die entscheidende Wirkung auf das Tempo der Magenentleerung, insbesondere die Verzögerung der Magenentleerung nach Kuhmilch, dürfte aber nach den Untersuchungen von Bessau und Mitarbeitern von den Eiweisskörpern der Kuhmilch (Kasein und Albumin) ausgehen, deren Quantität und Qualität den Weitertransport der Nahrung in das Duodenum hemmt.

Ein Abbau der Kohlenhydrate findet im Magen nicht statt. Im ganzen ist also die verdauende Kraft des Magens beim Säugling gering. Von einiger Bedeutung erscheint lediglich die Fettverdauung und die Scheidung von Molke und Eiweiss. Die ungestörte Entwicklung der Säuglinge, denen z. B. zur Heilung einer Pylorusstenose eine Gastroenterostomie angelegt wurde, weist ja gleichfalls darauf hin, dass dem Magen für den Verdauungsvorgang im ganzen eher eine sekundäre Bedeutung zukommt.

Die wesentliche Verdauungsarbeit wird jenseits des Magenpförtners, im Duodenum und in den folgenden Dünndarmabschnitten geleistet. Hier sind bereits die beim Erwachsenen wirksamen Fermente auch beim Neugeborenen und beim jungen Säugling nachzuweisen. Das Pankreas liefert Amylase und von Doppelzuckerfermenten Maltase (Ibrahim) zum Abbau der Kohlenhydrate und Trypsin und Steapsin zur Eiweiss- resp. Fettverdauung; aus der Leber ergiesst sich bereits beim Fötus Galle in den Darm, in der alle für die Verdauung der Fette notwendigen Bestandteile nachgewiesen wurden. Sekretin, Enterokinase, Erepsin, Amylase, Laktase und Maltase spendet die Dünndarmschleimhaut als Fermente, resp. Aktivatoren der Fermentsekretion schon beim Neugeborenen. Die Reaktion im Duodenum und Dünndarm, die von einer Ph von 5,0 bis etwa 6,5 (im unteren Ileum) ansteigt, entspricht dem Reaktionsbereich, in dem die wichtigsten eiweiss- und fettspaltenden Fermente das Optimum ihrer Wirksamkeit haben. Um diese Reaktion aufrecht zu erhalten, ist aber der unnatürlich ernährte Säugling wegen des hohen Eiweissgehaltes seiner Nahrung, der Säuren bindet, gezwungen, weit grössere Mengen von Darmsekret auf die Nahrung zu ergiessen, als das natürlich ernährte Kind. Die erhöhte Sekretionsleistung, die auch den intermediären Stoffwechsel in Mitleidenschaft zieht, stellt das Flaschenkind ungünstiger als das Brustkind. Als Endresultat der Dünndarmverdauung ergibt sich: ein vollständiger Abbau des Eiweisses, wobei ein wesentlicher Unterschied in den Endprodukten zwischen künstlicher und natürlicher Ernährung nicht zu bestehen scheint. Weiterhin wird im Dünndarm die Fettverdauung und die Spaltung des Milchzuckers beendigt; dabei ist aber die Gegenwart der arteigenen Molke für die Erreichung des Endzieles günstiger als die Anwesenheit der artfremden Molke (Freudenberg, Davidsohn). Die Mengen der Ca-Ionen und der Phosphat-Ionen scheinen (nach Reagenzglasversuchen) für die Unterschiede von einiger Bedeutung zu sein. Dabei konnte die schlechtere Spaltung des Milchzuckers bei künstlicher Ernährung für die grössere Neigung der Flaschenkinder, an Ernährungsstörungen zu erkranken, mit verantwortlich gemacht werden, da Milchzucker, der der Verdauung entgangen ist, schlecht resorbiert wird und daher der Entwicklung krankhafter Gärungsprozesse Vorschub leistet (s. später).

Im Dickdarm findet ein weiterer Abbau der Nährstoffe durch Darmfermente in einem Ausmaß, das für die Ernährungsvorgänge von praktischer Bedeutung ist, kaum noch statt.

Der fermentative Abbau der Nahrung im Darm, wie er skizziert wurde, erleidet auch beim Eintritt einer Ernährungsstörung keine Hemmung. Wenn die Mengen der Fermente vielleicht auch geringer werden, so bleiben sie doch selbst bei schwerster Störung erhalten. Daraus folgt, dass alle Versuche, an denen es früher nicht gefehlt hat, eine Fermenttherapie der Ernährungsstörungen zu treiben, unwirksam bleiben müssen, da sie an einem Punkte einsetzen, in dem ein Funktionsausfall gar nicht vorliegt. Die Vorgänge beim Abbau der Nahrungsbestandteile gehen im Darme so weit, dass wasserlösliche Bestandteile entstehen, die zur Aufsaugung durch die Zelle der Darmwand und z. T. nach weiterem Umbau in der Darmwand zum Einbau in die Zelle geeignet sind. Mit fermentativen Kräften der einzelnen Körperzelle, durch die ein Verdauungsvorgang im engeren Sinne jenseits der Darmwand möglich wäre, kann praktisch nicht gerechnet werden.

b) Die Beteiligung der Bakterien am Verdauungsprozess.

Die fermentativen Vorgänge, die nach physikalisch-chemischen Gesetzen den Abbau der Nährstoffe bedingen, werden durchflochten von Abbauvorgängen der Nahrung durch Bakterien, die zum kleinen Teile mit der Nahrung aufgenommen werden, zum überwiegenden Teile aber als ständige Bewohner bestimmt begrenzter Territorien des Darmes leben. Es sei aber betont, dass die eigentliche Verdauungsarbeit beim gesunden Säugling lediglich von den Fermenten in Magen und Dünnndarm geleistet wird, und dass in Tagen der Gesundheit die Arbeit der Bakterien sich auf die untersten Darmabschnitte beschränkt, in die nur noch geringfügige Reste von Nahrung gelangen. Der bakterielle Abbau der Nahrung gewinnt aber entscheidende Bedeutung, wenn krankmachende Geschehnisse das normale Gleichgewicht in der örtlichen Verteilung zwischen Fermenten und Bakterien im Darm stören. Dann können die Darmkeime ungezügelt zu Beherrschern des Nahrungsabbaus im Darm werden. Die Schilderung dieser Situation wird bei der Darstellung der Pathogenese der akuten Durchfallserkrankungen einen breiten Raum einnehmen. Hier sollen uns lediglich die Verhältnisse, wie sie sich beim gesunden Säugling finden, beschäftigen.

Während bei der Geburt die Mundhöhle des Säuglings noch keimfrei ist, beginnt nach wenigen Stunden ein Eindringen von Bakterien, die teils aus der Umgebung des Kindes, teils aus der Nahrung stammen. Die breite Verbindung der Mundhöhle mit der Aussenwelt und mit den engen Räumen der Nase und des Rachens bedingt einen stetigen Wechsel der Art der Bakterien in der Mundhöhle. Dieser Wechsel im Verein mit dem ständig fliessenden Speichel und der durch die Saug- und Schluckbewegung erfolgenden mechanischen Reinigung der Mundhöhle machen es in der Regel einem einzelnen Stamme von Bakterien unmöglich, sich in der Mundhöhle anzusiedeln. Nur wenn die Widerstandskraft des Organismus sinkt, wird die physiologische Säuberungsaktion unvollkommen. Als Zeichen dieses Ausfalls kommt es dann zur Entwicklung von Soor auf der Schleimhaut der Mundhöhle. Um diese Sooransiedelung zu ermöglichen, bedarf es beim Neugeborenen und beim jungen Säugling minimaler Schädigungen, beim älteren Säugling ist das Auftreten eines Soorrasens dagegen stets das Symptom eines schweren Darniederliegens der Immunität der Schleimhaut. Im ganzen gibt das Verhalten der Mundschleimhaut wohl ein Abbild der (für die Pathogenese der akuten Durchfallserkrankung) bedeutsamen Vorgänge auf der Schleimhaut im Magen und Dünndarm.

Die Zahl und Art der Bakterien im Magen wird im wesentlichen durch den Bakteriengehalt der Nahrung entschieden. Die Keimzahl ist beim gesunden Kinde gering, z. T. vielleicht deswegen, weil von der Salzsäure des Magens oder richtiger von der relativ hohen H˙-Konzentration des Magensaftes, eine keimtötende Wirkung ausgeht (Czerny, Freudenberg). Dabei ist bei Ernährung mit Kuhmilch der Säureverlust durch stärkere Bindung von Säure an die Eiweissmengen des grösseren Kaseingerinnsels (im Vergleich zum geringen Eiweissgehalt der Frauenmilch) und damit die Abnahme der keimtötenden Kraft für die Entstehung mancher Darmerkrankung beim künstlich genährten Säugling vielleicht bedeutsam. Bei regelrechtem Ablauf der Magenfunktion wird die wahre Reaktion des Magensaftes wenigstens ausreichen, um ein Wachstum des Kolibakteriums zu hemmen und zu stören. An Bakterienarten finden sich im Magen des gesunden Säuglings: Streptokokken, Enterokokken, Staphylokokken, Hefen und vielleicht nicht so selten das Bakterium coli (nach Scheer bei 25% der Säuglinge), das unter besonderen Bedingungen für die Entstehung der Durchfallserkrankungen entscheidende Bedeutung erlangt. Beim Eintritt einer akuten Dyspepsie und Intoxikation schwindet die relative Keimarmut des Magens und macht einer Besiedelung mit Keimen der Koligruppe Platz.

Beim gesunden Säugling sorgt jedenfalls die regelrechte Sekretion der Verdauungssäfte und die regelmäßige Entleerung des Magens dafür, dass ein bakterieller Abbau der Nahrung im Magen in nennenswertem Grade sicherlich nicht auftreten kann.

Ähnlich wie der Magen ist auch der Dünndarm beim gesunden Kinde praktisch keimfrei (Moro, Bessau-Bossert). Das gilt wenigstens für das Duodenum und das Jejunum, während vom dicht besiedelten Dickdarm ständig einzelne Keime Vorstösse in die untersten Abschnitte des Ileums unternehmen, so dass hier stets Bakterien nachzuweisen sind. In den oberen Abschnitten des Dünndarms finden sich in der Regel nur einzelne Enterokokken, Bakterien der Lakt. aerogenes-Gruppe, und erst in den tieferen Abschnitten des Ileums beginnt das Bakt. coli eine grössere Rolle zu spielen. Im Dickdarm von der Bauhinischen Klappe an bis zum Rektum leben zahlreiche Keime mannigfacher Art. Neben den im Dünndarm spärlich, hier reichlich vorhandenen Gärungserregern (Enterokokken, Bakt. aerogenes usw.) findet sich hier eine Bakterienflora, deren Bild von der Art der Nahrung bestimmt wird. Auf dem bei der Geburt sterilen Mekonium siedeln sich die sogenannten Knöpfchenbakterien an, die sehr bald (wahrscheinlich mit Änderung der Reaktion im Darm) von den eigentlichen Dickdarmbakterien verdrängt werden. Dient Frauenmilch als Nahrung, so bildet sich im Dickdarm fast eine Reinkultur des gram-positiven Baz. bifidus; damit werden alle übrigen Keime zu einem Schattendasein zurückgedrängt, wenn sie auch niemals ganz verschwinden. Zur Entwicklung der Bifidusvegetation müssen anscheinend eine ganze Reihe von Faktoren, wie sie gerade in der Frauenmilch gegeben sind, zusammentreffen. Vielleicht ist ein noch unbekannter Stoff der Frauenmilchmolke hier von entscheidender Bedeutung. Die Erzielung einer Bifidusflora bei künstlicher Nahrung (z. B. bei Ernährung mit peptisch veränderter Kuhmilch) ist jedenfalls sehr schwierig (Rühle, Adam). Der gram-positiven Flora beim natürlich ernährten Kinde entgegengesetzt ist eine gram-negative Flora beim künstlich genährten Kinde, die im wesentlichen aus Bacterium coli und Bacterium lact. aerogenes besteht. Die ständige Anwesenheit von Kolibakterien in grosser Zahl im Dickdarm vor den Pforten der verdauenden Dünndarmabschnitte stellt das Flaschenkind für die Möglichkeit des Ausbruches einer akuten Durchfallserkrankung, die mit einem Aufstieg von Kolibakterien in den Dünndarm einhergeht, ungünstiger als das Brustkind, dessen gesamter Darm in Tagen der Gesundheit frei von den gefährlichen Kolibakterien ist.

Nach ihrer funktionellen Leistung wurden die Keime des Darmes früher gern in Gärungserreger und Fäulniserreger eingeteilt, wobei der Angriffspunkt der Gärungserreger im wesentlichen die Kohlenhydrate, der der Fäulniserreger im wesentlichen die Eiweisskörper sein sollten. Zu den Gärungserregern rechneten die Enterokokken, die Milchsäure bildenden Bakterien (z. B. Baz. bifidus), die Gruppe der Kolibakterien und die Lact. aerogenes-Gruppe; schliesslich Arten von Bakterien, die zur Bildung von Buttersäure aus den Kohlenhydraten befähigt sein sollten. Als wesentliche Fäulniserreger galten die Anaerobier und fakultativen Anaerobier, proteolytische Bakterien, aber auch wiederum das Bact. coli. Schon diese Zusammenstellung zeigt, dass eine scharfe Trennung der Bakterien in Gärungs- und Fäulniserreger nicht ganz den Tatsachen entspricht. Dem wichtigen Bact. coli kommt jedenfalls die Fähigkeit zu, beide Arten des Nahrungsabbaues zu leisten.

Im nahezu keimfreien Dünndarm des gesunden Kindes kommt eine Entscheidung für die endliche Richtung des bakteriellen Nahrungsabbaues nicht in Frage. Erst im Dickdarm gewinnen die Keime eine Bedeutung für den Ablauf der Verdauungsvorgänge. Hier stürzen sich die zahlreichen Keime auf die ihnen im nicht resorbierten Speisebrei zufliessenden Nährstoffe, die von den jeweils vorhandenen Bakterienarten entsprechend ihren Fähigkeiten in besonderer Weise angegriffen und abgebaut werden. Zu dem Rest der Nährstoffe gesellt sich hier die nicht geringe Menge der eiweissreichen Darmsäfte, die nicht wieder aufgesaugt werden, und die gleichfalls der bakteriellen Zersetzung verfallen. Dabei begünstigt Eiweiss, besonders beim Zusammentreffen mit Kalzium und Magnesium die Entwicklung proteolytischer Fäulniserreger. Kohlenhydrate fördern die Gärungsprozesse, wobei sich die einzelnen Zuckerarten verschieden verhalten: Milchzucker und Malzextrakt wirken stärker gärungsfördernd als Rohrzucker und Nährzucker, Weizenmehle weniger als die dunklen Mehle (Roggen, Hafer). Die Fette (Fettsäuren) scheinen mehr indirekt die Entwicklung der Gärungserreger zu fördern, indem sie zwar nicht selbst die Gärungsvorgänge verstärken, wohl aber die Entwicklung der Kohlenhydratgärung im Kampfe mit den Fäulnisprozessen fördern. Im ganzen kann man annehmen, dass sich Gärungs- und Fäulnisvorgänge stets nebeneinander abspielen. „Normalerweise untersteht der Darminhalt gesetzmäßigen bakteriellen Belegschaften, die sich ordnungsgemäß ablösen. Beherrscher der Lage und der Ablösungsvorgänge ist nicht nur die Art der vorhandenen Bakterien, sondern vor allem auch die Beschaffenheit des Nährbodens" (von Noorden).

Damit ist gesagt, dass in Abhängigkeit von den vorhandenen Nährstoffen in den einzelnen Darmabschnitten bald die Fäulnis, bald die Gärung überwiegen kann. Plastisch beschreibt den Vorgang wieder von Noorden: „Im Cöcum und aufsteigenden Kolon spielt sich der eigentliche Wettstreit zwischen den Säurebildnern und den Fäulniskeimen ab. Weiter abwärts, wo nur noch Spuren von Kohlenhydrat vorhanden sind, treten die ausgehungerten Gärungserreger ganz zurück." Diese Vorstellung trifft für den darmgesunden, unnatürlich ernährten Säugling zu. Wenn beim gesunden Brustkinde die Gärungsprozesse die Fäulnisvorgänge überlagern, so rührt das z. T. daher, dass die Keime, in erster Linie „das vielseitig begabte" Bact. coli, zunächst die hier im Kolon stets noch vorhandenen Kohlenhydrate bevorzugen und erst, wenn die Vorräte an

Kohlenhydraten erschöpft sind, das vorhandene Eiweiss abbauen. Ein gewisses Maß für das Überwiegen der Fäulnis- oder der Gärungsvorgänge im Darm gibt das Verhalten der Stühle: sauer reagierende Stühle können für das praktische Handeln als Gärungsstühle, alkalisch reagierende Stühle als Fäulnisstühle gelten. Indessen kann es bei sehr starker Sekretion von alkalisch reagierenden Darmsäften, wie sie sich gerade im Verlauf mancher schweren Durchfallserkrankung einstellt, trotz stärkster krankhafter Gärungsvorgänge in physiologisch bedeutsamen Darmabschnitten zur Entleerung alkalisch reagierender Stühle kommen.

Die biologische Bedeutung der Bakterienbesiedelung des Darmes in bestimmten Abschnitten scheint für den gesunden Organismus noch nicht entschieden. Wahrscheinlich wäre auch trotz Fehlens von Bakterien in den unteren Darmabschnitten ein regelrechter Ablauf der Ernährungsvorgänge möglich. Die Besiedelung der untersten Darmabschnitte mit Keimen ist aber ein ebenso unvermeidlicher Vorgang wie das Eindringen von Bakterien in Mund und Rachenhöhle. Der Organismus steht hier wie dort im ständigen Kampfe mit dem Ziel, die Bakterienbesiedelung in Schranken zu halten und sie auf das Territorium einzudämmen, in dem die lebenswichtigen Phasen der Verdauungsvorgänge sich nicht abspielen. Die Beherrschung dieses Kampfes scheint dem jungen Säugling noch zu fehlen; manche harmlose Diarrhoe der ersten Lebenszeit dürfte als Ausdruck einer schwierigen Gewöhnung des Darmes an die bakteriellen Eindringlinge anzusehen sein. Die Bildung von Darmgasen und Gärungssäuren mag für die Vorgänge bei der Nahrungsresorption (Klotz), für die Stuhlbildung, für die Peristaltik und die Kotausscheidung von einiger Bedeutung sein. —

„Im Darm spielt sich, zumal vom untersten Ileum abwärts, ein pflanzlich-mikrobielles Leben ab, dessen Harmlosigkeit nicht auf der Abwesenheit von Giftbildnern, sondern auf dem Bestehen des ordnungsmäßigen Gleichgewichtes zwischen den Einzelgliedern der Flora beruht." „In dieses Gleichgewicht können fremde Eindringlinge den ersten Anstoss zur Störung tragen. Wenn die Eindringlinge selbst die Führerschaft übernehmen, durch die Wucht ihrer Vegetationskraft (wie z. B. bei Cholera) andere Keime verdrängen, oder wenn sie — auch ohne allzu üppige eigene Vermehrung — durch ihre spezifischen Gifte den Organismus gefährden, so sprechen wir von Darminfektionskrankheiten" (von Noorden). Auf diese hier angedeuteten Fragen der Pathologie der Bakterienbesiedelung des Darmes wird im Kapitel von der Pathogenese der akuten Durchfallserkrankungen und der infektiösen Darmerkrankungen ausführlich eingegangen werden. —

III. Die Resorption der Nahrung und intermediäre Prozesse.

Über die Vorgänge bei der Aufsaugung der Nährstoffe im Darm, den Verbrauch zum Kraft- und Baustoffwechsel im Organismus und über die Ausscheidung der Nahrungsschlacken unterrichtet der Stoffwechselversuch. Die Ergebnisse berichten aber fast ausschliesslich über die Quantität der Resorption, der Ausnutzung und des Abfalls. Über die Qualität der Vorgänge vom Augenblick des Übertrittes der Nahrung in den Kreislauf bis zum Einbau und zum Verbrauch in den Zellen und bis zur Abgabe der Reste des Verdauungsprozesses in den Ausscheidungen sagen diese Untersuchungen nur wenig aus. Tatsachen über die intermediären Umsetzungen im Organismus sind daher nur wenig bekannt.

Eine Aufsaugung von Nährstoffen im Magen findet nicht statt. Ort der Resorption ist der gesamte Dünndarm, in dem Eiweissabbauprodukte, die zu Monosacchariden gespaltenen Kohlenhydrate, die Fette (zumeist in Form der Neutralfette), dann aber auch alle Salze und nicht zuletzt grosse Mengen von

Wasser resorbiert werden. Auf den Wegen der Blutgefässe, mit dem Umweg über die Leber oder (wie ein grosser Teil der in der Darmwand bereits wieder aufgebauten Fette) auf den Lymphwegen gelangen die resorbierten Anteile in den grossen Kreislauf und von da zu den Geweben. Im Dickdarm findet im wesentlichen nur noch eine grössere Resorption von Wasser statt, die zur Eindickung des noch dünnflüssigen Chymus bis zur Konsistenz des Stuhles führt. Neben der grossen resorptiven Arbeit bestehen im Dünndarm, weniger im Dickdarm, aber auch starke Strömungen, die Flüssigkeit, Salze und Eiweiss aus dem Kreislauf in das Darmlumen zurückführen. Diese sezernierende Fähigkeit des Dünndarmes, die vor allem in der Sekretion der Darmsäfte besteht, ist recht beträchtlich. Die in den Dünndarm aus den Anhangsdrüsen des Darmes und den Darmdrüsen ausgeschiedenen Flüssigkeitsmengen übersteigen um ein Vielfaches die Mengen der mit der Nahrung aufgenommenen Flüssigkeit. Die Menge an Speichel, Magen- und Darmsaft, Galle und Pankreassaft, die sich am Tage in den Dünndarm ergiesst, lässt sich nur annähernd schätzen. Bis zum Pylorus dürfte sich nach Aufnahme eines bestimmten Milchquantums die Menge der Flüssigkeit bereits um die Hälfte vermehrt haben (bei 200 g aufgenommener Milch etwa 80—100 g). Im Dünndarm dürfte dazu etwa noch 150 g Flüssigkeit treten, so dass zu jeder Mahlzeit von 200 g Milch etwa 250 g Flüssigkeit geliefert werden, die z. T. schon wieder aus dem rasch resorbierten Wasser der Mahlzeit selbst bestehen. Bei fünf Mahlzeiten am Tage ergibt sich ein Wasserumsatz (Resorption und Sekretion) von ungefähr $1\frac{1}{2}$ l am Tage. Dazu kommt die dauernde Absonderung von Speichel, Magensaft, Pankreassaft usw., die auch zwischen den Mahlzeiten nicht ruht, und die auf etwa $\frac{1}{2}$—1 l am Tage zu schätzen ist. Insgesamt würde also ein Säugling, der am Tage 1 l Nahrung (Milch, Brei usw.) aufnimmt, 2—3 l Wasser umsetzen. Da etwa $\frac{1}{3}$ der aufgenommenen Flüssigkeit bei der Perspiration abgegeben wird, der Rest bis auf kleine Teile, die für den Ansatz benutzt werden, als Harn oder Kotwasser verloren geht, so muss jedes Teil aufgenommenen Wassers mindestens fünfmal den Weg Darm—Kreislauf—Darm vollenden. Diese Anspannung des Wasserstoffwechsels (grosse Leistung mit geringen Mitteln) macht es verständlich, dass selbst geringe Wasserverluste durch verstärkte Perspiration durch Lungen (und Haut), wie sie die akuten Durchfallserkrankungen begleiten, sich im intermediären Stoffwechsel bedrohlich bemerkbar machen müssen. Ungenügende Eindickung der Nahrungsreste im Dickdarm, wie sie beim Durchfall eintritt, wirkt viel weniger störend, da diese Wasserverluste im Stuhl durch Einsparung an Harnwasser (Ausscheidung von konzentriertem Urin, selbst Anurie) weitgehend ausgeglichen werden.

Die Aufsaugung der Mineralstoffe (Na, K, Cl, Mg, Fe, Phosphat) geschieht im Dünndarm. Von den aufgenommenen Salzen verlässt ein Teil den Organismus durch die Nieren (Na, K, Cl, Phosphat), während andere Salze (Verbindungen von Ca, Mg, Fe), nachdem sie den Kreislauf passiert haben, im Dickdarm wieder zur Ausscheidung gelangen. Dabei muss man sich aber vor Augen halten, dass die im Harn und Stuhl an einem Tage erscheinenden Salze keineswegs die gleichen zu sein brauchen, die etwa am gleichen Tage aufgenommen wurden. Es ist vielmehr wahrscheinlich, dass die Salze im Harn und Stuhl Endprodukte regressiver Vorgänge sind (z. B. am Knochen), die mit den Vorgängen der Aufnahme in keinem direkten Zusammenhang stehen.

Die täglichen Retentionen für die wesentlichsten Mineralstoffe (Nutzungswert nach Orgler) betragen beim Neugeborenen am Tage (nach Michels)

$$P_2O_5 \quad 170—256 \text{ mg}$$
$$CaO \quad 181—291 \text{ mg}$$
$$Cl \quad 95 \text{ mg}$$

In langfristigen Versuchen mit besonderer Methodik ergaben sich für die Gesamtaschenbilanz beim Säugling bei verschiedener Ernährung folgende Werte (Rominger und Mitarbeiter).

	Einfuhr pro die	Retention	
		absolut	% der Einfuhr
Brusternährung	1,07—1,5	0,37—0,72	33—48 %
Flaschenernährung . .	2,46—5,8	0,83—3.8	24—65 %
Zwiemilchernährung . .	2,33—3,9	1,12—1,3	33—48 %

Das künstlich genährte Kind retiniert danach ein Mehr an Mineralstoffen (bes. Na und K) gegenüber dem Brustkind. Wie weit diese Hypermineralisation des Flaschenkindes von biologischer Bedeutung ist, steht noch dahin. Dabei ist in Rechnung zu stellen, dass nach Rominger etwa 10% der Salze durch die Haut (Schweiss) abgegeben werden. Aller Wahrscheinlichkeit nach führt diese Hypermineralisation beim Flaschenkind nicht zu einer bleibenden Abartung des Gewebes, sondern sie wird durch gelegentliche Abgaben wieder ausgeglichen.

Die Bilanzen der einzelnen Mineralstoffe zeigen, wie der Stoffwechselversuch ergeben hat, starke Schwankungen in Abhängigkeit vom Alter des Kindes und der Nahrungszusammensetzung. Ihre Wiedergabe würde mehr theoretisches als praktisches Interesse haben und darf deshalb an dieser Stelle unterbleiben.

Die Eiweisskörper werden zum grössten Teile tief abgebaut als Aminosäuren, zum kleinen Teile als Polypeptide resorbiert. Die Passage nativen Eiweisses durch die Darmwand ist auch beim Säugling mit Ausnahme der Neugeborenenzeit unmöglich. In den ersten Lebenstagen scheinen Fermente, Hormone, Antitoxine und ähnliche biologisch wichtige Stoffe und (wenigstens beim jungen Tier) manche Eiweißstoffe und vielleicht auch Mikroorganismen (Tuberkelbazillen) die noch durchlässige Darmwand zu passieren. Die im abgebauten Zustand resorbierten einfachen Bausteine des Eiweisses werden z. T. in der Darmwand, z. T. in der Leber aber bereits wieder zu komplexen Verbindungen aufgebaut. Über ihren weiten Weg bis zur Zelle ist an praktisch bedeutsamen Tatsachen kaum etwas bekannt. Vom aufgenommenen Eiweiss gelangt der grösste Teil zur Resorption und zum Anbau. Bei natürlicher Ernährung dürfte die Resorption fast 100%, bei unnatürlicher Ernährung etwas weniger betragen. Die im Stuhl erscheinenden Stickstoffmengen sind nicht als Reste des aufgenommenen Nahrungseiweisses anzusehen; sie stammen im wesentlichen aus dem Eiweiss des Darmsaftes und der Darmbakterien.

Der Nutzungswert des Eiweisses, berechnet nach der Menge von Stickstoff, der im Körper retiniert wird, schwankt zwischen 78,3% (beim Neugeborenen) und 23,1% (im fünften Lebensmonat) bei natürlicher Ernährung, zwischen 37,6% (im zweiten Monat) und 18,8% (im sechsten Monat) bei künstlicher Ernährung (Orgler). Aus der Verlangsamung des Wachstums dürfte die allmähliche Abnahme der Menge des angesetzten Eiweisses zu erklären sein.

Das Fett wird ähnlich wie das Eiweiss nach seiner Resorption bereits in der Darmwand durch aktive Zellarbeit wieder aufgebaut. Die im Blut emulgierten Fettröpfchen trüben auf ihrem Wege durch den Organismus das Blutserum (Lipämie), wenn auch der Grad der Trübung nicht immer der Menge des auf der Wanderung befindlichen Fettes entspricht. Die Mengen des resorbierten Fettes sind in Abhängigkeit von anderen Nahrungsbestandteilen und in Abhängigkeit von den Vorgängen im Magen-Darmkanal starken Schwankungen unterworfen. Hoher Fettgehalt der Nahrung (z. B. Buttermehlschwitze) verschlechtert die prozentuale Resorption; im gleichen Sinne wirkt die Anwesenheit von starken Gärungsvorgängen, die zum Durchfall geführt haben. Das nicht resorbierte Fett erscheint als Neutralfett, Fettseifen und Fettsäuren in den Stuhlentleerungen wieder.

Die Kohlenhydrate werden als Monosaccharide aufgesaugt. Die Resorption erfolgt bei normaler Funktion des Magen-Darmkanals bis zu 100%, wenn die relativ hohe Toleranzgrenze für Zucker nicht überschritten wird. Andere Nahrungsbestandteile hemmen aber die Aufsaugung des Zuckers; am wenigsten Wasser und Frauenmilchmolke, stärker Eiweiss und Fett, vor allem aber die Kuhmilchmolke, in der der Eiweissanteil neben Mineralstoffen (Phosphat?) eine Verzögerung der Zuckerresorption verursacht. Andererseits bewirkt die Steigerung der Kohlenhydratzulage in einer bestimmten Nahrung eine bessere Bilanz der Eiweißstoffe, indem der Stickstoffgehalt des Harnes wesentlich sinkt, im Kot dagegen viel weniger ansteigt.

Von den intermediären Umsetzungen der Nahrung auf ihrem Wege vom Darm bis zu den Ausscheidungsorganen ist wenig bekannt. Als gesicherte und praktisch wichtige Tatsache kann aber gelten, dass der Ablauf der intermediären Umsetzungen, insbesondere der der lebenswichtigen Salze, wesentlich von der Reaktion der Säfte und der Gewebe bestimmt wird. Störungen im sogenannten Säurebasenhaushalt sind seit der ersten Untersuchung Czernys bei einer grossen Reihe von krankhaften Erscheinungen und bei vielen umschriebenen Krankheitsbildern nachgewiesen worden. Mit dem Befund einer Störung des Säurenbasengleichgewichtes im Organismus ist aber über die ursächliche Bedeutung dieser Erscheinung nichts ausgesagt. Die hierdurch nachweisbare Störung der intermediären Umsetzung ist in der Mehrzahl der Fälle lediglich ein Symptom, das auf andere, tiefer liegende krankhafte Funktionen (innere Sekretion u. ä.) zurückgeht, deren Wesen sich aber vielfach noch unserer Kenntnis entzieht. Dazu kommt, dass über den Säurebasenhaushalt der Gewebe kaum etwas erforscht ist. Die Beurteilung des Reaktionsablaufes kann lediglich am Verhalten der Ausscheidungssekrete und am Verhalten des Blutes (Blutserum) geprüft werden. Gerade im Blute können aber mancherlei Momente (Puffer usw.) kompensierend wirken, die die wahre Reaktion des Blutes verdecken, und auch das vom Säurebasengleichgewicht des Blutes abhängige Verhalten der Sekrete (Urin) bestimmen.

Zur Aufrechterhaltung einer bestimmten Reaktion in den Säften (Blut) stehen dem Organismus zwei Regulationssysteme zur Verfügung. Droht im Körper durch Eindringen oder durch vermehrte Bildung von Säuren oder Alkalien eine Verschiebung der normalen Reaktion der Säfte nach der sauren oder nach der alkalischen Seite, so versucht der Organismus, durch Änderung des Atmungsvorganges oder durch Änderung der Nierensekretion die Gefahr einer Reaktionsveränderung nach Möglichkeit auszugleichen. Durch Änderung des Atemtypus (vertiefte, beschleunigte Atmung) kann ein Überschuss vorhandener Kohlensäure und evtl. anderer flüchtiger Säuren (z. B. beim Diabetes), aus dem Körper entfernt werden. Durch Änderung der Nierensekretion, vor allem durch stärkere oder schwächere Abgabe von primären oder sekundären Phosphaten, wird gleichfalls einer drohenden Verschiebung der intermediären Reaktion nach der alkalischen oder sauren Seite vorgebeugt werden können. Diese Kompensationsmechanismen spielen so lange, bis die normale Reaktion des Blutes wieder erreicht ist. Durch beschleunigte und vertiefte Atmung bei Zunahme der Kohlensäure im Blute wird das normale Verhältnis zwischen CO_2 und $NaHCO_3$ wiederhergestellt; durch oberflächliche oder verlangsamte Atmung wird CO_2 im Blute zurückgehalten und damit ein Überschuss von $NaHCO_3$ wieder ausgeglichen. Ähnlich kann, da normalerweise die Reaktion des Harns im wesentlichen durch das Verhältnis der Mengen von primärem zu sekundärem Phosphat bestimmt wird, auch von dieser Seite der Ausgleich einer Gleichgewichtsschwankung in der Reaktion der Säfte erfolgen. Treten z. B. im Organismus Säuren in verstärkter Menge auf, so wird intermediär aus einem Teil der sekundären Phosphate im Blut saures primäres Phosphat. Dieses im Überschuss gebildete primäre Phosphat reizt die Niere zur Abscheidung, und es wird von ihm soviel im Harn aus dem Blut entzogen, bis intermediär das normale Verhältnis von primärem zu sekundärem Phosphat (bei Ph 7,4 etwa 1:4) wieder hergestellt ist. Aus dem zähen Streben des Organismus, durch Änderung der Mengen saurer oder alkalischer Valenzen in den Ausscheidungsprodukten, die Reaktion der Säfte nach Möglichkeit konstant zu erhalten, folgt, dass die Beurteilung von sauren und alkalischen Produkten in den Ausscheidungen (Kohlensäure, Phosphate) ein Bild der intermediär sich abspielenden Richtung in der Reaktion der Stoffwechselvorgänge abgeben kann.

Es ist üblich geworden, die Abweichung im Säurenbasenhaushalt von der Normallage nach der sauren Seite als Azidose, nach der alkalischen Seite als Alkalose zu bezeichnen. Dabei muss man sich aber von der irrigen Vorstellung freihalten, dass ein strenger Gegensatz zwischen Alkalose und Azidose etwa im Sinne eines Reaktionsumschlages vorliegen könnte. Es handelt sich lediglich um eine Änderung in der Reaktion der Säfte, gemessen am Gehalt des Blutes, des Harnes usw. an H-Ionen.

Ein Vergleich der wichtigsten Daten des Säurebasenhaushaltes, die beim Brustkinde und beim Flaschenkinde in mancher Beziehung entgegengesetzt sind, lässt sich in folgender Tabelle zusammenfassen (nach Schiff).

	Brustkind	Flaschen-kind		Vergleich	
				Brustkind mit Flaschen-kind	Flaschen-kind mit Brustkind
Ph	7,30	7,33	Blut	in derselben Höhe	
Plasma CO_2 (Vol. $^0/_0$)	53,2	44,3		höher	niedriger
Plasma Carbonatzahl	1,3—1,78 (1,59)	1,32—1,48 (1,39)		höher	niedriger
Ph	ca. 5,5	ca. 7,0	Harn	erniedrigt	vermehrt
Titrierbare Azidität .	4,0—13,9 (9,3)	10,5—72,4 (50,0)		erniedrigt	vermehrt
Ammoniak ($n/_{10}$ cm^3)	22,4—69,1 (45,2)	39,9—142,7 (80,7)		erniedrigt	vermehrt
Organische Säuren (cm^3 $n/_{10}$)	10,8	13,8		erniedrigt	vermehrt

Aus der Tabelle folgt, dass der Stoffwechsel des gesunden Brustkindes, verglichen mit dem des gesunden Flaschenkindes eher eine alkalotische Richtung aufweist. Eine Azidosebereitschaft liegt also bei mit Kuhmilch ernährten Säuglingen vor (Schiff).

Die normale Beschaffenheit des Blutserums lässt sich durch folgende Daten kennzeichnen:

Gesamteiweiss . . . .   6,11 g%
Rest. N. . . . . 25—40 mg%
Harnstoff N. . . . . 12—20 mg%
Aminosäure N. . . . . . . 4,8—7,8 mg%
Harnsäure . . . . 1,0—4,0 mg%
Kreatinin . . . . 0,9—2,0 mg%
Blutzucker . . . . 80—120 mg%
Chloride (Blut) . . . . . . 450—550 mg%
Chloride (Plasma) . . . . 570—620 mg%
Cholesterin . . . . 150—175 mg%
Na . . . . 37,5 mg%
K. . . . . 0,32 mg%
Kalzium . . . . 10—11,5 mg% (10,5)
Phosphor (anorgan.) . . . . 4,8—6,8 mg% (5,4)
Azeton, Azetessigsäure . . . Spuren.

IV. Die Ausscheidungen.

Die Schlacken des Stoffwechsels werden durch Harn, Kot und Perspiratio insensibilis, durch Haut und Lungen, abgegeben. Es erscheinen im Harn neben Wasser in erster Linie die Endprodukte des Eiweißstoffwechsels, die Alkalien und die Phosphate, im Stuhl die der Verdauung entgangenen Fett- und Kohlenhydratmengen neben Kalzium, Magnesium und Eisen; durch die Perspiratio verlässt ein grosser Teil des Wassers den Organismus.

a) Harn.

Der Harn der Säuglinge ist mit Ausnahme der ersten Lebenstage, in denen ein an Uraten (Ziegelmehl) reicher Urin entleert wird, hellgelb, wasserklar, von sehr niedrigem spezifischem Gewicht. Beim künstlich genährten Kinde reagiert der Harn sauer, beim Brustkinde alkalisch, fast neutral. An Endprodukten des Eiweissstoffwechsels erscheinen im Harn: Harnstoff (60—80% des Gesamt-N des Harns), Ammoniak und Reststickstoff, zu dem der Aminosäurenanteil gehört. Der Anteil des Ammoniaks am Harnstickstoff (Ammoniakkoeffizient) schwankt in weiten Grenzen. Seine Grösse gilt seit langem als feiner Indikator für die Richtung des Gesamtstoffwechsels. Bei stärkerer Azidose steigt die Ammoniakausscheidung im Harn. Im Harn erscheint weiter der grösste Teil des Natriums und Kaliums, zum grossen Teil an Chlor gebunden.

Als Besonderheit des Neugeborenenstoffwechsels finden sich bei Ernährung mit dem eiweiss- und zellreichen Kolostrum in den ersten Lebenstagen relativ grosse Mengen von Uraten und Nukleoalbuminen im Harn. Diese Massen verursachen den sogenannten Harnsäureinfarkt der Niere, an dessen Entstehung die geringe Wasserzufuhr während der Neugeborenenzeit ebenso wie an der Entstehung der Albuminurie der Neugeborenen wesentlich mitbeteiligt zu sein scheint.

b) Kot.

Der Stuhl des Säuglings enthält neben Wasser stets Eiweiss, Kalk- und Magnesiumsalze, Eisen, Fette, Abbauprodukte des Fettstoffwechsels und Kohlenhydrate in sehr wechselnder Menge. Die Farbe des Stuhles rührt bei reiner Milchernährung fast nur von beigemischtem Bilirubin her. Urobilin fehlt lange Zeit nach der Geburt im Stuhl fast vollständig. Der Geruch des Stuhles wird beim Brustkinde von Fettsäuren und Oxyfettsäuren verursacht, beim Flaschenkinde gesellt sich stärker hierzu der Geruch nach Abbauprodukten des Eiweisses (Fäulnis). Die Eiweissanteile des Stuhles (etwa 4—5% N der Trockensubstanz) stammen zum kleinsten Teile aus Nahrungsresten, zum grösseren Teile aus den stickstoffhaltigen Darmsekreten und Bakterienleibern.

Als unresorbiertes Eiweiss wurden früher auch die als Milchbröckel im Stuhle erscheinenden grauweissen bis weissen Bestandteile wechselnder Form angesehen, die wegen ihrer vermeintlichen Herkunft als „Kaseinbröckel" beschrieben wurden. Nach langwierigen Kontroversen erst kann es als gesichert gelten, dass die „Milchbröckel" nur zum kleinen Teil unverdaute Reste des Milcheiweisses sind. Die kleinen, weissen, leicht zerdrückbaren Bröckel, die in durchfälligen, schleimigen Stühlen zahlreich auftreten, bestehen im wesentlichen aus Fettseifen. Ihr Stickstoffgehalt ist gering. Die grösseren, zähen Gebilde, die vielfach langgestreckt, von grauer Farbe erscheinen und die sich viel seltener im Stuhl finden, bestehen dagegen zum grössten Teile aus Kasein und Parakasein, dem nur geringe Mengen von Fettseifen und Fettsäuren beigemischt sind. Die grossen, zähen Bröckel finden sich regelmäßig nur unter einer Voraussetzung, bei Ernährung mit roher Milch. Dass es sich bei diesen Milchbröckeln in der Tat um Reste unverdauten Kaseins handelt, konnte durch biologische Prüfung der Substanz nachgewiesen werden.

Die Fette des Stuhles bestehen aus Neutralfetten und freien, hohen Fettsäuren, aus wasserlöslichen Alkaliseifen und wasserunlöslichen Erdalkaliseifen. Je konsistenter der Stuhl ist, desto höher ist sein Gehalt an fettsaurem Kalk und Magnesia. Mit steigendem Fettgehalt der Nahrung und verschlechterter Resorption steigt auch der Fettgehalt des Stuhles an. Bei fettreichen künstlichen Nährgemischen können gelegentlich in dem fettglänzenden Stuhl 60—70% der aufgenommenen Fettmengen nachgewiesen werden. Kohlenhydrate (Milchzucker) fehlen beim gesunden Kinde fast vollständig im Stuhl. Bei künstlicher Ernährung sind beim normalen Tempo der Peristaltik und damit bei vollständigem Abbau im Darm Polysaccharide in grösseren Mengen im Stuhl nicht nachzuweisen. Bei Beschleunigung der Peristaltik dagegen erscheint unverdauter Zucker und Stärke reichlich in den Entleerungen. Nicht abgebautes Mehl ist durch die Jodprobe unschwer nachweisbar.

Zusammensetzung der Fäzes von Kindern mit Milchnahrung:

Bestandteile		Frauenmilch %	Kuhmilch %
Wasser		81,22	78,82
Feste Substanzen		18,78	21,18
Asche		11,0	15,0
In Wasser unlösliche Salze		9,5	13,2
Wasserlösliche Salze	ungefähr auf	1,5	1,8
Gesamt N	100 Teile	4,5	5,9
Eiweißsubstanz	Trocken-	20,6	30,6
Fett- und Fettsäureseifen	rückstand	40,0	40,0
(Cholesterin, Cholsäuren etc.)			

c) Perspiratio insensibilis und Wasserstoffwechsel.

Zur Ausscheidung des nach Ablauf der Stoffwechselvorgänge übrig bleibenden Wassers stehen dem Säugling drei Wege zur Verfügung: Stuhl, Harn und Perspiratio durch Lungen und Haut. Die Mengen des im normalen Stuhl ausgeschiedenen Wassers sind gering, etwa 3—5% der Aufnahme. Bei Durchfällen können die im Stuhl in Verlust gehenden Wassermengen auf 200—500 g am Tage und mehr ansteigen; durch Einsparen von Harnwasser werden diese grossen Wasserverluste im Stuhl wieder ausgeglichen. Etwa 60% der aufgenommenen Wassermenge werden als Urin abgegeben. Der Rest des getrunkenen Wassers, etwa 25—30% der Aufnahme, verlässt mit der Ausatmungsluft und mit der Hautausdunstung den Organismus. Die Beziehungen zwischen Harnwasser und Perspiratio sind aber beim jungen Kinde ausserordentlich schwankend. Mannigfache äussere Faktoren können die Wege, auf denen das Wasser den Körper verlässt, ändern. Geschrei, Unruhe, Fieber, klimatische Faktoren, Konzentration und Zusammensetzung der Nahrung (Eiweissgehalt) steigern die Ausscheidung durch die Haut und vor allem durch die Lungen.

V. Der Nahrungsbedarf.

Um den Nahrungsbedarf des Säuglings zu beurteilen, genügt es für die Bedürfnisse der Praxis anzugeben, wieviel Gramm Milch, Zucker usw. der Säugling eines bestimmten Alters oder eines bestimmten Gewichts bedarf. Einen Anhalt könnte die Trinkmenge eines gedeihenden Brustkindes geben. Für das

Brustkind beträgt die Trinkmenge in den ersten Lebenswochen $^1/_5$ des Körpergewichts, dann bis zur Halbjahreswende etwa $^1/_6$—$^1/_7$, im zweiten Halbjahre etwa $^1/_8$ seines Körpergewichtes, d. h. die Nährstoffmengen, die vom Säugling nach eigenem Ermessen aus der Brust entnommen werden, sind im ersten Vierteljahr in 500—600 g, im zweiten Vierteljahr in 700—800 g, im zweiten Halbjahr in 1000 g Frauenmilch enthalten. Aber schon beim Brustkinde sind Abweichungen von den „Normalzahlen" keineswegs selten. Es gibt genügend Kinder, die mit weit kleineren Trinkmengen vorzüglich gedeihen, während umgekehrt weit stärkere Trinker nicht immer als gemästet erscheinen. Bei Ernährung mit Kuhmilch ist es viel schwieriger, den Nahrungsbedarf einigermaßen exakt durch eine ähnliche einfache Angabe zu bezeichnen, da der Gehalt der Kuhmilch an Nährstoffen nach Haltung, Fütterung und Rasse des Milchviehes in weiten Grenzen schwankt, und der Nährwert der Milch durch die bei der Bereitung der Säuglingsnahrung üblichen Verdünnungen oder Zusätze weiter verändert wird. Daher gibt die Regel: Der Nahrungsbedarf des Säuglings wird gedeckt durch $^1/_{10}$ seines Körpergewichtes an Milch + $^1/_{100}$ an Zucker, nur annähernd zutreffende Ergebnisse. Richtet man sich nach dieser Angabe, so wird die Gesamtmenge der Nahrung (Milch + Zusatz von Verdünnungsflüssigkeit) nach den Erfahrungen der Trinkmengen des Brustkindes zu bemessen sein.

Erst mit der Errechnung des Nährstoffbedarfes aus dem Brennwert der Nahrung (Kaloriengehalt der Nahrung) durch Rubner, Heubner und Camerer ergab sich die Möglichkeit, in exakterer Weise den Nährstoffbedarf des Säuglings anzugeben. Aber auch hierbei darf nicht vergessen werden, dass es eine absolut gültige Zahl für den Nahrungsbedarf eines Säuglings nicht gibt. Äussere und innere Faktoren können den Nährstoffbedarf weitgehend verändern. Es sei hier an die überraschend hohen Steigerungen gedacht, die z. B. Unruhe, lebhaftes Geschrei, innersekretorische Einflüsse verursachen, die vorübergehend oder dauernd den Nährstoffbedarf bis zu 100% und mehr steigern können.

Die auf das Kilo Körpergewicht entfallende Menge an Nährwert (Kalorien) wurde von Heubner als Energiequotient bezeichnet. Der Energiequotient liegt beim jungen Brustkinde bei etwa 100, beim etwas älteren Brustkinde bei 90, im zweiten Lebenshalbjahr bei 80, um am Ende des ersten Lebensjahres bei etwa 70 zu stehen, in der Annahme, dass Frauenmilch einen Brennwert von 650 Kalorien pro Liter hat. Der Energiequotient wurde beim künstlich genährten Kinde schon von Heubner höher als beim Brustkinde, mit etwa 120 Kalorien pro Kilo Körpergewicht, angenommen. Unter der Voraussetzung einer regelmäßig in gleicher Weise zusammengesetzten Kuhmilch von bestimmtem Brennstoffgehalt gibt die Kenntnis des Energiequotienten die Möglichkeit, aus dem bekannten Körpergewicht eines Säuglings den Bedarf an Trinkmenge einer bestimmten Nährstoffmischung zu berechnen:

1 l Vollmilch	= 600	Kalorien
1 l $^1/_2$ Milch + 5% Zucker	= 500	„
1 l $^2/_3$ Milch + 5% Zucker	= 600	„
1 l Buttermilch + 1% Mehl + 6% Zucker	= 600	„
1 l Kellersche Malzsuppe	= 700	„
1 l Eiweissmilch + 5% Zucker	= 620	„
1 l Buttermehlnahrung	= 850	„

Diese Berechnung des Nahrungsbedarfs eines Kindes aus dem Kaloriengehalt einer Nahrung und dem Körpergewicht des Kindes enthält eine Reihe von Fehlern, die sich bei der Praxis der Ernährung nur dann störend bemerkbar machen, wenn der Arzt sich allzustreng an die Durchschnittswerte des Kalorienbedarfs hält. Dem einzelnen Säugling gegenüber wird der Arzt oft genug gezwungen sein, nach oben oder nach unten von den „Normalzahlen" abzuweichen, um ein optimales

Ernährungsresultat zu erhalten, d. h. weder ein zu dünnes noch ein zu dickes Kind grosszuziehen. Konditionelle und konstitutionelle Besonderheiten machen sich auch im Nahrungsbedarf schon frühzeitig bemerkbar. Dazu kommt eine weitere Einschränkung gegenüber der Exaktheit der Methode: die Errechnung des Nahrungsbedarfs nach dem Körpergewicht enthält an sich eine Ungenauigkeit gegenüber dem eigentlich exakten Verfahren, das nicht von dem Körpergewicht, sondern von der Oberfläche des Körpers zur Errechnung des Nahrungsbedarfs ausging. Die Körperoberfläche ist deswegen das physiologische Maß zur Errechnung des Nahrungsbedarfs, da ja die Wärmeabgabe entsprechend der Grösse der Körperoberfläche erfolgt und nicht vom Körpergewicht entscheidend bestimmt wird. Soviel Wärme, wie an der Körperoberfläche durch Strahlung und Verdunstung von Wasser verloren geht, muss durch Nährstoffzufuhr ersetzt werden. Die Abkehr von der Wahl der Körperoberfläche als Maßstab zur Errechnung des Nahrungsbedarfs war im wesentlichen eine Konzession an die Praxis, da die Bestimmung der Körperoberfläche schwer, die des Körpergewichts sehr einfach ist. Dass das Körpergewicht nicht der Grösse der Wärmeabgabe parallel geht, lehrt folgende Betrachtung: Im Laufe des Lebens, auch schon im ersten Lebensjahre, nähert sich die rundliche Gestalt (Kugel) des Säuglingskörpers mehr der länglichen Form (Zylinder) des Erwachsenenkörpers. Mit dem Übergang von der Kugel zum Zylinder wird aber die Oberfläche im Verhältnis zur Masse kleiner. Aus der Änderung der Körperform und aus der ständig fortschreitend wechselnden Beziehung zwischen Körperoberfläche und Körpermasse erklärt es sich auch, dass der Kalorienbedarf, berechnet auf das Kilogramm, sich von Monat zu Monat und von Jahr zu Jahr ändert und abnimmt. Wird die Körperoberfläche als Grundlage zur Errechnung des Nahrungsbedarfs gewählt, so bleibt unabhängig vom Lebensalter bei Körperruhe der Nahrungsbedarf in jeder Lebenszeit annähernd gleich oder allgemeiner gefasst, nach den Oberflächengesetzen Rubners ist: „beim hungernden und ruhenden Warmblüter, bei ungleicher Grösse der Energieverbrauch proportional der Oberfläche des Tieres geordnet".

Gegen diese Betrachtungsweise sind von v. Pfaundler schwerwiegende Einwände erhoben worden. Das Gesetz gilt in seiner ursprünglichen Fassung von Rubner nur für die hungernden Tiere. Die fortschreitende Verschlechterung des Ernährungszustands und damit der Veränderung der Körperoberfläche im Hunger, muss zur Unregelmäßigkeit und zum Wechsel des Energieverbrauchs in den verschiedenen Perioden der Nahrungskarenz führen. Unberücksichtigt bleibt auch die Wirkung, die willkürliche und unwillkürliche Arbeitsleistung verursachen, die den Umsatz der Nahrungsstoffe beträchtlich beeinflusst. Auch die Beschaffenheit der Körperoberfläche (z. B. behaart — nicht behaart, geschützt — nicht geschützt) ist in ihren einzelnen Teilen beim einzelnen Individuum nicht gleichmäßig an der Wärmeabgabe beteiligt, so dass die einzelne Einheit an Körperoberfläche (z. B. 1 qcm) verschieden in Rechnung gestellt werden müsste. Und schliesslich wirken die wechselnden atmosphärischen Einflüsse bald hemmend, bald fördernd auf die Wärmeabgabe an der Körperoberfläche. Für den Säugling haben (nach v. Pfaundler) auch die Untersuchungen von Murschhäuser, Benedict und Talbot am ruhenden Säugling so beträchtliche Differenzen für den Umsatz ergeben (bis 100%), dass ein Mittelwert für die Errechnung des Nahrungsbedarfs nach der Körperoberfläche kaum gegeben werden kann. Eine grössere Genauigkeit würde die Berechnung des Nahrungsbedarfs aus der Körperoberfläche erst dann erlangen, wenn neben der äusseren Körperoberfläche auch die inneren Körperoberflächen (Darm, Lunge) wenigstens z. T. berücksichtigt werden könnten, da deren Gesamtheit an Fläche weit grösser ist als die bisher allein berücksichtigte Hautoberfläche des Körpers. Die Berechnung der inneren Körperoberfläche ist aber praktisch eine Unmöglichkeit.

Trotz dieser berechtigten Einwände und Bedenken muss die Errechnung des Nahrungsbedarfs nach dem Körpergewicht, resp. nach der Körperoberfläche für die Praxis noch immer als brauchbarster Maßstab gelten, vorausgesetzt, dass die Bemessung der Nahrungsmengen in dem Bewusstsein erfolgt, dass es sich hier — trotz aller Zahlenangaben, Formeln und Maßstäbe — nicht um eine mathematische Gesetzmäßigkeit handelt, sondern um eine Funktion des Lebens, die lediglich mit einem empirisch gewonnenen Maßstab gemessen wird, der bei der Mehrzahl der Kinder zur Zuteilung einer annähernd richtigen und ausreichenden Gesamtmenge an Nährstoffen ausreicht.

An Stelle der Kalorie wurde von Pirquet der Brennwert der Nahrungseinheit Milch (Nem = Brennwert von 1 g Milch = 0,67 Kalorien) zur Bemessung des Nahrungsbedarfs eingeführt. Ein unzweifelhafter Vorteil dieses Maßes liegt zunächst darin, dass die in physikalischen Problemen weniger Erfahrenen den Begriff der Kalorie nicht so leicht erfassen, während der Begriff von 1 g Milch als einfache, vorstellbare Grösse jedermann geläufig und verständlich ist.

Eine grössere Exaktheit als bei der älteren Kalorienberechnung ist auch bei der Verwendung des Nem-Systems nicht zu erwarten, da das Nem-System auch auf das Kalorien-System zurückgeht, nur mit dem Unterschied, dass als Einheit des Systems der Brennwert von 1 g Frauenmilch (von der 1 l 667 Kalorien enthält) gewählt ist. Diese Einheit ist das Nem (= Nahrungseinheit Milch). 1 l dieser Frauenmilch hat den Nährwert von 1000 = 1 kgnem, 10 g Frauenmilch = 1 Dekanem = 6,67 Kalorien. Daraus folgt, dass man durch Multiplikation mit $^3/_2$ jederzeit den Kalorienwert der Frauenmilch in ihrem Nemwert und durch Multiplikation mit $^2/_3$ den Nemwert einer bestimmten Menge Frauenmilch in Kalorien ausdrücken kann. Weiter ist es natürlich möglich, wenn der Kalorienwert irgend eines anderen Nährstoffes oder Nahrungsgemisches bekannt ist, seinen Nahrungswert auch in Nem auszudrücken, oder wenn der Nemwert von 1 g Fett, 1 g Eiweiss und 1 g Kohlenhydrat einmal errechnet ist und die Anteile der einzelnen Nährstoffe an einer Nahrung festgestellt sind, jederzeit den Gesamtwert dieser Nahrung in Nem anzugeben. In sehr sorgfältig und mühevoll zusammengestellten Tabellen hat Pirquet und seine Schule auf diese Weise den Nemwert fast aller für die menschliche Ernährung in Frage kommender Nahrungsmittel und Nährgemische errechnet. Wie zunächst nach Maßgabe der Grösse der Körperoberfläche, später nach dem Körpergewicht der Bedarf eines Organismus an Kalorien angegeben wurde, so suchte auch Pirquet nach einer Grösse, die eine möglichst genaue Feststellung des tatsächlichen Nahrungsbedarfs, gemessen nach Nem, erlaubte. Pirquet fand diese Grösse in der Darmoberfläche, die in der Tat plastischer als Körperoberfläche oder gar Körpergewicht, die engen Beziehungen zwischen dem Organismus und Nahrungsangebot und Nahrungsverarbeitung illustriert. Denn die Zellen, die die zugeführte Nahrung für den gesamten Organismus verarbeiten, sind im wesentlichen zunächst die Darmzellen. Je grösser der Organismus ist, um so mehr wird er um seine Bedürfnisse zu befriedigen, von diesen Arbeitskräften besitzen müssen, d. h. die Grösse der Darmoberfläche wird in einem direkten Verhältnis zur Grösse des Gesamtorganismus stehen. Pirquet errechnete empirisch, dass beim Säugling jeder Quadratzentimeter der Darmoberfläche etwa eine Nahrungsmenge von 1 g Frauenmilch an einem Tage verarbeiten könne, das ist eine Menge, die einem Nemwert von 1 Nem (= $^2/_3$ Kalorien) entspricht. Allerdings war diese Menge von 1 g Frauenmilch pro 1 qcm Darmoberfläche an einem Tage ein Maximum, das bereits höchste Anforderungen an die Funktionskraft der Zellen stellte. Eine regelrechte Entwicklung war bereits möglich, wenn die Hälfte = $^1/_2$ Nem pro Quadratzentimeter Darmfläche an Nährwerten zugeführt wurde. Wurden durch Wachstum, durch Arbeit, durch Unruhe usw. besondere Anforderungen an den Organismus gestellt,

so genügte diese Erhaltungsdiät von einem Brennwert von $\frac{1}{2}$ Nem pro 1 qcm
nicht, sondern es waren für jede einzelne Sonderleistung Zuschläge von $\frac{1}{10}$ Nem
pro 1 qcm notwendig, wenn beim jungen Organismus Gedeihen und Entwicklung
erzielt werden sollten.

Für die praktische Durchführung der Errechnung des Nährwertbedarfs
nach Nem war es jetzt nur noch notwendig, eine bei jedem Individuum jederzeit
feststellbare Grösse zu finden, die der Darmoberfläche entspricht. Ein solches
Maß fand Pirquet in der Sitzhöhe, das ist die Entfernung zwischen Scheitel
und Sitzfläche.

Ältere anatomische Untersuchungen (Henning) hatten ergeben, dass die
Darmlänge des Menschen etwa der zehnfachen Sitzhöhe entspricht. Die mittlere
Oberfläche des Darmes bei mittlerer Füllung beträgt etwa 7500 qcm, das ergibt
für den Erwachsenen bei einer Länge von 870 cm eine Durchschnittsbreite von
8,6 cm, das ist etwa der hundertste Teil der Darmlänge. Da die Darmlänge
annähernd das Zehnfache der Sitzhöhe ausmacht, so beträgt die Darmbreite
ungefähr $\frac{1}{10}$ der Sitzhöhe. Daraus folgt, dass man sich die Darmoberfläche als
ein Quadrat darstellen kann, das aus zehn gleichen Streifen von Darm besteht,
von denen jeder einzelne die Länge der Sitzhöhe und die Breite von $\frac{1}{10}$ der Sitzhöhe
hat oder anders ausgedrückt, die Darmoberfläche eines Menschen ist ein Quadrat,
dessen Seite der Grösse der Sitzhöhe entspricht $=$ Sitzhöhe^2. Hat ein Säugling
z. B. eine Sitzhöhe von 35 cm, so beträgt die Grösse seiner Darmoberfläche
35 cm $\times$ 35 cm $=$ 1225 qcm. Da von jedem qcm Darmoberfläche im Maximum 1 g
Frauenmilch pro Tag $=$ 1 Nem oder eine dem Nährwertbedarf gleiche Nahrungsmenge verarbeitet werden kann, so wäre die maximale Milchmenge für solch ein
Kind 1225 gr. Der tatsächliche Nahrungsbedarf eines solchen Kindes würde
aber nur $\frac{1}{2}$ Nem pro qcm Darmoberfläche betragen, das sind 612,25 g Frauenmilch,
wozu noch für Wachstum und Unruhe 2 $\times$ 61,2 $=$ 122,4 g Frauenmilch zuzurechnen
wären. Es gelingt also auch auf diese Weise, lediglich durch Feststellung der
Sitzhöhe rasch und einfach den Nährstoffbedarf des Säuglings zu errechnen,
wobei aber auch hier betont werden muss, dass eine allgemein gültige Zahl nicht
gefunden wird. Individuelle Unterschiede spielen eine entscheidende Rolle und
wie schon der Gang der Errechnung der Darmoberfläche zeigt, sind auch hierbei
gewisse Ungenauigkeiten und Willkürlichkeiten nicht ausgeschlossen. Die Nahrungsstoffe selbst verteilt Pirquet in einem Nahrungsregime so, dass wenigstens
10% und höchstens 20% Eiweiss (Nahrungsbaustoffe) sind, während der übrige
Teil von den Nahrungsbrennstoffen geliefert wird. Dabei setzte Pirquet ursprünglich Fette und Kohlenhydrate als biologisch gleichwertige Nährstoffe ein,
die sich vollständig vertreten könnten. In neuerer Zeit scheint aber auch von
der Pirquetschen Schule, vor allem den Fetten ein gewisser Sondernährwert
gegenüber den Kohlenhydraten eingeräumt zu werden.

Das Pirquetsche System vermochte sich bisher jenseits der Landesgrenzen
Deutsch-Österreichs nicht durchzusetzen. Gewisse Vorteile wie die leichte Vor-
stellbarkeit und Lehrbarkeit, die Überlegenheit gegenüber der Kalorienrechnung
im Rahmen von Massenspeisungen u. ä., vermochten nur an den wenigsten Stellen
die Tradition der Kalorienrechnung umzustossen. Es scheint daher mehr eine
Sache der Übung oder der Gewohnheit zu sein, ob man bei Errechnung des
Nahrungsbedarfs eines Säuglings die Kalorie oder das Nem, das Körpergewicht
oder die Sitzhöhe als Grundlage und Maßstab wählt. Eine grössere Exaktheit in
den Ergebnissen ist keinem der beiden Systeme eigentümlich.

Die Umwertung der zugeführten Nahrung. Die dem Säugling zugeführte
Nahrung dient verschiedenen Zwecken. Folgende Aufgaben sind zu erfüllen:

1. Deckung des Grundumsatzes, der als recht konstante Grösse angenommen werden kann;

2. Bedarf für den **Wachstumsvorgang** (in den verschiedenen Abschnitten des ersten Jahres stark schwankend);

3. Bedarf für **Muskelarbeit, Geschrei** (einschliesslich Verdauungsarbeit);

4. Ausgleich des Kalorienverlustes durch die **Ausscheidungen.**

Die Grösse des Grundumsatzes beträgt bei der Geburt etwa 40—45 Kalorien pro Kilo Körpergewicht und erreicht mit zunehmendem Alter am Endes des ersten Lebensjahres mit etwa 55—58 Kalorien pro Kilo Körpergewicht das Maximum, von dem in späteren Lebensjahren ganz allmählich wieder ein Abstieg erfolgt.

Die Bestimmung der Grösse des Bedarfs für die Wachstumsvorgänge (Zunahme an protoplasmatischer Substanz, Fett, Stützgewebe), deren klinischer Ausdruck der Zuwachs an Gewicht und Länge ist, liegt in der ersten Lebenszeit etwa bei 50 Kalorien pro Kilo Körpergewicht. Mit dem Abnehmen der Intensität der Wachstumsvorgänge verringert sich diese Quote des Nahrungsbedarfs aber sehr rasch; am Ende des ersten Lebensjahres beträgt sie noch etwa 20—25 Kalorien pro Kilo Körpergewicht.

Sehr schwankend sind die Werte, die zur Deckung der durch Muskelarbeit, Unruhe usw. eintretenden Verluste in Rechnung zu stellen sind. Für die Verdauungsarbeit schätzt **Benedict** den Bedarf auf 6% der zugeführten Kalorien; für die mittlere Bewegungsleistung eines ruhigen Säuglings können etwa 10 Kalorien pro Kilo Körpergewicht in Rechnung gestellt werden. Als letzter Anteil kommt hierzu ein Bedarf von etwa weiteren 10 Kalorien pro Kilo Körpergewicht (= 10% der zugeführten Brennwertmenge) für den Verlust von Kalorien im Harn, Stuhl usw. Es ergibt sich daher:

	Säugling der ersten Monate	Säugling von 12 Monaten
Grundumsatz	45	55
Wachstum	50	25
Muskelarbeit	10	10
Verlust in den Ausscheidungen .	10	10
	115	100

Diese Schätzung entspricht annähernd dem von **Rubner, Heubner** u. a. auf anderen Wegen gefundenen Nahrungsbedarf des Säuglings.

An der Gesamtsumme der Energiezufuhr sind bei zweckmäßig gewählter Nahrung die verschiedenen Nährstoffe nicht wahllos beteiligt. Die Erfahrung bei der natürlichen Ernährung des Säuglings lehrt, dass von Eiweißstoffen etwa 1,8 g pro Kilo Körpergewicht zum Gedeihen eines Kindes gegeben werden müssen. Beim künstlich genährten Kinde werden die Eiweissmengen vielleicht höher (etwa 3 g pro Kilo Körpergewicht) anzusetzen sein. Entscheidend ist hier nicht nur die Quantität, sondern auch die Qualität des zugeführten Eiweisses. Vom Milchzucker verbraucht der gesunde Säugling am Tage etwa 7—9 g pro Kilo Körpergewicht. Eine absolute Schätzung des Kohlenhydratbedarfs beim künstlich genährten Kinde, besonders bei Ernährung mit gemischter Kost (Gemüse, Obstsaft), ist bei den in den verschiedenen Nahrungsmitteln in sehr wechselnden Mengen enthaltenen und im Darm sehr verschieden ausgenutzten Kohlenhydratmengen kaum möglich. Eine Menge von 10 g Zucker pro Kilo Körpergewicht wird für die Mehrzahl der Säuglinge zur Deckung des Kohlenhydratbedarfs als ausreichend angenommen werden können. Ebenso lässt sich der tägliche Bedarf an Fett nur annähernd schätzen. Für den Säugling wird 6—7 g pro Kilo Körpergewicht als ausreichend angegeben. Im ganzen kann nach Untersuchungen von Holt und Fales geschätzt werden, dass von 100 Kalorien der zugeführten Nahrung im Säuglingsalter

40% in Form von Kohlenhydraten
50% „ „ „ Fetten
10% „ „ „ Eiweiss geliefert werden sollen.

Zu dem Bedarf an Brennwert spendenden Nährstoffen tritt weiter der Bedarf an Wasser, Salzen und Vitaminen.

Der Wasserbedarf des gesunden Säuglings ist im Vergleich zu dem des Erwachsenen sehr gross. Darauf weist schon der hohe Wassergehalt der natürlichen und künstlichen Nährgemische hin:

in 1 l Frauenmilch sind 885 g Wasser enthalten.
„ 1 l Kuhmilch „ 874 g „ „

Auf die Einheit des Körpergewichts berechnet, beträgt die Wasseraufnahme des gedeihenden Säuglings annähernd das sechs- bis achtfache des Bedarfs beim Erwachsenen. Der Durchschnittswert liegt beim Säugling bei 140—150 g pro Kilo Körpergewicht; er ist am grössten am Ende des ersten Lebensmonats und nimmt mit fortschreitendem Alter langsam ab.

Ob der Durchschnittswert von 150 g Wasser pro Kilo Körpergewicht das Optimum für das Gedeihen darstellt, kann nicht ohne weiteres bejaht werden. Die Erfahrungen bei der Ernährung junger Säuglinge mit kalorienreichen, konzentrierten Nahrungsgemischen haben gelehrt, dass ein Gedeihen einer grossen Zahl von Kindern auch bei geringerer Wasserzufuhr (100—120 g pro Kilo Körpergewicht) möglich ist. Auf der anderen Seite ist ein Zuwenig an Wasser beim Säugling in mannigfacher Richtung ungünstig. Wenn auch eindeutige Resultate über den Einfluss grosser oder kleiner Wassermengen auf die Verbesserung oder Verschlechterung der Retention von Stickstoff und Mineralstoffen nicht vorliegen, so lehrt doch die klinische Erfahrung, dass es bei kalorisch zwar ausreichender, dabei aber wasserarmer Ernährung zum Ausbleiben des Ansatzes kommen kann. Diese Hemmung des Gewichtsanstieges wird lediglich durch Wasserzufuhr ohne andere Nahrungsänderung beseitigt (s. Kap. Wachstum). Bei Frühgeborenen und Kindern der ersten drei Lebensmonate mit ihrem besonders hohen Wasserbedarf lässt sich diese Erscheinung am häufigsten nachweisen. Darüber hinaus kann aber stärkerer Wassermangel der Nahrung zu einer allgemeinen, schweren Beeinträchtigung des Stoffwechsels, zu Fieber, Durchfall usw. führen (Durstschäden s. später).

Der Bedarf an Mineralstoffen ist in der Molke der Frauenmilch und erst recht in der der Kuhmilch meistens gedeckt (s. Kap. Milch). Eine Ausnahme machen vielleicht bei manchen Kindern nur Kalk und Eisen. Wird Eisen dem älteren Säugling in Form von Gemüsen und Obst nicht in ausreichenden Mengen zugeführt, oder steht Kalk durch besondere Verhältnisse im Stoffwechsel dem Organismus nicht mehr in biologisch wertvoller Form zur Verfügung, so kann es zum Eisen-, resp. Kalkmangel kommen. Angaben über die absoluten Mengen von Salzen, die dem Säugling in der Nahrung gegeben werden müssen, sind praktisch nur von geringem Interesse. Nach Angaben von Maurel betragen die Mengen der einzelnen Salze für den Erwachsenen

$NaCl$ . . . . . . 0,30 g
K_2O . . . . . . 0,06 g
CaO . . . . . . 0,1 g
MgO . . . . . . 0,005 g
Fe_2O_5 . . . . . . 0,002 g
P_2O_5 . . . . . . 0,050 g
SO_3 . . . . . . 0,060 g

Absolute Zahlen zu geben erscheint um so schwieriger, als nach den Vorgängen am Darmkanal, nach dem wechselnden Angebot anderer Nährstoffe (z. B. die Beziehungen Fett—Kalk) der Bedarf an den einzelnen Salzen stark schwankt. Die in der Molke der Milch und in der gemischten Kost dem Säugling zugeführten Salzmengen sind so reichlich bemessen, dass es beim gesunden, regelrecht ernährten Kinde kaum jemals zu Störungen als Folge eines fehlerhaften Salzangebotes kommt.

Ein quantitatives Maß für den Bedarf an den einzelnen Vitaminen ist kaum zu geben, da die Natur dieser Substanzen im wesentlichen noch unbekannt ist. Dazu kommt, dass auch der Gehalt der Vitaminträger an den einzelnen Vitaminen keine absolute Grösse darstellt, sondern in Abhängigkeit von Herkunft, Wachstum usw. der Ausgangssubstanzen in weiten Grenzen schwankt. Gleiche Sorten von Obst und Gemüse als Vitaminträger wechseln in ihrem Gehalt an Vitamin C mit der Besonnung, Düngung u. ä.; Wintermilch ist in jeder Beziehung vitaminärmer als Sommermilch. Lebertran wechselt in seinem Gehalt an D-Vitamin nach Herkunft und Art der Verarbeitung. Dazu kommt weiter, dass nach konstitutionellen und konditionellen Besonderheiten, nach dem Alter der Bedarf an Vitaminen beim einzelnen Säugling starken Schwankungen unterworfen ist. Beim gedeihenden, gesunden Kinde scheint der Bedarf an Vitaminen relativ gering zu sein. Jede krankhafte Störung, eine Temperatursteigerung, Durchfälle u. a. treiben aber den Vitaminbedarf sofort stark in die Höhe.

Der Gehalt der einzelnen Nahrungsmittel an Vitaminen kann nur annähernd geschätzt werden. Vitamin A wird in den in der Säuglingsnahrung üblichen Buttermengen stets ausreichend vorhanden sein; das gleiche gilt für das Vitamin B. Zur Deckung des Vitamin-C-Bedarfes wird vom vierten Lebensmonat an die Zulage von 30—50 g rohen Obstsaftes genügen. Vom Vitamin D sind die zur Verhütung der Rachitis notwendigen Mengen in etwa $^1/_2$ mg bestrahlten Ergosterins enthalten.

D. Die Ernährung des gesunden Säuglings.

I. Die Ernährung an der Brust.

Die natürliche Ernährung gilt heute als selbstverständliche und leicht durchführbare Forderung. Das Problem der natürlichen Ernährung ist aber ganz gewiss nicht damit abgetan, wenn in Wort und Schrift verkündet wird, dass die vornehmste Pflicht jeder Mutter wäre, ihr Kind zu stillen, eine Pflicht, der sich keine Frau entziehen dürfe. Diese und ähnliche Schlagworte enthalten schliesslich nur eine Voraussetzung für die Einleitung des Stillens: sie verlangen den Willen zum Stillen von den Müttern. In der Praxis gestaltet sich die Erfüllung dieser Forderung sowohl für den Arzt, der die Ernährung an der Brust zu leiten, als auch für die Mutter, die sie zu leisten hat, doch gar nicht so selten zu einer nicht ganz einfachen Aufgabe. Schon der immer wiederholte Satz, dass fast jede Mutter ihr Kind stillen kann, ist nur cum grano salis wahr. Er gilt vollinhaltlich für die Mütter, die im Milieu der Anstalt ihre Kinder gebären. Die ersten zehn Wochenbettstage wird hier fast jede Mutter die geringen Milchmengen aufbringen, die zur Ernährung des Neugeborenen notwendig sind. Das Stillgeschäft wird hier zu einer Selbstverständlichkeit; es wird gleichsam zu einem Beruf, auf den das ganze Sinnen und Denken eingestellt ist, für die Frauen, die als Ammen in den Säuglingskrankenhäusern und Säuglingsasylen fungieren. So ist es zu verstehen, dass von Geburtshelfern 90—100% der Mütter eine Stillfähigkeit attestiert wird, und dass von den Ammen der Anstalten eine Abwicklung der Stilltätigkeit berichtet wird, die anscheinend nur selten einmal Schwierigkeiten bereitet.

Ganz anders gestaltet sich aber die Durchführung einer Ernährung an der Brust bei den Müttern, die im Kreise der Familie leben, besonders dann, wenn sich zu diesem häufig wenig günstigen Milieu noch ein höherer Grad von Sensibilität und Intelligenz gesellt. Bei diesen Frauen vereinigen sich gewisse Insuffizienzgefühle der Stillfähigkeit gegenüber, in erster Linie die Angst, ob das Kind auch genug bekäme, mit der Beunruhigung, die Unberufene so oft in die Stillstuben hereintragen. Allzuleicht wird auf diese Weise eine Atmosphäre geschaffen, die der ungestörten Entwicklung des Stillgeschäftes keineswegs zuträglich ist. Aus diesen Umständen erklärt sich die Tatsache, dass ein ausreichendes Stillen bei den Müttern in den Familien, in erster Linie auch bei den Frauen des Mittelstandes, der Akademiker usw. nur bei etwa 70% der Mütter möglich ist. Von den restlichen 30% sind etwa ein Drittel zu einer teilweisen Erfüllung der Stillpflicht über mehrere Monate hin befähigt, während bei zwei Drittel eine irgendwie ausreichende Milchabsonderung überhaupt nicht zustande kommt oder nach einem stolzen Anlauf bereits wenige Tage oder Wochen nach der Geburt völlig versiegt. Bei diesen Frauen, bei denen trotz vorhandenen Stillwillens die Laktation nicht in Gang kommt, ist das wesentliche Hemmnis eine **Angstneurose**, in die die jungen Mütter besonders nach der Geburt des ersten Kindes geraten. Als „Maternitätsneurose" sind diese bedeutungsvollen nervösen Störungen von Moll wohl zuerst zusammenfassend beschrieben worden. Das Wesentliche dieser Neurose liegt in der maßlosen Überschätzung aller Lebensäusserungen des jungen Kindes, wenn diese auch nur entfernt von dem abweichen, was sich Mütter und Angehörige als normal vorstellen. Dazu kommen auch wieder besonders beim ersten Kinde Insuffizienzgefühle, die sich einstellen, wenn der Milchstrom nicht sofort so reichlich fliesst, wie die Mutter es für wünschenswert hält. Aus Angst, nicht stillen zu können, kommen nicht wenige Frauen schliesslich zum Nichtstillen. Mit der Möglichkeit solcher Neurose muss der Arzt rechnen und ihre Bekämpfung ist namentlich bei den intelligenteren Müttern eine Hauptaufgabe bei der Leitung des Stillgeschäftes. Nur wenn die Beruhigung der Mutter gelingt, und sich das Vertrauen zum Stillenkönnen einstellt, wird die Laktation ruhig und regelmäßig vor sich gehen und die natürliche Ernährung durchgeführt werden können.

Neben der Angst, zu wenig Nahrung zu haben, äussert sich die Neurose der jungen stillenden Mütter in einer übertriebenen Beobachtung des Kindes. Die Stuhlentleerungen werden nach Zahl und Aussehen eingehend kontrolliert und bewertet; jedes Speien ängstigt die Mutter; die physiologischen Veränderungen an der Haut des Neugeborenen oder ein geringes Wundsein, die so häufigen knötchenförmigen Dermatosen auf den Wangen werden zum Anlass höchster Besorgnis; das Gewicht jeder Mahlzeit und der Gewichtsfortschritt jeden Tages wird bis aufs Gramm kontrolliert, und jede Abweichung von einer erwarteten, gleichsam uhrwerkartigen Regelmäßigkeit bedingt neue Angst. Die zahlreichen, teils guten, teils bedenklichen Lehrbücher der Säuglingspflege werden in diesen Wochen eifrigst studiert, und es erwächst hieraus eine Überschätzung der Normalkurve der Entwicklung, von der eine Abweichung nach oben oder nach unten der Mutter neue Stunden der Sorge und Angst bereitet.

Weit verbreitet sind auch Zweifel gegenüber der Qualität der Milch, die bald als zu dick, bald als zu schwer, bald als zu dünn angesehen wird. Alle diese Bedenken und Beobachtungen führen im Verein mit gewissen Schwierigkeiten und Beschwerden, die sich beim Stillen als Kreuzschmerzen oder als Schmerzen in der Brust u. ä. einstellen, bei den Müttern zu einer ständigen Angst vor der nächsten Mahlzeit, die nach der Ansicht der Mütter neue Unzulänglichkeiten ihrer Stillfähigkeit oder neue Abnormitäten bei ihrem Kinde aufdecken wird. Jede Kritik geht verloren; es entsteht damit eine Bereitschaft, jedem Rate nur allzuwillig zu folgen. Damit kommt es an Stelle der für ein normales Stillgeschäft so notwendigen Ruhe und Stetigkeit zu einer starken Beunruhigung der Mütter, die wieder auf das Kind reflektiert, das jetzt seinerseits durch Fehler in der Technik des Stillens und dadurch, dass es instinktiv die Unruhe der Stillenden spürt, anfängt, tatsächlich Schwierigkeiten zu bereiten. Dieser Einfluss psychischer Vorgänge auf die Abwicklung des Stillens erklärt es, dass phlegmatische Frauen in der Regel die besten Ammen sind, während sensible Frauen, Frauen von Ärzten oder zuviel von der Säuglingsernährung wissende Ärztinnen, die Mutter werden, recht oft beim Stillen versagen.

Die wichtigste Aufgabe des Arztes ist es, in all diesen Fällen das Selbstvertrauen der zweifelnden Mutter zu wecken und zu stärken, sowie weiter dafür zu sorgen, dass Ruhe und Stetigkeit im Haushalt einziehen. Dieses Ziel wird der Arzt nur erreichen, wenn er die kleinen Störungen und Schönheitsfehler, die die Fortsetzung des Stillgeschäftes zu bedrohen scheinen, richtig werten und auf das rechte Maß zurückführen kann. Der störungslose, fast möchte man sagen schulgemäße Ablauf des Stillens findet sich nur in den Büchern; im praktischen Leben wird ein Ablauf ohne Beschwerden von Mutter oder Kind nur recht selten zu finden sein. Die Einstellung von Mutter und Kind zueinander geschieht in der Praxis nie ganz glatt; sie wird in der Regel nur nach mancherlei Unstimmigkeiten erreicht. Daher kommt es, dass sich die Freude am Stillen bei vielen Müttern erst dann einstellt, wenn das kritische Anfangsstadium glücklich überwunden ist. Am meisten trägt hierzu das Gedeihen des Kindes bei. Eine fortschreitende Entwicklung des Kindes wird damit gleichzeitig zum besten Sedativum und zum besten Laktagogon für die Mutter. Besser als durch Wort und Schrift schwinden angesichts einer zufriedenstellenden Entwicklung des Säuglings die Insuffizienzgefühle und die Angst bei den Müttern. Daher ist es ein wesentlicher Teil der Aufgabe des Arztes, für dieses Gedeihen des Kindes, dessen wesentliches Kriterium für die Mutter die Gewichtszunahme ist, zu sorgen. Die strenge Durchführung der ausschliesslichen Ernährung an der Brust um jeden Preis wird bei manchen Frauen die Erfüllung dieser mütterlichen Erwartung nicht erreichen lassen. Die Hilfe, durch Zufütterung kleiner Mengen einer unnatürlichen Nahrung dieses Ziel zu erreichen, kann aus psychologischen Gründen häufig nicht entbehrt werden, und oft genug scheint dies der einzige Weg, um die Mutter überhaupt beim Stillgeschäft zu halten.

Die natürliche Ernährung begegnet demnach in der Praxis manchen Schwierigkeiten, die mehr auf psychischem, denn auf physischem Gebiete liegen. Die Grundregeln der Technik der Brusternährung sind heute bereits auch im Laienkreise dank der aufklärenden Arbeit populärer Schriften bekannt. Fehler in dieser Richtung werden heute kaum noch gemacht. Falsch bewertet werden aber an sich geringfügige Abweichungen von der Norm, die je nach der Individualität von Mutter oder Kind der Stilltätigkeit ein besonderes Gepräge geben.

In jedem Falle sollte zunächst versucht werden, das Stillgeschäft auf den allgemein anerkannten Regeln aufzubauen. Die Fünfzahl der Mahlzeiten hat sich, wenigstens in Deutschland völlig durchgesetzt, während in anderen Ländern einem häufigeren Stillen in sechs, acht, oder gar zehn Mahlzeiten noch immer das Wort geredet wird. Übereinstimmung besteht auch darüber, dass eine längere Nachtpause der Mutter und dem Kinde die notwendige Schlafenszeit bringen muss. Es ist üblich, mit der ersten Mahlzeit in den Morgenstunden zwischen 6 und 7 zu beginnen und in regelmäßigen Abständen von 4 Stunden das Kind anzulegen. Die Dauer der einzelnen Mahlzeit soll in der Regel 15 bis höchstens 20 Minuten nicht überschreiten, da festgestellt ist, dass der Säugling in den ersten 5 Minuten weitaus den grössten Teil der Mahlzeit aufnimmt, während nach 15 Minuten nur noch schluckweise unbedeutende Nahrungsmengen vom Kinde getrunken werden. Die Ausdehnung der Mahlzeit ins Unbegrenzte, wozu die jungen Mütter in der Hoffnung, dem Kinde doch noch ein grösseres Nahrungsquantum zuführen zu können, besonders bei geringer Milchsekretion neigen, bringt weder der Mutter noch dem Kinde Vorteil. Der Mutter, die zwischen den einzelnen Mahlzeiten kaum noch zur Ruhe kommt, wird das Stillgeschäft zur Last. Zudem entsteht durch den andauernden Reiz des Saugens die Gefahr des Wundwerdens der Brustwarzen. Das Anlegen des Kindes erzeugt Schmerzen und die Einrisse und Schrunden der Warze können zu Eingangspforten für Entzündungserreger werden. Das Kind erhält dadurch kaum ein grösseres Nahrungsquantum, entbehrt aber der notwendigen Erziehung zur Ordnung und Regelmäßigkeit.

Die Nahrungsmengen, die das Kind mit normaler Saugfähigkeit bei ausreichend absondernder Brust aufnimmt, steigern sich im Laufe von etwa zwei bis drei Wochen auf die dem Körpergewicht des Kindes entsprechende Menge von 600—700 g. Die Gesamttrinkmenge eines Tages beträgt nach einer von Finkelstein aufgestellten Regel:

(Zahl der Lebenstage —1) $\times$ 70—80 g

d. h. am 4. Lebenstag = (4—1) $\times$ 70—80 = 210—240 g

„ 10. „ = (10—1) $\times$ 70—80 = 630—720 g.

Die Grösse der einzelnen Mahlzeiten ist dabei im Laufe eines Tages recht verschieden, teils in Abhängigkeit von der Intensität der Milchabsonderung der Brust, teils in Abhängigkeit von der Sauglust des Kindes, Grössen, die offenbar je nach der Tageszeit und der Individualität von Mutter und Kind in weiten Grenzen schwanken. Am grössten pflegen die erste und zweite Mahlzeit des Tages zu sein, die dritte Mahlzeit in der Mittagsstunde ist häufig kleiner, die Nachmittagsmahlzeit ist oft wieder gross, während die letzte Mahlzeit in den frühen Nachtstunden, besonders bei den etwas älteren Säuglingen wieder kleiner wird, da die Schlaftiefe des Kindes oft schon recht ausgesprochen ist. Alle diese Grössen, das Gesamttagesquantum und die Menge der einzelnen Mahlzeit wechseln aber von Fall zu Fall in weiten Grenzen, und aus keiner dieser Zahlen lässt sich an sich ein Urteil darüber abgeben, ob eine Zufütterung notwendig wird, oder ob gar eine Fortsetzung des Stillens sich nicht mehr lohnt. Nur in Verbindung mit der Kontrolle des Körpergewichts kann aus der Trinkmenge ein Urteil abgegeben werden, ob die Milchsekretion ausreichend ist oder nicht.

Die Deckung des Nahrungsbedarfs sollte in der Regel am zehnten Lebenstag erreicht sein. Die in den ersten Lebenstagen bestehende Unterernährung ist für das Kind belanglos. Kommt es am dritten bis vierten Tage des Wochenbettes, gar nicht selten aber auch erst einige Tage später, zum Einschiessen der Milch, so vergehen wiederum etwa 8 Tage bis die volle Funktion der Brust eingesetzt hat. Während der Zeit der unzureichenden Nahrungszufuhr ist lediglich durch Zufuhr von kleinen Mengen gesüssten Tees, 50—300 g am Tag, der Wasserbedarf des Kindes zu decken, da sich aus dem Durstzustande bedrohliche Krankheitserscheinungen entwickeln können, und weil auch die Grösse der sogenannten physiologischen Gewichtsabnahme mit der Unzulänglichkeit der Wasserspeisung der Gewebe steigt. Das untätige Zuwarten bei unzureichender Milchabsonderung und Nichtgedeihen des Kindes muss aber zeitlich begrenzt sein. Von der dritten Lebenswoche an sollte versucht werden, den Nahrungsbedarf, sei es durch Änderungen der Stilltechnik, sei es durch vorsichtige Zufütterung zu decken. Der langdauernde Hunger wirkt sich schliesslich beim Brustkinde ebenso ungünstig aus wie beim Flaschenkinde. Dystrophische Zustände mit allen unangenehmen Begleitsymptomen stellen sich, wenn auch vielleicht langsamer als beim Flaschenkinde schliesslich doch auch beim hungernden Brustkinde ein.

Dem Arzt, der die Betreuung des Kindes übernimmt, kommt es in der Regel auch zu, die **Lebensordnung der stillenden Mutter** vorzuschreiben, zumal von dieser Seite aus dem Stillgeschäft die häufigsten Schwierigkeiten erwachsen. In der Pflege der Brust wird von den Frauen bereits in der Schwangerschaft eher zuviel als zuwenig getan. Vor und nach der Entbindung und während der Dauer der Laktation genügt es, die Brustwarzen mit aller Vorsicht mit kühlem Wasser zu waschen. Alle sogenannten Desinfizienten wie Borwasser oder vor allem Alkohol sind überflüssig oder schädlich, da sie die Haut des Warzenhofes austrocknen, spröde machen und damit die Rhagadenbildung fördern. Besser als alle Waschungen ist das Einsalben der Warze und des Warzenhofes nach jedem Trinken mit einer guten Vaseline, die vor dem Anlegen mit einem feinen angefeuchteten Leinenläppchen entfernt wird. Um die Bildung von Einrissen zu verhüten, sollte das Kind stets an der hängenden Brust angelegt werden, da an der ragenden Brustwarze, wenn die Mutter z. B. in flacher Rückenlage stillt, am oberen Rande der Warze die Bildung von Rhagaden kaum zu vermeiden ist.

In bezug auf die Ernährung pflegt man der Mutter heute kaum noch Beschränkungen aufzuerlegen. Die reichliche Aufnahme von Schleimsuppen, Mehlsuppen und von ungeheuren Mengen von Flüssigkeit, die den Müttern zuweilen angeraten wird, sollte untersagt werden, da diese Art der Ernährung von vielen stillenden Frauen nur mit Überwindung durchgeführt wird und oft genug der Mutter die Freude am Stillen nimmt. Dazu kommt, dass diese Art der Ernährung die bei vielen Stillenden vorhandene Neigung zum Fettansatz nur unnötig steigert. Die Mästung ist aber auch unerwünscht, weil die Milchabsonderung bei starkem Fettansatz der Mutter eher nachzulassen scheint. Eine besondere Vorschrift für die Kost der stillenden Frau ist vor allem aber deswegen überflüssig, weil einerseits kein Nahrungsmittel bekannt ist, das einen günstigen Einfluss auf die Milchabsonderung auszuüben vermöchte, und weil auf der anderen Seite nicht bewiesen ist, dass bestimmte Nahrungsmittel (beschuldigt werden in erster Linie Kohlsorten u. ä.) eine Veränderung der Milch hervorrufen, die sie für das Kind weniger bekömmlich macht. Es soll aber nicht verschwiegen werden, dass sich in den besten französischen Lehrbüchern der Kinderheilkunde Störungen beim Brustkinde beschrieben finden, die als Folge einer alimentär bedingten Milchabartung gedeutet werden. Glaubt eine Mutter, solche nachteiligen Wirkungen einer von ihr genossenen Nahrung am Verhalten ihres Kindes ablesen zu können, so mag sie immerhin den Kohl, den Salat, das rohe Obst oder was sie sonst beschuldigen zu können glaubt, ausschalten. Der Arzt sollte jedenfalls zunächst der Stillenden erlauben, alles zu essen. Um den Mehrbedarf an Nährstoffen zu decken, der dadurch entsteht, dass die Stillende ihrem Kinde täglich in $^3/_4$—1 Liter Milch etwa 500—700 Kalorien abgibt, ist es lediglich notwendig, diese tägliche Mehrausgabe durch eine etwa gleich grosse Mehreinnahme auszugleichen. Da ausser den in der Milch abgegebenen Brennwerten von der stillenden Frau eine nicht ganz unbeträchtliche Arbeitsleistung durch Bildung dieser Milch geleistet wird, reicht es in der Regel nicht aus, dass die Mutter zu ihrer gewohnten Kost ebensoviel Milch trinkt, wie sie an das Kind abgibt. Das Mehr an Nahrung muss etwas grösser sein, und Schick hat als einfache Regel angegeben, dass eine Stillende etwa $^1/_2$mal mehr essen soll, als sie vor dem Stillen zu essen pflegte. Womit dieses Mehr an Nährstoffen gedeckt wird, ist dabei völlig gleichgültig. Da die Stillende aber in der vom Kinde getrunkenen Milch etwa $^3/_4$ Liter Wasser abgibt, so besteht bei den meisten stillenden Frauen ein Durstgefühl, das es unschwer erlaubt, täglich 1 Liter Vollmilch aufzunehmen. Häufig wird dabei die Milch selbst von solchen Frauen gern getrunken, die sonst keine Liebhaberinnen dieses Nahrungsmittels sind. Besteht aber eine Abneigung gegen Milch, dagegen der Glaube an die milchtreibende Kraft des Malzbieres oder eines anderen Nährstoffes, so sollte der Arzt schon aus psychologischen Gründen nicht kleinlich sein und der Mutter ihre Wünsche in bezug auf die Ernährung erfüllen.

In keinem Falle ist eine Änderung in der chemischen Zusammensetzung der Milch durch die Art der Nahrung der Mutter zu erwarten. Bei jeder Kost bewahrt die Milch ihre Zusammensetzung, die lediglich individuell in gewissen Grenzen schwankt. Die im Laufe der Laktation eintretenden geringfügigen Schwankungen in der Zusammensetzung der Milch, die in langwierigen mühevollen Untersuchungen gelegentlich einmal nachgewiesen werden konnten, sind praktisch ohne Bedeutung. Selbst beträchtliche Beschränkungen der mütterlichen Nahrung nach Menge oder Zusammensetzung, wie sie z. B. die mageren Kriegsjahre brachten, sind ohne wesentlichen Einfluss auf die Milchbeschaffenheit gewesen. Ein schlechteres Gedeihen der Kinder war auch da nicht nachzuweisen, wo die Mütter unter den Folgen der Unterernährung und den Anforderungen des Stillens nicht unbeträchtlich litten.

Nicht endgültig geklärt scheint uns die Frage, ob und welchen Einfluss der Wiedereintritt der Menstruation bei der Mutter auf Menge und Qualität der in diesen Tagen produzierten Milch besitzt. Während von den deutschen Autoren ein Zusammenhang zwischen Eintritt der Menses und Störungen im Stillgeschäft im allgemeinen geleugnet wird, werden solche Beziehungen von Autoren der romanischen Länder doch anerkannt. Der Nachweis von sogenannten Menotoxinen in der Milch menstruierender Frauen, den Schick dadurch zu führen glaubte, dass Blumen in der Milch menstruierender Frauen rascher welkten als in der Milch der übrigen Stillzeit, hat Widerspruch erfahren. Die Annahme von Engel, dass die geringere Nahrungsaufnahme der Brustkinder in den Zeiten der mütterlichen Menstruation nicht die Folge, sondern die Ursache der Menstruation sei, die eben einträte, sobald die Milchabsonderung der Brust nachliesse, dürfte für manche Fälle zutreffen. Es gibt aber doch eine Reihe von Kindern, bei denen in den Zeiten der Menses allmonatlich die aufgenommenen Nahrungsmengen geringer werden, um nach wenigen Tagen wieder zur Norm anzusteigen. Ob der Menstruation ein Einfluss auf das Stillgeschäft zukommt, mag im einzelnen Falle davon abhängen, wie stark das Allgemeinbefinden der Mutter in dieser Zeit in Mitleidenschaft gezogen ist. Die hier vorkommenden Unterschiede sind ja bei den einzelnen Frauen beträchtlich. In der Praxis werden aber diese Störungen kaum einen Grad erreichen, der eine Änderung der Stilltechnik oder gar ein Abstillen notwendig macht.

Ähnlich wie die Einflüsse der Menstruation ist auch die Bedeutung seelischer Erregungen für Qualität und Quantität der Milch recht zweifelhaft. Die Möglichkeit einer Änderung der Milchbeschaffenheit durch Kummer, Ärger, Schreck usw., früher ein beliebtes Kampfmittel der Ammen in den Familien, scheint nicht bewiesen. Die Erfahrungen der Kriegsjahre, in denen gewiss viele Frauen ihre Kinder unter der Last schwerer Sorgen und Nöte stillten, hat zum Beweise einer solchen Annahme jedenfalls nichts beigetragen. Dass bei grosser, plötzlicher Erregung auch die Absonderung der Milchdrüse, wie jeder anderen Drüse des menschlichen Körpers, vorübergehend stocken kann, muss für sensible Frauen wohl zugegeben werden.

Auch der Eintritt einer erneuten Gravidität brauchte an sich kein Hindernis zum Fortsetzen des Stillens zu sein und wird es, wie Berichte über primitive Volksstämme zeigen, bei robuster Konstitution der Mutter auch nicht sein. Im Interesse der Mutter wird es aber doch in vielen Fällen liegen, das Stillen mit Fortschreiten der Gravidität nicht allzulange fortzusetzen, da sowohl der gestillte Säugling als auch die wachsende Frucht rücksichtslos an den Kräften der Mutter zehren.

Zu vernachlässigen sind weiter die des öfteren erwähnten Gefahren vom Übergange mancher Arzneimittel in die Milch der stillenden Frau. Die Mengen, die selbst von stark wirkenden Arzneien in die Brustmilch übergehen, sind so gering, dass schädliche Folgen beim Kinde nicht eintreten können. Das gilt vor allem für die oft gefürchteten Narcotica und Sedativa der Morphium- und der Veronalgruppe, die in üblichen Dosen bei der Mutter angewandt, beim Kinde höchstens eine vorübergehende Schläfrigkeit verursachen. Auch für die Antisyphilitica bestehen Bedenken nicht, da diese Arzneien in so kleinen Mengen in die Milch übergehen, dass nicht einmal eine heilende Wirkung beim Kinde zu erwarten ist. Selbst eine Allgemeinnarkose der Mutter wird vom Kinde ohne schädliche Folgen ertragen.

Die gelieferten Milchmengen stellen sich in der Regel bei einer ausreichend funktionierenden Brust entsprechend den Bedürfnissen des Kindes ein. Wird ein Kind ausreichend gestillt, so bewegt sich die Milchmenge um etwa $^3/_4$ bis 1 Liter pro Tag, wenn die Sekretion erst in Gang gekommen ist. Kleinere Milchmengen finden sich bisweilen bei besonders starkem Fettreichtum der Milch, der 6—8$^0/_0$ erreichen kann. Werden, wie es bei Zwillingsgeburten der Fall ist, zwei Kinder gestillt, so können von stillkräftigen Frauen auch über Monate hin die doppelten Milchmengen erreicht werden. Die durchschnittliche Leistung der Milchdrüse kann aber bei besonderer Beanspruchung und bei besonderer seelischer und körperlicher Veranlagung ganz beträchtlich überschritten werden. Unter den Ammen der Anstalten, in denen auch heute noch mehrere Kinder an der Brust der Stillmutter trinken, und überdies die Ammen noch durch Abdrücken grössere Milchmengen produzieren, sind Leistungen von 3—4 Liter am Tag über längere Zeit hin keineswegs selten. Den Rekord hält vielleicht eine Amme des Augsburger Säuglingsheims, die in 51 Wochen ihrer Ammentätigkeit mehr als 16 Hektoliter Milch lieferte, wovon 6,86 Hektoliter abgedrückt und 9,26 Hektoliter von den Kindern an der Brust getrunken wurden. Die Höchstleistung eines Tages betrug hier fast $7\frac{1}{2}$ Liter. Wenn solche Leistungen auch immerhin Ausnahmen darstellen, so sind sie doch lehrreich für die Möglichkeit, durch Beanspruchung die Leistung der Drüse zu steigern.

Auch die D a u e r der Laktation scheint, wie schon Erfahrungen der Folklore zeigen, weit über das übliche Maß hinaus ausdehnbar zu sein. Ein spontanes Versiegen der Milchabsonderung tritt, wenn die Milchsekretion erst einmal in Gang gekommen ist, nicht so rasch ein. Der Wunsch, das Stillgeschäft zu beenden und die heute anerkannte Notwendigkeit, auch beim Brustkinde von einer bestimmten Lebenszeit an Beikost zuzufüttern, beendigen die Milchabsonderung in der Regel eher, als die physiologische Funktion erlischt. Sowohl die unbegrenzte Steigerung der Milchmengen, als auch die unbegrenzte Dauer der Milchabsonderung sind aber nur da möglich, wo die konstitutionelle Veranlagung für diese Leistungen, gepaart mit dem aufrichtigen Willen der Stillenden vorhanden sind. Dass diese Bedingungen bei den Müttern keineswegs immer vorhanden sind, dass der Wille und das Können unter dem Einfluss seelischer und nervöser Einflüsse häufig vorzeitig versagen, wurde schon betont. Wenn auch vielleicht eine gewisse Vererbung der Stillfähigkeit von der mütterlichen Seite her besteht, so ist ein sicheres und objektives Urteil über die Leistung der Brust im einzelnen Falle kaum abzugeben. Die Fähigkeit und die Unfähigkeit zur Leistung eines ausreichenden Stillens wiederholen sich aber bei den verschiedenen Geburten einer Frau in ganz ähnlicher Weise. Diese Ähnlichkeit kann so weit gehen, dass z. B. nach jeder Geburt nach einer sich scheinbar zunächst recht erfreulich anlassenden Milchsekretion in einer bestimmten Woche das Versagen einsetzt. Grösse, Form der Brust, Reichtum oder Armut an Parenchym und Entleerung der Milch auf Druck im Strahl oder nur tropfenweise, Gefässreichtum oder Blässe der Brusthaut und vieles andere mehr erlauben kein Urteil über die voraussichtliche Leistungsfähigkeit der Brust. Ist es erst zur Milchabsonderung gekommen, so gestatten die von M o l l angegebene Messung der Temperatur in der Hautfalte unter der Brust und der Vergleich dieser Temperatur mit der Körperwärme in der Achselhöhle ein in der Regel zutreffendes Urteil, ob die Funktion der Drüse als ausreichend und aussichtsreich oder als ungenügend und unzulänglich zu beurteilen ist. Eine Temperaturdifferenz zwischen Brustfalte und Achselhöhle von mehr als $\frac{1}{2}$ ° weist auf eine ausreichende Tätigkeit der Brust hin. Gleichheit der Temperaturen oder geringere Differenzen finden sich bei Brüsten, deren Funktion zu wünschen übrig lässt.

Von jeder Frau sollte verlangt werden, dass sie auch bei geringer und geringster Leistung ihrer Brust zum mindesten versucht, ihr Kind zu stillen. Die G e g e n a n z e i g e n gegen diese Regel sind vom streng ärztlichen Standpunkt aus an Zahl recht gering, wenn auch zugegeben werden muss, dass diese Strenge immer wieder mehr theoretisch gefordert wird, als sie sich gegenüber den Anforderungen der Praxis in die Tat umsetzen lässt. Eine absolute Indikation gegen das Stillen gibt eigentlich nur eine frische oder nur kurze Zeit zurückliegende t u b e r k u l ö s e E r k r a n k u n g d e r M u t t e r. Die Gefahren einer möglichen Tuberkuloseinfektion sind bei weitem grösser, als die Gefahren, die heute einer regelrecht gelenkten unnatürlichen Ernährung innewohnen. Dazu kommt, dass unter der Anstrengung des Stillens noch nicht allzuweit zurückliegende Erkrankungen leicht wieder aufflammen und evtl. in späteren Monaten das Kind gefährden oder die Mutter mehr oder weniger ernst schädigen. Als Gegenanzeigen des Stillens müssen auch schwere, konsumierende Erkrankungen, wie Nierenentzündungen, ein echter Diabetes, dekompensierte Herzfehler gelten.

Keine Gegenanzeige ist jedoch die bei Schwangeren und stillenden Müttern häufige, stets harmlose Laktosurie. Ernstere Psychosen, die den Körperzustand der Mutter beeinträchtigen oder die wie die selteneren Erregungszustände die Zurechnungsfähigkeit der Stillenden trüben, werden dazu führen, das Kind abzusetzen. Auch die Basedowsche Krankheit scheint durch das Stillen ungünstig beeinflusst zu werden. Ein schwerer Typhus oder eine schwere Ruhr werden bei der Übertragungsgefahr der Erkrankung heute eher als früher auf eine Fortsetzung der Ernährung an der Brust verzichten lassen. Dagegen scheint es nicht berechtigt, eine Mutter, die an Scharlach, Masern oder Diphtherie erkrankt, in jedem Falle sofort abstillen zu lassen. Der Körperzustand wird durch die meisten dieser Erkrankungen nicht so tiefgreifend beeinträchtigt, dass er eine Unterbrechung des Stillens erforderte, und der Säugling selbst ist gegen diese Krankheiten z. T. unempfänglich, z. T. verlaufen sie bei ihm recht leicht, und z. T. kommt wie bei den Masern eine Isolierung des Kindes doch zu spät. Dagegen glauben wir beim Erisypel und beim länger dauernden Puerperalfieber der Mutter auf eine Fortsetzung des Stillens verzichten zu müssen, da eine Übertragung der Infektion auf das Kind auch bei sorgfältiger Beachtung aller Vorschriften nicht immer zu vermeiden ist.

In keinem Falle gibt die Lues der Mutter eine Gegenanzeige gegen das Stillen. Wird eine Syphilis der Mutter während der Schwangerschaft energischer Behandlung unterzogen, so ist mit grosser Wahrscheinlichkeit die Übertragung der Erkrankung zu verhüten. In den Fällen, in denen eine ausreichende Präventivbehandlung der Mutter unterblieb und daher die Infektion des Kindes vor und bei der Geburt wahrscheinlich ist, wird die natürliche Ernährung die Widerstandskraft des Kindes erhöhen, ja vielleicht sogar durch den Zustrom von Antikörpern in der Milch Manifestationen der Erkrankung milder gestalten. Bei den Kindern, die trotz Syphilis der Mutter dauernd klinisch und serologisch syphilisfrei erscheinen, bei denen also die Infektion vermieden wurde, scheint nach bisheriger Erfahrung die Ernährung an der Brust der meist latent syphilitischen Mutter wenigstens in den ersten Lebensmonaten unbedenklich zu sein, da auch hier die in der Milch enthaltenen Antikörper das Kind anscheinend vor einer Infektion schützen. Immerhin erscheint es bei diesen Kindern ratsam, sie mit dem vierten Lebensmonat abzusetzen.

Die Durchführung des Stillens wird in der Praxis am häufigsten durch das Auftreten von Entzündungserscheinungen an der Brustdrüse bedroht. Entstehen Rhagaden an der Brustwarze oder eine Mastitis, so erhebt sich immer wieder die Frage, ob eine Fortsetzung des Stillens angeraten werden soll. Mit der diktatorischen Äusserung, dass Rhagaden und Entzündungen kein Hinderungsgrund für eine Fortführung der Ernährung an der Brust bilden, ist es nicht immer getan. Wer es erlebt hat, wie auch weniger sensible Frauen beim Anlegen an eine von Rhagaden zerrissene Brustwarze vor Schmerz aufschreien, wird den Rat, weiter zu stillen, nicht ohne weiteres geben. Wenn es durch die vorher erwähnten Maßnahmen beim Anlegen des Kindes, bei der Pflege der Brustwarze nicht gelingt, das Auftreten von Einrissen zu verhüten, so wird zunächst versucht werden müssen, durch Änderung der Stilltechnik und durch Behandlung der Rhagaden dem Kinde die natürliche Nahrung zu erhalten. Das Saugen aus Saughütchen, von denen das von Stern angegebene, aus Gummi bestehende „Infantibus" als das zweckmäßigste erscheint, bereitet dem Säugling oft so grosse Schwierigkeiten, dass die Trinkmengen sehr rasch kleiner werden und in der ungenügend entleerten Brust die Milchstauung sehr bald die Sekretion verringert. Die Rhagaden selbst sollten mit einer etwa 1%igen Argentum nitric.-Lösung 1—2mal täglich betupft werden. Zur Heilung genügt dann Auftragen von Vaselin oder einer 1% Argentum nitric.-Perubalsamsalbe.

Die Gefahr der Rhagaden besteht in erster Linie darin, dass sie zur Eintrittspforte von Infektionen und damit die Vorläufer einer Mastitis werden, deren Entwicklung das Stillen, wenigstens an der erkrankten Brust, beendigt. Die im interstitiellen Gewebe sich abspielende Mastitis ist von den Entzündungen zu unterscheiden, bei denen die Infektion im Parenchym der Drüse erfolgt. Die parenchymatöse Mastitis geht auf Stauungsprozesse in der Brust zurück, die sekundär von den Milchgängen aus infiziert werden. Die Allgemeinerscheinungen — Schmerzen, Fieber und Beeinträchtigung des Allgemeinbefindens — können recht beträchtlich sein. Während man für eine Fortsetzung des Stillens eintreten kann, solange es sich lediglich um nicht abszedierte empfindliche Knoten in der Drüse handelt, wird man bei stärkeren Schmerzen und bei Abszessbildung auf das Stillen an der erkrankten Brust verzichten müssen. Die interstitielle Mastitis, die nach v. Jaschke stets mit hohem Fieber, Schüttelfrost, Drüsenschwellung und den Erscheinungen einer Lymphangitis beginnt, und deren Quelle in der Regel eine Rhagade ist, sollte Veranlassung geben, von einer Fortsetzung des Stillens im Interesse der Mutter abzusehen. Aber auch im Interesse des Kindes kann die Unterbrechung des Stillens empfohlen werden; denn die Erfahrung lehrt, dass trotz peinlichster Sauberkeit allzuleicht von den eröffneten Abszessen der Brust Infektionen der kindlichen Haut erfolgen. Langwierige Furunkulose, Phlegmonen, ja Erysipele entstehen nicht selten auf diesem Wege. Wird die gesunde Seite weiter gereicht, so sollte eine strenge Trennung von Mutter und Kind mit Ausnahme der kurzen Trinkzeiten durchgeführt werden, und das Kind nur angelegt werden, wenn die erkrankte Brust gut verbunden ist. Da bei dem schweren Kranksein und bei dem Ausfall einer Brust die Milchmengen, die das Kind erhält, oft nicht mehr ausreichen, so wird zur Zwiemilchernährung gegriffen werden müssen.

Stillschwierigkeiten von seiten des Kindes.

Wenn ein Kind an der Brust der Mutter nicht gedeiht und die aufgenommenen Trinkmengen den Bedarf des Säuglings nicht decken, so sollte besonders in der ersten Lebenszeit die Ursache nicht nur bei der Mutter, sondern auch beim Kinde gesucht werden. Irrtümlicherweise schliesst man auf eine Unergiebigkeit der Brüste, während das saugende Kind die Milchquelle nicht auszunutzen vermag. Am deutlichsten wird die Schuld des Kindes, wenn selbst der strotzend gefüllten Brust nur wenig entnommen wird, und nach dem Trinken noch überreichlich Milch durch Druck zu entleeren ist. Stillschwierigkeiten sind daher beim gut saugenden Kinde relativ selten.

Die grosse Zahl schlecht trinkender Säuglinge lässt sich in verschiedene Stufen gliedern: 1. schlechte Trinker von Anbeginn; hierher gehören die grosse Mehrzahl der frühgeborenen Kinder und die kleine Zahl trinkschwacher ausgetragener Kinder; 2. die Kinder mit unfertigem Saugreflex und 3. die Trinkunlustigen, meistens Kinder, bei denen sich Saugen und Nahrungsaufnahme zunächst befriedigend anlassen, bei denen aber nach einer Zeit guten Trinkens eine Unlust beim Saugen, gesteigert bis zur völligen Ablehnung der Brust besteht.

Bei den trinkschwachen Kindern und bei den Säuglingen, bei denen der komplizierte Mechanismus des Saugens erst unvollkommen vorhanden oder noch nicht eingespielt ist, kann man das „Nicht-trinken-können" unschwer verstehen. Bei diesen Kindern mit ihrer primären Saugschwäche wird durch Änderung in der Stilltechnik oder durch vorübergehende Zufütterung abgespritzter Nahrung oder einer Kuhmilchmischung der Nahrungsbedarf des Kindes gedeckt werden müssen. Wegen aller Einzelheiten kann auf das Kapitel, das von der Ernährung der Frühgeborenen handelt, verwiesen werden. Zwei Dinge sind bei solchen Schwierigkeiten als wichtig zu beachten: das Kind darf nicht hungern, da nur mit fortschreitender Entwicklung dieses Stillhindernis überwunden werden kann, und die Drüse ist in ihrer Funktion in Gang zu halten und womöglich zu steigern, indem man regelmäßig den wenn auch schwachen Saugreiz des Kindes wirken lässt und durch Absaugen der Milch für eine Entleerung sorgt. Werden diese beiden Forderungen erfüllt, so gelingt es in der Regel, dieses durch Saugschwäche und durch Saugunfähigkeit bedingte Stillhindernis zu beseitigen.

Ungleich grössere Schwierigkeiten erwachsen bei den Kindern, bei denen der Saugreflex unvollkommen entwickelt ist oder gar fehlt. Es gibt Kinder, die auch bei richtiger Stilltechnik den immerhin komplizierten Vorgang des Saugens nicht beherrschen und dadurch die Sekretion zum Versiegen bringen. Die Mütter werden unruhig und nervös, wenn die Kinder bei jeder Mahlzeit die Brust kaum fassen oder nach wenigen unvollkommenen Zügen wieder fahren lassen. Dabei ist, wie man sich durch Einführen eines Fingers in den Mund dieser Kinder überzeugen kann, die Saugkraft bei den zwei oder drei Zügen, die die Kinder aufbringen, keineswegs schlecht. Es fehlt vielmehr an der zur Brustentleerung notwendigen Wiederholung des einzelnen Saugaktes, es fehlt gleichsam das Bewusstsein und die Freude am Rhythmus des Saugens, die das normale Kind besitzt. Man hat den Eindruck, als fehlte diesen Kindern die Lust und der Lustgewinn, der in der Regel mit der Nahrungsaufnahme verbunden ist. Der Trinkakt, der eine Lust für Mutter und Kind darstellen soll, wird für die Mutter zur Qual und zur Quelle der Verzweiflung. Für den Arzt mag es leicht sein, der Mutter zuzureden, nur immer weiter und ruhig anzulegen, für die Mutter aber wird der wiederholte Misserfolg dieser Versuche schliesslich auch den besten Stillwillen zum Versagen bringen. In mancher Beziehung ähnelt das Verhalten dieser jungen Säuglinge in ihrer Gleichgültigkeit gegenüber der Trinklust den älteren appetitlosen Kindern, denen jede Freude am Essen fehlt. Dasselbe Verhalten, das diese Kinder an der Brust der Mutter zeigen, wiederholt sich an der Brust irgend einer Amme. Es ist sicher ein müssiger Versuch, durch öfteren Wechsel der Stillenden diese Saugunlust heilen zu wollen. Merkwürdig ist es nur, dass diese Kinder die Nahrung aus der Flasche in der Regel ohne besondere Schwierigkeiten trinken. Darin liegt die Gefahr, dass die von dem Erfolg der natürlichen Ernährung nicht befriedigten Mütter sehr bald völlig zur Ernährung aus der Flasche übergehen.

Was ist zu tun, um über diese schwierige Zeit hinweg zu kommen? Bei stillkräftigen Frauen wird es möglich sein, sie zu überwinden; bei stillschwachen Frauen sind die Aussichten wesentlich schlechter. Helfen kann in jedem Falle nur Ruhe und Ausdauer, Ruhe für die Mutter und Ruhe für das Kind. Eine Ausdehnung der durch ihren Misserfolg immer wieder deprimierenden Stillversuche über halbe und ganze Stunden sind als verfehlt zu verbieten. Ruhepausen sind für Mutter und Kind notwendig. Daneben muss die Mutter das Gefühl gewinnen, dass nichts verloren ist, wenn auch das Stillen nicht sofort in Gang kommt, wie sie es vielleicht nach Erfahrung bei anderen Kindern oder aus aufklärenden Schriften erwartet hat. Die Mutter muss die Überzeugung gewinnen, dass das Kind keinen Schaden leidet. Dazu ist es notwendig, ausserhalb der Stillversuche dem Kinde abgezapfte Frauenmilch zu verabreichen oder durch Zufütterung von Kuhmilch die fehlende Nahrung zu ergänzen. Zuweilen bewährt es sich, einige Tage auf alle Stillversuche zu verzichten und das Kind nur mit abgedrückter Milch zu ernähren. Auf allen diesen Wegen lässt sich eine Zunahme des Kindes erreichen, die ein Trost für die verzweifelnde Mutter ist und ihr Selbstvertrauen zu einer Fortsetzung des Stillgeschäftes stärkt. Besonders dann, wenn Mutter und Kind durch quälende, erfolglose Stillversuche bereits enerviert sind, wird nach einer solchen Atempause zuweilen doch noch ein Erfolg erreicht. Wenig aussichtsreich erscheinen dagegen alle Versuche, durch noch häufigeres Anlegen die Schwierigkeiten zu überwinden. Wir haben nie den Eindruck gehabt, dass diese Kinder auf diese Weise das Saugen an der Brust lernen. Entschliesst sich der Arzt zur Zufütterung, so soll die Menge möglichst knapp bemessen sein und in konzentrierter Form, z. B. als Vollmilch mit 10% Nährzucker gereicht werden.

Die dritte Gruppe, die trinkscheuen Kinder bereiten zu Beginn ihres Lebens meist keinerlei Schwierigkeiten beim Saugen und Trinken, bis dann eines Tages, meistens im zweiten bis dritten Lebensmonat, die Brust verweigert wird. Die Kinder machen überhaupt keine Schluckbewegungen mehr, und ihr Gehabe und ihre Mimik drücken, im Gegensatz zu den Kindern der zweiten Gruppe, gleichsam Widerwillen und Ekel vor der Brust aus. Diese Ablehnung erfolgt unter Unruhe und Geschrei. Die Ursache dieses widernatürlichen Verhaltens zu ermitteln, erscheint sehr schwierig. Wenn man nicht auf übertriebene Erklärungen der Freudschen Schule abirren will, ist die Annahme vielleicht berechtigt, dass unangenehme Erfahrungen die Kinder zu dieser Ablehnung führen. Eine ungeschickte Lage, die dem Kinde Schmerzen bereitete, ein Erstickungsgefühl beim Trinken, ein veränderter Geschmack in der Milch mögen als peinliche Erinnerungen hier fortwirken; vielleicht besonders deswegen fixiert, weil es sich hier stets um neuropathische Kinder handelt, bei denen alle Eindrücke besonders rasch und nachwirkend haften. Auch hier gelingt es zuweilen, wenn die Mutter Ruhe und Ausdauer besitzt, über die Schwierigkeiten hinweg zu kommen. Am besten ist vielleicht eine mehrtägige Pause, während der abgedrückte Frauenmilch, evtl. ergänzt durch Kuhmilch, gefüttert wird, so dass der Mutter unfruchtbare Stillarbeit erspart wird. Bei einem erneuten Versuch anzulegen wird man in den ersten Tagen ein narkotisches Mittel (eine Luminalette, $^1/_3$ einer Bromuraltablette) reichen. Oft sind alle diese Versuche aber zum Scheitern verurteilt, sei es dass durch das Verhalten des Kindes die Rückkehr zur Brusternährung unmöglich wird, oder dass die Mutter inzwischen gesehen hat, dass auch bei künstlicher Ernährung ein Gedeihen des Kindes ohne die seelische Belastung der verfehlten Stillversuche möglich ist.

Von den organischen Saughemmnissen spielen in der Literatur Hasenscharte und Wolfsrachen die grösste Rolle. Bei diesen immerhin seltenen Anomalien wird individuell von Fall zu Fall über das Bestehen einer Saugfähigkeit zu entscheiden sein. Falsch wäre es, von vorneherein anzunehmen, dass diese Kinder unfähig wären, an der Brust zu trinken. Kinder mit einseitiger und doppelseitiger Hasenscharte sind sogar fast regelmäßig imstande, den zum Saugen notwendigen Abschluss der Mundhöhle durch eine Ausfüllung der Spalte mit einem Teil der mütterlichen Brust zustande zu bringen. Aber auch ein Teil der Kinder mit partiellem oder selbst komplettem Wolfsrachen vermag noch, die Brust ausreichend zu entleeren. Verletzungen oder Geschwürsbildungen in der Mundhöhle (Bednarsche Aphthen u. ä.) können höchstens vorübergehend das Trinken erschweren. Durch Aufstreuen von Dermatol und Puderzucker, evtl. unter Zusatz kleiner Mengen Anästhesin vor den Mahlzeiten gelingt es unschwer, die Wunden zur Abheilung zu bringen und damit die Trinkschwierigkeiten zu überwinden. Die gelegentlich vorkommenden angeborenen Zähne werden, wenn sie zum Wundsein der Brust führen, am besten entfernt.

Eine Verlegung der Nasenatmung kann zum Saughindernis werden. In erster Linie steht hier der Säuglingsschnupfen. Beim Trinken an der Brust entsteht beim Kinde eine Erstickungsangst, da der Aushilfsweg der Mundatmung verlegt ist. Durch Einträufeln von zwei bis drei Tropfen Suprarenin 1:1000 und durch Einstreichen einer mentholfreien Schnupfensalbe gelingt es aber, die Nasenatmung für die kurze Zeit des Stillens soweit frei zu machen, dass, wenn auch mit Pausen, die Mahlzeit vom Kinde aufgenommen werden kann. Iimmerhin

kann, abgesehen von allen anderen Gefahren, der Säuglingsschnupfen zu einem
so starken Hindernis für ein regelrechtes Stillen werden, dass nach Möglichkeit
durch vorbeugende Maßnahmen, wie Isolierung des Kindes, Tragen eines Schutz-
schleiers bei einem Katarrh der Mutter, Infektionen vom Kinde ferngehalten
werden sollten.

Das Kriterium für eine erfolgreiche Ernährung des Kindes an
der Brust ist niemals die vom Kinde getrunkene Milchmenge, sondern einzig und

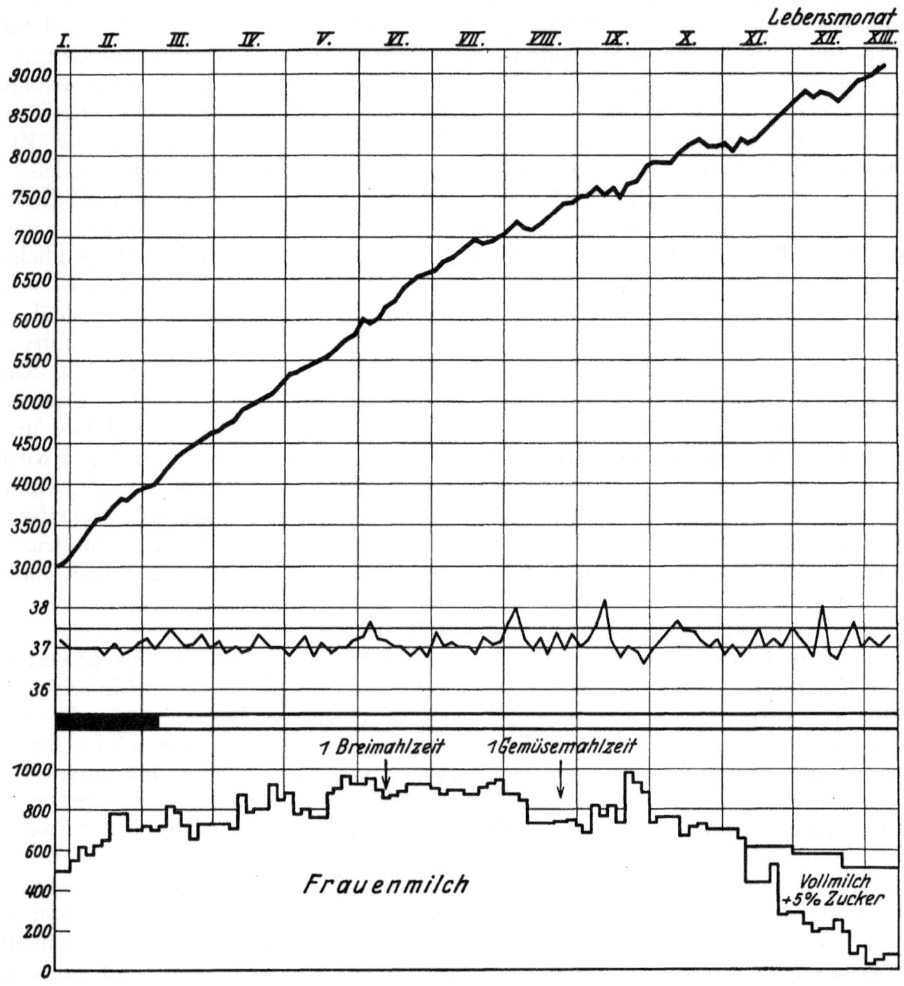

Abb. 13.

allein die regelrechte Entwicklung des Kindes im Sinne der Eutrophie.
Die Beurteilung des Ernährungserfolges nach der Trinkmenge kann zu Irrtümern
führen, da es Kinder gibt, die bei fettreicher Milch der Mutter bei relativ kleinen
Trinkmengen ihr Genüge finden und andererseits Kinder beobachtet werden, die
lelativ grosse Milchmengen trinken, ohne dass die wünschenswerte Entwicklung
einsetzt. Das einfachste und objektiv feststellbare Merkmal einer fortschreitenden
Entwicklung ist die regelmäßige Kontrolle des Körpergewichts. Wenn
nach zwei bis drei Wochen die in den ersten Lebenstagen eingetretene physiologische
Gewichtsabnahme von etwa 100—250 g wieder ausgeglichen ist, soll und pflegt

das gedeihende Brustkind pro Woche mit grosser Regelmäßigkeit 150—250 g zuzunehmen. Diese Stetigkeit ist aber nur bei Wägungen in Abständen von etwa einer Woche zu konstatieren. Je kleiner die Abstände zwischen den einzelnen Bestimmungen des Gewichts gewählt werden, um so schwankender erweist sich die Anwuchsgrösse beim Brustkinde. Diese Ungleichheit im täglichen Ansatz wird häufig für die Mutter zu einer Quelle stärkster Beunruhigung, da sie tagtäglich die gleiche Gewichtszunahme erwartet. Es ist daher stets zu raten, den Gewichtsfortschritt des Kindes allwöchentlich nur einmal zu bestimmen. Tägliche Wägungen oder gar Wägungen nach jeder Mahlzeit sind zu verwerfen; sie sind nur dann erlaubt, wenn es sich einmal darum handelt, bei einem nichtgedeihenden Kinde die tatsächliche Trinkmenge zu bestimmen, um auf diese Weise eine Grundlage für weitere Ernährungsvorschriften zu gewinnen. Andere Entwicklungsmerkmale als der Ansatz von Körpergewebe sind die Bestimmung des Längenwachstums, die Beobachtung der Entwicklung des Fettpolsters, die Kontrolle von Tonus, Turgor und Hautfarbe. Beim tatsächlich gedeihenden Brustkinde vereinigen sich diese Zeichen zum schönen Bilde des eutrophischen Säuglings. Der letzte Prüfstein der Gesundheit ist aber auch beim Brustkinde die Fähigkeit zur Überwindung der unvermeidlichen Infektionen. Der erste Kartarrh der Luftwege, der erste fieberhaft verlaufende Schnupfen müssen beim Brustkinde, das sich ungestört zur Eutrophie entwickelt hat, in drei bis vier Tagen, ohne dass es zu Komplikationen kommt, überwunden werden.

Hand in Hand mit der guten Entwicklung des Körpers geht eine stetige Entwicklung der Psyche. Der rechtzeitige Eintritt der bewussten seelischen und körperlichen Leistungen ist dabei ein ebenso wichtiges Merkmal, wie das ausgeglichene, zufriedene seelische Gehabe, das das gesunde Brustkind auszeichnet. Wenn, je nach dem Temperament des Kindes, nach zwei bis sechs Wochen die Gewöhnung an die regelmäßige Fünfzahl der Mahlzeiten eingetreten ist, so verschläft das gedeihende Brustkind den grössten Teil des Tages, um nur kurze Zeit vor einer neuen Mahlzeit durch Geschrei sein Hungergefühl bemerkbar zu machen. Nur einzelne Kinder haben die Gewohnheit, eine bestimmte Stunde des Tages wach und schreiend zu verbringen, ohne dass ein Grund für diese täglich zur gleichen Zeit wiederkehrende Unruhe gefunden werden könnte.

Zahl und Aussehen der Stuhlentleerungen sind als solche weder als Zeichen der Gesundheit noch als Zeichen von Krankheit zu verwerten. Der täglich 1—2 mal entleerte goldgelbe, salbenartige Normalstuhl gehört in den ersten Lebenswochen fast zu den Seltenheiten. Sowohl häufigere als auch seltenere, bald mehr grüne, schleimige und zerfahrene, bald mehr feste, harte und graugelbe Stühle können entleert werden, ohne dass aus diesem Symptom der Rückschluss auf eine Störung der Entwicklung möglich wäre (s. später). Ebensowenig lässt das Auftreten von mehr oder weniger heftigem Speien für sich allein einen Rückschluss auf das Vorliegen einer gestörten Entwicklung zu.

Als Spenderin der Frauenmilch steht heute dem Kinde fast nur noch die eigene Mutter zur Verfügung. Die Amme als Stellvertreterin der Mutter ist nicht mehr zeitgemäß, und in der Praxis wird der Arzt nur noch verhältnismäßig selten Gelegenheit haben, sein Urteil bei einer Ammenwahl abzugeben. Nur in Säuglingsanstalten finden sich noch Frauen in grösserer Zahl, die neben ihrem eigenen Kinde noch fremde Kinder nähren. Modeströmungen, Umstellung wirtschaftlicher Verhältnisse und nicht zuletzt Fortschritte in dem Erfolg der künstlichen Ernährung haben dazu beigetragen, den Stand der Amme in der Praxis zum Verschwinden zu bringen. Aber selbst in vielen Anstalten wird heute darauf verzichtet, das fremde Kind an die Brust der Amme anzulegen. Die trotz aller Sorgfalt doch gelegentlich vorgekommenen syphilitischen Infektionen, die bei geringfügigen Erscheinungen am Munde des Kindes auf die Amme übertragen werden, haben zu diesem Verzichte geführt. An vielen Orten begnügt man sich, die Ammen vor oder nach dem Anlegen des eigenen Kindes einen Teil der Milch abspritzen zu lassen, die dann, wenn die Syphilisfreiheit der Milchspenderin sichergestellt ist, ungekocht an andere Kinder verfüttert wird.

Bei der Wahl einer Amme ist das Ausschlaggebende in erster Linie die völlige körperliche Gesundheit der Frau, die frei von Tuberkulose, Syphilis und Gonorrhoe sein muss. Zur Beurteilung der Ergiebigkeit der Brust bei der Amme fehlt ein objektives Kriterium, wenn auch die von Moll angegebene Thermometrie ein annäherndes Urteil erlaubt. Entwicklungszustand und Aussehen des Ammenkindes geben einen Anhalt dafür, ob die Milchmenge der Amme auch weiterhin zum Stillen ausreichen wird. Ob darüber hinaus ein zweites oder gar ein drittes Kind Nahrung erhalten kann, ist von vornherein schwer zu beurteilen. In den Anstalten, die von ihren Ammen die Lieferung eines grösseren Milchquantums verlangen müssen, wird manche Frau sich zum Beruf der Amme als untauglich erweisen, da die Milchmenge zum Stillen mehrerer Kinder nicht ausreichend ist. Bei dem Eintritt einer Amme in einen Privathaushalt sollte das Ammenkind stets mit aufgenommen werden. Zum mindesten reicht die Brust zur Durchführung einer Zwiemilchernährung beim Ammenkind aus. Leider bleibt diese Forderung in der Praxis fast immer unerfüllbar. Das Stillalter der Amme wird nur dann zu berücksichtigen sein, wenn ein Neugeborenes sofort als einziges Kind an die Brust einer Amme gelegt wird. Es besteht die Gefahr, dass die Brust der Amme sehr bald versiegt, wenn das Neugeborene zu wenig trinkt. Bei der Amme wird man im Interesse des Ammenkindes und mit Rücksicht auf eine Beurteilung der Leistungsfähigkeit der Brust verlangen, dass sie eine Laktationszeit von sechs bis acht Wochen hinter sich hat. Auch dem Neugeborenen darf die Milch einer solchen Frau unbedenklich gegeben werden, da die Notwendigkeit, in den ersten Lebenstagen Kolostralmilch zu verfüttern, entgegen manchen theoretischen Einwänden, in der Praxis nicht besteht. Als Ersatz der Einstellung einer Amme wird in vielen Städten heute der Ausweg gewählt, aus Frauenmilch-Sammelstellen oder aus Anstalten, die über eine grössere Zahl von Ammen verfügen, täglich die nötige Milchmenge zu beziehen. Sorgfältige Beobachter (Fischl) haben festgestellt, dass die mit abgedrückter Frauenmilch aufgezogenen Kinder weniger günstig gedeihen, als die an die Brust angelegten Kinder. Der Brauchbarkeit dieses Vorgehens wird dadurch kein Abbruch getan.

Trotz mancher Schwierigkeiten, die sich dem Aufbau einer regelrechten Stillordnung in der ersten Lebenszeit entgegenstellen und die auch in späteren Wochen und Monaten noch gelegentlich auftauchen, braucht die Sorge einer stilltüchtigen Mutter um eine schliesslich doch gute Entwicklung des Kindes nur gering zu sein, wenn nicht die kleinen und im ganzen bedeutungslosen Unstimmigkeiten und Schönheitsfehler des Stillgeschäftes von der Mutter und ihrer Umgebung unnötig schwer genommen und falsch bewertet werden. Von Erscheinungen, die in dieser Beziehung von Unkundigen eine falsche Deutung erfahren und zu verfehlten Maßnahmen führen, wären in erster Linie das Stuhlbild und manche gastrischen Erscheinungen beim Brustkinde zu nennen. Speien und Erbrechen gelten als Ausdruck einer krankhaften Veränderung am Magen. Die Verstopfung wird zur Erklärung mannigfacher unlustbetonter Lebensäusserungen des Kindes herangezogen, der Durchfall wiederum gilt als Zeichen krankhafter Magen-Darmvorgänge. Es kann nicht scharf genug betont werden, dass alle diese Erscheinungen erst in dem Augenblicke ein klinisches Interesse verlangen, in dem sie von Gedeihschwierigkeiten begleitet sind. Speien und Erbrechen, Durchfall und Verstopfung sind beim Brustkinde noch viel weniger als beim Flaschenkinde für sich allein ausreichend, um eine Ernährungsstörung zu diagnostizieren. Niemals dürfen diese Symptome von sich aus zum Anlass

einschneidender, häufig genug unbegründeter Abänderungen im Ernährungsregime werden. Sie sind oft genug nur Schönheitsfehler, die aber eine
gedeihliche Entwicklung keineswegs zu hindern brauchen.

1. **Speien und Erbrechen beim Brustkind.** Speien und Erbrechen sind
beim Säugling fast niemals der Ausdruck einer Magenerkrankung. Sie weisen
lediglich auf eine besonders starke Erregbarkeit des Brechzentrums hin. Ein
geringes Speien, bei dem entweder bald nach der Mahlzeit kleine Mengen von
Milch herausgegeben werden, oder bei dem selbst nach Stunden eine klare Flüssigkeit,
in der einzelne Käsebrocken schwimmen, aus dem Munde herausfliesst, ist fast
als physiologischer Vorgang zu bezeichnen. Dieses Speien und Erbrechen kleiner
Mengen findet sich bei manchen Kindern schon vom ersten Lebenstage an, bei
anderen stellt es sich erst ein, wenn die Milchsekretion und damit die Grösse
der Mahlzeit zunimmt. Es verliert sich meist im dritten bis vierten Lebensmonat. Die Speier sind oft Kinder, die hastig und bei leichtgehender, reichlich
fliessender Brust sehr viel trinken; bei anderen liegt eine gewisse Saugungeschicklichkeit vor, die bei schnellem Trinken dazu führt, dass zu viel Luft
mit der Milch geschluckt wird. Beim Aufstossen reisst die aufgestiegene Luft
kleine Mengen des Mageninhalts mit. Bei wieder anderen Kindern ist eine
klare Ursache für das Speien oder Erbrechen nicht zu finden. Zur Erklärung
wird die Annahme einer Überempfindlichkeit der Magenschleimhaut oder besser
eine vom Magen aus bedingte Erregung des Brechzentrums angenommen werden
müssen. Im ganzen sollte man beim habituellen Speien und Erbrechen der Brustkinder, solange die Kinder gedeihen, nicht zu viel analysieren. Die Erfahrung,
dass die gastrischen Erscheinungen in der Regel im zweiten Lebensquartal
schwinden, erlaubt es, auf jede Therapie zu verzichten und den Eltern die
Beruhigung zu geben, dass in absehbarer Zeit, spätestens mit Einführung einer
konsistenteren Kost die lästigen Erscheinungen aufhören werden. Erst wenn die
durch Speien und Erbrechen in Verlust geratenen Mengen der Nahrung so gross
sind, dass die erwünschte Gewichtszunahme ausbleibt, oder Abnahme eintritt,
muss das Speien und Erbrechen behandelt werden. Man wird versuchen, den
Entleerungsmechanismus des Magens zu ändern oder die vom Magen ausgehenden zu starken Reflexe auf das Brechzentrum zu dämpfen. Kein Erfolg
ist dagegen von einer Therapie zu erwarten, die etwa darauf hinzielt, die —
niemals vorhandene — Funktions- oder Sekretionsstörung des Magens durch
Salzsäure und Pepsin oder Magenspülungen zu bekämpfen. Ebenso abwegig wäre
es, das Erbrechen durch Schonung des Magens — Verabreichung von Tee und
Schleimabkochung — heilen zu wollen. Auch die Annahme und die Behandlung
einer Neuropathie als vermeintlicher Ursache dieser Erscheinung muss häufig fehl-
schlagen, da speiende und brechende Brustkinder keineswegs besonders häufig
nervöse Kinder sind. Wichtig ist es dagegen, stets an das Vorliegen der ersten
Stadien eines Pylorospasmus zu denken und nach den hierher gehörigen
Hinweissymptomen zu suchen, da ein habituelles Erbrechen beim Brustkinde
in den ersten Lebenswochen gar nicht selten den echten Pylorospasmus einleitet.

Eine rationelle **Behandlung** des Erbrechens ist erst möglich geworden,
seitdem man die Bedeutung der peristolischen Funktion des Magens erkannt
hat. Die peristolische Funktion, d. i. „die Fähigkeit des Magens, sich um
seinen Inhalt konzentrisch zusammenzuziehen und sich dem Inhalt seiner
Kontente anzupassen" fehlt im Säuglingsalter (Flesch und Péteri). Die
flüssige Milch ist als Reiz nicht wirksam genug, um die Peristole der Magen-
wände hervorzurufen, daher die physiologische Brechneigung des Säuglings. Erst
mit der Verabreichung konsistenter Nahrung kommt die peristolische Funktion
des Magens auch beim Säugling zustande. Epstein hat daher die „Anerziehung"
des peristolischen Reflexes beim Speien und Erbrechen durch Verabreichung

kleiner Mengen konsistenter Breinahrung vor Aufnahme der flüssigen Kost empfohlen und mit dieser Breivorfütterung allgemein anerkannten praktischen Erfolg erzielt. Der Brei kann aus abgedrückter Frauenmilch, Griess und Zucker hergestellt werden. Es ist aber auch unbedenklich, kleine Mengen eines aus Kuhmilch bereiteten Breies (100 g Vollmilch, 1—1½ Teelöffel Griess, 1—1½ Teelöffel Zucker, 20 Minuten einkochen), etwa 3—4 Teelöffel vor jeder Mahlzeit zu geben. Daneben empfiehlt es sich, dämpfend auf die Erregbarkeit der Zentren durch Narcotica und Sedativa zu wirken (dreimal täglich eine Luminalette zu 0,015 oder ¼ Tablette Adalin oder ähnliches). Die nervösen, im Nervus vagus verlaufenden Bahnen werden in ihrer Erregbarkeit herabgesetzt durch regelmäßige Medikation von Atropin, besser vielleicht noch Eumydrin (beide in einer Lösung von 0,01:15,0, 3—4 mal täglich 3—4 Tropfen) oder Adalin (Eckstein) 2 mal ⅓—½ Tablette. Die stärker wirkenden Narcotica werden vor allem bei sehr unruhigen, viel schreienden Kindern am Platze sein. In der Regel gelingt es, durch Fütterung eines Vorbreis und regelmäßige Darreichung eines dieser Arzneimittel auch stärkeres Speien und Erbrechen allmählich zu beseitigen; häufig ist es allerdings notwendig, diese Behandlung monatelang fortzusetzen.

2. **Die Verstopfung.** Verstopfung oder besser seltene Stuhlentleerung (denn es wird auch nach tagelanger Pause oft kein harter, sondern ein breiiger Stuhl entleert) ist beim Brustkinde der ersten Lebenswochen relativ selten. Die seltene Stuhlentleerung stellt sich meist erst um die Zeit des zweiten Lebensmonats ein. Während in den ersten Wochen leichte Diarrhöen häufiger sind, schlägt um diese Zeit der Rhythmus der Stuhlentleerung in das Gegenteil um, und dieser Wechsel wird zum Ausgangspunkte einer neuen Neurose der Mütter. Da ein grosser Teil der Frauen selber an echter Verstopfung leidet, so tauchen bei den Müttern fast stets die Bedenken auf, ob hier nicht der Beginn einer ererbten, lästigen Störung vorläge. Dem entspricht, dass der Volksmund als schlechten Stuhl nicht, wie der Arzt meint, durchfällige Entleerungen bezeichnet, sondern bei seltenen Entleerungen vom „schlechten Stuhl“ spricht und einen guten Stuhl die tägliche Produktion von 2—3 dünnbreiigen Stühlen nennt. Die Verstopfung des Brustkindes kann recht hochgradig werden. Bis zu einer Woche kann vergehen, ehe die Kinder einen Stuhl entleeren, dessen Menge selbst dann aber nicht besonders gross zu sein pflegt. Dabei ist das Verhalten und das Gedeihen der Kinder völlig ungestört, wie Erfahrungen in der Anstalt lehren, in der die Umgebung die Ruhe besitzt, um diese Zeit durchzuhalten. Auf eine Behandlung der Verstopfung wird daher in der Anstalt, in der diese Erscheinung im übrigen weit seltener zu finden ist als im Privathause, verzichtet. Im Privathause wird dagegen diese Passivität der Verstopfung gegenüber in der Regel zur Unmöglichkeit, da die meisten Erwachsenen aus der hohen Bewertung und sorgfältigen Beobachtung ihrer eigenen, möglichst täglichen Entleerung heraus das Ausbleiben des täglichen Stuhlganges beim Säugling als schwerwiegendes krankhaftes Symptom deuten. Die Unruhe der Mutter, die sich einstellt, wenn die regelmäßige Stuhlentleerung ausbleibt, reflektiert auf das Kind, das dann in der Tat schlechter trinkt und unruhiger erscheint als an den Tagen, an denen ein Stuhl entleert wird.

Die Ursache dieser seltenen Stuhlentleerungen liegt im wesentlichen in der weitgehenden Resorption der Frauenmilch im Darm des Kindes, die kaum Schlacken hinterlässt. Diese restlose Aufsaugung der Frauenmilch im Dünndarm, die kaum Abbaustoffe in den Dickdarm übertreten lässt, ist deswegen schwierig zu erklären, weil in der Frauenmilch grosse Mengen von schwer resorbierbarem Milchzucker enthalten sind. Auch die Tendenz zur Austreibung des Stuhles aus den untersten Darmabschnitten scheint nur gering zu sein.

Bevor man eine harmlose Verstopfung diagnostiziert, wird man stets die ernsten Erkrankungen, die einer Obstipation zugrunde liegen können, in

Erwägung ziehen. An Tumoren, Missbildungen, Hirschsprungsche Krankheit und Myxödem wird man zu denken haben. Wenn es bei den harmlosen seltenen Stuhlentleerungen daher im Privathause notwendig wird, etwas gegen die beunruhigende Erscheinung zu tun, so ist es immer noch besser, dass die Anordnung vom Arzte gegeben wird, als dass die Mutter selbständig und nervös den Kampf gegen die Verstopfung durch eine das Kind schädigende Vielgeschäftigkeit aufnimmt. Auf Klistiere jeglicher Art ist bei der Behandlung der Verstopfung des Brustkindes in jedem Falle zu verzichten. Aufgabe der Behandlung ist es, die Schlacken im Darme zu vermehren, damit die Stuhlmengen zu vergrössern und dadurch wieder einen stärkeren Reiz auf die Dickdarmwand zur Entleerung auszuüben. Durch Zulagen von 2—4 Teelöffel Malzextrakt oder Apfelmus oder rohem Obstsaft ist dieses Ziel fast in jedem Falle zu erreichen. Ähnlich wirkt auch die frühzeitige Zufütterung von Griessbrei. Nimmt im Laufe der Monate die Menge der Beikost zu, so wird die Verstopfung immer seltener. Auf Abführmittel kann in der Regel verzichtet werden; nur in hartnäckigen Fällen können kleine Mengen von Schwefel (Sulfur präzipit., Pulv. liquirit. $\bar{a}\bar{a}$, 1—3mal täglich eine Messerspitze in Apfelmus oder ähnlichem) gegeben werden. Erscheint die Verstopfung erst in späteren Lebensmonaten, so sollte stets danach geforscht werden, ob nicht eine Fissur, Rhagade am After oder die schon im Säuglingsalter keineswegs seltenen Hämorrhoiden die Ursache der Stuhlverhaltung sind.

3. **Die Diarrhöe.** Die Entleerung vermehrter dünnbreiiger bis flüssiger, grüner, zerfahrener, schleimiger Stühle ist beim Brustkinde keine Seltenheit. Sie ist zum mindesten ebenso häufig wie die Entleerung salbenartiger, goldgelber Stühle, die in den populären Schriften der Kinderpflege immer wieder als normale Stühle des Brustkindes beschrieben werden. Das Auftreten diarrhöischer Stuhlentleerungen erschreckt daher die Mütter und verführt zu mancher überflüssigen und schädlichen Therapie. Diarrhöen erscheinen beim Brustkinde in der Anstalt und im Privathause in der ersten Lebenszeit so häufig, dass kaum ein Kind gänzlich davon verschont bleibt. Diese initialen Diarrhöen beginnen meist schon am Ende der ersten oder in der zweiten Lebenswoche; sie bleiben 4—6—8 Wochen bestehen, um dann selteneren Stuhlentleerungen Platz zu machen. Das Allgemeinbefinden der Kinder wird durch das Bestehen der Diarrhöe kaum beeinträchtigt. Der Gewichtsfortschritt kann durchaus befriedigend sein, das Aussehen der Kinder ist, wenn die physiologische Welkheit der ersten zwei oder drei Lebenswochen überwunden ist, frisch und rosig; lediglich die Haut des Gesässes wird durch die häufigen, dünnen Stühle nicht selten gereizt. Es kommt zur Intertrigo, deren Auftreten aber bei den jungen Kindern ganz gewiss nicht die Diagnose einer exsudativen Diathese gestattet. Unter Behandlung mit gut deckenden Salben (Zinkpaste, Zinköl und Puder) und beim zeitweisen Verzicht auf Wasser zur Reinigung des Gesässes heilt dieses Wundsein, das als eine mechanische Mazeration der Haut anzusehen ist, rasch ab.

Das Wesen dieser Durchfälle muss angesichts des ungestörten Allgemeinbefindens der Kinder in einem Reizzustande der untersten Dickdarmabschnitte gesucht werden. Die Irritation der Darmwand verursacht eine beschleunigte Peristaltik, verhindert damit die regelrechte Eindickung des Stuhles, der mehr oder weniger flüssig entleert wird. Diese Dickdarmreizung in den ersten Lebenswochen mag dadurch zustande kommen, dass die Bakterien-Flora des Dickdarmes noch nicht völlig ausgeglichen ist, so dass noch ein Kampf um die Vorherrschaft eines Bakterienstammes besteht, oder dass das Gleichgewicht in der Symbiose zwischen Darmwandzelle und Darmbakterium noch nicht eingetreten ist.

Eine Behandlung der initialen Diarrhöe des Brustkindes ist überflüssig, weil der harmlose Durchfall das Allgemeinbefinden nicht beeinträchtigt und mit

Sicherheit nach wenigen Wochen auch spontan aufhört. In der Anstalt wird eine solche zuwartende Behandlung in der Regel durchzuführen sein. Im Privathaus sollte auch zunächst versucht werden, auf die durch den Durchfall des jungen Kindes geängstigten Eltern mit der Versicherung beruhigend einzuwirken, dass die abnormen Stühle etwas Vorübergehendes wären. Jedenfalls sollte der Arzt verhüten, dass wegen des Durchfalls abgestillt oder eine weitgehende Änderung der Ernährung vorgenommen wird. Zu solchem Vorgehen neigen die Mütter oft, weil sie glauben, dass die Durchfälle durch eine schlechte Qualität ihrer Milch verursacht seien. Aber auch der Arzt, der die Durchfälle ohne weiteres auf Überfütterung zurückführt und die Trinkmengen des Kindes beschränkt, geht einen falschen Weg. Eine Änderung der Ernährung ist beim Bestehen von Diarrhöen beim Brustkinde erst dann notwendig, wenn gleichzeitig das Gedeihen ausbleibt. In diesen Fällen liegt aber nicht mehr die initiale, physiologische Diarrhöe des Brustkindes vor, sondern es handelt sich um eine Ernährungsstörung, die nach den für eine solche Erkrankung gültigen Regeln behandelt werden muss (s. später). Der strenge Verzicht auf jegliches ärztliches Handeln wird in der Familie oft am Widerstande der Mutter scheitern, der eine seelische Beruhigung nicht genügt, die vielmehr eine aktive Behandlung des Durchfalls vom Arzte verlangt. In diesen Fällen sollte die Korrektur des Stuhlbildes durch möglichst einfache Mittel, jedenfalls ohne einschneidende Änderung der Nahrung oder der Stilltechnik versucht werden. Zulage von kleinen Mengen gezuckerter Eiweissmilch, $\frac{1}{2}$—1 Teelöffel Plasmon oder Larosan, gelöst in etwas alkalischem Mineralwasser, genügen in der Regel zur Korrektur des Stuhlbildes. Auch kleine Mengen von Adsorbentien oder Adstringentien (3—4mal täglich eine kleine Messerspitze Dermatol, Tannalbin oder ähnliches) vermindern allmählich die Zahl der Stühle.

II. Die künstliche Ernährung des gesunden Säuglings.

Bis vor kurzem musste dieses Kapitel mit dem resignierenden Satze begonnen werden, dass jede unnatürliche Ernährung des Säuglings ein gewagtes Unternehmen darstellt, dem nur in wenigen Fällen Aussicht auf vollen Erfolg beschieden sei. Die im Vergleich mit den Brustkindern siebenfach grössere Sterblichkeit der Flaschenkinder rechtfertigte diese Skepsis. Erst die allerletzten Jahre haben hier eine wesentliche Wandlung gebracht. Man darf heute ruhig die Behauptung wagen, dass auch beim Flaschenkinde in den meisten Fällen ein gutes Ernährungsresultat erzielt werden kann, ja bei Innehaltung weniger verhältnismäßig einfacher Vorschriften erzielt werden muss. Damit entfällt die Vorstellung, die bei den früheren zahlreichen Misserfolgen verständlich war, dass die künstliche Ernährung an sich schon eine Schädigung des Kindes bedeutet. Die Tatsache der künstlichen Ernährung darf heute nicht mehr als bequemer Entschuldigungsgrund für einen Ernährungsmisserfolg dienen. Damit soll keineswegs der Propaganda der Brusternährung Abbruch getan werden; sie ist und bleibt die von der Natur bestimmte und beste Art zur Aufzucht in der frühesten Kindheit, und von ihr sollte nur dann abgegangen werden, wenn die Durchführung der natürlichen Ernährung aus besonderen Gründen unerfüllbar, aussichtslos oder nicht angezeigt ist. Diese Forderung gilt um so strenger, je schlechter das soziale Milieu ist, in dem der Säugling heranwächst. Denn alle Statistiken haben übereinstimmend ergeben, dass die Übersterblichkeit bei künstlicher Ernährung um so grösser ist, je geringer das Einkommen der Familie, je kleiner und ungünstiger die Wohnung, je niedriger die Wohnungsmiete, je weniger gehoben der Beruf des Vaters ist. Unehelichkeit eines Kindes mit ihren sozialen

Folgen trägt dann weiter dazu bei, die Lebensaussichten bei künstlicher Ernährung zu verschlechtern. Wenn es heute unter sozial und wirtschaftlich einigermaßen gesicherten Verhältnissen, bei einigem Verständnis der Eltern für die Vorschriften der Hygiene und bei Vorhandensein der Mittel und Möglichkeiten, die vom Arzt gegebenen Vorschriften auch in die Tat umzusetzen, in der Regel unschwer gelingt, ein befriedigendes Gedeihen zu erzielen, so bedarf es in den vielen Fällen, wo auch nur einer dieser Faktoren fehlt, aller fürsorgerischen Aufsicht und regelmäßigen Betreuung, um Schäden durch die unnatürliche Ernährung zu vermeiden.

Wenn innere oder äussere Gründe zur künstlichen Ernährung zwingen, dann ist es Aufgabe des Arztes, sie so zu handhaben, dass die mittelbaren und unmittelbaren Gefahren dabei auf das kleinstmögliche Maß beschränkt bleiben. Die Erfüllung dieser Forderung ist heute ohne grosse Schwierigkeiten möglich. Freilich bedarf es zur Erreichung dieses Zieles einer verschärften Beobachtung, einer dauernden und regelmäßigen Überwachung und einer vorbeugenden Fürsorge, wie sie bei der natürlichen Ernährung im gleichen Maße kaum notwendig sind. Dadurch, dass Zusammensetzung und Bemessung der Nahrung aus dem Rahmen eines natürlichen Geschehens herausgenommen sind und der menschlichen Willkür überlassen werden, sind Verstösse leicht möglich. Wie die richtig durchgeführte natürliche Ernährung dem Kinde Schutz vor vielen Krankheiten gewährt, so muss auch durch die Auswahl und Dosierung der künstlichen Nahrung versucht werden, weit über das Gebiet der normalen Funktion des Magen- und Darmkanals und des Ansatzes hinaus einen Aufbau des Organismus zu erzielen, der jeder Belastung ebenso sicher Stand hält, wie der bei natürlicher Ernährung. Der Erfolg einer künstlichen Ernährung kann nicht mehr lediglich an einer guten Gewichtszunahme des Kindes gemessen werden. Das Resultat der künstlichen Ernährung entspricht erst dann dem der natürlichen, wenn bei ihr ebenso wie bei der natürlichen eine hohe Lebenssicherheit bis zum Ausgang des ersten Lebensjahres und darüber hinaus gewährleistet ist. Nicht nur darum handelt es sich, den Magen-Darmkanal in seinen Funktionen ungestört zu erhalten, auch nicht darum allein, einen Ansatz von bestimmter Grösse zu erreichen, sondern es ist das Ziel, ein im strengsten Sinne des Wortes gesundes, eutrophisches Kind aufzuziehen. Dass dieses Streben nicht mehr nur eine ideale Forderung ist, das beweisen in den letzten Jahren bereits die Morbiditäts- und Mortalitätszahlen gut eingerichteter Anstalten, in denen vor nicht langer Zeit die erfolgreiche künstliche Ernährung noch auf grosse Schwierigkeiten stiess.

Viele Jahre hat man die Unterschiede im Ernährungserfolge bei Kuhmilch- und Frauenmilchernährung durch eine Verschiedenheit der chemischen Zusammensetzung beider Milcharten zu erklären versucht. Dabei wurde bald der eine bald der andere Bestandteil mehr in den Vordergrund gestellt (s. Kap. Milch). Wenn auch sicherlich physikalisch-chemische und biologische Verschiedenheiten, namentlich in Hinsicht auf die Molkenbestandteile und das Eiweiss vorliegen, so hat diese Forschungsrichtung trotz aller theoretischen Ergebnisse die Praxis nicht entscheidend befruchtet. Diese einseitige Einstellung der Forschungsarbeit ist in ihren Schlüssen sogar zeitweise für die Säuglinge nicht ungefährlich geworden; denn die Ausschaltung oder Vermeidung des jeweils besonders gefürchteten Nährstoffes, bzw. die einseitige Vermehrung eines im Augenblick als harmlos angesehenen Nährstoffes gab gar nicht selten Veranlassung zur Einseitigkeit in der Nahrung, die dadurch den Anforderungen des Organismus nicht mehr genügte. Mit dem Wechsel der Vorstellungen über Nutzen und Schaden bald des einen bald des anderen Nährstoffes wandelten sich die Vorschriften für die unnatürliche Ernährung. So manche scheinbare Schwierigkeit und Unstimmigkeit, die sich daraus für die Praxis der Ernährung ergab, wäre, so kann in rückschauender Betrachtung gesagt werden, vielleicht vermeidbar gewesen. Einige Beispiele einst

empfohlener Methoden der Ernährung mögen die Berechtigung einer solchen
Behauptung zeigen: Die Empfehlung fettarmer oder fettloser Gemische musste
beim gesunden Kinde ebenso zu Misserfolgen führen, wie die allzustark molken-
reduzierten oder kohlenhydratarmen Gemische. Trotz Fettarmut ist zwar, wenn sie durch reichlichen Kohlenhydratgehalt ausgeglichen ist, gute Gewichtszunahme zu erreichen; auf die Dauer müssen aber, bedingt durch den Sondernährwert des Fettes, der feste Aufbau des Organismus, die Immunität und die Entwicklung des Fettpolsters leiden. Molkenreduktion war oft mit einer zu starken Verdünnung der Nahrung verbunden und brachte so in der Praxis die Gefahren der Unterernährung. Zu vorsichtige Kohlenhydratdosierung entzog dem Organismus einen Nährstoff, der gleichermaßen für die Wärmeregulation wie zum Anwuchs unentbehrlich ist; ist doch das Kohlenhydrat, wie schon früher erwähnt, der für die Fixation des Wassers in der Zelle und damit zur Einleitung des Wachstums unersetzliche Nährstoff. Krankengeschichten aus früheren Jahren, vom heutigen Standpunkt aus beurteilt, zeigen, dass so mancher Ernährungsmisserfolg, dessen Ursache in der Unzulänglichkeit der Kuhmilch gesucht wurde, lediglich durch einen zu geringen Kohlenhydratzusatz (3% Zuckerzusatz zu verdünnter Milch) erklärt werden kann.

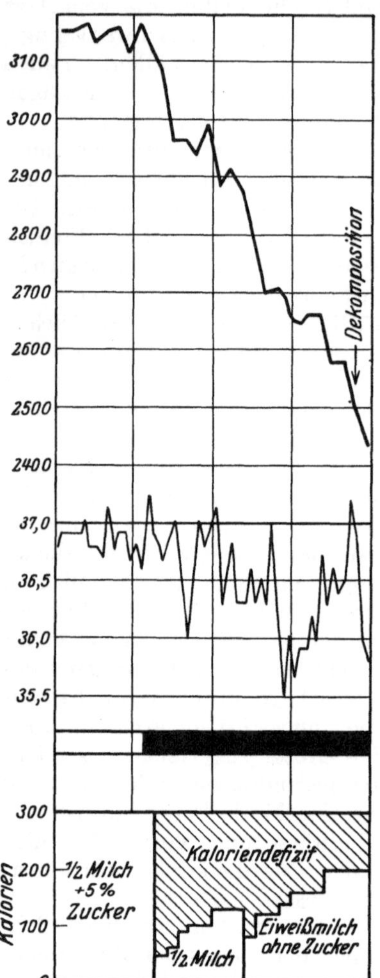

Abb. 14. Wegen geringfügiger Diarrhöen
erhält das Kind eine ½ Milch ohne Zucker
in stark reduzierten Mengen. Der unausbleibliche Gewichtssturz und die sich jetzt
erst verstärkende Diarrhöe verführt zu erneuter Nahrungsänderung und Nahrungsverringerung [jetzt Eiweissmilch ohne (!!)
Zucker]. Folge: weitere Verschlechterung
des Ernährungszustandes, Übergang in
Dekomposition mit enormen Untertemperaturen, starker Pulsverlangsamung (Puls
um 84) und schliesslich Tod. Tödliche
Dekomposition durch Hunger, insbesondere
durch Mangel an Kohlenhydraten.

Erst mit der Abkehr von dem Versuch, in einem einzelnen Bestandteil der Kuhmilch den Schädling zu finden, der die unnatürliche Ernährung zum Misserfolg führte, wurde ein wesentlicher praktischer Fortschritt in der künstlichen Ernährung möglich. Oberster Grundsatz bei der Ernährung ist heute: keinen einzigen Nährstoff, den das natürliche Vorbild, die Frauenmilch, enthält, dem Kinde für längere Zeit vorzuenthalten und das Mengenverhältnis der Nährstoffe zueinander annähernd so abzustimmen, wie es in der Frauenmilch dargeboten ist. Brauchbar für die Dauerernährung des gesunden Säuglings sind daher alle Gemische, die Eiweiss, Fett, Kohlenhydrat ungefähr in dem Verhältnis enthalten wie die Frauenmilch.

Weniger geeignet für die Dauerernährung sind dagegen alle jene Gemische, die
wesentlich von diesem Mischungsverhältnis abweichen. Damit soll nicht gesagt
sein, dass beim kranken Kinde von diesem Vorbild nicht abgewichen werden kann
und muss (Heilnahrungen). Stets ist die Rückkehr zu einer im obigen Sinne
kompletten Dauernahrung aber auch hier möglichst rasch anzustreben, wenn nicht

Ausfallerscheinungen dieser oder jener Art auftreten sollen. Die Abhängigkeit der Gesundheit von einer kompletten Nahrung ist in keinem Lebensalter so ausgesprochen wie in der Zeit des stärksten, aber auch des labilsten Aufbaues. Auch beim älteren Kinde und beim Erwachsenen werden durch einseitige Ernährung schliesslich wichtige Funktionen leiden; es sei nur an die durch Fettarmut der Nahrung bedingte Kriegsmorbidität erinnert. Aber während es beim älteren Individuum einer längeren Zeit bedarf, bis ernstere Ausfälle zu gewärtigen sind, wird man beim Säugling die Ernährungsschäden schon nach ganz wenigen Wochen oder Tagen einer Fehlernährung als schwere Beeinträchtigung der Gesundheit in Erscheinung treten sehen. Das Heil der künstlichen Ernährung ist auf Grund dieser Überlegung nicht von einer einzigen Mischung zu erwarten, sondern auf verschiedenen Wegen kann ein gutes Ernährungsresultat erreicht werden, wenn nur q u a n t i t a t i v und q u a l i t a t i v der B e d a r f des Organismus d a u e r n d voll gedeckt ist.

Worin bestehen die Fortschritte der künstlichen Ernährung?

Die Fortschritte, die heute auch beim Flaschenkinde den optimalen Zustand der Körperzellen und ihrer Funktionen in vielen Fällen zuwege bringen, scheinen in sechs Richtungen gemacht worden zu sein.

1. Die Erkenntnis, dass die Nährstoffe der künstlichen Nahrung nicht nur unter dem Gesichtspunkt gewählt werden dürfen, Gewichtszunahme zu erreichen. Die entscheidende Aufgabe liegt vielmehr darin, die Nährstoffe so zu wählen, dass die I m m u n i t ä t des F l a s c h e n k i n d e s der des B r u s t k i n d e s a n - g e g l i c h e n ist. Durch geeignete Nahrungszusammensetzung kann heute schon diese Aufgabe bis zu einem gewissen Grade gelöst werden.

2. Die Erkenntnis, dass nicht die Erzeugung eines sogenannten normalen Stuhles die Hauptaufgabe der unnatürlichen Ernährung sei. Erst als man sich über die bei jedem Säugling, namentlich in Anstalten, häufigen Schönheitsfehler des Stuhles hinwegsetzte und sein Augenmerk mehr auf die gedeihliche Entwicklung des gesamten Organismus des Kindes richtete, konnten Erfolge mit künstlicher Ernährung erzielt werden. N i c h t d e r „n o r m a l e" S t u h l i s t d e r I n d i k a t o r e i n e r z w e c k m ä ß i g g e w ä h l t e n N a h r u n g, s o n d e r n e i n z i g u n d a l l e i n d i e r e g e l r e c h t e E n t w i c k l u n g d e s K i n d e s.

3. Die Erkenntnis von der Bedeutung einer q u a l i t a t i v k o m p l e t t e n K o s t, in der alle Nährstoffe in einem als zweckmäßig erkannten Mischungsverhältnis enthalten sind. Jede einseitige Nahrungszusammensetzung, die dazu führt, dass irgend ein Nährstoff zuwenig oder ein anderer Nährstoff zuviel angeboten wird, verhindert die Entwicklung einer Eutrophie.

4. Die Erkenntnis von der Bedeutung einer q u a n t i t a t i v a u s r e i c h e n d e n E r n ä h r u n g, durch die der relativ hohe Nahrungsbedarf des Säuglings stets gedeckt wird. Dieser Fortschritt wurde erst möglich, als das Vertrauen zur künstlichen Nahrung wuchs und die ersten Erfolge zu dem Verständnis führten, dass die früher viel geübte quantitativ unzureichende Ernährung, der Hunger, der grösste Feind des Säuglings gewesen war.

5. Die Erkenntnis von der Bedeutung einer richtigen Diätetik bei den akuten Durchfallserkrankungen, die sich auf den in den Punkten 1—4 niedergelegten Regeln aufbaut und die durch möglichste Abkürzung des Hungers und rasche Rückkehr zur quantitativ und qualitativ ausreichenden Ernährung die Schäden, die durch die Erkrankung gesetzt wurden, wieder ausgleicht. Jede Schonungsdiät, die unnötig längere Zeit fortgesetzt wird, verdient eher als Schädigungsdiät bezeichnet zu werden.

6. Die Erkenntnis von der Notwendigkeit, die Rachitis auszuschalten, die nicht nur zur Verkrüppelung führt, sondern auch jede andere Erkrankung, vor allem die der Respirationsorgane, ernster gestaltet.

Welche Nahrungszusammensetzung ist demnach zu wählen?

Die künstliche Nahrung muss sämtliche Nährstoffe der Frauenmilch enthalten, wobei das Verhältnis der hauptsächlichen Nährstoffe annähernd dem der Frauenmilch entsprechen soll. Das Verhältnis von Eiweiss, Fett, Kohlenhydrat ist in der Frauenmilch:

$$1 : 3{,}5 : 7.$$

Diese Relation der Nährstoffe ist für die Entwicklung und das Wachstum von der Natur als die beste, als die physiologische vorgeschrieben.

Praktisch am wichtigsten ist ohne Zweifel das Verhältnis von Fett zu Kohlenhydrat (1:2). Bei den vielfachen Verflechtungen zwischen Fett- und Kohlenhydratstoffwechsel, deren feinere Zusammenhänge heute noch der letzten theoretischen Klärung harren, kann nur die praktische Erfahrung unser Lehrmeister sein; und sie zeigt, dass einem bestimmten Fettgehalt stets ein entsprechender Kohlenhydratgehalt der Nahrung gegenüberstehen muss. Ähnlich wie Ca und K sich im Gesamtstoffwechsel entgegengesetzt verhalten, so sind Fett und Kohlenhydrat die Gegenspieler im organischen Stoffwechsel: das langsam abbrennende Fett verlangsamt, das rasch abbrennende Kohlenhydrat beschleunigt die Umsetzungen. Fett hemmt den Wasseransatz, Kohlenhydrat begünstigt ihn. Fett macht stabilen, Kohlenhydrat labilen Aufbau des Organismus. Fett steigert Immunität und Resistenz, Kohlenhydrat, im Übermaß angeboten, vermindert sie. Aufgabe der zweckmäßigen künstlichen Ernährung ist es, einen Ausgleich der Gegensätze herbeizuführen, so dass die Harmonie in den Funktionen des Organismus gewahrt bleibt. Empirisch geschieht dies nach dem Vorbild der Frauenmilch, wenn auf ein Teil Fett zwei Teile Kohlenhydrat kommen.

Die Höhe des Eiweissanteils in der Nahrung greift weniger in das Ineinanderspiel der Nährstoffe ein. Selbst bei starker Milchverdünnung ist der Bedarf an Eiweiss gedeckt. Es bleibt nur zu erörtern, ob ein über den Bedarf hinausgehendes Angebot an Eiweiss nicht stoffwechselbelastend und schädlich wirkt (Benjamin, Adler). Wenn auch ein Beweis für eine solche Form der Schädigung durch Eiweissüberangebot noch nicht sicher erbracht ist, und die klinischen Symptome eines Eiweissnährschadens (Blässe, Meteorismus, Tonusverschlechterung usw.) mehr auf den Mangel an anderen Nährstoffen (Kohlenhydrat) als auf das Überangebot an Eiweiss zurückzuführen sind, so wird man doch gut daran tun, auf die Dauer bei der Ernährung des gesundes Kindes den Eiweissbedarf nicht unnötig zu überschreiten. Aus therapeutischen Gründen kann eine solche einseitige Eiweissanreicherung gelegentlich dagegen erlaubt, ja sogar angezeigt sein.

Theoretisch und praktisch standen die Versuche einer Angleichung der Molke der Kuhmilch an die der Frauenmilch längere Zeit im Vordergrunde des Strebens, die Nachteile der unnatürlichen Ernährung zu vermeiden. Für das physikalisch-chemische Geschehen im Darm und jenseits des Darmes spielt in der Natur und im Experiment gewiss die Zusammensetzung der Molke, ihr verschiedener Gehalt an Ionen und vielleicht auch ihr verschiedener Albumingehalt eine Rolle. Selbst wenn man die klinischen Erfahrungen des Molkenaustauschversuches (Störungen bei Zufuhr von Kuhmilchmolke, Frauenmilchkasein und Frauenmilchfett, die bei dem Wechsel zu Frauenmilchmolke, Kuhmilchfett und Kuhmilchkasein ausblieben) nicht als beweisend ansieht, so ist der Unterschied zwischen arteigener und artfremder Molke auf Grund feinerer Methodik neuerdings wieder von Finkelstein und seinen Schülern vor Augen geführt worden. Die Molke, sogar ihr albuminfreier Anteil, ist von beträchtlichem Einfluss auf die Schnelligkeit der Resorption der Nahrung vom Magen und Darm aus und wahrscheinlich auch für die Bildung der Bakterienflora im Darm und für eine Reihe fermentativer Spaltungen (s. früher). Die Verzögerung der Resorption einer Nahrung mit artfremder Molke aus dem Darmkanal haben auch die sinnreichen Versuche am Tier (v. Pfaundler und Schübel) bewiesen.

Ein schädlicher Einfluss auf das Ernährungsresultat ist bei der Ernährung des gesunden Kindes von der Kuhmilchmolke nicht zu befürchten. Ähnlich wie beim Eiweiss ist der Bedarf für den Aufbau auch noch durch eine Salzkonzentration der Molke gedeckt, wie sie in einer Milchverdünnung von 1:2 enthalten ist. Dass man monatelang eine solche Verdünnung beibehalten darf ohne den Bedarf zu unterschreiten, lehrt das Beispiel der Buttermehlnahrung. Auch stärkere Konzentrationen, die den Mineralstoffgehalt der Frauenmilch wesentlich überschreiten, sind nicht mit Gefahren verbunden. Die vielfachen Bemühungen, die Molke der Kuhmilch der der Frauenmilch anzugleichen, erübrigen sich für das gesunde Kind.

Grössere Beachtung verdient dagegen der Vitamingehalt der Milchen. Von den für den Säugling bedeutsamen Vitamingruppen kommen Vitamin A, B, C, sowie der antirachitische Faktor D in Betracht, der nicht, wie man früher annahm, mit dem Vitamin A identisch ist. Vitamin A steht in beiden Milcharten stets hinreichend zur Verfügung, solange die Milchverdünnungen bei Kuhmilch nicht über 1:2 hinausgehen. Das antineuritische Vitamin B soll nach der Annahme Reyhers in der Kuhmilch unzureichend vertreten sein. Wie schon früher geschildert, reichen die Beweise Reyhers bisher nicht aus, um in der Praxis den Eintritt eines B-Vitaminmangels befürchten zu lassen. Anders steht es mit dem antiskorbutischen Vitamin C. Von zweckmäßig gefütterten Tieren gewonnene frische Kuhmilch enthält nicht weniger antiskorbutischen Stoff als die Frauenmilch. Nur bei Darreichung von denaturierter, lange gekochter, pasteurisierter Milch oder von Trockenmilch sinkt die Zufuhr an Vitamin C unter den Bedarf des Kindes. In den ersten Lebensmonaten tritt dieser Mangel nicht in klinisch wahrnehmbare Erscheinung. Sei es, dass ein Bedarf an C-Vitamin hier nur gering oder gar nicht vorhanden ist, oder dass dem Neugeborenen von der Mutter eine Mitgift von C-Vitamin mit auf den Weg gegeben wird. Erst vom vierten Lebensmonat ab gewinnt die Frage des Mangels an C-Vitamin praktische Bedeutung. Überall da, wo eine im obigen Sinne vollwertige Kuhmilch nicht zur Verfügung steht, muss der Bedarf an C-Vitamin durch Zufuhr C-vitaminhaltiger Nahrungsmittel, durch frische Obstsäfte, gedeckt werden. Bezüglich des Bedarfs an Vitamin D, vgl. Rachitis.

In einer Beziehung weichen die üblichen künstlichen Nährgemische vom Vorbild der Frauenmilch nicht unwesentlich ab. Seit langem hat die Erfahrung gelehrt, dass die Kohlenhydrate in den Kuhmilchmischungen besser vertragen werden, wenn sie nicht in Form des kristallinischen Zuckers, sondern z. T. ersetzt durch dextrinisierte Mehle dargereicht werden. Während man früher die Zufuhr von Mehl für die ersten Lebenswochen wegen der vermeintlichen Unverdaulichkeit scheute, wird heute schon von der zweiten Lebenswoche ab allgemein Schleim oder eine Mehlabkochung zur Verdünnung der Kuhmilch verwendet. Tatsächlich fehlt in den ersten Lebenswochen das mehlabbauende Ferment im Darm, so dass bei Mehlverabreichung in den Stühlen junger Säuglinge reichlich jodfärbbare Substanzen nachweisbar werden. Indessen stellt sich schon im Verlauf weniger Tage das Ferment auf den Reiz einer wiederholten Mehlzufuhr ein, und man kann beobachten, wie die jodfärbbare Substanz von Tag zu Tag abnimmt, um allmählich ganz zu schwinden. Da aber immer damit zu rechnen ist, dass unverdautes Mehl, das aus dem Dünndarm in die unteren Darmabschnitte gelangt, hier abnormem bakteriellem Abbau unterliegt, so dass es zu stärkerer Gärung und dadurch zum Durchfall kommt, so pflegt man bei den jüngsten Säuglingen, etwa bis zu zwei Monaten, von der Verordnung reiner Mehlabkochungen abzusehen. Dagegen können Schleime oder geröstete Mehle schon von der zweiten Lebenswoche ab jederzeit ohne diese Gefahr gegeben werden.

Die praktische Erfahrung ist der theoretischen Deutung der Wirkung dieses sogenannten zweiten Kohlenhydrates vorausgeeilt. Schon der Ersatz eines Teiles des kristallinischen Zuckers durch ein solches zweites Kohlenhydrat bewirkt oft eine Verstärkung der Zunahme des Kindes, ohne dass eine Vermehrung des Brennwertes der Nahrung notwendig wäre. Bisher wurde zur Erklärung der Notwendigkeit der zweiten Kohlenhydrate eine Reihe von Hypothesen aufgestellt, die vielleicht alle eine gewisse Berechtigung haben, die aber alle z. Z. noch nicht durch eindeutige klinische und experimentelle Erfahrungen bewiesen sind. Schon die Erfahrungen beim Diabetes mellitus haben die Verschiedenheit von Zucker und Mehl für den Stoffwechsel gelehrt. So erlaubten die von v. Noorden eingeführten Hafermehltage beim Diabetiker die Zufuhr von Kohlenhydraten, wie sie in Form des Zuckers von diesen Kranken niemals assimiliert werden.

Nicht nur Mehl und Zucker, sondern auch die Mehlarten untereinander sind für den Stoffwechsel nicht gleichwertig. Die Stärke der abführenden Wirkung soll dabei vom Grade der bakteriellen Zerlegung des Mehles im Darme abhängen (Klotz), die bei Hafermehl grösser ist als bei Weizenmehl.

Manches hat die Vorstellung Arons für sich, dass der Röstprozess für die günstige Wirkung mancher Mehle von Bedeutung ist. Durch den Röstprozess, z. B. bei der Mehlschwitze, finden im Mehl gewisse chemische Umlagerungen statt; es werden Stoffe entwickelt, die sich schon durch ihren angenehmen Geruch als etwas Neuartiges bemerkbar machen. Diese aromatischen Substanzen sollen als Reiz für den Stoffwechsel wirken und so den Ansatz erhöhen. An der Überlegenheit der gerösteten Mehle ist nach allen praktischen Erfahrungen nicht zu zweifeln. Schliesslich stellen ja auch die schon lange vor allen Versuchen einer theoretischen Begründung immer wieder empfohlenen und angewandten Kindermehle nichts anderes dar als Mehle, die durch einen Röstprozess verändert sind, und die geröstetem und zerriebenem Zwieback ungefähr gleichwertig sind.

Für die praktische Durchführung der Ernährung stehen im wesentlichen drei Mehlarten zur Verfügung: Hafer-, Weizen-, Reismehl. In der Wirkung auf den Ansatz unterscheiden sie sich wenig, in der Wirkung auf den Darm sind sie voneinander verschieden. Hafermehl wird weniger leicht resorbiert als Weizen- und Reismehl; deshalb sind die beiden letzteren mehr zu empfehlen, wenn Neigung zu Durchfällen besteht.

Die praktisch bedeutsamen Folgerungen aus diesen Erwägungen sind kurz zusammengefasst:

1. Kohlenhydrate müssen bei jeder Kuhmilchmischung zugesetzt werden; dabei sollte ein Teil des Zuckers in Form von Schleim oder Mehl verabreicht werden.

2. Bei einer Fettanreicherung der Milchmischung sollte die Relation von Fett : Kohlenhydraten entsprechend der in der Frauenmilch, d. i. wie 1 : 2, ungefähr gewahrt werden.

3. Der Mangel an C-Vitamin ist durch rechtzeitige Zulage von C-Vitaminträgern auszugleichen.

Die Durchführung dieser Forderungen kann durch Störungen beim Abbau und bei der Aufsaugung der Nahrung im Magendarmkanal erschwert werden. Deshalb ist es wichtig, den Einfluss der Nährstoffe auf die enteralen Vorgänge zu kennen und zu regulieren; denn jede Störung beim Abbau und bei der Aufsaugung der Nahrung wird das Ernährungsresultat ebenso vereiteln, als ob das Angebot von vornherein ungenügend gewesen wäre. Es muss bei Störungen im Darmkanal zu Ausfällen kommen, die für die Zelle des Organismus gleichbedeutend mit einer ungenügenden Zufuhr von Nährstoffen, mit einem Hunger im landläufigen Sinne sind. Mit Recht hat deshalb Czerny dem äusseren, durch mangelndes Angebot entstandenen Hunger, einen inneren Hunger gegenübergestellt. Es handelt sich also darum, die Auswahl der Nährstoffe so zu treffen, dass die Vorbedingungen für den Eintritt einer enteralen Störung nicht gegeben sind. Die Erfüllung dieser Forderung ist dem Arzt bei der künstlichen Nahrung weitgehend in die Hand gegeben. Denn die Darmvorgänge sind alle von der qualitativen Zusammensetzung der Nahrung abhängig. Voraussetzung ist die Kenntnis der Wirkung der einzelnen Nährstoffe auf die Resorption der Nahrung und auf die Peristaltik.

a) Resorption und Nahrungszusammensetzung.

Theoretisch wären Mischungen am empfehlenswertesten, die ebenso rasch aus dem Darm aufgenommen werden, wie die Frauenmilch, da in der schnellen Resorption die grösste Sicherheit gegen die Entstehung krankhafter Abläufe im Verdauungsvorgang liegt. Der Vorgang der Nährstoffresorption ist dadurch so kompliziert, dass die Resorption jedes einzelnen Nährstoffes nicht gesonderten Gesetzen folgt, sondern dass eine weitgehende gegenseitige Beeinflussung der Nährstoffe in der Mischung stattfindet. Geht man vom einzelnen Nährstoff aus, z. B. vom Zucker, so kann man ein schnelles Auftreten des Zuckers in der Blutbahn feststellen. Schon nach 20 Minuten findet sich der p. os aufgenommene Zucker im Blut, und seine Resorption ist nach etwa 45 Minuten vollendet. Sobald ein anderer Nährstoff zum Zucker hinzutritt, ändert sich die Blutzuckerkurve wesentlich. Es tritt eine Verzögerung im Erscheinen des Zuckers ein, die durch artfremde Molke und Fett mehr als durch Eiweiss hervorgerufen wird. Die Schnelligkeit der Aufnahme eines Nährgemisches aus dem Darm ist daher viel mehr von der Nahrungszusammensetzung, als von der absoluten Menge des in dem Gemische enthaltenen einzelnen Nährstoffes abhängig. Wegen der schnellen Nahrungsaufsaugung wären die starken Milchverdünnungen der molken- und fettreichen Vollmilch vorzuziehen. Für die Praxis der Ernährung muss aber der Nachteil der weniger verdünnten Milch in bezug auf die Resorption in Kauf genommen werden. So wichtig diese Dinge theoretisch sind, so sind wechselseitige Einflüsse der Nährstoffe auf die Vorgänge der Nahrungsresorption heute noch nicht so klar zu übersehen, um aus ihnen praktische Folgerungen für die Nahrungszusammensetzung usw. abzuleiten.

b) Darmbakterien und Nahrungszusammensetzung.

Die Bakterienflora, die sich im Darm entwickelt, ist weitgehend abhängig von der Art der angebotenen Nahrung. Wichtig ist es, die Nährstoffe so zu wählen, dass das bakterielle Leben auf den Dickdarm beschränkt bleibt und der Dünndarm frei von Bakterien ist. Die Bakterienfreiheit des Dünndarms vorausgesetzt, vermag der Darm die Bakterienflora der künstlichen Ernährung ebenso schadlos zu ertragen wie die Bifidusflora bei natürlicher Ernährung.

Im ganzen richten sich die Erreger im Darm in bezug auf ihre Lebensäusserungen wesentlich nach dem Nährboden, der ihnen in Form der Nahrung geliefert wird. Dieses Gesetz ist für die Praxis deshalb so wichtig, weil es lehrt, dass das Stuhlbild von der Zusammensetzung der Nahrung abhängig ist. In gesunden Tagen vermögen die Bakterien die Nahrungsreste allein im Dickdarm anzugreifen. Deshalb wird die Form des bakteriellen Abbaues durch die Bestandteile der Nahrung entschieden, die unresorbiert bis zum Dickdarm gelangen. Je rascher die Resorption eines Nahrungsbestandteiles im Dünndarm erfolgt, desto weniger gelangt von ihm in den Dickdarm; würde die Nahrung im Dünndarm restlos aufgesaugt, so hätten die Bakterien ausser den Sekreten des Darmes und der Drüsen kein Nährmaterial. Je schlechter die Resorption im Dünndarm erfolgt, desto mehr wächst die Wahrscheinlichkeit, dass Reste der betreffenden Nährstoffe in den Dickdarm gelangen und hier zum Nährsubstrat für die Bakterien werden.

Als Beispiele für langsam resorbierte Nährstoffe seien Milchzucker oder malzreiche Gemische angeführt. In beiden Fällen entgehen Teile des Kohlenhydrates der Resorption im Dünndarm und geben den Bakterien des Dickdarmes ein willkommenes Nährsubstrat, in dem sich dann Gärungsprozesse abspielen.

Zwei Möglichkeiten des bakteriellen Abbaues sind praktisch voneinander zu unterscheiden: entweder unterliegt der Darminhalt der Fäulnis oder der Gärung. Wenn eine scharfe Trennung der beiden Vorgänge streng chemisch genommen den Tatsachen auch nicht entspricht, so erleichtert eine solche Zweiteilung doch das praktische Verständnis. Fäulnis tritt ein, wenn die Mikroorganismen im Dickdarm kein Kohlenhydrat finden und die Erreger zur Eiweißspaltung gezwungen sind. Gärung stellt sich im Dickdarm ein, wenn Kohlenhydratreste in grösserer Menge in die untersten Darmabschnitte gelangen. Je mehr und je schlechter resorbierbare Kohlenhydrate der Säugling erhält, desto mehr wird der Stuhl daher nach der Seite der Gärung verändert werden. Starke Gärung führt aber zur Bildung niederer Fettsäuren aus den Kohlenhydraten, damit zur Reizung der Darmwand und zur Erhöhung der Peristaltik. Geringe Kohlenhydratdarreichung oder schnell resorbierbare Kohlenhydrate führen zu einer Kohlenhydratfreiheit des Dickdarms. Die Erreger haben also kein kohlenhydrathaltiges Nährmaterial zum Abbau und wenden sich der bakteriellen Spaltung der im Dickdarm vorhandenen Eiweissbausteine zu. Es entstehen Fäulnisprodukte (Amine). Der klinische Ausdruck für die Fäulnisvorgänge ist langsame Peristaltik und die Bildung geformter Stühle, da die letzten Reste Wasser aufgesaugt werden. Ob dabei auch gelegentlich darmreizende Aminosäuren gebildet werden, ist noch fraglich. Theoretisch ist die Möglichkeit zuzugeben. In der Praxis ist jedenfalls ein von bakteriellen Eiweissabbauprodukten hervorgerufener Durchfall selten.

Daraus folgt, dass das Stuhlbild wesentlich von der Wahl und von der Dosierung der Kohlenhydrate abhängt. Aber nicht allein diese einfach zu übersehenden Vorgänge sind entscheidend. Wie für den ganzen Ablauf der Verdauung, so ist auch für das Schicksal der Kohlenhydrate die Frage entscheidend, welche anderen Nährstoffe das Kohlenhydrat begleiten. Wesentlich anders vollzieht sich die Resorption, wenn Kohlenhydrat allein, anders, wenn es gleichzeitig mit anderen Nährstoffen gegeben wird. So scheint z. B. der Gehalt der Nahrungsmischung an Eiweiss die Resorptionsgeschwindigkeit des Zuckers wesentlich zu beeinflussen. Wie schon früher gezeigt, verzögert Eiweiss die Aufsaugung des Zuckers aus dem Dünndarm. Ein längeres Verweilen des Zuckers im Darm gibt aber den zuckerspaltenden Fermenten die Möglichkeit, den Zucker besser abzubauen, so dass ebenso wie bei rascher Resorption letzten Endes unabgebauter Zucker nicht in den Dickdarm zu gelangen braucht. Aber auch die Reaktion der Gemische kann nicht ohne Bedeutung für das Schicksal des Zuckers im Darm sein. Denn zweifellos ist bei sauren Gemischen die Neigung zu erhöhter Peristaltik vermindert, woraus vielleicht auf eine schnellere Aufnahme des Zuckers geschlossen werden kann.

Die Kohlenhydrate selbst gleichen sich in bezug auf die Resorptionsgeschwindigkeit keineswegs: es gibt schnell und langsam resorbierbare Kohlenhydrate. In aufsteigender Linie von schnell zu langsam: Reis, Weizenmehl, Hafer, Milchzucker, Malzextrakt, Rübenzucker, Dextrinmaltose. So wird letzten Endes das Stuhlbild von den Angeboten an Eiweiss und Kohlenhydraten abhängen. Dadurch ist es in der Praxis leicht, jederzeit beim gesunden Kinde durch Modifikation der Nahrung dünnen oder weichen Stuhl zu erzeugen.

Ausser den in der Hauptsache beteiligten Nährstoffen wirken auch das Fett und die Molkenbestandteile an der Formung des Stuhlbildes mit. Die Rolle dieser beiden Nährstoffkomponenten ist viel schwieriger zu fassen. Vom Fett ist mit Schiff anzunehmen, dass es ganz allgemein das Bakterienwachstum fördert. Für die Art des bakteriellen Abbaues wirkt es dabei aber nicht wie Eiweiss oder Kohlenhydrate Richtung gebend. Es schafft an sich weder Fäulnis noch Gärungserscheinungen. Es verfällt der jeweils vorherrschenden Richtung des bakteriellen Abbaues, es kann ebensogut eine bestehende Fäulnis wie eine bestehende Gärung verstärken; z. Z. der Fäulnis ist das ohne praktische Gefahr, z. Z. der Gärung erfordert es Vorsicht. Denn von dem bakteriellen Abbau in der Richtung der Gärung ist eine Zerlegung des Fettes in niedere Fettsäuren zu befürchten, die ihrerseits wieder eine Darmreizung und damit eine weitere Erhöhung der Peristaltik herbeiführen können. Nach Untersuchungen von Finkelstein und seinen Schülern vermehrt Molke die Bildung niederer Fettsäuren und fördert im Reagensglasversuch die bakterielle Kohlenhydratspaltung. Die Molkenbestandteile wird man nicht als Ganzes betrachten dürfen. Kalk wirkt anders als seine Antipoden Natrium und Kalium. Kalk isoliert gegeben, verlangsamt eindeutig die Peristaltik. Das beweist die alte praktische Erfahrung der obstipierenden Wirkung der Kalksalze ($Ca\ CO_3$).

Zusammenfassend ergibt sich für das praktische Handeln in bezug auf die von der Nahrung aus erzeugte Schnelligkeit der Peristaltik und damit für die Stuhlbeschaffenheit eine bedeutsame Verschiedenheit, je nachdem welche Nahrungsbestandteile in einer Nahrungsmischung überwiegen. Gärungsfördernd und peristaltikvermehrend wirken: von den Mehlen Hafermehl; von den Zuckerarten Milchzucker, Malzextrakt. Gärungshemmend und peristaltikverlangsamend: von den Mehlen Reis und Weizenmehl; von den Zuckerarten Rohrzucker und Dextrinmaltose; ebenso wirken hohe Eiweissgaben, Kalkzusätze und Säurezusatz.

Fett wirkt, je nach der vorherrschenden Richtung des bakteriellen Abbaues, bald gärungsfördernd, bald gärungsherabsetzend.

Bei der Kompliziertheit der Nährgemische liegen die Dinge nie so einfach, wie sie hier dargestellt wurden. Die eine Richtung wird im Darm durch eine Gegenrichtung bald mehr, bald weniger überlagert sein. In Gemischen, die viel Eiweiss enthalten, wird mehr Kohlenhydrat vertragen als in Gemischen mit wenig Eiweiss. Wo viel Kohlenhydrat ist, wird ein höheres Angebot von Fett vielleicht den Anstoss zu einer krankhaften Steigerung der Gärung geben können u. a. m.

Im Vergleich von Gärung und Fäulnis ist es nicht ohne weiteres zu sagen, welche Form der bakteriellen Tätigkeit nützlich oder schädlich ist. In Anlehnung an das Vorbild des Brustkindes müsste man glauben, dass die Erreichung einer mäßigen Gärung angezeigt wäre. Indessen ist die Grenze zwischen Nutzen und Schaden im Ausmaße der Gärung im Dickdarm bei der künstlichen Ernährung viel unschärfer. Während übermäßige und schädigende Gärungsvorgänge beim Brustkinde überaus selten vorkommen, vollzieht sich der Übergang zum Krankhaften beim künstlich genährten Kinde viel leichter, viel rascher und viel häufiger. Man wird deshalb gut daran tun, die Nahrungsmischungen so zu wählen, dass Gärung und Säurebildung nicht zu stark werden können. Auf der anderen Seite bringt die Fäulnis, unter der Voraussetzung, dass sie bei einer korrelativ richtigen Nahrung entsteht, kaum nachweisbare Nachteile mit sich. Die Gefahren der Fäulnis erwachsen erst dann, wenn auch für den Ansatz ungünstige Mischungsverhältnisse der Nahrung vorliegen.

Für normale Zeiten ist die peinliche Überwachung der Stuhlentleerung, ob mehr alkalisch oder mehr saure Reaktion, ob Fäulnis- oder Gärungsstuhl, ob geformt oder breiig nicht von der überragenden Bedeutung, die man ihr früher zugeschrieben hat. Nicht die überwertige Betrachtung des Stuhles, sondern nur eine für die Entwicklung des Kindes und sein Wachstum optimal zusammengesetzte Nahrung ist die Voraussetzung für ein Gedeihen des Kindes. Soviel kann man sagen, dass auf die Dauer die für den Ansatz geeignet zusammengesetzte Nahrung auch einen günstigen Ablauf der Darmvorgänge sichert. Die in dieser Richtung erprobten und bewährten Nahrungsgemische machen im Dickdarm entweder eine mäßige Fäulnis oder eine mäßige Gärung.

Praxis der künstlichen Ernährung.

Die praktischen Anordnungen, die der Arzt bei der künstlichen Ernährung zu geben hat, sind nach unserer heutigen Erfahrung für das gesunde Kind im ganzen erstaunlich einfach. Ja, je einfacher und übersichtlicher die künstliche Ernährung durchgeführt wird, um so besser wird sie sein. Die vielen verschiedenen Methoden, die namentlich früher zur künstlichen Ernährung empfohlen wurden, lassen sich heute in wenige ganz einfache Vorschriften zusammenfassen. In der Hauptsache gilt es immer wieder

1. sich in der Zusammensetzung der Nahrung grobchemisch nach den Verhältnissen, wie sie die Frauenmilch aufweist, zu richten,
2. die Nahrung in Mengen zu geben, die den Nahrungsbedarf des Kindes decken und
3. die Milchnahrung jederzeit rechtzeitig durch entsprechende Zukost zu ergänzen.

1. Zusammensetzung der Nahrung.

Jede künstliche Ernährung ist seit Jahrzehnten von der Verdünnung der Kuhmilch ausgegangen. Fraglich ist es auch heute noch, wie weit man die Verdünnung treiben soll. Die ursprüngliche Idee, von der man sich leiten liess, war der Wunsch, die Eiweisszufuhr bis auf den Gehalt der Frauenmilch an Eiweiss herabzusetzen. Wenn auch heute die Angst vor dem Kuhmilcheiweiss nicht mehr zu Recht besteht, so wird man doch, schon um eine Luxuskonsumption von Eiweiss zu vermeiden, auch heute noch am Prinzip der Milchverdünnung festhalten. Gäbe man mit Zucker angereicherte Vollmilch, so könnte man zwar das Eiweissangebot ebenso niedrig halten, aber es erwüchse die Gefahr einer Überfütterung, oder, wenn die Nahrungsmenge entsprechend ihrer hohen Brennwerte knapp bemessen würde, die Gefahr einer Nichtbefriedigung des Wasserbedarfs. Ob man die Ernährung mit $^1/_3$ oder $^1/_2$ Milch beginnt, ist praktisch bedeutungslos. Handelt es sich um gut trinkende Kinder, die jede angebotene Nahrungsmenge aufnehmen, so ist gegen $^1/_3$ Milch und Zucker nichts einzuwenden. Bei schwieriger Nahrungsaufnahme, insbesondere in Anstalten, in denen die Kinder meist weniger gut als in der individualisierenden Einzelpflege zu trinken pflegen, wird man lieber $^1/_2$ Milch und Zucker zu Beginn verordnen.

Durch die Verdünnung der Milch tritt ein Nährstoffausfall ein, der ergänzt werden muss.

Schon quantitativ wäre eine Ernährung der Kinder mit $^1/_2$ oder $^1/_3$ Milch ohne Zusätze kaum möglich; z. B. wäre zur Deckung des Nahrungsbedarfs bei einem Kind von 4 kg bei Ernährung mit $^1/_3$ Milch ohne Zucker eine Trinkmenge von 2 l erforderlich. Dazu kommt, dass das Verhältnis von Kohlenhydrat zu Fett sich in dieser Verdünnung weit von dem geforderten physiologischen Optimum von 1:2 entfernt. Denn Fett wäre in einer $^1/_3$ Milch nur 1,2%, Kohlenhydrat etwa 1,5% enthalten, das ist ein Verhältnis von annähernd 1:1.

Als **Verdünnungsflüssigkeit** dient heute kaum mehr reines Wasser, sondern man pflegt allgemein wegen der nützlichen Wirkung des zweiten Kohlenhydrates die Milch mit S c h l e i m - oder M e h l a b k o c h u n g e n zu verdünnen. Welche Art von Mehl oder Flocken zur Bereitung der Nahrungsflüssigkeiten gewählt wird, hängt, wie früher erwähnt, von der Beschaffenheit der Stühle ab. Für die Praxis ist Haferschleim bei Neigung zu Obstipation, Reisschleim bei Neigung zu häufigeren Stühlen zu empfehlen. Ohne Zweifel sind auch viele Kindermehlabkochungen zur Verdünnung der Milch gut zu gebrauchen. Von den Müttern werden sie gerne verwendet, nicht nur wegen der suggestiven Reklame, sondern weil die Mischungen einfacher als Mehl- und Schleimabkochungen herzustellen sind. Kochen von wenigen Minuten genügt bei den Kindermehlen, während z. B. ein Reisschleim einer mehrstündigen Zubereitungszeit bedarf; ob darüber hinaus den Kindermehlen noch besondere Wirkungen zukommen, kann man heute nicht ohne weiteres entscheiden. Bestehen doch die meisten Kindermehle aus Röst-produkten von Weizenmehl, denen (s. S. 88) vitaminartige Eigenschaften zu-gesprochen werden. Nach unserer Erfahrung sind indes positive Vorteile bei der Verwendung von Kindermehlen nicht erwiesen. Alles was durch ein Kinder-mehl erreicht wird, kann durch einen Schleim oder Mehlzusatz erwirkt werden. Die Kindermehle selbst unterscheiden sich ähnlich wie die natürlichen Mehle in der Wirkung auf die Peristaltik. Die stark dextrinisierten, wie Kufeke, Nestle, Seefeldners Nährgriess u. ä. haben eine ähnliche Wirkung wie Reismehl, Griess oder Mondamin, wirken also eher stopfend; die mehr saccharifizierten Kinder-mehle wie Allenbury, Rademacher, Teinhardt·u. ä., wirken eher wie Hafermehl, das ist leicht abführend. Als gleichwertiger Ersatz der Kindermehle kann auch eine Abkochung von geriebenem Zwieback oder das Mollsche Keksmehl ver-wendet werden.

Zusatz von Kohlenhydraten. Die Anforderungen, die Wachstum und Wärmebildung an die Nahrung stellen, erheischen eine Anreicherung der Milch-verdünnungen mit Kohlenhydrat. Die Menge der Kohlenhydratzusätze hat sich wiederum nach dem Mischungsverhältnis zwischen Kohlenhydrat und Fett, wie es in der Frauenmilch vorhanden ist, zu richten. Unter Zugrundelegung einer Korrelation von 1:2 wird man die Kohlenhydratanreicherung der künstlichen Nahrung vorzunehmen haben. Daraus ergibt sich, dass auch die unverdünnte Kuhmilch da, wo sie beim älteren Säugling gereicht wird, nicht ohne Kohlen-hydratzusatz verordnet werden sollte. Es ist heute kein Zweifel mehr, dass die ehedem so häufigen Fehlschläge bei Verabreichung unverdünnter Kuhmilch, die man früher der artfremden Nahrung als solcher zur Last legte, einzig und allein auf den im Verhältnis zum Fettgehalt zu geringen Gehalt der Kuhmilch an Zucker (1:1) zurückzuführen sind. Die Vollmilch ist selbst für junge Säuglinge, wie besonders die Erfahrungen der Wiener Klinik gezeigt haben, eine bekömmliche Nahrung, sobald man ihr Kohlenhydrat zusetzt. Die Ergänzung mit Kohlenhydrat geschieht in der Regel durch kristallinischen Zucker.

Die Menge des zuzusetzenden Kohlenhydrates wird für die üblichen Ver-dünnungen auf 5% (bezogen auf die Gesamtmenge der Nahrung) anzusetzen sein. Eine Unterschreitung der Menge auch nur um 1 oder 2% wird auf die Dauer selten schadlos vertragen, auch dann nicht, wenn ein Ersatz durch äquikalorische Mengen von Fett versucht wird. Eine Überschreitung der Menge von 5%, die bisweilen aus dem Wunsche nach einer stärkeren Gewichtszunahme oder bei schlecht trinkenden Kindern zur Anreicherung (Konzentration) der Nahrung am Platze ist, wird vom gesunden Kind viel eher vertragen. Bekanntlich hat Pirquet sogar einen 17%igen Zuckerzusatz zur Vollmilch empfohlen. Wenn eine solche starke Zuckeranreicherung für die Praxis auch nicht als Regel empfohlen werden kann, weil sie die Zusammensetzung der Nahrung zu stark nach der Kohlenhydratseite verschiebt (Fett:Kohlenhydrat = 1:5), so ist doch die praktische Brauchbarkeit dieser Nahrung, die doppelt so nahrhaft ist wie die Milch (Doppelnahrung), in vielen Fällen bewiesen worden. Die günstigen Erfahrungen mit den hochprozentigen Zuckermischungen haben jedenfalls das eine Gute gehabt, die allzu grosse Furcht vor dem Zucker als durchfallerregenden Nährstoff in Zeiten der Gesundheit zu vermindern. Im Spielraum von 5—10% Zuckerzusatz wird eine Gefahr für die Vorgänge im Darm sicherlich nicht erwachsen.

Bezüglich der Qualität des Zuckers kann mit jedem kristallinischen Zucker annähernd gleiche Wirkung erzielt werden. Selbst der eine zeitlang aus der Ernährung der Säuglinge verbannte Milchzucker ist für das gesunde Kind brauchbar. Bei der Wahl des Zuckers wird man sich von der Wirkung auf den Darm im gegebenen Falle leiten lassen. Rohr- und Soxhletnährzucker oder Laktananährzucker und Stöltzners Kinderzucker werden mehr bei Neigung zu häufigen Stühlen, Milchzucker und Malzextrakt mehr bei Obstipation zu empfehlen sein.

Zusatz von Fett. Mit den einfachen Milch-Mehl-Zuckermischungen sind ohne Zweifel gute Ernährungsresultate zu erzielen. Immerhin ist im Vergleich zur Frauenmilch bei diesen Verdünnungen eine Verringerung des Fettanteiles eingetreten, der bei vielen Kindern nicht als gleichgültig anzusehen ist. Dieser Ausfall eines Nährstoffes könnte zwar dem Brennwerte nach durch Kohlenhydrate ausgeglichen werden; der Sondernährwert des Fettes wäre damit aber nicht gleichwertig ersetzt. Die Rolle des Fettes, gerade als Gegenspieler der Kohlenhydrate in einer ganzen Reihe biologischer Vorgänge (s. S. 85), erfordert in der Praxis Beachtung. Der Ausfall des Fettes macht sich bei Milchverdünnungen besonders bemerkbar, seitdem der Fettgehalt vieler Milchen im Vergleich zur Milch der Vorkriegszeit wesentlich geringer geworden ist. Selten erreicht die in die Großstädte gelieferte Kuhmilch heute einen Fettgehalt von mehr als 2,6—3,0%, während in der Schweiz noch eine 4% Fett enthaltende Kuhmilch die Regel ist. Man versteht deshalb, dass die Kinderärzte in den Ländern, in denen eine fettreiche Milch zur Verfügung steht, wie Wieland in der Schweiz, Fettzusätze in den Nährgemischen der Säuglinge für überflüssig halten. Für unsere Verhältnisse werden wir gut daran tun, den Fettgehalt der Nahrungsgemische durch Zusatz von Butter bis zur Höhe des Fettgehaltes der Frauenmilch zu ergänzen. In den ersten vier Lebenswochen mag eine Ergänzung aus Besorgnis vor einer Überschreitung der fettspaltenden Fähigkeiten des Darmes unterbleiben. Nach dem ersten Lebensmonat aber sollte die Vermehrung des Fettes durch Butterzulage um 1—2% stets angeraten werden. Dieser Fettanreicherung der Milchmischungen sind die Milchsahnemischungen oder Ramogenmischungen etwa gleichzusetzen.

Damit also ist als Grundnahrung für das gesunde Kind eine einfache Mischung gewonnen, die bei weitaus der Mehrzahl der Kinder mit grosser Regelmäßigkeit ein gutes Ernährungsresultat bringt. Sie besteht:

für das erste Lebensquartal aus $^1/_2$ Milch mit Schleim und $5^0/_0$ Zucker und $1^0/_0$ Fett,

für die spätere Lebenszeit aus $^2/_3$ Milch mit Mehlabkochung und 5—$8^0/_0$ Zucker und 1—$2^0/_0$ Fett.

Mit Absicht haben wir alle komplizierten Mischungen, wie Gärtnermilch oder Backhausmilch (Desamilch) ausgeschaltet; je einfacher und je übersichtlicher die Nahrung gewählt wird, desto eher werden Fehler vermieden und damit das Ernährungsresultat gesichert und gebessert werden.

Nur eine Nahrungsmischung muss hier noch Platz finden, die allen vorher aufgestellten Anforderungen einer Dauernahrung gerecht wird und die vielleicht infolge der Eigenart ihrer Zubereitung noch bekömmlicher für das Kind ist als die einfachen künstlichen Kuhmilchmischungen: die Buttermehlnahrung von Czerny-Kleinschmidt. Grundsätzlich ist die Buttermehlnahrung eine mit Fett, Zucker und Mehl angereicherte $^1/_3$, resp. $^2/_5$ Milch. Sie ist aber einer einfachen $^1/_3$ oder $^2/_5$ Milch durch den Einbrenneprozess überlegen, dem Fett und Mehl hier unterworfen werden. Die Verdaulichkeit der Butter wird durch die Austreibung der in ihr enthaltenen flüchtigen Fettsäuren vielleicht erhöht; das Mehl gewinnt durch den Röstprozess neue, wenn auch noch nicht näher erklärbare, biochemische Eigenschaften. Dazu kommt als weiterer Vorteil, dass die aromatisch riechende und wohlschmeckende Buttermehlnahrung von den meisten Säuglingen besonders gern genommen wird, oft lieber als gewöhnliche Milchmischungen. Wenn auch bei einer grossen Anzahl von Kindern die Mischungen in der Form, wie sie ursprünglich empfohlen wurden, sehr günstige Ergebnisse brachten, so ist es doch noch nicht entschieden, ob die überraschend günstigen Ergebnisse bei Ernährung mit Buttermehlsuppe letzten Endes nur auf den Röstprozess zurückzuführen sind, oder ob daneben nicht auch die vorteilhafte Korrelation der Nährstoffe in der Mischung eine ausschlaggebende Bedeutung besitzt. Vielfältige Versuche, bei denen wechselweise Mehlschwitze und ebenso zusammengesetzte Mischungen mit Zusatz von Mehl und Butter ohne Röstprozess dargereicht wurden, haben kaum einen greifbaren Unterschied im Ernährungsresultat ergeben. In der Praxis hat die Buttermehlnahrung bereits heute Bürgerrecht erworben; nicht zuletzt dadurch, dass sie den Kinderärzten nach langen Jahren wieder zuerst die Möglichkeit gab, Kinder mit schönen runden Formen, gutem Fettansatz und guter Durchblutung der Haut selbst in Säuglingsanstalten aufzuziehen. Man versteht auch, wie gerade nach den von der Pädiatrie geübten, mageren Jahren in der Säuglingsernährung von Müttern und Ärzten mit einer gewissen Begeisterung nach einer Nahrung gegriffen wurde, die auch äusserlich sichtbar den Kindern Genüge tat. Mehr und mehr sind die Kinderärzte wieder zur Einsicht gelangt, dass dadurch nicht nur der Schönheit des Kindes und dem Stolze der Mütter gedient wird, sondern dass die Gesundheit der Säuglinge im weitesten Sinne gefördert oder erreicht wurde. Auf dem Wege zur kompletten Ernährung ist daher die Buttermehlnahrung eine wichtige Etappe gewesen.

2. Nahrungsmenge und Brennwert.

Durch die Einführung der konzentrierten, kalorienreichen Nährgemische muss der Zumessung der Nahrungsmengen grössere Aufmerksamkeit zugewendet werden als jemals zuvor. Konnte man bei den früher üblichen Milchverdünnungen des ($^1/_2$ Milch, $^2/_3$ Milch) die Wahl der Nahrungsmenge der Trinklust, dem Instinkt des Kindes überlassen, vor allem wenn die Nahrung in einem Turnus von fünf Mahlzeiten gegeben wurde, so ist das bei den kalorisch sehr hochwertigen Mischungen, wie sie heute in Form von Buttermehlsuppe, Vollmilch mit 17 $^0/_0$ Zucker u. ä. empfohlen werden, nicht mehr möglich. Um einerseits den Nahrungsbedarf des Kindes zu decken, andererseits eine Überfütterung zu vermeiden, wird die Berücksichtigung des Brennwertes der Nahrung unbedingt notwendig sein. Auch die alten Regeln (150 g Milch pro kg Körpergewicht; $^1/_6$ des Körpergewichts an Flüssigkeit u. ä.) treffen bei Verwendung konzentrierter Nährgemische nicht mehr zu.

Obwohl alle Berechnungen der notwendigen Nahrungsmenge niemals den Wert völliger Exaktheit erreichen, so geben die empfohlenen Systeme doch ein annähernd richtiges Maß zur Beurteilung der notwendigen Nahrungsmengen. Bei der hohen Bedeutung, die der dauernden völligen Deckung des Nahrungsbedarfes zukommt, muss der Arzt ständig für die Erfüllung der energetischen Forderungen Sorge tragen. Ein ganzes Heer von Störungen im Gedeihen ist zu vermeiden, wenn diese primitive Forderung erfüllt wird, und ein nicht kleiner Teil der früher der Unbekömmlichkeit der Kuhmilch zur Last gelegten Fehlschläge im Ernährungsresultat sind schliesslich nicht anders als durch Missachtung des kalorischen Bedarfs des Säuglings entstanden. Eigene nur wenige Jahre zurückliegende Erfahrungen lehren uns heute, dass nicht selten eine nur die Hälfte des Bedarfs deckende Zufuhr wochenlang gegeben wurde, und es so — wie wir heute verstehen — unabwendbar zu ernsthaftesten Störungen kommen musste (s. Abb. 15).

Schon hier sei betont, dass allein durch die Beachtung des quantitativen Bedarfs einer der wichtigsten Wege zur Atrophie gesperrt wird.

Nach welchem Maße dem Säugling die Nahrungsmenge zugemessen wird, ist von geringer Bedeutung. Im wesentlichen sind heute zwei Maßstäbe für die Bemessung der Nahrungsmenge im Gebrauch: 1. die Kalorienlehre von Rubner-Heubner und 2. das Nemsystem von Pirquet. In Deutschland hat sich die Kalorienlehre derart eingebürgert, dass sie durch das neue Pirquetsche System nicht verdrängt werden konnte und nicht verdrängt werden wird.

Bei der Zumessung der Nahrung sollte man stets von der Minimalernährung ausgehen, so verstanden, dass jenes Minimum an Brennwert gereicht werden soll, bei dem die dem Alter entsprechende Gewichtszunahme und Entwicklung jederzeit erreicht wird. Damit ist weiter gesagt, dass der Arzt sich sowohl davor zu hüten hat, allzu starr an einer möglichst niedrigen Brennwertzufuhr festzuhalten, als auch unnötige und vielleicht schädliche Luxusernährung zu treiben. Die Minimalernährung muss zugleich Optimalernährung sein.

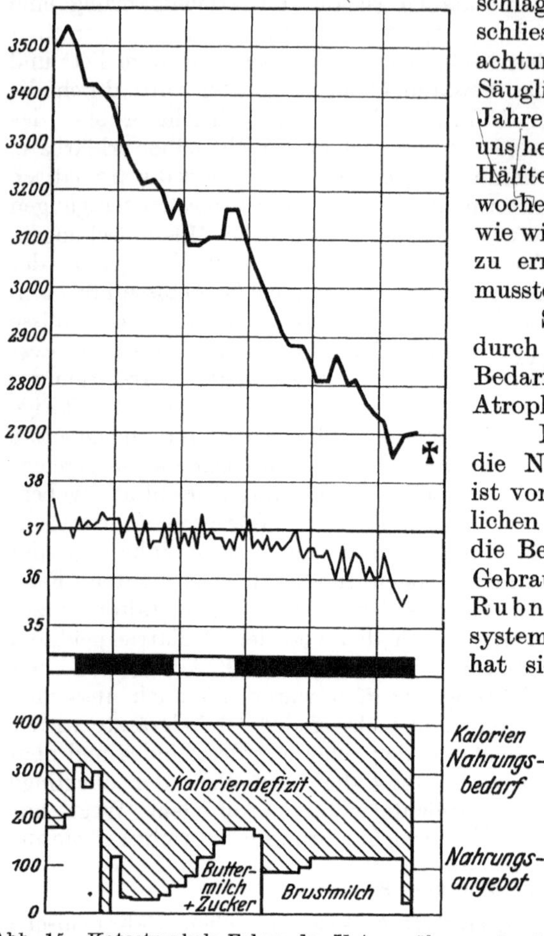

Abb. 15. Katastrophale Folgen der Unterernährung, durch die sechs Wochen hindurch nicht einmal der dritte Teil des Nahrungsbedarfs gedeckt wurde.

Zur groben Beurteilung der Richtigkeit des verordneten Nahrungswertes ist die Kontrolle der Gewichtszunahme als ein einfacher, brauchbarer Maßstab anzusehen. Es ist zu verlangen, dass ein gesundes Kind in den ersten Lebenswochen einen Ansatz von 150—200 g pro Woche erreicht. Durchschnittlich geringere Zunahmen weisen, solange keine offensichtlichen Störungen vorliegen, auf eine zu knappe Bemessung der Nahrung hin, weit höhere Zunahmen zeigen eine Überfütterung an. Weder das eine noch das andere kann als nützlich bezeichnet werden. Herrschte früher mehr die Angst vor der Mast, so muss heute eher vor der Unterschreitung des Nahrungsbedarfs gewarnt werden. Beide Male wird aber vom physiologischen Geschehen abgewichen.

Gröbere Fehler in der Bemessung der Nahrungsmengen werden — gleich welches System man zur Errechnung wählt — beim gesunden Kinde in der Regel vermieden werden, wenn man es sich zum Prinzip macht: 1. niemals mehr als $^1/_2$ l Vollmilch am Tage zu verabreichen, 2. keine stärkeren Verdünnungen als $^1/_2$ Milch und $^1/_2$ Verdünnungsflüssigkeit zu wählen. Es ergibt sich dann als Höchstmenge 1 l Halbmilch, der vom Säugling etwa vom zweiten Lebensmonat an ohne Schwierigkeiten bewältigt wird. Die errechnete oder empirisch festgestellte Nahrungsmenge soll dem Kinde in fünf Mahlzeiten verabreicht werden. Es ist das Verdienst Czernys, die Notwendigkeit einer geringen Anzahl von Mahlzeiten und grösserer Nahrungspausen betont und soweit durchgesetzt zu haben, dass wenigstens in Deutschland die Fünfzahl der Mahlzeiten für jede Mutter eine Selbstverständlichkeit in der Diätetik des Säuglings geworden ist. Dabei werden die Mahlzeiten auf den Tag so verteilt, dass in der Zeit von morgens 6 oder 7 beginnend bis abends 10 oder 11 Uhr alle vier Stunden regelmäßig eine Mahlzeit gereicht wird, worauf eine grössere Nachtpause von 8 Stunden folgt. Der gesunde Säugling wird sich sehr bald an diese Einteilung seines Tages gewöhnen und, je nach Temperament, schon nach wenigen Lebenstagen oder auch erst nach vier bis sechs Lebenswochen alle Nahrungspausen durch Ruhen oder Schlafen ausfüllen und sich mit grosser Pünktlichkeit zur Zeit der neuen Mahlzeit melden.

3. Ergänzung der Milchkost.

Vom vierten Lebensmonat ab wird die Ergänzung der Nahrung durch Einführung von Beikost notwendig, da Milch, Schleim und Zucker allein nicht mehr den sich verändernden Ansprüchen des wachsenden Organismus entsprechen. Vor allem scheint die Beikost notwendig zu sein, um beim Kinde die Kräfte, die zur aktiven Abwehr von Infektionen notwendig sind, zu wecken. Denn vom vierten Monat ab erlischt allmählich der Schutz gegen spezifische und unspezifische Infektionen, den der Säugling mit ins Leben bringt. Aus eigener Kraft muss er jetzt die auf ihn eindringenden Infektionen überwinden. Dazu sind seine Zellen und Säfte nur im Stande, wenn die Nahrung durch Beikost ergänzt wird. Als erste Beikost empfiehlt es sich, vom vierten Monat an r o h e O b s t s ä f t e (Apfelsinensaft, Zitronensaft, Tomatensaft, Kirschensaft) in Mengen von zunächst 4 später von 6—10 Teelöffeln täglich zu oder zwischen den Mahlzeiten zu geben. Die Furcht, dass durch die rohen Obstsäfte Durchfälle entstehen könnten, ist unbegründet, solange die fleischigen, zellulosehaltigen Teile der Frucht nicht mitgegeben werden.

Um die Zeit des vierten bis fünften Lebensmonats wird weiter eine der Flaschenmahlzeiten — am besten vielleicht die mittelste Mahlzeit des Tages — durch eine Mahlzeit von B r ü h g r i e s s oder durch einen Brei aus 100—150 g Vollmilch, 1—1½ Teelöffel feinem Griess (Nährgriess) und 1½ Teelöffel Zucker ersetzt. Zu dem Brei, der mit dem Löffel gefüttert wird, kann bei manchen nicht allzu dicken Kindern ein Butterzusatz von $^1/_4$—$^1/_2$ Teelöffel gegeben werden.

Die nächste Nahrungsänderung besteht in der Einführung einer G e m ü s e - m a h l z e i t, die um die Zeit des fünften Lebensmonats in den Speisezettel eingeführt wird. Es ist heute „modern", diese Gemüsemahlzeit schon viel frühzeitiger, womöglich schon im ersten Vierteljahr zu geben. Dass Gemüse schon um diese Zeit von den jungen Säuglingen genommen und vertragen wird, ist wiederholt gezeigt worden. Im ganzen erscheinen diese allzu frühzeitigen und in dieser Lebenszeit für die Darmvorgänge doch gelegentlich nicht ganz unbedenklichen Gemüsezulagen überflüssig. Vom fünften Lebensmonat ab können dann sofort eine ganze Anzahl von Gemüsesorten in pürierter Form, mit Salzwasser gekocht und durch Zusatz einer Mehlschwitze schmackhafter gemacht, gegeben werden. Spinat, Karotten, junge Erbsen, Blumenkohl, Salat, Spargel, im Winter auch einmal ein Püree aus den viel Eisen enthaltenden getrockneten Linsen können abwechselnd dem Kinde gereicht werden. Von Anfang an empfiehlt es sich, das pürierte Gemüse stets mit etwas Kartoffelbrei oder Brühgriess zu mischen, und zwar in einem Verhältnis von 2 Teilen Gemüse und 1 Teil Kartoffelbrei oder Griess. An Mengen gibt man zunächst 1—2 Esslöffel und steigt rasch auf etwa 150 g, das ist etwa ein Mittelteller voll. Zur Bereitung dieser Gemüsemengen sind 300—500 g Rohgemüse notwendig. Die Gemüsemahlzeit erscheint am besten als Mittagsmahlzeit, und die bis dahin gegebene Breimahlzeit rückt weiter auf den Spätnachmittag, oder sie wird zur letzten Mahlzeit. Diese Einteilung wird dadurch erleichtert, dass die letzte Mahlzeit nicht mehr um 10, sondern schon gegen 8 Uhr abends gegeben wird. Der Speisezettel eines Kindes vom vierten bis sechsten Lebensmonat würde sich also wie folgt gestalten:

1. 6 Uhr: 150—200 g $^2/_3$ Milch mit 5% Zucker (= $1\frac{1}{2}$—2 Teelöffel) und 1% Butter ($^1/_4$ Teelöffel).
2. 10 Uhr: 150 g $^2/_3$ Milch mit $5^0/_0$ Zucker und 1% Butter, 2 Teelöffel roher Obstsaft.
3. 2 Uhr: 1 Teller Gemüse und Kartoffelbrei.
4. 6 Uhr: 150 g Vollmilch zu Brei verkocht, 2—4 Teelöffel roher Obstsaft.
5. 10 Uhr: 150—200 g $^2/_3$ Milch mit $5^0/_0$ Zucker und 1% Butter

oder

1. 7 Uhr: 150—200 g $^2/_3$ Milch mit 5% Zucker und 1% Butter.
2. 10 Uhr: 150 g $^2/_3$ Milch mit 5% Zucker und 1% Butter und 2 Teelöffel roher Obstsaft.
3. 1 Uhr: 1 Teller Gemüse und Kartoffelbrei.
4. 5 Uhr: 150 g $^2/_3$ Milch mit 5% Zucker und 1% Fett.
5. 8 Uhr: Brei von 150 g Vollmilch, 2—4 Teelöffel roher Obstsaft.

Nach dem sechsten Lebensmonat ist es erlaubt, die bis dahin gereichte $\frac{1}{2}$ Milch oder $^2/_3$ Milch durch gezuckerte Vollmilch zu ersetzen. Dabei muss, um das erlaubte Maximum der Milchmengen von $\frac{1}{2}$ l täglich nicht zu überschreiten, bei einzelnen Mahlzeiten eine Einschränkung der Milchmenge erfolgen. Das gilt vor allem für die zweite und für die vierte Mahlzeit am Tage. Zu diesen Mahlzeiten werden jetzt nur noch 1—2 Zwiebäcke oder 1—2 Keks eingeweicht in etwa 50—100 g gezuckerter Vollmilch gegeben. Es sollte überhaupt danach gestrebt werden, diese beiden Zwischenmahlzeiten allmählich möglichst klein zu gestalten. Etwa um die Zeit des neunten Lebensmonats genügt es, dem Kinde zum zweiten Frühstück nur etwas rohes Obst, vielleicht noch einen Zwieback zu geben und am Nachmittag eventuell auch die Milchmahlzeit durch Obst und Zwieback zu ersetzen. In der Zeit zwischen dem sechsten und neunten Lebensmonat kann die Mittagsmahlzeit durch Zulage von Fleisch reichhaltiger werden, 2—3mal wöchentlich erhält das Kind mittags von einer fettarmen Fleischsorte zunächst 2—3 Teelöffel, später 1—2 Esslöffel fein gewiegtes oder püriertes Fleisch in sein Gemüse gemischt. Von den Fleischsorten ist vor allem auch den kernreichen Geweben, wie Leber, Hirn und Briess, das Wort geredet worden, da diese Organe wegen ihres hohen Puringehaltes einen besonders günstigen Einfluss auf die Funktionen der Immunität besitzen (Czerny). Die Verarbeitung dieser Organe geschieht in der Weise, dass etwa 100 g in Salzwasser gekocht und fein zerrieben oder in rohem Zustand gemahlen und dann leicht gebraten werden. Um die Zeit des neunten Lebensmonats würde sich also etwa folgender Speisezettel ergeben:

1. 7 Uhr: 150 g Vollmilch mit 1½ Teelöffel Zucker.
2. 10 Uhr: Rohes Obst und Zwieback oder 2 Zwieback und 50 g Vollmilch.
3. 1 Uhr: 1 Teller Gemüse, Kartoffelbrei, Fleisch.
4. 5 Uhr: Rohes Obst und Zwieback oder Keks evtl. 50 g Vollmilch.
5. 8 Uhr: Griessbrei von 150—200 g Vollmilch, Obst.

Im letzten Vierteljahr erfährt der Speisezettel dadurch Änderungen, dass Milch und Brei noch weiter eingeschränkt werden. Die meisten Kinder lernen um diese Zeit, auch gröbere Nahrung zu beissen und zu kauen. Brot mit Butter kann den Ausfall einer gewissen Milchmenge am Morgen ausgleichen, und ebenso wird der Brei der Abendmahlzeit wenigstens an 3—4 Wochentagen durch 1—2 Butterbrote mit etwas Wurst oder mildem Käse als Belag und rohem Obst (ein Apfel, eine Banane usw.) als Zukost ersetzt. Von den Brotsorten werden von den Müttern zu Unrecht die helleren bevorzugt. Es bestehen keine Bedenken, dem Kinde in dieser Lebenszeit auch dunkles Brot oder Schwarzbrot zu geben; im Gegenteil, diese aus weniger fein ausgemahlenem Mehl hergestellten Brote scheinen wichtige Nährstoffe zu enthalten, die in dem Brot aus fein ausgemahlenem Mehl fehlen. Aus dem gleichen Grunde ist es falsch, den Kindern das Brot ohne Rinde zu geben. Selbst der zahnlose Kiefer des Säuglings vermag die Brotrinde zu kauen, in der durch den Backprozess, wie Aron zeigen konnte, anscheinend Substanzen entstehen, denen für die Entwicklung des Kindes ein gewisser Sondernährwert zukommt. Mehlspeisen jeglicher Art sind um diese Zeit zur Ergänzung und Abwechslung des Speisezettels erwünscht und erlaubt. Es ist sicher, dass bei uns, im Gegensatz zu Österreich, von den hier gegebenen Möglichkeiten bei der Diätetik des älteren Säuglings zu wenig Gebrauch gemacht wird. Das Ei ist, nachdem es lange Jahre in seinem Wert als Nahrungsmittel überschätzt worden war, in den letzten 30 Jahren aus dem Speisezettel des Säuglings fast verbannt gewesen. Heute wird es wieder von vielen Autoren als nützliche Ergänzung der Kost empfohlen. Es bestehen sicherlich keine Bedenken, im vierten Vierteljahr, aber auch schon früher 2—3mal wöchentlich, sei es in der Mittagsmahlzeit oder zum abendlichen Butterbrot ein Gelbei zu geben, das wegen seines hohen Lezithingehaltes, wegen seines Gehaltes an Aminosäuren, die in der übrigen Kost fehlen, und schliesslich wegen seines Reichtums an dem Stoff, der die Rachitis heilt, eine wertvolle Komplettierung der Kost darstellt. Auf das Eierklar wird dagegen zunächst verzichtet werden, da es bei einzelnen Kindern doch gelegentlich Überempfindlichkeitserscheinungen auslöst, wenigstens dann, wenn es roh gegeben wird. Als Eierschnee in Mehlspeisen verarbeitet, scheint es, wie die Erfahrungen mit der Mollschen Puddingdiät lehren, selbst bei ganz jungen Säuglingen unbedenklich zu sein. Die Empfehlung von Fleisch und Ei in der zweiten Hälfte des ersten Lebensjahres darf aber nicht dazu führen, auf diesen Nährstoffen und auf einem grossen Quantum Milch die Kost des Säuglings aufzubauen. Gegen diese auch heute noch von vielen Laien und manchen Ärzten als besonders „kräftig" geschätzte Kost hat mit Recht vor vielen Jahren schon zuerst Czerny protestiert. Die Kost des Säuglings soll auch am Ende des ersten Lebensjahres noch im wesentlichen lakto-vegetabilisch sein. Nur die Erkenntnis, dass im Fleisch, Ei usw. gewisse Nährstoffe enthalten sind, die in geringen Mengen bereits im Stande sind, die gedeihliche Entwicklung des Säuglings zu fördern, führt dazu, auf diese Nahrungsmittel auch im ersten Lebensjahr nicht mehr ganz zu verzichten. Der Speisezettel eines einjährigen Kindes ähnelt daher bereits weitgehend dem des Erwachsenen. Das Kind fügt sich um diese Zeit bereits

in den Haushalt der Familie ein, und die Bereitung einer Sonderkost ist nur
noch in geringem Maße notwendig.

Einem Kinde am Ende des ersten Lebensjahres ist etwa der
folgende Speisezettel angemessen, in dem aber jetzt schon Sitte und Gewohnheit
der einzelnen Familien weitgehende Änderungen vornehmen dürfen.

1. 200 g Vollmilch mit Zucker, Butterbrot.
2. Rohes Obst.
3. Gemüse, Kartoffeln, Fleisch, Mehlspeise oder Obst.
4. 100 g Vollmilch, Brot oder Zwieback.
5. Butterbrot mit Wurst oder Käse oder Fleisch oder einem Ei; Obst,
   evtl. 2 mal wöchentlich Milchbrei mit Obst.

III. Die künstliche Ernährung des Neugeborenen.

Ein Teil der Todesfälle in den ersten Lebenswochen ist sicherlich auf
die Schwierigkeiten zurückzuführen, die bei einer künstlichen Ernährung des
Kindes vom ersten Lebenstage an immer wieder auftauchen. Die künstliche
Ernährung in dieser Lebenszeit gehört auch heute noch zu den schwierigen
und verantwortungsvollen Aufgaben. Dabei möchten wir aber schon hier,
worauf auch v. Pfaundler hinweist, einschränkend hinzufügen — wenigstens
in Anstalten. Wegen dieser besonderen Empfindlichkeit des Neugeborenen
gegenüber der künstlichen Ernährung muss nach Möglichkeit versucht werden,
wenigstens in den ersten Lebenstagen das Kind natürlich zu ernähren. Dass
eine solche Forderung keine Utopie ist, lehren die Statistiken der Gebäranstalten,
in denen von annähernd 100% stillfähigen Müttern berichtet wird, d. h. dass
wenigstens in den ersten 8—14 Tagen nach der Geburt fast jede Frau imstande
ist, ein Quantum an Brustmilch zu liefern, das für die ersten Tage den Bedarf
des Kindes ausreichend deckt. Nur in den seltenen Fällen, in denen eine Absonderung der Brust gar nicht zu erreichen ist, oder zwingende Gründe, wie
der Tod oder eine schwere Krankheit der Mutter, die Einleitung des Stillgeschäftes unmöglich machen, darf vom ersten Tage an künstlich ernährt werden.
Ist es gelungen, das Kind wenigstens über die Zeit der ersten Lebenswochen natürlich
zu ernähren, so werden die Schwierigkeiten einer weiteren künstlichen Ernährung
wesentlich geringer. Schon von der zweiten oder dritten Lebenswoche an ist in
der Mehrzahl der Fälle eine erfolgreiche künstliche Ernährung bei verständiger
Technik und bei ausreichender Beobachtung des Säuglings bei der weitaus grössten
Zahl der Kinder möglich. Diese Erfahrungen erinnern an tierexperimentelle
Beobachtungen Moros, der bei Meerschweinchen, die vom ersten Lebenstage an
künstlich ernährt wurden, eine Sterblichkeit von 80% fand; von den Tieren,
die vom zweiten Lebenstag an künstliche Nahrung erhielten, starben noch 30%,
beim Einsetzen der unnatürlichen Ernährung am vierten Lebenstage noch
10% und von Tieren, die erst am sechsten bis achten Lebenstage vom Mutter-
tier abgesetzt wurden, keines mehr.

Die Unterschiede zwischen natürlicher und unnatürlicher Ernährung
Neugeborener werden besonders deutlich in der Pflege in der geschlossenen
Anstalt. Während es in der Einzelpflege im Privathause, unter einigermaßen
hygienischen Bedingungen, in der Regel unschwer gelingt, auch mit Kuhmilchmischungen ein Gedeihen des Kindes vom ersten Lebenstage an zu erreichen,
haben von den zahlreichen Neugeborenen, die wir in der Anstalt vom ersten oder
zweiten Lebenstage an künstlich zu ernähren Gelegenheit hatten, nur wenige
sich so gut und ungestört entwickelt wie die Kinder, bei denen die künstliche
Ernährung auch nur wenige Tage später einsetzte. Bei den von Geburt an

künstlich ernährten Neugeborenen kommt es in der Anstaltspflege sehr bald zu Durchfällen, vielfach zu akuten Durchfallserkrankungen, die zu nicht ungefährlichen einschneidenden Nahrungsänderungen und Nahrungsbeschränkungen zwingen und bisweilen nur durch einen Übergang zur natürlichen Ernährung zum günstigen Ausgang zu bringen sind.

Den Grund für dieses Versagen der unnatürlichen Ernährung beim Neugeborenen anzugeben, erscheint nicht ganz leicht. Finkelstein glaubt Fehler in der Technik als wesentliche Ursache beschuldigen zu können, wobei eine Unterernährung des Kindes besonders häufig die Durchfälle auslösen soll. In der Heterotrophie, der Artfremdheit der Nahrung, sieht v. Pfaundler die Schädigung, die beim jungen Kinde die Störung auslöst. Die Leistungsfähigkeit der Zellen ist in dieser frühen Lebenszeit noch so begrenzt, dass jede stärkere Inanspruchnahme, wie sie hier durch die Notwendigkeit, eine artfremde Nahrung zu assimilieren, gegeben ist, besonders leicht zum Zusammenbruch führt. Mit Czerny-Keller möchten wir die „Unernährbarkeit" des Neugeborenen mit künstlicher Nahrung in den Schwierigkeiten bei der Besiedelung des Darmes mit Bakterien suchen. In den bei der Geburt keimfreien Darm dringen noch vor der ersten Nahrungsaufnahme vom Mund und After aus die zahlreichen Bakterienarten ein, die sich in der Umgebung des Kindes finden. Welche Bakterienart aber im Darm schliesslich zur Entwicklung gelangt, welche Flora vom Darme Besitz ergreift und hier vorherrschend wird, darüber entscheidet die erste in den Darm eingebrachte Nahrung. Die Entwicklung der Darmbakterienflora, die normalerweise unter dem Einfluss des Colostrums und der Frauenmilch zum Auftreten einer einförmigen Bifidusflora führt, wird bei Kuhmilchernährung vor allem zur Ansiedelung des aphysiologischen Bakterium Koli führen. Die Beherrschung der Darmflora fällt den Darmzellen offenbar viel leichter, wenn die Frauenmilch den Bakterien den Nährboden bereitet, als wenn Kuhmilch als Nährsubstrat die Keimbesiedelung bestimmt. Im Milieu des keimärmeren Privathauses, in dem schon die erste Invasion der Bakterien in den keimfreien Darm schonender und einförmiger geschieht, wird es in vielen Fällen dem Darm noch gelingen, die notwendige Symbiose mit den Darmbakterien auch bei künstlicher Ernährung störungslos herzustellen. Die Massigkeit, mit der dem gegenüber in der Anstalt eine vielgestaltige Schar von Bakterien den bis dahin keimfreien Darm überfällt, wird es den Darmzellen viel schwieriger machen, das zu einer physiologischen und nützlichen Darmtätigkeit notwendige Gleichgewicht zwischen Wirtszelle und Darmbakterium schon in den ersten Lebenstagen zu schaffen. Nicht die Kuhmilch als solche und nicht eine falsche Zusammensetzung der angebotenen Nährgemische ist letzten Endes entscheidend für die häufigen Misserfolge bei der künstlichen Ernährung der Neugeborenen, sondern der unausgeglichene Kampf mit den eindringenden Darmbakterien führt in vielen Fällen zur Katastrophe.

In jedem Falle nimmt die künstliche Ernährung vom ersten Lebenstag an eine Sonderstellung ein. Das übliche Schema der künstlichen Ernährung ist für diese Zeit der „extrauterinen Abhängigkeit" (Hamburger) nicht anwendbar. Künstliche Nahrung für den Neugeborenen „kann man nie aus dem Konfektionshause eines Schemas verschreiben, sondern man muss sie dem Probanten sorgfältig anmessen und auf den Leib zuschneiden" (v. Pfaundler). Trotz der berechtigten Forderung, ganz besonders sorgfältig die Reaktionen dieser Kinder zu beobachten und zu individualisieren, erscheint es nützlich, für die zu wählende Menge und Zusammensetzung der Nahrung einige allgemeinere Vorschriften zu geben.

Für die zu wählenden Nahrungsmengen geben die Erfahrungen bei natürlicher Ernährung einen Anhalt. Auch beim Anlegen an die Brust fliesst dem Kind niemals sofort die seinem Gewicht nach notwendige Nahrungsmenge

von etwa ½ Liter Frauenmilch mit einem Brennwert von 300 Kalorien zu.
Es wäre dementsprechend ein grober Fehler, einem Neugeborenen in den
ersten Lebenstagen von einer künstlichen Nahrungsmischung sofort grössere
Mengen zu reichen.   Vielmehr sollen zunächst kleinste Mengen gegeben werden,
da es nicht so sehr darauf ankommt, den Nahrungsbedarf voll zu decken, als
die Bakterienbesiedelung möglichst schonend zu gestalten.   Nach dem ersten
Lebenstage, an dem am besten nur mit Saccharin gesüsster Tee gereicht
wird, beginnt man am zweiten Lebenstage mit 5—6 Mahlzeiten zu je 10 g der
gewählten Nahrungsmischung und steigt nach der Finkelstein schen Regel
(cf. S. 67) von Tag zu Tag pro Mahlzeit um je weitere 10 g, so dass z. B. am
vierten Lebenstag 5 × 30 = 150 g Nahrung, am Ende der ersten Lebenswoche,
am siebenten Lebenstage, 5 × 60 g = 300 g der Nahrungsmischung gereicht
werden.

In der zweiten Lebenswoche kann und soll dann rasch die Nahrungsmenge
soweit gesteigert werden, dass der notwendige Nahrungsbedarf von 100—120 Kalorien pro Kilo Körpergewicht erreicht ist.   Diese Menge wird bei den üblichen
Nährgemischen etwa 500—600 g der Milchmischung betragen, die auf fünf Mahlzeiten verteilt gegeben werden.

Welche Nahrungsmischungen sind zu wählen ? Das Kolostrum ist eine
konzentrierte Nahrung, und wollte man sich auch bei der Auswahl der künstlichen
Nahrung an Beobachtungen bei der natürlichen Ernährung halten, so könnte man
versucht sein, ein konzentriertes Nährgemisch als Erstlingsnahrung zu wählen.
Beim Kolostrum dürften seine besonderen biologischen Eigenschaften aber
wichtiger sein, als sein hoher kalorischer Wert. Da diese biologischen Eigenschaften
des Kolostrums doch nicht nachzuahmen sind, so scheinen die nährstoffärmeren
Nahrungsgemische aus artfremder Nahrung gefahrloser als ein reichliches Angebot
von Nährstoffen, deren Verarbeitung dem Organismus offenbar gewisse Schwierigkeiten bereitet.

In der Einzelpflege, in der das Kind im allgemeinen besser zu trinken
pflegt als in der Massenpflege der Anstalt, ist es durchaus berechtigt, zunächst
die künstliche Ernährung des Neugeborenen mit einer Mischung aus einem
Drittel Milch und zwei Drittel Wasser und 5—8% Zucker (am besten Nährzucker) zu beginnen. Aber ebenso gut und auch für die Ernährung in Anstalten
zu empfehlen ist eine Mischung aus ½ Milch und ½ Wasser und 5—7% Zucker.
Zur Anreicherung der Nährgemische dient in der ersten Lebenswoche nur Zucker.
Von den Zuckerarten sind die gärungshemmenden dextrinisierten Zucker, wie
Soxhlets Nährzucker oder der von Stöltzner empfohlene Kinderzucker, am
brauchbarsten. Nach der ersten Lebenswoche soll als Verdünnungsflüssigkeit an
Stelle des Wassers ein dünner Haferschleim oder Reisschleim gewählt werden.
Es ist für den Arzt, der seine Erfahrungen in der Anstalt sammelt, immer
wieder überraschend, wie störungslos bei solcher Ernährung die Säuglinge im
Privathaus gedeihen.   Die physiologische Gewichtsabnahme ist bei erfolgreicher
künstlicher Ernährung meist recht gering, und nach 10—14 Tagen ist bei stetiger
Steigerung der Nahrungsmengen das Geburtsgewicht meist schon wieder erreicht.
Im Gegensatz zur Ernährung an der Brust ist in der Einzelpflege ein grosser Teil der
künstlich ernährten Neugeborenen verstopft. Die Entleerung seltener und fester
Stühle sollte nicht Veranlassung zu weitgehenden Veränderungen in der Nahrungs-
zusammensetzung geben.   Es genügt in der Regel, an Stelle des Nährzuckers
Rohrzucker (nicht Milchzucker) zu geben, oder den Reisschleim durch Hafer-
schleim zu ersetzen, um die Verstopfung zu bessern oder zu beseitigen.
Gelingt es mit künstlicher Ernährung in der Familie das Gedeihen des Kindes
einzuleiten und das Kind über die gefahrvollen ersten Lebenswochen ohne

Schädigung hinwegzubringen, so braucht das Ergebnis der weiteren Entwicklung des Kindes in keinem Punkte dem nachzustehen, das bei erfolgreicher Ernährung an der Brust zu erreichen ist.

In der Anstalt sind uns bisher gleiche Erfolge bei der künstlichen Ernährung der Neugeborenen trotz gleicher Ernährungstechnik, wie bereits erwähnt, nicht beschieden gewesen. In den meisten Fällen stellen sich vielmehr sehr bald unangenehme Diarrhoen ein, die sich — wenn nicht vorher schon eingegriffen wird — gar nicht so selten zu einer akuten Durchfallserkrankung verschlimmern. Eine Besserung der Resultate wird erreicht, wenn man antidiarrhöische Nährmischungen verwendet.

An Stelle der Milch-Wasser-Zuckermischung sollte daher in der Anstalt eine gezuckerte Buttermilch gewählt werden, zu der von der zweiten Lebenswoche an zunächst zu einzelnen Mahlzeiten, später zu allen Mahlzeiten eine dünne Mehlschwitze zur Komplettierung der Nahrung zugefügt wird. Solange die Diarrhöen das Allgemeinbefinden nicht beeinträchtigen, wird man am Nahrungsregime zunächst festhalten und langsam aber stetig steigernd versuchen, um die Klippe der ersten Lebenswochen herum zu kommen (cf. S. 67). Stellen sich Zeichen einer Allgemeinstörung ein, kommt es zur akuten Dyspepsie oder gar zur Intoxikation, so ist eine einschneidende Nahrungsänderung und Schonungstherapie mit dem Ziel, das Kind auf Frauenmilchernährung überzuführen, nicht zu umgehen. Jede solche Störung, die in den ersten zwei Lebenswochen hereinbricht, schafft stets eine ernste Situation. Das Stadium der Dystrophie wird dann von den Kindern in wenigen Tagen, ja in Stunden durchlaufen und eine akute Durchfallserkrankung kann den Neugeborenen in den Zustand der Atrophie oder der Dekomposition bringen, deren mannigfachen Gefahren das junge Kind häufig erliegt. Die Heilung einer so frühzeitig einsetzenden und tiefgreifenden Schädigung des Organismus gelingt nur durch eine längere Zeit fortgesetzte Brusternährung; aber selbst der Übergang zur natürlichen Ernährung vermag bisweilen den durch die erste akute Störung gesetzten Schaden nicht auszugleichen, und trotz Frauenmilchernährung kommt es dann, gelegentlich erst nach Wochen, bei einer banalen grippalen Infektion zum Zusammenbruch. In diesem, vor

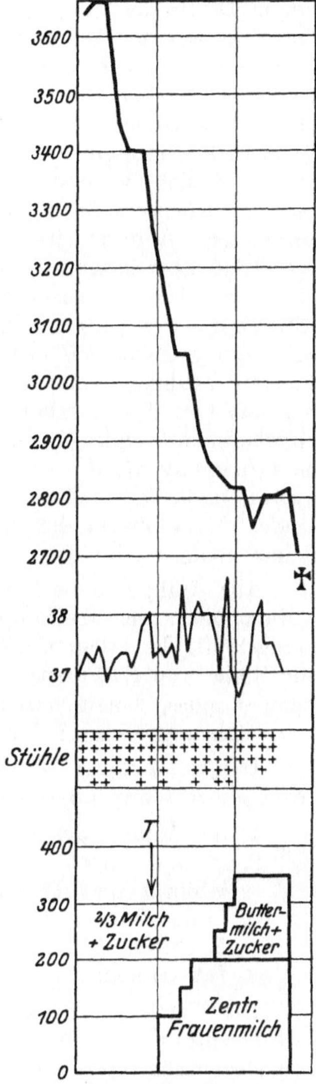

Abb. 16. Gefahr der ersten Durchfallserkrankung beim jungen Säugling. Aus der ersten Durchfallserkrankung in der dritten Lebenswoche entwickelt sich stürmisch eine Atrophie (Dekomposition) mit toxischen Züge, die trotz zweckmäßiger Ernährungstherapie (zentrifugierte Frauenmilch, später Buttermilchzusatz) unaufhaltsam zum Tode führt.

allem in Anstalten zu beobachtenden Verhalten der Neugeborenen liegt heute noch ein wesentlicher Nachteil der künstlichen Ernährung gegenüber der Ernährung mit Frauenmilch, der sich bisher nicht hat ausgleichen lassen, dessen Ursachen aber, wie Czerny-Keller betonen, noch keineswegs ausreichend studiert sind.

IV. Die Ernährung frühgeborener und debiler Kinder.

Eine exakte Charakterisierung der „Frühgeburt" ist schwierig, da die genaue Dauer der Schwangerschaft in den meisten Fällen nicht anzugeben ist. Das Versagen der Zeitbestimmung und die Unsicherheit, die den sogenannten Reifezeichen beim Neugeborenen zukommen, führten dazu, einfache Merkmale am kindlichen Körper zur Beurteilung der Frühgeburt zu wählen. Als frühgeboren pflegt man Kinder zu bezeichnen, die mit einem Geburtsgewicht von weniger als 2500 g und einer Länge von weniger als 48 cm geboren werden. Dabei muss man sich bewusst sein, dass auch ausgetragene Kinder gelegentlich solche niedrigen Körpermaße aufweisen können; diese Kinder pflegt man als debil zu bezeichnen. Andererseits brauchen aber weder echte Frühgeburten noch untergewichtige, aber ausgetragene Kinder klinisch und funktionell Zeichen der Lebensschwäche oder Körperschwäche aufzuweisen. Eine Entscheidung, ob wahre Frühgeburt oder Untermaßigkeit bei einem ausgetragenen Kinde vorliegt, bringt bei einem grossen Teil der Kinder die Beobachtung der späteren Entwicklung. Bei den Frühgeborenen stellen sich im zweiten bis dritten Lebensmonat die Stigmata ein, die es erlauben, das frühgeborene Kind jederzeit unter anderen reifgeborenen Säuglingen herauszukennen. Hierher gehört der Megenzephalus, die Glotzaugen, die dicke Zunge, der kurze Hals, die kurzen Gliedmaßen u. a. m. Alle diese Merkmale fehlen beim ausgetragenen, zu kleinen Kinde, das während der Säuglingszeit stets ein wohl proportionierter, nur zu kleiner Säugling bleibt.

Alle frühgeborenen und debilen Kinder bedürfen besonderer Aufzuchtsbedingungen, um überhaupt am Leben zu bleiben. Dazu kommt, dass sich zwangsläufig bei allen diesen Säuglingen bei der üblichen Pflege und Ernährung eine Reihe von Störungen und Erkrankungen einstellen, mit denen man rechnen muss, denen man aber rechtzeitig entgegentreten kann, wenn man nur die Ernährungs- und Lebensbedingungen zweckmäßig umstellt und ergänzt.

Die Gefährdung der frühgeborenen Kinder wechselt in ihrer Art in den einzelnen Abschnitten des ersten Lebensjahres. Gefahr besteht

1. im Anfang des Lebens durch die direkten Folgen der Geburt;
2. in den ersten vier bis sechs Lebenswochen durch die starke Darmlabilität und Tropholabilität;
3. in der Zeit des dritten bis sechsten Lebensmonats durch Fehlnährschäden, Rachitis, Anämie und eine besonders schlechte Abwehr gegenüber Infektionen.

Die Tatsache der vorzeitigen Geburt bedingt in jedem Falle eine Verschlechterung der Lebensaussichten, die um so grösser ist, je geringer das Geburtsgewicht war. Erst bei einem Gewicht von 1500—1800 g wird die Aussicht, das Kind am Leben zu erhalten, grösser. Frühgeburten mit einem Geburtsgewicht von weniger als 1000 g weisen eine Sterblichkeit von 80—90% auf. In einzelnen Fällen ist es gelungen, Neugeborene mit einem Geburtsgewicht von 750—800 g am Leben zu erhalten und gross zu ziehen. Aber auch von den Kindern, die mit 1000—1500 g Gewicht zur Welt kommen, sterben noch 60—80%, zum grössten Teil in den ersten Lebenstagen. Gesellt sich zur Frühgeburt noch eine weitere Schädigung, in erster Linie eine luische Erkrankung, so ist das ungünstige Schicksal des Kindes fast mit Sicherheit besiegelt.

Die besondere Gefährdung des Frühgeborenen wurde früher mit der Lebensschwäche dieser Kinder erklärt. Die Annahme einer solchen Lebensschwäche ist nur unter der Voraussetzung berechtigt, wenn sie im Sinne einer besonders hohen Empfindlichkeit gegen äussere Schädigungen, durch falsche Pflege, Ernährung usw. aufgefasst wird. Eine Schwäche der Funktionen besteht dagegen nicht. Im Gegenteil sind die Leistungen an Verdauungsarbeit, Stoffwechselumsetzungen und Wachstum bei den frühgeborenen Kindern stets besonders gross, da die Mehrzahl, deren Aufzucht gelingt, ihre angeborene Rückständigkeit im Laufe von einem bis zwei Jahren wieder völlig ausgleichen kann. Die Annahme eines geringen Lebenspotentials, die das frühgeborene Kind leistungsunfähig machen sollte, scheint daher nicht berechtigt. Die anatomischen Forschungen (Yllpö) haben gezeigt, dass die früher vermutete, aber nicht fassbare Annahme der Lebensschwäche aufgegeben werden muss. Es fanden sich krankhafte Gewebsveränderungen in lebenswichtigen Organen, die zur frühen Todesursache bei der Mehrzahl der Kinder dieser Kategorie wurden.

Die Veränderungen bestehen wesentlich in mehr oder weniger ausgedehnten Blutungen, die aus zerrissenen Gefässen im Gehirn, in der Lunge, im Darm, in der Leber, in den Nieren, in der Haut stammen. Die Gefässzerreissung kommt dadurch zustande, dass wie bei jeder Geburt der Druck, der auf den Teilen des kindlichen Körpers lastet, die bereits die Geburtswege verlassen haben, ein niedrigerer ist, als der Druck auf den Teilen des kindlichen Körpers, die noch der Pressung durch die Wehentätigkeit der Gebärmutter ausgesetzt sind. Die Ansaugung des Blutes nach den Teilen unter niedrigerem Druck führt bei unfertigen Gefässwänden zur Gefässzerreissung. Die bei den frühgeborenen Kindern an der Haut oder an inneren Organen nachweisbaren Blutungen entstehen daher durch die Schädigung der Geburt an sich. Niemals darf dem Geburtshelfer eine Schuld für das Auftreten solcher Blutungen zugeschrieben werden. Die Intensität der Blutungen ist ausserordentlich wechselnd. Von geringen, punktförmigen Blutaustritten finden sich alle Übergänge bis zu den ausgedehntesten flächenhaften Suggilationen mit tiefgreifenden Gewebszertrümmerungen. Sitz und Ausdehnung der Blutungen entscheiden über die Lebensfähigkeit der frühgeborenen Kinder. Geringfügige Blutungen in der Medulla oblongata können zum Tode führen, während eine ausgedehnte Hautblutung ohne Schaden aufgesaugt wird und schwindet. Prognostisch bedenklich erscheinen in erster Linie Blutungen im Gehirn, die zur Asphyxie und zu Krämpfen führen, und die, selbst wenn die akuten Symptome der ersten Lebenstage überwunden werden, im späteren Alter sich erneut in der Form spastischer Lähmungen offenbaren können. In den Lungen und am Darm besteht die Gefahr der Blutungen mehr darin, dass in den blutdurchwühlten Geweben Krankheitskeime die Möglichkeit zur Ansiedelung finden, so dass die Kinder an einer Lungenentzündung oder an einer Ernährungsstörung ex infectione zugrunde gehen. Die Gefahr einer hemmungslosen Ausbreitung der Keime ist bei den frühgeborenen Kindern mit ihrer mangelhaften oder fehlenden leukozytären Reaktion und der Unfähigkeit zur Antikörperbildung besonders gross.

Schon von den ersten Lebenstagen an, bis in den dritten Lebensmonat, bedroht die frühgeborenen Kinder eine besondere Empfindlichkeit des Darmes. Störungen in diesem Organ sind begleitet oder gefolgt von einer Labilität des Körperaufbaues, die sich hier ausserordentlich rasch in Form von Gewichtsabnahme, Dystrophie und Atrophie bemerkbar macht. Zu dieser Tropholabilität gesellt sich als weiterer Nachteil die mangelhaft entwickelte Fähigkeit zur regelrechten Wärmeregulation, die letzten Endes eine Folge der rückständigen Entwicklung nervöser Zentren ist. Die Gefährdung durch die Thermolabilität, die vor allem durch die leicht und rasch eintretende Unterkühlung schädigt, hatte dazu geführt, besondere Wärmeapparate, sogenannte Couveusen und ganze Wärmezimmer zu konstruieren, die den frühgeborenen Kindern von aussen die Wärmemenge zuführen sollten, die sie aus eigener Kraft nicht zu bilden vermochten. Die Couveusen, die die Kinder durch viele Wochen von einer ausgiebigen Luftzufuhr und — ein Umstand, der bei der ausgesprochenen Neigung der frühgeborenen Kinder zur Rachitis bedeutsam ist — von einer direkten Lichtzufuhr abschnitten, gehören heute der Historie an. Glühlampenringe und Wärmeflaschen, die den Zutritt von Licht und Luft weniger behindern, ermöglichen einen ausreichenden Schutz vor Wärmeverlusten. Diese künstliche Wärmezufuhr muss solange fortgesetzt werden, bis das Kind aus eigener Kraft seine Körpertemperatur halten kann. Das ist in der Regel erreicht, wenn das Körpergewicht der Kinder etwa 2500 g beträgt. Bis zu dieser Zeit müssen auch alle anderen Pflegemaßnahmen, die zur Abkühlung führen, wie Bäder, Verbringen ins Freie, mit Vorsicht angewandt werden, da jede Abkühlung bei den Frühgeburten ausserordentlich rasch die gesamten Stoffwechselvorgänge lahmlegt und zu irreparablen Schädigungen führt.

Für die Fragen der Ernährung ist die allen frühgeborenen Kindern eigentümliche Tropholabilität von entscheidender Bedeutung. Während es heute unschwer gelingt, reifgeborene Kinder mit grosser Regelmäßigkeit, selbst mit künstlichen Nährgemischen, mit vollem Erfolge aufzuziehen, ergeben sich bei den Frühgeburten schon bei einem Versuch mit natürlicher Ernährung nicht so selten Schwierigkeiten. Das Unternehmen, ein vor der Zeit zur Welt gekommenes Kind mit Kuhmilch grosszuziehen, ist recht häufig auch bei fehlerfreier Technik zum Misserfolg verdammt. Das gilt besonders für die Frühgeburten, deren Geburtsgewicht weniger als 2000 g beträgt. Es bleibt für die frühgeborenen Kinder als bester Weg die Ernährung mit Muttermilch.

Schon technisch ist es, besonders im Privathause, nicht einfach, die Absonderung der Milchdrüse in Gang zu bringen und zu erhalten, da von den schwachen Kindern der notwendige Saugreiz häufig nicht aufgebracht werden kann oder sogar völlig fehlt. Die Ernährung eines frühgeborenen Kindes wird sich an der Brust der Mutter daher nur dann durchführen lassen, wenn die Mutter nicht durch die Schwierigkeiten beim Sauggeschäft unruhig wird und auf eine Fortsetzung des Stillens verzichtet. In vielen Fällen bleibt nichts anderes übrig, als in den ersten Lebenswochen durch manuelles oder mechanisches Absaugen die Brust nach Möglichkeit zu entleeren. Manche Brust versagt sehr bald bei diesem unphysiologischen Vorgehen, und bei anderen Frauen macht die starke Empfindlichkeit der Brust es unmöglich, das Abdrücken der Milch in ausreichendem Maße fortzusetzen. In Anstalten ist die Möglichkeit gegeben, die Brust einer Mutter, die ein frühgeborenes, debiles Kind zur Welt brachte, durch das Anlegen eines kräftigen Trinkers in Gang zu bringen und in Gang zu halten. Die Gefahr der Übertragung einer syphilitischen Erkrankung von der Mutter auf das fremde Kind oder umgekehrt sollte bei solchem Vorgehen stets sorgfältig im Auge behalten und durch regelmäßige Kontrolle von Mutter und Kind ausgeschlossen werden. Im Privathaus wird, abgesehen von technischen Schwierigkeiten, die Zumutung ein anderes fremdes Kind anzulegen, in der Regel schon aus psychologischen Gründen abgelehnt werden. Eine gewisse Erleichterung zur Beschaffung ausreichender Mengen natürlicher Nahrung ist in den Grosstädten und in einer Reihe von Mittelstädten dadurch geschaffen worden, dass von manchen Anstalten und Fürsorgestellen Frauenmilch käuflich abgegeben wird, die von Frauen stammt, deren Brust mehr als genug für die Ernährung des eigenen Kindes liefert. Die Kosten dieser von den Anstalten oder Milchsammelstellen abgegebenen Milch sind allerdings nicht gering.

Die Anzahl der Mahlzeiten, auf die das Tagesquantum an Nahrung verteilt wird, braucht bei den wenigen, gut trinkenden frühgeborenen Kindern die übliche Fünf- oder höchstens Sechszahl nicht zu überschreiten. Bei der Mehrzahl der frühgeborenen Kinder, die in der ersten Lebenszeit fast durchweg schlechte Trinker sind, wird die Zahl der Mahlzeiten immer auf sechs bis zehn am Tage vermehrt werden müssen. Aber auch in diesem Falle sollte die Verteilung der Mahlzeiten so erfolgen, dass eine etwas grössere Nachtpause im Interesse von Mutter und Kind entsteht. Schliesslich bleibt eine nicht kleine Reihe von frühgeborenen Kindern übrig, bei denen eine Trink- oder Saugfähigkeit praktisch überhaupt noch nicht entwickelt ist. Bei diesen Kindern wird es notwendig, in ganz kurzen Abständen aus einem im vorderen Teile zusammengebogenen Löffel oder mittels einer Pipette die Nahrung durch Nase oder Mund in kleinsten Portionen, selbst tropfenweise, zuzuführen. Versagen schliesslich auch noch die Schluckmechanismen, so dass es bei jedem Tropfen Nahrung, der in den Rachen gelangt, zum Hustenanfall und zum Verschlucken kommt, so bleibt als letzter Weg die regelmäßige Fütterung durch die Schlundsonde, die dann fünfmal am Tage, am besten durch die Nase, eingeführt wird. Bei allen diesen schlecht trinkenden Kindern führt eine Ermunterung, wie sie vor allem durch das Aufbündeln des Kindes erreicht wird, zur Verbesserung des Trinkaktes. In den ersten Lebenstagen beeinträchtigt auch die Kohlensäureüberladung des Blutes, unter der die frühgeborenen Kinder häufig stehen, die zur Nahrungsaufnahme notwendige Lebhaftigkeit. Die regelmäßige Zufuhr von Sauerstoff ist nicht nur zur Regulierung der Atemtätigkeit, zur Beseitigung der Zyanose von entscheidender Bedeutung, sie stellt auch ein wesentliches Stimulans für den Vorgang der Nahrungsaufnahme dar.

Die Berechnung der Nahrungsmenge sollte beim frühgeborenen Kinde möglichst genau erfolgen. Die Gefahr einer Überschreitung des Erträglichen ist bei diesen Kindern besonders gross. Vielfach war es üblich, den frühgeborenen Kindern ein Mehr an Nahrung, im Vergleich zum ausgetragenen Kinde, darzureichen, da man annahm, dass die relativ grosse Körperoberfläche des Kindes einen besonders hohen Nahrungsbedarf bedingte. 140—150 Kalorien pro Kilo Körpergewicht wurden den Frühgeburten zur Deckung ihres Nahrungsbedarfs in der Regel zugemessen. Heute wird auch der Kalorienbedarf des frühgeborenen Kindes mit 100 pro Kilo Körpergewicht angesetzt, und es besteht eher die Neigung, noch unter dieser Richtzahl zu bleiben, als sie zu überschreiten. Zur Empfehlung dieser knappen Ernährung führte die Furcht vor akuten Zusammenbrüchen, die sich bei einer Überschreitung der Leistungsfähigkeit der Verdauung und des Stoffwechsels beim frühgeborenen Kinde besonders leicht einstellen. Dieser Standpunkt ist um so berechtigter, als die Erfahrung lehrt, dass ein Gedeihen auch bei dieser niedrigen Nahrungsmenge möglich ist, vorausgesetzt, dass der relativ sehr hohe Eiweiss- und Salzbedarf des frühgeborenen Kindes durch Zulagen befriedigt wird. Die eiweissarme Frauenmilch vermag diesem Bedarf häufig nicht zu genügen. Durch weitere Steigerung der Frauenmilchmengen versuchte man zum Nachteil des Kindes früher über das Eiweissdefizit hinwegzukommen. Es gelingt aber auch ohne die gefährliche Steigerung der Gesamtnahrungsmenge, dem hohen Eiweissbedürfnis der Frühgeborenen Genüge zu tun, wenn man kleinste Eiweissmengen zur Grundnahrung zulegt. Hierzu eignet sich die Zufütterung von $\frac{1}{2}\%$ der Gesamtnahrungsmenge eines Eiweisspräparates (Plasmon, Larosan u. ä.) oder auch die Zufütterung von 2—4 Teelöffeln ungezuckerter Buttermilch, vielleicht in Form eines der käuflichen Trocken-Buttermilchpräparate. Auf diesen Wegen erreicht man auch bei recht zarten, frühgeborenen Kindern Gewichtszunahmen und Gedeihen. Freilich soll man sich davor hüten, das frühgeborene Kind in den ersten zwei bis drei Wochen zur Zunahme zu zwingen, da erst nach dieser Zeit ein Neubau von Gewebe in einer Form erfolgt, die eine gewisse Stabilität sichert. Wird zu frühzeitig bei den unfertigen Kindern ein grosser Gewichtsgewinn, gleichsam eine Mästung erzwungen, so wird bei der besonders stark ausgeprägten Bereitschaft des frühgeborenen Kindes zur Wassereinlagerung und zur Ödembildung häufig genug nur ein allzu vergängliches Gewebe geschaffen, das bei der ersten und geringsten Beanspruchung zusammenbricht. Diese Tropholabilität mit der Gefahr der Atrophisierung wird am ehesten vermieden, wenn den Leistungen des Organismus Zeit gelassen wird, nachzureifen und sich damit der Norm anzugleichen. Die Ernährung mit Frauenmilch aus der Flasche oder mit Hilfe der oben erwähnten technischen Kunstgriffe wird in der Regel fortgesetzt werden müssen, bis das Kind ein Gewicht von 1500—2000 g erreicht hat. Erst dann wird die Saugkraft sich soweit gebessert haben, dass vom Kinde die milchspendende Brust ausreichend entleert werden kann.

Die künstliche Ernährung eines frühgeborenen Kindes ist stets ein Unternehmen voller Gefahren. In den ersten sechs Lebenswochen ist die Wahrscheinlichkeit eines Misserfolges jedenfalls so gross, dass eine zum mindesten teilweise Ernährung mit Frauenmilch mit allen Mitteln versucht werden sollte. Wird das Wagnis einer künstlichen Ernährung bei einem frühgeborenen Kinde zur unvermeidlichen Notwendigkeit, so empfehlen sich die üblichen Milchverdünnungen nicht. Bei starken Milchverdünnungen ist bei den schlecht trinkenden frühgeborenen Kindern die Gefahr des Hungers stets gross. Jede quantitativ unzureichende Ernährung, die schon vom reifen jungen Säugling schlecht vertragen wird, bedeutet aber beim tropholabilen Frühgeborenen mit seiner besonderen Neigung zum Verfall in Atrophie und Dekomposition, jederzeit eine Gefahr. Besser als die Ernährung mit den stark verdünnten Milchmischungen sind daher kleine Mengen konzentrierter Nahrungsmischungen. In den ersten Lebenswochen dürfte die Buttermilch mit 1% Mehl und 5% Zucker oder eine Milchsäuremilch mit 5% Nährzucker noch die zuträglichste Nahrung sein. Von der vierten bis sechsten Lebenswoche muss aber beim frühgeborenen Kinde durch Zulagen von 1%, später von 2% Butter oder durch Zulage einer Mehlschwitze, zunächst zu einzelnen Mahlzeiten, später zu jeder Mahlzeit für eine zureichende Fettzufuhr gesorgt werden. Fettzulagen sind wegen der Rückständigkeit ihrer Immunität bei diesen unreifen Kindern von besonderer Wichtigkeit. Auch bei künstlicher Ernährung sollte eine Kalorienmenge von 100 pro Kilo Körpergewicht, besonders in der ersten Lebenszeit, niemals überschritten, eher um ein Weniges unterschritten werden. Jede durch grössere Nährstoffzufuhr vielleicht anfänglich erzwungene rasche Gewichtszunahme kann immer nur mit halber Freude angesehen werden, da häufig genug auf den raschen Gewichtsanstieg aus geringfügigem, nichtigem Anlass ein unaufhaltsamer Gewichtssturz folgt.

Ist es gelungen, bei natürlicher oder bei unnatürlicher Ernährung, die Gefahren der ersten kritischen Lebenszeit zu umgehen, so erfordert beim frühgeborenen Kinde weit stärker als beim ausgetragenen Säugling, die Regelung der Ernährung in den folgenden Lebensmonaten sorgfältigste Kontrolle. Die Rückständigkeit in der Entwicklung vieler Gewebe und vieler Funktionen, das Fehlen von Reservelagern an manchen lebenswichtigen Substanzen, die sich beim ausgetragenen Kind in den letzten Schwangerschaftswochen bilden, bedrohen das nichtausgetragene Kind mit einer grossen Reihe von Fehlnährschäden, von denen Rachitis und Tetanie, Anämie und mangelhafte Immunität die wichtigsten sind. Sollen diese z. T. lebensbedrohenden Erkrankungen und Ausfälle lebenswichtiger Funktionen auch nur einigermaßen verhütet werden, so muss auf eine frühzeitige Ergänzung der Kost Bedacht genommen werden. Richtunggebend für den Zeitpunkt, in dem eine solche Komplettierung zu beginnen hat, sind die Termine, an denen die Mangelkrankheiten sich zu entwickeln beginnen. Dieser Zeitpunkt liegt für die Rachitis und die Tetanie im ersten bis vierten Lebensmonat, die Anämie geht aus dem physiologischen Zustand der Frühgeburtsanämie im vierten bis fünften Lebensmonat in den Krankheitszustand einer echten, bisweilen einer Jaksch-Hajemschen Anämie über. Der Immunitätsdefekt beginnt bereits im dritten bis vierten Monat, vor allem aber im fünften und sechsten Monat, lebensbedrohende Bedeutung zu erlangen.

Aus diesen Angaben folgt, dass ein Ausbau der Ernährung, die zunächst mit Frauenmilch oder Kuhmilch eingeleitet wurde, spätestens im dritten Monat zu beginnen hat und im sechsten Monat zum mindesten in dem Maße erfolgt sein muss, wie es für die Ernährung des ausgetragenen Kindes gefordert wurde. Diese Notwendigkeit zu betonen, erscheint deswegen von besonderer Wichtigkeit, weil die Rückständigkeit in der körperlichen Entwicklung, die Kleinheit und Dürftigkeit der frühgeborenen Kinder im zweiten Lebensquartal noch allzu leicht davor zurückschrecken lässt, ihnen Brei, Obst, Zwieback, Gemüse zu geben, die als Kost für die im Vergleich grossen und kräftigen ausgetragenen Kinder berechtigt erscheinen. Gewicht und Länge dürfen hier aber nicht über die notwendige Ergänzung der Nahrung entscheiden. Es ist äusserst wichtig vom dritten Monat ab rohe Obstsäfte zu reichen und eine antirachitische Prophylaxe zu treiben. Um die gleiche Lebenszeit sollte eine Mahlzeit durch einen Griessbrei, eine zweite durch einen Zwieback- oder Keksbrei ersetzt werden. Bei anämischen Zuständen wäre schon um diese Zeit die Zufuhr von pürierter Leber oder die Zulage eines Leberextraktes in Betracht zu ziehen. Vom vierten bis fünften Monat an muss eine weitere Mahlzeit durch Gemüse und Kartoffelbrei ergänzt werden. Ein Speisezettel für ein frühgeborenes Kind von 4000 g im Alter von fünf Monaten würde etwa enthalten:

1. 100 g Vollmilch mit 5% Zucker.
2. Keksbrei (aus zwei Leibnizkeksen oder Zwieback und 50—100 g Milch), Obstsaft.
3. Gemüse mit Mehlschwitze, Leberpüree und Kartoffeln oder Brühgriess, Obst.
4. 100 g Vollmilch mit 5% Zucker oder 1 Banane und 1 Zwieback und 50 g gesüsste Vollmilch.
5. Griessbrei (von 120 g Vollmilch) und Butter, Obstsaft.

Die Durchführung einer solchen Ernährung bereitet aber in der Praxis häufig recht grosse Schwierigkeiten. Widerstände von seiten der Angehörigen, die sich sträuben, den „zarten Kindern" eine solche „reichhaltige, schwere Kost" zu geben, werden sich in der Regel noch überwinden lassen. Viel ernster gestaltet sich aber das Widerstreben, das ganz besonders die frühgeborenen Kinder der Aufnahme einer Nahrung von breiiger oder krümliger Konsistenz entgegen setzen. Mit fortschreitendem Alter, vor allem aber in der Zeit bald nach der Halbjahreswende machen sich bei einem grossen Teil der frühgeborenen und debilen Kinder heftige Widerstände gegen die Aufnahme jeder konsistenteren Nahrung bemerkbar. Die Neigung zu Wutanfällen ist im dritten Lebensquartal sehr ausgesprochen, und diese seelische Erregung macht sich niemals stärker bemerkbar, als wenn die Aufnahme einer Gemüsemahlzeit oder Breimahlzeit verlangt wird. Nur mit unendlicher Geduld gelingt es, über diese Periode des Nichtessenwollens allmählich hinwegzukommen. Es besteht aber durchaus der Eindruck, dass auch am Ende der Säuglingszeit und im Kleinkindesalter ein grosser Teil der appetitlosen und schlecht essenden Kinder sich aus den Frühgeborenen und Debilen rekrutiert. Vom harten Zwang, der nur Abwehr und Zorn des Kindes steigert, ist eine Überwindung der Essunlust auch beim frühgeborenen Kinde kaum zu erwarten. Eine gewisse Nachgiebigkeit führt rascher zum Ziel; sie darf aber nie so weit gehen, die unbedingt notwendige Ergänzung der Nahrung völlig zu unterlassen, d. h. bis zum Ende des ersten Jahres hin das Kind lediglich mit Milchmischungen zu ernähren.   Unbedingt notwendig ist in jedem Falle die Zufuhr von rohen Obstsäften und von antirachitischen Heilstoffen.   Die Gemüsemahlzeit kann zuweilen noch beigebracht werden, wenn das Gemüse stärker mit Brühgriess verdünnt aus der Flasche gegeben wird. Auf die Zufuhr von krümeligem Zwieback, Keks oder Brot, die jedesmal Würgen und Erbrechen auslösen, muss dagegen des öfteren völlig verzichtet werden.

Die komplette Kost ist zu gleicher Zeit auch das einzige Mittel, um die bei den Frühgeborenen stets rückständige, unvollkommene Immunität zu heben und auf einen Stand zu bringen, der dem Kinde eine Überwindung der banalen Infektionen möglich macht.   Das gilt vor allem für die Zeit jenseits des dritten oder vierten Lebensmonats.   Das Versagen der Abwehr beim ersten Infekt erscheint um so merkwürdiger und häufig genug um so überraschender, als es sich gar nicht selten bei Kindern ereignet, deren körperliche Entwicklung sich bis zum Tage des Einsetzens der Infektion völlig störungslos, scheinbar im Sinne der Eutrophie vollzogen hat.   Selbst bei bester Gewichtszunahme, bei vorzüglichem Aussehen, trotz Aufbau eines normalen Fettpolsters usw., ist für das frühgeborene Kind die Gefahrenzone erst überwunden, wenn die erste Infektion erfolgreich bestanden ist.   Erst die komplette Kost ermöglicht es, im zweiten Lebenshalbjahr auch den Frühgeburten die Abwehrkräfte zu schaffen, die zur Überwindung der unvermeidlichen Infektionen notwendig sind.   An diesem Erwerb ist die durch die komplette Ernährung erzielte Vermeidung von Fehlnährschäden, die durchweg von einer Dysergie begleitet sind, wesentlich beteiligt.

Zur Bekämpfung der bei Frühgeborenen fast unvermeidbaren Rachitis und der sie oft begleitenden Tetanie wird man sich systematisch und frühzeitig der Mittel bedienen müssen, die uns heute als sicherste in die Hand gegeben sind. In erster Linie besteht die Prophylaxe in Bestrahlung mit Höhensonne bereits vom Ende des ersten Lebensmonats an.   Entweder muss die Höhensonnenbestrahlung den ganzen Winter hindurch mit kurzen Unterbrechungen fortgesetzt oder zeitweise durch andere antirachitische Mittel (Vigantol, Radiostol, bestrahlte Milch) ersetzt werden.   Aber selbst bei zweckmäßig durchgeführter Prophylaxe ist wegen der hohen Disposition des Frühgeborenen zur Rachitis eine vollständige Unterdrückung dieser Erkrankung nicht immer zu erzielen.

Zweiter Teil

Pathologie der Säuglingsernährung.

A. Charakterisierung des krankhaften Ernährungszustandes.

Von den Wegen einer normalen Entwicklung und vom Zustande der Gesundheit, wie er auf den vorhergehenden Seiten geschildert wurde, sind Abweichungen in der Richtung zum Schlechteren im Säuglingsalter keineswegs selten. Diese Verschlechterungen des Ernährungszustandes sind beim Säugling durch zwei Eigenschaften charakterisiert, die praktisch von grosser Bedeutung sind. Einmal ist die Geringfügigkeit der krankmachenden Ursache bemerkenswert. Schon durch kleine, unbedeutend erscheinende Verstösse in der Ernährungstechnik können der Gesamtzustand des Kindes und seine Entwicklung ernstlich beeinträchtigt werden, weil die Abhängigkeit von der Nahrung viel grösser ist als beim älteren Kinde. Zum andern ist die Verschlechterung des Ernährungszustandes, jede Magerkeit und jede Abmagerung nicht allein wie beim älteren Individuum als Symptom zu werten, sondern weit darüber hinaus zeigt die Minderung des Ernährungszustandes im Säuglingsalter stets eine Einbusse in der Tüchtigkeit jeglicher Leistungen, die vom Organismus verlangt werden. Es ist bei schlecht gedeihenden Kindern stets mit grösseren Schwierigkeiten zu rechnen, wenn irgendwelche krankhaften Reize an sie herantreten. Das gilt sowohl bei weiteren alimentären, als auch bei infektiösen Störungen oder Verstössen in der Pflege.

Es wird daher im folgenden nicht genügen, das klinische Bild des krankhaften Ernährungszustandes zu umreissen. Vielmehr wird versucht werden müssen, die häufigsten Ursachen klarzulegen, die den Säugling von der Stufe der Gesundheit herabstossen, und es wird schliesslich die abwegige Reaktion des kranken Organismus auf alle Reize, die ihn in dem verschlechterten Ernährungszustand treffen, gezeigt werden müssen.

a) Die klinischen Bilder des krankhaften Ernährungszustandes.

Das auffallendste klinische Merkmal einer Verschlechterung des Ernährungszustandes ist die Magerkeit oder die Abmagerung des Kindes. Die Fettpolster, die dem Körper des gesunden Säuglings seine erfreuliche Rundung verleihen, sind verringert oder gar geschwunden. Allein die Abnahme des Fettpolsters erlaubt es, auf den ersten Blick einzelne Stadien des sinkenden Ernährungszustandes zu unterscheiden. Bei der einen Gruppe von Kindern sind die Fettpolster in ihrer Massigkeit verringert, bei der anderen Gruppe sind die Fettpolster geschwunden. Dabei kennzeichnet die Verringerung des Fettpolsters den leichten Grad, das Fehlen des Fettes den schweren Grad des verschlechterten Ernährungszustandes. Die leichten Veränderungen finden sich bei den Kindern, die als dystrophisch gekennzeichnet werden; die schweren Veränderungen in den Fettdepots sind den Kindern eigentümlich, die als atrophisch beschrieben werden.

Vom Zustand der Gesundheit, der Eutrophie, geht die Verschlechterung des Ernährungszustandes niemals sprunghaft zur Atrophie. Zwischen Eutrophie und Atrophie schiebt sich eine Zeit, in der das Kind im Stadium der Dystrophie verharrt. Dabei ist die Zeit, die das Kind zu seinem Abstieg im Ernährungszustande braucht, bei den einzelnen Kindern recht verschieden. Je jünger ein Säugling ist, um so rascher wird der Weg von der Eutrophie zur Atrophie durchlaufen. 12—24 Stunden genügen im ersten und zweiten Lebensmonat zuweilen, um diese schwerwiegenden, entstellenden Veränderungen im Säuglingsorganismus hervorzurufen. Dabei können die Schädigungen, die das Kind in

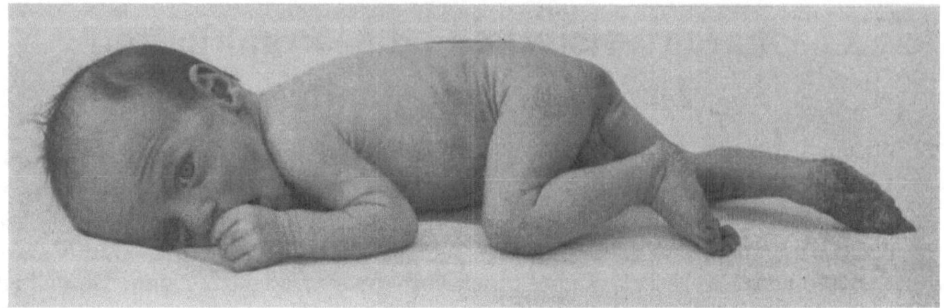

Abb. 17. Dystrophie. Verminderung des Körpergewichts und geringes Fettpolster. Welke trockene Haut.

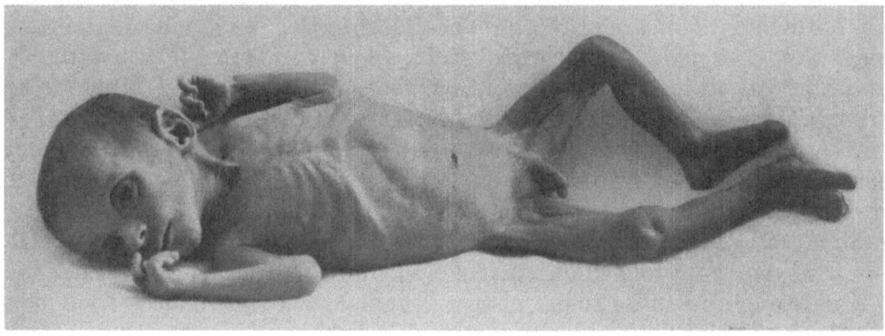

Abb. 18. Atrophie. Vollkommen abgemagert. Muskelschwund. Weite Haut. Im vorliegenden Bild toxische Züge.

der Richtung der Atrophie abwärts treiben, in dieser Lebenszeit scheinbar geringfügig sein. Beim älteren Säugling bedarf es im allgemeinen schwererer und langdauernder Schädigungen, um das Kind über den Zustand der Dystrophie hinaus in die Richtung der Atrophie zu führen. Neben dem Alter und der Grösse der Schädigung scheinen konstitutionelle Momente für die Schnelligkeit, mit der sich die Verschlechterung des Ernährungszustandes einstellt, ausschlaggebend zu sein. Und im zweiten Lebenshalbjahr sind es sicherlich nur Kinder mit einer besonderen Disposition, die dann noch in den Zustand der Atrophie verfallen.

Der Schwund der Fettpolster bis zur Atrophie geschieht dabei niemals regellos; er ist bestimmten Gesetzen unterworfen. Sie zu kennen ist wichtig, weil die am Krankenbett eines Säuglings gezogene Bilanz der Fettpolster dem Arzte sofort mit grosser Sicherheit die Charakterisierung des Ernährungszustandes gestattet, die wieder für sein Handeln, für seine Prognose usw. von ausschlaggebender Bedeutung sein wird. Die bei jedem gesunden Säugling jenseits der achten Lebenswoche vorhandenen Fettpolster schwinden, wenn eine Schädigung den Säuglingsorganismus trifft, in der Reihenfolge, dass zuerst das Bauchfett abgebaut wird, es folgt das Fett an Brust und Schultern; erst dann greift der Fettschwund auf Arme, Beine und Gesäss über. Immer hat um diese Zeit einer beträchtlichen Abmagerung des Stammes und der Gliedmaßen das Gesicht des Säuglings noch einige Rundung behalten. Erst ein neuer schwerer Eingriff in das Gefüge des Organismus bringt beim Säugling auch diese letzten widerstandsfähigsten Fettreste zum Schwinden. Diese höchsten Grade der Fetteinschmelzung, ausgezeichnet durch das Schwinden des Wangenfettes, kennzeichnen den Zustand der Atrophie, die Abschmelzung des Fettes an Rumpf und Gliedmaßen bei Erhaltung des Gesichtsfettes den Zustand der Dystrophie. Dabei lassen sich nach dem Grade und der jeweils erreichten Ausdehnung des Fettverlustes leichtere und schwerere Formen unschwer unterscheiden.

Das verschiedene Tempo im Abbau der einzelnen Fettdepots erklärt sich z. T. mit chemischen Unterschieden, die die einzelnen Fettlager aufweisen und die sie dem Abbau leichter oder schwerer verfallen lassen (cf. S. 21).

Dem Schwinden des Fettes parallel geht eine Einschmelzung anderer Gewebe, vor allem der Muskulatur, die beim atrophischen Kinde auf ein Minimum reduziert sein kann. Die Wirkung der Dystrophie auf die inneren Organe zeigt sich vor allem in einem Schwinden des Thymus und der Ovarien, weniger im Abbau der Nebennieren und der Hoden (Aron, Lasch und Pogorschelsky). Die Thyreoidea ist dagegen im Verhältnis zum Körpergewicht bei den Dystrophikern im Vergleich zum Gesunden eher übergewichtig. Bei der Abnahme an Gewicht handelt es sich, wie Analysen der einzelnen Organe und Analysen des gesamten Körpers atrophischer Kinder ergaben, nicht um Verluste an Wasser; sondern das relative Verhältnis von N-haltiger Substanz zu Wasser ist selbst bei den schwersten Graden der Atrophie nicht wesentlich verändert, vielleicht sogar gegenüber der Norm etwas zugunsten des Wassers erhöht.

Von der Eutrophie bis zur Atrophie haben sehr wichtige qualitative Abweichungen in der Wasserbindung der Körperzelle stattgefunden. Wenn sich diese Tatsache auch nicht auf Grund der chemischen Analyse feststellen lässt, so sprechen doch die klinischen Beobachtungen in diesem Sinne. Schon der Aspekt der Kinder in den drei verschiedenen Stadien des Ernährungszustandes legt den Schluss einer abwegigen Wasserbindung in den protoplasmatischen Substanzen bei verschlechtertem Ernährungszustand nahe. Die hohe Turgeszenz, die dem Gewebe der Gesunden die bekannte pralle Festigkeit verleiht, geht mehr und mehr, parallel der Minderung des Ernährungszustandes von der Eutrophie bis zur Atrophie, verloren; der Dystrophiker zeigt bereits einen Elastizitätsverlust seiner Gewebe, der Atrophiker besitzt nur noch einen ganz unelastischen, um das Stützgerüst schlotternden Gewebsmantel ohne Form und Sitz. Will man sich eines Vergleiches aus der Pflanzenwelt bedienen, so könnte man sagen: der Eutrophiker gleicht einer blühenden, der Dystrophiker einer kümmernden und der Atrophiker einer welken Pflanze.

Die zunächst eingeschränkte und späterhin aufgehobene Quellfähigkeit der Körperzelle ist es, die das Verhalten des Körpergewichts bestimmt. Beim dystrophischen Säugling ist die Gewichtszunahme hinter dem normalen Anstieg zurückgeblieben. In schweren Graden der Dystrophie bleibt jeder Gewichtsansatz aus. Die Kinder bleiben Tage und Wochen im gleichen Gewicht stehen. Sinkt die Gewichtskurve im grösseren Ausmaße unter das einmal erreichte Niveau, so deutet das auf eine fortschreitende Verschlimmerung der Dystrophie in der Richtung der Atrophie. Stärkeres Sinken der Gewichtskurve ist dem Zustande der Atrophie eigentümlich. Rapider Gewichtsabfall, Verlust von mehreren hundert Gramm in 24 Stunden stellt sich erst bei den schwersten Graden der Atrophie ein, und ist meist der Ausdruck einer Wendung zum ungünstigen Ausgang. Diese letzten Stadien der Atrophie, die von Durchfällen und oft von unstillbarem, galligem, kaffeesatzartigem Erbrechen begleitet sind, entsprechen dem Krankheitsbilde, das Finkelstein als Dekomposition beschrieben hat (s. später).

Hand in Hand mit der Abnahme und dem Schwund der Quellfähigkeit des Gewebes, der Verflachung oder dem Abfall der Gewichtskurve, schwinden bei den Kindern auch die übrigen Zeichen der Gesundheit. Das rosige Inkarnat der Haut verblasst. Die anfängliche Blässe, die zunächst vielleicht nur beim schlafenden Kinde deutlicher in Erscheinung trat, wandelt sich mit jedem Grade der Verschlechterung des Ernährungszustandes in eine graue bis livide Verfärbung der Haut. Gleichzeitig verändert sich dabei die Transparenz der Haut. Die Haut des dystrophischen oder atrophischen Kindes erscheint, solange akute Störungen fehlen, durchscheinender; der Vergleich mit dem Aussehen stark verwässerter Milch kennzeichnet einigermaßen die Eigentümlichkeit der Haut dieser Kinder. An diesen Veränderungen sind wahrscheinlich Störungen der Blutdurchströmung, verursacht durch eine falsche Steuerung der Kapillaren, und kolloidale Veränderungen des Zelleiweisses beteiligt.

Im Gegensatz zur Blässe der Haut steht die starke Röte der Schleimhäute, die schon beim blassen Dystrophiker die Lippen auffallend durchblutet erscheinen lässt. Ihren stärksten Grad erreicht die Hyperämie der Schleimhäute beim atrophischen Kinde, dessen grellrote Lippen- und Mundschleimhaut scharf gegen die bläuliche Blässe des Gesichtes absticht. Erst sub finem vitae mischen sich livide Töne in das Scharlachrot der Färbung der Mundschleimhaut.

Der Tonus der Muskulatur ist verändert: im Beginn der Erkrankung häufig erhöht, später eher herabgesetzt, bei den höchsten Graden der Atrophie nicht selten bis zur völligen Atonie vermindert. Die papierdünnen atonischen Bauchdecken geben dem Druck geblähter Darmschlingen nach. Es kommt zum Meteorismus, der hohe Grade erreichen kann, so dass eine Palpation des Abdomens Schwierigkeiten bereitet. Durch die Bauchdecken wird das Spiel der Darmbewegung deutlich sichtbar. Als Zeichen der Atonie der Muskulatur ist auch das Klaffen des Afters, häufig von einem geringen Vorfall der Darmschleimhaut begleitet, aufzufassen.

Die Beeinträchtigung des Ernährungszustandes ist beim Säugling stets von Veränderungen im seelischen Gehabe der Kinder begleitet, die den Müttern oft als erstes Zeichen der Krankheit auffallen, und deren Verfolgung für den Arzt prognostisch wertvolle Schlüsse erlaubt. Die Kinder verlieren die Gleichmäßigkeit der Stimmung, die den gesunden Säugling kennzeichnet, der im allgemeinen selbstzufrieden und freundlich ist und seinem Unlustgefühl nur begründet (Hunger, schlechte Lagerung usw.) durch Geschrei Ausdruck gibt. Das Kind, dessen Ernährungszustand sich verschlechtert, wird reizbar, seine Stimmung wechselnd. Stundenlang dauernde Ruhe und Apathie wird von Perioden unruhig schmerzvollen Schreiens abgelöst, für das sich eine Erklärung nicht finden lässt. Dabei kennzeichnen das Stadium der Dystrophie mehr Müdigkeit und Abgeschlagenheit; die freudigen Regungen gehen verloren und es bedarf stärkerer Reize als beim eutrophischen Kinde, um auch nur ein müdes Lächeln hervorzulocken. Mit der Verschlechterung des Ernährungszustandes bis zur Atrophie treten an Stelle der Ruhe Unrast und Geschrei; Steigerungen bis zu Erregungszuständen sind im Stadium der Atrophie nicht selten. Die Umstellung im seelischen Geschehen prägt sich auch im Blick der Kinder aus. Das Auge des Dystrophikers blickt glanzlos; es fällt dem Kinde anscheinend schwer die Lider zu öffnen. Der Atrophiker liegt stundenlang mit weit aufgerissenen, ängstlich suchenden Augen, die in keiner Richtung längere Zeit zu haften vermögen. Die Reizzustände in der willkürlichen Muskulatur des Augapfels entsprechen beim Atrophiker wahrscheinlich nur der motorischen Unruhe, die das gesamte Verhalten der schwer geschädigten Kinder auszeichnet: unruhige, ausfahrende Bewegungen, rastloses Suchen mit den Händen, die nur Ruhe finden, wenn die gierig saugenden Lippen des Kindes sie umfassen. Der Verlust freudiger Regungen und eines zufriedenen seelischen Gleichgewichts begleitet somit als frühes Zeichen jede Verschlechterung des Ernährungszustandes; dabei ist die Psyche des dystrophischen Säuglings mehr auf Apathie und Unlust, die des schwer geschädigten atrophischen Säuglings mehr auf Unrast und Erregung eingestellt.

b) Ursachen des krankhaft veränderten Ernährungszustandes.

Für das praktische Handeln erscheint es notwendig, die Wege aufzuweisen, auf denen das bis dahin gesunde Kind am häufigsten in die von mannigfachen Gefahren bedrohten Tiefen der Dystrophie und Atrophie herabsteigt. Denn die Behandlung des ungünstigen oder des schlechten Ernährungszustandes wird mit den Ursachen zu wechseln haben, die jeweils das Kind in die Dystrophie oder die Atrophie hineinführten. So wird eine Dystrophie durch quantitativen Hunger anders zu behandeln sein als eine klinisch ganz gleich aussehende Dystrophie, die sich als Folge chronischer Durchfälle einstellte; eine Dystrophie, die durch häufige Infekte zustande kam, wird andere Maßnahmen verlangen als eine Dystrophie, die sich bei einem qualitativ unzureichend ernährten Säugling entwickelte. Daraus folgt: es ist nicht möglich, eine für jede Dystrophie oder Atrophie passende Behandlungsmethode anzugeben. Dystrophie und Atrophie sind nur klinisch fassbare, vom gesunden abweichende Zustände des Organismus. Nur durch Behebung der sehr verschiedenen, in jedem Falle erneut zu analysierenden Ursachen des schlechten Ernährungszustandes wird es gelingen, das Kind allmählich wieder zur Gesundheit zurückzuführen.

Hunger in jeglicher Form und Infektionen sind weitaus die häufigsten Ursachen für den Eintritt einer Verschlechterung des Ernährungszustandes. Es ist heute erlaubt, die pathogenetischen Vorgänge bei der Entstehung einer Dystrophie oder Atrophie auf diese einfache Formel zurückzuführen. Alle älteren Deutungsversuche, wie die Annahme einer primären Darmatrophie u. a. haben sich als abwegig erwiesen.

Kein anderer Vorgang der allgemeinen Pathologie beleuchtet die Sonderstellung des Säuglingsalters schärfer als das Verhalten der Kinder des ersten Lebensjahres gegenüber dem Hunger. Dabei ist als Hunger nicht nur der im landläufigen Sinne vollständige Mangel an allen Wärme- oder Aufbaumaterial spendenden Nährstoffen zu verstehen, wie er eintritt, wenn die Nahrung mit Ausnahme der Flüssigkeit (Wasser) ganz entzogen wird, oder die noch angebotenen Mengen den Bedarf über längere Zeit hin nicht decken.

Neben dieser Form des Hungers gewinnt im Säuglingsalter der partielle Hunger zum mindesten gleiche Bedeutung, der zustande kommt, wenn zwar dem Brennwerte nach die Nahrung den Bedürfnissen des Organismus noch entspricht, die Zusammensetzung der dargebotenen Nahrung aber dadurch ungenügend wird, dass ein oder mehrere der wärmespendenden oder aufbauenden Nährstoffe (Eiweiss, Fett, Kohlenhydrat) fehlen, oder das Angebot an Ergänzungsstoffen (Vitamine) unter das notwendige Maß sinkt.

Ein dritter Weg, der dem späteren Kindesalter und dem Erwachsenenalter nahezu fremd ist, führt im Säuglingsalter zum Hunger, wenn das Angebot der Nahrung der Menge und Zusammensetzung nach zwar ausreichend ist, die aufgenommene Nahrung aber auf ihrem Wege zu den Stätten des Verbrauchs durch Störungen in der Tätigkeit des Magen-Darmkanals in Verlust gerät oder einem abwegigen Abbau unterliegt. Auf diese Weise kommt es zum Zustande des inneren Hungers, der für die Zellen mit einer quantitativ oder qualitativ unzureichenden Nahrungsaufnahme (äusserer Hunger) gleichbedeutend sein wird.

Auf folgenden verschiedenen Wegen kann der Hunger den Ernährungszustand verschlechtern:

a) Hunger aus äusseren Gründen

1. quantitativ unzureichendes Angebot,

2. qualitativ unzureichendes Angebot;

b) Hunger aus inneren Gründen

1. durch krankhafte Dissimilation der Nahrung im Darm,

2. durch Störungen der Resorption oder seltener,

3. der Assimilation an sich qualitativ oder quantitativ zureichender Nahrung.

Eine dieser Formen des Hungers lässt sich fast regelmäßig in den Lebensgeschichten der dystrophischen oder atrophischen Säuglinge nachweisen. So kommt es, dass der Zustand der Dystrophie sich in gleicher Weise beim Brustkind entwickeln kann, das zu wenig trinkt, beim Kinde mit Pylorospasmus, das grosse Teile der Nahrung wieder erbricht, beim Kinde, in dessen Nahrung eine genügende Menge von Kohlenhydrat, Eiweiss oder Fett fehlt. Zur Dystrophie kommt es aber auch, wenn Durchfälle eine regelrechte Verarbeitung und Aufsaugung der Nahrung im Darm hindern, oder konstitutionell abwegig geartete Zellen zweckentsprechende Bausteine nicht in ihr Gefüge einzubauen vermögen. Ob zur Erreichung der höchsten Grade des verschlechterten Ernährungszustandes, der Atrophie, eine besonders langdauernde und starke Schädigung ausreicht, oder ob daneben noch, wie Finkelstein meint, eine besondere Verfassung der Körperzellen

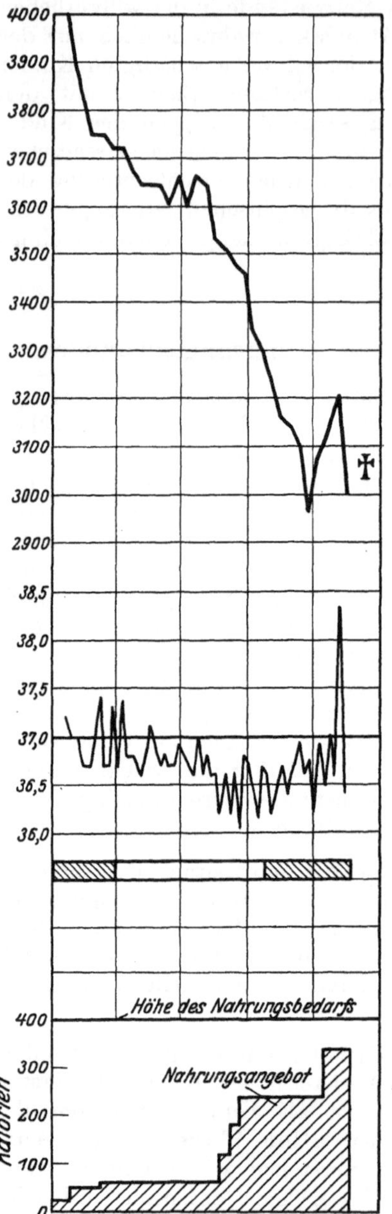

Abb. 19. Beobachtung aus früherer Zeit. Gefahren und Folgen des Hungers: Vier Wochen ist das Nahrungssoll wesentlich unterschritten. Ursache für dieses Vorgehen: Das Kind litt beim Eintritt in die Anstalt an häufigeren dünnbreiigen Stuhlentleerungen bei sonst ungestörtem Allgemeinbefinden. Folgen der wochenlangen Unterernährung: Gewichtsabnahme und Gewichtsstillstand, Untertemperaturen, Pulsverlangsamung, zunächst Durchfälle, später Fettseifenstühle, schliesslich autotoxischer Zustand und Dekomposition! Tod.

notwendig ist, scheint noch nicht endgültig entschieden. Sicherlich können manche Säuglinge lange Zeit einer starken Unterernährung ausgesetzt sein, ohne dass sich das volle Bild der Atrophie bei ihnen entwickelt. Eine wesentliche Bedingung für den Eintritt der Atrophie scheint die Jugendlichkeit des Organismus zu sein. Bei Säuglingen der ersten Lebensmonate genügen wenige Tage eines Hungers, um das volle Bild der Atrophie zu entwickeln. Mit jedem weiteren Lebensmonat nimmt die Bereitschaft zur Atrophie ab. Jenseits des ersten Lebenshalbjahres sind bereits langdauernde und intensive Schädigungen notwendig, um das Kind in den Zustand der Atrophie zu versetzen.

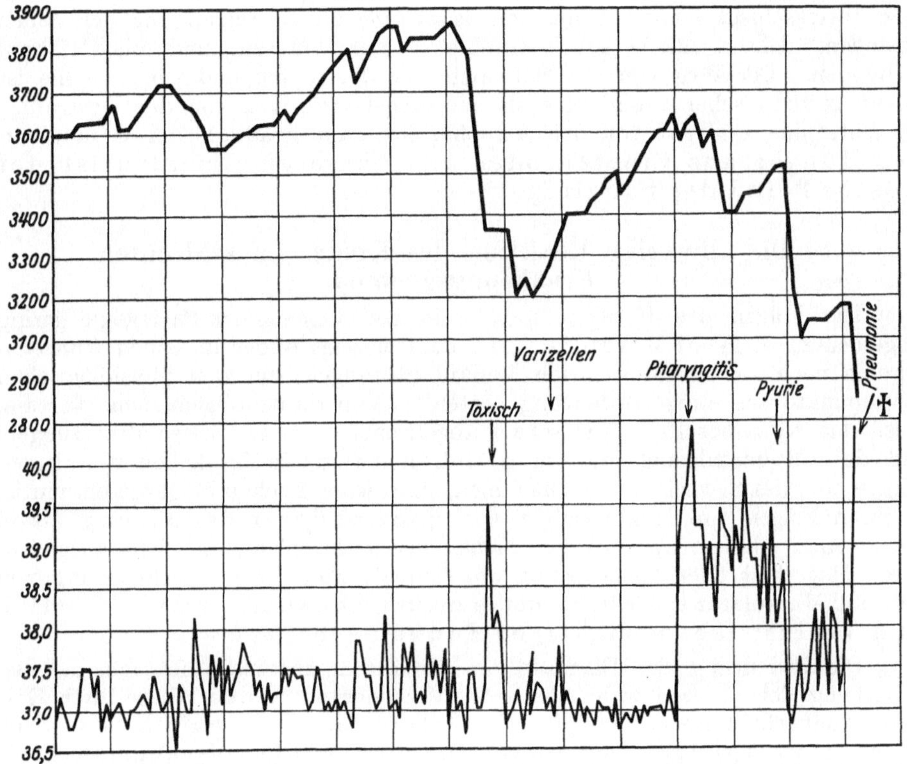

Abb. 20. Dystrophisierung durch wiederholte Infektionen, die im Wechselspiel von steigender Dystrophie und Dysergie schliesslich zum Tode durch Pneumonie führen.

Neben dem Hunger können schwere Infektionen zur primären Ursache einer Dystrophie oder Atrophie werden. Vielfach wird sich aber auch hier eine ungenügende Ernährung des Kindes nachweisen lassen, sei es, dass sich die Nahrungsaufnahme beim kranken und fiebernden Kinde ungenügend gestaltete, oder dass begleitende Durchfälle zum inneren Hunger führten. Die Annahme einer spezifischen Dystrophie, wie sie sich vor allem im Gefolge der Lues und der Tuberkulose einstellen sollte, ist für das Säuglingsalter jedenfalls noch nicht bewiesen. Dagegen sprechen die Erfolge vom guten Gedeihen luetischer Kinder, die an der Brust der eigenen Mutter genährt werden, und die günstigen Ernährungserfolge selbst bei schwer tuberkulosekranken Säuglingen, vorausgesetzt, dass sie von sekundären Infektionen verschont bleiben.

Im ganzen ist zu sagen: die Ursache der Dystrophie und der Atrophie erscheint heute dahin geklärt zu sein, dass ein Hunger in irgendwelcher Form fast regelmäßig an der Entwicklung eines krankhaften Ernährungszustandes beteiligt ist. Diese Erkenntnis wird nicht nur für das praktische Handeln, bei dem Versuch den krankhaften Ernährungszustand zu beheben, von grosser Bedeutung sein. Wichtiger und wertvoller erscheint diese Erkenntnis auch für die Prophylaxe der Dystrophie und Atrophie. Sorgfältige Vermeidung des Hungers und der Unterernährung werden das Kind am ehesten vor dem Verlust des eutrophischen Zustandes schützen. Die Verordnung einer quantitativ oder qualitativ unzureichenden Ernährung sollte von seiten des Arztes nur nach ernstester Überlegung getroffen werden. Handelt es sich doch um einen Eingriff, der mit einem nicht ungefährlichen chirurgischen Eingriff verglichen werden kann. Der Eingriff kann zwar gelegentlich notwendig sein und heilend wirken, aber überraschend schnell kann sich dabei eine ernste Schädigung der Zellen einstellen. Die Rückkehr zur Eutrophie ist stets mühselig und mit Gefahren verbunden. Der Weg von der Eutrophie zur Dystrophie und zur Atrophie ist jedenfalls viel rascher durchlaufen als der umgekehrte Weg von der Dystrophie zur Eutrophie und gar von der Atrophie bis zum Stadium der Gesundheit. Der Hunger aus inneren oder aus äusseren Gründen ist der grösste Feind des Säuglings.

c) Die abwegige Reaktion des Kindes im schlechten Ernährungszustand.

Die Folgen des Hungers werden in der allgemeinen Pathologie gering eingeschätzt, so meint Morgulis: „Der Hunger zeigt weder in seinen frühesten Stadien noch in seinem weiteren Verlauf Störungen, die vom physiologischen Standpunkte aus einige Bedeutung hätten". Von dieser allgemeinen Wertung muss das Säuglingsalter ganz scharf abgetrennt werden. Zeiten des Hungers und der Unterernährung, die im gleichen Ausmaße im Leben des älteren Kindes oder des Erwachsenen nicht fehlen, sind, worauf schon hingewiesen wurde, in ihren Folgen im Säuglingsalter von ganz anderer Bedeutung als in irgend einer späteren Lebenszeit. Neben der verhältnismäßig leicht ausgleichbaren Magerkeit oder Abmagerung, die sich als Folge der Einschmelzung von Fett und Muskulatur einstellt, kommt es zu einer Abnahme und schliesslich zum Verlust lebenswichtiger Funktionen.

Die Bedeutung der Diagnose des Ernährungszustandes ist mit der Beschreibung der klinisch wahrnehmbaren Veränderung und der Wege ihrer Entstehung daher keineswegs erschöpft. Mit der Diagnose Eutrophie, Dystrophie, Atrophie wird gleichzeitig ein Werturteil über die Leistungsfähigkeit des Organismus gefällt. Die somatischen Veränderungen sind nur die Grundlage der bedeutsamen funktionellen Veränderungen im Organismus.

Jeder Hunger und die in seinem Gefolge einsetzende Abkehr des Kindes von der Eutrophie mindert beim Säugling in ganz kurzer Zeit alle Funktionen, deren normaler Ablauf zu den Kennzeichen der Gesundheit gehört. Wenn auch keine einzige Funktion im Organismus beim Dystrophiker und beim Atrophiker mehr auf der Höhe eines normalen physiologischen Geschehens steht, so ist für den Krankheitsablauf und für das praktisch-therapeutische Handeln in erster Linie die Einbusse an drei Funktionen bedeutsam: 1. das Kind im schlechten Ernährungszustand verliert seine Fähigkeit zur Abwehr von Infektionen, 2. es leidet die Fähigkeit des Darmes Nahrung in gehöriger Weise zu verarbeiten, und die Fähigkeit der Zellen Abbaustoffe der Nahrung zu assimilieren. Dadurch wird 3. der Aufbau des Organismus gefährdet.

Die Abwehr von Infektionen — vor allem kommen die sogenannten grippalen Infekte in Frage — leidet in der Richtung, dass besonders die Überwindung des Infektes dem Kinde Schwierigkeiten bereitet. Die Häufigkeit, mit der die Infektion beim Kinde eintritt, ist im Gegensatz zur Abwehr in weiten Grenzen vom Ernährungszustande unabhängig. Äussere Bedingungen (Infektionsgelegenheit) sind ja für die Zahl der Erkrankungen viel ausschlaggebender als der Zustand des Kindes (innere Bedingungen).

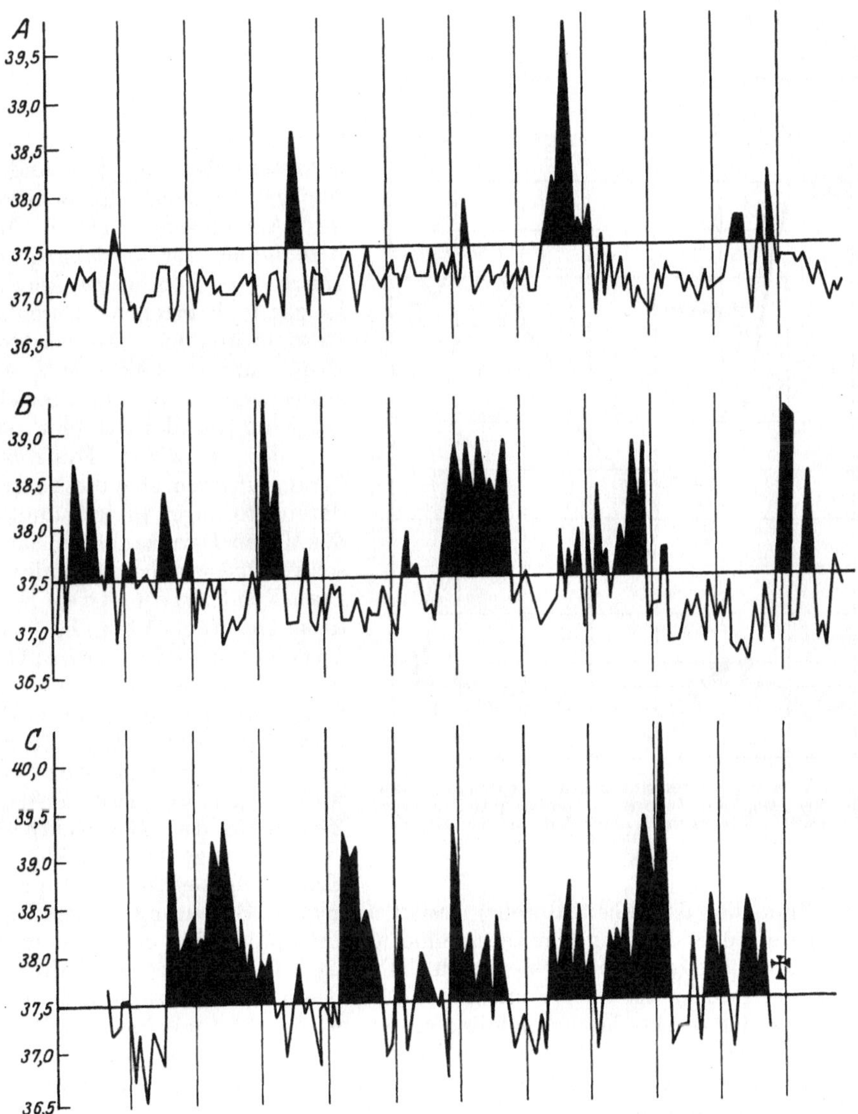

Abb. 21. Dauer und Höhe des Fiebers, aber nicht die Zahl der Infektionen spiegeln den Grad der Verschlechterung des Ernährungszustandes. A = Eutrophie. B = Dystrophie. C = Atrophie.

Das krankhafte Geschehen ist beim gesunden Kinde monoton; es bietet wenig an „interessanten" Krankheitsbildern. Das Sinken der Abwehr hat charakteristische Änderungen der Krankheitsbilder zur Folge. Die dem eutrophischen Kinde des ersten Lebenshalbjahres eigentümliche, weitgehende Immunität, die auf den Besitz einer hohen „Vorratsimmunität" zurückzuführen sein dürfte, geht mit dem Sinken des Ernährungszustandes verloren. Der Dystrophiker und der Atrophiker des ersten Lebenshalbjahres verhalten sich daher in bezug auf Krankheitshäufigkeit nicht anders als der ältere Säugling in schlechtem Ernährungszustand (s. Kap. Ernährung und Immunität). Die häufigsten Erkrankungen des gesunden Säuglings, der fieberhafte Schnupfen und die Pharyngitis von drei bis viertägiger Dauer, wandeln sich beim dystrophischen Kinde in längerdauernde, fieberhafte Bronchitiden und selbst bronchopneumonische Prozesse stellen sich ein. Der Atrophiker kann die einmal haftende Infektion häufig überhaupt nicht mehr überwinden. Viele Tage und Wochen löst eine Fieberwelle die andere ab, und ein komplikationsreiches Krankheitsgeschehen stellt sich ein (s. Abb. 23).

Die schweren Begleit- und Folgekrankheiten der Grippe (Empyem, Osteomyelitis, Pyurie hämatogenen Ursprungs u. ä.) finden sich fast nur beim dystrophischen Säugling, und sie besiegeln meistens das Schicksal des Atrophikers. Durch Mitbeteiligung der Verdauungsvorgänge — es kommt zu Appetitlosigkeit, Erbrechen, Durchfall, Gewichtsabnahme — wird der Ernährungszustand weiter verschlechtert. Für alle Versuche, das Kind aus der Atrophie oder aus der schweren Dystrophie herauszuführen, sind diese sekundären Störungen in der Funktion des Magen-Darmkanals ein häufig schwer überwindbares Hindernis. Das Verhalten eines Kindes in der Abwehr von Infektionen ist sicherlich der feinste Maßstab für die Beurteilung des Ernährungszustandes, feiner als der Ablauf der Gewichtskurve und andere Zeichen der Gesundheit.

Die enge Abhängigkeit von Ernährungszustand und Immunität (im Sinne der Krankheitsabwehr) besitzt aber auch Bedeutung für die Frage der Besserung oder Heilung von Dystrophie und Atrophie. Bei der Heilung der Atrophie und der Dystrophie bessert sich die klinisch feststellbare Beschaffenheit des Gewebes rascher als seine Funktionen. Das Gesicht des Atrophikers rundet sich bereits, der dystrophische Säugling scheint wieder Fettreserven einzulagern, die lange vermisste Gewichtszunahme ist eingetreten, kurz auf dem Wege der Genesung scheinen bereits beträchtliche Strecken zurückgelegt; erkrankt dann das Kind an einem grippalen Infekt, so zeigt erst die Art der Überwindung dieser Belastungsproben, ob die Veränderungen im Organismus tatsächlich Heilung und Genesung bedeuteten, oder ob es sich nur um einen wenig festen, trügerischen und leistungsunfähigen Scheinansatz gehandelt hat. Im Sieg über die Infektion liegt der Prüfstein für die Grösse der Fortschritte, die ein Säugling aus schlechtem Ernährungszustand in der Richtung der Eutrophie gemacht hat. Das Versagen in dem Kampfe kann selbst noch nach einer Zeit von drei bis vier Monaten, in der das Kind scheinbar gut gediehen war und bereits eine ganze Anzahl von Zeichen der Gesundheit wieder erworben hatte, überraschend für Eltern und Ärzte eintreten.

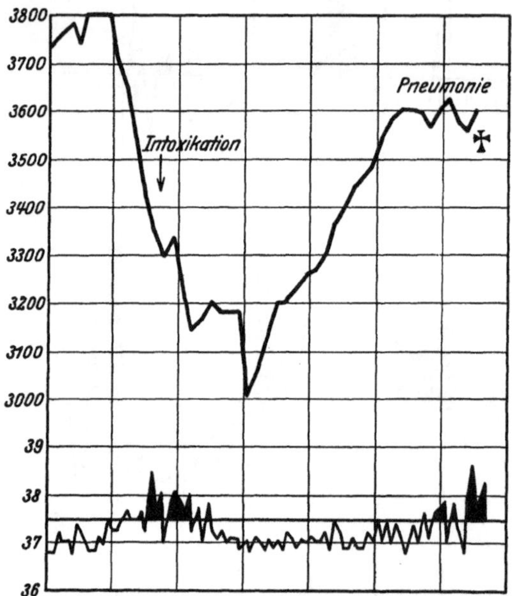

Abb. 22. Wirkung schwerer alimentärer Störungen in die Zukunft des Säuglings. Zunächst scheinbar gute Erholung des Kindes. Nach Wochen, in einer Zeit fortgeschrittener Rekonvaleszenz erster grippaler Infekt, dem das Kind erliegt.

Im Verhalten gegenüber dem Hunger offenbart sich die Abartung des Gewebes vielleicht am eindringlichsten. Das eutrophische Kind verträgt die Entziehung der wärmespendenden Nährstoffe für 24—48 Stunden ohne wesentliche Beeinträchtigung seines Ernährungszustandes und seines Allgemeinbefindens. Bei einem Teil der Kinder kommt es kaum zu einem Stillstand oder zu einer leichten Einknickung der Gewichtskurve; ein anderer Teil nimmt in den Stunden des Hungers etwa 100—200 g ab, die sehr rasch wieder ergänzt werden. Das dystrophische Kind leidet bereits beträchtlich unter dem Hunger von 24 Stunden; längerer Hunger kann das Kind in ernste Gefahren bringen. Die letzten Fettreserven werden eingeschmolzen; die Gewichtsabnahme ist beträchtlicher. Der Gesamtzustand des Dystrophikers wird durch einen einzigen Hungertag häufig auf die Stufe der Atrophie herabgedrückt. Die weitere Senkung der Immunität zeigt sich in den gar nicht selten im Anschluss an den Hungertag auftretenden Fiebersteigerungen. Für den Atrophiker bedeutet jeder längere Nahrungsentzug höchste Gefahr.

Die Temperaturregulation leidet. Untertemperaturen und Kollapszustände, die sich vielfach schon nach 6—8—12 Stunden Hunger einstellen, zeigen den völligen Mangel an allen Reservestoffen an, mit denen der gesunde Säugling ohne Mühe selbst einer viel längeren Hungerpause ausgleichend entgegentritt. Gewichtsstürze können sich einstellen, und nicht selten endigt eine zu lange ausgedehnte Hungerpause das Leben des atrophischen Säuglings.

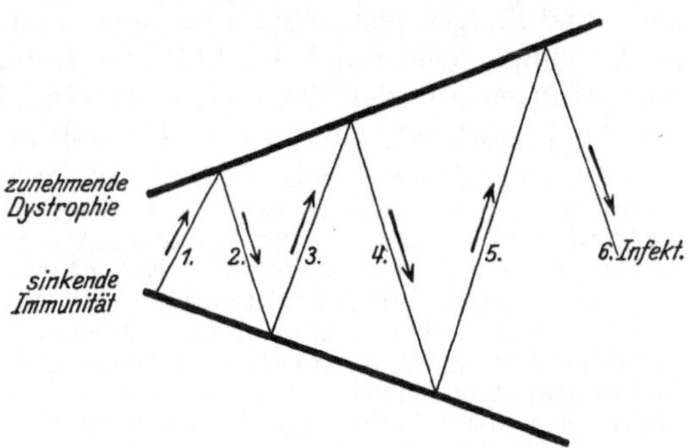

Abb. 23. Wechselseitige Beeinflussung von Ernährungszustand (Dystrophie) und Immunität (Dysergie). Mit zunehmender Dystrophie und sinkender Immunität wachsen Grösse und Schwere der Infektionen.

Nicht viel kleiner als die Unterschiede im Verhalten gegenüber dem Hunger sind die wechselnden Reaktionen der Kinder im verschiedenen Ernährungszustand gegenüber der Nahrungszufuhr. Das gesunde Kind besitzt — worauf schon hingewiesen wurde — eine ausserordentlich breite Toleranz für Menge und Beschaffenheit der Nahrung. Nur grobe Fehler bei Bemessung und Auswahl der Nahrung führen beim gesunden Kinde zu Krankheitserscheinungen. Ein Vermehrung der Nahrung wird, entsprechend den physiologischen Gesetzen, mit einer grösseren Zunahme an Gewicht beantwortet. Beim dystrophischen Säugling dagegen haben die funktionell geschädigten Zellen die Fähigkeit verloren, selbst eine mäßige, über die Norm hinausgehende stärkere Beanspruchung mit einer zweckvollen Mehrleistung zu beantworten. Die kranke Zelle des atrophischen Säuglings erliegt der stärkeren Anforderung; an Stelle des erwarteten Mehransatzes bei vermehrter Nahrungszufuhr kommt es unter Durchfällen zu Gewichtsabnahmen oder zu Gewichtsstürzen. Die zellaufbauende Nahrung bewirkt bei der geschädigten Zelle nicht nur eine Unfähigkeit der Verwertung, sie erschöpft die Zelle in ihrer letzten Widerstandskraft. Von paradoxer Reaktion (Finkelstein) ist in diesen Fällen gesprochen worden.

Das Verhalten eines Säuglings gegenüber dem Hunger oder gegenüber einer vorsichtig vermehrten Nährstoffzufuhr ist von Finkelstein zu einer funktionellen Diagnostik des Ernährungszustandes ausgebaut worden. In zweifelhaften Fällen von Nichtgedeihen wird es die Reaktion des Kindes auf eine vorsichtige Vermehrung der Quantität der Nahrung oder auf eine Hungerpause erlauben, die noch vorhandene Leistungsfähigkeit und die bereits eingetretene funktionelle Schädigung der Zellen gegeneinander abzuwägen. Dabei ist praktisch der im allgemeinen ungefährlichen, vorsichtigen Vermehrung der Nahrung als Test des Ernährungszustandes gegenüber dem Hunger der Vorzug zu geben.

Die dritte bedeutsame Funktionsstörung, die eng mit jeder Verschlechterung des Ernährungszustandes verbunden ist, betrifft die Festigkeit des Aufbaues, die mit jedem Grade einer Verschlechterung des Ernährungszustandes mehr und mehr verloren geht. Aber auch das Zellgefüge, das der Säugling sich bei einer Heilung der Dystrophie oder der Atrophie neu schafft, besitzt zunächst nicht die Festigkeit normalen Protoplasmas. Das neu gebildete Gewebe ist labil und schwindet aus geringfügigem Anlass wieder dahin. Diese Tropholabilität führt zu neuen Gewichtsverlusten, die häufig grösser sind als der vor ihrem Eintritt mühsam erreichte Gewinn. Erst mit weit fortgeschrittener Besserung erlangt der Ansatz wieder die Festigkeit, die das Körpergewebe des eutrophischen Kindes auszeichnet. Die „Tropholabilität des Ansatzes" ist beim atrophischen Säugling am ausgesprochensten, und vielleicht ist die Unfähigkeit widerstandsfähiges, fest gefügtes Gewebe zu bilden, eine Voraussetzung zum Eintritt der Atrophie. Die Tropholabilität des Gewebes offenbart sich gegenüber allen Anforderungen, die den Organismus treffen: Infektionen (s. vorher), der Hunger oder die Unverträglichkeit einer Nahrung können dabei auslösend wirken.

Das verschiedene Verhalten der Säuglinge gegenüber äusseren Reizen, insbesondere gegenüber der Ernährung, ist von Engel als „Zytolabilität" bezeichnet worden. Der Grad der Labilität hat vor allem als Ausdruck und Maßstab für die funktionellen Fähigkeiten der Zellen zu gelten. Er entspricht dem „Zustand" des Kindes: der Eutrophie, Dystrophie oder Atrophie, wie er im vorhergehenden geschildert wurde und der, wie immer wieder betont werden muss, in erster Linie als eine kurze Charakterisierung des vorhandenen Besitzes und für den bereits eingetretenen Verlust an Leistungsfähigkeit zu gelten hat. Mittels der funktionellen Diagnostik durch Nahrungszufuhr oder durch Nahrungsentziehung ist von Finkelstein zum ersten Male eine Methode zur Prüfung der Leistungsfähigkeit (Ernährbarkeit) der Zellen geschaffen worden. Im Verhalten gegenüber der Nahrung (Ansatzfähigkeit) liegt nach Engel aber noch eine weitere Möglichkeit, den Zustand des Kindes zu charakterisieren. Ein Kind, das auf Nahrungszufuhr mit Ansatzsteigerung reagiert, mag es ein eutrophischer, dystrophischer oder atrophischer Säugling sein, wird als eukomponierend, jedes Kind, das auf Nahrungszufuhr mit Abnahme reagiert, als dyskomponierend oder dekomponierend bezeichnet. Heilung einer Störung des Zellgetriebes heisst also die Funktion der Zellen so umstellen, dass aus den „dekomponierenden" oder „dyskomponierenden" Zellen „eukomponierende" werden.

d) Die Bedeutung der Unterscheidung von Eutrophie, Dystrophie und Atrophie für Behandlung und Prognose einer Ernährungsstörung.

Mit der Diagnose des Ernährungszustandes sind wichtige Folgerungen für das praktische Handeln gewonnen. Nach zwei Seiten erfährt damit jede Ernährungsstörung eine schärfere Charakterisierung:

1. Mit der Diagnose des Ernährungszustandes wird der Grad des Lebenspotentials gekennzeichnet; die Prognose einer Ernährungsstörung hängt im Säuglingsalter weitgehend vom Ernährungszustand ab.

2. Mit der Diagnose des Ernährungszustandes wird sofort die Basis umrissen, auf der sich die Diätetik einer Störung aufzubauen hat; d. h. das Vorgehen bei der Behandlung wird wesentlich vom Ernährungszustand bestimmt.

Daher gehört die Kennzeichnung des Ernährungszustandes am Krankenbett des Säuglings zu den wesentlichen und ersten Aufgaben einer Diagnose, denn damit werden sich sofort eindeutige und plastische Vorstellungen über die Wertung des Krankheitsbildes und über die einzuschlagende Therapie einstellen. Man wird sich vor Augen halten, dass das gesunde, eutrophische Kind durch folgende wesentliche Merkmale ausgezeichnet ist: Festigkeit des Aufbaus, pralle Turgeszenz des Gewebes, breiteste Nahrungstoleranz, eine durch gelegentliche Störungen kaum hemmbare Beständigkeit in der Entwicklung und endlich eine hohe Immunität. Damit ist gesagt, dass jede Störung, die ein eutrophisches Kind trifft, in überlegener Weise abgewehrt und meist überwunden wird. Es ist dabei gleichgültig, ob der Angriff auf den Organismus von einem Infekt ausgeht oder von seiten der Ernährung, oder ob er durch schlechte Wartung des Kindes ausgelöst wird; das gesunde Kind vermag, ausgerüstet mit höchster Leistungsfähigkeit, jede dieser Schädigungen abzuwehren, ohne dass dabei seine Funktionskraft wesentlich gemindert wird. Am eindrucksvollsten zeigt sich dieses Verhalten des eutrophischen Kindes, sei es natürlich oder unnatürlich ernährt, bei der Abwehr der Infekte katarrhalischer Natur, die ja kaum ein Kind im Laufe des ersten Lebensjahres verschonen. Mit der gleichen Leichtigkeit werden aber auch die Störungen im Ernährungsvorgange durch einfache Verordnungen, ein Durchfall z. B. durch vorübergehende Schonung des Magen-Darmkanals beseitigt. Dabei wird auch hier der klinische Ausdruck der Krankheit meist leicht sein und Komplikationen werden fehlen. Die schweren und komplikationsreichen Krankheitsbilder sind beim eutrophischen Kinde seltene Ereignisse, und Komplikationen, wie sie beim krankhaft veränderten Ernährungszustand gang und gäbe sind, sind beim eutrophischen Kinde kaum zu erwarten. Bei der Durchfallserkrankung bleibt die Störung im wesentlichen auf krankhafte Erscheinungen von seiten des Darmes beschränkt; die Auswirkungen auf den gesamten Organismus sind gering, und die Beseitigung der krankhaften Vorgänge ist bald zu erwarten. Dieses Wissen um die hochwertige Leistungsfähigkeit des eutrophischen Kindes gibt am Krankenbett dem Arzte eine Sicherheit, die es ihm ermöglicht, frei von ängstlichen Bedenken zu handeln. Bei der Therapie und für die Prognose wird selbst dann, wenn gelegentlich einmal ernstere Züge im Krankheitsbild erscheinen, doch letzten Endes immer ein gewisser Optimismus erlaubt sein.

Diese glückliche Lage ändert sich aber ganz erheblich, sobald ein Kind im Stadium der Dystrophie in seinen krankhaften Erscheinungen zu beurteilen ist. Geschwunden ist die Festigkeit des Aufbaues; die hohe Nahrungstoleranz ist abgeschwächt; die immunbiologische Abwehr hat gelitten. Mit dieser veränderten Situation müssen sich sofort die Prinzipien der Behandlung und die Stellung der Prognose wesentlich anders gestalten als beim eutrophischen Kinde. Der mit dem Eintritt der Dystrophie gegebene Ausfall an Funktionskraft zeigt sich, wie bereits bekannt, in dreierlei Richtung:

1. in Minderung der Immunität,
2. in der Bedrohung durch Durchfälle,
3. in Störungen des Gewebsaufbaues.

Es ist dabei kaum möglich vorauszusagen, von welcher der drei Seiten dem dystrophischen Kinde die erste und grösste Gefährdung droht, zumal alle drei Fährnisse wie die Glieder einer in sich geschlossenen Kette ineinander greifen, bei der es unmöglich ist, Anfang und Ende zu scheiden. Jede Infektion zieht einen Einbruch in das Zellgefüge des Organismus nach sich; es kommt zu Gewichtsabnahmen. Gleichzeitig werden aber auch meist Durchfälle ausgelöst, die unter weiterem Abfall des Gewichts erneut den Ernährungszustand schädigen und damit wieder die Immunität senken. Das gleiche Spiel wiederholt sich, wenn der Reigen nicht vom Infekt, sondern von einem Durchfall eröffnet wurde, oder wenn aus irgendwelchen Gründen zunächst stärkere Gewichtsabnahmen einsetzen. Aufbaustörung, Immunitätssenkung und Durchfallsneigung erscheinen beim dystrophischen Kinde fast stets aneinander gebunden. Dabei erscheint es zunächst vielleicht verwunderlich, dass eine auslösende Ursache Schäden auf so verschiedenen Gebieten und in so verschiedenen Organsystemen nach sich zieht. Aber alle betroffenen Funktionen sind Leistungen des einheitlichen Zellverbandes, der dadurch, dass er in den Zustand der Dystrophie geriet, nicht nur an einer Stelle, sondern in seiner Gesamtheit eine schwere Schädigung erfahren hat.

Die Diagnose Dystrophie ändert damit Voraussage und Behandlung jeder vorliegenden Erkrankung. Die Krankheit dauert länger, Komplikationen werden sich einstellen. In der Abweichung vom Grundtyp des Infektionsablaufes, wie er für das eutrophische Kind geschildert wurde, spiegelt sich das „Anders-Sein" des dystrophischen Organismus am deutlichsten wieder. Nur selten verläuft die Krankheit, ohne das Gedeihen ernstlich zu gefährden; Gewichtsabnahmen sind die Regel, und Durchfälle als Zeichen einer Beteiligung des Magen-Darmkanals bleiben nicht aus. Geändert wird durch die Dystrophie im wesentlichen nur die Form des Krankheitsablaufes.

Wie der Infekt, so erhält auch der Durchfall mit seinen Auswirkungen beim dystrophischen Kinde ein anderes Aussehen. Der Zellverband wird viel stärker als beim eutrophischen Kinde gelockert; die Heilung der gestörten Magen-Darmfunktionen ist weit schwieriger zu erreichen. Damit ergibt sich für die Praxis die Notwendigkeit, bestimmte Heilgemische anzuwenden, die nicht nur dem Prinzip der Schonung Rechnung tragen, sondern auch vermöge ihrer qualitativen Zusammensetzung die Wiederherstellung normaler Funktionen erleichtern (s. später). Denn jede Versäumnis in der Behandlung, durch die der Durchfall später heilt, ist gleichbedeutend mit einer weiteren Verschlechterung des Ernährungszustandes. Damit wird das Kind mehr und mehr der Atrophie zugetrieben, während es die Aufgabe der Therapie ist, das Kind möglichst rasch wieder in den Zustand der Eutrophie zurückzuversetzen. Mit jeder weiteren Verschlechterung des Ernährungszustandes droht aber auch die Gefahr, dass jedwede Erkrankung, die das Kind trifft, ernste Formen annimmt. Das gilt in gleicher Weise für eine Infektion, wie für eine Durchfallserkrankung. Solange das Kind im Stadium der Dystrophie verharrt, wird der Arzt die Voraussage für das fernere Schicksal stets mit Zurückhaltung zu geben haben.

Noch bedeutsamer und entscheidender als bei der Dystrophie ist für Prognose und Therapie die Charakterisierung des Körperzustandes als Atrophie. Damit ist nicht nur ein Tiefstand der körperlichen Entwicklung, sondern ein bedrohlicher Niedergang aller zum Leben notwendigen Funktionen gekennzeichnet. Es ist letzten Endes nicht entscheidend, dass das Kind extrem abmagert, im Gewicht weit hinter seinen Altersgenossen zurückbleibt, dass seine Haut welk und fettlos wird, sondern das weitere Schicksal des Kindes wird lediglich davon bestimmt, was es noch zu leisten vermag. Hierzu kommt, dass die schweren Einbussen an Leistungsfähigkeit auch durch die zweckmäßigste Ernährung, ja selbst durch die Zufuhr von Frauenmilch, im besten Falle erst nach Wochen und Monaten ausgeglichen werden. Auch bei der Atrophie ist es schwer zu sagen, welche der lebenswichtigen Leistungen am meisten gelitten hat. Wiederum treten die gleichen drei Funktionsstörungen: die Ansatzstörung, die Darmlabilität und die Immunitätssenkung, die schon das Wesen der Dystrophie kennzeichneten, bei der Atrophie nur noch inniger verflochten, im krankhaften Geschehen in den Vordergrund. Die raschest wirkende, nicht selten tödliche und daher grösste Gefahr droht von seiten der Immunitätssenkung, die hier in keinem Falle ausbleibt und ihre Anwesenheit regelmäßig durch den Eintritt mannigfacher Infektionen bekundet. Das viel zitierte Wort v. Pfaundlers: Ex alimentatione erkranken sie, ex infectione sterben sie, bewahrheitet sich beim atrophischen Kinde nur allzu häufig. Aber selbst wenn der Tod im Stadium der vollen Entwicklung der Atrophie abgewendet werden kann, bleibt in jedem Falle eine Minderung der Abwehrfähigkeit lange Zeit bestehen, die jede infektiöse Erkrankung in ihrem Ablauf schwerer gestaltet und in die Länge zieht. Sobald daher ein Infekt sich beim atrophischen Kinde einstellt, muss die Krankheit selbst, mehr noch jede harmlos aussehende Komplikation, als eine Lebensbedrohung angesehen werden. Die jede schwere Atrophie regelmäßig begleitende Otitis, die paravertebralen Pneumonien der Atrophiker, bei denen es sich primär um Stauungsherde in der Lunge handelt, die sekundär infiziert wurden, zeigen die Widerstandslosigkeit aller Gewebe gegenüber einer Besiedelung mit Krankheitskeimen an.

Aber nicht nur die Unfähigkeit des immunitätsschwachen Individuums, den erlittenen Infekt zu zügeln und zu bekämpfen, sondern auch die Ausstrahlung des Infektes auf den gesamten Organismus begründen den schweren und komplikationsreichen Ablauf jeder infektiösen Erkrankung beim Atrophiker. Mit dem Eintritt gastro-intestinaler Erscheinungen, die nur selten ausbleiben, kommt es zu Gewichtsstürzen und mitunter zur überstürzten Katastrophe, zum völligen Versagen aller Funktionen und zum körperlichen Zusammenbruch; das ist der letzte Akt der Atrophie, die Dekomposition (Finkelstein).

Die Toleranzschwäche des Darmes beim atrophischen Kinde ist, so muss heute zugegeben werden, vielleicht oft überschätzt worden. Die ängstliche Beobachtung der Stuhlentleerungen führte zu der Furcht, die Toleranz des Darmes zu überschreiten. Eine quantitative und qualitative Unterernährung wurde daher in früheren Jahren vielfach geübt. Durch eine möglichst vorsichtige Nahrungszufuhr glaubte man die Durchfälle mit ihren Gefahren für den Allgemeinzustand hintanhalten zu können. So fruchtbar sich der Begriff der Toleranz auch für die Ausbildung einer zweckmäßigen Diätetik der Ernährungsstörung zunächst erweist, so wird die Verwendung dieses Begriffes Schaden anrichten, wenn die Toleranz als eine dem Körperzustand eigentümliche, unveränderliche Eigenschaft gedeutet wird. Es ist zuzugeben, dass jeder Durchfall vorübergehend die Toleranz des Magen-Darmkanals herabsetzt, im allgemeinen um so stärker, je schlechter der Ernährungszustand des Kindes ist; aber mit dem Beginn der Heilung des Durchfalles schnellt die gesunkene Toleranz mit als erste unter den wiederkehrenden Funktionen fast bis zur normalen Höhe herauf. Die Erniedrigung der Toleranz ist keineswegs unlösbar mit den klinisch fassbaren, somatischen Veränderungen des Organismus verbunden. Ein Säugling kann klinisch noch lange Zeit das Bild der Atrophie darbieten und doch bereits wieder eine hohe Nahrungstoleranz besitzen. Diese Erkenntnis ist von beträchtlicher praktischer Bedeutung. Denn die tiefgreifenden Störungen, die der gesamte Organismus auf dem Wege zur Atrophie erlitten hat, werden niemals durch eine fortgesetzte knappe Ernährung ausgeglichen werden können, die für jede einzelne Zelle ja schliesslich Hunger und damit Mangel an all den Stoffen bedeutet, die zu einer normalen Funktion notwendig sind. Nur durch eine Ernährungstherapie, die dem Körper alle zum Wachstum und zur Arbeit notwendigen Bausteine liefert, wird die atrophische Zelle heilen können. Niemals wird aber eine quantitativ und qualitativ unzureichende Ernährung, die aus Furcht vor einer Überschreitung der Toleranz verordnet wird, eine Atrophie zu heilen imstande sein. „Ein Widersinn ist in dem Gedanken enthalten, es könne der kranke Körper unter denselben Bedingungen erstarken, unter denen der gesunde allmählich verzehrt wird" (Finkelstein). Nur eine möglichst rasch einsetzende, komplette Ernährung führt beim atrophischen Kinde zur Genesung. Dabei wird man immer wieder überrascht sein, wie erstaunlich gross die Toleranz des Darmes in bezug auf Menge und Art der angebotenen Nahrung ist. Beim atrophischen Kinde jenseits der Halbjahreswende, werden selbst scheinbar schwer verdauliche Nahrungsmittel, wie Ei, Fleisch, Wurst u. a. überraschend gut vertragen.

In einem gewissen Gegensatz zu der relativ guten und leicht wieder herstellbaren Leistungsfähigkeit der Darmzellen steht die ausserordentlich grosse Labilität des Körpergefüges. Jeder Durchfall und jeder Infekt verursachen beim atrophischen Kinde einen meist recht beträchtlichen Einsturz im Körpergefüge und diese grossen Gewichtsabnahmen besiegeln nicht selten auch noch viele Wochen nach scheinbarem Ausgleich der erlittenen Störung lebensvernichtend das Schicksal des Kindes.

Mit der Diagnose Atrophie, so kann zusammenfassend gesagt werden, muss beim Arzte assoziativ der Gedanke an eine Lebensbedrohung auftreten. Die Lebensgefährdung besteht zum mindesten solange, bis die klinischen Zeichen der Atrophie denen der Dystrophie Platz gemacht haben. Atrophie und Todesnähe sind eng verbundene Begriffe. Im besten Fall werden Wochen und Monate vergehen, bis die geübte Behandlung die Gefahren für das Kind beseitigt. Angesichts dieser Erfahrungen sehen wir den wesentlichen Fortschritt in der Anwendung aller Methoden, die den Eintritt der Atrophie verhüten.

Ebenso wie die Prognose wird auch die Behandlung irgend einer Ernährungsstörung durch die klinische Diagnose des Ernährungszustandes sofort in bestimmte Bahnen gewiesen. Auf einige Grundlagen in dieser Frage musste ja schon bei der Besprechung der Heilungsaussichten eines Durchfalls im Vorhergehenden hingewiesen werden. Wenn auch durch die in späteren Kapiteln darzustellende ätiologische Differenzierung der einzelnen Krankheitsbilder die Indikation für die jeweils zu wählende Nahrungszusammensetzung bestimmt wird und Form und Tempo der diätetischen Behandlung im einzelnen erst gestaltet werden, so wird durch die klinische Diagnose des Ernährungszustandes stets die Richtung bestimmt, in der sich die Behandlung zu bewegen hat. Welcher Art auch immer die Ernährungsstörung sein mag, die das Kind erlitt, immer wird die Therapie bei der Atrophie anders gehandhabt werden müssen, als bei der Dystrophie und erst recht anders als bei der Eutrophie. Das in jeder Hinsicht hohe Leistungsvermögen des eutrophischen Kindes gibt der Behandlung breitesten Spielraum; die Diagnose Dystrophie mahnt zur Vorsicht, und mit der Diagnose Atrophie wird dem Therapeuten grösste Zurückhaltung auferlegt.

Während das eutrophische Kind stets mit den einfach zusammengesetzten Milchmischungen, die Kohlenhydrat- und vielleicht Fettzusätze enthalten, ernährbar ist (s. Kap. künstliche Ernährung), versagen diese Mischungen häufig schon beim dystrophischen Kinde und sie genügen nicht, um ein atrophisches Kind gross zu ziehen. Abänderungen der Nahrung werden dann notwendig. Die Neigung zum Durchfall muss berücksichtigt werden, die beim Kinde im verschlechterten Ernährungszustand viel stärker ausgesprochen ist, als beim gesunden Kind; auch der Ausgleich der Stoffverluste, die der Säugling auf dem Wege zur Dystrophie oder Atrophie erlitten hat, und die andauern, solange das Kind in schlechtem Ernährungszustand verharrt, verlangt Besonderheiten der Nahrungszusammensetzung. In dieser Richtung ist vor allem der Mehrbedarf an Eiweiss und an Salzen bei der Auswahl der Nahrung für das ernährungsgeschädigte Kind zu bedenken. Die salz- und eiweissarme Frauenmilch, die für das Gedeihen der gesunden Zelle genügt, erfüllt häufig nicht die Ansprüche der geschädigten Zellen und muss in dieser Richtung ergänzt werden.

Schon beim dystrophischen Säugling wird daher selbst bei intakter Darmtätigkeit bei der Auswahl einer Nahrungsmischung Vorsicht am Platze sein. Die Neigung zu Durchfällen mahnt zur Zurückhaltung mit einer allzu starken einseitigen Steigerung des Fettes und der Kohlenhydrate in der Nahrung. Säuerung, Eiweiss- und Salzanreicherung der Nahrung gewährleisten eher als die üblichen Milch-Mehl-Zuckergemische eine Genesung des Kindes. Schon die Säuerung der Nahrung durch Zusatz von Milchsäure bringt in dieser

Richtung eine grössere Sicherheit. Deswegen hat sich die saure, gezuckerte Vollmilch mit ihrem hohen Eiweiss- und Salzanteil beim leicht geschädigten Kinde bewährt.. Noch sicherer bewahrt die Anwendung gezuckerter Buttermilch, beim intakten Darm auch mit Zusatz einer Einbrenne, oder Eiweissmilch mit Einbrenne, das dystrophische Kind vor dem Durchfall und seinen Folgen.

Beim atrophischen Kinde ist die Frauenmilch als Grundlage der Ernährung sicherlich erwünscht, ja notwendig, da nur im Milieu der arteigenen Nahrung eine Wiederherstellung der schwer gestörten Zellfunktion rasch und sicher gelingt. Die Gefahr des Durchfalls, die bei den geschädigten Verdauungsvorgängen des atrophischen Kindes stets droht, und die durch die Zusammensetzung der Frauenmilch noch begünstigt wird, zwingt aber im Anfang zu zurückhaltender Zumessung der Nahrungsmenge. Daneben kann die Zufütterung von Buttermilch + 3—5% Zucker die Gefahren, die die Frauenmilch für den Darm dieser Kinder besitzt, bis zu einem gewissen Grade ausgleichen. Sicherer ist es vielleicht, die Ernährung dieser Kinder zunächst nur mit Buttermilch zu beginnen und erst dann zur Frauenmilchernährung überzugehen, wenn mit einsetzendem Gedeihen auch die Neigung zu Durchfällen schwindet. Erst später werden die zur Ernährung dystrophischer Kinder empfohlenen Nährgemische angewandt werden dürfen.

Die Möglichkeit zur Rückkehr zu einer dem Alter des Kindes entsprechenden einfachen Nährmischung hängt gleichfalls vom Grade der Schädigung des Kindes ab. Beim dystrophischen Kinde wird nach 4—6—8 Wochen der Versuch gemacht werden können, zur Normalnahrung zurückzukehren; beim atrophischen Kinde wird 8—10—12 Wochen bei der vorsichtig ausgewählten Nahrung verweilt werden müssen. Voraussetzung ist in beiden Fällen, dass die Darmtätigkeit sich inzwischen normal gestaltet hat, vor allem, dass die Neigung zu Durchfällen geschwunden ist.

Niemals aber darf die Furcht vor Darmstörungen dazu führen, die gerade diesen Kindern so notwendige komplette Kost vorzuenthalten; denn nur auf diese Weise ist ein Wiederaufbau und eine Wiedergewinnung einer normalen Resistenz zu erreichen. Da die Entstehung jeder Dystrophie letzten Endes auf einen quantitativen oder qualitativen Mangel an irgend welchen lebenswichtigen Nährstoffen zurückzuführen ist, so muss der Ausgleich des Mangels das Ziel der Behandlung sein. Wie im einzelnen die Komplettierung der Kost zu geschehen hat, wird durch die ätiologische Differenzierung der Ursache der Dystrophie (Skorbut, Mehlnährschaden, Dystrophie durch Erbrechen usw.) bestimmt. Diese Betrachtungsweise gilt besonders für die Patienten, bei denen die Dystrophie durch eine Häufung von Infektionen zustande kam. Es kann wohl ausgesprochen werden, dass eine Häufung von Infektionen im Säuglingsalter nur dann eintritt, wenn der Ernährungszustand des Kindes durch eine vorangegangene, in irgend einer Richtung unvollkommene Ernährung gelitten hat. Dazu kommt, dass durch jede Infektion im Organismus ein Mehrbedarf an manchen Nährstoffen (Vitamine, Kohlenhydrate) entstehen kann. Da die Nahrungstoleranz beim dystrophischen Kinde ohne Durchfälle kaum vermindert ist, so bestehen keine Bedenken, die Nahrung dem Alter des Kindes entsprechend komplett zu gestalten. Die gleiche Forderung gilt für die Atrophie, wenn auch ihre Erfüllung hier grösseren Schwierigkeiten begegnet.

B. Die Ernährungsstörungen beim künstlich ernährten Säugling.

Ein System der Ernährungsstörungen, das auf streng logischer Basis aufgebaut alle Störungen umfasst, ist noch nicht gefunden. Die ätiologische Einteilung Czernys und die klinische Finkelsteins sind diesem Ziel am nächsten gekommen. Beide Einteilungsversuche haben sich inhaltlich mehr und mehr genähert und jeder Kinderarzt wird in der Praxis von beiden — bisweilen unbewusst — Gebrauch machen. Die Verbindung klinischer und ätiologischer Betrachtung wird den Tatsachen den geringsten Zwang antun, wenn auch die strenge Logik eines Systems dadurch Einbusse erfährt.

Die erste Frage, die an den Arzt bei der Beurteilung eines kranken Kindes herantritt, ist die Frage nach dem Zustand des Kindes. Und diese Frage wird nur klinisch durch die Einreihung des Kindes in eine der drei Zustandsbilder, wie sie vorher geschildert wurden, beantwortet.

Die zweite Frage lautet: Welche Art von Störung liegt vor? Praktisch lassen sich die hier gegebenen Möglichkeiten in vier Gruppen zusammenfassen. Zur Störung im Gedeihen kann es kommen:

1. durch **Durchfallserkrankungen,**
2. durch **Infektion,**
3. durch **Fehlernährung,**
4. durch **abnorme Konstitution.**

Diese Gruppen erweisen sich nicht scharf voneinander getrennt, ·sondern sie greifen, den Rädern eines Uhrwerks vergleichbar, vielfach ineinander, eine Tatsache, die die Erfassung der Ursache der Störung oft schwierig gestaltet. Die ausgesprochensten und häufigsten Wechselbeziehungen sollen gleich hier vorangestellt werden.

1. Die Durchfallserkrankung eröffnet zwei Möglichkeiten: Rasche Genesung und Rückkehr zur Eutrophie oder Verschlechterung des gegebenen Ernährungszustandes mit allen seinen Folgen.
2. Der Infekt kann in den Ernährungsvorgang eingreifen
   a) durch die ihn begleitende Durchfallserkrankung,
   b) durch Verschlechterung des Ernährungszustandes.
3. Die Fehlernährung führt zum Fehlnährschaden und damit zum klinischen Bild der Dystrophie mit allen Folgen.
4. Die abnorme Konstitution offenbart sich neben bestimmt umgrenzten Symptomen in einer Verschlechterung des Ernährungszustandes.

Schematisch lassen sich diese Beziehungen etwa auf folgende Art (Seite 129) darstellen.

Besser, als durch Beschreibung zeigt das schematische Bild die zentrale Stellung der Dystrophie mit ihren verhängnisvollen Folgen für das Kind. Von der Dystrophie nahmen die schweren Störungen einer früheren Zeit ihren Ausgang. Der grosse Fortschritt unserer Zeit liegt in dieser Er-

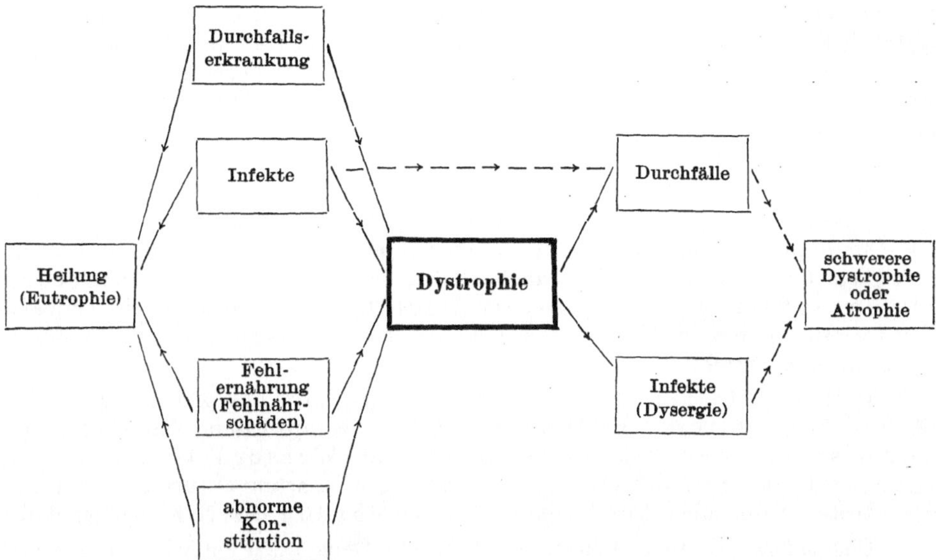

kenntnis und in der Möglichkeit, durch zweckentsprechende Ernährungstherapie die Verschlechterung des Ernährungszustandes zu verhüten oder sie bald wieder auszugleichen.

I. Durchfallserkrankungen.

Der Durchfall, seine Entstehung, seine klinische Bedeutung und seine Heilung ist nach wie vor Hauptproblem der Säuglingsernährung in Theorie und Praxis. Die Theorie hat die verschiedenen, bis heute noch nicht geklärten Wege zu verfolgen und zu erfassen, auf denen ein Durchfall entstehen kann. Die Aufgabe der Praxis ist es, einen Durchfall in schneller und sicherer Weise zur Abheilung zu bringen. Ein Andauern des Durchfalls bringt das Kind durch Nährstoffverluste in nicht geringere Gefahr, als eine unzweckmäßige Behandlung etwa durch wiederholte Hungerkuren; in beiden Fällen wird das Ernährungsresultat beeinträchtigt. Z w e c k m ä ß i g e T h e r a p i e d e s D u r c h f a l l s t r e i b e n h e i s s t a b e r , z u g l e i c h D y s t r o p h i e n v e r h ü t e n .

Theoretisch sind heute noch viele Fragen ungelöst, praktisch ist die Heilung eines Durchfalls bis auf wenige Ausnahmen leicht erreichbar. Freilich so ganz einfach, wie man das wünschen sollte, ist die Marschroute nicht, die für die Behandlung vorzuschlagen ist. Dies offen zu bekennen, erscheint mehr geraten, als die Schwierigkeiten in der Diagnostik und Therapie eines Durchfalls zu verschleiern. Wollte man nur einfache therapeutische Regeln aufstellen, so müsste bald eine Abweichung vom Schema Enttäuschung bereiten.

Die S c h w i e r i g k e i t e n in der Wertung und in der Behandlung eines Durchfalls liegen in drei Richtungen:

1. Mannigfaltig und bisweilen selbst für den Erfahrenen undurchsichtig sind die Momente, die den Durchfall auslösen; völlig entgegengesetzte Schädigungen finden sich unter den Ursachen eines Durchfalls. Als Durchfallserzeuger kennt man von jeher ein Z u v i e l a n N a h r u n g . Weniger bekannt ist, dass auch ein Z u w e n i g a n N a h r u n g , sei es an Gesamtmenge, sei es an einzelnen Nahrungsbestandteilen, die Vorbedingung zur Entstehung eines Durchfalls liefert. Während im ersten Fall aber eine direkte Toleranzüberschreitung den Durch-

fall erzeugt, ist im zweiten Falle zwischen Fehlnährschaden und Durchfall der dystrophische Zustand mit der ihm eigenen Darmlabilität zwischengeschaltet. In anderen Fällen ist ein Infekt im Darm oder ein parenteraler Infekt, der sich weit entfernt von den Organen der Verdauung im Organismus abspielt, als Ursache des Durchfalls zu beschuldigen. Keineswegs selten bleibt die Ursache des Durchfalls überhaupt ungeklärt, namentlich dann, wenn erst der Ernährungszustand gelitten hat.

2. Verschieden und wechselnd sind Auswirkung und Ausstrahlung des Durchfalls auf den gesamten kindlichen Organismus; Durchfälle gleicher Heftigkeit und gleicher Beschaffenheit finden sich einmal bei ungestörtem Allgemeinbefinden und bestem Gedeihen eines Kindes, ein anderes Mal begleitet schwerster Verfall und Gewichtssturz einen scheinbar gleich starken Durchfall.

3. Mannigfaltig ist auch die Behandlung, die das gleiche Symptom, die Diarrhöe, erfordert. Bald ergibt sich als therapeutische Notwendigkeit ein Aussetzen der Nahrungszufuhr, eine Wasserdiät; bald ist die unveränderte Beibehaltung der bisherigen Nahrung anzuraten; bald ist sogar trotz bestehenden Durchfalls eine Vermehrung der Nahrung geboten.

Eine solche Übersicht könnte jeden logisch Denkenden zunächst verwirren; es fehlt anscheinend jegliche Basis und Richtung für die einzuschlagende Therapie. Aber nicht um zu verwirren, wurden diese Gegensätzlichkeiten aufgezeigt, sondern um zur Klärung zu kommen; denn nur nach allseitiger Betrachtung des Durchfallproblems wird schliesslich die Berechtigung, ja der Zwang zu der verschiedenen diagnostischen Wertung und der verschiedenartigen Behandlung verständlich werden. Um einen Durchfall zweckmäßig zu behandeln, bedarf es in jedem Falle sorgfältiger Analyse des ganzen Krankseins. Immer wieder muss daran erinnert werden, dass im Durchfall nicht mehr als ein Symptom gesehen werden darf, das wohl häufig, aber keineswegs immer in der Diagnostik und in der Therapie führen darf.

Eine **klinische** Definition des Symptoms „Durchfall" erscheint fast überflüssig. Man spricht vom Durchfall, wenn Zahl und Art der Entleerungen von der Norm abweichen, wenn häufigere und dünnere, d. h. wasserreichere Stühle entleert werden. Dabei geht gleichzeitig auch die pastenartige Beschaffenheit des normalen Stuhles verloren, der weniger gebunden, vielfach in einzelne Krümel zerhackt und zerfahren erscheint. Reichliche Schleimbeimengungen stellen sich ein und die normale Farbe des Stuhles wandelt sich. Der Stuhl wird häufig schon grün verfärbt entleert oder nimmt diese Färbung nach kurzer Zeit in den Windeln an. Die alkalische Reaktion des Stuhles, wie sie sich beim künstlich genährten Säugling in der Regel findet, schlägt, wie eine Prüfung mit angefeuchtetem Lackmuspapier ergibt, zu sauren Werten um, wenn auch gelegentlich gerade bei schwersten Durchfällen wieder eine alkalische Reaktion auftreten kann. Dieser scheinbar paradoxe Befund kommt wahrscheinlich dann zustande, wenn sich bei stärkster Reizung der Darmschleimhaut und Peristaltik reichliche Mengen alkalisch reagierenden Schleimes und alkalischer Darmsäfte dem Stuhle beimischen, so dass die bei fehlerhafter Verarbeitung der Nahrung im Darm entstandenen sauren Produkte neutralisiert und schliesslich von den alkalischen Valenzen übertroffen werden.

Über diese leicht fassbaren Erscheinungen hinaus hat auch die feinere Analyse des diarrhöischen Stuhles für die Praxis der Behandlung des Durchfalls nichts wesentlich Bedeutsames erbracht. Das gilt sowohl für die mikroskopische, als auch für die chemische Untersuchung und in gleicher Weise für die Ergebnisse, die mit den modernen Methoden der physikalischen Chemie gewonnen wurden.

Mit keiner dieser Methoden ist es bis heute gelungen, einen Durchfall so scharf zu charakterisieren, dass damit eindeutige Richtlinien für die einzuschlagende Therapie gewonnen wären. Einige Zeit glaubte man durch die mikroskopische Untersuchung des Stuhles die materia peccans auffinden zu können, nach deren Entfernung aus der Nahrung der Durchfall heilen sollte. Fanden sich z. B. viel Fettropfen oder Fettsäurenadeln im Stuhl, so schloss man auf eine Unverträglichkeit des Fettes; fanden sich viel sogenannte Kaseinbröckel, das sind weisse, zähe Massen von Erbsen- bis Bohnengrösse im Stuhl, so schloss man auf eine Herabsetzung der Fähigkeit zur Kaseinverdauung. Alle diese Erscheinungen haben heute eine andere Deutung erfahren. Jede Erhöhung der Peristaltik lässt Fett in vermehrten Mengen im Stuhl erscheinen. Gelingt es bei gleichem Fettangebot durch Änderung der anderen Nahrungsbestandteile die Peristaltik zu verlangsamen, dann hört die Fettdiarrhöe auf. Ähnliches gilt auch für den Nachweis unverdauten Mehles im Stuhl, aus dem man vor noch gar nicht langer Zeit schwerwiegende Schlüsse für die erwünschte und notwendige Zusammensetzung der Nahrung ziehen zu können glaubte. Eine positive Jodprobe, das ist Schwarzblaufärbung des Stuhles beim Auftropfen von freiem Jod enthaltender Jodtinktur, sollte auf eine Unfähigkeit zur Verdauung des Mehles hinweisen. Aber das Erscheinen von reichlich Mehl im Stuhl ist auch hier lediglich die Folge einer Erhöhung der Peristaltik, weil bei der Beschleunigung der Darmpassage das Mehl der Saccharifizierung und der Resorption entgeht. Einen Beweis für die Unfähigkeit zur Mehlverdauung erbringt die positive Jodprobe niemals. Die Verabreichung roher Milch, die schon im Magen stark klumpig gerinnt, erzeugt die groben Gerinnsel im Stuhl, die der Zersetzung durch die eiweißspaltenden Magen-Darmfermente, besonders bei rascher Peristaltik z. T. entgehen. In bezug auf die Reaktion des Stuhles ist bereits gezeigt worden, dass selbst bei heftigsten Durchfällen alkalische Reaktion bestehen kann, während harmlose Durchfälle bei Kuhmilchernährung gar nicht selten eine ungewöhnliche, das ist eine saure Reaktion aufweisen.

Auch die Methoden der physikalischen Chemie ermöglichen kaum eine feinere Differenzierung der einzelnen Formen des Durchfalles. Die theoretisch interessanten Ergebnisse aller dieser Untersuchungen vermochten das praktische Handeln bisher jedenfalls nicht zu befruchten. — Grosse Mühe und Arbeit ist auf die bakteriologische Analyse des Stuhles beim Durchfall verwandt worden. Immer wieder hat man versucht, spezifische pathogene Keime bei den Diarrhöen der Säuglinge zu isolieren. Die Streptokokkenenteritis, von der man früher sprach, war vielleicht das erste Ergebnis dieser Studien, und die Aufstellung einer angeblich typischen Colirasse, der Dyspepsiecoli als Erreger ernster Durchfälle, stellt den neuesten Versuch dar, durch bakteriologische Untersuchung des Stuhles Ätiologie und klinische Wertigkeit eines Durchfalles zu klären. Es ist zuzugeben, dass sich bei manchen Dyspepsien das bakteriologische Stuhlbild ändert, ohne dass allen diesen Forschungen ein praktisch auszuwertender Erfolg beschieden gewesen wäre. —

Alle diese mühevollen Untersuchungen, deren theoretische Bedeutung und Notwendigkeit keineswegs bestritten werden sollen, haben aber, so muss wohl zusammenfassend bekannt werden, bisher nicht über das hinaus geführt, was die klinische Erscheinung des veränderten Stuhlbildes nicht auch schon gelehrt hätte. Bei dem Misslingen aller Versuche einer feineren Charakteristik des Stuhlbildes wird sich der Blick des Arztes über die krankhaften Erscheinungen am Magen-Darmkanal hinaus auf die so sehr verschiedenen und wechselnden Erscheinungen richten müssen, die sich jenseits des Darmes am gesamten Organismus des Kindes zeigen. Nicht die exakte Untersuchung des Stuhles bringt die Entscheidung über die nosologische Stellung eines Durchfalles und damit die sicheren Richtlinien für seine Behandlung. Nur der Zustand des

Kindes, das Auftreten und die Intensität gewisser Krankheitserscheinungen und nach Möglichkeit eine Klärung der Bedingungen, die den Durchfall erzeugten, kann der Diagnose den sicheren Boden bereiten, auf dem sich das wohlgefügte Gebäude einer ruhig und stetig geführten Therapie und damit eine rasche Heilung des Durchfalls aufbauen. Damit ergibt sich als eine neue Frage:

Gibt es Veränderungen im Aussehen und im Gehabe des Kindes, die es erlauben, die Eigenart eines Durchfalls so scharf zu präzisieren, dass eine Wertung der Erkrankung und damit die Stellung einer therapeutischen Indikation ermöglicht werden?

Wie schon betont wurde, gibt es Kinder, die beim Eintritt eines Durchfalls weder körperlich noch seelisch beeinträchtigt sind; andere Kinder wieder, die gestern noch munter und rosig erschienen, erkranken schwer mit dem Eintritt des Durchfalls und weisen so tiefgreifende Veränderungen in ihrem Aussehen und in ihrem Gehabe auf, dass selbst der Laie den entscheidenden Umschlag im Allgemeinzustand sofort wahrnehmen wird. Diese im klinischen Bilde in Erscheinung tretenden Veränderungen können nur als Äusserungen völlig wesensverschiedener Vorgänge gedeutet werden, die sowohl im Darmkanal als auch im gesamten Organismus vor sich gehen, Vorgänge die so verschieden sein müssen, dass es berechtigt erscheint, allein auf den nach aussen projizierten Erscheinungen eine Einteilung der Durchfallserkrankungen zu versuchen. Damit ergibt sich eine Unterscheidung in:

a) Durchfälle ohne Beeinträchtigung des Allgemeinbefindens (monosymptomatische Diarrhöe) und

b) Durchfälle mit Beeinträchtigung des Allgemeinbefindens (polysymptomatische Diarrhöe).

Worauf beruht nun grundsätzlich diese Verschiedenheit in der Auswirkung eines an sich klinisch gleichen oder ähnlichen Symptoms? Will man die Unterschiede verstehen, so muss man versuchen, die physiologischen Vorgänge der Stuhlbildung klar zu legen. Die Entleerung eines normalen Stuhles ist gebunden an eine in ihrem Tempo regulierte Peristaltik, an eine Magen-Darmsaftsekretion, die den vollkommenen chemischen Abbau der aufgenommenen Nahrung gewährleistet, an eine weitgehende Aufsaugung der aufgenommenen Nahrung und schliesslich an die Gegenwart einer nach Lokalisation und Art stabilen Bakterienflora. Alle diese Faktoren sind jeder für sich Veränderungen unterworfen, gleichzeitig aber vielfältig miteinander verkettet und von einander abhängig. Die Mannigfaltigkeit der Funktionen, die an der Stuhlbildung beteiligt sind, bedingt und erklärt zugleich die sehr verschiedenen Wege, auf denen ein Durchfall zustande kommen kann. So kann eine primäre Beschleunigung der Peristaltik durch zentral nervöse Einflüsse einen Durchfall verursachen. Beispiele einer solchen zentralen Reizung sind Durchfälle, die Infektionen begleiten. Ein anderes Mal ist eine Veränderung im Magen-Darmchemismus, wie sie bei Überhitzung oder beim Hunger nachgewiesen ist — in beiden Fällen wird die Darmsaftsekretion vermindert — die Ursache eines Durchfalls. Dagegen scheinen nach unserem derzeitigen Wissen primäre Störungen im Abbau und in der Resorption der Nahrung im Säuglingsalter sehr selten zu sein. Finden sich solche Störungen in der Dissimilation und Assimilation der Nahrung, so sind sie meist sekundär als Folge einer beschleunigten Peristaltik entstanden.

Durchfall und Darmflora.

Überragende Bedeutung für die Formung des Stuhles besitzen Art, Menge und Sitz der Bakterienflora im Darm. Von ihr werden Peristaltik, Abbau und Aufsaugung der Nahrung im Darm entscheidend beeinflusst. Solange sich die Bakterienflora im Darm in normalen Grenzen hält, vollzieht sich die gesamte Tätigkeit des Darmes in regelrechten Bahnen. Die Regulation und Fixation bestimmter Bakterienarten an umgrenzten Abschnitten des Darmes ist eine der wichtigsten Aufgaben, die das Neugeborene mit dem Eintritt ins Leben zu erfüllen hat. Mit welchen Mitteln diese Aufgabe meist glücklich gelöst wird, entzieht sich noch vollständig unserer Kenntnis. Vielleicht stehen dem Darm antikörperartig wirkende Kräfte zur Verfügung, die ihn befähigen, fremdartige Bakterien auszuschliessen und die Bakterienbesiedelung nur da zuzulassen, wo sie sich nützlich in den Verdauungsprozess einfügt. Für das Duodenum sind, wenigstens beim Erwachsenen, solche bakteriziden Stoffe (Bakteriostanine) nachgewiesen worden. Die Aufgabe der Regelung des Bakterienlebens im Darm erfüllt der gesunde Organismus mit bewundernswerter Präzision. Einförmig ist daher die Bakterienflora, die sich selbst bei Zufuhr fremdartiger Bakterien im Stuhl des Brustkindes oder, wiederum anders, im Stuhl des Flaschenkindes findet. Aber nicht nur die Art der Bakterien, die zur Einwanderung und Ansiedelung zugelassen werden, wird vom Wirtsorganismus bestimmt, sondern, was fast noch wunderbarer erscheint, auch die Stätten, die den zugelassenen als Aufenthalt dienen, werden den eindringenden Bakterien schon vom Neugeborenen genau zugemessen. Da, wo im Darm die wichtigen Vorgänge des Nahrungsabbaues und der Nahrungsresorption stattfinden, schaltet die Natur die Bakterien und damit die von ihnen ausgehenden Störungen im Nahrungsabbau aus. Daher ist der ganze Dünndarm frei von Bakterien; die Bakterien sind fast ausschliesslich auf den Dickdarm beschränkt, wo ihnen die Möglichkeit gegeben ist, in die Abbauprozesse der Nahrung in dem Augenblick einzugreifen, in dem die chemische fermentative Verdauung aufhört. Jede Störung im Gleichmaß des Lebens der Bakterien und jede Wanderung von Bakterien in ihnen verschlossene Territorien des Darmes müssen daher ernste Erschütterungen in der wohl organisierten Tätigkeit des Magen-Darmkanals mit sich bringen. Und diese Umordnung und Unordnung in der bakteriellen Besiedelung des Darmes wird damit zur häufigsten unmittelbaren Ursache einer Durchfallserkrankung. Freilich fehlt vorläufig noch die Klarheit darüber, auf welchen Wegen das Auftreten schädlicher Arten oder der Aufstieg der Keime in nicht für sie bestimmte Regionen zustande kommt. Eindringen pathogener Bakterien (wie bei der Ruhr), die nicht beherrscht werden können, unzweckmäßige, z. B. verdorbene Nahrung, mechanische Stauung der Nahrung wie bei Überfütterung und manches andere können als Faktoren wirken, die die bakterienregulierenden Fähigkeiten vernichten.

Wenn es sich im ganzen hierbei aber um Fragen handelt, die noch der Antwort harren, so ist für das praktische Handeln heute doch schon der Schluss erlaubt, dass eine ernste Situation entstanden ist, sobald die Ansiedelung der Bakterien nicht mehr auf den Dickdarm beschränkt ist, sondern auf den Dünndarm übergegriffen hat. Die Bakterientätigkeit verursacht dann durch ihr Eingreifen in den chemischen Abbau des Darminhaltes beträchtliche Störungen im physiologischen Nahrungsabbau. Um nur ein Beispiel herauszugreifen: An Stelle der geringfügigen Reste von Kohlenhydraten, die normalerweise dem bakteriellen Abbau im Dickdarm verfallen, stehen im Dünndarm den hier eingedrungenen Keimen grosse Mengen noch nicht aufgebrauchten Zuckers zur Verfügung. An ungewohnter Stelle entstehen unphysiologische Abbauprodukte, z. B. reichlich Fettsäuren, die von den Zellen des Darmes nicht bewältigt werden können und als krankhafter Reiz wirken. Eine Beschleunigung der Peristaltik, Störungen der Resorption und unter Umständen bedeutsame Schädigungen der Darmwand werden sich als Folgeerscheinungen einstellen und sich in ihren Auswirkungen auch jenseits des Darmes in mannigfachen Störungen des Allgemeinbefindens äussern. Es scheint daher erlaubt, vom pathogenetischen Standpunkt aus die Durchfälle, bei denen es zu einem Aufstieg der Darmbakterien in den Dünndarm, zu Schädigungen der Darmwand und damit zu Störungen des Allgemeinbefindens kommt, von den Durchfällen zu unterscheiden, bei denen diese Anarchie der Darmbakterien fehlt. In letztere Gruppe gehören alle Durchfälle, die sich als Folge einer primären Störung in der Peristaltik oder als Folge einer Unausgeglichenheit der Bakterienflora im Dickdarm einstellen. Diese Formen der Diarrhöe, bei denen nach unseren derzeitigen Vorstellungen der Dünndarm unbeteiligt ist oder jedenfalls die Störungen nicht über die Darmwand ausstrahlen, werden daher auch schwerwiegende Veränderungen im Allgemeinbefinden des Kindes vermissen lassen. Diese Vorstellungen der verschiedenen Pathogenese des klinisch gleichen Symptomes

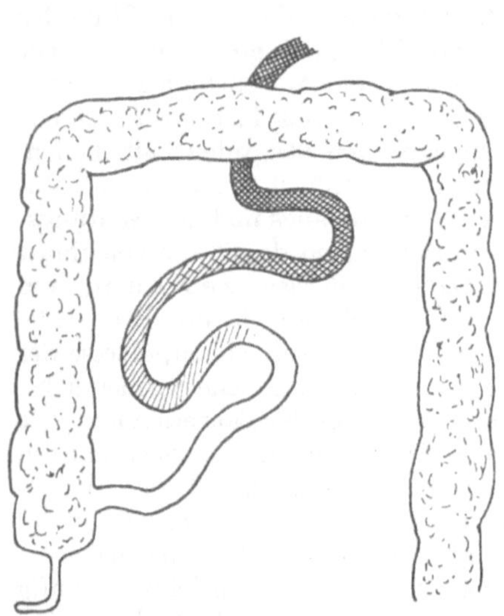

Abb. 24. Schema I. Gesunder Darm. Zuckerverdauung nur im Dünndarm. Darmbakterien nur im Dickdarm. Zucker und Bakterien kommen nicht zusammen, daher keine stärkere, aphysiologische Gärung.

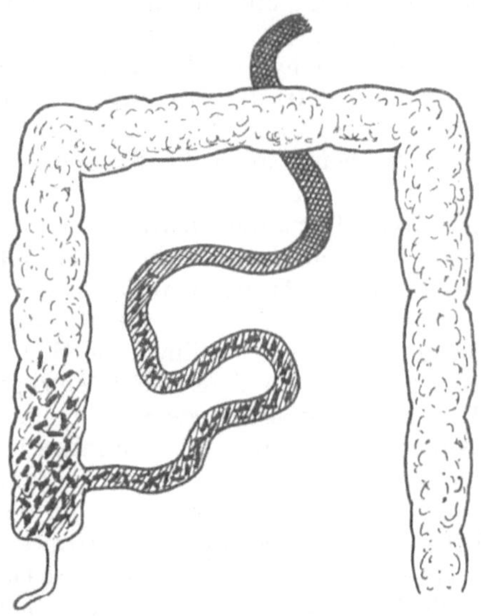

Abb. 25. Schema II. Kranker Darm. Beschleunigte Peristaltik bringt unverdauten Zucker bis in die untersten Dünndarmabschnitte und bis in den Dickdarm. Bakterienaszension bringt Bakterien in den Dünndarm. Zucker und Bakterien treffen im Dickdarm und im Dünndarm zusammen. Folge: Abnorme Zuckergärung, Durchfall.

machen es verständlich, wieso der Kliniker der Entleerung häufiger dünner Stühle als einem Symptom im Rahmen mannigfaltiger Krankheitsbilder begegnet, deren Wertung und Behandlung niemals von dem vielleicht zunächst auffälligsten Symptom, dem Durchfall ausgehen darf, sondern die nur dann richtig und zweckvoll eingereiht werden können, wenn viel mehr als die krankhafte Form der Stuhlentleerung das Vorhandensein oder Fehlen krankhafter Veränderungen im Allgemeinbefinden zum führenden Symptom in der Diagnose und Therapie der hierher gehörigen Erkrankungen wird.

a) Durchfälle ohne Beteiligung des Allgemeinbefindens (monosymptomatisch).

Durchfälle ohne ernste Beeinträchtigung des Allgemeinbefindens sind in der Praxis nicht seltener als die Diarrhöen, die den Allgemeinzustand schädigen. Dieses Wissen gewährt im praktischen Handeln sofort eine gewisse Ruhe und Stetigkeit, weil die Eigenart dieser Durchfälle eine abwartende Behandlung erlaubt, die dem Kinde manchen Hungertag und manche schädigende eingreifende

Nahrungsänderung erspart. Solche Durchfälle sind im Säuglingsalter so häufig, weil sich beim Säugling die feinsten Störungen im Allgemeinbefinden und die geringsten von aussen an ihn herantretenden Schädigungen zu allererst an dem empfindlichsten Organ, dem Magen-Darmkanal, zu äussern pflegen. Der Magen-Darmkanal stellt beim Säugling in seiner Reaktion den feinsten Maßstab für alle Schwankungen der Gesundheit dar, der fast zu fein reagiert, ähnlich wie der Seismograph der Erdbebenwarten nicht nur die örtlich bedeutsamen Erderschütterungen, sondern auch weit entfernte, für den Ort gleichgültige Störungen mit deutlichen Ausschlägen anzeigt. Und ebenso wie nicht jede, vom Seismographen angezeigte Erderschütterung zum Anlass einer Räumung der Wohnungen und Häuser wird, so wird auch nicht jede geringfügige Reaktion des kindlichen Darmes der Anlass zu einem einschneidenden therapeutischen Handeln geben dürfen. Der hier angezogene Vergleich gibt aber gleichzeitig vielleicht auch ein gewisses Verständnis dafür, dass der Verdauungsapparat von den mannigfachsten Stellen aus auf recht verschiedene Reize in gleicher Weise mit abnormen Ausschlägen reagieren kann. Wie verschieden die Wege sein können, auf denen Durchfälle ohne Beeinträchtigung des Allgemeinbefindens eintreten können, zeigt folgende Übersicht:

Durchfälle ohne begleitende Beeinträchtigung des Allgemeinbefindens sind anzutreffen:

1. bei jungen Säuglingen der ersten Lebenswochen, sowohl bei Brustkindern wie bei Flaschenkindern, insbesondere in Anstalten;
2. bei gewissen Formen der Inanition, besonders auch wieder bei den jüngsten Kindern;
3. bei nichtgedeihenden dystrophischen Säuglingen.

Die Berechtigung, eine Gruppe harmloser Diarrhöen aufzustellen, bei denen jede Beeinträchtigung des Allgemeinbefindens fehlt, lehren am besten Beobachtungen bei jungen, gedeihenden Brustkindern. Kein Arzt und keine Mutter nehmen daran Anstoss, wenn ein gedeihendes Brustkind fünf bis sechs dünne Stühle am Tage entleert.

Ist die Gewichtszunahme gut, so wird man im Vertrauen auf die Bekömmlichkeit der natürlichen Nahrung voller Ruhe den Zeitpunkt abwarten, an dem — in der Regel in der vierten bis sechsten Lebenswoche — die Stühle spontan seltener werden. Die gleiche Zurückhaltung wird man üben, wenn beim gesunden Brustkind gelegentlich später diarrhöische Stühle eintreten, ohne dass das Allgemeinbefinden des Kindes wesentlich beeinträchtigt wird.

Das ist keine neue Entdeckung; schon vor 160 Jahren schrieb Rosen von Rosenstein: Je jünger wir sind, desto besser geht die Öffnung und der Schlaf vonstatten: je älter hingegen, desto härter ist der Leib und desto geringer ist der Schlaf. Man muss es daher nicht sogleich für eine Diarrhöe halten, wenn ein Kind, das gut sauget, drei- oder viermal des Tages Öffnung hat.

Diese Erfahrungen dürfen und müssen auch auf das Flaschenkind übertragen werden. Freilich ist hier — und darin besteht ein wesentlicher Unterschied zwischen natürlicher und künstlicher Ernährung — die Grenze zwischen diesen harmlosen, monosymptomatischen Diarrhöen und der polysymptomatischen Durchfallserkrankung, die mit Störungen im Allgemeinbefinden [einhergeht, weniger scharf gezogen.

1. Die Diarrhöe in den ersten Lebenswochen.

Der Unterschied zwischen Anstalts- und Familienpflege wird niemals deutlicher als bei der Aufzucht junger Säuglinge. In der Familie führt die künstliche Ernährung vom ersten Lebenstage an zu seltenen Entleerungen, ja zur Verstopfung (s. künstliche Ernährung), und nur in ganz seltenen Fällen bereitet der Eintritt von Durchfällen Schwierigkeiten.

Fast umgekehrt verhält es sich in Anstalten, soweit wir das von unserem Haus sagen können. Kaum ein Säugling unter drei Monaten behält nach dem Eintritt in die Anstalt seltene Stuhlentleerungen. Schon nach wenigen Tagen kommt es zur Diarrhöe (Anstaltsdiarrhöe). Über diesen, wie es uns scheint, wichtigen Punkt des Hospitalschadens hat man bisher noch wenig gesprochen. Trotzdem haben wir allen Grund anzunehmen, dass er sich nicht nur in unserer Anstalt zeigt, sondern auch anderwärts beobachtet wird.

Die Klinik dieser Durchfälle ohne Störungen des Allgemeinbefindens ist deswegen einfach zu beschreiben, weil sie eben dadurch ausgezeichnet ist, dass der Zustand der G e s u n d h e i t trotz krankhafter Erscheinungen von seiten des Magen-Darmkanals zunächst u n g e t r ü b t b e s t e h e n bleibt. Die Diarrhöe ist bei diesen Kindern lediglich ein l o k a l e s Symptom, das keine wesentlichen Rückwirkungen auf das Allgemeinbefinden ausübt. Bisweilen besteht daneben Speien und geringes Erbrechen. Die Hautfarbe der Kinder bleibt unverändert rosig, Schlaf und Stimmung sind ungestört. Die Körpertemperatur bleibt ohne fieberhafte Erhebungen und das Körpergewicht zeigt bei täglicher Wägung keine oder nur geringe Abnahmen. Nicht selten findet sich noch eine gegen die Norm mehr oder weniger verlangsamte Gewichtszunahme. Sämtliche Erscheinungen bleiben harmlos, weil keine wesentlichen Bestandteile des Körpergefüges in Verlust geraten.

Es ist nicht ganz leicht, die Ursache anzugeben, warum die Säuglinge der ersten Lebenswochen gerade in den Anstalten so häufig an Diarrhöen leiden. Man hat geglaubt, die hier üblichen besonderen pflegerischen Maßnahmen, z. B. rektale Temperaturmessungen, hierfür verantwortlich machen zu können. Indessen haben wir uns davon überzeugen müssen, dass auch bei einem Verzicht auf die Temperaturmessungen die Durchfälle keineswegs seltener werden. Manches spricht dafür, dass es letzten Endes gewisse Schwierigkeiten in der Ansiedlung einer physiologischen Bakterienflora im Darmkanal sind, die die Diarrhöen der jungen Anstaltskinder verursachen. Die nach Menge und Art zahlreicheren Bakterien, die der Säugling in der Massenpflege der Anstalt in seinen Magen-Darmkanal aufnehmen und beherrschen muss, üben vielleicht einen Reiz auf die Darmwand aus, der sich klinisch in Form der Irritationsdiarrhöen (F i n k e l s t e i n) äussert. Mag auch die endgültige Erklärung vom Wesen

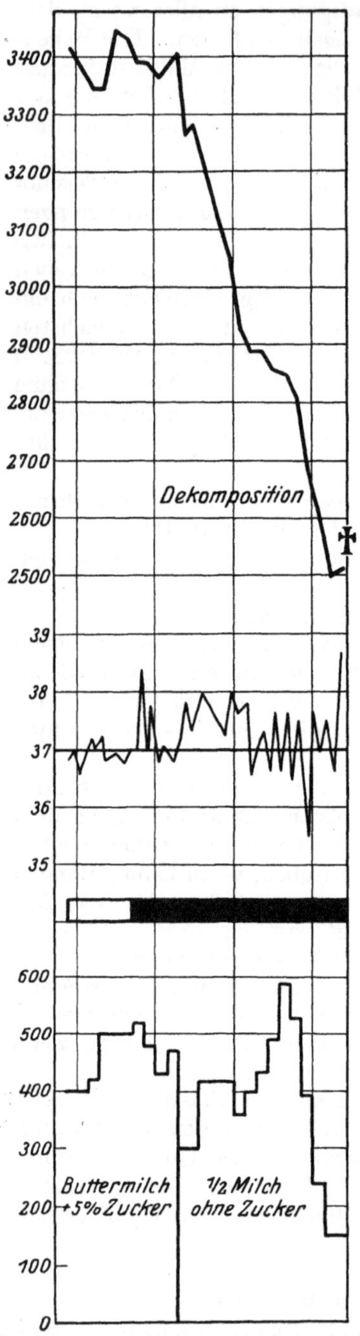

Abb. 26. Auf leichte Durchfälle ohne Störung des Allgemeinbefindens wird sofort die Nahrung entzogen und dann eine unzweckmäßige Nahrung zur Heilung gegeben. Folge: Rasche Dystrophisierung und Tod im Zustande der Dekomposition.

dieser Diarrhöen noch ausstehen, so hat die Kenntnis von ihrer Harmlosigkeit doch schon ausschlaggebende Bedeutung für die erfolgreiche künstliche Ernährung der jungen Kinder in Anstalten gewonnen. Solange diese Form der Diarrhöen einer eingreifenden Behandlung unterzogen wurde, solange vor allem Schonungs- und Hungerkuren verordnet wurden, war jeder Erfolg einer künstlichen Ernährung junger Kinder ernstlich in Frage gestellt. Denn Hunger und Unterernährung wirken sich in keiner anderen Lebenszeit verderblicher aus als in den ersten Lebenswochen, in denen der Mensch in ganz besonderem Maße auf eine steigende Nahrungszufuhr angewiesen ist. Aus der Diarrhoea nosocomialis wurde eine Dystrophia nosocomialis. Die in früheren Jahren aller Orten beobachteten ungünstigen Erfolge bei der Aufzucht junger Säuglinge in Anstalten sind — das muss heute offen ausgesprochen werden — zu einem recht grossen Anteil auf die Überschätzung des Durchfalls und die dadurch veranlasste Hungertherapie zurückzuführen.

2. Monosymptomatische Diarrhöen junger Säuglinge bei unzureichender Ernährung.

Von den eben geschilderten Irritationsdiarrhöen besteht ein fliessender Übergang zu den harmlosen Durchfällen, die namentlich bei jungen Säuglingen, viel seltener bei älteren Kindern, als Folge einer quantitativ unzureichenden Nahrungsaufnahme eintreten (Inanitionsdiarrhöen, Finkelstein). Eine Unterernährung durch Unterschreitung der vorschriftsmäßigen, für das darmgesunde Kind ausreichenden Energiemenge braucht nicht vorzuliegen. Bei bestehenden Durchfällen kommt es durch die Verluste im Stuhl auch bei einem Energiequotienten von 100—120 zur relativen Inanition. Die Diarrhöe des hungernden Brustkindes kann auch hier wieder als Beispiel dienen. Nicht jeder Säugling beantwortet einen Hunger mit dem Auftreten abnormer Magen-Darmsymptome. Ja es würde sogar schwer fallen, die Hungerdiarrhöen gegebenenfalls experimentell zu erzeugen; denn die regelrechte Reaktion des Magen-Darmkanals auf den Hunger besteht nicht in einer Vermehrung, sondern in einer Verminderung der Stühle, und bei ungenügender Deckung des Nahrungsbedarfs ist der Eintritt einer Verstopfung die Regel. Bei manchen Säuglingen aber folgt dem Leerlauf des Magen-Darmkanals die Diarrhöe. Dabei mag auch die Darmzelle, wie jede andere vom Hunger betroffene Körperzelle in ihren Funktionen, hier vor allem in der Sekretion der Magen-Darmfermente, leiden. Damit sind gewisse Voraussetzungen gegeben, dass das Bakterienleben im Darm nicht mehr gehörig beherrscht wird. Mit solchen Vorstellungen wird eine Erklärung, wieso es beim Hunger in dem einen Falle zur Verstopfung, in dem anderen zur Diarrhöe kommt, aber auch nicht gegeben. Vielleicht geben Unterschiede in der Erregbarkeit des vegetativen Systems hier den Ausschlag.

Beim Brustkind, bei dem von vornherein eine gute Verträglichkeit der qualitativ stets richtig zusammengesetzten Nahrung feststeht, fällt die Diagnose einer Inanitionsdiarrhöe nicht schwer. Beim künstlich genährten Kinde, bei dem das Vertrauen zur Qualität der gereichten Nahrung stets geringer sein wird, wird man sich erst nach Überwindung von Hemmungen und unter gewissen Vorbehalten zur Diagnose einer Hungerdiarrhöe entschliessen. Und doch muss der Gedanke an das Vorliegen einer Hungerdiarrhöe erwogen werden. Denn, werden fälschlicherweise diese Diarrhöen als Folge einer Überfütterung oder als Symptome einer echten Durchfallserkrankung usw. gedeutet, so wäre eine weitere Beschränkung der Nahrungszufuhr, ja sogar eine Hungerpause angezeigt. Jeder länger dauernde Hunger, der hier zu Unrecht dem Kinde zugemutet würde, führt aber stets zu einer weiteren Schädigung der funktionellen Kräfte des Kindes und mit jedem Hungertage rückt die Gefahr eines Zusammenbruches aller Funktionen des Ernährungsvorganges näher. Im Gegensatz zu den Irritationsdiarrhöen wird bei den Inanitionsdiarrhöen die Diagnose weiter dadurch erschwert, dass das Allgemeinbefinden hungernder Kinder nicht in gleicher Weise unbeeinflusst bleibt, wie bei den Säuglingen, deren Durchfall sich als Folge eines bedeutungslosen Reizzustandes im Darm eingestellt hatte. Schlafsucht, nicht selten aber auch Unruhe und Zeichen des Unbehagens, Erbrechen und Speien, ja vielleicht auch eine leichte Blässe, stellen sich bei den hungernden Kindern ein. Gegenüber den ernsten Durchfallserkrankungen fehlen aber Temperatursteigerungen — im Gegenteil besteht eine gewisse Neigung zu Untertemperaturen — und es fehlen stärkere Gewichtsabnahmen. Aber selbst nach einer eingehenden Analyse des Krankheitsbildes werden gerade bei den Inanitionsdiarrhöen Fälle übrig bleiben, bei denen sich auch der Erfahrene nur schweren Herzens zu einer Nahrungssteigerung als Heilmittel entschliesst.

3. Monosymptomatische Diarrhöen bei dystrophischen Kindern.

Im Gegensatz zu den bisher beschriebenen Formen des Durchfalls ist die dritte Form harmloser Diarrhöen dadurch charakterisiert, dass sie auch in s p ä t e r e n L e b e n s m o n a t e n auftritt und Kinder betrifft, die durch eine vorangegangene Fehlernährung bereits in einen geschädigten Ernährungszustand geraten sind. Es sind dystrophische Kinder, bei denen sich die Minderwertigkeit ihres Zellaufbaues und ihrer Zellfunktionen in gelegentlichen Diarrhöen äussert. Diese zeitweilig auftretenden Durchfälle, die auf die Dauer bei keinem dystrophischen Kinde fehlen, setzen niemals heftig und akut ein, sondern sie b e g i n n e n m e h r s c h l e i c h e n d, um nach einiger Zeit spontan wieder nachzulassen und Perioden einer normalen Stuhlentleerung Platz zu machen. Dabei pflegt sich der Allgemeinzustand nicht weiter zu verschlechtern. Während eine akute Durchfallserkrankung, die ein dystrophisches Kind trifft, mit aller Deutlichkeit ein das Krankheitsbild verschlimmerndes Ereignis bedeutet, trägt die harmlose Diarrhöe keinen neuen Zug in das Zustandsbild der Dystrophie. Dabei kann an manchen Tagen Aussehen und Zahl der Stühle völlig denen gleichen, die wir bei einer akuten Dyspepsie zu sehen gewohnt sind; selten sind hier allerdings die wässrigen, spritzenden Stühle, die sich bei den schweren Formen der akuten Durchfallserkrankung einzustellen pflegen.

Die Dystrophie mit zeitweise durchfälligen Stühlen, D y s t r o p h i a d y s p e p t i c a F i n k e l s t e i n s, bildet für den Diätetiker in diagnostischer und therapeutischer Hinsicht eines der schwierigsten Kapitel der Säuglingsernährung. Bei jedem dystrophischen Kinde, das an Diarrhöen leidet, wird sich der Arzt häufig voller Zweifel folgende zwei Fragen stellen:

1. Ist der D u r c h f a l l an Entstehung und Erhaltung der Dystrophie mit beteiligt, ja, ist er vielleicht sogar die U r s a c h e d e r D y s t r o p h i e ? oder

2. sind die Durchfälle nur als eine an sich h a r m l o s e B e g l e i t - e r s c h e i n u n g des dystrophischen Zustandes zu deuten und stellen sie somit nichts anderes dar, als ein S y m p t o m d e r D y s t r o p h i e, das den vielen anderen Zeichen des geschädigten Ernährungszustandes gleich zu setzen ist.

Die Antwort auf diese Fragen schliesst schwerwiegende Folgerungen für Diagnose und Therapie in sich. Wird im Sinne der zweiten Frage der Durchfall lediglich als Symptom im Rahmen der Dystrophie gedeutet, dann wird die Therapie mit allen Mitteln versuchen müssen, die Fehlernährung auszugleichen, die zur Dystrophie führte. Fällt die Entscheidung im Sinne der ersten Frage, nach der der Durchfall ursächliche Bedeutung für die Entstehung der Dystrophie besitzt, so wird die Heilung des Durchfalls zur ersten Aufgabe. Eine Schonungstherapie wird dann am Platze sein, die an sich für das dystrophische Kind niemals heilsam ist, da sie die Gefahren der Unterernährung erneut herbeiführt. Gibt es Hilfen und Richtlinien, die imstande sind, die richtige Beantwortung dieser Fragen zu erleichtern?

Die Untersuchung des Stuhles selbst gibt keinen Anhaltspunkt für die Richtung der Therapie. Weder Beschaffenheit, noch Farbe, nicht einmal die Häufigkeit der Stuhlentleerungen haben eine entscheidende Bedeutung. Anhaltspunkte zur Beantwortung der Fragen liefern das Verhalten der Gewichtskurve und die Abschätzung des Durchfalls in seiner Bedeutung für das gesamte Kranksein. Schematisch dargestellt ergibt sich:

	Dystrophie übergeordnet	Durchfall übergeordnet
Gewichtskurve . .	Keine oder nur geringe Abnahmen.	Raschere und grössere Abnahmen.
Stuhlentleerungen .	Wechsel von normalen Stühlen und Durchfällen. Perioden des Durchfalls meist kurz.	Plötzliches und heftiges Einsetzen des Durchfalls. Dauernd Durchfälle solange die Dystrophie besteht.

Die praktische Verwendbarkeit dieses Schemas erfährt dadurch nicht selten eine Einschränkung, dass Infekte einsetzen können und den Durchfall in den Vordergrund stellen, ein Umstand, mit dem beim resistenzlosen Dystrophiker jederzeit gerechnet werden muss. Solange die häufigen und durchfälligen Entleerungen das Fortschreiten der Gewichtszunahme nicht wesentlich stören, hat man jedenfalls ein Recht, auf eine harmlose, nicht in den Stoffwechsel eingreifende Störung zu schliessen, und es wird erlaubt sein, bei der zur Beseitigung der Dystrophie gewählten kompletten Ernährung trotz der erhöhten Peristaltik zu bleiben. Ausbleiben einer Gewichtszunahme bei quantitativ und qualitativ ausreichender Kost beweist dagegen beim Kinde mit Diarrhöen zwingend, dass trotz kompletter Ernährung lebenswichtige Bausteine des Körpers infolge des Durchfalls in Verlust geraten, und damit ist die Anzeige für eine Schonungstherapie gegeben.

Stoffwechsel der monosymptomatischen Diarrhöen. Für die Klinik am bedeutungsvollsten bleibt bei den harmlosen Diarrhöen die Tatsache, dass Wasserbindung und Wasseransatz im scharfen Gegensatz zu den akuten Durchfallserkrankungen hier unberührt bleiben. Diese Tatsache ist nahezu aus der Beobachtung abzulesen, dass der Ansatz bei den Kindern mit harmlosen Diarrhöen gar nicht oder nur wenig beeinträchtigt ist, und dass alle klinischen Zeichen der Exsikkose fehlen. Das muss um so mehr auffallen, als in den Stuhlentleerungen bei den harmlosen Diarrhöen nicht geringere Wasserverluste eintreten, als bei der akuten Dyspepsie oder bei der Intoxikation. Es kann zu einer ausgleichenden Umkehr der Wasserausscheidung im Urin und Stuhl kommen. Bei festen Stühlen beträgt das Verhältnis von Harnwasser:Stuhlwasser 4:1. Bei monosymptomatischen Diarrhöen kann der Stuhl, nicht anders als bei echten Durchfallserkrankungen, einen sehr hohen Wassergehalt aufweisen, so dass der Quotient Harnwasser:Stuhlwasser sich geradezu umgekehrt (1:2, ja 1:4) verhält. Es wird also weit mehr Wasser im Kot als im Harn abgegeben. Wenn trotz der Wasserverluste in den Stühlen der Organismus im ganzen kein Wasser verliert, so dankt er das den vielfältigen Möglichkeiten, mit denen die gesunden Zellen den Wasserumsatz regulieren können. Die Verluste im Stuhl werden durch eine Verminderung des Harnwassers und durch eine Verminderung der durch Lunge und Haut abgegebenen Wasserdampfmengen ausgeglichen mit dem Resultat, dass bei den harmlosen Diarrhöen ein Wasserverlust vermieden wird. Die Intaktheit dieser Regulationsmechanismen ist geradezu das Kennzeichen der monosymptomatischen Diarrhöen. Erst wenn diese Fähigkeit versagt und Wasser in Verlust gerät, kommt es mit Veränderungen in der Wasserbindung und im Wasserbestande zum Übergang in die akuten, ernster zu wertenden Durchfallserkrankungen.

Im übrigen dürfte der Stoffwechsel der organischen und der anorganischen Substanzen, so kann wohl aus dem klinischen Bilde gefolgert werden, bei diesen

Diarrhöen kaum wesentlich beeinträchtigt sein. Spezielle Untersuchungen liegen hierüber nicht vor.

Ebenso fehlen, wie bei der Gutartigkeit dieser Form der Diarrhöen nicht anders zu erwarten ist, pathologisch-anatomische Untersuchungen des Magen-Darmkanals. Aber auch hier darf man wohl annehmen, dass schwerwiegende Veränderungen fehlen.

Die **Prognose** der monosymptomatischen Diarrhöen ist gut, und sie verdienen mit vollem Recht das Beiwort „der harmlosen Diarrhöen". Nur durch unzweckmäßiges Vorgehen kann Schaden gestiftet werden, vor allem dadurch, dass die Bedeutung der abnormen Stuhlentleerungen überschätzt wird, und überflüssige, ja schädliche Hungerkuren angeordnet werden. Immerhin ist bei jeder harmlosen Diarrhöe beim therapeutischen Handeln eine gewisse Vorsicht am Platze, da sich gelegentlich der harmlose Durchfall doch zu einer akuten Durchfallserkrankung auswachsen kann.

Die Behandlung der monosymptomatischen Diarrhöen.

Die Behandlung ist zweckvoll nur dann möglich, wenn die krankhaften Erscheinungen von seiten des Magen-Darmkanals auf Grund einer sicheren Erfahrung richtig gewertet werden. Wenn auch der grösste Teil der Diarrhöen ohne schädliche Folgen für den allgemeinen Zustand und für die Entwicklung des Kindes abheilt, so bleibt doch ein kleiner Teil übrig, der dicht an der Grenze zur ernsten Durchfallserkrankung steht und gelegentlich über diese Grenze hinaus zu einer ernsthaften Erkrankung werden kann. Die Schwierigkeit für die sachgemäße Behandlung liegt in dem Mangel an objektiven Richtlinien, die eine klare Entscheidung zwischen der harmlosen monosymptomatischen und den bedeutungsvollen polysymptomatischen Durchfallserkrankungen ermöglichen. Alle bisher geprüften Unterscheidungsmerkmale (die Plasmastabilität, die Indicanausscheidung im Urin, die Veränderungen im weissen Blutbilde und in der Blutkörperchensenkungsgeschwindigkeit) sind für die Praxis nicht tauglich, wenn sie auch in der klinischen Beobachtung vielleicht gewisse Handhaben bieten. Auch für den Weg, den die Therapie einzuschlagen hat, bleibt vorerst allein das klinische Bild entscheidend. Für die Mehrzahl der Fälle besteht sicherlich der Satz zu Recht, dass die Diarrhöe als einziges krankhaftes Symptom ohne jedes andere klinische Zeichen eines Krankseins zunächst eine abwartende Behandlung erlaubt.

Mit völliger Sicherheit gilt diese Behauptung für die gehäuften Stuhlentleerungen bei fortschreitender guter Gewichtszunahme; diese Form der Diarrhöe sollte daher niemals eine Behandlung erfahren. Vor allem für die Diarrhöen der jungen Säuglinge in Anstalten und die Diarrhöen, die die Dystrophie begleiten, muss diese Enthaltsamkeit in der Behandlung geübt werden. Denn immer wieder ist die Erfahrung zu machen, dass ganz spontan der normale Rhythmus der Peristaltik wiederkehrt.

Die Behandlung der Diarrhöen der ersten Lebenswochen ist von besonderem Interesse für den Arzt, der Säuglinge in der Anstaltspflege zu betreuen hat. Die gelegentlich, aber viel seltener, auch in der Einzelpflege bei künstlicher Ernährung in den ersten Lebenswochen auftretenden harmlosen Diarrhöen bedürfen auch keiner anderen Behandlung als der, die sich in der Anstaltspflege bewährt hat.

Schon in der Einleitung zu diesem Kapitel wurde betont, dass die Diarrhöen junger Säuglinge in früheren, aber noch gar nicht soweit zurückliegenden Zeiten geradezu die Klippe waren, an der das Ernährungsresultat scheiterte. Jede geringfügige Erhöhung der Peristaltik gab in diesen Zeiten, ängstlich beobachtet, die Veranlassung zur Einleitung einer Hungertherapie. Und solchen gar nicht selten wiederholten Perioden der Unterernährung wurden die Kinder in einer Lebenszeit ausgesetzt, in der der Säugling auf volle Ernährung deswegen so ganz besonders angewiesen ist, weil er noch keine Gelegenheit gehabt hat, Nährstoffdepots von Glykogen und Fett anzulegen und in der er, was fast noch wichtiger ist, auf einen ständigen Nachschub an Wasser und Salzen angewiesen ist. Die vielen Schwierigkeiten, die seinerzeit die künstliche Ernährung von jungen Säuglingen in Anstalten machte, sind verschwunden, nachdem man gelernt hat, die Unterernährung bei diesen Kindern zu vermeiden. Erste Forderung ist es heute daher, auch trotz geringfügiger Diarrhöen weiter ausreichend zu ernähren. Diese Forderung ist einfach zu erfüllen, wenn der junge Säugling bei der bisher gereichten Nahrung ausreichend zunimmt. Von jeder Änderung der Kost kann und sollte dann abgesehen werden. Ein solches Vorgehen lässt sich in Anstalten ohne weiteres durchführen. Im Privathaus wird man bisweilen ein „Verschönerungsmittel" für den Stuhl nicht entbehren können. Die bisher gereichte Grundnahrung sollte, wenn sie nach Art und Menge zweckmäßig war, aber auch hier nicht geändert werden; und der Arzt sollte sich damit begnügen, harmlose medikamentöse Zusätze zu verordnen, die vielleicht rascher die Stuhlentleerungen normal gestalten. Hierzu eignet sich: Milchsäure, Azilakton, Calcium carbon., Tannalbin, Bolus, Dermatol, Tierkohle und ähnliches.

Die Schwierigkeiten bei der Behandlung harmloser Diarrhöen junger Säuglinge beginnen erst, wenn eine physiologische Gewichtszunahme nicht erreicht wird, oder sogar Gewichtsstillstände eintreten. Den Weg der Behandlung weisen auch hier die Erfahrungen, die beim Brustkinde mit Diarrhöen gesammelt sind. Niemand würde daran denken, die Frauenmilch abzusetzen oder gar durch eine andere Nahrung zu ersetzen, weil beim Brustkinde eines Tages die Zahl der Stuhlentleerungen zugenommen hat und ihre Beschaffenheit wasserreicher geworden ist. Auch hier pflegt man lediglich durch kleine Korrekturen die Voraussetzung für seltenere Stuhlentleerung zu schaffen. Gleiches gilt auch für das Flaschenkind. Die Richtung, in der sich die Abänderung der Nahrung zu bewegen hat, ist, welche Nahrung auch immer gereicht wurde, stets ähnlich: die Ergänzung soll unter dem Gesichtspunkte stattfinden, dass 1. eine weitere kalorische Anreicherung selbst bei einer bis dahin als rechnerisch ausreichend zu bewertenden Nahrung erfolgt; das ist notwendig, um etwaige Verluste im Stoffwechsel auszugleichen oder einen Mehrbedarf zu decken. 2. ist die Zulage so zu wählen, dass eine Dämpfung der zu lebhaften Peristaltik eintritt.

Dieses Ziel kann auf mannigfachen Wegen erreicht werden: Unter der Beobachtung in der Anstalt kann die bisherige Nahrung ohne Gefahr um ein Weniges bis zu einem Energiequotienten von ca. 130 gesteigert werden. Das Gleiche kann erreicht werden ohne Steigerung der Nahrungsmenge durch Zulage eines Eiweisspräparates (Plasmon, Lactana, Larosan), das in Mengen von 1—2% der bisher gereichten Mischung zugesetzt wird; durch Zufütterung von konzentrierter Eiweissmilch[1]), die besonders stark antidyspeptische Wirkungen entfaltet; hiervon gibt man insgesamt 30—50 g am Tage in kleinen Mengen vor jeder Mahlzeit; Vorfütterung von Brei (100 g Vollmilch, 1 Teelöffel Griess, 1 Teelöffel Zucker, 1 Teelöffel Plasmon) 2—3 Teelöffel hiervon vor jeder Mahlzeit; Zulage von Trockenmilch oder Buttermilch gemischt mit gleichen Teilen Zucker zu der bisher gereichten Nahrung.

---

[1]) Bereitung konzentrierter Eiweissmilch: Die in Büchsen käufliche Eiweiss-milch wird im Verhältnis von 2 Teilen Eiweissmilch und 1 Teil Wasser gemischt. Auf je 100 g der Mischung kommen 3 Teelöffel Zucker.

Früher war man allzu leicht geneigt, aus dem Auftreten diarrhöischer Entleerungen beim künstlich genährten Kinde den Rückschluss auf einen Fehlschlag der künstlichen Ernährung zu ziehen. Gerade in diesen Fällen schien dann die Indikation zur Ernährung mit Frauenmilch gegeben. Es kann und soll nicht davon abgeraten werden, bei diesen dyspeptischen jungen Kindern Frauenmilch zu verabreichen. Eine absolute Indikation zum Übergang zur natürlichen Ernährung besteht indessen nicht. Soll F r a u e n m i l c h verabreicht werden, so ist die Beachtung einer Reihe von Vorsichtsmaßregeln notwendig, um unangenehme Schädigungen zu vermeiden. Die Frauenmilch hat für Kinder mit diarrhöischen Stühlen keineswegs die ideale Zusammensetzung, dass sie ohne Gefahr in grossen Mengen verfüttert werden kann. Es darf daher bei diesen Kindern nicht sofort die gesamte bisher gereichte Menge oder ein grösserer Teil der bisher gereichten Nahrung durch Frauenmilch ersetzt werden. Schwere Durchfälle, Gewichtsabnahmen, kurzum eine Durchfallserkrankung könnte sich als Folge eines solchen Vorgehens einstellen. Eine vorübergehende Schonungstherapie (6—12 Stunden Tee, dann kleine Mengen Frauenmilch, etwa 300 g am Tag, dann rasche Steigerung evtl. unter Komplettierung mit Plasmon) ist nicht zu umgehen.

Die Erfolge einer zweckmäßigen Behandlung sind oft überraschend. Die Reaktion zeigt sich sofort am Lauf der Gewichtskurve. Schon an den auf die Zulage folgenden Tagen beginnt die Gewichtskurve zu steigen. Die Gewichtszunahme dauert auch an, wenn nach 10—14 Tagen die Zulage wieder fortgelassen und lediglich die ursprüngliche Grundnahrung in ausreichenden Mengen gefüttert wird. Weniger rasch werden die abnormen Darmvorgänge beeinflusst. Erst wenn die Gewichtszunahme schon mehrere Tage angedauert hat, werden in der Regel auch die Stuhlentleerungen selten. Dieses Verhalten scheint ein Beweis dafür, dass die Zulage nicht primär die Darmvorgänge reguliert, sondern dass zunächst eine volle Ernährung jeder einzelnen Körperzelle und damit ihre volle Funktionstüchtigkeit erreicht wird. Diese Gesundung ermöglicht es auch den Zellen des Darmes, die Vorgänge bei der Verdauung wieder in normale Bahnen zu lenken. Wieviel durch ein so einfaches Vorgehen erreicht wird, kann nur derjenige recht ermessen, der die Erfolge täglich erlebt. Es gründet sich auf dieses einfache therapeutische Verfahren letzten Endes die Tatsache, dass die Aufzucht junger Säuglinge heute auch in der Massenpflege der Anstalten gelingt.

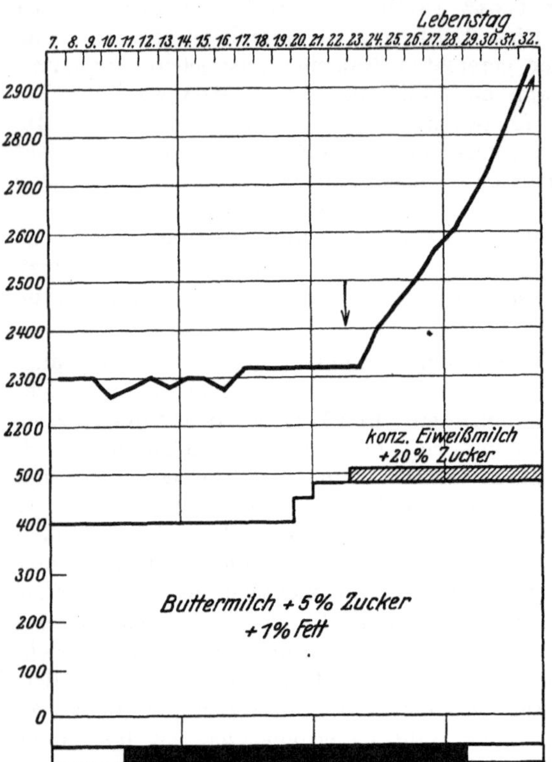

Abb. 27. Bei einem Säugling der ersten Lebenswochen führt kalorisch ausreichende Ernährung mit Buttermilch + 5% Zucker + 1% Fett nicht zur Zunahme. Bei gutem Allgemeinbefinden täglich 5—6 dünne Stühle. Nach Zulage von 50 g konzentrierter Eiweissmilch + 20% Zucker täglich, sofortige Gewichtszunahme mit allmählicher Besserung der Stühle.

Dabei — und das scheint besonders wichtig — handelt es sich nicht nur um augenblickliche Erfolge. Sondern weit darüber hinaus sichert ein so erzieltes Gedeihen dem Säugling für viele Monate die Intaktheit seiner Immunität und Resistenz, die durch die früher üblichen Hungerkuren vielfach ohne Notwendigkeit vernichtet wurden, so dass es wohl den damaligen Methoden vielleicht noch gelang, die Stuhlentleerungen des Kindes normal zu gestalten, dass das Kind dann aber der ersten Infektion erlag.

Die Zahl der Kinder, die mit paradoxer Reaktion auf die Nahrungszulage reagieren, ist im ganzen recht klein. Immerhin gibt es eine kleine Gruppe von jungen Säuglingen mit Diarrhöen, bei denen die Konzentrierung der Nahrung nicht die gewünschte Gewichtszunahme auslöst, sondern bei denen durch die Nahrungszulage die Grenze zur Durchfallserkrankung überschritten wird. Der Übergang zur akuten Durchfallserkrankung ist dabei unverkennbar: das Gewicht fällt rasch, das Allgemeinbefinden ist deutlich beeinträchtigt; eine Hungertherapie (s. akute Durchfallserkrankung) ist dann nicht zu umgehen.

Bei der Behandlung der häufigen Stuhlentleerungen, wie sie sich mit grosser Regelmäßigkeit bei jedem dystrophischen Kinde einstellen, muss der Gesichtspunkt führend sein, dass es unmöglich ist, jede neue Diarrhöe im Verlaufe einer Dystrophie durch Hunger zu bekämpfen. Denn diese immer wiederholte quantitative Unterernährung würde es niemals ermöglichen, den Zustand der Dystrophie zu beheben. Ziel der Therapie, bei den die Dystrophie begleitenden Durchfällen, ist nicht in erster Linie die Beseitigung der Diarrhöe sondern die Wiederherstellung eines eutrophischen Ernährungszustandes. Jedenfalls war und ist es eine abwegige Vorstellung, das durch wiederholte Hungerkuren heilen zu wollen, was

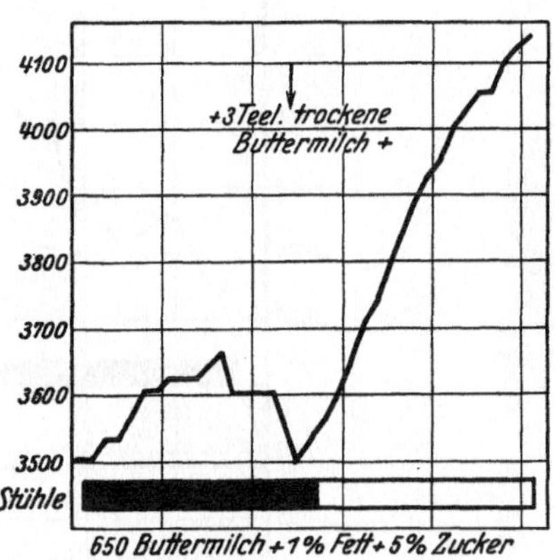

Abb. 28. Dyspeptische Dystrophie bei einem 3½ Monate alten Säugling. Heilung von Nichtgedeihen und Durchfall nach Zulage von 3 Teelöffeln Trockenbuttermilch.

durch inkomplette Ernährung und Hunger entstanden war. Auch hier bedürfen daher Durchfälle nur einer besonderen Behandlung, wenn sie mehr als ein isoliertes Symptom darstellen, d. h. wenn sie vergesellschaftet mit Störungen des Allgemeinbefindens, wie sie den akuten Durchfallserkrankungen eigentümlich sind, auftreten. Bei der Beurteilung und Behandlung der häufigen Stuhlentleerungen beim dystrophischen Kinde ist Ruhe und Erfahrung daher besonders wichtig, da jeder Irrweg, der zu neuem Hunger führt, zum mindesten den Gefahren bergenden Zustand der Dystrophie nicht bessert. Fehlt das Vertrauen zu den Erfolgen der künstlichen Ernährung, so sollte gerade bei den dystrophischen Säuglingen lieber die Frauenmilchernährung gewählt werden, da sie dem Arzte gegenüber gelegentlichen Durchfällen ein hohes Maß von Sicherheit gibt, so dass nicht immer wieder Änderungen der Nahrung und Schonungstherapie in Erwägung gezogen werden. Bei der Anwendung der Frauenmilch sollte mit ähnlicher Vorsicht vorgegangen werden, wie sie bei der natürlichen Ernährung junger diarrhöischer Säuglinge angeraten wurde. Aber auch bei künstlicher Ernährung ist es durchaus möglich, den dystrophischen Zustand und damit die Diarrhöen zu heilen, wenn nur eine den Bedürfnissen des Organismus entsprechende Nahrung gereicht wird. Auf die zu beachtenden Einzelheiten wird im Kapitel der Fehlnährschäden hingewiesen werden.

Bei der Behandlung dystrophischer Kinder in A n s t a l t e n, bei denen aus den früher angeführten Gründen diarrhöische Stühle noch häufiger sind, als in der Einzelpflege, wird die Organisation der Pflege nach Möglichkeit versuchen müssen, die Verhältnisse der Einzelpflege durch Isolierung und individuelle Wartung nachzuahmen.

Ein anderes Vorgehen verlangen die dyspeptischen Dystrophiker, bei denen der Durchfall übergeordnet ist oder bei Zuwarten und Komplettierung der

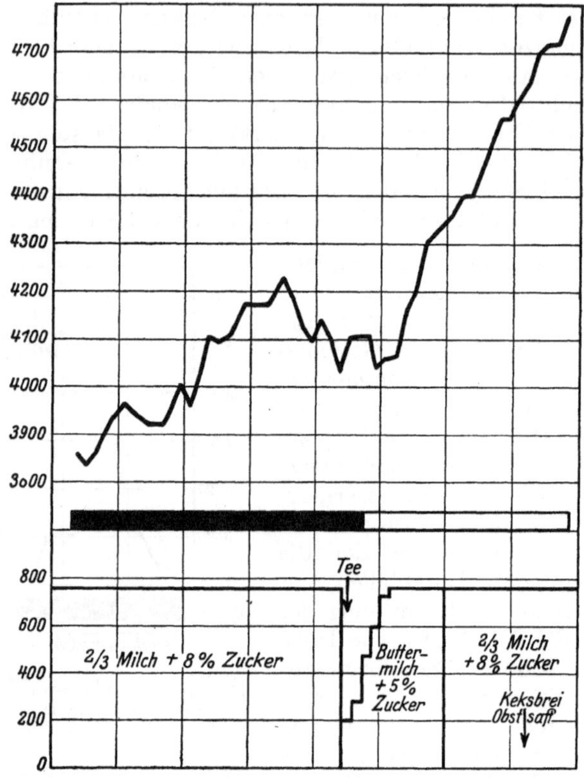

Abb. 29. 4 Monate alt. Dyspeptische Dystrophie. Unsteter Gewichtsanstieg. Starke Durchfälle. Rasche Heilung von Nichtgedeihen und Durchfällen nach kurzer Nahrungsentziehung (6 Stunden Tee) und rasche Rückkehr zu quantitativ, bald auch zu qualitativ kompletter Kost.

Nahrung a n d a u e r t und die G e w i c h t s z u n a h m e v e r h i n d e r t. Bei diesen Kindern wird eine v o r ü b e r g e h e n d e S c h o n u n g s t h e r a p i e mit rascher Rückkehr zur vollen Ernährung schneller zum Ziele führen.

b) Durchfälle mit Beeinträchtigung des Allgemeinbefindens (polysymptomatisch).

Der Durchfall wird zu einer behandlungsbedürftigen Erkrankung, sobald die Entleerung häufiger dünner Stühle nicht mehr die einzige krankhafte Erscheinung bleibt, sondern wenn sich zum Durchfall noch Zeichen einer S t ö r u n g im All-gemeinbefinden hinzugesellen. Erscheint der Durchfall nicht mehr mono-symptomatisch, sondern im Verbande mit anderen krankhaften Symptomen, so muss von einer **Durchfallserkrankung** gesprochen werden. Sie zeigt sich in zwei Formen, die durch eine Reihe von Krankheitsbildern fliessend miteinander ver-bunden sind. Die beiden Stufen der akuten Durchfallserkrankung sind einmal: die akute D y s p e p s i e und andererseits die sogenannte alimentäre I n t o x i k a t i o n.

Bei der akuten Dyspepsie sind im klinischen Bild Durchfall und Allgemeinstörungen etwa gleichwertig. Bei der alimentären Intoxikation beherrschen dagegen die schweren Allgemeinstörungen, die in der Tat das Bild einer akuten Vergiftung schaffen, völlig das krankhafte Geschehen und das ärztliche Handeln, während der Durchfall, wenn auch gerade hier häufig von besonderer Heftigkeit, an Bedeutung zurücktritt. Die leichtere Form der akuten Durchfallserkrankung, die akute Dyspepsie, ist auch heute noch häufig im Säuglingsalter. Die schwere Form der akuten Durchfallserkrankung, die alimentäre Intoxikation, ist dagegen in den letzten Jahren, vor allem wohl dank der Fortschritte in der künstlichen Ernährung junger Säuglinge, eine seltene Erkrankung geworden.

1. Die akute Dyspepsie.

Klinik der akuten Dyspepsie. Der Eintritt einer akuten Dyspepsie setzt sich in aller Schärfe von den vorangegangenen Zeiten der Gesundheit ab. Die Stuhlentleerungen, die noch am Vortage häufig normal erschienen oder nur wenig vermehrt und breiig waren, erscheinen nunmehr dünnflüssig, verfärbt, schleimig oder zerfahren und werden fünf- bis siebenmal und öfter am Tage entleert. Trotz ausreichender Ernährung kommt es zu der paradoxen Erscheinung einer Gewichtsabnahme, die sich bei der akuten Dyspepsie allerdings meist in mäßigen Grenzen hält; 100—200 g beim jüngeren Säugling und beim älteren noch darüber hinaus gehen vom Körpergewicht im Laufe eines Tages verloren. Gleichzeitig verändert sich aber auch das Kolorit des Kindes. Die rosige Farbe der Haut schwindet und macht einer fahlen Blässe Platz. Der Tonus der Muskulatur lässt sehr rasch nach; die Muskeln erscheinen welk, und die Bauchmuskeln geben dem Druck der oft stark geblähten Darmschlingen nach; es kommt zum Meteorismus. Die Haut ist weniger gut durchfeuchtet und weniger durchscheinend. Bei mageren Kindern gleichen sich aufgehobene Hautfalten langsamer aus; bei dicken Kindern wird das Unterhautfettgewebe derber und körniger, gleichsam als wären die einzelnen Fetträubchen besser zu tasten als in der Haut des gesunden Kindes. Das seelische Gehabe des Kindes wandelt sich gleichzeitig mit diesen Veränderungen der Körperbeschaffenheit. Das an einer akuten Dyspepsie erkrankte Kind, äussert keinerlei Lustgefühle mehr. Regungen der Unlust beherrschen sein Gehabe, wobei vielleicht das Temperament entscheidet, ob in dem einen Fall mehr lebhaftes und häufiges Geschrei und Unruhe oder im anderen Falle mehr Abgekehrtheit von der Umwelt und eine gewisse Apathie die Veränderungen der Psyche anzeigen.. Vielleicht ist es auch Vorhandensein oder Fehlen kolikartiger Schmerzen, wodurch es einmal zum schmerzhaften Geschrei, das andere Mal mehr zum stillen Dulden kommt. Durchfall, Gewichtsabnahme, Veränderungen im Tonus und Turgor und seelische Unlust fehlen niemals im Krankheitsbilde der akuten Dyspepsie.

Zu diesen obligaten Symptomen gesellen sich, wenn auch nicht regelmäßig, eine Anzahl fakultativer Symptome. Hierher gehören gastrische Erscheinungen, wie Speien und Erbrechen oder eine Appetitlosigkeit, die nicht selten das früheste Zeichen der Erkrankung sind und die noch lange in der Rekonvaleszenz die Genesung des Kindes verzögern. Häufig finden sich Veränderungen im Ablauf der Temperaturkurve. Die Monothermie des Säuglings geht verloren, und grössere Unterschiede zwischen Morgen- und Abendtemperatur stellen sich ein. Kommt es zur Fiebersteigerung, so bewegen sich die Temperaturen — wenigstens so lange nicht ein infektiöser Prozess im krankhaften Geschehen eine Rolle spielt — selten über 38⁰. Im Harn kommt es häufig zur Ausscheidung von Eiweiss und vereinzelten Zylindern und besonders bei jungen, frühgeborenen und debilen Kindern gelegentlich zu mäßiger Glykosurie. Im Blut findet sich eine leichte Leukozytose, eine Neutrophilie und eine geringe Linksverschiebung im weissen Blutbilde.

Die Reihe dieser Symptome wird sowohl der Zahl nach, als vor allem nach ihrer Schwere wesentlich **beeinflusst vom Ernährungszustande** des Kindes. Die Krankheitszeichen, die bisher aufgeführt wurden, formen in ihrer Gesamtheit etwa das Bild der akuten Dyspepsie beim eutrophischen Kinde. Beim dystrophischen Säugling sind die Gewichtsabnahmen meist grösser, der Tonusverlust stärker, der Verfall des Kindes ausgesprochener; auch Appetitlosigkeit, Erbrechen und Fieber fehlen hier selten. Für das Kind im Zustande der Atrophie wirkt sich die akute Dyspepsie als schwerwiegende, lebensbedrohende Erkrankung aus. Wie bei dem nur noch wenig fest gefügten Bau der Gewebe des Atrophikers nicht anders zu erwarten ist, sind die Gewichtsabnahmen oft beträchtlich. Die Austrocknungserscheinungen nehmen hohe Grade an, und was nicht durch die akute Dyspepsie vernichtet wurde, zerstören beim atrophischen Kinde Komplikationen, vor allem infektiöse Prozesse, die auf den durch die Dyspepsie von neuem schwer geschädigten Geweben den Weg zu ungehemmter Entwicklung finden.

Ganz besonders beim dystrophischen und atrophischen Säugling wird es offenbar, dass die letzte Ursache der Krankheitserscheinungen, die das Wesen der akuten Dyspepsie ausmachen, im Grunde in Störungen der Wasserbindung in den Geweben und Zellen zu suchen ist. In diesem Sinne sprechen die Gewichtsabnahmen, die Veränderungen der Haut, des Tonus der Muskulatur, das Fieber und die Veränderungen im Harn. Ist die Wasserbindung wie beim eutrophischen Kinde von vornherein noch gut erhalten, so wird die Intensität der Krankheitserscheinungen geringfügig bleiben. Ist die Fähigkeit zur Wasserbindung beim Kinde im schlechten Ernährungszustande bereits geschädigt, so werden alle Symptome in grösserer Deutlichkeit und in ernsterer Form in Erscheinung treten.

Die Ätiologie der akuten Dyspepsie. Die Anschauungen über die Ätiologie der akuten Dyspepsie haben im Laufe der Jahre gewechselt. Nachdem von der einen Seite die bakteriellen Prozesse in den Vordergrund gestellt worden waren, wurde von anderer Seite der alimentären Entstehung der akuten Dyspepsie das Wort geredet. Heute scheinen sich die Auffassungen von der Entstehung der akuten Dyspepsie auf einer Zwischenstufe zu einigen, nach der die alimentären Vorgänge nur unter Vermittlung eines besonderen krankhaften Ablaufs bakterieller Prozesse zustande kommen können. Nur vereinzelt wird heute noch die Möglichkeit einer rein bakteriellen Genese der akuten Dyspepsie für möglich gehalten, so wenn Bessau und Mitarbeiter die Anschauung vertreten, dass eine Milch (Kuhmilch und Frauenmilch), die vor der Aufnahme durch den Säugling mit Bact. coli verunreinigt wurde, zur Ursache einer akuten Ernährungsstörung werden kann. Einer mehr bakteriellen Entstehung der akuten Dyspepsie scheinen auch die Autoren zuzuneigen, die wie Adam eine besondere Abart des Bact. coli (ein Dyspepsiecoli) als die obligaten Erreger jeder akuten Dyspepsie ansehen. Die Möglichkeit einer exogenen Infektion des Magen-Darmkanals, als deren Folge sich die Erscheinungen einer akuten Dyspepsie einstellen, muss ohne weiteres zugegeben werden; es braucht nur an jene Ruhrerkrankungen erinnert zu werden, die sich unter dem Bild einer akuten Dyspepsie abspielen. Besonders bei Kindern im geschädigten Ernährungszustande wird diese Möglichkeit bestehen, da der Magen-Darmkanal der dystrophischen und atrophischen Kinder die Fähigkeit verloren hat, eingedrungene Keime mit der Sicherheit in Schranken zu halten oder zu vernichten, wie sie das eutrophische Kind in so hohem Maße besitzt.

Häufiger als die exogene Infektion des Magen-Darmkanals dürfte aber die endogene Infektion des Dünndarms und des Magens bei der Entstehung der akuten Dyspepsie eine Rolle spielen. Als Beispiel für eine solche Möglichkeit kann die grosse Gruppe der akuten Dyspepsien angeführt werden, die sich im Verlauf oder in Begleitung akuter Infektionen einstellen. Hierher gehört auch der grösste Teil der akuten Dyspepsien, die unter der Anstaltspflege auftreten. Hier werden Kinder betroffen, die zweckmäßig ernährt wurden und bei denen eine exogene Infektion der Nahrung auszuschliessen ist.

Stellt man die Ursachen, aus denen es zur akuten Dyspepsie kommt, der Häufigkeit nach geordnet zusammen, so ergibt sich etwa folgende Reihe:

1. **Parenterale Infekte** (vor allem bei jungen Kindern) (s. S. 193).
2. **Überfütterung** mit richtiger oder falsch zusammengesetzter Nahrung, wobei im ersten Falle mehr die Stauung der Nahrung im Darmkanal und die Überschreitung der Fähigkeit zur Nahrungsverdauung bei der Entstehung der akuten Dyspepsie mitwirken, während im zweiten Fall eher der falsche Ablauf der Darmvorgänge, der sich bei einseitiger reichlicher Zufuhr von Zucker oder Mehl oder Fett oder Eiweiss einstellt, zur Störung führt.
3. **Infizierte oder zersetzte Nahrung**, sei es, dass sich in der dargereichten Milch **pathogene** Bakterien, z. B. Ruhrbazillen oder auch, nach der Annahme **Bessaus**, Kolibazillen finden, oder dass durch die Tätigkeit von Bakterien die chemische Zusammensetzung der Milch verändert wird. Dabei wird weniger eine Säurung der Milch, wie sie sich an heissen Sommertagen leicht einstellt, von Bedeutung sein. Jedenfalls ist bisher der Beweis, dass die spontan gesäuerte Milch zur Ursache einer akuten Durchfallserkrankung werden kann, noch nicht geführt. Es widerspricht dieser weit verbreiteten Anschauung ja auch die Tatsache, dass gerade stark saure Milchgemische wertvolle Heilmittel des Durchfalls sind (z. B. Buttermilch, Eiweissmilch, Milchsäuremilch).

    In der Praxis der künstlichen Ernährung des Säuglings wird eine nicht einwandfreie Milch aber aus dem Grunde abzulehnen sein, weil gelegentlich sich peptonisierende Bakterien in der Milch entwickeln können, die aus dem Eiweiss giftige Abbauprodukte (Peptone) entstehen lassen. Die infizierte und zersetzte Nahrung scheint in Anstalten, in denen ein sorgfältiger Milchküchenbetrieb besteht, und auch im Privathaus, in der mit der Milch pfleglich umgegangen wird, als auslösende Ursache einer Dyspepsie von geringerer Bedeutung zu sein. Unter unhygienischen, schlechten äusseren Verhältnissen mag sie in heissen Sommermonaten gelegentlich einmal eine akute Durchfallserkrankung auslösen. Aber selbst in diesen Fällen wird es meist schwierig sein zu entscheiden, ob die akute Dyspepsie mehr als Folge der Verfütterung einer durch Hitzewirkung verdorbenen Nahrung oder mehr die Folge der direkten Hitzeschädigung des Kindes ist, da ja die hohe Aussentemperatur in gleicher Weise auf das Kind wie auf die Nahrung einwirkt.
4. **Dass es durch Überhitzung des Kindes** zur akuten Durchfallserkrankung kommen kann, scheint heute bewiesen. Auf welchen Wegen dabei die Hitze die Entstehung des Durchfalls und der Allgemeinschädigung fördert, ist dagegen noch nicht eindeutig erkannt. An eine Beeinträchtigung der Funktion der Magen- und Darmdrüsen, an nervöse Einflüsse, an eine Rückwirkung der sich bei Überhitzung entwickelnden fieberhaften Temperaturen auf die Darmtätigkeit wäre zu denken.
5. **Eine Abkühlung** wird bei empfindlichen Kindern eine akute Dyspepsie auslösen können.

6. **Schlechte Pflege** kann zur Ursache einer Dyspepsie werden, wenn sie eine der vorher genannten Schädigungen mit sich bringt.

Überblicken wir die Ursachen, die zu einer akuten Dyspepsie führen können, so lassen sich unschwer Ursachen erster Ordnung, das sind solche, die allein und häufig eine Dyspepsie entstehen lassen, von Ursachen zweiter Ordnung unterscheiden, die nur begünstigend die Entwicklung der akuten Durchfallserkrankung fördern. Als **Ursachen erster Ordnung** lassen sich anführen: **parenterale Infektionen, Überfütterung**, gelegentlich die Darreichung **infizierter und zersetzter Nahrung**; Hilfsursachen dagegen sind die Überhitzung, Pflegeschäden und Abkühlung.

Der Nachweis einer oder auch mehrerer klar erkennbaren Ursachen in der Ätiologie einer akuten Dyspepsie wird mit grösserer Regelmäßigkeit nur beim eutrophischen Kinde zu führen sein. Beim dystrophischen und erst recht beim atrophischen Kinde ergibt sich praktisch sehr häufig die Unmöglichkeit, eine Ursache zu finden, die den akuten Durchfall auslöste. Bei der Labilität aller Funktionen in diesen ernährungsgeschädigten Organismen genügen häufig geringfügige Momente, die sich der klinischen Analyse entziehen, um eine Dyspepsie hervorzurufen.

Pathogenese des Durchfalls. Es erscheint zweckmäßig, die Pathogenese des Durchfalls und die Pathogenese der Allgemeinstörung, wie sie sich im Bilde der akuten Dyspepsie einstellen, gesondert zu betrachten.

Durch die Momente, die zur Ursache einer akuten Dyspepsie werden können (s. vorher), werden **Art und Sitz der Bakterien im Darm verändert**. Das Eindringen unphysiologischer Keime findet statt, wenn das Kind z. B. an einer Ruhr erkrankt. Selbst beim gesunden Kinde ist die Möglichkeit zur Besiedlung des Darmes mit neuen Bakterienarten gegeben, wenn diese, wie es z. B. bei Ruhr, Typhus oder Cholera der Fall ist, so starke biologische Kräfte besitzen, dass sie sich im Kampfe mit den physiologischen Darmbewohnern behaupten können. Ob aber, wie manche Autoren meinen, auch bei der grossen Zahl akuter Dyspepsien eine solche exogene Infektion des Darmes, evtl. durch besondere Kolirassen, häufiger eine Rolle spielt, erscheint zum mindesten nicht endgültig bewiesen. Ist es erst zur Ansiedlung neuartiger Bakterienstämme gekommen, so werden diese Eindringlinge vermöge der ihnen eigentümlichen Lebensäusserung zu abnormen Vorgängen im Magen-Darmkanal Veranlassung geben.

Unter der Einwirkung einer der im vorhergehenden aufgezählten, den Eintritt einer Dyspepsie fördernden oder auslösenden Bedingungen kommt es zu einer völligen Umgestaltung des Bakterienlebens, so dass die Bakterien nicht mehr auf den Dickdarm und untersten Dünndarm beschränkt bleiben, sondern dass auch in **höheren Darmabschnitten** im Magen, im Zwölffingerdarm, im oberen Dünndarm die Möglichkeit zu einem massenhaften Bakterienwachstum entsteht. Dieses Massenwachstum an sich physiologischer Darmbakterien an unphysiologischen Orten kommt dadurch zustande, dass entweder die Keime aus den tieferen in höhere Darmabschnitte einwandern, oder dass die auch in den oberen Darmabschnitten stets vereinzelt vorhandenen Keime unter der Einwirkung der die Dyspepsie auslösenden Momente jetzt die Möglichkeit zu ungehemmter Entwicklung finden. In jedem Falle muss aber angenommen werden, dass die oberen Darmabschnitte die physiologische Fähigkeit verlieren, die Entwicklung einer grösseren Anzahl von Keimen nicht aufkommen zu lassen. Ungeklärt bleibt dabei vorerst noch, welche Veränderungen im Darm eintreten müssen, um ihn seiner antibakteriellen Fähigkeit zu berauben. An mancherlei ist gedacht worden: Veränderungen in der Reaktion des Darminhaltes sollten zur Ursache einer Bakterienbesiedlung werden können; mechanische

Bedingungen, das ist eine Stauung des Darminhaltes, durch die die physiologische völlige Entleerung des Dünndarmes in den Nahrungspausen verhindert würde, sollte den Bakterien gleichsam eine Brücke von Nahrungsresten bauen, auf der Keime vom Dickdarm in die Höhe steigen könnten; Änderungen der fermentativen Prozesse, wie sie sich vielleicht unter Einwirkung schwerer Infektionen, starker Überhitzung, vor allem bei Kindern einstellen, die in ihrem Ernährungszustand geschädigt sind, sollten die Vorbedingung für den Ortswechsel der Keime im Darm schaffen. Schliesslich ist, wenigstens beim Erwachsenen, der Nachweis geführt worden, dass bei Ansiedlung von Keimen im Duodenum hier spezifische Substanzen verloren gehen, die die Eigenschaft besitzen, das Bakterienwachstum in Schranken zu halten (sogenannte Bakteriostanine). Auch im Duodenalsaft des gesunden Säuglings scheinen sich Stoffe zu finden, die die Bakterienentwicklung hemmen; beim Kinde mit akuter Ernährungsstörung scheinen diese Substanzen häufig zu fehlen.

Ist es erst unter einer dieser oben in Betracht gezogenen Voraussetzungen zum Aufstieg der Bakterien gekommen, dann müssen sich schwerwiegende Veränderungen im Darmchemismus einstellen. Während z. B. Kohlenhydrate beim gesunden Kinde durch die Darmfermente fast vollständig abgebaut und schnell resorbiert werden, liefern sie beim Säugling mit akuter Dyspepsie, dessen Dünndarm von Bakterien wimmelt, Nährmaterial für die Bakterien. Der Abbau der Kohlenhydrate durch die Bakterien erfolgt aber auf ganz anderen Wegen und führt zu völlig anderen Endprodukten, als der physiologische fermentative Abbau des Zuckers und der Mehle. Es entstehen aus den Kohlenhydraten Fettsäuren, die einen Reiz für die Peristaltik darstellen, so dass bei der einsetzenden Beschleunigung der Darmpassage immer mehr Kohlenhydrat in die unteren am dichtesten mit Bakterien besiedelten Darmabschnitte gelangt. Dabei stellt das Kohlenhydrat gleichsam die Vorzugsspeise der im Darme vorhandenen Bakterienarten dar; Kohlenhydrate werden von ihnen am frühesten und stärksten angegriffen. Finden sich noch Fette in der Nahrung, so steigern und fördern sie durch ihre Gegenwart das Bakterienwachstum und schliesslich entgeht auch das Eiweiss nicht dem Angriff der Bakterien und trägt dadurch, dass es einen falschen Abbau erleidet, zur Mehrung der unphysiologischen Abbauprodukte der Nahrung im Dünndarm bei. Wenn der Mechanismus für den Aufstieg der Bakterien in obere Darmabschnitte vorerst noch nicht geklärt ist, so ist es doch zu verstehen, dass mit dem Moment der Bakterienaszension ein pathologischer Chemismus im Dünndarm einsetzt, der zunächst den Eintritt von Durchfällen erklären kann. Als Folge der erhöhten Peristaltik fehlt die Eindickung des Kotes. Die Reizung der Darmwand zeigt sich klinisch in der Entleerung schleimiger Stühle und in der Beimischung mikroskopisch nachweisbarer Leukozyten.

Pathogenese der Allgemeinstörung. Welche Zusammenhänge bestehen zwischen den krankhaften Vorgängen im Magen-Darmkanal und der bunten Reihe klinischer Symptome, die den Durchfall bei der akuten Dyspepsie begleiten? Auf welchen Wegen kommt es im Gegensatz zu den monosymptomatischen Diarrhöen zu den Störungen des Allgemeinbefindens, die sich hier im engsten Anschluss an das Symptom der häufigen Stuhlentleerungen einstellen? Der Gegensatz zwischen dem klinischen Bild der harmlosen Diarrhöe und dem einer akuten Durchfallserkrankung wird nur unter der Annahme verständlich, dass zum Durchfall etwas Neues hinzugetreten ist, das sich über die Störung der Funktion des Magen-Darmkanals hinaus im Allgemeinbefinden auswirkt.

Die Erscheinungen, die sich bei der akuten Dyspepsie jenseits des Magen-Darmkanals mit grosser Regelmäßigkeit einstellen, sind:

    a) Abnahmen des Körpergewichts,
    b) Störungen der Temperaturregulation,
    c) Störungen im Allgemeinbefinden des Kindes.

Angesichts solcher vielgestaltigen Krankheitszeichen ergibt sich sofort die Frage, ob die Gesamtheit dieser Symptome aus einem Punkte zu erklären ist, oder ob verschiedene Wege im krankhaften Geschehen zu den klinisch so differenten Endzielen führen. Erst wenn diese Frage eine Antwort gefunden hat, wird es möglich sein zu versuchen, die drei Hauptsymptome der akuten Dyspepsie (Gewichtsabnahme, Fieber, Störungen im Allgemeinbefinden) in ihren Zusammenhängen mit dem Durchfall aufzudecken.

    a) Die Veränderungen im Gewicht. Bereits die einfache klinische Beobachtung lehrt, dass beim Säugling mit akuter Dyspepsie in der Bilanz des Gesamtstoffwechsels ein Fehlbetrag vorhanden sein muss. Schon die Schnelligkeit und die Grösse (200—500 g Gewichtsverlust in einem bis drei Tagen) des Defizits vermag zu entscheiden, welcher Anteil der am Stoffwechsel beteiligten Substanzen hier in Verlust gerät. Ein Ausfall an organischer Substanz in der Grösse, wie er der Gewichtsabnahme entspricht, ist in der Kürze der Zeit kaum möglich. Es kann sich also beim Kinde mit akuter Dyspepsie sicher nicht um so grosse Abgaben an Eiweiss oder an Kohlenhydrat, selbst nicht einmal an Fett handeln, die aus den Nährstoffreservedepots entnommen oder durch rapide Einschmelzung lebenden Gewebes entstehen müssten. Gleiche Einwendungen sind gegen Einbussen von grösseren Mengen von Mineralstoffen zu erheben. Es bleibt somit per exklusionem nur die Annahme übrig, dass es sich im wesentlichen um Wasserverluste gehandelt hat; die Abgabe von Wasser findet ihren klinischen Ausdruck in der Gewichtsabnahme. Die Ergebnisse der Untersuchungen des Gesamtstoffwechsels bei der akuten Dyspepsie bestätigen diese Annahme. Weder Verluste an Salzen, noch negative Stickstoffbilanzen sind, wie Stoffwechseluntersuchungen von Jundell zeigten, beim Kinde mit den leichten Graden einer akuten Durchfallserkrankung nachzuweisen. Eine gewisse Ausnahme bilden vielleicht die akuten Dyspepsien ex infectione, bei denen Störungen im Umsatz der Mineralstoffe und des Eiweisses vorkommen (Birk). Wie weit diese Änderungen im Stoffwechsel aber eine direkte Folge der Infektion oder des Fiebers sind, muss dahingestellt bleiben. Auch das Ergebnis der exakten Stoffwechseluntersuchungen bestätigt die Annahme, dass es im wesentlichen Wasserverluste sind, die das Symptom der Gewichtsabnahme bedingen. Die Wasserabgabe ist durch perpetuelle Wägungen des Kindes bestimmt worden; dabei hat man festgestellt, dass der Verlust nicht durch die Ausfuhr des Wassers in den Stühlen, sondern durch die Abgabe von seiten der Lunge und der Haut erklärt werden muss (Bratusch-Marain, Jahr).

Das Wasser, das in Verlust gerät, entstammt letzten Endes den Zellen oder den Geweben des Organismus, in denen die hier physiologisch locker eingelagerten oder die mit der lebenden Substanz verbundenen Wasserreserven und Wasservorräte nicht mehr festgehalten werden können. Der Eintritt der Wasserlösung aus den Geweben steht nur mittelbar im Zusammenhang mit dem Durchfall. Besondere, ihrer Natur nach noch wenig bekannte Faktoren, zerstören die normale Fähigkeit der Gewebe, Wasser in ganz bestimmter Form und in bestimmtem Ausmaße festzuhalten. Man muss annehmen, dass diese noch hypothetischen Stoffe während der Durchfallserkrankung jenseits des Darmes gelangen und hier schädigend auf die wasserretinierenden Kräfte einwirken. Die Entstehung dieser Substanzen darf in den Darm verlegt werden, weil die Wasserlösung in den Geweben aufhört, sobald die krankhaften Darmvorgänge durch eine zweckmäßige Behandlung beseitigt werden. Der sicherste Weg zu diesem Ziele ist die Ausschaltung aller Nahrungsstoffe und die Zufuhr von Wasser. Trotz des damit dem Organismus aufgezwungenen Hungers hört die Gewichtsabnahme auf, ja nicht selten beginnt unter der Wasserdiät sofort eine Gewichtszunahme. Daraus ist zu schliessen: die Gewichtsabnahme beim Kinde mit akuter Dyspepsie ist niemals Folge eines Hungers, sondern sie steht im Gegenteil in einem ursächlichen Zusammenhang mit der Zufuhr von Nährstoffen. Dabei ist aber auch das klinische Symptom des Durchfalls nicht das entscheidende Moment für den Eintritt der Wasserlösung. Denn während im akuten Stadium der Dyspepsie Durchfälle, begleitet von Gewichtseinbussen bestehen, setzt nach Einleitung der Schonungstherapie die Gewichtszunahme oft schon ein, während Durchfälle in unveränderter Stärke als klinisch scheinbar gleiches Symptom noch fortbestehen. Es muss wohl angenommen werden, dass der Charakter des Durchfalles bei diesem Umschlag Veränderungen erfahren hat, die sich aber vorerst noch dem klinischen Nachweis völlig entziehen. Der Durchfall der heilenden Dyspepsie ist in seiner klinischen Wertigkeit den Diarrhöen gleichzusetzen, wie sie als harmlose monosymptomatische Durchfälle beschrieben wurden. Die wasserlösende und entquellende Wirkung charakterisiert geradezu den Durchfall der akuten Dyspepsie und, wie noch zu zeigen sein wird, den Durchfall der alimentären Intoxikation. Die Einwirkung auf den Wasserbestand gibt diesen Durchfällen letzten Endes ihre ernste Bedeutung, besonders bei hydrolabilen Kindern, bei denen die Festigkeit der Wasserbindung schon von Hause aus lockerer ist als beim normalen, hydrostabilen Kinde. Bei diesen Säuglingen wird daher jede akute Dyspepsie zur ernsten Erkrankung, da niemals vorauszusagen ist, in welchem Ausmaße lebenswichtiges Wasser aus den Geweben ausgeschwemmt werden wird. Ähnliches gilt für die Kinder der ersten drei Lebensmonate. In diesem Alter besteht eine physiologische Hydrolabilität, die sich erst im Laufe des ersten Lebensjahres bei den meisten Kindern verliert, und die nur bei denen erhalten bleibt, die als hydrolabile Kinder oder als Kinder mit hydropischer Konstitution gekennzeichnet wurden. Die gleiche Gefährdung besteht bei jeder akuten Durchfallserkrankung auch bei den dystrophischen und erst recht bei den atrophischen Kindern, die sicherlich z. T. den vorher charakterisierten Hydrolabilen zuzurechnen sind, bei denen aber auch äussere schädigende Momente (Hunger, häufige Infektionen, Fehlernährung u. a.) die Fähigkeit zur Wasserbindung mehr oder weniger vernichtet haben. Bei allen Säuglingen, ganz besonders aber bei Kindern im geschädigten Ernährungszustand, bedeutet der Wasserverlust die ernsteste Gefahr im Bilde der Dyspepsie. Das Ziel jeder Therapie muss es daher sein, die Entwässerung zum Stillstand zu bringen. Diese Einstellung der Behandlung erscheint wichtiger als der Versuch, die Therapie so zu lenken, dass der Durchfall, der für den Unkundigen das alarmierendste Symptom darstellt, beseitigt wird. Vielfach decken sich in der Praxis die Mittel, die zur Heilung des Durchfalls und zur Beseitigung der Wasserverluste führen.

Das Ausmaß der Wasserverluste hält sich, wie aus der Grösse der Gewichtsabnahme zu schliessen ist, bei der akuten Dyspepsie meist in mäßigen Grenzen. Jeder stärkere Wasserverlust, sobald er lebenswichtige Wasservorräte betrifft, scheint zum Bilde der Intoxikation (s. später) zu führen. Über diese einfachsten klinischen Beobachtungen hinaus ist das Verständnis für den Mechanismus der hier bedeutsamen Vorgänge nicht gediehen. Es wird die Vorstellung vertreten, dass die Darmwand durch primäre krankhafte Vorgänge im Magen-Darmkanal, wobei es zur Bildung unphysiologischer Säuren käme, in dem Sinne geschädigt würde, dass sie für giftige Substanzen durchlässig würde. Hierbei wurde vor allem an toxische Abbauprodukte des Eiweisses (Amine, Polypeptide) gedacht. Ein Beweis für das Bestehen einer abnormen Darmdurchlässigkeit ist bisher weder durch die histologische Untersuchung der Darmwand, noch durch den

Nachweis der Amine jenseits des Darmkanals im Blute oder im Harn erbracht worden. Das Fehlen konkreter Unterlagen für die Annahme einer erhöhten Darmdurchlässigkeit bei den akuten Durchfallserkrankungen führte dazu, eine Störung in der Tätigkeit der Leber als primäre Ursache anzunehmen, durch die es zu Störungen im Abbau des Eiweisses, zur Bildung toxischer Abbauprodukte und damit zur Entstehung des Bildes der akuten Dyspepsie käme. Aber auch hier fehlt bisher ein Anhalt für die Richtung, in der sich diese Störung der Lebertätigkeit auswirkte, vor allem wie und welche Stoffe am Vorgange der Wasserlösung mitwirken. Der Befund einer trüben Schwellung und von Verfettungsvorgängen in der Leber könnte als Unterlage für die Annahme von der Bedeutung einer Leberschädigung in der Pathogenese der akuten Dyspepsie dienen. Aber auch hier muss die Frage gestellt werden, ob es sich nicht hierbei auch nur um sekundäre Veränderungen handelte, die durch Störungen von ganz anderer Stelle aus zustande kamen. Als ein solches Organsystem ist vor allem an das vegetative Nervensystem gedacht worden, das von einzelnen Autoren als Ausgangspunkt für alle die Störungen angesehen worden ist, die insgesamt das klinische Bild der akuten Dyspepsie und der alimentären Intoxikation ausmachen.

Schliesslich muss auch die Möglichkeit in Frage gestellt werden, ob nicht als Folge der primären Störungen im Nahrungsabbau im Darm die Substanzen nicht mehr in genügender Menge resorbiert werden, die für den Vorgang der normalen Wasserbindung in den Zellen von ausschlaggebender Bedeutung sind, oder ob die wasserfixierenden Substanzen im Strudel des krankhaften Abbaus der Nahrung vielleicht sogar völlig vernichtet werden. In erster Linie wäre hierbei an einen abwegigen Abbau der Kohlenhydrate zu denken, die ja für eine physiologische Wasserbindung von der grössten Bedeutung sind. Im ganzen muss aber gesagt werden, dass beweisende Grundlagen für irgendeine der Vorstellungen über die Pathogenese der Wasserlösung bei der akuten Dyspepsie noch völlig fehlen. Bisher vermag man allein auf Grund klinischer Erfahrung auf eine Störung in der Funktion der Wasserbindung zu schliessen.

b) Das alimentäre Fieber. Bei der Schilderung des klinischen Bildes der akuten Dyspepsie wurde bereits darauf hingewiesen, dass Abweichungen vom normalen Temperaturverlauf sich mit grosser Regelmäßigkeit im akuten Stadium der Krankheit einstellen. Die Tatsache vom Auftreten subfebriler oder seltener fieberhafter Temperaturen bei akuten Durchfallserkrankungen ist schon lange bekannt. Dieses Fieber wurde als bakterielles Fieber gedeutet, das entsteht, wenn Bakterien oder deren Toxine in den Kreislauf gelangen. Erst Finkelstein konnte durch unvoreingenommene klinische Beobachtung und Forschung zeigen, dass der Eintritt und das Andauern der Temperatursteigerung in innigstem Zusammenhang mit der Nahrungszufuhr stände. Ausschaltung der Nährstoffe bewirkte eine sofortige Entfieberung. Diese Zusammenhänge zwischen Ernährung und Fieber erschienen so innig, dass Finkelstein die Temperatursteigerung als „alimentäres Fieber" bezeichnete. Es lassen sich wohl nur ganz wenige neue Erkenntnisse im Gebiete der Kinderheilkunde anführen, die im gleichen Maße die Forschung belebt und befruchtet haben. Das äussere Zeichen hierfür ist die ausgedehnte Literatur, die im Anschluss an die Formulierung des Begriffs des alimentären Fiebers entstanden ist. Auch heute erscheint dieses Kapitel der Kinderheilkunde noch keineswegs abgeschlossen. Alle weiteren Forschungen haben die ursprüngliche Beobachtung Finkelsteins, dass Nährstoffzufuhr beim Kinde mit akuter Dyspepsie oder alimentärer Intoxikation Fieber verursachen kann, das nach Nahrungsentziehung schwindet, immer wieder bestätigt. Es war damit eine völlig neue Tatsache im Gebiete der allgemeinen Pathologie festgestellt worden. Differenzen bestanden und bestehen heute eigentlich nur noch bei Beantwortung der Frage, auf welchen Wegen die Störungen der Körpertemperatur zustande kommen.

Die zuerst von Finkelstein als fiebererzeugend bezeichneten Stoffe: Zucker und Salze, erwiesen sich nach späteren Untersuchungen mehr als Förderer für den Eintritt eines alimentären Fiebers, während als eigentlich Fieber erzeugende Substanzen andere Nährstoffe mehr in den Vordergrund traten. Das Augenmerk richtete sich vor allem auf das Eiweiss und auf das Wasser, wobei nicht so sehr die absolute Grösse des Angebotes dieser Nährstoffe entscheidend war. Das Auftreten des Fiebers hängt nach der heutigen Vorstellung vielmehr von der Relation des Eiweissanteils zum Wasseranteil ab. Es soll an dieser Stelle nicht ausführlich der Gang der Entwicklung geschildert werden, der von der ersten tatsächlichen Erkenntnis bis zur heute noch umstrittenen theoretischen Deutung der klinischen Erscheinung führte. Es soll vielmehr nur festgestellt werden, wie nach dem heutigen Stande unseres Wissens Nährstoffe die Körperwärme beeinflussen.

In den Vordergrund muss heute unbedingt das Wasser gestellt werden. Wassermangel kann, unabhängig von jeder anderen Nährstoffzufuhr, wenn er nur bestimmte Grade erreicht, Temperaturerhöhung hervorrufen. Dieses Durstfieber ist beim Säugling zuerst von E. Müller beschrieben worden. Die Tatsache eines Durstfiebers lässt sich am leichtesten beim völligen Entzug jeglichen Wassers in der Nahrung beweisen. Auf einen kompletten Durst antworten fast alle Kinder im ersten Lebensjahre mit Temperatursteigerung. Solche unfreiwilligen Beobachtungen sind bei Kindern, die völlig appetitlos sind oder an heftigem Erbrechen leiden, immer wieder zu erheben. Praktisch spielt diese Form des alimentären Fiebers keine allzu grosse Rolle. Aber nicht nur der absolute Durst verursacht Temperatursteigerungen, sondern auch bei relativem Wassermangel erhöht sich die Körperwärme (Heim und John). Ob es bei relativ niedrigem Wasserangebot zur Erhöhung der Körpertemperatur kommt, hängt wesentlich davon ab, welche anderen Nährstoffe in Gemeinschaft mit dem Wasser zugeführt werden. In der Beanspruchung des Wasserstoffwechsels verhalten sich die einzelnen Nährstoffe ausserordentlich verschieden.

Den stärksten Anspruch an die Wasservorräte des Organismus stellt zweifellos das Eiweiss bei seinen Umsetzungen im Körper des Kindes. In zweiter Linie stehen die Salze und dann die verschiedenen Zuckerarten, die aber wahrscheinlich nur indirekt, z. B. über den Weg eines an den Wasservorräten zehrenden Durchfalles, Fieber erregend wirken. Vom Fett ist eine stärkere Beanspruchung des Wasserstoffwechsels nicht bekannt.

Dass Eiweiss oder Salze, im Übermaß bei gleichzeitiger Einschränkung der Wasserzufuhr angeboten, Fieber verursachen können, lässt sich jederzeit beweisen. Stärkere Vermehrung des Eiweissanteils der Nahrung oder rasche Zufuhr einer grösseren Salzmenge verursachen, vor allem bei den Kindern der drei ersten Lebensmonate, mit grosser Regelmäßigkeit Fieber. Dieses Fieber bleibt aus, wenn gleichzeitig mit der Mehrzufuhr von Eiweiss oder Salz die Wasserzufuhr vermehrt wird (cf. Abb. 48).

Ebenso kommt es zur Temperaturerhöhung, wenn die Grösse des Eiweiss- und Salzangebotes zwar unverändert bleibt, dafür aber, wie es bei der Verfütterung konzentrierter Nährgemische in der Praxis sehr häufig geschieht, die Wasserzufuhr verringert wird. Und ebenso wie die Überwärmung des Körpers auf zwei Wegen (Steigerung des Eiweiss- und Salzanteiles oder Verringerung des Wasseranteiles der Nahrung) hervorzurufen ist, so kann das alimentäre Fieber auch auf zwei Wegen zum Schwinden gebracht werden: entweder durch Verringerung der Eiweiss- und Salzmengen der Nahrung, evtl. bis zum vorübergehenden völligen Entzug dieser Nährstoffe, oder durch eine Steigerung der Wasserzufuhr, ohne dass dabei die übrige Zusammensetzung der Nahrung geändert zu werden braucht. Aus allen diesen Beobachtungen darf der Schluss gezogen werden, dass nicht ein einzelner Nährstoff oder eine Mehrzahl von Nährstoffen von sich aus Fieber erzeugen, sondern dass das Missverhältnis zwischen dem zur Verfügung stehenden Wasser und der Menge der angebotenen Nährstoffe, in erster Linie von Eiweiss und Salzen, den Ausschlag gibt. Damit kann jedes alimentäre Fieber als ein Durstfieber gedeutet werden.

Bis zu diesem Punkte scheinen alle Autoren, die sich mit der Frage des Nährstoffiebers beschäftigt haben, einig zu sein. Unterschiede ergeben sich erst bei der Diskussion der Mechanismen, durch die der Eintritt der erhöhten Körpertemperatur stattfindet. Zwei Ansichten stehen sich hier zunächst noch gegenüber, von denen die eine, die vor allem Rietschel vertritt, nur Störungen der peripheren physikalischen Vorgänge der Wärmeregulation als Ursache der „Hyperthermie" ansieht, die Vertreter der anderen Ansicht, z. B. Finkelstein, L. F. Meyer, Schiff, glauben dagegen, dass Störungen der physikalischen und chemischen Vorgänge der Wärmeregulation, ausgelöst durch zentral angreifende toxische Substanzen, beim alimentären Fieber vorliegen. Diese verschiedenen Ansichten führen zunächst zu einer verschiedenen Benennung der Erhöhung der Körpertemperatur. Von einer Hyperthermie spricht Rietschel, weil ja Störungen an den Zentren der Wärmeregulation, die das (infektiöse) Fieber auslösen, hier fortfallen; dagegen spricht Finkelstein von einem alimentären Fieber, weil er annimmt, dass chemische, toxisch wirkende Substanzen, die aus der Nahrung stammen, hier das Fieber zentral auslösen, nicht anders, als das Fieber bei einer Infektionskrankheit entsteht.

Die Entstehung der Hyperthermie bei eiweissreicher und wasserarmer Kost ist nach Rietschel die Folge der erhöhten Verdauungsarbeit, die der Organismus beim Abbau des Eiweisses leisten muss (sogenannte spezifisch dynamische Wirkung des Eiweisses). Diese erhöhte Verdauungsarbeit produziert im Organismus eine grössere Wärmemenge, deren sich der Organismus nur durch vermehrte Wasserverdunstung entledigen kann. Steht zur Entwärmung nicht genügend Wasser zur Verfügung, so wird die im Organismus gestaute Wärmemenge klinisch die Erscheinung einer erhöhten Körpertemperatur zur Folge haben. Eine Stütze der Rietschelschen Anschauung ist der von ihm und seinen Mitarbeitern und anderen geführte Nachweis, dass es zur Hyperthermie nicht nur nach Darreichung grosser Eiweissmengen kommt, sondern dass auch nach Zufuhr von Harnstoff, ja sogar nach Zufuhr von Kochsalz, sich eine vermehrte Zellarbeit nachweisen lässt, die wohl zustande kommt, wenn nach reichlicher Salzzufuhr von den Körperzellen eine stärkere Arbeit geleistet werden muss, um die Isotonie der Säfte aufrecht zu erhalten. Wenn auch an der Tatsache einer vermehrten Wärmebildung nach Eiweiss- und Salzdarreichung nicht gezweifelt werden kann, so scheint doch noch der Beweis zu fehlen, dass die Fähigkeit zur Entwärmung bei intakter Wärmeregulation so stark herabgesetzt ist, dass es zu einer beträchtlichen Erhöhung der Körpertemperatur kommen muss. An dieser Stelle schliesst sich die zweite Anschauung an, wenn sie es als möglich hinstellt, dass beim Abbau des Eiweisses, oder vielleicht auch als Folge einer Schädigung der Körperzellen durch hypertonische Salzlösung im Kreislauf, toxisch wirkende Substanzen entstehen, die die Zentren der Wärmeregulation reizen. Vielleicht mangelt es auch nur am Wasser, das zur Weiterverarbeitung oder zur Ausscheidung dieser Stoffe notwendig ist, und das bei zweckmäßiger Ernährung in genügenden Mengen zur Verfügung steht, während es beim durstenden Kinde fehlt. In diesem Sinne scheint auch die Tatsache zu sprechen, dass die Insulinwirkung eine ganz andere wird, sobald Wasser in den Umsetzungen des Organismus fehlt.

Die Entscheidung der Frage, auf welchen Wegen der Durstzustand zur Erhöhung der Körpertemperatur führt, hat vorerst mehr theoretisches Interesse.

Für das praktische Handeln ist es wichtig zu wissen, dass durch ein ungenügendes Angebot von Wasser, besonders bei eiweissreicher Nahrung,
schwere Krankheitsbilder und Krankheitssymptome ausgelöst werden
können, die verschwinden, sobald der Wasserbedarf der Gewebe ausreichend
gedeckt ist. Das Symptom des alimentären Fiebers oder der Hyperthermie in
seiner Abhängigkeit vom Wasserhaushalt stellt dieses Krankheitszeichen der
akuten Durchfallserkrankungen in eine Parallele zum Kommen und Gehen der
Gewichtsabnahmen, von denen vorher gezeigt wurde, dass auch sie aufs engste
mit Störungen des Wasserhaushaltes verbunden sind. Ja es scheint sogar die
Frage berechtigt, ob nicht bei den akuten Durchfallserkrankungen die gleichen
Substanzen, die bei andauernder Zufuhr von Nährstoffen, vor allem von Eiweiss,
schliesslich die Gewichtsabnahme durch Vernichtung der wasserbindenden Fähigkeiten des Gewebes auslösen, auch Ursache der Hyperthermie werden können.

     c) Die Allgemeinerscheinungen. Eine eindeutige Antwort auf die
Frage nach den Ursachen des Auftretens der Allgemeinerscheinungen zu geben,
ist kaum möglich. Die Allgemeinerscheinungen im Bilde der akuten Dyspepsie,
wie Blässe, Verlust an Turgor usw., können durch die Einwirkung toxischer
Produkte, die in den Kreislauf gelangen, zustande kommen; sie können aber
auch eine direkte Folge des Durstzustandes sein, der die akute Dyspepsie
begleitet. Nachdem gezeigt wurde, dass die Gesamtheit der Symptome der
akuten Dyspepsie durch exogenen Durst entstehen kann, liegt die Annahme
einer pathogenetischen Bedeutung des Wassermangels auch für die Allgemeinerscheinungen nahe. Eine gewisse Stütze erhält diese Anschauung durch experimentelle Erfahrungen bei Durstversuchen, die im Rahmen der Intoxikation noch
gewürdigt werden. Dabei ergibt sich wiederum sofort die neue Frage, woher der
Durstzustand des Organismus rührt. Störungen im intermediären Stoffwechsel
werden sich mit dem Augenblicke einstellen, wenn ein Ausgleich der durch Harn
und Stühle in Verlust geratenen Wassermengen durch eine entsprechende Einschränkung der Perspiration nicht stattfindet. Es müssen sich dann Stoffwechselprodukte im Organismus häufen, die nicht anders als eine primäre toxische
Schädigung auf die wasserbindenden Fähigkeiten der Zellen wirken. Welcher
Art das toxische Agens aber ist, scheint auch hier vorerst noch vollkommen
unbeantwortet. Amine als Abbauprodukte des Eiweisses sind beschuldigt worden,
ohne dass es bisher gelang, ihre Anwesenheit im Blut oder im Harn nachzuweisen;
an eine Säurewirkung ist gedacht worden; eine Schädigung der Leberfunktion,
durch die die Vorgänge bei der Entgiftung der Abbaustoffe der Nahrung gehemmt
oder aufgehalten sein sollten, ist vermutet, aber bisher nicht bewiesen worden.

     Die vielfachen und mühseligen pathologisch-anatomischen Unter-
suchungen haben die Lücken in der pathogenetischen Vorstellung bei der akuten
Dyspepsie nicht wesentlich verkleinern können. Von der ursprünglichen Auffassung,
die die akute Dyspepsie als eine Erkrankung der Darmwand auffasste, für die mannigfache histologische Veränderungen beschrieben wurden, ist kaum etwas übrig geblieben.
Der Befund eines Katarrhs der Darmwand, wie er sich bei Leicheneröffnungen an
akuter Dyspepsie verstorbener Kinder findet, kann nicht als Grundlage des Krankheitsbildes gelten. Auch die von Adam und Froböse erhobenen Befunde von
mehr oder weniger schweren destruierenden und entzündlichen Veränderungen in
der Darmwand, und in Parallele dazu, eine in der Intensität wechselnde Bakterien-
ausbreitung (s. Intoxikation), scheinen nicht zu genügen, um die Fülle intermediärer
Veränderungen zu erklären, die bei der akuten Dyspepsie zu finden sind. Wichtiger
erscheint in dieser Hinsicht schon der mit grosser Regelmäßigkeit nachweisbare
Befund einer Verfettung und Glykogenverarmung der Leber, der vielleicht für das
Bestehen einer Störung der Leberfunktion sprechen könnten.

     Die **Prognose** der akuten Dyspepsie darf in der Regel günstig gestellt
werden. Sie hängt dabei viel weniger von der Stärke ab, mit der die Krankheitszeichen der Dyspepsie auftreten, als vom Ernährungszustande des

Kindes. Beim **eutrophischen Kinde** ist die Heilungsaussicht, wenn Fehler bei der Behandlung vermieden werden, stets **gut**. Auch beim **dystrophischen Kinde** wird nur in **seltenen Fällen** ein **ungünstiger Ausgang** zu fürchten sein. Und hier ist es dann, ebenso wie bei jedem atrophischen Säugling, nicht eigentlich die akute Dyspepsie selbst, die das Leben der Kinder gefährdet und vernichtet. Der atrophische und schwer dystrophische Säugling geht dann entweder an einer sekundären Infektion zugrunde, oder die Labilität seines Gewebsaufbaues wird durch die neue Schädigung der akuten Dyspepsie so schwer erschüttert, dass trotz scheinbar leichten Beginns unaufhaltsame Gewichtsverluste das Kind dem Tode zuführen. Wie der atrophische Säugling verhält sich auch der junge eutrophische Säugling der ersten Lebenswochen. In dieser frühen Lebenszeit bedeutet jede akute Dyspepsie eine ernste Gefahr.

Die Behandlung der akuten Dyspepsie. Die Behandlung einer akuten Durchfallserkrankung ist durch die Fortschritte der letzten zwei Jahrzehnte ausserordentlich erleichtert und gesichert worden. Während man früher auf unsicheres Tasten und Probieren angewiesen war, gibt es heute **strenge Richtlinien** für das therapeutische Vorgehen, eine Heilmethodik, die nur den im Stiche lässt, der sich allzu weit von ihr entfernt.

Um das Ziel einer Heilung der akuten Dyspepsie zu erreichen, müssen drei Grundforderungen erfüllt sein:

1. Die Behandlung der akuten Dyspepsie sollte sich **eng an ein bewährtes Schema** anschliessen. So sehr sonst in der Behandlung einer Ernährungsstörung des Säuglingsalters ein Individualisieren in der Behandlung angezeigt, ja zum Erfolge notwendig ist, so dringend ist bei der akuten Dyspepsie eine **schematische Behandlung** anzuraten. Die Verlockung, abwegig vom Schema zu behandeln, liegt gerade bei leichteren Formen der akuten Durchfallserkrankung recht nahe. Allzuoft aber ergeben sich Schwierigkeiten und Schädigungen, wenn der sichere Pfad der schematischen Behandlung verlassen wird.

2. Der Arzt muss mit Vertrauen der von ihm angewandten Therapie gegenüberstehen und mit Ruhe den Erfolg seiner Behandlung abwarten. Es ist ebenso falsch, zu früh am Erfolge der Behandlung zu zweifeln und zu verzagen, wie es falsch ist, allzu stürmisch vorzugehen. Dieser Rat zur Stetigkeit muss vor allem angesichts der Erfahrung gegeben werden, dass der Durchfall im Bilde der akuten Dyspepsie nicht selten zunächst in unveränderter Stärke andauert und damit zu unzweckmäßiger Unruhe in den Verordnungen führt. Niemals darf der Durchfall, wenn er auch am zweiten und dritten Krankheitstage noch fortbesteht, Veranlassung geben, vom Schema der Behandlung abzuweichen.

3. Die Behandlung der akuten Dyspepsie erstrebt, dass nach **möglichst kurzer Zeit** wieder eine nach Menge und Zusammensetzung **vollkommene Nahrung** gegeben wird. Im Durchschnitt kann dieses Ziel **sechs bis acht Tage nach Einleitung der Heilbehandlung** erreicht sein. Die Furcht vor einer Verschlimmerung oder einer Rückkehr des Durchfalls verleitet den Unkundigen nicht selten, die Gefahren zu verkennen, die in einer zu langen Fortsetzung dieser Schonungsbehandlung verborgen sind.

Für die **Auswahl der Nahrung**, die sich zur Heilung einer akuten Dyspepsie eignet, lassen sich einige Prinzipien aufstellen. Ein solcher Versuch erscheint lohnend, weil so viele verschiedene Nahrungsarten und Nahrungsgemische zur Heilung angegeben worden sind, dass sie in ihrer Fülle fast verwirrend wirken. Und doch lassen sich, trotz aller Verschiedenheit, die Heilnahrungen, von denen jede einzelne brauchbar ist, und sich in der Hand des Erfahrenen bewährt, auf einfache Grundformeln zurückführen. Als Heilnahrung für die akuten Durchfallserkrankungen sind alle Mischungen geeignet, die etwa nach folgendem Schema aufgebaut sind:

1. Die Heilnahrungen sollten wenig Fett enthalten, weil Fett das Bakterienwachstum unterhält und fördert und die Entleerung des Magens verzögert.

2. Erwünscht ist eine Anreicherung der Gemische mit Eiweiss, das — soweit es der Bakterientätigkeit anheimfällt — nicht zu Gärungssäuren abgebaut wird, die die Peristaltik beschleunigen und zugleich die Darmwand schädigen. Der Teil des Eiweisses, der von Bakterien angegriffen wird, liefert Fäulnisprodukte, die die Peristaltik nicht erregen.

Ob das Eiweiss dabei auch in dem Sinne günstig wirkt, dass an den Stellen, wo die Gegenwart von Eiweiss zu Fäulnisprozessen Veranlassung gibt, Gärungsprozesse nicht aufkommen können, erscheint nach neueren Untersuchungen zweifelhaft. Wahrscheinlich bestehen beide Prozesse nebeneinander. Der praktische Nutzen eiweissangereicherter Nahrungsgemische ist bei der Behandlung der akuten Dyspepsie jedenfalls unabhängig von jeder theoretischen Deutung bewiesen.

3. Eine Säurung der Heilnahrung hat sich als vorteilhaft zur raschen Behebung der Durchfallserkrankung erwiesen. Jede Säurung, mag sie künstlich durch Säurezusatz erzeugt, oder durch den spontanen Säurungsprozess der Milch entstanden sein, wirkt, sofern sie nicht gewisse Grenzen überschreitet, antidyspeptisch.

Der Mechanismus der Säurewirkung ist dabei noch keineswegs geklärt. Es ist die Ansicht vertreten worden, dass die saure Nahrung das Bakterienwachstum im Duodenum hemmt und damit zur Sterilisierung der oberen Darmabschnitte beiträgt, die eine Voraussetzung zur Heilung der Dyspepsie darstellt. Ob die bei Darreichung einer sauren Milchmischung nach der Magenpassage in den Zwölffingerdarm gelangenden Säuremengen tatsächlich so viel grösser sind als die Säuerung, wie sie bei jeder Nahrung durch den sauren Magensaft entsteht, erscheint nicht bewiesen. Vielleicht liegt der günstigen Wirkung der Säure ein viel komplizierterer Vorgang zugrunde, als heute im allgemeinen angenommen wird.

4. Eine gewisse Vorsicht ist bei der Dosierung der Kohlenhydrate in den Heilnahrungen anzuraten. Keineswegs darf aber diese Vorsicht so weit getrieben werden, dass dem Kinde auch nur für wenige Tage der Zucker vollständig entzogen wird. So günstig ein solches Vorgehen im Augenblick auch auf die krankhaften Darmvorgänge wirken mag, so birgt es doch viel schwerwiegendere schädliche Folgen für den gesamten kindlichen Organismus, die unbedingt vermieden werden müssen. Vorsicht bei der Dosierung der Kohlenhydrate bedeutet vor allem Ausschaltung der Zuckerarten, die vom Darm schwer resorbiert werden, und daher wie Milchzucker, Malzextrakt, im Darm besonders stark vergären. An ihre Stelle treten Rohrzucker, Nährzucker, Kinderzucker. Ähnliches gilt für die Auswahl der Mehle, die für die Verdünnungsflüssigkeit der Heilnahrung gebraucht werden. Auch hier ist den schnell resorbierbaren Mehlsorten, wie Reismehl, Weizenmehl, Kufeke oder ähnlichem, vor den langsam den Darm verlassenden Mehlsorten, wie Hafermehl oder Roggenmehl, der Vorzug zu geben.

Unter Beachtung dieser Grundregeln ist es ohne weiteres möglich, die älteren und neueren, einfacheren und komplizierteren Nahrungsmischungen, die zur Behandlung der akuten Dyspepsie empfohlen worden sind, zu Gruppen zusammenzufassen. Unter ihnen mag der Arzt, je nach der Schwere der Erkrankung und je nach dem Ernährungszustande des Kindes, seine Wahl treffen:

1. Einfache Milchmischungen ($\frac{1}{2}$ Milch, $\frac{2}{3}$ Milch, mit Reisschleim verdünnt und Zusatz von 5% Nährzucker);
2. mit Eiweiss angereicherte Milchmischungen (Zusatz von 1—2% Plasmon, Lactana oder Larosan);

3. gesäuerte Milchmischungen (Milchsäurevollmilch nach Marriot, Zitronensäurevollmilch (Weissenberg), saure Milch (nach Schiff).
4. Milchmischungen, die durch Kombination mehrerer solcher Veränderungen entstanden sind.

   a) Fettarme Buttermilch mit $3^0/_0$ Mondamin und $3^0/_0$ Zucker oder Buttermilch mit 5% Zucker und 1% Mehl, als Konserve in konzentrierter Form von den Milchwerken Böhlen oder als Trockenbuttermilch (Eledon), oder als Diätmilch nach Adam.

     Die Diätmilch (Milchwerke Böhlen) ist eine natürliche Sauermilch, die durch Zusatz säurebindender Kreide auf einer konstanten Wasserstoffzahl gehalten wird. Zusammensetzung: 3% Kasein, 1,5% Fett, ca. 2% Milchzucker.

   b) Eiweissmilch (Finkelstein-Meyer) und Eiweisskalkmilch nach Moll, Mischungen, die beide gleichzeitig eine für die akute Dyspepsie nicht unbeträchtliche Fettzufuhr von 2% ohne Gefahr gestatten. Eiweissmilch ist hergestellt durch Vereinigung von $\frac{1}{2}$ Liter Buttermilch und der Käsefällung aus 1 Liter Milch. Sie enthält im Liter 3% Eiweiss, 2—2,5% Fett, 2% Milchzucker, Molkensalze aus $\frac{1}{2}$ Liter Milch und Kalksalze aus $1\frac{1}{2}$ Liter Milch. Die Eiweissmilch (Milchwerke Böhlen) ist in den Apotheken als Konserve in Büchsen vorrätig und ist zur Verwendung mit der doppelten Menge Wasser oder Reisschleim zu verdünnen und mit mindestens 5% Nährzucker oder anderem schwer vergärbaren Zucker zu versetzen.

     Zubereitung der Eiweisskalkmilch: In einen reinen Kochtopf werden $\frac{1}{2}$ Liter Vollmilch, $\frac{1}{4}$ Liter Wasser und zwei kleine Calcia-Tabletten Nr. 2 (Pharmazeutische Industrie „Phiag" Wien) gegeben, und diese Mischung auf kleiner Flamme solange (fast bis zum Sieden) erhitzt, bis Gerinnung eintritt, und sich der Käsestoff in Flocken von der fast klaren Molke geschieden hat. Man lässt $\frac{1}{4}$ Stunde abkühlen, giesst die gesamte Masse auf ein über ein zweites Gefäss gestelltes Haarsieb, lässt die Flüssigkeit abfliessen und passiert den auf dem Sieb verbliebenen Käsestoff durch dieses in den Kochtopf zurück. Dazu kommt $\frac{1}{4}$ Liter von der im zweiten Gefäss befindlichen Molke, $^1/_8$ Liter frische Vollmilch, $^3/_8$ Liter Wasser und acht grosse Tabletten (= 1 Rolle) Calcia-Tabletten Nr. 1. Das Ganze wird unter intensivem Rühren oder Schlagen mit der Schneerute aufgekocht und 5 Minuten in schwachem Sieden erhalten.

     Die so gewonnene, ca. 1% Zucker enthaltende Calcia-Eiweissmilch (1 Liter entspricht 540 Kalorien) wird je nach Angabe des Arztes durch Zusatz von Würfelzucker (höchstens fünf Stück) gesüsst. Die Calcia-Eiweissmilch stimmt in der Zusammensetzung bis auf die Säuerung mit der Originaleiweissmilch überein.

   c) Alternierende Ernährung mit Reisschleim und hoch gezuckerter konzentrierter Eiweissmilch oder Buttermilch nach Bessau.

     Der Reisschleim ist im Haushalt nicht leicht herzustellen, weil der Reis erst mehrere Stunden quellen muss, um einen ergiebigen Schleim zu liefern. Durch den Trockenreisschleim in Pulverform nach Bessau (Milchwerke Böhlen) wird die Anwendung des Reisschleims erleichtert. 100 g Reispulver werden mit 450 g Wasser unter kräftigem Schlagen mit dem Schneebesen kalt angerührt und die Masse in weitere 450 g kochendes Wasser eingetragen, weiter kräftig geschlagen und kurz aufgekocht. So erhält man einen 10%igen Reisschleim, der auf andere Weise hergestellt, ein dicker Kleister würde.

Das Vorgehen bei der von Bessau vorgeschlagenen alternierenden Ernährung ist folgendes:

1. Tag. Konzentrierter Reisschleim nach Belieben ($\frac{1}{2}$—$\frac{3}{4}$ Liter). 2—3 Teemahlzeiten.

2. Tag. Reisschleim mit 3% Nährzucker, später 5—6% Nährzucker.

3. Tag. Alternierend.
  Eine Mahlzeit gezuckerter Reisschleim.
  Eine Mahlzeit konzentrierte Eiweissmilch zuerst mit 5%, steigend bis 10% Nährzucker in Mengen von 20—40 g. Tägliche Steigerung der Eiweissmilchmengen um 10—20 g bis zur Grösse der Reisschleimmahlzeit.

Aus dieser Fülle von Nahrungsmischungen steht, mit gewissen Einschränkungen, die vor allem durch den verschiedenen Ernährungszustand der Kinder diktiert werden, dem Arzte die Auswahl frei. Mit jeder Mischung lassen sich gute Erfolge erzielen, wenn der Arzt sie zu handhaben weiss und mit Stetigkeit bei der einmal gewählten Mischung verweilt. Schliesslich kann und soll jeder bei der Heilnahrung bleiben, über die er die grösste Erfahrung besitzt.

Vor der Einführung der Heilnahrung steht — und das gilt als Grundgesetz — eine mehr oder weniger lange Hungerpause, in der dem Kinde lediglich Tee oder Wasser zugeführt wird. Die Länge der Hungerpause wurde früher schematisch, meist 24—48 Stunden und länger bemessen. Heute pflegt die Hungerpause bei der akuten Dyspepsie kürzer zu sein, 8—12 Stunden, wobei im einzelnen Falle der Ernährungszustand des Kindes noch entscheidend für die Dauer des Hungers mitspricht. Je schlechter der Ernährungszustand, um so kürzer wird in der Regel die Hungerpause sein müssen.

Die Auswirkung der Teepause auf die klinischen Symptome ist, wenn die Diagnose einer akuten Dyspepsie ex alimentatione zu Recht gestellt war, eindeutig. Es tritt meist schon während dieser Hungerpause ein deutlicher Umschwung im Krankheitsbilde ein. Die subfebrilen Temperaturen verschwinden sofort, die Gewichtsabnahme hört auf oder setzt sich nur noch in wesentlich verringertem Ausmaße fort. Ja zuweilen kommt es zur paradoxen Erscheinung, dass trotz Nahrungsentziehung eine Gewichtszunahme einsetzt. Im Allgemeinbefinden schwindet zunächst die graue Farbe, und der erste rosige Schimmer der Haut zeigt mit Sicherheit den Beginn einer Wiedergenesung an. Das Auge erhält wieder Glanz und Lebhaftigkeit, der Tonus der Muskulatur und der Turgor der Haut bessern sich. Die Trinklust kehrt wieder. Dagegen erscheinen die Kinder in der Zeit der Nahrungskarenz noch matt und abgeschlagen. Ausnahmen von dieser Regel stellen sich vor allem dann ein, wenn die Dyspepsie nicht ex alimentatione, sondern ex infectione entstanden war. Hier folgt der Teepause nicht eine kritische Entfieberung, wenn auch nicht selten, selbst bei den infektiösen Formen der Dyspepsie, unter der Wasserdiät ein teilweises Absinken des Fiebers zu beobachten ist (s. später). Als weitere Abweichung vom normalen Heilungsverlauf, wie er vorher skizziert wurde, bleibt bei hydrolabilen und bei schwer geschädigten atrophischen Kindern im Anschluss an die Nahrungsentziehung der Gewichtsstillstand aus; es kommt zu weiterem, bisweilen noch stärkerem Absturz des Körpergewichts, der auch bei Anwendung aller ärztlichen Kunst zuweilen nicht aufzuhalten ist. Ein ähnliches Verhalten zeigen auch die jüngsten Säuglinge, für die auch die akute Dyspepsie aus diesem Grunde ernste Gefährdung bedeutet.

Für die im Anschluss an die Teepause beginnende Ernährungstherapie der akuten Dyspepsie wird je nach dem Ernährungszustande des Kindes ein unterschiedliches Vorgehen angezeigt sein. Als Beispiel für die diätetische Behandlung kann am besten das Vorgehen bei einer Dyspepsie beim eutrophischen Kinde gelten, zu deren Behebung einfache Milch-Reisschleimmischungen gewählt werden können. Schematisch dargestellt ergibt sich etwa folgendes Vorgehen:

1. Tag . . . . 200—300 g der Mischung
2. Tag . . . . 300 g   „   „
3. Tag . . . . 350—400 g „   „
4. Tag . . . . 450—500 g „   „
5. Tag . . . . 500 g   „   „

Damit ist bei der Mehrzahl der jüngeren Kinder eine Nahrungsmenge erreicht, bei der ein Gewichtsanstieg beginnt. Weitere Steigerung erfolgt dann nach dem Kalorienbedarf unter Berücksichtigung der Gewichtskurve.

Zu diesem Schema ist im einzelnen folgendes zu bemerken. Unabhängig von der Art der gewählten Heilnahrung ist stets die ganze Menge der dem Kinde zugeführten Nahrung auf etwa 300 g am Tage einzuschränken, die, auf fünf bis sechs Mahlzeiten verteilt, verfüttert werden. Zur Deckung des Flüssigkeitsbedarfs (etwa 150 g pro Kilo Körpergewicht) ist die fehlende Menge durch Nachfütterung von saccharingesüsstem Tee oder Wasser zu ergänzen. Die zunächst gereichte geringe Nahrungsmenge liefert dem Kinde insgesamt etwa 150 Kalorien. Ein längeres Verweilen bei diesen geringen Nahrungsmengen würde das Kind zwingen, vom eigenen Körperbestande zu zehren. Es muss deshalb die Nahrungsmenge täglich oder an jedem Übertag gesteigert werden, wenn auch bei täglicher Wägung noch eine Gewichtsabnahme zu verzeichnen ist. Nach drei bis vier Tagen wird dann ein Stillstand im Gewicht erreicht. Wasser und Salze, die bisher in Verlust gerieten, werden, so lässt sich aus dem Verhalten der Gewichtskurve schliessen, wieder in physiologischer Weise im Stoffwechsel verwertet, ein erfreuliches Zeichen für die Wiederkehr der durch die akute Dyspepsie vorübergehend verloren gegangenen Fähigkeit einer normalen Assimilation in den Zellen.

Die Veränderungen des Stuhlbildes schwinden zunächst nicht, wenn auch in einzelnen Fällen bereits mit der Nahrungsentziehung oder wenig später Verstopfung oder die Entleerung weniger, geformter Stühle einsetzt. Das Andauern der Entleerung häufiger, dünner, grün verfärbter Stühle sollte von allen Krankheitszeichen den Arzt am wenigsten kümmern. Wenigstens darf das Fortdauern des Durchfalls, wenn alle anderen Krankheitssymptome sich bessern, niemals Veranlassung sein, mit der unzureichenden Ernährung fortzufahren und auf eine Nahrungssteigerung zu verzichten. In der falschen Auslegung und falschen Wertung des Symptomes des Durchfalls liegt eine Quelle mannigfacher Fehler, sei es, dass eine Furcht vor weiterer Nahrungssteigerung sich einstellt, oder dass sogar erneut eine Nahrungsreduktion vorgenommen wird. Jede Wiederholung der Hungerpause bedeutet aber bei den Säuglingen, vor allem bei den Kindern der ersten Lebensmonate einen schwerwiegenden Eingriff, vor allem dann, wenn die zweite oder dritte Hungerpause sehr rasch der ersten folgt. Ein neuer Hunger ist nur dann nicht zu umgehen, wenn erneut starke Gewichtsabnahme und Erscheinungen der Exsikkose auftreten. Niemals darf der Durchfall allein zu einer Entscheidung in dieser Richtung drängen. Der Stuhl gewinnt, wenn auch zuweilen verzögert, doch stets allmählich normale Farbe und Konsistenz wieder, wenn der Säugling nur regelmäßig und ausreichend ernährt wird. So kommt es, dass sich ein normaler Stuhl häufig erst dann wieder einstellt, wenn eine nach Menge und Mischung vollkommene Kost gereicht wird.

Die Steigerung der Nahrungsmengen sollte immer erst dann erfolgen, wenn der Einfluss der vorhergehenden Maßnahmen überblickt werden kann. Dazu genügen 24, höchstens 48 Stunden. Nach dieser Zeit ist es immer klar, ob die zugeführte Nahrung auf den Heilungsprozess fördernd oder auf das krankhafte Geschehen erneut verschlechternd gewirkt hat. Bei normalem Heilungsverlauf wird daher jeden Tag und spätestens jeden zweiten Tag eine Nahrungsvermehrung um 100 g angezeigt sein, so dass nach einer Woche der Nahrungsbedarf des Kindes annähernd gedeckt ist. Solange dieses Ziel nicht erreicht ist, muss die fehlende Flüssigkeitsmenge durch Zufütterung von Wasser gedeckt werden (Abb. 30).

Alle Heilnahrungen sind nach ihrer Zusammensetzung mehr auf rasche Durchfallsheilung eingestellt, während die Forderung des kindlichen Organismus nach kompletter Ernährung zunächst zurücktritt. Ist aber der erste Sturm der Krankheit, vor allem auch der Durchfall im Abklingen begriffen, so werden auch dem Organismus als Ganzem seine Rechte, die er an den Ernährungsvorgang stellt, wiedergegeben werden müssen. Mit allen Mitteln ist daher die möglichst frühzeitige Rückkehr zu einer kompletten Kost anzustreben. Dazu gehört in erster Linie die Zufuhr einer ausreichenden Menge von Fett, das in den meisten Heilnahrungen nur in ungenügenden Mengen enthalten ist oder sogar ganz fehlt. Zusatz von 1—2% Butter oder Zulage einer Buttermehlschwitze wird bei normalem Heilungsverlauf nach einer Woche angezeigt sein.

Dieses Vorgehen ist bei der Behandlung einer akuten Dyspepsie bei den eutrophischen Säuglingen der ersten vier bis fünf Monate am Platze. Bei älteren Kindern ist ein schnelleres Vorgehen erlaubt, wobei die Nährstoffe aus der gemischten Kost des älteren Kindes gewählt werden, die stopfende Wirkungen entfalten. Eine Verkürzung der Schonungstherapie ist um so eher am Platze, als alimentär verursachte akute Dyspepsien im späteren Säuglingsalter selten werden, und fast jede akute Dyspepsie infektiösen Ursprunges ist (s. später). Eine rasche Rückkehr zur normalen Ernährung ist daher erlaubt und angezeigt. Für die älteren Kinder, im zweiten Lebenshalbjahr, ist es leicht, einen Diätzettel unter völligem Verzicht auf Milch aufzustellen und trotzdem eine Deckung des quantitativen

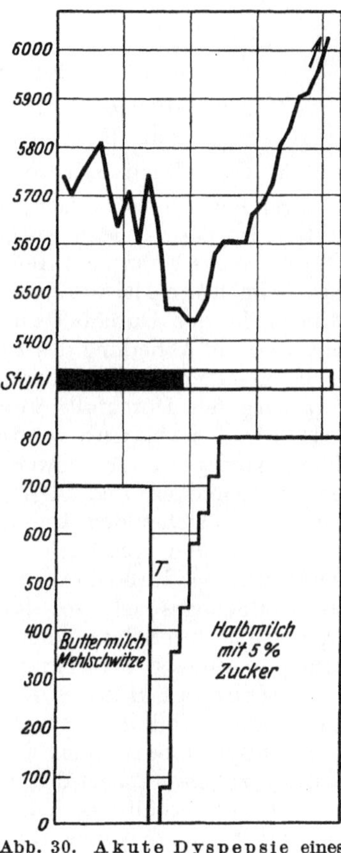

Abb. 30. Akute Dyspepsie eines eutrophischen Säuglings. Auf die Nahrungsentziehung und die Schonungstherapie, Halbmilch mit Reisschleim+5% Nährzucker, zunächst in den vorgeschriebenen kleineren Mengen, die nach dem Schema gesteigert werden, rasche Heilung. Sofortiges Sistieren des Durchfalls und Umkehr der Gewichtskurve. Ungestörte Reparation.

und qualitativen Nahrungsbedarfs (unter Berücksichtigung der Vitaminträger) zu erreichen. Die Grundlage einer solchen Ernährung bildet dabei ein Reisschleim oder in Wasser gekochter Kakao (Eichelkakao) oder die Abkochung eines Kindermehles, das mit Zucker (Nährzucker) und einem Eiweisspulver (Plasmon, Larosan, Lactana) angereichert ist. Dazu erhält das Kind Griess oder Reis mit püriertem, gekochtem Fleisch, Zwieback, Ei (Gelbei), Weissbrot, Käse, einen Brei aus Keks, Fleisch, Wurst mit etwas Schleim angerührt und ähnliches mehr. Nach drei bis fünf Tagen wird es in der Regel möglich sein, wieder zur Bereitung von einzelnen Mahlzeiten Milch zu verwenden. Nur in schweren Fällen wird die Anwendung besonderer Heilnahrungen beim älteren eutrophischen Kinde noch notwendig sein.

Buttermilch und Eiweissmilch können daher zur Behandlung der Dyspepsie des dystrophischen oder atrophischen Kindes reserviert bleiben.

Der Diätzettel für einen älteren dyspeptischen Säugling könnte etwa, wie folgt, zusammengesetzt sein:

1. Tag: 1. Reisschleim mit Zucker und evtl. 1% Plasmon;
2. Zwieback in Tee mit Weisskäse;
3. 1 Esslöffel Fleisch mit Griess oder Reis, geschabte Bananen;
4. wie 1;
5. wie 3, evtl. ein Ei mit Weissbrot.

2. Tag: Mittags Wiener Würstchen mit Kartoffelbrei, Kakao an Stelle von Reisschleim.

3. Tag: Dazu Saft von 1—2 Apfelsinen.

So leicht und einfach sich in der Regel Behandlung und Heilung einer akuten Dyspepsie beim eutrophischen Kinde gestalten, so schwierig und klippenreich kann die Heilung der gleichen Krankheit beim dystrophischen oder beim atrophischen Säugling werden. Die wesentliche Gefahr bringt dabei nicht der Durchfall an sich; bei diesen ernährungsgeschädigten Kindern geht aber die Abheilung des Durchfalls niemals mit der Sicherheit vor sich, wie sie beim eutrophischen Kinde die Regel ist. Diese Verzögerung in der Heilung des Durchfalls verführt allzu leicht dazu, dem Kinde längere Zeit eine Schonungstherapie zuzumuten, durch die der Organismus dieser Kinder weiter schwer geschädigt wird. Bei der akuten Dyspepsie der Dystrophiker und Atrophiker beherrscht zu oft der Versuch und der Wunsch, zunächst den Durchfall völlig zum Schwinden zu bringen, ehe zur quantitativ und qualitativ zureichenden Ernährung übergegangen wird, das therapeutische Handeln. So wichtig und notwendig auch die Regulierung des Stuhlganges ist, so dürfen doch niemals die Schädigungen, die dem Organismus durch jede längere Hungertherapie drohen, aus dem Auge verloren werden. Aufgabe des Therapeuten ist es, die zweckvolle Mittelstrasse zwischen der Gefahr des Hungers für den Organismus und der Notwendigkeit des Hungers zur Heilung des Durchfalls zu finden. Wenn dem Durchfall beim dystrophischen oder beim atrophischen Kinde eine ganz besonders ernste Bedeutung zukommt, so rührt das im wesentlichen daher, dass die zeitweise notwendige Unterernährung den Ernährungszustand des Kindes weiter verschlechtert. Um daher die Zeit des Hungers nach Möglichkeit abzukürzen, und um gar Wiederholungen der Schonungskur vermeiden zu können, ist zur Behandlung der akuten Dyspepsie beim ernährungsgeschädigten Kinde, im Gegensatz zum eutrophischen Säugling, die Wahl von solchen Nahrungsgemischen angezeigt, die besonders rasch und sicher heilkräftig gegen die krankhaften Darmvorgänge wirken und bald eine Rückkehr zu einer nach Menge und Zusammensetzung kompletten Ernährung erlauben. Zur Erfüllung dieser Forderung genügen die einfachen Milchmischungen nicht; den besonderen Zwecken angepasste Heilnahrungen sind hier am Platze. In diesem Sinne haben sich zur Behandlung der akuten Dyspepsie als brauchbar erwiesen: die Buttermilch mit 5% Zucker und 1—2% Mehl, die Eiweissmilch mit 5% Zucker oder eine der Ersatzmischungen der Eiweissmilch, die Adamsche Diätmilch und schliesslich die alternierende Ernährung mit Reisschleim und konzentrierter Eiweissmilch oder Buttermilch.

Die Frauenmilch ist bei der akuten Dyspepsie der dystrophischen und atrophischen Säuglinge kein ungefährliches Heilmittel und stets mit Vorsicht anzuwenden. Ihre Fähigkeit, das geschädigte Zellgefüge wieder zu festigen und voll funktionskräftig zu gestalten, wird zwar von keiner anderen

Nahrung erreicht. Demgegenüber steht aber ihre geringe durchfallheilende Kraft. Bei fortdauernden Durchfällen und den damit verbundenen Salz- und Wasserverlusten ist die Zusammensetzung der Frauenmilch (geringer Salz- und Eiweissgehalt) wenig geeignet, den Verlust auszugleichen und den Wiederaufbau einzuleiten. Die Folge ausschliesslicher Frauenmilchzufuhr bei akuter Dyspepsie ist anfängliche starke Gewichtsabnahme, Fortdauer des Durchfalls und Ausbleiben der Gewichtszunahme. Aus diesem Grunde erscheint es vor allem bei den Kindern, deren Ernährungszustand gelitten hat, sicherer, die Heilung der akuten Dyspepsie zunächst mit einer Heilnahrung, in erster Linie mit gezuckerter Buttermilch einzuleiten, und erst nach Schwinden der stürmischen Durchfallserscheinungen die Heilnahrung durch Zulage von Frauenmilch zu ergänzen und zu steigern. In keinem Falle darf aber auch da, wo die Frauenmilch als einzige Nahrung zur Behandlung einer akuten Dyspepsie verwandt wird, ihre Dosierung anders erfolgen, als die irgend einer anderen Heilnahrung.

Die Bemessung der Nahrungsgemische, die als Heilmittel einer akuten Dyspepsie gewählt wurden, geschieht unabhängig von Art und Zusammensetzung der Nahrung und unabhängig vom Ernährungszustande des Kindes stets nach dem gleichen Schema, wie es für die Behandlung einer akuten Dyspepsie beim eutrophischen Kinde angegeben wurde; d. h. Beginn mit einer Tagesmenge von 200—300 g, verteilt auf die einzelnen Mahlzeiten des Tages; allmähliche Steigerung täglich um 50—100 g, bis die Gewichtszunahme einsetzt. Dieser Eintritt der eigentlichen Heilung, wobei die Gewebe wieder die Fähigkeit gewinnen, Wasser zurückzuhalten und sich erneut aufzubauen, wird beim dystrophischen und atrophischen Kinde nicht selten verzögert, sei es dass die Durchfälle hartnäckig andauern oder dass der Gewichtsstillstand ausbleibt. Solche Störungen des Heilungsverlaufes stellen sich besonders dann ein, wenn Infekte der Dyspepsie zugrunde lagen oder sich störend in den Heilungsvorgang eindrängten. Die Situation, die sich dann für den Arzt ergibt, ist häufig recht schwierig. Aber auch hier muss es als Leitsatz gelten, dass die gewählte Heilnahrung bis zur Deckung des Nahrungsbedarfes gesteigert werden muss, solange keine toxischen Züge im Krankheitsbilde aufgetreten sind.

Eine Komplettierung der Heilnahrungen muss auch beim dystrophischen und atrophischen Kinde möglichst frühzeitig angestrebt werden. Das gilt vor allem für die Patienten, deren Dyspepsie mit fettarmer, gezuckerter Buttermilch behandelt wurde. Die Fettanreicherung der Nahrung muss erfolgen, sobald die Entleerungen des Kindes sich annähernd normal gestaltet haben. Zulage von 1—2% ungesalzener Butter oder Zulage einer Buttermehlschwitze, zuerst mit 2—3% Butter, ist dann, sowohl bei Eiweissmilch wie bei Buttermilch angezeigt. Auch die alternierende Ernährung mit Reisschleim und Buttermilch oder konzentrierter Eiweissmilch, erfordert Ergänzungen. Der Vorteil dieses Ernährungsregimes liegt in der Schnelligkeit der Besserung der Stühle und der Möglichkeit, innerhalb dreier Tage den Nahrungsbedarf zu decken. Sie eignet sich besonders zur Behandlung der akuten Dyspepsie älterer dystrophischer Säuglinge; weniger günstig wirkt die Reisschleimernährung bei Säuglingen in den ersten beiden Monaten und bei allen infektiösen Darmprozessen, wie z. B. bei der Ruhr. Die Behandlung der Dyspepsie dystrophischer Kinder soll noch einmal an der Hand einiger Krankengeschichten kurz erläutert werden (s. Abb. 31—35).

So glatt, wie die Heilung bisher dargestellt wurde, verläuft sie trotz regelrechter Behandlung nicht immer. Es gibt eine Reihe von Schwierigkeiten, deren Kenntnis für die richtige Leitung der weiteren Therapie von ausschlaggebender Bedeutung ist. Die Abweichungen kommen seltener in der Einzelpflege, in der der richtig behandelte Durchfall rasch zu heilen pflegt, als in Anstalten mit der grösseren Möglichkeit aufgepfropfter enteraler und parentaler

Infektionen vor. Die häufigsten Vorkommnisse dieser Art finden sich schematisch dargestellt in den folgenden Bildern (s. Abb. 36).

1. Der normale Heilungsverlauf.

2. Das häufigste Ereignis, das zu therapeutischen Irrtümern Veranlassung geben kann, ist das Fortbestehen der Durchfälle. Wenn alle anderen Allgemeinerscheinungen der akuten Dyspepsien schwinden, vor allem wenn es zum Gewichtsstillstand und bald zur Gewichtszunahme kommt, darf die Entleerung häufiger Stühle niemals Veranlassung geben, vom Schema der Dyspepsiebehandlung abzu-

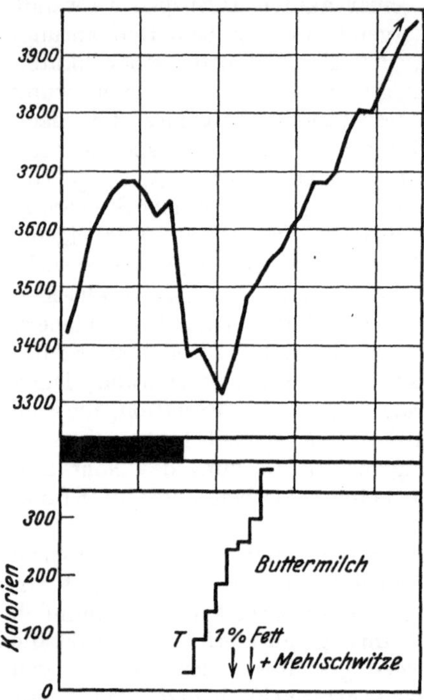

Abb. 31. Akute Dyspepsie eines dystrophischen Säuglings. Behandlung mit Buttermilch + 5% Zucker, bald Zulage von 1% Fett, wenig später von Mehlschwitze. Es ist nicht die Steigerung der Nahrungsmengen, sondern die Steigerung der Kalorienmengen dargestellt. Nach sieben Tagen ist der Nährstoffbedarf bereits gedeckt.

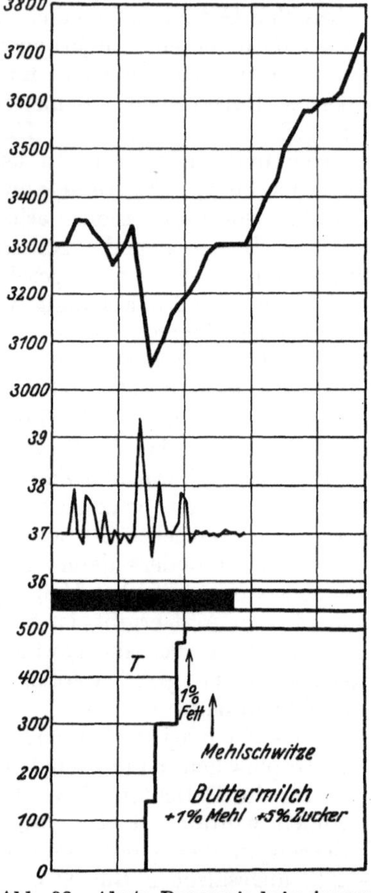

Abb. 32. Akute Dyspepsie beim jungen Säugling. Rasche Heilung mit gezuckerter Buttermilch, die bereits am vierten Krankheitstage durch Zulage von Fett kompletter gestaltet wird. Durch die konsequente Nahrungssteigerung ist bereits am fünften Krankheitstage der Nahrungsbedarf voll gedeckt.

weichen. Unter stetig fortgesetzter Nahrungssteigerung wird mit der eintretenden Besserung des Ernährungszustandes auch der Durchfall heilen. Erlaubt ist höchstens die Zufuhr eines stopfend wirkenden Mittels, wie Tannalbin, Calcium carbonicum, Dermatol oder ähnliches.

3. Das Ausbleiben einer kritischen Entfieberung nach der Teepause darf im therapeutischen Heilplane unberücksichtigt bleiben, wenn die übrigen Symptome der akuten Dyspepsie (vor allem Blässe, Gewichtsabnahme) schwinden. Diese Fiebersteigerungen in den ersten Tagen der heilenden Dyspepsie sind meist auf Infekte zurückzuführen, die sich in dem durch die akute Erkrankung geschädigten Organismus festsetzen. Beim eutrophischen und

dystrophischen Kinde, bei denen die akute Dyspepsie und ihre Folgen für die Immunität in der Regel rasch überwunden werden, bleiben diese sekundären Infektionen meist unter der Schwelle einer wesentlichen klinischen Bedeutung. Nur beim schwer dystrophischen und beim

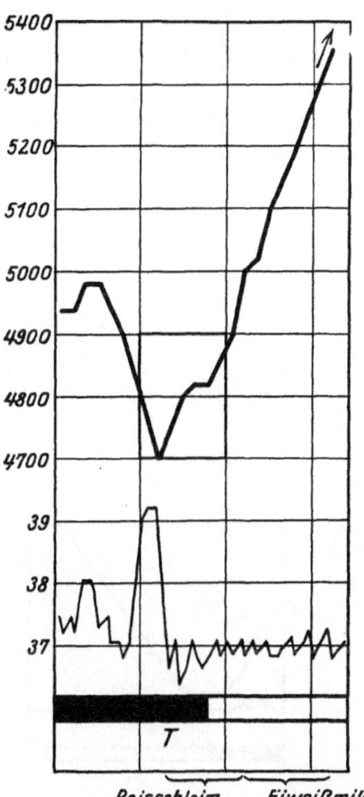

Abb. 33. Heilung einer akuten Dyspepsie eines dystrophischen Säuglings mit Reisschleim und konzentrierter Eiweissmilch. Einzelheiten s. Abb. 34.

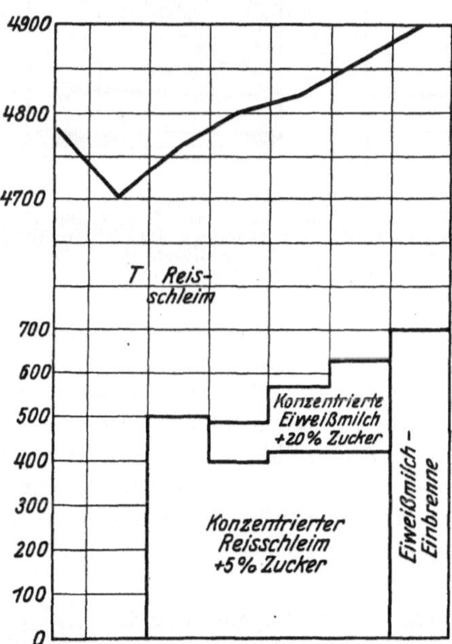

Abb. 34. Detail aus Kurve 33, durch das das therapeutische Vorgehen im einzelnen gezeigt werden soll. (Jede Ordinate entspricht einem Krankheitstag.)

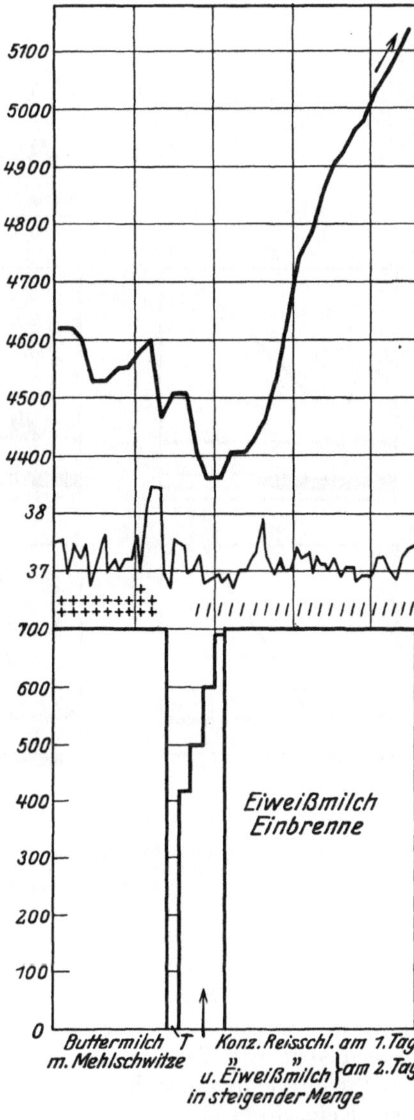

Abb. 35. Rascher Erfolg des konzentrierten Reisschleims. Akute Durchfallserkrankung bei einem dystrophischen Säugling. Kurzdauernder Hunger und nachfolgende Ernährung mit konzentriertem Reisschleim und vom zweiten Tag ab alternierend mit konzentrierter Eiweissmilch mit 15% Zucker beseitigt schlagartig Durchfall und Krankheitserscheinungen. Schon nach fünf Tagen kann auf Eiweissmilch mit Einbrenne übergegangen werden, rasche Erholung.

atrophischen Säugling vergröbern sie sich bis zu dem Bilde der paravertebralen Bronchopneumonien, die dann den ungünstigen Ausgang vieler Dyspepsien der Atrophiker bedingen.

4. Die Umkehr der Gewichtskurve zum Gewichtsstillstand oder zur Gewichtszunahme stellt sich bei den dyspeptischen Säuglingen nach der

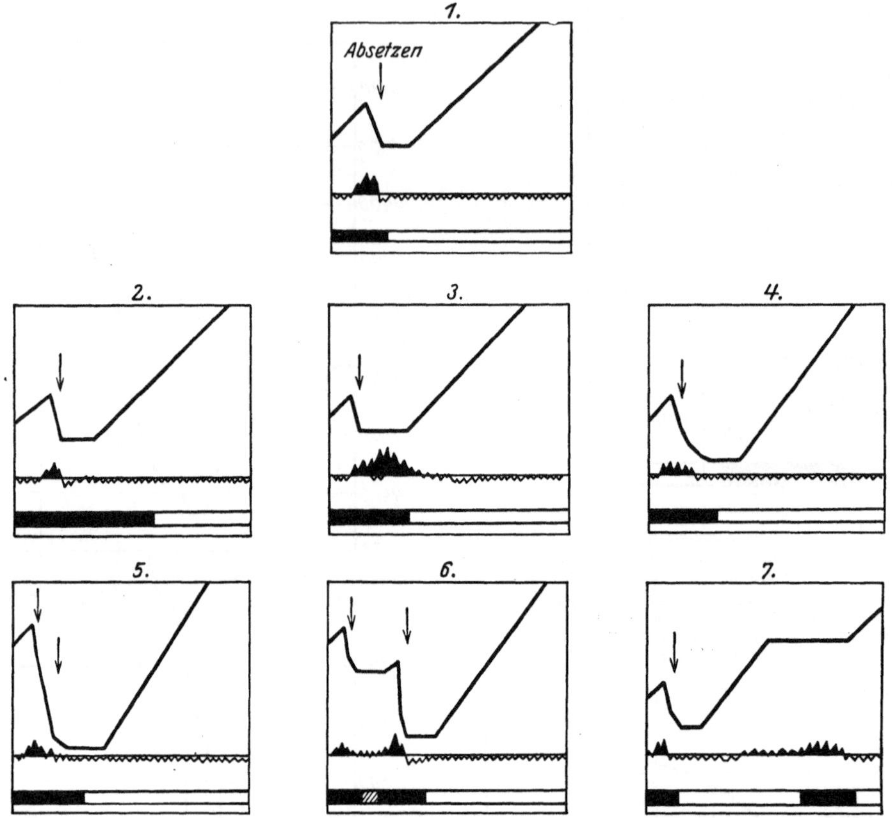

Abb. 36. Schema der häufigsten Variationen der Dyspepsieheilung.
1. Normal. — 2. Verzögerte Besserung der Durchfälle. — 3. Nachfieber (Ausbleiben der Entfieberung). — 4. Verzögerte Einstellung des Gewichtsstillstandes. — 5. Sofortige Verschlimmerung. (Zweites Absetzen erforderlich.) — 6. Neue Störung in der beginnenden Heilung. — 7. Zweites kritisches Stadium (verzögerte Fortsetzung der Heilung).

Nahrungsentziehung nicht immer so exakt ein, wie es im Schema beschrieben wurde. Besonders bei hydrolabilen Kindern und solchen, die vor dem Eintritt der Dyspepsie eine molken- und zuckerreiche Nahrung erhielten, folgen nach der ersten grösseren einleitenden Gewichtsabnahme weitere Gewichtsabnahmen, die sich aber von Tag zu Tag verringern, so dass allmählich doch die fallende Gewichtskurve in einen horizontalen und bald danach in einen aufsteigenden Verlauf einschwenkt. Dieser weitere Gewichtsabfall bei allmählich umbiegender Gewichtskurve, darf gleichfalls nicht Veranlassung geben, vom Schema der Dyspepsiebehandlung abzuweichen.

5. Eine ganz andere Bedeutung gewinnen aber fortgesetzte Gewichtsabnahmen, deren Grösse nach der ersten Abnahme hemmungslos weiter wächst. Dieser Übergang von den mäßigen Gewichtsabnahmen der akuten Dyspepsie zu den Gewichtsstürzen, die dem Bilde der akuten Dyspepsie fremd

sind, ist in der Regel begleitet von einer weiteren Verschlechterung des Allgemeinbefindens, wobei stärkeres Erblassen, stärkere Turgorverluste, stärkere Durchfälle
und häufig erneute Fiebersteigerung die auffallendsten Merkmale sind. Es kann
sich auf diese Weise aus der akuten Dyspepsie das Bild einer Intoxikation
entwickeln. Diese Wendung zum Ungünstigen kann bei der akuten Dyspepsie
zustande kommen, wenn die Ursache der Erkrankung ein akuter Infekt war oder
wenn die akute Dyspepsie einen resistenzlosen Organismus traf (Frühgeburt oder
vorangegangene andere Erkrankungen). Schwer dystrophische oder atrophische
Säuglinge, die sich in einem noch nicht vollendeten Wiederaufbau ihres geschädigten
Zellgefüges befanden, erleiden diesen ungünstigen Ablauf der Dyspepsie am
häufigsten. Es sind dies die Patienten, die von Finkelstein als kaschierte
Dekomposition beschrieben wurden. Bei diesen Patienten kann eine selbst
in weit vorgeschrittenen Reparationsstadien erneut einsetzende akute Dyspepsie
trotz zweckmäßiger Behandlung unaufhaltsam in eine schwere Durchfallserkrankung übergehen. Hier wird es notwendig sein, die Heilnahrung anzuwenden, die am schnellsten und sichersten den Durchfall heilt und volle Bedarfs-
deckung gestattet, z. B. Reisschleim und konzentrierte Eiweissmilch.

6. Ähnliche Katastrophen kommen nicht so selten in einem späteren
Stadium der heilenden Dyspepsie zustande, nachdem bereits die Erscheinungen
der akuten Krankheit im wesentlichen geschwunden waren. Diese erneuten
Gewichtsstürze, mit neuem Fieber und neuem Durchfall, ereignen sich, wenn
Infekte um die Zeit der ersten bis zweiten Krankheitswoche einsetzen oder wenn
bei anfänglicher rascher Abheilung des Durchfalls, bei raschem Einsetzen des
Gewichtsanstieges, in Abweichung vom Schema allzu rasch die Nahrungsmengen
gesteigert oder zu rasch zu qualitativ unzweckmäßiger Nahrung übergegangen
wurde. Auch hier sind Kinder, deren Ernährungszustand bereits geschädigt
war, besonders gefährdet. Zur Behandlung dieser zweiten Störung ist je nach
der Schwere der neuen Erkrankung eine Wiederholung der Schonungstherapie
nach dem Schema der akuten Dyspepsie oder der alimentären Intoxikation notwendig. Die Gefahren einer solchen zweiten Hunger- und Schonungsbehandlung
nach kurzer Zeit sind stets beträchtlich grösser, wenn bereits die erste Erkrankung
schwer war, wenn der Patient sich in schlechtem Ernährungszustande befindet,
und wenn die zweite Störung als schwere Durchfallserkrankung auftritt.

7. Nach anfänglich regelrecht geheilter Dyspepsie stellt sich nicht selten
nach zwei bis vier Wochen eine Zeit des Nichtgedeihens ein, in der Durchfälle wiederkehren können und leichte Fiebersteigerungen nicht selten sind. Diese
späte Störung im Ablauf der heilenden Erkrankung erscheint meistens zu dem
Zeitpunkte, in dem die anfänglichen Gewichtsverluste wieder ausgeglichen oder
wenig überschritten waren. Zu dieser Zeit hat der Organismus die anfänglichen
Wasserverluste wieder ausgeglichen; er hat aber noch nicht die Fähigkeit wieder-
erlangt, neue Zellen und neuen Ansatz zu bilden. Dieses dyspeptisch-dystrophische
Stadium kann trotz kalorisch ausreichender Nahrungszufuhr ein bis zwei Wochen
und länger andauern. Eine Wiederholung der Schonungsdiät wird hier selten
notwendig sein. Bei einem Teil der Kinder kommt es nach der Ruhepause
im Anwuchs spontan erneut zum Anstieg der Gewichtskurve und damit bald
auch zum Schwinden der Durchfälle. Bei anderen Kindern ist die Beendigung
des Stillstandes nur durch Zulage kleiner Mengen eiweissreicher und zuckerreicher
konzentrierter Nahrung möglich.

Die Zeit der Verabreichung der Heilnahrungen darf um so
kürzer bemessen werden, je besser der Ernährungszustand des Patienten ist.
Dabei wird die Rückkehr zur Normalnahrung stets das gesteckte Ziel sein;
im Tempo, in dem dieses Ziel erreicht wird, werden je nach dem Zustand

des Kindes Unterschiede gemacht werden müssen. Beim eutrophischen Kind, das zur Heilung Halbmilch mit Zucker erhielt, wird durch Zulage von Butter Rückkehr zu einer kompletten Nahrung nach etwa 10—14 Tagen möglich sein. Beim älteren eutrophischen Kind kann um die gleiche Zeit der Kostzettel wieder der übliche werden. Bei dystrophischen und atrophischen Säuglingen ist die Darreichung einer Normalnahrung erst nach längerer Zeit erlaubt. Drei Phasen kann man bei der Reparation dieser Kinder abgrenzen. Die erste Phase umfasst die Zeit, in der lediglich die Heilnahrung dargereicht wird. Sie ist je nach der gewählten Nährmischung verschieden lang. Der Übergang zur zweiten Phase, die Ergänzung der Heilnahrung entsprechend dem Bedarf des Organismus kann bei Buttermilch oder Eiweissmilch nach 1—2 Wochen, bei der alternierenden Ernährung nach Bessau nach 5—6 Tagen erfolgen. Diese Ergänzung besteht bei Buttermilch und Eiweissmilch in Zulage von 1—2% Butter oder anfänglich schwacher, später stärkerer Mehlschwitze, bei dem Bessauschen Verfahren in Übergang zu eben denselben Gemischen. Die Dauer der zweiten Phase wird man um so länger bemessen, je schlechter der Ernährungszustand und je labiler der Darmkanal des Patienten ist. Im allgemeinen wird man nicht vor 6—8 Wochen in die dritte Phase der Reparation, die Ernährung mit altersgemäßen Milchmischungen überleiten.

Es darf in keinem Fall vernachlässigt werden, bei den Kindern jenseits des ersten Lebensquartals Vitaminträger (Obstsäfte usw.) ergänzend zuzulegen (cf. S. 97). Diese Zulage kann schon sehr frühzeitig, sobald die Durchfälle nachlassen, erfolgen, zumal eine Verschlimmerung des Durchfalles im Gegensatz zu dem Volksglauben dadurch nicht zu befürchten ist.

Die arzneiliche Therapie der akuten Dyspepsie ist mehr und mehr in den Hintergrund getreten. In Säuglingskrankenhäusern steht heute die Diätetik ganz im Vordergrunde, während auf Arzneien ganz verzichtet wird. Im Privathaus ist eine solche Einstellung nicht immer möglich. Beunruhigend wirkt in der Praxis vor allem die langsame Rückbildung der Durchfälle, die von der Familie mit Sorgen beobachtet, nicht selten zu dem Versuche zwingt, das Stuhlbild auch seinem Aussehen nach durch Medikamente normal zu gestalten. In allen diesen Fällen ist es sicherlich besser, sich von allen Irrungen und Wirrungen im diätetischen Vorgehen fernzuhalten und lieber die Beruhigung der Peristaltik durch arzneiliche Medikation zu versuchen. Ein solches Vorgehen ist aber immer nur bei heilender Dyspepsie erlaubt. Im akuten Stadium der Erkrankung wird stets und überall jede arzneiliche Behandlung nur schädigend wirken. Wir raten daher auch, auf Rizinus und Kalomel ganz zu verzichten. Im Abheilungsstadium der Dyspepsie, wenn lediglich der Durchfall als letztes, widerspenstiges Symptom zurückgeblieben ist, wird man Adstringentien und Adsorbentien zur Besserung des Stuhles versuchen können. In dieser Richtung bewähren sich der Kalk, am besten in Form des Kalziumkarbonats, Dermatol und andere Wismutpräparate und die grosse Zahl der Tanninpräparate, Bolus alba, Tierkohle und das ähnlich wirkende Acilacton. Alle diese Präparate entfalten ihre Wirkungen im wesentlichen im Dickdarm; der Stuhl erscheint danach seltener und gebundener. Zu dieser gegen die unausgeglichenen Darmvorgänge gerichteten arzneilichen Behandlung tritt beim dystrophischen und beim atrophischen Kinde noch die Notwendigkeit, durch Analeptica die drohende Kollapsgefahr in den ersten Krankheitstagen arzneilich zu bekämpfen. Ungeeignet dazu ist der Kampfer. Empfohlen werden kann Koffein, Kardiazol u. ä. Bei starkem Erbrechen ist eine Magenspülung angezeigt. Dabei scheint es weniger darauf anzukommen, dass mit einer grossen Menge von Flüssigkeit wiederholt der Magen so lange gespült wird, bis die Spülflüssigkeit klar zurückfliesst. Wichtiger und viel weniger anstrengend für das kranke Kind ist die einmalige starke Füllung des Magens mit 100—150 g eines Mineralwassers

(Karlsbader Mühlbrunnen, Lullusbrunnen oder ähnlichem), die im Magen gelassen werden. Novokain, Eumydrin kann auch hier die Neigung zum Erbrechen verringern (s. S. 225).

Eine hoch zu veranschlagende Hilfe bei der Therapie der akuten Dyspepsie ist die pflegerische Behandlung des Kindes. Die Pflege eines Säuglings, der an akuter Dyspepsie erkrankte, ist in jedem Falle schwierig durch die seelische Umstellung zur Unlust, die jedes Kind im Augenblick erleidet, in dem es an einer akuten Dyspepsie erkrankt. Das Missvergnügen des Patienten erschwert seine Pflege ausserordentlich, und es ist für die Pflegende nicht immer leicht, sich der vom ersten Krankheitstage an bestehenden Unlust in ihren Maßnahmen anzupassen. Dazu kommt, dass die in den Kinderstuben üblichen Methoden, dem jungen Säugling Vergnügen und Freude zu bereiten, beim dyspepsiekranken Kinde versagen. Wichtiger erscheint es daher, dass von der Mutter und der Pflegerin alles vermieden wird, was das Unbehagen des Kindes steigern könnte. Damit soll aber nicht gesagt sein, dass dem Kinde restlos alle seine Wünsche erfüllt werden, zumal Geschrei, Unruhe u. ä. von den Pflegenden häufig falsch gedeutet werden. Unter einem milden erzieherischen Zwange, der vor allem darauf achtet, dass die Regelmäßigkeit in der Nahrungsaufnahme, im Wechsel von Schlaf und Wachen möglichst wenig leidet, wird sich der Säugling in der Regel wohler fühlen und seine Krankheit leichter überwinden, als wenn Unruhe und Unstetigkeit in der Wartung des Kindes ihren Einzug halten. Dabei wird die erfahrene und tüchtige Pflegerin nicht nur sorgfältig die vom Arzt gegebenen Anordnungen über Zahl, Verteilung, Grösse und Zusammensetzung der einzelnen Mahlzeiten genau beachten, sondern sie wird auch dazu anzuhalten sein, dem Arzte durch ihre Beobachtungen des kranken Kindes wertvolle Handhaben für sein weiteres therapeutisches Vorgehen zu bringen. Es erscheint nicht überflüssig, den Arzt auf diese Notwendigkeiten hinzuweisen, da bei dem starken Wechsel im Krankheitsbilde die erfahrene Pflegerin, die den Patienten den ganzen Tag beobachtet, ein sichereres Urteil über die Lage der Krankheit gewinnen kann, als der Arzt, der doch nur für kurze Zeit am Krankenbette weilt. Der erfahrene Arzt wird es daher nicht unter seiner Würde halten, sich von einer tüchtigen Mutter oder Pflegerin orientieren zu lassen und wird ihre Beobachtungen bei der Aufstellung seines Heilplanes in Rechnung stellen.

In der Körperpflege des Kindes mit akuter Dyspepsie wird im Vergleich zur Pflege eines gesunden Säuglings überdies mancherlei besonderes zu beachten sein. Von Anfang an sollten die Mütter dazu angeleitet werden, auf die Pflege der Haut besonders zu achten, denn bei den häufigen Entleerungen droht, selbst bei den Kindern, die sonst keine Neigung zum Wundsein haben, die Gefahr der Entwicklung einer Intertrigo. Häufigeres Trockenlegen, sorgfältiges Säubern der beschmutzten Haut mit Öl, nicht mit Wasser, Bedecken der am meisten gefährdeten Stellen am Gesäss und Oberschenkel mit Zinköl, Zinkpaste und Puder wird die Gefahr des Wundseins, das die Unruhe des Kindes steigert, verringern. Im Privathaus wird während des akuten Stadiums der Krankheit häufig auf das tägliche Reinigungsbad verzichtet werden. Wichtig ist die Sorge für geeignete Wärmezufuhr. Auch des Nachts sollte dafür gesorgt werden, dass die Zimmertemperatur nicht allzusehr sinkt. Bei der Neigung zu Untertemperaturen, wie sie vor allem beim dyspeptischen Atrophiker während der Zeit der knappen Ernährung zu erwarten sind, ist durch Wärmflaschen ein allzu starkes Sinken der Körpertemperatur hintanzuhalten. Andererseits muss eine zu warme Lagerung und Bekleidung des Kindes, vor allem in den heissen Sommermonaten, vermieden werden. Besondere Sorgfalt erfordert die Fütterung des Kindes. Sie gestaltet sich vor allem dann schwierig, wenn Neigung zum Erbrechen besteht. Die Nahrung muss dem Kinde dann langsam, unter Einschaltung häufiger kleiner Pausen, beigebracht werden; zuweilen empfiehlt es sich, die Nahrung nur wenig angewärmt oder kühl zu reichen. Stets sollte man, um nach Möglichkeit das Luftschlucken zu vermeiden, in halb aufrechter oder ganz aufgerichteter Haltung füttern.

In allen Fällen muss dafür gesorgt werden, dass der Flüssigkeitsbedarf auch in den Tagen, in denen nur kleine Nahrungsmengen gereicht werden, stets gedeckt ist. Zur Befriedigung des Wasserbedürfnisses genügt es, beim dyspeptischen Säugling in der Regel nach oder zwischen den einzelnen Mahlzeiten kleinere Mengen saccharingesüssten Tee trinken zu lassen. Durch orale Wasserspeisung ist es beim dyspeptischen Kinde in den meisten Fällen möglich, zu einem Wasserangebot von ca. 150 g pro Kilo Körpergewicht zu kommen. Die Flüssigkeitszufuhr per os scheint dabei allen anderen Wegen in bezug auf die Assimilation des zugeführten Wassers überlegen zu sein. Der bei der akuten Dyspepsie meist geringe Grad von Austrocknung der Gewebe erübrigt bei der Mehrzahl der Patienten die Zufuhr von Flüssigkeit auf anderen Wegen, sei es rektal oder subkutan oder intraperitoneal. Nur bei der Dyspepsie des atrophischen Kindes wird sich des öfteren die Notwendigkeit ergeben, von diesen Maßnahmen Gebrauch zu machen (s. Intoxikation).

Die **Prophylaxe** der akuten Dyspepsie. Das beste Prophylaktikum gegen den Eintritt einer akuten Dyspepsie ist der eutrophische Ernährungszustand des Säuglings. Beim eutrophischen Kinde müssen stets grobe und daher meist leicht nachweisbare Verstösse gegen die Regeln der Pflege und Ernährung oder Infekte vorliegen, wenn es zur akuten Durchfallserkrankung kommt. Beim dystrophischen und atrophischen Kinde vermögen dagegen schon kleinste Ursachen, die sich bei rückschauender Betrachtung häufig nicht mehr nachweisen lassen, grosse Wirkungen auszulösen. Der zum Durchfall führende Reiz steht in seiner Grösse im umgekehrten Verhältnis zur Güte des Ernährungszustandes. Je schlechter der Ernährungszustand ist, mit um so grösserer Sorgfalt müssen daher Infektionen vom Kinde ferngehalten und Fehler in der Technik der Ernährung vermieden werden. Hat ein Säugling einmal eine akute Dyspepsie erlitten, so muss zur Prophylaxe von Neuerkrankungen die möglichst rasche Rückkehr zu einer kompletten Ernährung angestrebt werden; denn nur auf diesem Wege wird es möglich, den Säugling wieder in den Zustand der Eutrophie zurückzuführen und ihm damit wieder den sichersten Schutz vor neuen Durchfallserkrankungen zu geben. Denn jedes Rezidiv einer akuten Dyspepsie bedeutet Dystrophisierung oder gar Atrophisierung des Kindes und damit wieder die Neigung zu neuer Durchfallserkrankung.

2. Die alimentäre Intoxikation.

Mit Recht ist für das hier darzustellende Krankheitsbild die Bezeichnung Intoxikation, Vergiftung, gewählt worden. Die Allgemeinvergiftung beherrscht das Krankheitsbild. Die krankhaften Vorgänge von seiten des Magen-Darmkanals, vor allem die Durchfälle, die der akuten Dyspepsie das Gepräge geben, treten gegenüber den selbst für den Unerfahrenen alarmierenden Symptomen der Intoxikation zunächst völlig in den Hintergrund. Der Vergiftungszustand und seine Folgen stehen aber nicht nur im Mittelpunkt des klinischen Bildes; sie und nicht der Durchfall sind zum mindesten in den ersten Stunden und Tagen der Krankheit richtunggebend für das therapeutische Handeln. Diese Verschiebung in der klinischen Wertigkeit der Symptome gegenüber der akuten Dyspepsie kommt aber nicht durch das Auftreten neuer Krankheitszeichen zustande, sondern durch eine graduelle Steigerung einzelner Symptome, die schon bei der akuten Dyspepsie für die genaue Beobachtung nachweisbar waren. Die Störungen des Allgemeinbefindens, die bei der akuten Dyspepsie im ganzen doch nur angedeutet vorhanden sind, steigern sich jetzt zu hohen Graden. Klinisch kann die alimentäre Intoxikation als die vergröberte Form der akuten Durchfallserkrankung angesehen werden. Dieser Zusammenhang ergibt sich vielleicht am deutlichsten daraus, dass das klinische Bild der alimentären Intoxikation nur selten plötzlich zu ganzer Grösse anwächst. Meistens geht dem toxischen Zustand ein Stadium dyspepticum voraus, aus dem in fliessendem Übergange die Intoxikation entsteht, wenn das vorbereitende Stadium der akuten Dyspepsie verkannt oder nicht genügend beachtet wurde.

Wenn die Intoxikation als graduelle Steigerung der akuten Dyspepsie aufgefasst wird, so kann das nur unter einer Einschränkung geschehen. Ein Vergleich mit noch nicht lange vergangenen Zeiten zeigt die Intoxikation in Anstalten und im Privathause als eine beim künstlich genährten Kinde überaus häufige Erkrankung, die in Anstalten so häufig war, dass Finkelstein ihre Ursache anfänglich in einer chronischen, in den Anstalten nistenden bakteriellen Infektion vermutete. Heute ist allenthalben die alimentäre Intoxikation ein überaus seltenes Krankheitsbild geworden, während sich die akute Dyspepsie in kaum verringerter Häufigkeit noch immer findet. Bei sachgemäßer Ernährung kommt eine Intoxikation fast nur noch dann zustande, wenn eine Infektion das Kind trifft. Aus diesem Gegensatz zwischen einst und jetzt muss geschlossen werden, dass zur Entstehung der Intoxikation noch exogene Faktoren notwendig sind, die damals mit grosser Häufigkeit am Werke waren, die aber heute ausgeschaltet sind. Es ist nicht leicht, diesen Umschwung restlos zu erklären. Die Vermeidung des Hungers und der damit verbundenen Toleranzsenkung, die Verhütung des Eintritts einer Dystrophie oder Atrophie durch rationelle komplette Ernährung, der damit verbundene Gewinn an Gesamtwiderstandskraft, mögen zu der Verringerung der Zahl der alimentären Intoxikationen beigetragen haben. Damit gewinnt der Ernährungszustand eine ganz besondere Bedeutung für den Eintritt einer Intoxikation. Die unerlässliche Voraussetzung für den Eintritt einer Intoxikation ist das Bestehen einer eigentümlichen, allgemeinen Insuffizienz aller am Ernährungsvorgange beteiligten Funktionen. Dieses Versagen der Leistungen des Organismus ist das eigentliche Leiden, während die Intoxikation nur ein flüchtiger Symptomenkomplex ist, in dem die Minderwertigkeit der Ernährungsfunktionen zutage tritt.

Die Klinik der Intoxikation. Das jeder alimentären Intoxikation vorausgehende Stadium dyspepticum trägt keinerlei besondere Züge, die es als Vorboten ernster drohender Gefahr kennzeichnen würden. Die klinische Diagnose würde in dieser Zeit höchstens auf eine akute Dyspepsie lauten. Dieser Vorbereitungszeit, in der Durchfälle und leichte gastrische Erscheinungen das Krankheitsbild beherrschen, fehlen zunächst noch die Erscheinungen des Vergiftungszustandes. Die Kinder sind vielleicht etwas unruhig, der Schlaf ist gestört, die Trinklust vermindert, ein geringes Erblassen, das beim schlafenden Kinde besser wahrnehmbar ist als beim wachenden, wird bei sorgfältiger klinischer Beobachtung auf eine Störung des Allgemeinbefindens hinweisen. Bei einem Versuch, durch Nahrungsänderung den dyspeptischen Zustand zu bekämpfen oder bei unvorsichtiger Nahrungssteigerung, die aus einer falschen Einschätzung der Durchfälle entstand oder vor allem beim dystrophischen oder atrophischen Säugling aus nicht fassbarer Ursache erwächst dann plötzlich, bisweilen im Verlaufe weniger Stunden ein schwerstes Kranksein, so dass selbst dem Unerfahrenen die tiefgreifende Veränderung offenbar wird, die das Kind erlitten hat. Dabei ist nicht selten der Übergang von der relativen Ruhe des vorbereitenden Durchfalls zum alarmierenden Geschehen der vollentwickelten Intoxikation durch besondere Symptome ausgezeichnet. Unter den Zeichen des Kollapses gerät das

Kind in einen hochgradigen Erregungszustand, der sich bis zu klonisch-tonischen Krämpfen steigern kann. Der Verdacht einer meningealen Erkrankung könnte auftauchen, zumal bei einem Teil der Patienten die Körpertemperatur jetzt zu hohen Graden ansteigt. Die Zeit der Unruhe, des monotonen Geschreis und der Krämpfe dauert aber meist nicht lange. Das Kind verfällt bald in einen Zustand der Bewusstseinstrübung, der sich bis zum Koma steigern kann. In diesem Augenblick gleicht das Bild in der Tat bereits einem schweren Vergiftungszustande. Das Erkennen der Bewusstseinstrübung ist vor allem bei den jüngsten Säuglingen, deren seelische Regungen ja auch in Tagen der Gesundheit nur gering sind, nicht immer leicht. Es ist schwieriger, diese Kinder aus ihrem Schlafzustande zu erwecken, und aufgeweckt verfallen sie nach kurzem, jämmerlichem Geschrei viel rascher als das gesunde Kind wieder in Schlaf. Bei leichteren Graden der Bewusstseinstrübung kann es auch beim älteren Kinde schwer sein, sich Klarheit über Vorhandensein oder Fehlen des Vergiftungszustandes zu schaffen. Werden die Kinder beschäftigt, wird mit ihnen gespielt, so verliert sich ein grosser Teil der toxischen Züge, und die Kinder können vorübergehend munter erscheinen. Sich selbst überlassen, versinken sie aber viel rascher als der gesunde Säugling in den Zustand der Teilnahmslosigkeit, in dem der starre Blick oder die unstet wandernden, in die Ferne gerichteten Augen auf die Interesselosigkeit an der Umgebung hinweisen. Objektiv lässt sich die Trübung des Bewusstseins bis zu einem gewissen Grade durch die Verzögerung nachweisen, mit der das Kind auf leichte Schmerzreize mit Abwehrbewegungen oder Geschrei reagiert.

Mit dem Eintritt der Bewusstseinstrübung zeigen sich aber stets eine Reihe anderer Krankheitszeichen, die Finkelstein als Erster in ihrer Gesamtheit beschrieben hat. Auf das Auftreten von Fieber, das als alimentäres Fieber zu deuten ist, wurde schon hingewiesen. Steigerungen der Körpertemperatur finden sich aber nicht regelmäßig bei allen Säuglingen mit alimentärer Intoxikation. Nur bei einem Teil steigt die Körpertemperatur auf 39—40⁰ an; bei einem anderen Teile bewegen sich die Temperaturen nur um 38—39⁰, und schliesslich gibt es einzelne Kinder, bei denen die Körpertemperatur scheinbar normal bleibt, oder sogar Untertemperaturen entstehen. Schlüsse auf die Schwere der Erkrankung oder für die Prognose aus dem Verhalten der Körpertemperatur zu ziehen, ist nicht möglich.

Zeichen eines mehr oder weniger schweren Verfalles fehlen beim intoxizierten Säugling niemals. Die Kinder sehen grau aus, die Augen sind haloniert, die Extremitäten kühl, Zeichen der Herzschwäche und des Versagens der Vasomotoren stellen sich ein und bedrohen, vor allem beim atrophischen Säugling im ersten Stadium der Erkrankung, ganz besonders das Leben des Kindes. Der Kollaps im toxischen Symptomenkomplex mag z. T. eine direkte Folge des Vergiftungsvorganges sein; zum anderen Teil stellt er sich auch als Folge der starken Gewichtsverluste ein, die das intoxizierte Kind in den ersten Tagen und Stunden der Krankheit erleidet.

Gewichtsabnahmen von mehreren 100 g in wenigen Tagen sind dabei die Regel. Die Grösse der Gewichtseinbussen wird im einzelnen Falle bestimmt durch die Jugendlichkeit des Kindes, durch seinen Ernährungszustand und durch seine Konstitution. Die jüngsten Säuglinge, die ernährungsgeschädigten und konstitutionell hydrolabilen Kinder erleiden stärkere Gewichtsabnahmen als ältere und als Kinder im guten Ernährungszustande und mit voll entwickelter Fähigkeit der Wasserbindung. Als Begleitsymptom des Kollapses und des Gewichtssturzes finden sich eine Reihe von auffallenden klinischen Veränderungen. Die Fontanelle erscheint tief eingesunken, die Muskulatur starrer, die Haut weniger durchscheinend, und als ein in den meisten Fällen ominöses Zeichen verliert die Haut ihre normale plastische Beschaffenheit. Hautfalten bleiben, ohne sich auszugleichen, bestehen. Unterhautzellgewebe und Oberhaut erscheinen in den schwersten Fällen verdickt, lederartig, fast im Sinne des Sklerems verändert. Die an den sichtbaren und tastbaren Geweben nachweisbaren Veränderungen dürften sich ähnlich auf die Gewebe der inneren Organe fortsetzen und ein Teil dessen, was in sectione eines an Intoxikation verstorbenen Kindes als trübe Schwellung der inneren Organe imponiert, wird eine Analogie zu den Veränderungen darstellen, die Haut und Muskulatur schon in vivo aufwiesen. Dass alle diese Veränderungen nicht ohne Beeinträchtigung der Funktiónstüchtigkeit der Organe und Gewebe einhergehen, darf wohl als sicher angenommen werden. Die Gewichtsabnahme des toxischen Säuglings wird gelegentlich durch Ödembildung verdeckt. Die Stärke der Ödeme ist bei diesen Kindern, die im Körpergewicht nur unwesentlich abnehmen, dann doch so ausgeprägt, dass sie als teigige Schwellung an Unterschenkeln, Fuss- und Handrücken leicht nachweisbar werden.

Durchfälle und gastrische Erscheinungen fehlen niemals beim Kinde mit alimentärer Intoxikation. Das Erbrechen kann so stark sein, dass keinerlei Nahrung zurückgehalten wird. Galliges Erbrechen stellt sich schon frühzeitig ein, und Erbrechen kaffeesatzartiger Massen (Hämatinerbrechen) gesellt sich als prognostisch ungünstiges Zeichen vor allem bei den jüngsten Kindern nicht selten hinzu. Die Intensität der Durchfälle wechselt und erlaubt keinen Schluss auf die Schwere der Krankheit. Grüne, schleimige, zerfahrene, wässrige, an fester Substanz sehr arme Stühle werden auf der Höhe der Krankheit meist in grosser Zahl entleert. Im mikroskopischen Bilde des Stuhles finden sich als Ausdruck einer entzündlichen Darmreizung rote und weisse Blutkörperchen in geringer Zahl. Die Reaktion des Stuhles ist im Krankheitsbeginn meist sauer. Dauern die Durchfälle aber erst einige Zeit an, so finden sich auch Entleerungen von alkalischer Reaktion, wohl als Folge der grossen Mengen alkalischen Schleimes und alkalischer Darmsäfte, die von der gereizten Darmschleimhaut abgesondert werden.

Gewichtssturz, Kollaps mit den Zeichen der Exsikkose, Bewusstseinstrübung, Fieber, Durchfall und Erbrechen sind Krankheitszeichen, die ohne jede weitere feinere klinische Analyse die Diagnose des toxischen Symptomenkomplexes oder der Intoxikation gestatten.

Zu diesen eindringlichen Krankheitserscheinungen gesellen sich noch eine Reihe weiterer Symptome, die erst bei feinerer klinischer Analyse feststellbar werden.. An erster Stelle steht hier eine Veränderung des Atemtypus, die als toxische Atmung beschrieben worden ist. Die Atmung erscheint wenig verlangsamt. Die einzelnen Atemzüge sind auffallend tief, so dass, was keineswegs dem normalen Atemtypus des gesunden Säuglings entspricht, der Brustkorb bei jeder Inspiration sich deutlich erweiternd gehoben wird. Bei hohem Fieber beschleunigt sich der Rhythmus der Atmung, so dass dann mit Recht der Vergleich mit der Atmung eines gehetzten Wildes gezogen worden ist.

Der Leib erscheint zuweilen meteoristisch aufgetrieben, häufiger fühlen sich die Bauchdecken gespannt an. Bei den mageren dystrophischen oder atrophischen Kindern wird durch die dünnen Bauchdecken die lebhafte Peristaltik der Därme sichtbar, so dass der Verdacht auf einen Ileus entstehen könnte, wenn nicht die heftigen Durchfälle und das Sichtbarwerden der Peristaltik an verschiedenen Stellen dagegen sprächen.

Im Harn der intoxizierten Säuglinge finden sich teils als Folge der toxischen Schädigung der Nierenepithelien, teils als Folge der Austrocknung des Nierengewebes Eiweiss, Zylinder, Leukozyten und Erythrozyten in mäßiger Zahl. Diese Erscheinung der Nierenreizung, die klinisch am ehesten dem Bilde der Nephrose ähnelt, überdauert das akute Kranksein und verliert sich erst 8—14 Tage nach Einsetzen der Genesung.

Im Harn findet sich frühzeitig, nicht selten schon im dyspeptischen Vorstadium der Intoxikation eine Glykosurie. Diese Zuckerausscheidung ist in den seltensten Fällen die Folge einer Stoffwechselstörung. Es wird daher nicht Traubenzucker ausgeschieden, sondern es erscheinen im Harn die Zuckerarten, die mit der Nahrung zugeführt wurden.

Milchzucker und Maltose reduzieren, ebenso wie Traubenzucker; bei Rohrzucker, der nicht reduziert, ist es zum Nachweis der Glykosurie notwendig, zunächst durch Säurezusatz und spätere Neutralisierung der Säure, die Doppelverbindungen des Zuckers zu spalten.

Im Blute der Kinder findet sich regelmäßig eine starke Leukozytose und eine deutliche Linksverschiebung im weissen Blutbilde. Die Eiweissfraktionen des Serums sind in dem Sinne verschoben, dass leichter ausflockbare Anteile überwiegen.

Wenn es der feineren Analyse des Krankheitsbildes auch immer gelingen wird, neue Veränderungen im Organismus des toxischen Kindes nachzuweisen, so wird die klinische Diagnostik auf diese weiteren Hinweise einer Schädigung jeder einzelnen Organfunktion in der Regel verzichten können. Für die Praxis wird sich die Diagnose „alimentäre Intoxikation" auf die Symptome der Bewusstseinstrübung, des Kollapses, des Gewichtssturzes, der toxischen Atmung und evtl. des Fiebers stützen können.

Es muss auch heute noch als wenig aussichtsreiches Beginnen angesehen werden, die imponierenden Krankheitserscheinungen einer alimentären Intoxikation aus einem charakteristischen **pathologisch-anatomischen** Befunde erklären zu wollen. Alle, auch mit bester Technik in dieser Richtung unternommenen Untersuchungen haben letzten Endes enttäuscht. Nicht einmal am Darm der Kinder lassen sich besonders schwere Veränderungen nachweisen, und dazu kommt, dass eine Unterscheidung zwischen den im Leben bereits vorhandenen und den agonalen, in den schon widerstandslosen Geweben entstandenen Veränderungen, stets unmöglich ist. An der leicht hyperämischen Darmschleimhaut finden sich exsudative Prozesse, ein wechselnder Gehalt der Mukosa an Leukozyten, Blutungen und hämorrhagische Erosionen in den obersten Schichten der Schleimhaut. Stellenweise erscheinen feine fibrinöse Auflagerungen auf der Darmschleimhaut, die Lymphapparate des Darmes sind geschwollen, der Peritonealüberzug der Därme häufig pfirsichfarben injiziert, wie es auch bei der echten Cholera beschrieben worden ist. Die mesenterialen Lymphknoten erscheinen markig geschwollen und verfettet. Die übrigen Organe weisen die Zeichen trüber Schwellung auf. Die Nieren sind — zum mindesten mikroskopisch nachweisbar — verfettet. Nicht selten finden sich in ihnen mikroskopisch nachweisbare Infilttrationsherde. Niemals besteht aber trotz der im Harn vorhandenen Albuminurie und Zylindrurie eine Veränderung, die pathologisch-anatomisch im Sinne einer Nephritis gedeutet werden könnte. Verändert erscheinen die Nebennieren, in denen der Lipoidanteil stark verringert ist, ein Befund, der im Hinblick auf die vielen klinischen Symptome, die auf eine Störung im vegetativen System hinweisen, nicht ohne Interesse ist. Die schwerwiegendste nachweisbare Veränderung findet sich in der Leber. Eine starke Leberverfettung fehlt bei den an einer alimentären Intoxikation gestorbenen Kindern nie. Die Leberverfettung dürfte vielleicht der Ausdruck eines Versuchs sein, den der an Kohlenhydraten verarmte Organismus unternimmt, um aus dem aus den Fettdepots mobilisierten Fett in der Leber durch Umbau zu Zucker einen Ersatz für die mangelnden Kohlenhydrate zu schaffen. Ob darüber hinaus die Leberverfettung noch Ausdruck einer tiefer greifenden Störung der Leberfunktion darstellt, von der vielleicht mit Recht angenommen wird, dass sie den Ausgangspunkt im pathogenetischen Geschehen der Intoxikation bildet, muss noch dahingestellt bleiben. Die üblichen Prüfungen der Leberfunktion haben jedenfalls keine Anhaltspunkte in dieser Richtung ergeben.

Auch die Untersuchungen des **Gesamtstoffwechsels** haben keine Ergebnisse gezeitigt, die genügen könnten, das tiefgreifende krankhafte Geschehen bei der alimentären Intoxikation zu erklären. Im Gesamtstoffwechsel finden sich im Gegensatz zur akuten Dyspepsie Veränderungen, die auf einen Gewebszerfall hindeuten. Die Resorption der meisten Nahrungsbestandteile ist gestört. Das gilt in erster Linie für die Bilanzen des Stickstoffs und der Mineralstoffe, mit Ausnahme des Kalziums und der Phosphorsäure. Daraus kann geschlossen werden, dass gerade die Substanzen in Verlust gehen, die zum Aufbau des Protoplasmas notwendig sind. Und da z. T. sogar mehr Kalium, Natrium und Chlor ausgeschieden werden als in der aufgenommenen Nahrung enthalten sind, so müssen sie aus den in den Zellen und Geweben enthaltenen Beständen ausgeschwemmt werden. Die grösste Menge der ausgeschiedenen Salze verlässt, im Gegensatz zum gesunden Kinde, den Körper mit dem Stuhl, während die Mengen der im Harn ausgeschiedenen Salze stark abnehmen. Es ist dabei noch nicht endgültig geklärt, ob die verloren gehenden grossen Mengen von Alkali in den Darm ausgeschieden werden, um die durch abnorme Gärung im Darme entstandenen niederen Fettsäuren zu neutralisieren. Für das Bestehen von Alkaliverlusten im intermediären Stoffwechsel spricht jedenfalls das Bestehen einer A z i d o s e bei den Kindern mit alimentärer Intoxikation, die sich durch Zunahme der wahren sauren Reaktion des Blutes und im Harn an dem hohen Ammoniakkoeffizienten nachweisen lässt. Dagegen fehlt die Ketonurie im Stoffwechsel der alimentären Intoxikation, die bei anderen azidotischen Stoffwechselstörungen (Diabetes) vorhanden ist.

Die Beschleunigung der Peristaltik führt dazu, dass grosse Mengen von Fett und evtl. von Kohlenhydraten ungespalten in den Stühlen erscheinen.

Die tiefgreifenden Umstellungen, die alle intermediären Umsetzungen im akuten Stadium der Intoxikation erleiden, sind am eindringlichsten daraus zu folgern, dass in den ersten Tagen des krankhaften Zustandes der Organismus nicht mehr imstande ist, die I s o t o n i e seiner Gewebe a u f r e c h t z u e r h a l t e n. Das Blut ist stark eingedickt, die Salzkonzentration im Serum stark erhöht, Muskeln und Haut sind wasserärmer als beim gesunden Kinde. Diese Veränderungen sind gleichzeitig der objektive Ausdruck der E x s i k k o s e des Organismus. Das bestätigt wieder die Kontrolle des gesamten Wasserhaushaltes. Zwar werden die in den vermehrten dünnflüssigen Stuhlentleerungen verlorengehenden Wassermengen zum grossen Teil durch Einsparung von Harnwasser ausgeglichen. Der in der Gewichtsabnahme sich ausdrückende Wasserverlust erfolgt durch eine Steigerung der Perspiratio insensibilis (B r a t u s c h - M a r e i n). Dabei geht ein Teil des Wassers durch die Haut, ein grösserer Teil durch die Atmung, begünstigt durch den abnormen Atemtypus verloren.

Ätiologie und Pathogenese. Die Erfahrung früherer Jahre berechtigte zu der Annahme, dass unzweckmäßige Ernährung zum Ausgang der Intoxikation wurde; als alimentäre Intoxikation wurde sie daher mit Recht charakterisiert. Heute beobachtet man den Symptomenkomplex der Intoxikation fast nur noch im Verlauf oder in Begleitung von Infektionen. Dabei bedingt der Infekt die toxische Störung nicht direkt, wie etwa eine Ruhr oder ein Typhus zu einem Krankheitsbilde mit schweren Vergiftungserscheinungen führen kann, sondern indirekt über den Umweg einer Schädigung der Verdauungsvorgänge im Darm und vielleicht auch jenseits des Darmes. Daher könnten auch diese Formen der Intoxikation ex infectione letzten Endes und für das praktische Handeln sicher mit Recht als alimentäre Intoxikationen bezeichnet werden. Die Infektion schafft die gleichen Vorbedingungen zur Intoxikation, wie sie sich bei Fehlern in der Ernährung vor allem bei Dystrophie und Atrophie entwickeln. Der Infekt, meist eine Grippe, führt zum Durchfall und zur Gewichtsabnahme, und aus diesem dyspeptischen Vorbereitungsstadium entwickelt sich etwa am dritten bis vierten Krankheitstage die Intoxikation.

Schwierig ist nur die Frage zu beantworten, welche Ursachen den Übergang vom dyspeptischen Vorstadium, mag dieses auf dem Boden einer Infektion oder auf anderer Grundlage erwachsen sein, in den toxischen Zustand bedingen. Die historische Betrachtung zeigt, dass man zunächst bestimmte spezifische Bakterien als Erreger und Ursache der Intoxikation ansah. Als diese Auffassung der kritischen Betrachtung nicht standhielt, glaubte man in der Verfütterung zersetzter Nahrung die Ursache der Intoxikation gefunden zu haben. Der letzte Beweis, dass eine verdorbene Nahrung auch nur mit grösserer Regelmäßigkeit die Ursache einer alimentären Intoxikation darstellt, ist aber bis heute nicht geführt worden. Erst Finkelstein gelang es, zunächst aus klinischer Beobachtung heraus, die Möglichkeit einer alimentären Genese der Intoxikation zu beweisen. Jedes Nahrungsgemisch konnte danach eine Intoxikation auslösen, wenn es im ungünstigen Augenblick in den Darm gelangte. Die Nahrung gewann damit die grösste Bedeutung in der Ätiologie des Intoxikationsproblems. Nicht das fremdartige oder das Verdorbensein der Nahrung war das Entscheidende. Eine Steigerung der bis dahin zugeführten Nahrungsmengen unter besonderen Umständen, selbst nur die Anwesenheit von Nährstoffen im Darm, war die notwendige Vorraussetzung, wenn sich eine Intoxikation entwickeln sollte. Umgekehrt, und damit schien die Bedeutung der Nahrung noch stärker betont, führte Nahrungsentziehung zum Schwinden der Intoxikationssymptome und zur Heilung der Intoxikation. Am klarsten erscheint der Entwicklungsprozess der Intoxikation dann, wenn durch quantitative Steigerung einer bestimmten Nahrung, die bereits eine akute Dyspepsie erzeugt hatte, die Intoxikation zum Ausbruch kommt. Wird in diesen Zeiten eine Nahrung gegeben, die eine neue Belastung und Beanspruchung der bereits zum Krankhaften neigenden Stoffwechselumsetzungen darstellt, so kommt es zur Intoxikation. Dabei ist es gleichgültig, ob der einleitende Durchfall infektiös oder alimentär bedingt war. Aus diesen Vorstellungen ergeben sich gewisse Merkmale für die Nahrungsgemische, die in einem dyspeptischen Stadium, das vielleicht als Vorbereitungszeit einer Intoxikation angesehen werden kann, vermieden werden müssen. Als Prinzip ergibt sich, dass alle Nährgemische den Eintritt einer Intoxikation fördern können, wenn sie entweder von vornherein wasserarm sind und daher leicht zum Durst führen, oder wenn ein Überangebot an Nährstoffen, vor allem an Eiweiss, besteht, die den Wasserstoffwechsel besonders stark beanspruchen (s. S. 153).

Folgendes Schema erläutert die Hauptetappen in der Genese der Intoxikation:

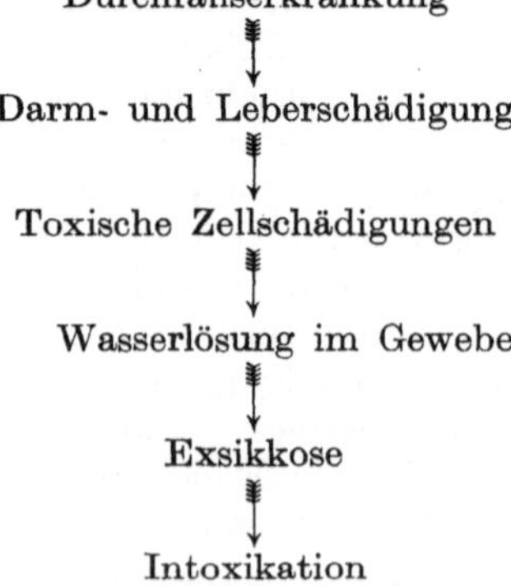

Nährstoffe, die sonst bestimmt sind, den Organismus aufzubauen, entfalten plötzlich toxische Wirkungen. Die Nahrung erleidet auf ihrem Wege vom Darm zu den Zellen ein abwegiges Schicksal, und es ergibt sich die Frage, an welchen Orten und durch welche Mechanismen diese fehlerhafte Verarbeitung der Nahrungsstoffe stattfindet. Die klinische Beobachtung des Bildes der Intoxikation legt dabei zunächst den Vergleich mit einem Säurekoma nahe. Die Bewusstlosigkeit, die Veränderung im Atemtypus, die auch chemisch nachweisbare Säurung des Organismus, scheint diesem Vergleich eine gewisse Berechtigung zu geben. Der Gedanke an eine primäre Stoffwechselazidose, wie sie etwa beim Diabetes vorliegt, schien daher zunächst nicht von der Hand zu weisen. Trotz mancher klinischer Ähnlichkeiten ist aber diese Betrachtungsweise bei der Intoxikation abzulehnen, und zwar schon aus dem Grunde, weil der Hunger, der die Azidose verstärkt, den Intoxikationszustand heilt.

Für das pathogenetische Geschehen bei der Intoxikation scheint dagegen folgende Vorstellung begründet zu sein. Im Darm entstehen aus der aufgenommenen Nahrung abnorme Abbauprodukte. Welcher Art die hier entstandenen Stoffe sind, ob es sich um Eiweissabbauprodukte, um Amine oder andere giftig wirkende Substanzen handelt, ist vorerst noch nicht bewiesen. Fest steht nur, dass die alimentäre Intoxikation eng gebunden ist an einen abnormen Ablauf der Verdauungsprozesse. Im Magen-Darmkanal findet unter der Mitwirkung von Bakterien eine unphysiologische Dissimilation der Nahrung statt. Dabei werden sich ähnliche Vorgänge abspielen, wie sie bei der akuten Dyspepsie geschildert wurden. Fraglich bleibt es nur, wieso im Gegensatz zur akuten Dyspepsie der Zustand der Vergiftung eintritt. Ist eine vermehrte Bildung toxischer Produkte die Ursache der Intoxikation, oder findet als Folge einer Schädigung der Darmwand eine abnorme Resorption unphysiologischer Verdauungsprodukte statt, oder schliesslich ist es jenseits des Darmes zur Lähmung einer wichtigen, den Stoffwechsel regulierenden Funktion gekommen? Mancherlei deutet auf eine Schädigung der Leberfunktion, die schädigende und nicht entgiftete Abbaustoffe der Nahrung in die Zellen gelangen lässt und damit den Zustand einer allgemeinen Vergiftung auslöst. Die wesentliche Beeinträchtigung der Zellfunktion durch diese Abbaustoffe der Nahrung ist die Vernichtung der Fähigkeit der Zellen und Gewebe, Wasser festzuhalten. Dieser Verlust einer lebenswichtigen Funktion muss, so lehrt das klinische Bild der Intoxikation, an allen Stellen des Organismus nahezu gleichzeitig einsetzen. In den Mittelpunkt der Pathogenese der Intoxikation rückt damit die Exsikkose. Überschreitet die Exsikkose eine bestimmte Grenze, dann kommt es zum Koma und zum klinischen Bilde der Intoxikation. Der Zelldurst verursacht die Vergiftungserscheinungen und den Untergang vieler Zellfunktionen. Die Folge ist ein allgemeiner Zusammenbruch des Stoffwechsels. Die Azidose, die Glykosurie usw. können nur als sekundäre Geschehnisse im Laufe dieses pathogenetischen Ablaufes angesehen werden. Das Drama der Intoxikation entwickelt sich danach etwa in folgender Reihenfolge: aus dem Darm resorbierte und nicht entgiftete Abbauprodukte der Nahrung wirken toxisch auf die Zellen des Organismus; vor allem vernichten sie die Fähigkeit, Wasser in normalen Mengen und physiologischer Bindung festzuhalten; die Folge ist eine Exsikkose.

Welche Nahrungsbestandteile besitzen die Fähigkeit, bei der Intoxikationsentstehung aktiv mitzuwirken? Die ursprüngliche Auffassung Finkelsteins ging dahin, dass nur einzelne bestimmte Nährstoffe zur Entwicklung einer alimentären Intoxikation befähigt wären.

Vor allem wurde der Zucker und die Molkenbestandteile in diesem Sinne beschuldigt. Das Fett sollte nur sekundär, nicht selbständig toxische Wirkungen entfalten können, indem es die schädigenden Wirkungen der übrigen Nährstoffe verstärkte. Es ist wohl kein Zufall, dass die Stoffe für die Entstehung der Intoxikation als besonders bedeutsam angesehen wurden, die die Durchfall erzeugenden Bestandteile der Nahrung darstellen. Die Kombination von zwei Schädlingen (Zucker und Molke) sollte eine besondere Bedeutung besitzen, zumal in der Molke noch die Existenz besonderer Bestandteile angenommen wurde, die fiebererzeugende und toxische Wirkung entfalten können. Das Eiweiss der Nahrung schien zunächst bei der Intoxikationserzeugung relativ unschuldig, wenigstens solange, als es als einziger Nährstoff gereicht wurde. Eiweiss, in Verbindung mit anderen Nährstoffen, scheint aber nach neueren Erfahrungen doch eine ganz besondere Bedeutung bei der Entstehung der Intoxikation zuzukommen. Neue Beiträge zu den hier angedeuteten, aber noch umstrittenen Fragen zu liefern, ist für den Kliniker heute schwierig, da die reine alimentäre Intoxikation eine seltene Erkrankung geworden ist. Daher ist es zu verstehen, dass zur Klärung der strittigen Fragen in letzter Zeit die Flucht ins Tierexperiment angetreten wurde.

Im Tierexperiment liess sich die Bedeutung des Durstes für die Entstehung der Intoxikation beweisen. Die Förderung des toxischen Symptomenkomplexes durch Zufuhr aller Nährstoffe, die besonders hohe Ansprüche an den Wasserstoffwechsel stellen, konnte bewiesen werden. Damit rückte auch hier das Eiweiss in den Vordergrund der Nährstoffe, die die Intoxikation verursachen. Durch Durst und eiweissreiche Nahrung konnten auch bei jungen Tieren Zustandsbilder erzeugt werden, die dem der alimentären Intoxikation ähnelten (Schiff). Ein Krankheitsbild, das völlig der Intoxikation glich, konnte durch gleichzeitige Einwirkung von Wassermangel und Coliendotoxinen von Bessau-Rosenbaum erzeugt werden. Somit ist auch heute für die Klinik erneut die Frage aufzuwerfen, ob neben der rein alimentären Schädigung noch Bakterieneinflüsse am Werke sind, die auf die Wasserbindung besonders ungünstig einwirken? Dessenungeachtet steht für die Praxis der **Kampf gegen den Wassermangel** in den Zellen und in den Geweben, und der Versuch, die verlorene Fähigkeit zur Wasserbindung wieder herzustellen, im Vordergrund des ärztlichen Handelns.

Die Prognose der Intoxikation. Das Schicksal eines Kindes im Zustande der alimentären Intoxikation wird nicht mehr so sehr von der Erkrankung selbst bestimmt, als von dem Boden, auf dem sie erwuchs. Diese Grundlage ist der Ernährungszustand des Kindes. Die Intoxikation ist in jedem Falle eine ernste Erkrankung. Das lehren am besten die Statistiken aus Säuglingskrankenhäusern und Kliniken, in denen trotz bester Pflege und trotz Anwendung aller therapeutischen Mittel auch heute noch etwa die Hälfte der intoxizierten Säuglinge zugrunde geht. Im ersten Ansturm der Krankheit, wenn der schwere Kollaps, die Benommenheit und die Exsikkose das Krankheitsbild beherrschen, ist es fast unmöglich, mit einiger Sicherheit ein prognostisches Urteil abzugeben. Ist es nach 24stündiger Teepause zu einer Wendung zum Besseren gekommen, erscheint das Kind e n t g i f t e t, dann darf die Voraussage günstiger lauten. Andere scheinbar zunächst leichte Erkrankungen einer Intoxikation erscheinen nach der Nahrungsentziehung nicht entgiftet; sie bleiben weiter im toxischen Zustande, oder die Erscheinungen der Bewusstseinstrübung und des Kollapses schwinden nicht ganz. Es ist gewiss kein Zufall, dass sich diese unvollkommene Entgiftung besonders häufig bei dystrophischen und atrophischen Kindern findet, deren funktionell minderwertige Zellen nicht so rasch, vielleicht überhaupt nicht mehr die durch den Vergiftungsvorgang gesetzte Schädigung auszugleichen vermögen. Nicht selten vergehen Tage, ehe bei diesen Patienten die völlige Aufhellung des Bewusstseins doch noch eine günstigere Prognose gestattet. In jedem Falle deutet eine l a n g s a m e E n t g i f t u n g bei einer ausreichenden Zeit der Nahrungsentziehung auf eine b e s o n d e r s s c h w e r e E r k r a n k u n g hin.

Aber selbst dann, wenn das ernste Krankheitsbild der Intoxikation geschwunden ist und das Kind sich auf dem Wege der Heilung bewegt, ist noch nicht jede Gefahr für das Leben des Kindes ausgeschlossen. Stets vergehen viele Wochen bis zum völligen Ausgleich der der Intoxikation eigentümlichen

Gewebsveränderung und damit bis zur völligen Rückkehr einer normalen Funktion aller Gewebe. Aus geringem Anlass kommt es daher in der Zeit der Rekonvaleszenz sehr leicht zu neuen ernsten Zwischenspielen, die den normalen Heilungsverlauf stören. Neue Durchfallserkrankungen, Rückkehr toxischer Züge im Krankheitsbild und vor allem Infektionen sind die Ereignisse, die die scheinbare bereits erkämpfte Genesung wieder zerstören. Vor allem scheint mit der alimentären Intoxikation ein starker Verlust an Abwehrfähigkeit gegen Infektionen jeglicher Art einzusetzen. Mit grosser Regelmäßigkeit treten daher wenige Tage nach der kritischen Entfieberung, häufig in der Zeit des ersten Gewichtanstieges, neue Fiebersteigerungen auf, als deren Ursache sich dann eine Pneumonie, eine Otitis u. ä. herausstellt. Ehe beim toxisch gewesenen Kinde Arzt und Angehörige wieder sorglos auf das weitere Schicksal des Kindes blicken können, vergehen daher selbst beim eutrophischen Kinde acht bis zwölf Wochen, und bei den wenigen atrophischen Kindern, die den Gefahren des akuten Stadiums der Intoxikation entrinnen, bestimmt die vielleicht in den ersten Lebensmonaten erlittene Krankheit das Schicksal während des ganzen ersten Lebensjahres. Wie schwierig die Voraussage sein kann, mögen zwei Beispiele verschiedenen Ausgangs bei gleich schwerer Erkrankung zeigen (s. Abb. 37 u. 38).

Die Prophylaxe der Intoxikation. Ein gut überwachter und zweckmäßig ernährter Säugling wird nur in den seltensten Fällen an der alimentären Form der Intoxikation erkranken. Die Vorgeschichten der Kinder mit alimentärer Intoxikation zeigen immer wieder, dass Verstösse gegen die Regeln einer zweckmäßigen Ernährungstechnik vorgekommen sind. Während beim eutrophischen Kinde grobe Verstösse notwendig sind, genügen beim Atrophiker minimale Unregelmäßigkeiten, um den Zusammenbruch auszulösen. Da der schlechte Ernährungszustand meist über den Weg früherer akuter oder subakuter Durchfallserkrankungen oder durch Fehlnährschäden oder durch Infektionen erreicht wird, so ist es verständlich, dass eine an solchen Ereignissen reiche Vorgeschichte schliesslich mit der Katastrophe einer alimentären Intoxikation endigen kann.

Aber selbst wenn das erste Wetterleuchten einer Intoxikation sich bereits eingestellt hat, muss es zum mindesten beim Kinde im guten Ernährungszustand noch gelingen, den Eintritt des schweren Vergiftungszustandes hintanzuhalten. Es muss daher mit allen Mitteln versucht werden, erstens das Vorbereitungsstadium als solches zu erkennen und zweitens in dieser Zeit jeden falschen Schritt in der Diätetik sorgfältig zu vermeiden. Damit rückt die alimentäre Intoxikation wenigstens beim eutrophischen und bei der Mehrzahl der dystrophischen Säuglinge in die Reihe der vermeidbaren Erkrankungen. Nicht mit gleicher Sicherheit ist die Verhütung der Intoxikation ex infectione möglich, die später ausführlich besprochen werden soll. Konstitutionelle und individuelle Reaktionen der einzelnen Kinder scheinen hier von ausschlaggebender Bedeutung zu sein.

Die Behandlung der alimentären Intoxikation. Die Annahme, dass der Eintritt des Vergiftungszustandes letzten Endes auf die Ausschwemmung lebenswichtigen Wassers aus den Zellen zurückzuführen sei, ergibt sofort den Weg, den eine erfolgreiche Behandlung der Intoxikation zu gehen hat. Ziel der Therapie ist der Kampf gegen die Exsikkose. Der Zustand des Zelldurstes und der Verlust der Fähigkeit der Zellen, Wasser festzuhalten, stellen gewiss nicht das erste Glied in der Reihe pathogenetischer Vorgänge dar, die sich bei der Intoxikation abspielen. Die Exsikkose ist nur der wichtigste und das Leben am meisten gefährdende Abschnitt bei der Entwicklung des toxischen Symptomenkomplexes. Der Kampf gegen die Exsikkose stellt daher keine ätiologische Therapie dar; sie wird vielleicht einmal einer späteren Zeit beschieden sein.

Der Ernst der Situation erfordert beim toxischen Säugling die Anwendung aller verfügbaren Mittel und Methoden, von denen eine Wiederherstellung der Wasserbindung zu erwarten ist. Dazu gehört die Heilung der Durchfallserkrankung und, bis dieses erste Ziel erreicht ist, die Befriedigung des Gewebs-

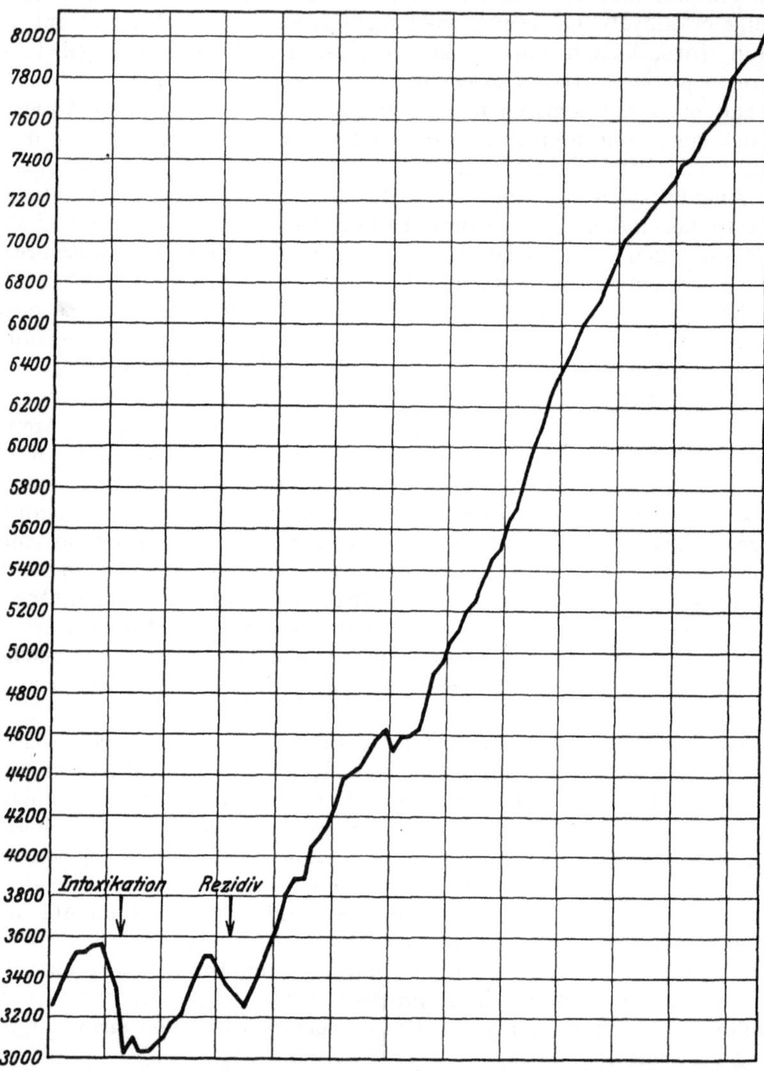

Abb. 37. Trotz schwerster Intoxikation und Rezidiv restlose Reparation. Schwere Intoxikation, 5 tägige Benommenheit, erholt sich bei Atlaszement einschl. mit Buttermilch. Bei Anreicherung mit Fett Rezidiv, diesmal leichterer Art. Hunger und Schonungstherapie (Beginn mit zentrifugierter Frauenmilch) aber unerlässlich. Sehr gute Erholung bis zur vollkommenen Eutrophie. Bei der Entlassung im 7. Monat 8000 g Gewicht, Bauchfett 11 mm.

durstes. Die diätetische Behandlung genügt daher in der Regel nicht; ihr zur Seite tritt, im Gegensatz zur akuten Dyspepsie, gleichwertig die Behandlung der Exsikkose mit physikalischen Methoden; gering sind die Möglichkeiten einer arzneilichen Behandlung des Zelldurstes.

Die giftigen Stoffe, die schliesslich zur Exsikkose der Zellen führen, entstehen mittelbar oder unmittelbar im engsten Zusammenhange mit der Zufuhr von Nährstoffen. Der sicherste Weg, die Neubildung der Gifte zu unterbinden, ist die Entziehung aller Nährstoffe, mit Ausnahme des Wassers. Eine Pause in der Nahrungszufuhr, von mindestens 24 Stunden, in der nur saccharingesüsster Tee gereicht wird, leitet daher stets die Behandlung der alimentären Intoxikation ein. Von manchen Autoren ist eine Nahrungsausschaltung von mehreren Tagen gefordert worden. Beim eutrophischen Kinde mag solch langdauernder Hunger ohne bleibende Schädigung überwunden werden. Diese Therapie muss aber mehr schaden, als nützen, wenn sie bei dystrophischen oder gar bei

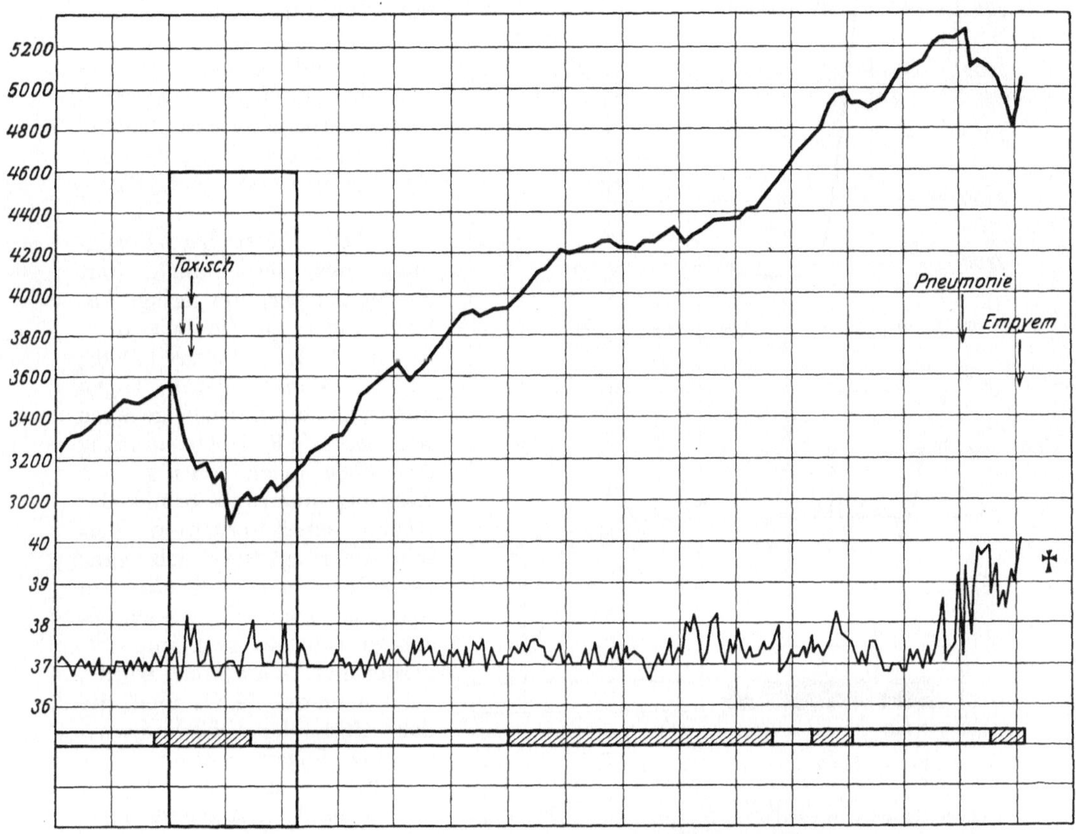

Abb, 38. Spättod nach Intoxikation. Alimentäre Intoxikation. Mäßig rasche Heilung bei Buttermilch, später bei Buttermilch und Brustmilch. Wochenlang scheinbar gute Erholung. Dann wieder neue Durchfälle, flackernde Temperaturkurve, schliesslich Pneumonie und Empyem.

atrophischen Kindern geübt wird. Schon der Dystrophiker ist auf eine möglichst regelmäßige Nahrungszufuhr angewiesen. Ein Hunger von mehr als 24 Stunden wird ernste Folgen für den Gesamtzustand des Kindes nach sich ziehen. Beim atrophischen Säugling ist ein mehrtägiger Hunger sicher eine schwere Gefährdung. Wegen dieser Gefahren ist es notwendig, die Ernährung des intoxizierten Säuglings selbst dann, wenn nach 24stündiger Hungerpause die Entgiftung und der Umschwung zur Besserung sich nicht oder auch nur unvollkommen vollzogen haben, wieder aufzunehmen.

Das Problem, einerseits Nahrung zuzuführen, die nicht schädigt, andererseits den Wasseransatz durch die Art der Nahrungszufuhr zu fördern, ist schwierig. Zwei Wege haben sich für das erste Stadium, das Entgiftungsstadium praktisch bewährt: die Buttermilchernährung, mit kleinsten Mengen beginnend oder die Zufuhr von Salz - und Zuckerlösungen nach einem Vorschlag von Schiff. Ein dritter Weg, die Zufuhr entfetteter Frauenmilch, der auch von uns oft versucht wurde, erscheint weniger empfehlenswert, weil der Einfluss der zentrifugierten Frauenmilch auf die Wasserbindung zu gering ist. Vom dritten Tag ab kann zur Buttermilch entfettete Frauenmilch zugelegt werden, die nunmehr die ihr eigenen günstigen Eigenschaften entfalten kann (Abb. 40).

Nicht angezeigt ist die Verwendung von Frauen - milch, da ihre Zusammensetzung weder durchfallheilend (viel Fett und Zucker) noch wasserretinierend (wenig Salze) wirkt.

Aber selbst bei Verwendung der Buttermilch (mit 3—5% Zucker), die geringe Anforderungen an die Leistungsfähigkeit des Darmes stellt, dürfen in den ersten Tagen nur kleinste Mengen gegeben werden. Jede Überschreitung des eben noch zuträglichen Nahrungsquantums bringt das Risiko einer erneuten Verschlimmerung, die sich ganz besonders beim Kinde im toxischen Zustande, dessen gesamter Zellstaat geschädigt ist, verderblich auswirken würde. In den ersten 24 Stunden, die der Zeit der Nahrungsentziehung folgen, sollten 100 g als Tagesmenge, verteilt auf 6—10 Mahlzeiten, nicht überschritten werden. Stets muss aber darauf Bedacht genommen werden, den Flüssigkeitsbedarf des durstenden, exsikkierten Organismus durch Zufuhr von saccharingesüsstem Tee zu decken. Es muss in jedem Falle versucht werden, 150 g Flüssigkeit pro Kilo Körpergewicht dem Kinde zuzuführen. Die

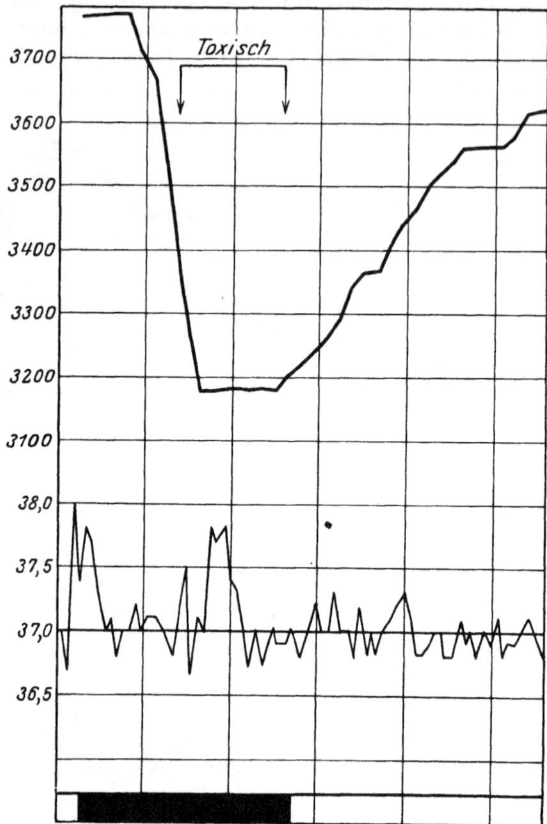

Abb. 39. Kind. Alimentäre Intoxikation ohne Fieber. Langdauernde Bewusstseinstrübung mit ganz allmählichem Abbau des toxischen Zustandes, der neun Tage andauert. Günstiger Ausgang weil trotz der noch vorhandenen toxischen Züge die Nahrung langsam gesteigert wurde. Ein fortgesetzter oder wiederholter Hunger hätte zur Dekomposition geführt.

1. Tag: 12 Stunden Tee, dann 5 Mahlzeiten zu 10 g Buttermilch 3 % Zucker.
2. Tag: 10 Mahlzeiten zu 15 g Buttermilch 3 % Zucker.
3. Tag: desgl.
4. Tag: 10 Mahlzeiten zu 30 g Buttermilch 3 % Zucker.
5. u. 6. Tag: desgl.
7. Tag: 10 Mahlzeiten zu 35 g Buttermilch 5 % Zucker.
8. Tag: desgl.
9. u. 10. Tag: 10 Mahlzeiten zu 40 g Buttermilch 5 % Zucker.
11. Tag: Zulage von 10—15 g Eiweissmilch 5 % Zucker.
12. Tag: desgl.
13. Tag: 7 Mahlzeiten zu 40 g Buttermilch 5 % Zucker und 20 g Eiweissmilch 5 % Zucker. Dann Übergang zu Eiweissmilch und 5 % Zucker.

weitere Dosierung und Steigerung der Nahrungsmengen darf bei der alimentären Intoxikation im Gegensatz zur akuten Dyspepsie nicht so streng schematisch erfolgen. Ungefähr folgendes Vorgehen ist zu empfehlen:

    1. Tag der Nahrungszufuhr   100 g Buttermilch (mit 3—5% Zucker)
    2. „ „ „   100—150 g   „   „
    3. „ „ „   150—200 g   „   „

4. Tag der Nahrungszufuhr 200—250 g Buttermilch (mit 3—5$^0/_0$ Zucker)
5. „   „   „   250—350 g   „   „
6. „   „   „   350—500 g   „   „

Damit wird nach sechs Tagen zum mindesten der Erhaltungsbedarf des Kindes gedeckt sein. Gleichzeitig wird es in der Regel zu einer Besserung der Exsikkose und der Magen-Darmerscheinungen gekommen sein. Damit ist für die Fortsetzung der Heilbehandlung eine grössere Freiheit gewonnen.

Ein gewisses Individualisieren ist bis hierher notwendig; leiten kann den Arzt dabei nur die sorgfältige Beobachtung des klinischen Bildes. Vor allem wird mit Aufmerksamkeit auf die Rückkehr toxischer Züge zu achten sein. Ebenso wie im klinischen Bilde der Durchfall an Wertigkeit zurücktritt, so darf auch bei der Anordnung der diätetischen Behandlung das Stuhlbild die ärztlichen Verordnungen nicht ausschlaggebend beeinflussen. Der Durchfall mag und wird häufig genug noch in wenig veränderter Stärke anhalten, während das gesamte Verhalten des Kindes bereits eine Steigerung der Nahrungsmengen gestattet und erfordert. Der Ablauf der Gewichtskurve lehrt, ob die eingeschlagene Therapie sich als nützlich erweist. Bei einer Wendung zum Besseren hört trotz Nahrungsentziehung und Darreichung nur kleinster Nahrungsmengen der steile Gewichtsabsturz auf; von Tag zu Tag werden die Gewichtsabnahmen geringer, die Gewichtskurve nähert sich der Horizontalen, ja nicht selten kommt es bereits mit der Nahrungsentziehung wieder zum Gewichtsanstieg. Dieses scheinbar paradoxe Verhalten kann als günstiges Zeichen

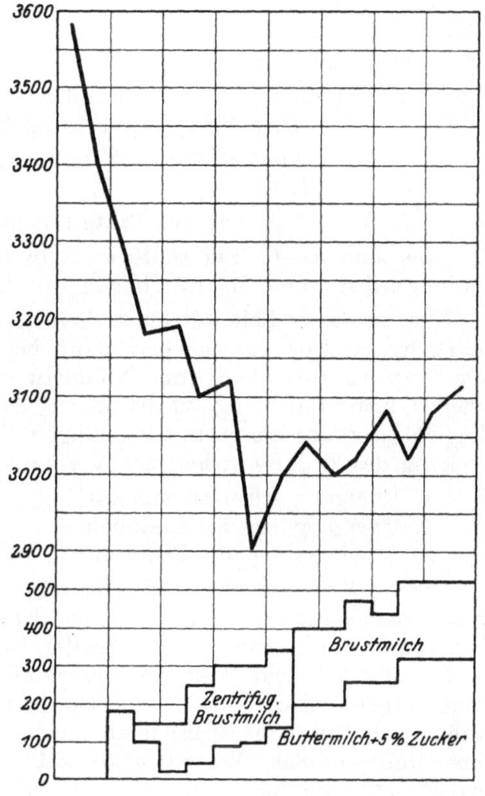

Abb. 40. Heilung von alimentärer Intoxikation. Beginn mit gezuckerter Buttermilch, vom dritten Tage an Zulage entfetteter Frauenmilch, später Übergang zu Brustmilch.

dafür gelten, dass die Zellen ihre Fähigkeit zur Wasserbindung bis zu einem gewissen Grade bereits wieder erlangt haben. Dieser Stillstand in der Gewichtskurve darf aber nur dann als günstiges Kriterium der Heilung angesehen werden, wenn gleichzeitig die toxischen Züge im Krankheitsbilde schwinden. Eine Einlagerung von Wasser in Form von Ödemen kann einen Gewichtsstillstand vortäuschen. Das Schwinden des Fiebers, die bessere Durchblutung und Durchfeuchtung der Haut, die Rückkehr des Interesses an der Umwelt, die Wiederkehr des normalen Atemtypus sind weitere objektive Zeichen, die es erlauben, den Beginn der Entgiftung festzustellen.

Der zweite Weg, die Zufuhr hochprozentiger Nährzuckerlösungen (15—20%) und geringerer Mengen der salzhaltigen Molke [1]), wird praktisch auf folgende Weise durchgeführt:

---

[1]) Molke wird durch Labung der Vollmilch (1 Teelöffel Labessenz auf 1 Liter Milch und Erwärmung auf 40°) und Abfiltrierung des Käsegerinnsels gewonnen.

1. Tag: 50—100 g Molke,
     200—300 g 15% Nährzuckerlösung, beides verteilt auf
     6—10 Mahlzeiten,
     Tee.
2. Tag: 100—150 g Molke,
     300 g 15% Nährzuckerlösung,
     Tee.

Da die Molke eine noch weit inkomplettere Nahrung darstellt als Buttermilch, muss sie am dritten Tage durch gezuckerte Buttermilch unter Zurücktreten der Zuckerlösung ersetzt werden.

3. Tag: 150—200 g Buttermilch mit 5% Zucker,
     100 g 15% Zuckerlösung (am besten alternierend),
4. Tag: 300 g Buttermilch mit 5% Zucker,
     Tee.
5. u. 6. Tag; wie bei Buttermilchernährung.

Bis zum 5.—6. Tag sollte stets in der beschriebenen Weise vorgegangen werden, selbst wenn die Entgiftung nur langsam vor sich geht.

Ist zu dieser Zeit mit einer dieser Methoden die Entgiftung erreicht und die Deshydratation ausgeglichen, dann beginnt das zweite Stadium, das eigentliche Reparationsstadium. Nunmehr ist grössere Handlungsfreiheit gegeben, sowohl in bezug auf die Menge, als auf die Art der Nahrung. Als weitere Möglichkeiten der nunmehr notwendigen Ergänzung der Nahrung bis zur vollen Deckung des Bedarfs stehen zur Verfügung.

1. Übergang zur Frauenmilch.
2. Übergang zur Eiweissmilch.
3. Anreicherung der Buttermilch mit Butter oder Buttermehlschwitze.

Steht Frauenmilch zur Verfügung, so kann diese in diesem Stadium der abklingenden Intoxikation als wertvollste Ergänzung der Buttermilch gelten. Von Tag zu Tag werden 50—100 g der Heilnahrung durch Frauenmilch ersetzt. In den ersten Tagen stellt sich dabei nicht selten eine Gewichtsabnahme ein. Dieser erneute Einschnitt in der Gewichtskurve ist aber ohne Bedeutung und erklärt sich damit, dass das jetzt zum ersten Male wieder zugeführte Fett eine Umstellung im Salz-Wasserstoffwechsel bedingt, weil das Fett im Darm Salze beansprucht, die bisher zur Wasserbindung im Organismus verwandt werden konnten. Nach zwei bis drei Tagen ist danach aber wieder ein Steigen der Gewichtskurve zu erwarten.

Steht Frauenmilch nicht zur Verfügung, so muss die ursprünglich als Heilnahrung gewählte gezuckerte Buttermilch durch Zulage von Fett (Butter) oder durch Zufütterung von gezuckerter Eiweissmilch ergänzt werden. Die Butter wird entweder in Mengen von 1 g auf 100 als solche zugesetzt oder durch Zulage einer Einbrenne (zunächst mit 2 g Butter, 2 g Mehl und 5 g Zucker auf 100) für zwei Mahlzeiten, die dann allmählich auf alle Mahlzeiten ausgedehnt wird. Der Ersatz der Buttermilch durch gezuckerte Eiweissmilch geschieht derart, dass eine Mahlzeit Buttermilch nach der anderen durch eine gleiche Menge Eiweissmilch mit Zucker ersetzt wird. Ist auf diese Weise eine vollständige Ernährung mit gezuckerter Eiweissmilch erreicht, so sollte auch hier die relative Fettarmut der Eiweissmilch durch Zusatz einer Einbrenne ausgeglichen werden.

Unter der quantitativ und qualitativ kompletten Kost, zu der beim Säugling über drei Monate noch die Vitaminträger zu treten haben, muss sich die volle Erholung des Kindes vollziehen. Bis die endgültige Heilung eingetreten ist, dauert es lange Zeit, verschieden je nach dem Ernährungszustand des Kindes.

Da in dieser ganzen Reparationszeit noch eine starke Empfindlichkeit des Kindes fortbesteht, wird der Übergang zur Normalkost erst nach Wochen stattfinden können. Für das eutrophische Kind ist diese Sonderdiät etwa vier Wochen, für das dystrophische sechs bis acht Wochen notwendig.

Besondere Aufmerksamkeit ist der Wasseranreicherung des ausgetrockneten Körpers zuzuwenden.

Der einfachste und beste Weg, dem exsikkierten Organismus Wasser zuzuführen, ist die orale Darreichung von Wasser. Das per os gereichte Wasser, das vom Darm aufgesaugt wird und den Leberkreislauf passiert, ehe es in die Blutbahn gelangt, scheint sich auf dieser Wanderung mit Substanzen zu beladen, die es zur Aufnahme in die ausgetrockneten Zellen geeignet machen. Wird Wasser subkutan, intramuskulär, intraperitoneal, rektal usw. zugeführt, geht die Aufnahme in Blut und Zellen langsamer vor sich, und Festigkeit und Grösse der gebundenen Wassermengen scheinen geringwertiger, als wenn Wasser auf natürlichem Wege in die Organe der Verdauung und zu den Zellen gelangt. Da wo die Wasserspeisung durch den Mund durch Erbrechen unmöglich wird, oder wo der Grad der Austrocknung der Gewebe sehr hochgradig ist, werden aber auch alle diese anderen Wege im Kampfe gegen die lebensbedrohende Exsikkose beschritten werden müssen. Es ist dann notwendig, das Wasser durch gewisse Zusätze für die Einlagerung in die Gewebe geeigneter zu machen. Solche Lösungen sind eine zur Hälfte mit destilliertem Wasser verdünnte physiologische Kochsalzlösung oder Ringerlösung oder 6—8%ige Traubenzuckerlösungen. In Mengen von 100—150 g können diese Lösungen zwei- bis dreimal täglich subkutan, intramuskulär oder intraperitoneal verabfolgt werden. Die intravenöse Injektion scheitert bei dem schweren Kollapszustande der intoxizierten Kinder an der schlechten Durchblutung der peripheren Gefässe. Die übrigen Methoden unterscheiden sich im wesentlichen durch die Schnelligkeit der Resorption der injizierten Flüssigkeit. Die subkutan angelegten Wasserdepots werden beim toxischen Säugling häufig nur sehr langsam aufgesaugt, rascher schon die intramuskulären Depots und am schnellsten die Wassermengen, die in die Bauchhöhle eingebracht werden.

Die rasche Aufsaugung von Flüssigkeit aus dem Peritoneum bringt bei der Verwendung von Zuckerlösungen einige Gefahren. Werden grössere Mengen hypertonischer Zuckerlösungen (10—15%ig) intraperitoneal injiziert, so kommt es nicht selten im Anschluss an die Injektion zu schweren Kollapszuständen, die nur zum geringen Teil als Folge einer peritonealen Reizung gedeutet werden können, die zum grössten Teil wohl auf der Überschwemmung des Organismus mit hypertonischer Zuckerlösung beruhen, zu deren Ausgleich vielleicht ein weiterer Abstrom von Wasser aus den Zellen und damit eine Verstärkung der Exsikkose erfolgt. Die Verwendung hypotonischer Zuckerlösungen (6—8%), bei gleichzeitiger reichlicher oraler Flüssigkeitszufuhr, schützt vor diesem Zuckerschock. Im Kampf gegen den inneren Durst bewähren sich trotz dieser gelegentlichen Gefahren Zuckerlösungen vor allem deswegen besser als Salzlösungen, weil der zugeführte Zucker dazu beiträgt, den Hunger des Kindes zu vermindern.

Die Wasserzufuhr per rectum in Form von Halteklistieren oder Tropfklistieren scheitert meistens an den starken Durchfällen, die das Anfangsstadium der Intoxikation begleiten.

Durch Magenspülungen wird das Erbrechen, das ganz wesentlich zur Verstärkung der Exsikkose beiträgt, bisweilen gebessert, und gleichzeitig können die im Anschluss an die Magenspülung im Magen zurückbleibenden Wassermengen auch direkt zur Behebung der Exsikkose beitragen. Es empfiehlt sich daher, im Anschluss an die Spülung etwa 150 ccm halbphysiologischer Kochsalzlösung oder eine verdünnte Lösung von Karlsbader Mühlbrunnen im Magen zurückzulassen.

Im Kampfe gegen die Exsikkose sind auch Bluttransfusionen in letzter Zeit empfohlen worden. Ob die Zufuhr der artgleich zusammengesetzten Blutflüssigkeit eine bessere Bindung des Wassers ermöglicht, erscheint fraglich. Dagegen ist der Wert des zugeführten Blutes für die Resistenzerhöhung des schwer kranken Kindes nicht hoch genug einzuschätzen. Das Blut kann in Mengen von 80—150 ccm intrasinös, intraperitoneal oder intramuskulär zugeführt werden (s. S. 343).

Mit allen heute zur Verfügung stehenden Methoden der Bekämpfung der Exsikkose werden aber nur solange Erfolge erzielt werden, als eine bestimmte Schwelle in der Entquellung des Zelleiweisses nicht überschritten ist. Alle heute geübten Verfahren vermögen nicht, die zerstörte Funktion der Wasserbindung zu wecken, sie schützen nur die geringe noch erhaltene Fähigkeit zur Wasserbindung bis nach Ausschaltung der ursächlichen Schädigung die Rückkehr eines physiologischen kolloidalen Zustandes der Gewebe erfolgt. Ein klinisches Zeichen, dass die Schwelle, von der keine Reversion der Zellschädigung mehr möglich ist, überschritten wurde, ist das Auftreten von Sklerem oder Sklerödem.

In jedem Falle steht der Kampf gegen die Exsikkose im Rahmen der Behandlung der alimentären Intoxikation in den ersten Krankheitstagen ganz im Vordergrunde des therapeutischen Handelns. Eine Heilung der Intoxikation ohne Besserung und Beseitigung der Exsikkose ist nicht möglich. Der umgekehrte Schluss, dass eine klinische Besserung der Exsikkose bereits Heilung der Intoxikation bedeutet, ist dagegen nicht erlaubt, da nur allzu oft vor allem die in ihrem Ernährungszustande geschädigten Säuglinge auch nach Beseitigung dieses Kardinalsymptoms direkt oder indirekt doch noch der schweren Schädigung ihrer Zellen erliegen.

Die arzneiliche Therapie der Intoxikation kann sich nur auf die symptomatische Bekämpfung einiger bedrohlicher Symptome beschränken. Analeptica sind bei schwerem Kollaps nicht zu entbehren. Koffein und Adrenalin in Form von Injektionen verdienen den Vorzug. Kampfer ist bei dem Ausfall der entgiftenden Tätigkeit der Leber besser zu vermeiden. Bei Krämpfen und Erregungszuständen bewährt sich Luminal und Urethan. Ungünstiges sieht man gelegentlich von Chloralhydrat, das wegen seiner Wirkungen auf die peripheren Gefässe den Kollapszustand verstärken kann. Abführmittel, auch das Kalomel und Rizinusöl sind in jedem Stadium der Krankheit zu vermeiden. Alle Versuche, die alimentäre Intoxikation durch spezifische Mittel zu heilen, die sich gegen die Stoffwechselprodukte der an der Krankheitsentstehung beteiligten Kolibazillen richten, sind bisher gescheitert. Das muss auch vorerst vom Koliserum (Platenga) gesagt werden, über das grössere praktische Erfahrungen nicht vorliegen.

Nicht zuletzt ist die Behandlung einer Intoxikation ein Problem der Pflege. Bei den Schwierigkeiten, die stets zu überwinden sind, wird nur die Anstaltspflege den Ansprüchen genügen können. Aber auch in der Klinik wird das Kind aus der Massenpflege herausgenommen und einer minutiösen Sonderpflege anzuvertrauen sein. Diese Säuglingspflege besteht nicht nur darin, dass man die volle Kraft einer erfahrenen Pflegerin für den Patienten einsetzt, sondern auch in einer völligen Isolierung, um Infektionen des resistenzlosen Organismus möglichst hintanzuhalten. Erst Wochen nach überstandener Intoxikation ist die Erholung so weit gefördert, dass eine Einreihung in die Normalpflege der Anstalt oder der Familie ohne Gefahr möglich ist.

Auf dem Wege der Heilung einer alimentären Intoxikation erwachsen nicht selten Schwierigkeiten, deren Erscheinen fast stets dazu beiträgt, die an sich schon wenig günstige Prognose der Intoxikation weiter zu verschlechtern.

Ähnlich wie bei der akuten Dyspepsie sind die häufigsten Vorkommnisse dieser Art im folgenden Schema dargestellt.

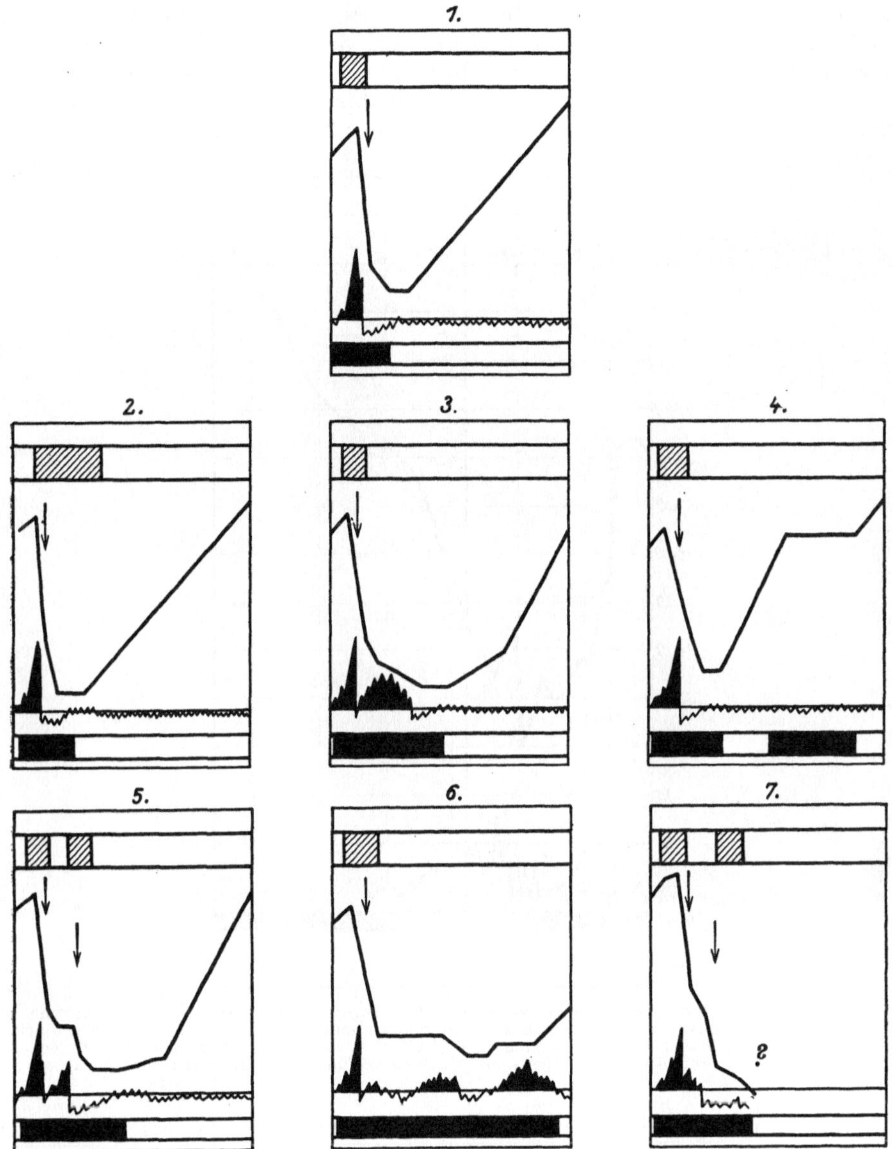

Abb. 41. 1. Normaler Verlauf. — 2. Verzögerte Entgiftung. — 3. Sekundärer Infekt (Nachfieber). 4. Gewichtsstillstand nach Ausgleich der Wasserverluste bei erneutem Durchfall. — 5. Rezidiv der Toxikose (zweites Absetzen). — 6. Ausbleiben der Gewichtszunahme (Dystrophie — Dysergie). 7. Akute Atrophie (Dekomposition).

↓ Nahrungsentziehung. ■ Durchfall. ☐ Guter Stuhl, ▨ Zeit der toxischen Bewusstseinstrübung.

1. Der normale Heilungsverlauf.

2. Die Entgiftung nach Nahrungsentziehung tritt nicht immer mit Sicherheit ein. Die Bewusstlosigkeit, graue Blässe usw. können zuweilen tagelang bestehen bleiben, während die fallende Gewichtskurve allmählich zum

Stillstand kommt. Die verzögerte Entgiftung findet sich vor allem bei jungen und bereits geschädigten Säuglingen der ersten Lebensmonate und bei den Kindern mit Intoxikation, bei denen pathogenetisch eine Infektion eine Rolle spielt. Die verzögerte Entgiftung bei Aufhören der Gewichtsstürze und Besserung der Exsikkose darf nicht Veranlassung sein, von der schematischen Behandlung mit fortgesetzter Nahrungssteigerung abzuweichen. Die Aufhellung des Bewusstseins kann auch noch nach Tagen ganz allmählich erfolgen (s. Abb. 42 u. 43). Intoxikationen dieser Art sind aber in jedem Falle als besonders schwer anzusehen.

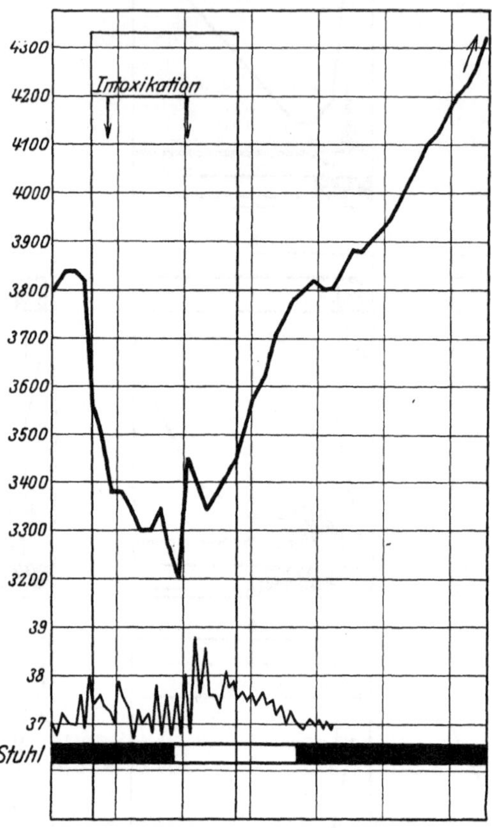

Abb. 42. Erkrankt in der vierten Lebenswoche an einer Intoxikation. Heilung bei Ernährung mit zentrifugierter Frauenmilch, Buttermilch und später mit Frauenmilch und Buttermilch (Einzelheiten s. Abb. 43). Dabei verzögerte Entfieberung und Auftreten harmloser Diarrhöen in der Zeit der Rekonvaleszenz. Wichtig: konsequente Nahrungssteigerung trotz Andauern der Toxikose.

3. Sekundäre Infektionen, häufig in Form der paravertebralen Pneumonie, erscheinen in den ersten Tagen der heilenden Intoxikation fast regelmäßig. Erneute Fiebersteigerungen geben an sich keine Veranlassung, von der schematischen Behandlung abzuweichen, solange nicht Zeichen auftreten, die für die Wiederkehr des toxischen Symptomenkomplexes sprechen. Kommt es unter dem Einfluss der sekundären Infektion, wie es nicht selten der Fall ist, erneut zur Bewusstlosigkeit und zu Gewichtsstürzen, so ist die Rückkehr zur Nahrungsentziehung und zur strengen Schonungstherapie nicht zu umgehen. Dass dieser zweite Hunger für die stets schwerkranken Kinder ein lebensbedrohender Eingriff ist, braucht kaum betont zu werden. Nur bei Wahl der besten Heilnahrung und bei bester Pflege gelingt es, um diese Klippe herum

zu kommen. Zwei Beispiele, das eine mit günstigem, das andere mit ungünstigem
Ausgang, beleuchten die Schwierigkeit dieser Situation (Abb. 44 u. 45).

4. Gewichtsstillstände im weiter vorgeschrittenen Stadium der
heilenden Intoxikation treten nicht selten auf, wenn die anfänglichen Gewichts-
verluste wieder ausgeglichen sind. Zu dieser Zeit scheinen die ausgetrockneten
Zellen und Gewebe ihren Wasserbestand wieder aufgefüllt zu haben, ohne dass
der geschädigte Organismus bereits wieder eine Zellneubildung zustande brächte.
Die Behandlung dieser dystrophischen Zustände kann, ähnlich wie bei der akuten
Dyspepsie (s. S. 167), nach kurzer Zeit des Zuwartens durch Zulagen kleiner
Mengen eiweiss- und molkenreicher Nahrung erfolgen.

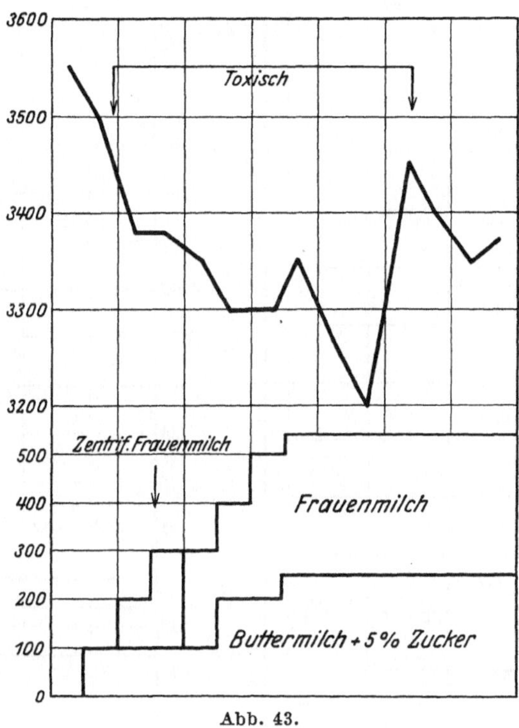

Abb. 43.

5. Erneute Gewichtsstürze, mit stärkerem Durchfall und Trübungen
des Bewusstseins können sich in der ersten und zweiten Krankheitswoche
einstellen, besonders wenn von der bewährten Behandlung durch unvorsichtige
Steigerung der Nahrungszufuhr abgewichen wurde. Diese Störungen erscheinen
am häufigsten bei den Formen der Intoxikation, bei denen ein rascher Anstieg
der Gewichtskurve den anfänglichen Gewichtsstürzen folgt. Der rasche Ausgleich der Exsikkose verursacht eine zu günstige Beurteilung des Gesamt-
zustandes. Die falsche Einschätzung eines Symptoms ist um so bedenklicher,
als ganz besonders in ihrem Ernährungszustand geschädigte und hydrolabile
Kinder diesen schnellen Ausgleich der anfänglichen Wasserverluste aufweisen,
Bei diesen geschädigten Kindern findet aber in der Regel keine ordnungsgemäße
feste Wasserbindung statt, sondern eine ödemähnliche, lockere Wassereinlagerung,
die sehr rasch wieder verloren geht. Erneute Schonungstherapie ist notwendig,
wenn das Bild der Intoxikation wieder erscheint. Gewichtsabnahmen allein, die
das Körpergewicht wieder auf den anfänglichen Stand senken, brauchen dagegen
nicht Veranlassung zu einschneidender Behandlung zu geben.

Die katastrophale Entwicklung einer Intoxikation, die durch alle Mittel nicht verhindert werden kann, zeigt Abb. 46.

6. Einem vollständigen Ausbleiben jeder Gewichtszunahme nach Arretierung der Gewichtsstürze begegnet man bei einem Teil der intoxi-

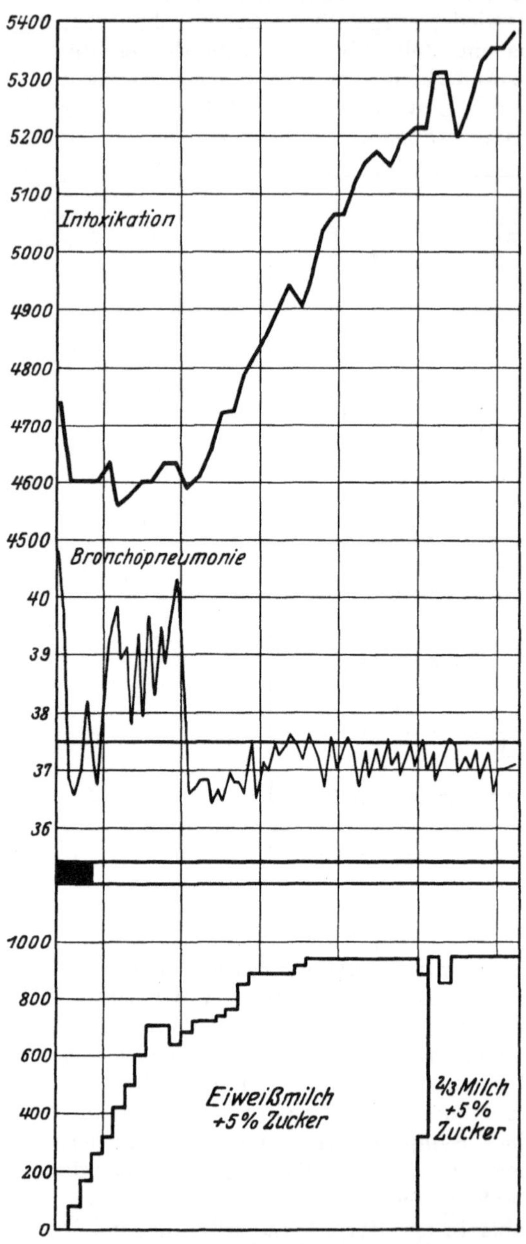

Abb. 44. Mit alimentärer Intoxikation, fünf Monate alt, eingeliefert. Prompte Entfieberung und Gewichtsstillstand und Entgiftung nach Nahrungsentziehung und Ernährung mit kleinen langsam steigenden Nahrungsmengen. Nach drei Tagen erneuter Fieberanstieg, Bronchopneumonie. Erneute Nahrungsentziehung oder Nahrungsbeschränkung ist überflüssig, ja falsch, solange, wie hier, der Infekt nicht zu erneuter Verschlimmerung der toxischen Symptome führt.

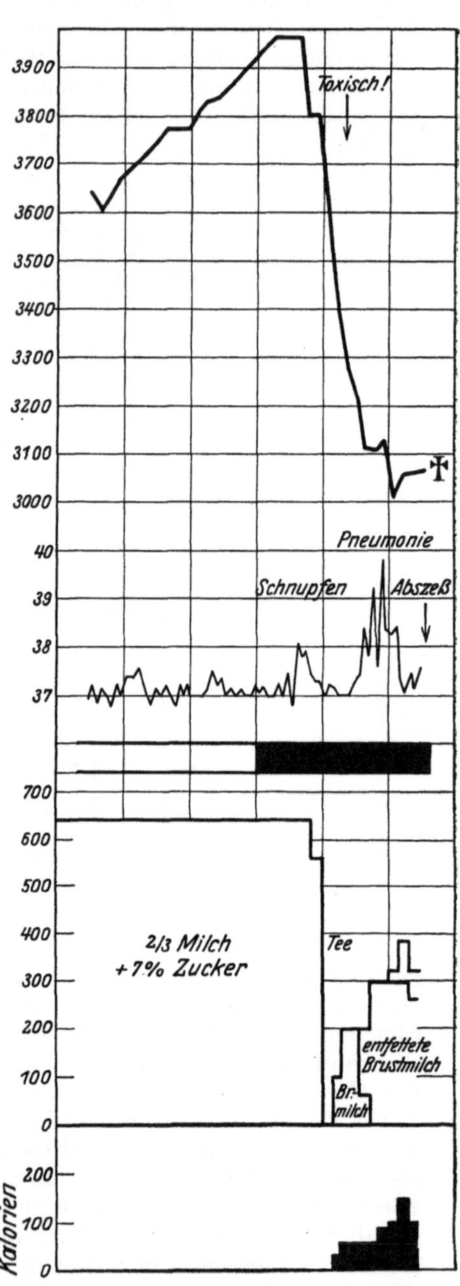

Abb. 45.

Intoxikation. Am Ende der ersten Krankheitswoche Fieber, Pneumonie, Tod als Ausdruck der starken Immunitätssenkung durch Störung und Hunger.

zierten Säuglinge. Bei diesen Kindern entwickelt sich sehr rasch im Anschluss an die Zeit der Gewichtsstürze ein dystrophischer und zuweilen, überraschend schnell, ein atrophischer Zustand. Zulage eiweiss- und molkenreicher Nahrung, besser vielleicht noch Ersatz eines Teiles der künstlichen Nahrung durch Frauenmilch, tägliche Injektionen von Serum und beim älteren Säugling Zufuhr von vitaminhaltiger Nahrung beseitigen zuweilen diese verderbliche, fortschreitende Verschlechterung des Ernährungszustandes.

7. Bei einem Teil der Kinder mit alimentärer Intoxikation kommt es zu unaufhaltsamen Gewichtsstürzen und damit zur fortschreitenden Exsikkose; oder der Gewichtssturz setzt sich soweit fort, dass das Kind innerhalb weniger Tage in einen Zustand schwerster Dekomposition gerät. Erst einmal hier angelangt, bedrohen das Kind die vielfachen Gefahren von seiten der Ernährung und der Infektion, die die Heilungsaussicht bei den dekomponierten Kindern stets gering erscheinen lassen. Nach Tagen oder Wochen kommt es aus geringfügiger Ursache meist zu erneuten Gewichtsstürzen und zu Bewusstseinstrübungen, die auch durch Nahrungsentziehung nicht aufzuheben sind, da ihre Ursache wahrscheinlich eine Selbstvergiftung des Organismus durch Produkte des endogenen Zellzerfalls darstellt.

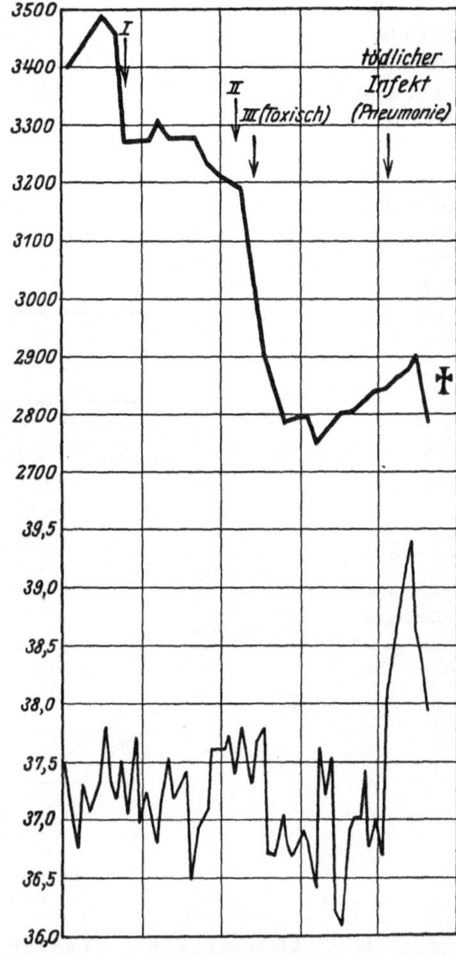

Abb. 46. Alimentäre Intoxikation bei jungem Säugling. Trotz sachgemäßer Behandlung ist ein Gewichtsstillstand nicht zu erzielen. Bei Nahrungssteigerung schweres Rezidiv der Intoxikation das zu neuer Hungertherapie zwingt. Ein Infekt endigt das Leben des Kindes.

II. Störungen durch Infektion.

a) Die parenterale Infektion.

Der Einfluss infektiöser Erkrankungen auf die Funktionen des Organismus ist in keinem Lebensalter so stark ausgeprägt wie in der Säuglingszeit. Die Infektion äussert sich nicht nur in den lokalisierten Erscheinungen einer organgebundenen Erkrankung, sondern sie kann alle Funktionen des Organismus in Mitleidenschaft ziehen. Besonders werden im Gegensatz zum älteren Individuum die für die Entwicklung der Kinder so entscheidenden Ernährungsvorgänge betroffen. Wenn dieser schädigende Einfluss der Infektion auch nicht bei jedem Kinde und bei jeder einzelnen Erkrankung nachzuweisen ist, so muss die Möglichkeit des Eintritts solcher Störungen doch stets in Betracht gezogen und bei der Auswertung des klinischen Bildes sowie bei der Beurteilung einer Störung des Gedeihens, in Rechnung gestellt werden.

Die Vielgestaltigkeit der Auswirkungen des Infektes und ihre wechselseitige Verflechtung machen im einzelnen Falle die Beurteilung der folgenden Krankheitszustände schwierig. Das ergibt sich mit Notwendigkeit aus den ganz verschiedenen Punkten, von denen aus der Infekt den Angriff auf den Organismus eröffnen kann.

Die Auswirkung der Infektion erfolgt in der Hauptsache nach zwei verschiedenen Seiten; einmal steht die Beteiligung der Magendarmvorgänge im\Vordergrund, das andere Mal die Beteiligung des Allgemeinorganismus. Dabei ist die gastrointestinale Störung weitaus die häufigere. Durch folgendes Schema sollen die Folgen, die der Infekt erzeugt, zusammenfassend dargestellt werden.

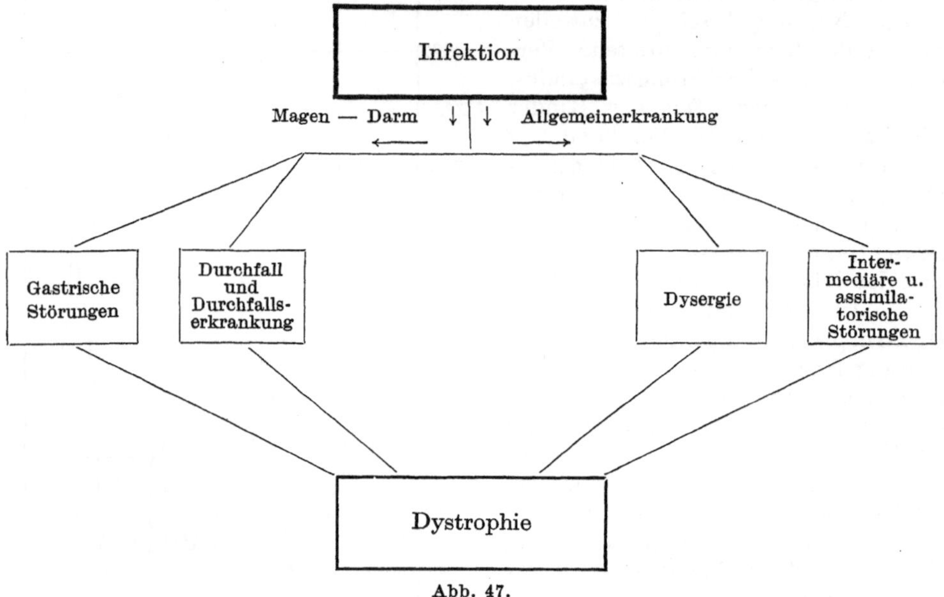

Abb. 47.

1. **Der Infekt löst gastrische Störungen aus:** Speien, Erbrechen, Appetitlosigkeit.
2. **Der Infekt löst Durchfälle oder Durchfallserkrankungen aus.**
3. **Der Infekt löst einen dysergischen Zustand aus.**
4. **Der Infekt löst eine Störung der intermediären und assimilatorischen Stoffwechselvorgänge aus.**

Gastrische Störungen.

Appetitlosigkeit kann im Beginn einer Infektion auftreten und sie lange überdauern. Die Folge einer solchen Anorexie ist ein quantitativer oder qualitativer Hunger, je nachdem, ob die Nahrung insgesamt abgelehnt wird, oder ob die Nahrungsverweigerung nur bestimmte Nährstoffe oder Nahrungsmischungen betrifft. Auch die Stärke der Appetitlosigkeit wird für die Schnelligkeit und die Intensität, mit der es zur Störung des Gedeihens kommt, von entscheidender Bedeutung sein. Während eine vollständige Verweigerung jeglicher Nahrung in kurzer Zeit zu einer schweren Schädigung führt, bringen geringe Grade von Appetitlosigkeit nur sehr allmählich eine Verschlechterung des Ernährungszustandes. Wegen der schleichenden Entwicklung der Störung im Gedeihen sind diese leichten Grade von Appetitlosigkeit, vor allem, wenn sie aus Nachgiebigkeit dem Kinde gegenüber zur Anwendung einer einseitigen Ernährung führen, fast mehr zu fürchten, als die völlige Nahrungsverweigerung, bei der alarmierende Symptome die ungenügende Nahrungsaufnahme leicht kenntlich machen.

Erbrechen fehlt beim Beginn eines Infektes fast niemals, oft dauert es bis zum Ablauf des Infektes an. Die Auswirkung des Erbrechens auf den Allgemeinzustand ist ebenso wechselnd, wie der Einfluss eines infektogenen Durchfalls. Ein Teil der Patienten wird dadurch überhaupt nicht in Mitleidenschaft gezogen; ein anderer Teil leidet allmählich in seinem Ernährungszustand, namentlich dann, wenn das Erbrechen mit Appetitlosigkeit zusammentrifft. Eine Fehlernährung bleibt nicht aus, und so kann es bei ungenügender Beobachtung der gastrischen Erscheinungen zur Dystrophie kommen. Ein letzter glücklicherweise kleiner Teil der Kinder, vor allem am Ende des ersten Lebensjahres, erleidet durch heftigstes, geradezu unstillbares Erbrechen einen akuten Zusammenbruch. Unter Gewichtsstürzen entwickelt sich auch ohne stärkere Durchfälle das Bild der Exsikkose. Die Behandlung wird den drei verschiedenen Graden des Erbrechens anzupassen sein. Im ersten Fall des folgenlosen Erbrechens kann man auf jede Therapie verzichten. Im zweiten wird die Vermeidung der (durch Fehlernährung erzeugten) Dystrophie anzustreben sein (cf. S. 221). Der dritte Fall, die durch das Erbrechen eingeleitete Katastrophe, erfordert alle die Maßnahmen, die bei der Intoxikation beschrieben sind. Lokale Magenspülungen sind neben der Wasserzufuhr auf allen Wegen hier von Nutzen (s. S. 185). Auch auf arzneiliche Therapie des Erbrechens sollte hier nicht verzichtet werden. Bei der nicht selten dabei vorherrschenden Atonie des Magens ist Hypophysin (0,3 dreimal tägl.) eventuell in Kombination mit Atropin oder Adrenalin empfohlen worden (Koenigsberger).

Durchfälle und Durchfallserkrankungen.

Intestinale Störungen, die den Infekt begleiten, stellen ein häufiges Begleitsymptom jeder fieberhaften Erkrankung im Säulingsalter dar. Die Auswirkung der Durchfälle auf den Allgemeinzustand ist aber je nach der Art und der Entstehung des Durchfalls sehr verschieden. Während das eine Mal die Gewichtszunahme fast ungehindert fortschreitet, können bei anderen Patienten schwerste akute Krankheitsbilder mit grossen Einbussen an Körpersubstanz auftreten. Auch bei den harmlos anmutenden, länger dauernden Durchfällen, die sich über die Zeit der Infektion hinaus Tage und Wochen fortsetzen, gehen schliesslich lebenswichtige Stoffe (Salze, Eiweisskörper, Vitamine) verloren, so dass ein völlig eutrophischer Zustand des Organismus nicht mehr gegeben ist.

Die Bedeutung der infektiös bedingten Durchfallserkrankung ist in den letzten Jahren gewachsen, da Störungen ex alimentatione dank den Fortschritten in der künstlichen Ernährung der Säuglinge immer seltener geworden sind. Fast scheint es erlaubt zu sagen, dass heute bei sachgemäßer künstlicher Ernährung Intoxikationen alimentären Ursprunges bereits zu den seltenen Krankheiten des Säuglingsalters gehören. Durchfallserkrankungen ex alimentatione, ohne dass sich gröbere Verstösse gegen die Regeln der künstlichen Ernährung nachweisen lassen, kommen fast nur noch bei den Säuglingen der ersten drei Lebensmonate vor. Jenseits des dritten Lebensmonates sind Dyspepsien und Intoxikationen ex alimentatione so selten, dass zunächst stets nach der infektiösen Ursache der Krankheit gesucht werden sollte. Bei diesem Standpunkt ist von den spezifischen Darminfektionen, wie Ruhr und Typhus, abzusehen, die jedes Lebensalter gleichmäßig betreffen können.

Klinisches Bild. Wenn auch die Durchfallserkrankungen als klinische Einheit bereits Besprechung gefunden haben, so ist doch die infektiöse Ätiologie für Verlauf und Behandlung so ausschlaggebend, dass sie eine besondere und eingehende Darstellung rechtfertigt. Die Stärke der Auswirkung einer Infektion auf die Darmvorgänge durchläuft alle Grade von der geringfügigen, harmlosen Diarrhöe bis zur schwersten akuten Durchfallserkrankung. Die abgeschwächten Ausstrahlungen parenteraler Infektionen auf den Magen-Darmkanal sind in der Praxis weit häufiger als die ernsten gastrointestinalen Begleiterscheinungen der Infektion. So häufig finden sich diese geringfügigen Formen der Mitbeteiligung des Magen-Darmkanals am Infekt, dass bei jedem Versuch, die Ursache einer Diarrhöe zu klären, in erster Linie an das Vorliegen einer Infektion zu denken ist. Dieser Gedanke muss um so näher liegen, je besser bisher die Entwicklung war und je mehr Verstösse gegen die Ernährungstechnik auszuschliessen sind. Freilich ist der Nachweis der Infektion nicht immer leicht. Bevor irgend eine Erscheinung vom Infekt wahrnehmbar wird, kommt es bereits zum Erbrechen und zum Durchfall, Krankheitserscheinungen, die dann nicht selten auf eine alimentäre Ursache zurückgeführt werden.

Auch bei den infektiös bedingten Durchfällen sind zwei Stufen zu unterscheiden. Die Dyspepsie ist harmlos, solange alle Erscheinungen allgemeiner Art fehlen: die blasse bis graue Hautfarbe, der starke Gewichtsverlust und die Austrocknung der Haut. Die Dyspepsie wird zu einer ernsten Erkrankung, die nicht anders als eine alimentäre Störung zu werten ist, wenn die genannten Erscheinungen hinzutreten. Welche Erscheinungen erlauben nun, die infektiöse Natur einer Durchfallserkrankung zu erkennen?

Der Krankheitsbeginn ist stets plötzlich und überraschend. Auch gut gedeihende, ja selbst sicher eutrophische Kinder werden von der Erkrankung befallen, im Gegensatz zu allen Störungen ex alimentatione, bei denen ein geschädigter Ernährungszustand in der Regel die Grundlage des Krankwerdens bildet. Schwerere gastrische Erscheinungen, Speien und Erbrechen von besonderer Stärke, leiten häufig die infektiös bedingte Durchfallserkrankung ein und begleiten sie in ihrem Verlauf, ja sie stehen bisweilen ganz im Vordergrund des klinischen Bildes. Auch die Appetitlosigkeit ist meistens ausgesprochener als bei gleich schweren alimentär bedingten Störungen. Bei den Durchfallserkrankungen nach parenteralen Infektionen besteht meist ein Missverhältnis zwischen der Höhe des Fiebers, der Grösse der Gewichtsabnahme und der Intensität der Darmerscheinungen. Hohes Fieber von etwa 39 bis 40⁰ bei einer Gewichtsabnahme von nur 100—250 g beim älteren Säugling spricht für eine infektiöse Genese der Störung; Durchfälle, die erst einsetzen, nachdem bereits einige Tage hohes Fieber bestanden hat, oder die Entleerung von drei bis fünf dünnbreiigen Stühlen bei hochfieberhaften Temperaturen können gleichfalls als Zeichen für die infektiöse Genese der vorliegenden Störung angesehen werden. Und schliesslich wird in jedem Falle versucht werden müssen, durch den Nachweis des parenteral gelegenen infektiösen Krankheitsherdes (Schnupfen, bronchopneumonischer Herd, Pyurie usw.) die infektiöse Entstehung der Krankheit sicherzustellen. Dieser Nachweis besitzt aber nur dann als Stütze für die infektiöse Genese der Störung entscheidende Bedeutung, wenn er in den ersten Krankheitstagen geführt wird. Denn es wurde bereits darauf hingewiesen, dass sich auch bei den alimentär bedingten Durchfallserkrankungen im geschädigten Organismus sehr bald und sehr häufig Infektionen mannigfacher Art einstellen können, die sekundär den Ablauf der Erkrankung stören, die aber nicht Ursache der Durchfallserkrankung selbst sind.

Die wesentlichsten differentialdiagnostischen Merkmale zwischen in fektiöser und alimentärer Erkrankung seien noch einmal zusammen gestellt.

		infektiös bedingt	alimentär bedingt
im Beginn	Krankheitseintritt	plötzlich ohne dyspeptisch. Vorstadium	allmählich (Schwinden des Appetites, leichte Durchfälle, Erblassen)
	Temperatur	hoch im Vergleich zu den Allgemeinerscheinungen	geringfügig oder doch nur bei schwerster Allgemeinstörung
	gastrische Erscheinungen	stets vorhanden, oft sehr heftig	zurücktretend
im Verlauf	Reaktion auf Nahrungsent- ziehung	keine Entfieberung	Entfieberung
	Spontane Besserung	möglich	nur bei leichten Formen möglich

Alle diese Merkmale der infektiös bedingten Durchfallserkrankungen werden, das muss zugegeben werden, oft nicht ausreichen, um am Krankenbette eine Störung ex alimentatione von einer Störung ex infectione zu unterscheiden. Bestehen Zweifel über die Ätiologie der vorliegenden Erkrankung, so sollte stets nach der Seite der geringeren Gefahr entschieden und die Therapie entsprechend einer Erkrankung ex alimentatione eingeleitet werden. Eine Klärung bringt nicht selten erst der weitere Verlauf der Krankheit. So erlaubt die Reaktion auf Nahrungsentziehung bis zu einem gewissen Grade, die Störungen ex infectione von den Störungen ex alimentatione abzugrenzen. Bis vor kurzem schien es sogar möglich, ganz klar zu unterscheiden: alle Symptome, die durch Nahrungsentziehung beeinflusst werden, sind alimentär be dingt; Nichtbeeinflussbarkeit der Krankheitszeichen durch Ausschaltung der Nahrung spricht für eine infektiöse Genese. Nun gibt es aber sicherlich infektiös verursachtes Fieber ohne erkennbaren alimentären Einschlag, das ebenso wie das alimentäre Fieber auf ausschliessliche Wasser- oder Zuckerwasserzufuhr sinkt. Eine Deutung dieses zunächst überraschenden Einflusses der Nahrungs entziehung auf die Auswirkung eines infektiösen Prozesses liefert die Betrachtung des Wasserstoffwechsels.

Der fiebernde Organismus, der, wie die Einschränkung der Diurese im Fieber lehrt, an sich schon Wasser einsparen muss, wird besonders leicht in einen Durstzustand geraten, wenn er eiweissreich ernährt wird, während das zur Verfügung stehende Wasser von den im Fieber stärker quellenden Geweben festgehalten wird (s. Abb. 48). Es kommt dadurch zum relativen Durstzustand, der behoben wird, wenn Wasser in grösseren Mengen, wie die praktische Erfahrung lehrt, mit besonderem Vorteil in Form von Zuckerwasser, bei gleich zeitiger Ausschaltung des Eiweisses gereicht wird. Als Zeichen für die Beseitigung des inneren Durstes kommt es zu einem Ansteigen der stockenden Diurese. Der innere Durst war, wie bei Besprechung der akuten Durchfallserkrankungen dargelegt wurde, auch für die Genese des alimentären Fiebers von besonderer Bedeutung. Der Zelldurst kann somit die Brücke darstellen, auf der sich alimentär bedingtes Fieber und infektiöses Fieber in ihrer Beeinflussbarkeit durch Wasserzufuhr treffen.

Für die Praxis ist jedenfalls die Erfahrung, dass es gelingt, einen Teil der mit **Fieber einhergehenden Infektionen durch Zufuhr von hochprozentigen Zuckerlösungen** bei Ausschaltung der übrigen Nahrung in

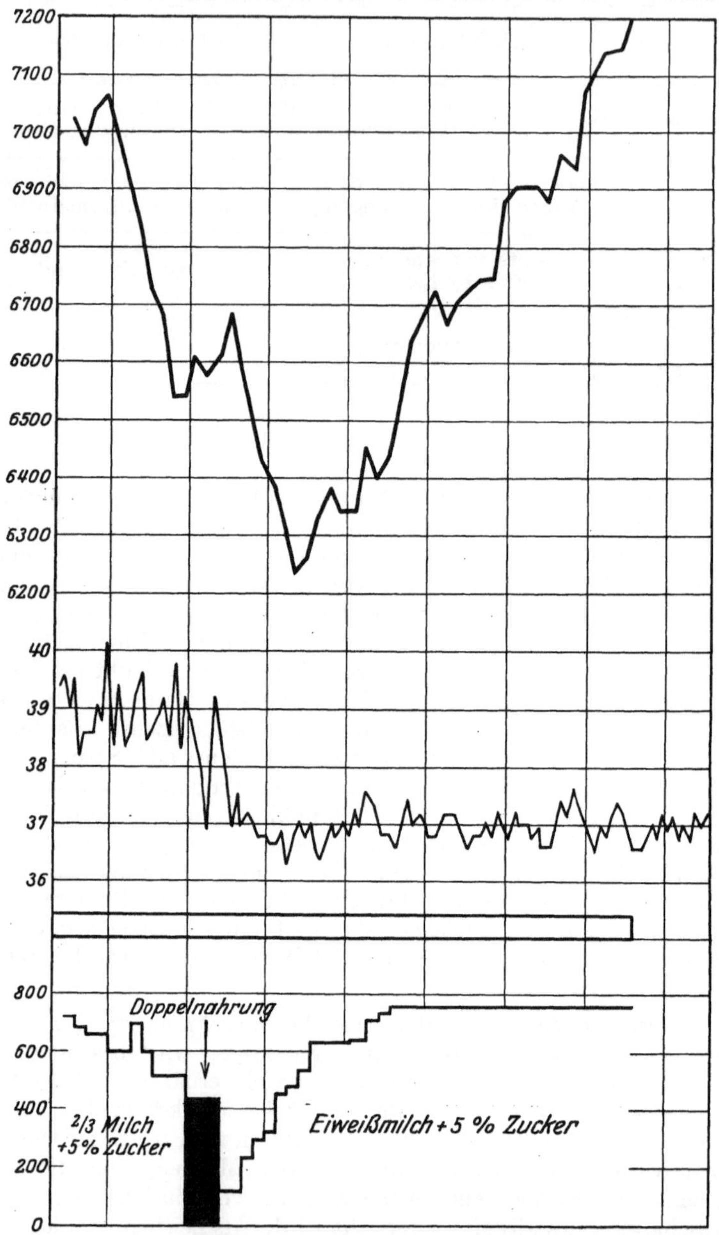

Abb. 48. Acht Monate alt, erkrankt an einer akuten Naso-pharyngitis. Trotz leidlicher Nahrungsaufnahme beginnt das Gewicht zu fallen, ohne dass Durchfälle vorhanden sind. Da die Trinklust des Kindes nachlässt wird zu einer Doppelnahrung übergegangen. Dabei kommt es zu geringen anfänglichen Gewichtszunahmen, dann zu erneuten Abnahmen bei hohem Fieber. Da das Allgemeinbefinden den Verdacht auf eine alimentäre Störung erweckt, wird die Nahrung ausgeschaltet; Teepause, kleine langsam steigende Mengen Eiweissmilch. Danach sofort Entfieberung, rosiges Aussehen des Kindes und baldige Gewichtszunahme. (Die anfänglichen Abnahmen sind durch das zu geringe Kohlenhydratangebot zu erklären.) Wichtig: Alimentäre Schädigung durch eiweissreiche, konzentrierte Kost bei einem akuten Infekt bei fehlenden Durchfällen.

ihrem Ablauf zu bessern und zur Entfieberung zu bringen, von Bedeutung. Diese Beeinflussung wird nicht bei jedem Fieber möglich sein, sondern
nur da, wo im klinischen Verlauf gewisse Zeichen der Allgemeinstörung auf einen
Wassermangel hindeuten. Diese Anzeichen sind häufig nur gering und schwer
zu finden. Gleichzeitig darf aus diesen Erfahrungen die Warnung herausgelesen
werden, hochfieberhafte Patienten nur unter grosser Vorsicht forciert zu ernähren.
Besonders sind konzentrierte Mischungen, die meist auch eiweissreich sind,
wegen der zu starken Beanspruchung des Wasserbedarfs zur Ernährung fiebernder
Kinder wenig geeignet. —

Auch in der Tendenz zur Heilung unterscheiden sich die Durchfallserkrankungen ex infectione von denen ex alimentatione. Die alimentär bedingten Störungen tragen, wenn sie nicht ganz zweckmäßig behandelt werden,
in sich die Neigung zur Verschlimmerung. Die infektiös bedingten Durchfallserkrankungen neigen dagegen eher, auch ohne therapeutischen Eingriff, zur
spontanen Besserung, wenn nur die auslösende Infektion allmählich
abklingt. Aus dieser Erfahrung ergibt sich die Berechtigung, vor allem bei den
infektiös bedingten Dyspepsien, in der Behandlung Zurückhaltung zu üben.

Ätiologie und Pathogenese. Nicht alle Infektionen üben in gleicher
Häufigkeit einen schädigenden Einfluss auf die Verdauungsvorgänge aus. In erster
Linie sind es die sogenannten grippalen Infektionen, vom Schnupfen bis zur
Pneumonie, die mit der grössten Regelmäßigkeit von Durchfällen begleitet sind.
Nur wenig anders verhalten sich die Erkrankungen der Harnwege. Das ist
wichtig, weil die Pyurie nicht selten zunächst verkannt wird, wenn sie das Bild
einer Dyspepsie oder einer Intoxikation vortäuscht. Viel seltener als diese
Erkrankungen beteiligen die Affektionen des Hautorgans und der Knochen den
Magen-Darmkanal. Erysipele, Phlegmonen, Osteomyelitis u. ä. sind selten von
Durchfällen begleitet. Selbst schwere, hochfieberhafte Erkrankungen dieser Art
verlaufen ohne Störungen der Darmtätigkeit, ein Zeichen, dass nicht die Höhe des
Fiebers und die Schwere der Krankheit an sich die Veränderungen der Magen-
Darmfunktionen bedingen.

So sicher und eindeutig sich die Zusammenhänge zwischen parenteraler
Infektion und akuter Durchfallserkrankung für die klinische Betrachtung immer
wieder darstellen, so schwierig ist es, die Brücke zum Verständnis zwischen
Ursache und Wirkung zu schlagen. An welcher Stelle liegt der Angriffspunkt,
an dem die durch die Infektion gesetzte Veränderung im Organismus auf die
Verdauungsvorgänge reflektiert? Handelt es sich um eine zentral angreifende
Störung, oder wird lokal der Darm auf irgendeine Weise geschädigt? Kommt es
direkt zu einer Störung der Peristaltik und damit sekundär zu den Veränderungen
im Verdauungsmechanismus, wie sie die Voraussetzung für die Entstehung einer
akuten Durchfallserkrankung sind, oder wird vom Infekt und vom Fieber primär
die Absonderung der Verdauungssäfte und die Fähigkeit zur Bakterienregulation
geschädigt und so die Vorbedingung der akuten Dyspepsie geschaffen; oder
ist es schliesslich eine Leberschädigung, die der Infekt primär auslöst und die
zur Ursache der akuten Erkrankung im Stoffwechsel und im Darm wird?
Mancherlei scheint dafür zu sprechen, dass es eine zentral nervöse Störung ist,
die zur Ursache der parenteral bedingten Durchfallserkrankungen wird. Die
besondere Einstellung des vegetativen Systems beim Säugling dürfte dabei von
entscheidender Bedeutung sein. Denn im Gegensatz zum vagotonisch stigma-
tisierten Säugling, bei dem es nur einer geringen Steigerung des Tonus im
parasympathischen System bedarf, um Durchfall auszulösen, reagiert ja das
ältere Kind und der Erwachsene, deren Vagustonus geringer ist, auf eine parenterale
Infektion nicht mit Durchfall, sondern im Gegenteil häufiger mit Verstopfung.
Aber selbst unter dieser Voraussetzung, die zunächst nur die Beschleunigung

der Peristaltik erklären könnte, fehlen hier ebenso wie bei den alimentär bedingten Dyspepsien und Intoxikationen alle sicher begründeten Kenntnisse über die Geschehnisse und Veränderungen, die gegeben sein müssen, wenn es zur Bakterienbesiedlung des Dünndarmes kommen soll, die hier wie dort eintreten muss, wenn sich das klinische Bild einer akuten Durchfallserkrankung entwickeln soll.

Die **Therapie** kann nach dem bisher Besprochenen kurz gefasst werden. Solange der den Infekt begleitende Durchfall als einziges krankhaftes Symptom von seiten des Ernährungsablaufs besteht, wird man sich a b w a r t e n d verhalten können. Das gilt vor allem für das natürlich ernährte Kind, bei dem Gewichtsabnahmen, Durchfälle, Erbrechen, schlechtes Aussehen in der Regel schwinden, wenn nach drei bis vier Tagen die auslösende Infektion abgeklungen ist. Aber auch beim unnatürlich ernährten Kinde gestattet selbst das voll entwickelte Bild der akuten Dyspepsie ein Zuwarten, wenn nur die Sicherheit besteht, dass ein infektiöser Prozess der Erkrankung zugrunde liegt (s. Abb. 51). Zu einem solchen Abwarten gehört zuweilen Mut, wenn die Erscheinungen von seiten des Darmes sehr heftig sind, oder wenn, wie es bei den hydrolabilen Kindern nicht selten ist, grosse Gewichtsstürze die Erkrankung begleiten. Der Entschluss, therapeutisch Zurückhaltung zu üben, wird aber zuweilen Lebensrettung bedeuten. Man denke an die atrophischen Kinder, bei denen infektiös bedingte Durchfälle besonders häufig sind, und bei denen wiederholter Hunger und Schonungstherapie lebensbedrohende Schädigung für das Kind bedeuten; oder man denke an die hydrolabilen Kinder, die auf geringfügige Infektionen bereits mit schweren Gewichtsstürzen reagieren, und bei denen eine immer wieder geübte Schonungstherapie binnen kurzem den Ernährungszustand zur Atrophie verschlechtern würde. Der Verzicht auf einschneidende therapeutische Maßnahmen wird in der Praxis

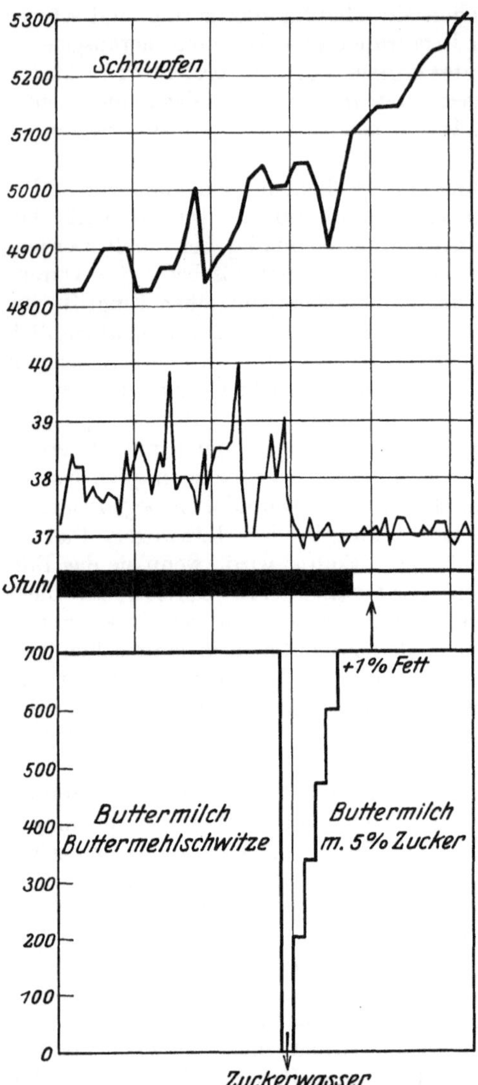

Abb. 49. Drei Monate alter Säugling, erkrankt an Schnupfen in dessen Verlauf es zu Gewichtsabnahmen und Verschlechterung des Allgemeinbefindens kommt. Das Fieber zieht sich dabei auch weit über die übliche Zeit von 3—5 Tagen hin, die ein grippales Fieber (Schnupfenfieber) dauert. Dieser Symptomenkomplex (Gewichtsabnahmen, schlechtes Allgemeinbefinden und Fieber) erweckt den Verdacht einer alimentären Störung oder zum mindesten den Verdacht eines Anteils alimentärer Störungen am Krankheitsbilde, deshalb 24 Stunden 15% Zuckerwasser. Der Erfolg der Therapie bestätigt den Verdacht: Sofort Entfieberung, rasche Besserung des Allgemeinbefindens und bald stetige Gewichtszunahme. Es wäre ein verderblicher Irrtum gewesen, alle krankhaften Erscheinungen als direkte Zeichen der anfänglich eindeutig vorhandenen grippalen Infektion zu deuten. Fortsetzung der Ernährung hätte sicher binnen kurzem schwerste Ernährungsstörung hervorgerufen.

nicht selten auf wenig Verständnis bei den Angehörigen des Patienten stossen. Erst der Eintritt der Zeichen akuter Durchfallserkrankung erheischt

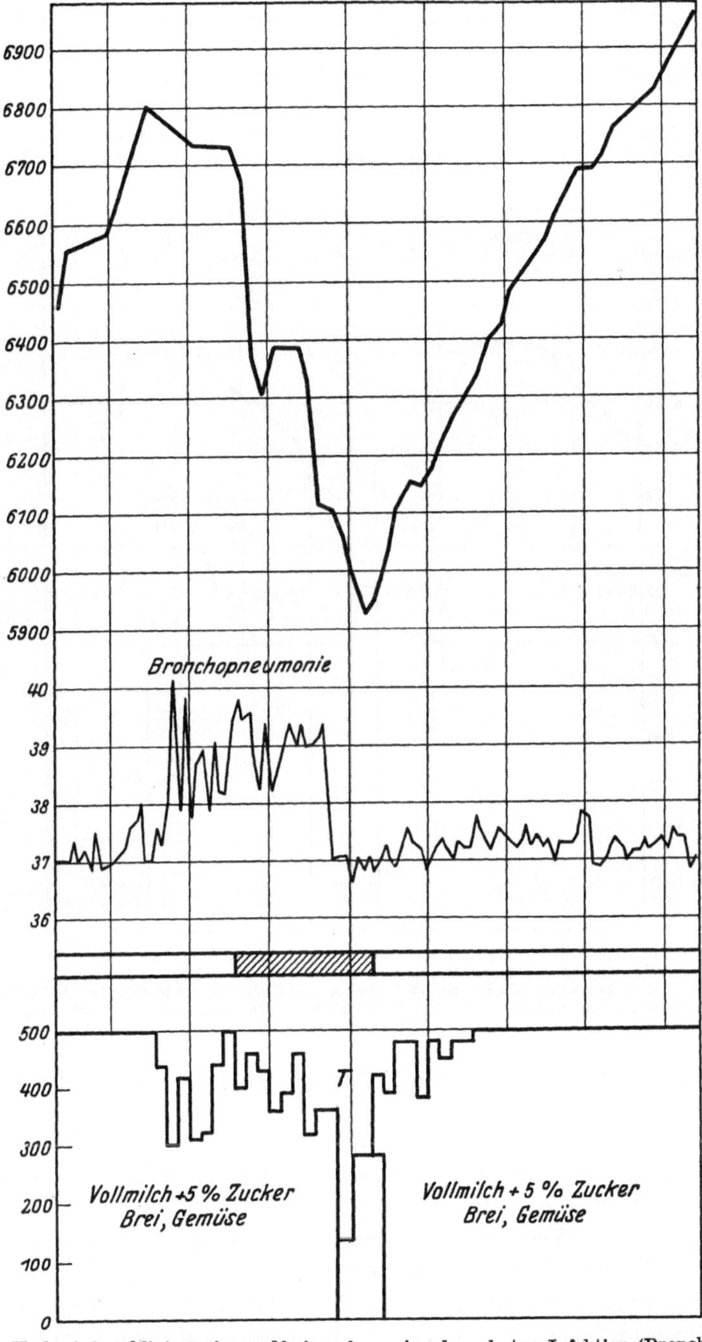

Abb. 50. Im Verlauf einer klinisch einwandfrei nachzuweisenden akuten Infektion (Bronchopneumonie) erfolgt etwa am achten Krankheitstage ein akuter Gewichtssturz, der als Folge der schlechten Nahrungsaufnahme, des wiederholten Erbrechens, des Fiebers gedeutet werden konnte, um so mehr als stärkere Durchfälle nicht bestanden. Der Irrtum wird durch den Erfolg der Behandlung bewiesen; nach vorübergehender Entziehung und Reduktion der Nahrung erfolgt nicht nur Gewichtsstillstand und Aufhören des Erbrechens, sondern es kommt auch zur kritischen Entfieberung.

ein Eingreifen in die Diätetik. Zweifelt man, ob der Infektion oder der Alimentation der entscheidende Anteil an der Störung zuzumessen ist, so gibt der vorübergehende Ersatz der Nahrung durch Zuckerwasser (15% Nährzucker, 500—700 g pro Tag) die Möglichkeit zu erkennen, wie weit der Stoffwechsel in Mitleidenschaft gezogen ist. Entfieberung oder zum mindesten Rückgang des Fiebers muss im Sinne einer inneren Wasserverknappung gedeutet werden (s. Abb. 49). Ist Fieberabfall nach Zuckerwasser erzielt, dann sollte eine weitere Belastung durch grössere Nahrungsmengen vermieden und im Sinne der Schonungstherapie langsam steigende Nahrungsmengen unter entsprechender Verringerung

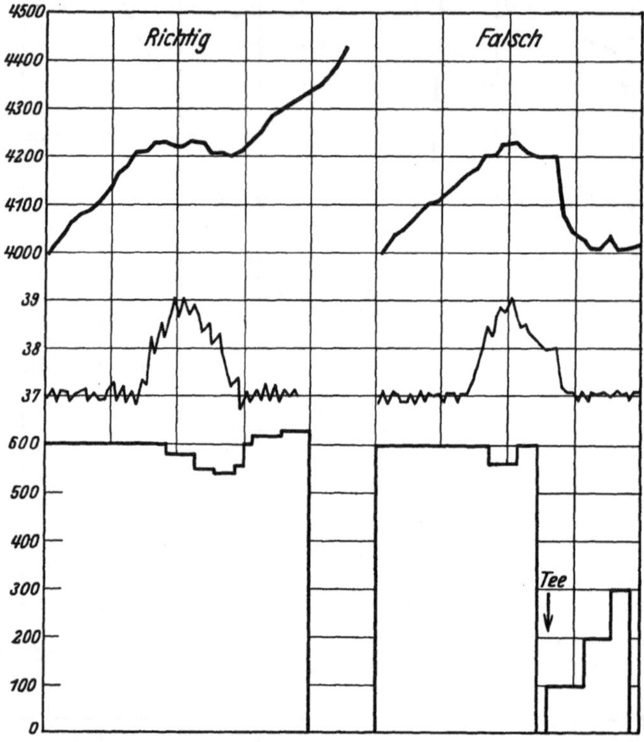

Abb. 51. R i c h t i g: Bei einem einwandfreien Infekt ohne stärkere Durchfälle und ohne Gewichtsabnahme wird die Ernährungsweise nicht verändert. Rasche Erholung und Gewichtszunahme nach der Überwindung des Infekts. F a l s c h: Bei einem ganz gleich verlaufenden Infekt wird ohne Notwendigkeit die Nahrung entzogen. Starke Gewichtsabnahme und langsame Erholung nach seiner Überwindung.

des Zuckerwassers zugeführt werden. Das Vorgehen im einzelnen gestaltet sich wie folgt:

1. Tag: 500—700 g 15 % Nährzuckerlösung.

2. Tag: Verminderung der Zuckerlösung auf etwa 300 g, Ersatz durch eine Heilnahrung, etwa 200 g Buttermilch mit 5 % Zucker.

3. Tag: Weitere Verminderung des Zuckerwassers auf etwa 100—200 g, Vermehrung der Heilnahrung auf 300—400 g.

4. Tag: Verzicht auf Zuckerwaser, 500—600 g der Heilnahrung.

Bei allen klar liegenden Formen der Durchfallserkrankungen bei Infektionen wird nicht anders, als wie bei den entsprechenden alimentären Störungen vorgegangen werden müssen. Komplikationen erwuchsen dabei nicht selten durch die starke gastrische Reaktion des infektionskranken Kindes, besonders im zweiten

Lebenshalbjahr. Die notwendige Wasserzufuhr scheitert an dem unstillbaren Erbrechen des Kindes; in diesen Fällen ist die parenterale Wasserzufuhr von besonderer Wichtigkeit.

Aber auch die Einleitung einer Behandlung, wie sie für die alimentär bedingte akute Dyspepsie üblich ist, wird nicht selten Enttäuschungen bereiten (s. Abb. 53). Die Sicherheit, mit der die Heilung der alimentären Durchfallserkrankung im Augenblick der Nahrungsentziehung einsetzt, fehlt bei der Dyspepsie

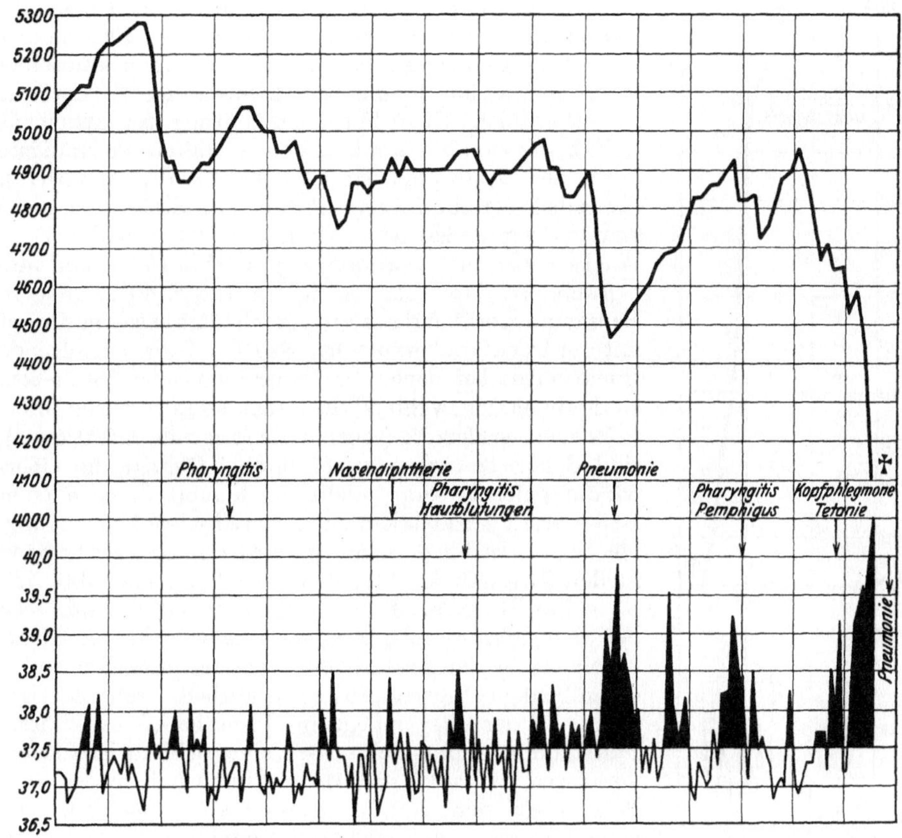

Abb. 52. Steigende Infektionen. (Dysergie), Folge: Dystrophisierung und schliesslich Tod an Pneumonie.

ex infectione. Unverändert dauern die Durchfälle, das Erbrechen, die Gewichtsabnahmen, vielleicht auch das Fieber zunächst an. Angesichts eines solchen refraktären Verhaltens ist es wichtig, dann jede überflüssige Fortsetzung der Hungerbehandlung zu vermeiden, denn auch ein tagelang fortgesetzter Hunger würde, solange die Infektion andauert, die Erscheinungen der Durchfallserkrankung nicht zum Schwinden bringen. Das Wissen um diese verzögerte Heilung der infektiösen Durchfallserkrankungen scheint von besonderer Wichtigkeit, wenn sich die Erscheinungen der Intoxikation im Krankheitsbilde entwickelt haben.

Der dysergische Zustand.

Jeder Infekt bedeutet eine Schädigung des gesamten Organismus. Deutlich erkennt man diese ungünstige Wirkung an der Resistenzsenkung, die dem Infekt folgt. So wird jeder Infekt, namentlich beim dystrophischen Kind, zum Schrittmacher des nächsten. Der Weg, der im Anschluss an die erste Infektion zum Verderb des Kindes eingeschlagen wird, nimmt meist folgenden Verlauf: die erste Infektion bedingt durch die sie begleitende Appetitlosigkeit, durch Durchfälle, durch „inneren Hunger" usw. einen Hungerzustand, der zur Dystrophie führt. Auf dem Boden der Dystrophie erwächst die Dysergie, und in ihr liegen wiederum die Wurzeln zu neuen verderblichen Infekten, von denen jeder das Kind weiter und schwerer in seinem Gedeihen schädigt. Das Ineinandergreifen von Infektion und Unterminierung des Ernährungszustandes findet seinen klinischen Ausdruck in den Krankengeschichten der Kinder mit Infekthäufung. Diese Form der Störung des Gedeihens stellt heute zum mindesten in den Anstalten die häufigste Form der Dystrophie dar (Anstalts-Dystrophie), die selbst bei sorgfältiger Pflege und Ernährung nicht ganz zu vermeiden ist. Klinisch findet sich dabei ein Wachsen der Infektion in bezug auf ihre Dauer und ihre Schwere, so dass von Mal zu Mal das Kind in grössere Bedrängnis gerät und schwerer geschädigt aus dem Kampf mit der Infektion hervorgeht. Rasch aufeinanderfolgende Infektionen, bei denen die Dauer und Höhe des Fiebers stetig zunehmen, während die Dauer des fieberfreien Intervalls sich verkleinert (sogenannte steigende Infektionen), sind daher besonders zu fürchten. Gelingt die Überwindung der Dysergie nicht, so kommt es nach einer Reihe von Fieberattaken zu einer tödlichen Erkrankung, die bei vielen Kindern bereits einsetzt, bevor das Kind in den Zustand der Atrophie verfallen ist (s. Abb. 52).

Die Bekämpfung der Dysergie kann von der Beobachtung ausgehen, dass diese Form des Nichtgedeihens in der Anstaltspflege bei der grösseren Wahrscheinlichkeit Infektionen zu erwerben, weit häufiger ist als in der Einzelpflege im Privathaus. Aus dieser Feststellung ergibt sich, dass, eine richtige Ernährung vorausgesetzt, auch die Anstalt versuchen muss, nach Möglichkeit den Krankheitsanfall zu vermeiden. Das gelingt durch eine möglichst weitgehende persönliche Isolierung jedes Kindes. Diese Forderung einer strengen Absonderung sollte zum mindesten bei den Kindern durchgeführt werden, die auch nur zwei Infekte kurz hintereinander durchmachen und damit den Verdacht erwecken, im Beginn eines dysergischen Zustandes zu stehen. Für solche Kinder sollte in Anstalten die Möglichkeit gegeben sein, eine Sonderpflege durchzuführen, der sich die erfahrensten Pflegerinnen zu widmen haben. Nur durch Vermeidung jedes neuen Krankheitsanfalles ist eine Erholung der bereits geschädigten Ernährungsvorgänge und eine Wiederherstellung der beeinträchtigten Immunität möglich. Dabei ist der Wiederaufbau der verringerten Immunität der schwierigere Teil der Aufgabe, da eine Anzahl dieser Kinder trotz weitgehender Isolierung zunächst durch „endogene Reinfektionen" immer wieder geschädigt werden. Erst wenn

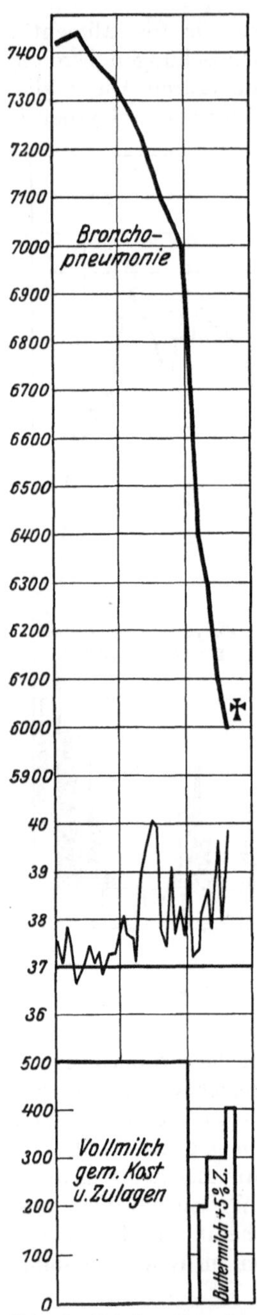

Abb. 53. Bei einer Bronchopneumonie kommt es zu starker Gewichtsabnahme, Erbrechen und Durchfällen. Trotz Nahrungsentziehung und Schonungskost unaufhaltsamer Gewichtssturz und Tod.

es gelingt, eine längere infektionsfreie Zeit zu erreichen, kann mit einem Abschluss der Dysergie gerechnet werden. Zur Hebung der Immunität können **Bluttransfusionen** beitragen, die in etwa wöchentlichen Intervallen je nach dem Grade der Dysergie intramuskulär oder, wenn es gilt rasche Erfolge zu erzielen, intravenös gegeben werden. Ähnlich, wenn auch weniger sicher, wirken tägliche intramuskuläre Injektionen von 1—2 ccm eines **Rinder-** oder **Pferdeserums.** Unwirksam in bezug auf die Immunitätshebung scheinen dagegen Bestrahlungen mit der Quecksilberdampflampe zu sein. Bei der Ernährung dysergischer Kinder ist es wesentlich, in jedem Falle in der kompletten Kost die Vitaminzufuhr möglichst hoch anzusetzen, da der Infekt nicht nur von diesen Stoffen besonders viel verbraucht, sondern auch der sich wieder aufbauende Organismus nach dieser Richtung einen sehr hohen Bedarf aufweist.

Intermediäre und assimilatorische Störungen.

Die Folgen einer Infektion für den Gesamtstoffwechsel und für den Aufbau jeder einzelnen Körperzelle sind noch am wenigsten geklärt. Durch Untersuchungen des Gesamtstoffwechsels konnten Veränderungen nachgewiesen werden, die es verständlich machen, weshalb der Ansatz beim Infekt gestört ist. Der Stoffwechsel des Eiweisses, der Aminosäuren und der Salze ist im Fieber, wie vor allem Birk nachgewiesen hat, vielfach beeinträchtigt. Dabei scheinen aber die ätiologisch verschiedenen Infektionen auch verschiedene Veränderungen nach sich zu ziehen. Es ist weiter bekannt, dass der Infekt im Blutserum chemische und biologische Veränderungen verursacht, die ganz ähnlich auch für das Eiweiss jeder einzelnen Körperzelle angenommen werden dürfen. Über die Entstehungsmechanismen dieser Veränderungen des Gesamtorganismus, unter dem Einfluss einer Infektion ist aber vorerst kaum etwas bekannt.[1])

Nur zwei Tatsachen lassen sich aus den Erfahrungen am Krankenbett ableiten. Nach der Überwindung des Infekts ist der Bedarf an Kohlenhydraten und an Vitaminen höher als in normalen Zeiten. Bei der gleichen Nahrung, bei der das Kind vor dem Infekt gutes Gedeihen gezeigt hat, ergibt sich jetzt ein Gewichtsstillstand bei normalen Stühlen und fehlenden gastrischen Erscheinungen. Durch eine Steigerung der Kohlenhydratzulagen bis auf 10% kann eine Gewichtszunahme wieder erreicht werden. Worauf der Mehrbedarf an Kohlenhydrat nach Ablauf der Infektion beruht, ist noch ungeklärt. Ganz ähnlich wirkt der Infekt auf den Vitaminbedarf. Eine grössere Menge von Obstsäften (50—100 g) ist nach der Infektion notwendig. Dabei muss es offengelassen werden, ob der Infekt den Vitaminumsatz erhöht oder ob der Vitaminstoffwechsel durch den Infekt eine Schädigung erleidet. Diese Erfahrungen sind dort besonders wichtig, wo Infektionen sich häufen und Züge des Skorbuts im Krankheitsbilde erscheinen.

b) Enterale Infektionen.

Wenn den Durchfallserkrankungen auf Grund spezifischer Infektionen an dieser Stelle ein Platz eingeräumt wird, so mögen zwei Umstände hierfür die Berechtigung abgeben: einmal erscheinen spezifisch-infektiöse Darmerkrankungen, wie die Ruhr oder der Typhus, in ihren verschiedenen Spielarten im Säuglingsalter nur selten in der bekannten klassischen Form, in der sich diese Erkrankungen in den Lehrbüchern der Pathologie des Erwachsenen aufgezeichnet

---

[1]) Die Möglichkeit einer direkten Schädigung der Zellen durch Toxine, oder einer indirekten Schädigung durch Funktionsstörung lebenswichtiger Organe (z. B. der Leber) oder eines Ausfalls wichtiger Nährstoffe, die im Infekt mehr verbraucht oder nicht gebildet werden, ist diskutiert worden.

finden; vielmehr verbergen sich diese durch wohl charakterisierte Erreger hervorgerufenen Erkrankungen im Säuglingsalter nicht selten hinter der Maske einer akuten oder subakuten Durchfallserkrankung. Erst die bakteriologische Untersuchung des Stuhles oder noch häufiger das Auftreten und der Nachweis von spezifisch eingestellten Agglutininen mit hohem Titer im Serum enthüllt eine Durchfallserkrankung vom Charakter der akuten Dyspepsie oder der alimentären Intoxikation als echte Ruhr oder als Paratyphus. Dabei können gelegentlich geringfügige Merkmale, wie ein einzelner blutiger Stuhl, reichliche Schleimbeimengungen, vielleicht auch einmal das Verhalten der Fieberkurve oder das Auftreten einer geringfügigen Milzschwellung den Verdacht in der Richtung der einen oder der anderen infektiösen Darmerkrankung lenken. Ein anderes Mal fehlen selbst diese Hinweissymptome und nur eine zufällig ausgeführte bakteriologische oder serologische Untersuchung, oder ein Zusammenhang mit ausgesprocheneren Krankheitsbildern deckt die wahre Natur der Erkrankung auf. Der zweite Grund, der es erlaubt, die spezifisch-infektiösen Darmerkrankungen an dieser Stelle abzuhandeln, ergibt sich aus der Behandlung dieser Erkrankungen im Säuglingsalter. Für das junge Kind steht die diätetische Behandlung von Ruhr und Paratyphus durchaus im Vordergrund. Die Methoden der Behandlung gründen sich dabei auf die bei der Behandlung der aspezifischen Durchfallserkrankungen gesammelten Erfahrungen, und nur in wenigen Punkten ergeben sich aus der Erkenntnis einer spezifischen Darminfektion besondere Maßnahmen im Heilplane.

Von den spezifischen infektiösen Darmerkrankungen sind für das erste Lebensjahr lediglich Ruhr und Paratyphus von grösserer praktischer Bedeutung. Erkrankungen an Typhus abdominalis sind dagegen weit seltener und meist von leichtem Verlauf. Die folgende Darstellung kann sich daher auf die Beschreibung der Klinik und Therapie der Ruhr und des Paratyphus beschränken, wobei es im Säuglingsalter anscheinend noch mehr als beim Erwachsenen nur von sekundärer Bedeutung ist, welcher besondere Stamm der grossen Familien der Ruhrerreger oder der Erreger des Paratyphus im einzelnen Falle für die Krankheitsentstehung verantwortlich zu machen ist.

Die Ruhr.

Die Ruhrerkrankungen, die mit dem Eindringen der Ruhrepidemien während und kurze Zeit nach den Kriegsjahren auch im Säuglingsalter nicht unbeträchtlich angestiegen waren, haben mit dem Schwinden der Ruhr in der Gesamtbevölkerung auch im ersten Lebensjahre an Zahl wieder beträchtlich abgenommen. Trotzdem pflegen sowohl in den Anstalten als auch in den Familien beginnend mit dem Monat Juli, am häufigsten im Herbst, alljährlich doch noch Erkrankungen an Ruhr häufiger aufzutreten. Ein Rest des sogenannten Sommergipfels der Säuglingssterblichkeit, der ja, wenn auch in stark abgeflachter Form, immer noch alljährlich erscheint, darf vielleicht als Ausdruck einer grösseren Häufigkeit der Ruhrerkrankungen in dieser Jahreszeit angesehen werden. Bei dem Zurücktreten der alimentären Genese wird eine Häufung von akuten Durchfallserkrankungen in den Monaten Juli bis Oktober stets den Verdacht auf das Vorliegen einer spezifisch-infektiösen Ursache erwecken müssen. Denn, wie schon einleitend betont wurde, steht bei der Ruhr des Säuglingsalters nicht das typische Bild der Krankheit im Vordergrund. Abortive und kaschierte Formen sind weit häufiger. Während beim gehäuften Auftreten von fieberhaften Darmkatarrhen in Anstalten die epidemiologischen Zusammenhänge sehr bald die wahre Natur enthüllen werden, bleibt im Privathaus das Wesen der Durchfallserkrankung nicht selten solange verborgen, bis eine echte Ruhr bei anderen Familienangehörigen den Zusammenhang aufdeckt. Dieser Irrtum kann um so eher unterlaufen, als die bakteriologische Untersuchung des Stuhles sehr oft im Stich lässt, wenn nicht das Untersuchungsmaterial sehr rasch zur Verarbeitung kommt. Die serologische Prüfung auf das Vorhandensein spezifischer Agglutinine ergibt frühestens 10—14 Tage nach Krankheitsbeginn ein positives Resultat. Die Ruhr ist auch im Säuglingsalter eine akute Infektion, mit dem Sitze im Darmkanal, insbesondere im Dickdarm. In den Darm dringen die Keime in der Regel mit verschmutzter Nahrung, also vom Munde her, ein. Eine Aszension vom Rektum scheint weit seltener zu sein. Ruhrbazillen jenseits der Darmwand werden nur in den seltensten Fällen gefunden. Die ganze Summe schwerer und schwerster Krankheitserscheinungen, die die Ruhrerkrankung beim Säugling auszeichnen können, werden durch die vom geschädigten Darm aufgesaugten Toxine der Ruhrbazillen verursacht. Zu dieser Toxinvergiftung, deren Intensität für Krankheitsbild und Krankheitsverlauf von entscheidender Bedeutung ist, gesellen sich bei den einzelnen Erkrankungen Zustände von Exsikkose und Toxikose, die z. T. sekundär im geschädigten Organismus erwachsen. Den Anteil spezifischer Schädigung von dem abzugrenzen, der sich hier sekundär, verursacht durch ganz ähnliche Mechanismen wie bei den alimentären Durchfallserkrankungen einstellt, ist in späteren Stadien der Krankheit kaum möglich.

Klinik der Ruhr. Die Ruhrerkrankung beginnt beim Säugling meistens aus voller Gesundheit ohne prodromale Durchfälle. Auch das eutrophische Brustkind ist nicht vor einer Ruhr geschützt. Wenn somit auch der Zustand völliger Gesundheit keinen absoluten Schutz vor der Ansiedlung von Ruhrbazillen gewährt, so gewinnt doch die Resistenz des Organismus, wie sie sich zum grossen Teil aus dem Ernährungszustand des Kindes ergibt, eine Bedeutung für die Entwicklung einer Ruhr. So verfallen bei gegebener Infektionsmöglichkeit schwerdystrophische und atrophische Kinder, vor allem aber auch die Patienten mit Fehlnährschäden (z. B. mit Skorbut) besonders leicht und besonders oft einer Dysenterie.

Die klinischen Kennzeichen, die auf das Vorhandensein einer Ruhrerkrankung hinweisen, sind in erster Linie die charakteristischen schleimig-eitrigen, mit Blutstreifen durchsetzten, dünnbreiigen oder flüssigen Stühle, die auch beim Säugling oft unter quälenden Tenesmen und Koliken in kleinsten Mengen entleert werden. Dass aber auch dieses Leitsymptom der Erkrankung vorübergehend oder selbst dauernd fehlen kann, wurde schon betont. Die Entleerungen der Kinder gleichen dann durchaus den grünen, schleimigen, zerfahrenen oder zerhackten Stühlen, wie sie von den Kindern, die an akuter Dyspepsie oder Intoxikation leiden, bekannt sind. Entscheidend für die Prognose und für die einzuschlagende Therapie ist aber bei der Ruhr niemals die Intensität und die Häufigkeit der krankhaften Stuhlentleerungen. Ausgang und Behandlung der Krankheit werden lediglich durch die Schwere der Allgemeinsymptome bestimmt, deren Intensität von Fall zu Fall sehr stark wechseln kann. Nach dem Grade der Veränderungen des Allgemeinbefindens lassen sich drei Stufen der Ruhrerkrankung im Säuglingsalter und im Kleinkindesalter unterscheiden:

1. eine leichte Form, bei der ausser krankhaften Erscheinungen von seiten des Darmkanals kaum eine Veränderung wahrzunehmen ist;
2. eine mittelschwere bis schwere Form, bei der das Bild einer nicht selten hochfieberhaften Infektionskrankheit mit der bei solchem Kranksein üblichen Beeinträchtigung des Gedeihens und des Allgemeinbefindens vorliegt, und
3. ein schwerstes Bild, das einer Vergiftung ähnelt, und in dessen raschem Ablauf hyperpyretische Temperaturen, aber auch scheinbare Fieberlosigkeit durch schwersten Kollaps bedingt erscheinen können.

Der Übergang von einer leichteren zu einer schwereren Form ist vor allem in den ersten Krankheitstagen stets möglich.

Bei den **leichtesten Formen** der Erkrankung fehlt das Fieber oder spielt sich nicht selten nach einer einleitenden höheren Fieberzacke in Form leichter subfebriler Temperaturen von unregelmäßigem Charakter ab. Das Allgemeinbefinden braucht kaum gestört zu sein. Die Kinder sind munter, sehen nicht einmal schlecht aus; gastrische Erscheinungen können vollständig fehlen. Dementsprechend ist, zumal dann, wenn der Appetit wenig oder garnicht gelitten hat, die Gewichtszunahme bei diesen Patienten auch kaum verzögert, jedenfalls fehlen aber stets die stärkeren Gewichtsabnahmen. Das Bild gleicht am ehesten dem einer harmlosen subakuten Diarrhöe, die nur auffallend unmotiviert bei einem gedeihenden Kinde aufgetreten ist.

Die **mittelschweren Erkrankungen** zeigen den infektiösen Charakter der Erkrankung schon deutlicher. Fiebersteigerungen fehlen nie, der Fieberablauf ist wechselnd: bald eine Kontinua von vielen Tagen, bald ein Fieber vom Fiebertypus einer typhösen Erkrankung, bald das Bild einer Sepsis. Dementsprechend ist, zumal gastrische Erscheinungen und Appetitlosigkeit fast nie ausbleiben, das Allgemeinbefinden mehr oder weniger gestört; Blässe, Zeichen der Exsikkose, grössere Gewichtsabnahmen fehlen fast nie. Dazu kommt, dass sich in diesem durch die Infektion geschädigten Organismus eine sekundäre alimentäre Störung aufpfropfen kann.

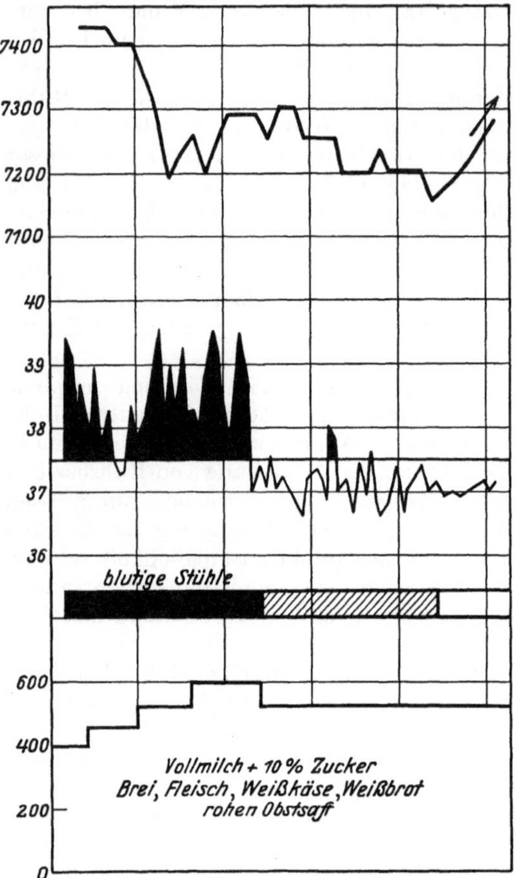

Abb. 54. Zehn Monate alt. Hochfieberhafte, aber leichte Ruhr. Keinerlei Zeichen einer akuten Ernährungsstörung. Daher diätetisch keine wesentliche Änderung, sondern komplette, wenn auch schlackenarme Kost, ohne Rücksicht auf die zunächst schleimig-blutigen, dann durchfälligen Stühle.

Die Entscheidung, ob die toxischen Züge einer solchen Ruhrerkrankung von der Ruhrinfektion oder von der Nahrung ausgehen, bringt das Verhalten der toxischen Symptome nach Nahrungsentziehung. Während die Intoxikation ex alimentatione auch hier auf Nahrungsentzug sich meist sehr bald bessert, bleiben die toxischen Züge ex infectione dysenterica unverändert, auch nach langem Hunger, bestehen.

Die **schwerste Form der Ruhr** wird von solchen toxischen, infektiösen Zügen völlig beherrscht. Diese nicht so sehr häufigen Erkrankungen, die als Überschwemmung des Organismus mit Ruhrtoxinen gedeutet werden müssen, endigen zum grossen Teil tödlich. Schwerste Vergiftungserscheinungen, unaufhaltsame Gewichtsstürze, Kollaps und ein Versagen aller

Funktionen charakterisieren diese Bilder der toxischen Ruhr, die in ihrem Verlauf einer Cholera ähneln können. Ein anfänglich hohes Fieber weicht sehr oft prognostisch ungünstigen Temperatursenkungen bei unverändert schwerem Kranksein, während im Gegensatz zur sinkenden Körpertemperatur die Zahl der Pulsschläge zu hohen Werten ansteigt. Andere Kinder wieder gehen unter hyperpyretischen Temperaturen zugrunde.

Für die Unterschiede in der Schwere der Krankheitsbilder ist letzten Endes die Menge der Ruhrtoxine verantwortlich zu machen, die vom Darm in den Kreislauf gelangt. Die Entscheidung hierüber hängt nicht von der Art des Ruhrerregers ab. Eine Infektion mit Flexnerbazillen oder Y-Bazillen verursacht im Rahmen einer Epidemie ebensoviel leichte und schwere Erkrankungen wie eine Infektion mit Shiga-Kruse Bazillen. Von individuellen Bedingungen hängt es anscheinend auch ab, in welchem Maße sich die krankhaften Darmvorgänge über den Dickdarm hinaus auf den Dünndarm und auf den Magen erstrecken. Denn während die eigentliche Ruhrerkrankung im wesentlichen eine Krankheit des Dickdarmes ist, können bei den mittelschweren und schweren Krankheitsformen auch die Verdauungsvorgänge im Magen und im Dünndarm in Mitleidenschaft gezogen werden. Die klinische Bedeutung dieser Ausbreitung des Prozesses auf höhere Darmabschnitte liegt darin, dass ähnlich wie bei der akuten Dyspepsie und bei der alimentären Intoxikation, schwerste Störungen in den intermediären Vorgängen (Exsikkose, Toxikose) auftreten, sobald störend in die Dünndarmverdauung eingegriffen wird. Dabei ist es gleichgültig, ob die eigentliche Ruhrerkrankung und die Ruhrbazillen sich im Dünndarm festsetzen, oder ob sich, vielleicht ausgelöst durch Invasion von Bakterium coli, ein unspezifischer sekundärer Prozess im Dünn-

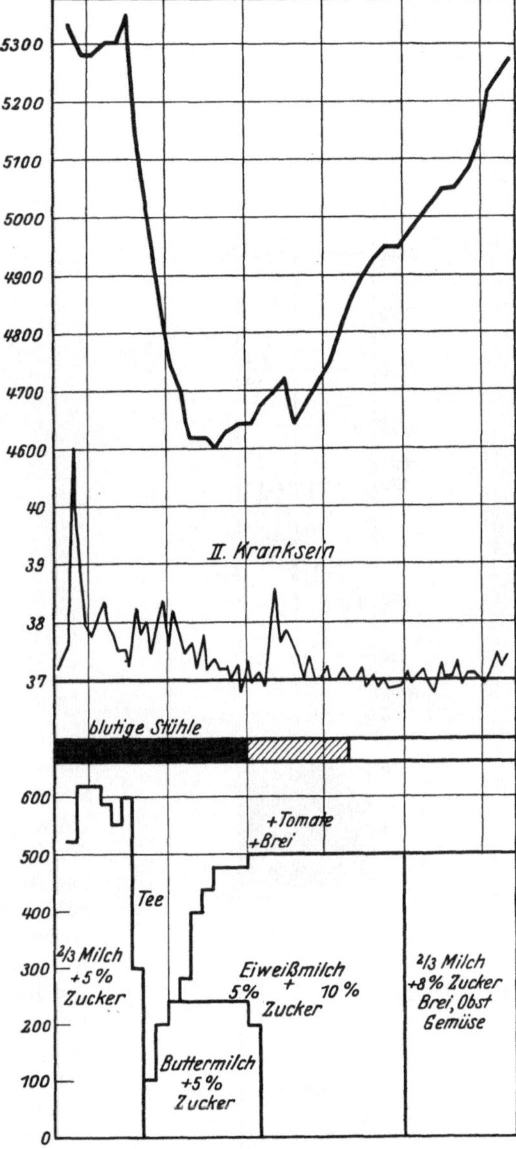

Abb. 55. Viereinhalb Monate alt. Mittelschwere Ruhr. Gewichtsabnahmen und Fieber, die aber nicht alimentärer Natur sind, da nach zwölf Stunden Teediät weder kritische Entfieberung noch Einstellung des Gewichts erfolgt. Trotz Fortbestehens der leichten Züge einer Ruhrtoxinvergiftung und trotz Andauerns der Durchfälle konsequente Nahrungssteigerung, sehr bald Zulage von Brei und Vitaminträgern. Dabei rasche Heilung, unter Vermeidung verderblichen und unnützen Hungerns. Ende der zweiten Krankheitswoche zweites Kranksein.

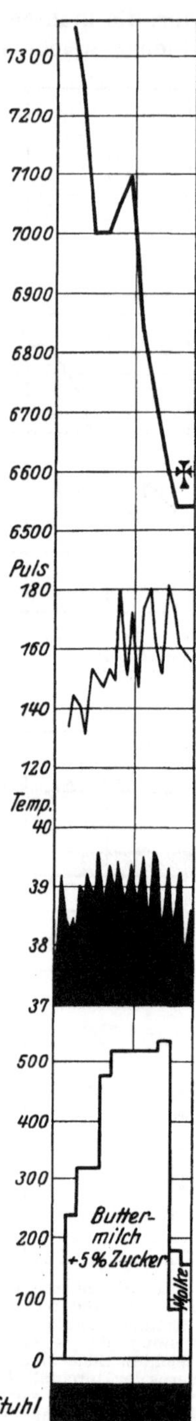

Abb. 56. Schwere Ruhr unter dem Bilde einer hochfieberhaften Infektionskrankheit. Unaufhaltsamer Gewichtssturz, Tod. Prognostisch ungünstig muss das Steigen der Pulszahl bei Sinken der Temperatur gewertet werden. Blutige Stühle nur an den ersten beiden Krankheitstagen; dann grüne, schleimige Stühle.

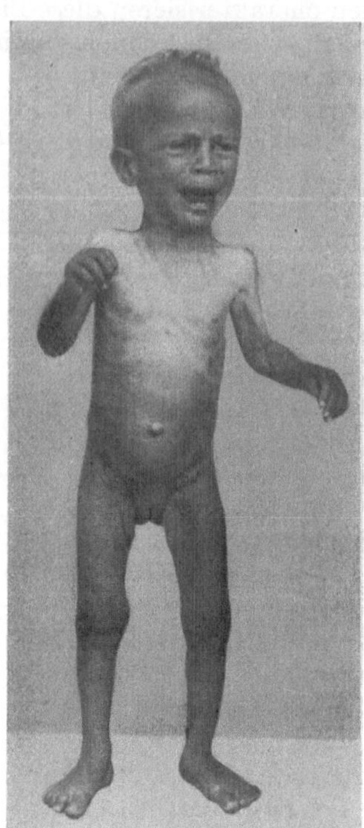

Abb. 57.
Schwere Ruhr am Ende des ersten Lebensjahres.

darm entwickelt, oder ob schliesslich durch toxische Reize direkt oder indirekt über den Umweg des Nervensystems eine Schädigung der Dünndarmfunktionen zustande kommt. Der Ausdruck einer solchen nervös toxischen Schädigung des Darmes ist der schwere Meteorismus, der sich bei ernsten Ruhrerkrankungen einstellen kann, und dessen Erscheinen als prognostisch besonders ungünstiges Zeichen gewertet werden muss. In jedem Fall ist die Kombination einer Ruhr mit einer Dünndarmerkrankung ein durchaus ernst zu wertendes Krankheitsbild, zumal beide Erkrankungen sich wechselseitig verschlimmernd oft genug untrennbar verflochten erscheinen. Die grössere Gefahr droht dabei von der Ausbreitung des Prozesses auf höhere Darmabschnitte. Das Verhalten der Gewichtskurve erlaubt bis zu einem gewissen Grade ein Urteil über die Ausdehnung des Prozesses im Darm. Bei den leichten Ruhrerkrankungen, bei denen lediglich Gewichtsstillstände, oft sogar noch Gewichtszunahmen bestehen, kann als ausschliesslicher Sitz der Krankheit der Dickdarm angenommen werden. Bei den Gewichtsabnahmen der mittelschweren Erkrankungen wird der Dünndarm stets miterkrankt sein. Bei den Gewichtsstürzen der schweren und toxischen Ruhrerkrankungen wird sich zur Exsikkose, bedingt durch krankhafte Prozesse im Dünndarm, die wasser-

lösende Wirkung der Toxinvergiftung, vielleicht über den Umweg einer Leberschädigung, hinzugesellen.

Die Dauer der Ruhrerkrankung wechselt mit der Schwere des Krankheitsbildes. Leichte Erkrankungen können bereits nach drei bis fünf Tagen abgeheilt sein. Die Mehrzahl der Erkrankungen braucht eine bis drei Wochen bis zur völligen Heilung; die choleriforme, toxische Ruhr kann in 24—48 Stunden zum Tode führen. Längere Zeit vergeht auch bei den günstig ausgehenden Erkrankungen, ehe das Stuhlbild wieder völlig normal wird. Leichte Reizzustände des Dickdarms bleiben oft noch zwei bis drei Wochen bestehen, trotzdem im übrigen bereits das Gedeihen des Kindes wieder eingesetzt hat.

Mit der Überwindung der ersten Fieber- und Durchfallsperiode nebst ihren Folge- und Begleitsymptomen ist bei einer grossen Zahl von Säuglingen die Erkrankung noch nicht zu Ende. Ähnlich wie beim Scharlach erscheinen im Laufe der zweiten oder dritten Krankheitswoche erneut Fiebersteigerungen, erneut Durchfälle, Krankheitssymptome, die in ihrer Gesamtheit in der Regel ein leichteres, zuweilen aber ein ebenso schweres oder selbst ernstes Kranksein darstellen, wie es in der ersten Attacke der Krankheit aufgetreten war. Diese neuen Krankheitswellen werden oft fälschlich als Rezidive der Ruhr bezeichnet und für ihr Auftreten Fehler in der

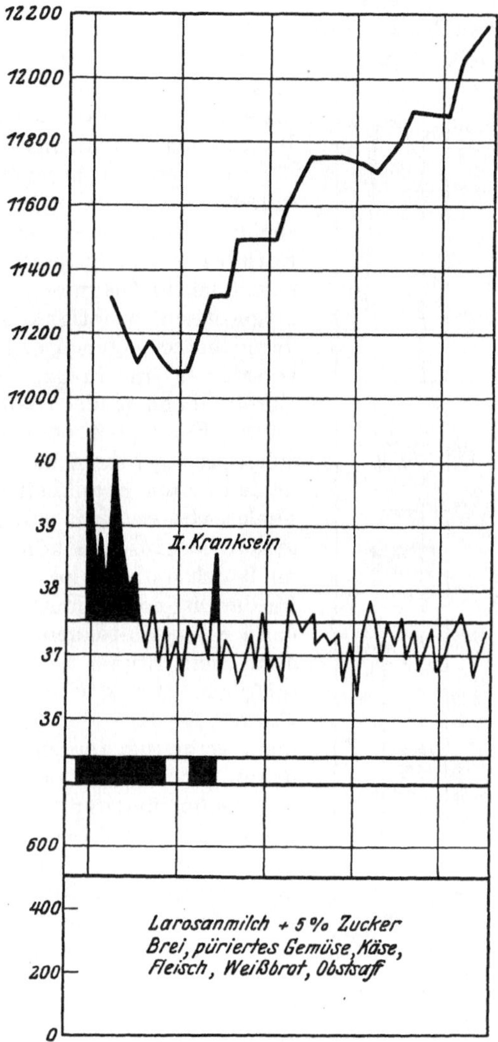

Abb. 58. Zwölf Monate. Leichte Ruhr. Rascher Ablauf, ohne Störung des Allgemeinbefindens. Daher dauernd komplette Ernährung. II. Kranksein mit erneutem Fieber und erneut blutigen Stühlen. Rasche Heilung. Ätiologisch Shiga-Kruse Ruhr.

Pflege oder in der Diätetik beschuldigt. Ihre zeitliche Abhängigkeit von dem ersten Kranksein und das beim Säugling zwar fehlende, beim erwachsenen Ruhrkranken aber häufige Auftreten von Erscheinungen, die dem zweiten Kranksein des Scharlachs oder anaphylaktischen Reaktionen eigentümlich sind, machen es wahrscheinlich, dass es sich auch bei der Ruhr um ein zweites Kranksein handelt. Dieses zweite Kranksein der Ruhr, dem zuweilen noch eine dritte Welle folgt, verläuft beim Säugling in der Regel monoton, ohne wesentliche Komplikationen. Während beim Erwachsenen Konjunktivitis, Iritis, Urethritis, Gelenk- und Drüsenschwellungen das zweite Kranksein der Ruhr begleiten, bleibt es beim Säugling für gewöhnlich bei einem erneuten Fieber und Durchfall, denen sich vielleicht noch Erscheinungen einer rasch abklingenden Pyurie hinzugesellen.

Die Prognose der Ruhrerkrankungen ist im Säuglingsalter in der Regel günstig. Das gilt wenigstens für die leichten und mittelschweren Erkrankungen unter der Voraussetzung, dass bei der Behandlung Fehler vermieden werden. Die ohnedies seltenen schweren toxischen Ruhrerkrankungen sind dagegen, selbst bei bester Behandlung, nach unserem heutigen Können meist verloren.

Gewisse differential-diagnostische Überlegungen sollten, ganz besonders im Säuglingsalter, nicht versäumt werden, ehe der Arzt sich zur Diagnose „Dysenterie" entschliesst. Die Entleerung von Stühlen, die mit Blut durchsetzt sind, reicht jedenfalls zur Diagnose „Ruhr" noch nicht aus. Als differential-diagnostisch wichtig kommen beim Säugling in erster Linie die nicht so seltenen eingeklemmten Hernien oder Darmverschlüsse in Frage, bei denen das Syndrom Erbrechen, Empfindlichkeit des Bauches und die Entleerung blutdurchsetzter Flüssigkeit oder mit Blutstreifen besetzter Stühle auf einen Irrweg führen kann. Das Fehlen von Fieber, wenigstens in den ersten Krankheitsstunden, der schwere Verfall und das Fehlen von Schleim und Eiter in den Entleerungen sind Merkmale, die täuschen können. Nur der Nachweis eines Tumors im Bauch und die lokalisierten sichtbaren Darmsteifungen sind für die Diagnose „Ileus" entscheidend. Auch bei einem Skorbut kann es zu Blutungen aus der Darmschleimhaut kommen, die dann dem Stuhle beigemengt das Bild des Ruhrstuhles vortäuschen. Im Stuhle fehlt in diesen Fällen aber stets der Eiter. Es darf aber auch, worauf schon hingewiesen wurde, nicht vergessen werden, dass gerade der Skorbut zu den Krankheiten gehört, die dem Haften der Ruhrbazillen ganz besonders den Boden bereiten. Umgekehrt kann aber auch eine längerdauernde Ruhr zu einem so starken Verbrauch von C-Vitamin führen, dass das Auftreten skorbutischer Krankheitserscheinungen im Verlaufe einer Ruhrerkrankung nicht selten ist.

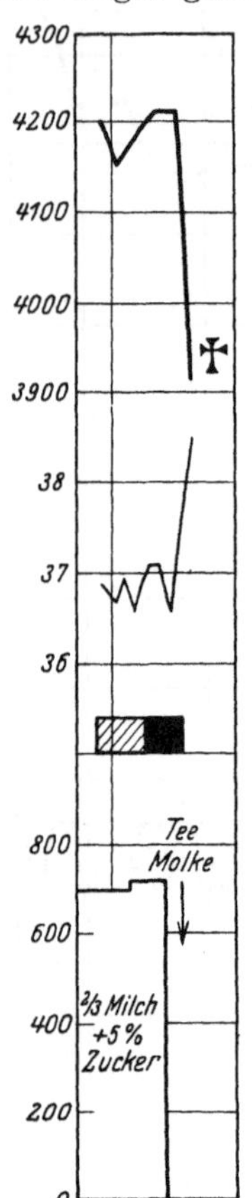

Abb. 59.
Viereinhalb Monate alt. Dystrophischer Säugling. Toxische, schwerste Ruhr. Tod innerhalb 24 Stunden.

Die pathologisch-anatomischen Veränderungen, die selbst klinisch schwerste Ruhrerkrankungen beim Säugling verursachen, stehen in der Regel weit hinter den imponierenden krankhaften Organveränderungen zurück, die die Ruhr im Darme des Erwachsenen hinterlässt. Häufig findet man bei den an Ruhr verstorbenen Säuglingen lediglich eine pfirsichrote Injektion des Dünn- und Dickdarmes, eine mäßige Schwellung der Follikel der unteren Darmabschnitte und eine markige Schwellung der Mesenterialdrüsen. Viel seltener ist der Befund der typischen, verschorfenden Entzündung des Dickdarmes, bei der dann die Darmwand starr und verdickt, von Blutungen und Infiltraten durchsetzt erscheint. Regelmäßig findet sich dagegen als Ausdruck der Toxinvergiftung die auch klinisch stets nachweisbare Lungenblähung. Häufig sind ein Ödem der Hirnhäute und eine beträchtliche trübe Schwellung aller parenchymatösen Organe.

Die Behandlung der Ruhr richtet sich im Säuglingsalter durchaus nach der Schwere des Krankheitsbildes. Falsch ist bei der Ruhr des Säuglingsalters und des Kleinkindesalters in jedem Falle eine strenge Schonungsbehandlung, die in Wahrheit nur eine Hungerkur darstellt. Nicht anders als bei jeder anderen Ernährungsstörung des Säuglingsalters ist auch bei der Dysenterie der fortgesetzte Hunger der schlechteste Weg zur Heilung. Weiter darf die Behandlung der Ruhr niemals im wesentlichen durch medikamentöse Maßnahmen irgend welcher Art versucht werden. Arzeneien, Spülungen und Heilsera sind bestenfalls Hilfsmittel zweiten Grades in der Therapie. Die eigentliche Behandlung der Ruhr liegt auf dem Gebiete einer der Ausbreitung und Schwere des Krankheitsprozesses angepassten Diätetik.

Bei leichten Ruhrerkrankungen sollte jede eingreifende Maßnahme in die Ernährung vermieden werden, da es sich ja lediglich um einen Dickdarmkatarrh handelt und die lebenswichtigen, verdauenden und resorbierenden Darmabschnitte vom Kranksein verschont sind. Bei den jüngeren Säuglingen, die noch keine Zukost erhalten, wird bei der bis dahin gereichten natürlichen oder künstlichen Milchernährung verharrt werden dürfen. Auch gegen die Zufütterung eines Griessbreies sind Bedenken nicht zu erheben. Erwünscht ist bei den Kindern jenseits des dritten Lebensmonats auch weiterhin die Zulage von täglich 30—50 g rohen Obstsaftes, um den erhöhten Vitaminverbrauch, den die Ruhr verursacht, auszugleichen. Bei älteren Kindern, die bereits Zukost in Form von Gemüsen erhielten, wird an Stelle der Gemüsemahlzeit eine zweite Breimahlzeit, beim Kinde jenseits des neunten Lebensmonats evtl. unter Zulage von etwas püriertem Fleisch, gegeben werden. Ebenso werden Schwarzbrot und Butter in grösseren Mengen bei den älteren Kindern aus der Kost für einige Zeit fortgelassen, um den Übertritt grösserer Mengen von Zellulose in den Dickdarm zu vermeiden. Lässt die Trinklust dieser Kinder mit leichter Ruhr zu wünschen übrig, so kann man, um den notwendigen Nahrungsbedarf des Kindes zu befriedigen, an Stelle der üblichen Milchverdünnungen konzentriertere Nahrungsgemische, z. B. nach einem Vorschlage v. Groers Vollmilch mit 17% Zucker, reichen (s. Abb. 54).

Bei den mittelschweren Ruhrerkrankungen wird sich die diätetische Therapie nach dem Ausmaß der Allgemeinschädigung des Organismus richten. Da bei dem nie fehlenden Fieber und den Gewichtsabnahmen die Möglichkeit einer sekundären alimentären Störung stets gegeben ist, so wird in jedem Falle nach den für die akuten Durchfallserkrankungen gegebenen Vorschriften verfahren werden. Die Entscheidung muss lediglich in der Richtung gesucht werden, ob zur Behandlung das leichtere Rüstzeug ausreicht, wie es die akute alimentäre Dyspepsie erfordert, oder ob das schwere Geschütz der diätetischen Maßnahmen aufgefahren werden muss, das zur Beseitigung einer alimentären Intoxikation notwendig ist. In jedem Falle wird daher zunächst für 6—12 Stunden an Stelle der Nahrung nur Wasser (saccharingesüsster Tee 500—1000 g am Tage) gegeben (s. Abb. 55). Nach dem Absetzen richtet sich die Menge der zunächst wieder gereichten Nahrung und die Schnelligkeit, mit der von Tag zu Tag die Nahrungsmengen gesteigert werden, nach der Reaktion, die auf das Aussetzen der Nahrung erfolgte. Sind die Zeichen der Exsikkose und Toxikose gebessert, so wird mit einer Tagesmenge von 100—300 g die Ernährung wieder aufgenommen werden können, die dann ohne Rücksicht auf vielleicht noch vorhandene blutig-schleimige Stuhlentleerungen bei den leichteren Erkrankungen jeden Tag, bei den schwereren jeden zweiten Tag um 100 g gesteigert wird. Dabei darf aber ebenso wenig wie bei den alimentären Störungen an eine möglichst baldige Ergänzung der Kost an zunächst fehlenden Nährstoffen (Fett, Vitaminen) und an die möglichst rasche Rückkehr zu einer korrelativ richtig zusammengesetzten Nahrung vergessen werden. Bleibt nach dem Absetzen dagegen die Entgiftung aus und dauern die Gewichtsstürze an, Zeichen dass sich die spezifische toxische Komponente der Ruhrerkrankung hier noch im Stoffwechsel verderblich auswirkt, so wird mit der Steigerung der Nahrungsmengen und mit der Zufuhr von Nährstoffen vorsichtiger vorgegangen werden müssen, da die Möglichkeit der Entwicklung einer alimentären Störung im vergifteten und geschädigten Organismus bei zu grosser Nahrungszufuhr stets gegeben ist. Als Heilnahrung für die mittelschweren Ruhrerkrankungen mit sekundär alimentärem Einschlag bewähren sich die gleichen Gemische, die zur Therapie der akuten Dyspepsie empfohlen wurden; das sind die Buttermilch mit 5% Zucker, Eiweissmilch mit 5—10% Zucker oder, nach den ersten Krankheitstagen, die Eiweissmilch mit Einbrenne. Weniger günstig scheint dagegen aus nicht recht durchsichtigen Gründen bei diesen Patienten die Ernährung mit konzentriertem Reisschleim und konzentrierter Eiweissmilch. Bei stärkerer Exsikkose und bei starkem toxischen Einschlag bewährt sich, nach Göpperts Vorschlag, eine Ernährung in den ersten Krankheitstagen mit Molke, die bald abwechselnd mit gesüsstem Schleim gegeben werden kann oder, nach einem Vorschlage von Schiff, in den ersten 24—48 Krankheitsstunden die Ernährung mit gezuckerter Molke. Auch bei diesem Vorgehen wird sehr bald ein Übergang zur Ernährung mit gezuckerter Eiweissmilch oder mit gezuckerter Buttermilch notwendig. Nach zwei bis drei Wochen kann in der Regel von den Heilnahrungen zu den üblichen Milchmischungen übergegangen werden, selbst dann, wenn die Stuhlentleerungen noch nicht wieder ganz normal geworden sind.

Bei den **leichten Ruhrerkrankungen des Brustkindes** wird das Stillen unverändert fortgesetzt werden, können. Bei den mittelschweren Erkrankungen wird bei stärkerem toxischen Einschlag und bei grösserer Gewichtsabnahme, nach vorübergehendem Aussetzen von zwei bis drei Brustmahlzeiten, eine vorsichtige Ernährung mit kleinen Mengen abgedrückter Brustmilch (20—50 g pro Mahlzeit), die langsam gesteigert werden, nach drei bis vier Tagen mit einem kurzfristigen Anlegen fortgefahren werden können. Nur bei Kindern mit schwerer Exsikkose wird man in den ersten Krankheitstagen ganz auf Brustmilch verzichten und nach einer Teepause mit Molke oder entfetteter Frauenmilch, 200—300 g am Tage, oder mit Kuhmilchmolke oder mit Buttermilch die Behandlung einleiten. Diese unvollkommenen Nährgemische dürfen aber auch hier nur wieder möglichst begrenzte Zeit gereicht werden. Durch Zulage von steigenden Mengen von Buttermilch oder Eiweissmilch, beginnend mit etwa 100 g am Tag, wenig später durch Zulage von Fett in Form von Einbrenne, muss auch hier nach etwa acht bis zehn Tagen die Rückkehr zu einer kompletten Nahrung erreicht werden.

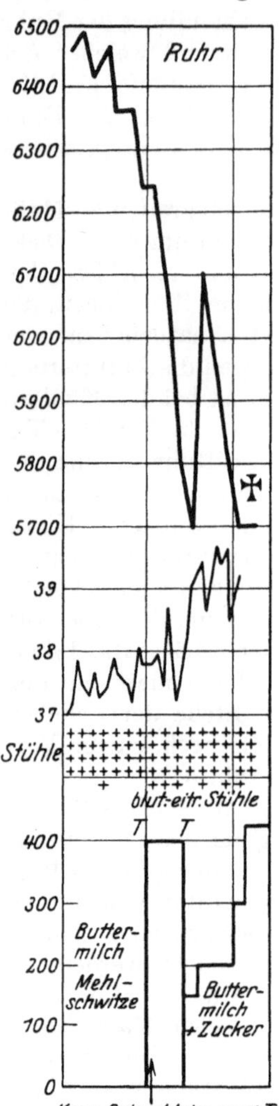

Abb. 60. **Schwere Ruhr,** gibt **Gegenanzeige** gegen die Anwendung des konzentrierten Reisschleims. Eine bei Ernährung mit Buttermilch — Buttermehlschwitze entstehende als leicht imponierende Ruhr (Shiga-Kruse) wird bei Ernährung mit konzentriertem Reisschleim so verschlimmert, dass **toxische** Erscheinungen und Gewichtssturz hinzutreten. Bei Schonungstherapie mit Buttermilch in kleinen Mengen ist keine Besserung zu erzielen und der Tod nicht abzuwenden.

Die diätetische Behandlung **der schweren toxischen Ruhrerkrankungen** ist heute noch eine recht undankbare Aufgabe. Jede Nahrungsentziehung, selbst für 18—24 Stunden und länger, ändert am toxischen

Zustande dieser Kinder nur wenig. Wenn immer weitere Gewichtsstürze, neue Fieberzacken und fortschreitender Verfall bei den Patienten zu erneutem Absetzen der Nahrung verleiten, so tragen diese vergeblichen Versuche nur dazu bei, den Verfall des Kindes zu beschleunigen. Der einzige Weg, über die kritischen Stunden einer toxischen Ruhrerkrankung hinwegzukommen, scheint der zu sein, bei Mengen von etwa 200—300 g einer gezuckerten Kuhmilchmolke zu verharren, in der Hoffnung, dass die schwere Vergiftung sich spontan im Laufe von ein- bis zweimal 24 Stunden bessert und das Krankheitsbild in eine mittelschwere Ruhrerkrankung einmündet. Wesentlich erscheint dabei, dass mit allen Mitteln versucht wird, die schweren Wasserverluste und Wasserverschiebungen auszugleichen. Da durch heftige gastrische Erscheinungen und starke Durchfälle die sichersten Wege zur Bekämpfung der Exsikkose verlegt sind, so bleibt nur übrig, subkutan oder intramuskulär Salzlösungen oder Zuckerlösungen zuzuführen. Zu warnen ist dagegen bei den Ruhrkranken vor intraperitonealen Infusionen, da die bereits bestehende Neigung zum Meteorismus auf diese Weise bedenklich verstärkt werden kann. Nur wenn es gelingt, die Deshydratation soweit aufzuhalten, dass die Zellfunktionen geleistet werden können, ist es möglich, gelegentlich auch einmal eine schwerste toxische Ruhr zu heilen.

Der medikamentösen Therapie der Ruhr sind enge Grenzen gezogen. Bei schweren und schwersten Erkrankungen wird die Bekämpfung des Kollapses durch Analeptika gewiss gelegentlich lebensrettend wirken. Vielleicht gelingt es auch einmal, einen Meteorismus durch Hypophysininjektionen zu bessern. Im übrigen können im akuten Kranksein die Arzneien nur dazu dienen, symptomatisch die Beschwerden des Patienten zu lindern. In erster Linie steht hier das Atropin oder Eumydrin, das in nicht zu kleinen Dosen angewandt die schmerzhaften Koliken und quälenden Tenesmen der Kranken dämpft. Auch vom Opium sollte man ohne Scheu bei besonders heftigen Erscheinungen der Darmwandreizung Gebrauch machen. Ein- bis zweimal täglich 1—2 Tropfen Opiumtinktur können auch im Säuglingsalter gegeben werden. Von Abführmitteln ist ein Vorteil nur in den allerersten Krankheitsstunden zu erwarten.

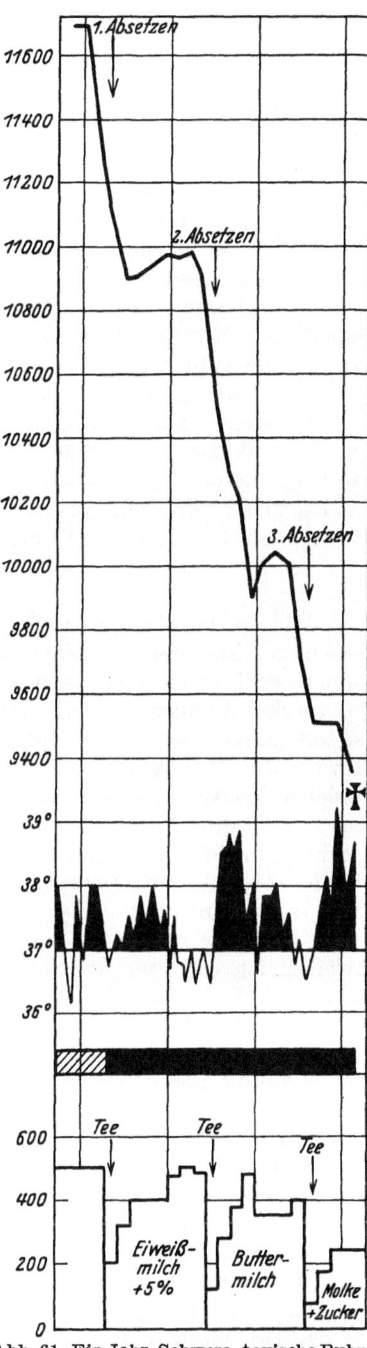

Abb. 61. Ein Jahr. Schwere, toxische Ruhr. Exsikkose, Gewichtsstürze. Keiner der drei Versuche durch immer erneute Nahrungsentziehung und Nahrungsreduktion den Vergiftungszustand zu beheben, ändert das schwere durch Ruhrtoxine verursachte Krankheitsbild. — Die Sektion ergibt lediglich den Befund einer schweren Kolitis und Mesenterialdrüsenschwellung und bronchopneumonische Herde. Trübe Schwellung, Verfettung von Leber und Nieren.

Bei ganz frischen Erkrankungen können ein- bis dreimal in Abständen von 1—2 Stunden 1—2 Teelöffel Rizinusöl gegeben werden. Ist die Erkrankung dagegen bei heftigen Durchfällen erst über die ersten 6 Stunden hinaus, so ist der weiteren Anwendung von Abführmitteln zu widerraten. Auch auf Darmspülungen jeglicher Art kann bei der Ruhr des Säuglings verzichtet werden. Von den beliebten Stopfmitteln (Tierkohle, Bolus alba, Dermatol, Tannalbin) ist im akuten Krankheitsstadium nichts Gutes zu erwarten. Erst wenn die Krankheit in Heilung übergegangen ist und lediglich noch Reizzustände des Dickdarmes verhindern, dass der Stuhl sich normal gestaltet, wird dieser Rest der Ruhrerkrankung durch Zulage eines dieser Stopfmittel beseitigt werden können. Die heilende Wirkung der Serumtherapie erscheint im Säuglingsalter zum mindesten problematisch. Jedenfalls sollte der Arzt niemals so fest auf ihre Wirksamkeit bauen, dass er darüber die entscheidende diätetische Behandlung vernachlässigt.

Die Ruhr gehört zu den Erkrankungen, bei denen sorgfältige und sachgemäße pflegerische Betreuung von entscheidender Bedeutung für den Ausgang der Erkrankung ist. Stets ist für ausreichende Wärmezufuhr durch Wärmflaschen, entsprechende Bettung und ähnliches zu sorgen, weil jedes ruhrkranke Kind gegen Abkühlung besonders empfindlich ist. Eine sorgfältige Hautpflege ist bei den häufigen Stuhlentleerungen notwendig.

Der Paratyphus.

Für den Paratyphus im Säuglingsalter gelten in vieler Beziehung die gleichen Gesichtspunkte, die bei Besprechung der Ruhr Erwähnung fanden. Das auch beim Erwachsenen etwas verwaschene und oft uncharakteristische Bild der Paratyphuserkrankungen verliert beim Säugling noch mehr von seinen Merkmalen. Da zudem auch die für die Ruhr charakteristischen Stuhlentleerungen hier fehlen, so wird der Paratyphus im Säuglingsalter als einzeln auftretende Erkrankung zunächst meist verkannt und erst die Gruppenbildung von Krankheitsfällen deckt die wahre Natur der Krankheit auf. Häufig gleicht die paratyphöse Erkrankung im Säuglingsalter durchaus einer Dyspepsie, seltener einer Intoxikation, wie sie sich im Laufe fieberhafter grippaler Erkrankungen im ersten Lebensjahr nicht selten einstellen. Denn auch das Fieber ist beim Paratyphus in seiner Struktur wenig charakteristisch. Es ist nicht einmal immer besonders hoch; zuweilen ist es intermittierend, von septischem Charakter. Ein Verlauf in mehreren Wellen ist keine Seltenheit. Dazu kommt, dass Komplikationen von seiten der Atmungsorgane, wie Bronchitiden oder Bronchopneumonien den Fiebertypus weiter verwischen. Milzschwellung fehlt beim Säugling mit Paratyphus häufig oder ist jedenfalls kein Frühzeichen der Erkrankung. Das gleiche gilt für Exantheme und Roseolen, die oft gar nicht, oft auch nur verspätet und spärlich erscheinen. Alle diese Eigentümlichkeiten der Paratyphuserkrankungen des Säuglingsalters tragen dazu bei, dass die Diagnose oft mehr zufällig oder beim Zusammentreffen mit typischeren Erkrankungen bei älteren Kindern und Erwachsenen gestellt wird. Dieses Verkennen der wahren Natur der Krankheit ist mehr für die epidemiologische Seite, für die Maßnahmen zur Verhütung weiterer Erkrankungen, von Bedeutung als für die Wahl der Therapie.

Die Behandlung des Paratyphus in seinen verschiedenen Variationen in der Art der Erreger wird lediglich bestimmt durch das klinische Bild. Bestehen nur Durchfälle ohne Beeinträchtigung des Allgemeinbefindens, so wird ähnlich wie bei den leichten Ruhrerkrankungen verfahren werden, bei denen eine Nahrungsänderung überflüssig ist oder lediglich schlackenreiche Nahrung, wie Gemüse, grobe Brotsorten, fortgelassen wird. Bei den Paratyphuserkrankungen, bei denen neben dem Fieber Gewichtsabnahmen und andere Zeichen eines gestörten Ernährungsvorganges bestehen, wird nach den Vorschriften verfahren werden können, die zur Behandlung der mittelschweren Ruhrerkrankungen gegeben wurden, und die im ganzen den Regeln der diätetischen Behandlung einer akuten Dyspepsie oder Intoxikation entsprechen. Jedenfalls wird der Versuch, möglichst bald zu einer kompletten, kalorisch ausreichenden Ernährung zurückzukehren, auch hier im Mittelpunkte des Heilplanes stehen. Jede Schonungstherapie des Darmes über längere Zeiten hin, wie sie in Form von Schleimsuppen und ähnlichem früher bei der Behandlung des Typhus beliebt war, ist beim Säugling noch mehr zu verwerfen als beim Erwachsenen. Nur bei Erhaltung des Ernährungszustandes wird vom Körper die Abwehrleistung aufgebracht, die zur Überwindung der häufig langdauernden Erkrankung notwendig ist.

Eine medikamentöse Therapie des Paratyphus ist überflüssig. Zuweilen scheint es möglich zu sein, durch Anwendung einer Kolivakzine die Dauer des Fiebers abzukürzen.

Die Gefahren des Paratyphus liegen beim Säugling darin, dass es ähnlich wie bei der Ruhr zu choleriformen Verläufen kommen kann, deren Heilungsaussichten recht schlecht sind. Wesentlicher erscheint aber die Neigung zum Auftreten von schweren Komplikationen, die sich als Bronchopneumonien, als Osteomyelitiden oder als paratyphöse Meningitiden abspielen können.

III. Fehlernährung — Fehlnährschäden.

Die gedeihliche Entwicklung des Kindes hat eine dauernd quantitativ ausreichende und qualitativ komplette Ernährung zur Voraussetzung. Schon kurzdauernde Abweichungen nach dieser oder jener Richtung greifen in das Gefüge des Organismus ein. Es kommt dabei zu Veränderungen, die sich nicht nur im momentanen Bilde äussern, sondern auf lange Zeit hinaus, selbst nach Rückkehr zu einer alle Anforderungen erfüllenden Kost, die Lebensäusserungen und die Funktionen des Kindes minderwertig gestalten. Die dem Körper durch zweckwidrige Ernährung einmal geschlagene Wunde hinterlässt für lange Zeit eine Narbe im Organismus. Zu solchen nachhaltigen Schädigungen bedarf es keineswegs grober Verstösse gegen die Regeln der künstlichen Ernährung. Bereits geringfügige Unregelmäßigkeiten in der Diät können sich in nachhaltigen Schädigungen beim Kinde äussern; dabei stehen Alter des Kindes und Grösse der Schädigung im umgekehrten Verhältnis.

Am besten wird die bleibende Veränderung des auch nur kurze Zeit unzweckmäßig ernährten Kindes durch den von Czerny-Keller geprägten Begriff des Nährschadens erfasst. Es ist darunter ein Schaden zu verstehen, den das Kind durch jede nach Menge oder Zusammensetzung unzweckmäßige Ernährung auf lange Zeit hin erleidet. Die Nährschäden können sowohl durch äusseren, wie durch inneren Hunger (cf. S. 116) entstehen. Für die Nährschäden aus äusserem Hunger ist der treffende Name der Fehlnährschäden von Aron geprägt worden.

Fehlnährschäden entstehen also durch jede quantitativ oder qualitativ unzureichende Nahrungszufuhr. Fehlnährschäden verändern das Gefüge des Organismus derart, dass niemals mit der Rückkehr zur normalen Kost auch sofort die Rückkehr zum physiologischen Zustand des Körpers erreicht wird. Jeder Fehlnährschaden beeinträchtigt Körper und Leistung, und diese Beeinträchtigung findet ihren klinischen Ausdruck in dystrophischen Zuständen. In reinster Form treten uns die Fehlnährschäden bei den Kindern entgegen, die aus äusseren Gründen (wie z. B. bei der Pylorusstenose) quantitativ hungern. Von Tag zu Tag kann man die Folgen dieses Hungers in der fortschreitenden Dystrophisierung verfolgen. Schliesslich ist der Tod an einer

Pylorusstenose das reinste Bild des Fehlnährschadens aus äusseren Gründen. Nicht immer ist das Bild des Fehlnährschadens so rein und geht so vollständig in den klinischen Bildern der Dystrophie und Atrophie auf wie beim tödlich endigenden Pylorospasmus.

Beim Fehlnährschaden durch Ausfall einzelner Nährstoffe (qualitative Fehlernährung) werden dem Zustand des Nichtgedeihens des Kindes, der Dystrophie, je nach der Ursache des Fehlnährschadens bestimmte bald mehr, bald weniger charakteristische Merkmale aufgeprägt. Die Ausfälle richten sich dabei in ihrer Bedeutung für das Leben des Organismus nach der biologischen Wertigkeit der vorenthaltenen Nährstoffe. Es braucht kaum auseinandergesetzt zu werden, dass, wenn plastische, den Aufbau besorgende Nährstoffe, wie Eiweiss und Salze, fehlen, ein rascher Verfall bis zur Atrophie und zum Tode unausbleiblich sein wird und dass beim Fehlen oder Mangel des Eiweisses und der Salze andere klinische Erscheinungen zu gewärtigen sind als beim Fehlen von Fetten oder bei Mangel an Vitaminen. Jeder Nährstoff der Milch muss als unentbehrlich bezeichnet werden und jeder Mangel oder jede Einschränkung im Angebot der Nährstoffe muss zu einem Defekt im Aufbau und Leben des Organismus führen. In jedem Falle spielt ausser dem Fehlangebot das Alter und die Konstitution des Kindes eine nicht zu unterschätzende Rolle bei der Formung des eintretenden klinischen Bildes. Je jünger ein Kind ist, um so rascher entwickelt sich und um so schwerer verläuft der Fehlnährschaden. Nicht weniger beeinflusst die konstitutionelle Widerstandskraft des Kindes den Verlauf. Es gibt von Haus aus besonders widerstandsfähige Individuen, an denen selbst schwere Fehler in der Ernährung scheinbar spurlos vorübergehen. Einer schärferen Beobachtung werden aber auch bei diesen Kindern Zeichen ihrer Minderwertigkeit nicht entgehen. So zeigt bisweilen der besonders schwere Verlauf einer grippalen Infektion in der Zeit jenseits der Halbjahreswende, dass trotz der vorangegangenen Zeit scheinbar guten Gedeihens das Gefüge des Organismus durch eine vielleicht schon Wochen und Monate zurückliegende Zeit einer Fehlernährung Schaden genommen hat.

Den besten Überblick über das grosse und wichtige Gebiet der Fehlnährschäden bringt eine Darstellung der hierher gehörigen Krankheitsbilder, die von ätiologischen Gesichtspunkten ausgeht. Die ätiologische Einteilung erlaubt dabei, je nach dem Ausfall oder dem ungenügenden Angebot des einen oder des anderen oder mehrerer Nährstoffe charakterisierte klinische Bilder zu erfassen. Bedeutungsvoll erscheint es für die Praxis der Ernährung, dass mit dem System der Krankheitsursachen sofort der Weg der einzuschlagenden Therapie gewiesen ist. An Hand der folgenden Übersicht sollen daher die einzelnen Fehlnährschäden abgehandelt werden.

Fehlnährschäden (Ernährungsstörungen durch äusseren Hunger).
   a) Quantitativ unzureichende Ernährung mit richtig zusammengesetzten Nährgemischen
      1. unzureichendes Angebot;
      2. Speien und Erbrechen;
      3. Pylorospasmus.
   b) Qualitativ unzureichende Ernährung:
      1. Mangel (oder Fehlen) chemisch bekannter Nährstoffe.
         α) Mangel an Eiweiss, Fett und Salzen (kompensatorisches Überangebot an Mehl = Mehlnährschaden).
         β) Mangel an Kohlenhydrat, Überangebot von Milch = Milchnährschaden.
         γ) Mangel an Wasser, Durstschäden.

2. Mangel (oder Fehlen) chemisch noch unbekannter Nährstoffe:

α) Mangel an antikeratomalazischem Faktor, Vitamin A = Keratomalazie.

β) Mangel an antiskorbutischem Faktor, Vitamin C = Skorbut.

γ) Mangel an antineuritischem Faktor, Vitamin B = Beri-Beri.

δ) Mangel an antirachitischem Faktor, Vitamin D = Rachitis.

ε) Mangel an noch nicht sicher charakterisierbaren Ergänzungsstoffen; alimentäre Anämie.

Diese klinisch-ätiologische Einteilung der Fehlnährschäden erhält durch folgende im ganzen Gebiet der Ernährungsstörungen zutreffende Betrachtung

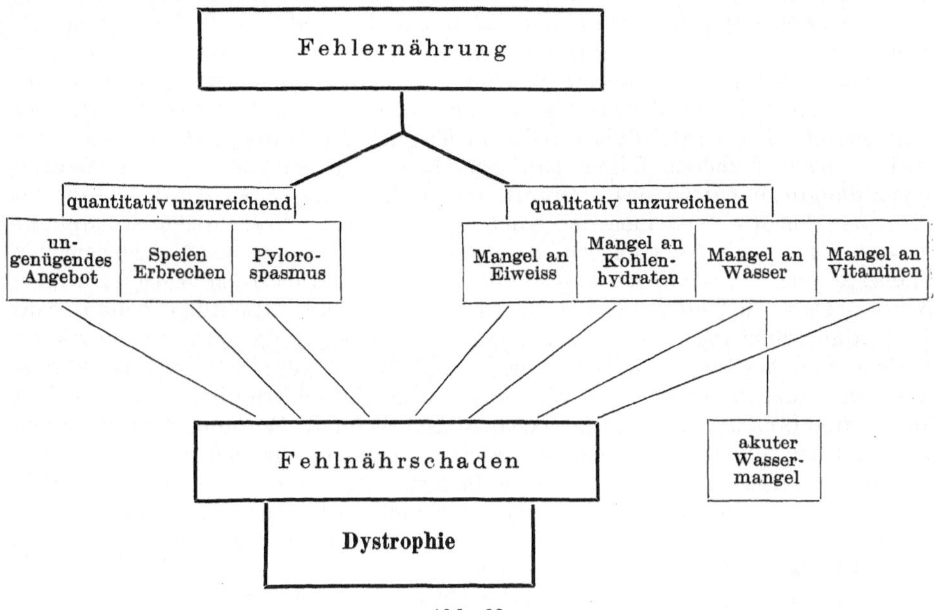

Abb. 62.

eine Berechtigung und Begründung. Auch wer die Ernährungsstörungen von rein klinischen Gesichtspunkten aus beurteilt, wird zu einer zweckmäßigen Therapie nur dann kommen, wenn er gleichzeitig auch die Ursachen des vom Normalen abweichenden Bildes, des krankhaften Ernährungszustandes, zu erkennen sucht. Erst der klinische Status zusammen mit der ätiologischen Klarstellung weisen im einzelnen Falle den Weg zur zweckmäßigen Therapie. Dabei ist die klinische Einordnung meist ohne weiteres und leicht zu vollziehen. Es ist nicht schwierig, zwischen Eutrophie, Dystrophie und Atrophie abzugrenzen; schwieriger kann es allerdings schon sein zu entscheiden, ob eine vorliegende Durchfallserkrankung lediglich als Äusserung des Nährschadens (s. Kap. Dystrophie) oder als selbständig auftretende Krankheit zu deuten und zu werten ist. Am schwierigsten gestaltet sich oft genug die Herausschälung der wesentlichen Ursache eines vorliegenden Fehlnährschadens. Um auf dem Gebiete der Fehlnährschäden eine klare Übersicht zu gewinnen, erscheint es zweckmäßig, von ganz reinen Typen (sog. „klassischen Fällen“) auszugehen, wie der Arzt sie im Leben vielleicht seltener antrifft. Aber erst ihre Kenntnis gibt die Möglichkeit, die im Alltag vorkommenden Variationen dieser Schäden klinisch und ätiologisch zu erkennen und zu verstehen.

Wenn auch Rachitis und Anämie mit einem gewissen Recht den Fehlnährschäden zugerechnet werden können, so möchten wir doch diese Erkrankungen, bei denen, neben der Fehlernährung noch andere ätiologische Faktoren von wesentlicher Bedeutung sind, als Gruppe der sekundären Ernährungsstörungen zusammenfassen.

a) Die quantitativen Fehlnährschäden.
1. Die Unterernährung.

Das Kapitel, in dem die Folgen und Gefahren eines unzureichenden Nahrungsangebots dargestellt werden, kann mit den Worten eines italienischen Schriftstellers des XVIII. Jahrhunderts eingeleitet werden: „Zuviel ist was der Gesundheit schadet, zu viel Essen oder zu viel Fasten . . . . Hierzu muss ich bemerken, dass zu viel Fasten weit gefährlicher ist, als zu viel Essen; das eine gibt eine Magenverstimmung, das andere den Tod." — Zu dieser Erkenntnis hat sich die Kinderheilkunde nur sehr allmählich durchgerungen, und es ist wohl kein Zufall, dass gerade im Anschluss an die vergangenen schweren Jahre, die so eindringlich die Bedeutung und die Gefahren des Hungers für Alt und Jung zeigten, das Verständnis für die Bedeutung der Unterernährung gefördert wurde. Die in früheren Jahren häufigen Misserfolge bei künstlicher Ernährung junger Säuglinge hatten dazu geführt, in der Nahrung selbst den Schädling zu sehen, der das Nichtgedeihen der Kinder verursachte. Von diesem Standpunkt aus war es nur logisch zu folgern, dass durch Beschränkung der Nahrungsmenge am ehesten den verderblichen Folgen der künstlichen Ernährung begegnet werden könnte. Dabei betrafen die Vorschriften, die in diese Richtung zielten, bald die gesamte Nahrung, bald wurde mehr zur Ausschaltung oder Beschränkung in der Zufuhr des einen oder des anderen Nährstoffes geraten. So kam es, dass viele Jahre und Jahrzehnte die Warnung vor der Überfütterung die diätetischen Vorschriften für das Säuglingsalter beherrschte. Wenn die Warnung auch sicherlich berechtigt ist, nicht Nahrungsquantitäten zu füttern, die den zum Wachstum und zur Lebenserhaltung notwendigen Bedarf wesentlich übersteigen, so durfte aber doch nicht der Schritt ins Gegenteil getan werden, der dazu führte, unter dem notwendigen Nahrungsbedarf zu bleiben, um die vermeintlichen Gefahren der künstlichen Ernährung zu umgehen.

Diese abwegige Entwicklung in der Praxis der Säuglingsernährung erscheint heute kaum noch verständlich, zumal in den theoretischen Darlegungen der Prinzipien der Säuglingsernährung von Rubner-Heubner immer wieder die Notwendigkeit einer ausreichenden Ernährung betont wurde. Die Folgerungen für die Praxis blieben aber weit hinter dieser Erkenntnis zurück, denn zu keiner Zeit wurde den Säuglingen im Bestreben zu heilen oder Krankheiten zu verhüten öfters ein Hunger zugemutet, als in der Periode, in der. die Grundgesetze des Energieverbrauchs aufgestellt wurden.

Zum äusseren Hunger kommt es also wenn entweder zu wenig Nahrung angeboten wird, oder wenn ein Teil der in genügenden Mengen angebotenen Nahrung, ohne erst verdaut worden zu sein, wieder in Verlust gerät. Dabei wird vorausgesetzt, dass es sich um eine Nahrung handelt, die in bezug auf ihre qualitative Zusammensetzung keine schwerwiegenden Abweichungen von einer richtig zusammengesetzten Nahrung aufweist. Bestehen gleichzeitig auch noch Fehler in der Zusammensetzung der Nahrungsmischung, so werden sich zum quantitativen Hunger die Krankheitssymptome der qualitativen Fehlnährschäden hinzugesellen.

Zur Schädigung durch äusseren Hunger kommt es, weil bei jeder ungenügenden Nahrungszufuhr der Organismus gezwungen ist, zur Aufrechterhaltung seines Stoffwechsels von seinem Bestande zu leben. Dabei werden, um die Körpertemperatur zu erhalten, um Kreislauf, Atmung, Sekretionsvorgänge, Muskelarbeit usw. zu betreiben, zunächst die Reservestoffe des Körpers, vor allem Glykogen und Fett herangezogen. Die Vorräte an diesen Substanzen, vor allem an Glykogen, sind beim muskelschwachen Säugling aber nur gering, und binnen kurzem wird der Organismus gezwungen sein, vom lebenswichtigen Zellbestande (Eiweiss, Lipoide) zu zehren.

Aus Selbstverzehrung des Organismus im Hunger ergibt sich die Reihe klinischer Symptome, die bei jedem hungernden Kinde immer wiederkehrt. Die Kinder erscheinen nicht nur mager oder abgemagert, dystrophisch oder atrophisch, sondern die Körperfunktionen leiden mit der Verschlechterung des Ernährungszustandes. Die Neigung zu Untertemperaturen, besonders während der Nacht, ist oft genug das früheste Zeichen einer unzureichenden Nährstoffzufuhr. Der Verlust der Fähigkeit, Infektionen abzuwehren, ist das ernsteste Symptom, das sich beim hungernden Säugling einstellt. Und wie bei jeder Dystrophie die Neigung zur Entleerung diarrhoischer Stühle aus geringfügiger Ursache wächst, so leidet auch ein Teil der hungernden Kinder an Durchfällen, die häufig genug zu falschen Deutungen Veranlassung geben, da bei zu geringer Nährstoffzufuhr weit eher die Entleerung seltener Stühle in geringen Mengen erwartet werden könnte. Neben äusseren Schäden, die beim hungernden dystrophischen Säugling Durchfälle auslösen, genügt die innere verminderte Funktionskraft, wie sie sich in der hungernden Darmzelle einstellen muss, vielleicht schon, um regelwidrige Stuhlentleerungen zu verursachen, sei es, dass die hungernde Darmzelle nicht mehr die Fähigkeit aufbringt, das Bakterienwachstum im Darm in gehöriger Weise zu regulieren und in Schranken zu halten, sei es, dass die Darmsäfte beim hungernden Kinde

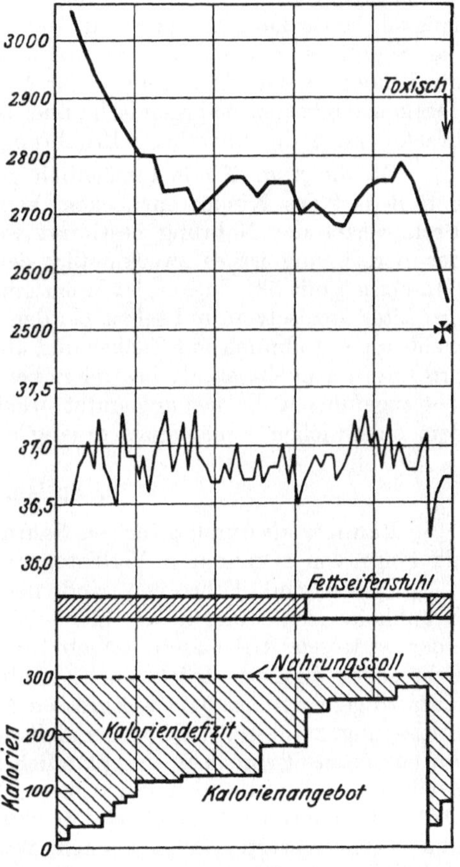

Abb. 63. Beobachtung aus früherer Zeit. Folgen eines unzweckmäßig fortgesetzten Hungers (s. das Kaloriendefizit i. d. Kurve) zunächst Dystrophie, dann Atrophie, schliesslich Tod am Infekt unter toxischen Erscheinungen.

anders fliessen als es zur Aufrechterhaltung eines normalen Verdauungsvorganges notwendig ist. Für das Bestehen von Störungen in gewissen Organfunktionen im Hunger spricht auch die Beobachtung, dass einzelne der hungernden Säuglinge speien oder erbrechen, Erscheinungen, die nur allzu leicht zu Missdeutungen Veranlassung geben. Es kann nur davor gewarnt werden, Speien und Durchfälle ohne genaue Prüfung der Sachlage auf ein Zuviel an Nahrung zurückzuführen.

Die Gefahr eines zu geringen Nahrungsangebotes ist beim künstlich genährten Säugling geringer, seitdem die Darreichung konzentrierter, nährstoffreicher Gemische bei der künstlichen Ernährung von Säuglingen Aufnahme gefunden hat. Die Gefahr zu hungern besteht heute viel mehr beim Brustkinde, dessen Energiebedarf aus Ursachen, die bei der Mutter oder im Kinde liegen, oft in den ersten Wochen nicht gedeckt ist. Gerade bei besonders sorgfältiger Führung der Ernährung, wobei das Nahrungsangebot sorgfältig errechnet und zugemessen wird, kommt es leicht zur Unterernährung. Kinder von Ärzten oder Kinder, deren Mütter ängstlich an Hand eines der vielen Lehrbücher der Säuglingspflege ernähren, sind in dieser Richtung vor allem gefährdet. In der Anstaltspflege spielte früher der Hunger, der als solcher nicht gewürdigt wurde, eine grosse Rolle. Die früheren Misserfolge, die bei der Versorgung von Säuglingen in Anstalten die Regel waren, müssen heute zum allergrössten Teil als Hungerschäden gedeutet werden, weil die Säuglinge mit stark verdünnten Mischungen ernährt wurden, von denen die Kinder in der Massenpflege der Anstalt zu wenig tranken. Nach Einführung der konzentrierten Nährgemische und damit ausreichender Ernährung der Kinder brachte auch die künstliche Ernährung in Anstalten Erfolge.

Ob die vom Kinde tatsächlich getrunkene Nahrungsmenge ausreicht, um den Bedarf des Kindes zu decken, kann nur annähernd durch Berechnung des Brennwertes der Nahrung bestimmt werden. Für die praktische Handhabung der Berechnung ist es zweckmäßig, den Brennwert der üblichen Nährgemische (Halbmilch mit 5% Zucker, $^2/_3$ Milch mit 5% Zucker) nicht höher als 600 Kalorien pro Liter anzusetzen und selbst bei den konzentrierteren Nährgemischen (Buttermehlsuppe, Vollmilch mit Zucker und ähnliches) nicht mehr als 700—750 Kalorien pro Liter anzunehmen, da besonders bei den fettreichen Gemischen grosse Mengen des zugeführten Fettes ungenutzt wieder im Stuhl verloren gehen und somit dem eigentlichen Ernährungsvorgang entzogen werden.

2. Speien, Erbrechen.

Häufiger als durch primären Nahrungsmangel kommt es zu Hungerzuständen als Folge von sekundären Verlusten an Nahrung durch Speien und Erbrechen.

Speien und Erbrechen sind im Säuglingsalter ausserordentlich häufige Krankheitserscheinungen, die hier leichter und häufiger eintreten als in irgend einer späteren Lebenszeit. Nicht immer ist die Ursache des Speiens und Erbrechens fassbar. Infektionen, häufig geringfügiger Art, ein Schnupfen, ein Katarrh genügen, um bei einer grossen Zahl von Kindern den Magen zur abnormen Entleerung zu reizen. Dabei handelt es sich bei einem Teil der Kinder nur um ein einmaliges Erbrechen, das plötzlich auftritt und gar nicht selten das früheste Zeichen der beginnenden infektiösen Erkrankung darstellt. In anderen Fällen begleitet dauerndes Erbrechen den ganzen Krankheitsverlauf. Auch als frühes und beachtenswertes Zeichen einer akuten Ernährungsstörung ist Speien und Erbrechen häufig.

Bei der Mehrzahl der Kinder, die speien und erbrechen, lässt sich keine dieser Ursachen nachweisen. Es gehören hierher vor allem die Säuglinge, die über längere oder kürzere Zeitspannen fast nach jeder Mahlzeit einen Teil der aufgenommenen Nahrung zurückgeben. Vom gewohnheitsmäßigen oder habituellen Speien oder Erbrechen hat man bei diesen Patienten gesprochen. Die Mengen der Nahrung, die bei dem einzelnen Spei- oder Brechakt wieder entleert werden, sind ausserordentlich verschieden, ebenso wie die Zeiten, zu denen das Erbrechen nach der Mahlzeit einsetzt. Bald sind es nur wenige Kubikzentimeter einer fast wasserklaren Flüssigkeit, in der feine weisse Käsebrocken schwimmen, die 1—2 Stunden nach der letzten Mahlzeit zurückgegeben werden; das andere Mal wird die ganze Masse der Mahlzeit oder sogar mehr, sofort nach oder sogar schon während des Trinkens im Schwall entleert. Speien und Erbrechen werden erst dann zu einer Hemmung der Entwicklung führen, wenn die Mengen der in Verlust geratenden Nahrung so gross sind, dass der Bedarf

des Kindes tatsächlich unterschritten wird. Das Zurückgeben kleinerer Nahrungsmengen braucht das Gedeihen der Kinder nicht zu hemmen. Es ist praktisch
bedeutungslos, und dieser Schönheitsfehler im Ernährungsvorgange würde keiner
Korrektur bedürfen, wenn nicht die ängstlichen Angehörigen das Symptom über-
schätzten und aus ihm die sicher falsche Berechtigung ableiteten, zu versuchen,
durch energische Maßnahmen, wie Verringerung der Trinkmengen, stärkere
Verdünnung der gereichten Nahrung und ähnliches, das ihnen schwerwiegend
erscheinende Leiden zu heilen. Denn sicherlich ist es in weitaus der Mehrzahl
der Fälle ein Irrtum, das habituelle Speien und Erbrechen auf eine Überfütterung,
eine Unverträglichkeit der gereichten Nahrung oder gar auf einen verdorbenen
oder schwachen Magen zurückzuführen.

Auf diesen ablehnenden Standpunkt darf man sich stellen, wenn es
heute auch noch nicht möglich ist zu erklären, woher diese Form des
Speiens und Erbrechens kommt. Zum Teil sind es mechanische Momente
(unzweckmäßige Fütterungstechnik), die das Erbrechen begünstigen. Kinder,
die ungeschickt oder hastig trinken und Säuglinge, die als Folge eines starken
Zurückstehens des Unterkiefers beim Saugen Brustwarze oder Sauger nicht
ganz luftdicht umfassen, nehmen mit der Nahrung grosse Mengen von Luft
in den Magen auf, die sich als Luftblase in den jeweils obersten Teilen des
Magens ansammelt. Verlässt die Luft den Magen durch die Kardia, so reisst
sie beim liegenden Kinde einen Teil der noch im Magen ruhenden Nahrung
mit. Die alte Sitte, die Kinder nach dem Trinken aufstossen zu lassen, hat daher
durchaus Berechtigung und genügt in vielen Fällen, um geringfügige Grade von
Speien und Erbrechen zu heilen. Bei anderen Kindern scheint die Motorik des
Magens noch mangelhaft entwickelt zu sein. Es fehlt vor allem ein Reflex, der
von dem Reiz der aufgenommenen Nahrung auf die Magenwand ausgeht und der
dazu führt, dass die Magenwand sich kontrahiert und eng die im Magen befind-
liche Nahrung umfasst. Das Vorhandensein dieses sogenannten „p e r i s t o l i s c h e n
R e f l e x e s" scheint für eine normale Magenentleerung von Bedeutung, und
sein Fehlen begünstigt offenbar das Auftreten von Speien und Erbrechen.
Die verzögerte Entwicklung des peristolischen Reflexes bedingt einen Zustand
des Magens, der dem des atonischen Magens ähnelt.

Störungen der sekretorischen Funktionen des Magens sind beim jungen
Säugling mit Speien und Erbrechen kaum nachgewiesen worden. Eine gewisse
Hyperazidität liegt bisweilen vor, häufiger wird sie vermisst. Die Sekretion
der einzelnen Fermente scheint stets ungestört. Die Annahme einer Überempfindlichkeit der Magenschleimhaut ist nicht bewiesen, sie lässt sich vielleicht aus der günstigen Wirkung schliessen, die einzelne anästhesierende
Medikamente gelegentlich auf das Speien und Erbrechen ausüben.

Sicherlich ist es auch falsch, die Ursache des habituellen Speiens nur
im Magen zu suchen. Einmal — und dafür sprechen auch wieder gewisse
therapeutische Erfolge — dürfte es sich um Innervationsstörungen der Magen-
motilität im vegetativen System handeln. Bei anderen Kindern wieder scheinen
Störungen in der Tätigkeit der Bauchpresse und des Zwerchfells für die
Entstehung des Erbrechens von Bedeutung zu sein. Die Muskulatur der
Bauchwand und das Zwerchfell sind ja am Brechakt stets wesentlich beteiligt.
Es fällt immer wieder auf, in wie starker Unruhe sich beim Speikinde die
Muskulatur des Bauches befindet, so dass man fast versucht ist, von einem
dauernden Grimassieren der Bauchmuskulatur bei diesen Kindern zu sprechen.

Es gelingt heute noch nicht im einzelnen Falle, die Ätiologie des habituellen
Speiens und Erbrechens mit Sicherheit anzugeben. Sicher darf man auf Grund
praktischer Erfahrungen annehmen, dass es verschiedene Arten und Formen
des Erbrechens gibt. Verschieden sind zunächst die Mengen der wiederge-

gebenen Nahrung. Durch Wägung kann man sich überzeugen, dass selbst beim einfachen Speien im Laufe der Stunden, die einer Mahlzeit folgen, zuweilen nur wenige Gramm, zuweilen 50% des Aufgenommenen und mehr wieder entleert werden. Steigert sich das Speien zum Erbrechen, so wird gar nicht selten die gesamte Mahlzeit, vielleicht sogar vermehrt durch Speichel und Magensäfte zurückgebracht. Der Spei- und Brechakt selbst verläuft unter zwei verschiedenen Formen: die eine ähnelt dem Vorgang des Erbrechens, wie wir ihn beim älteren Kinde und Erwachsenen zu sehen gewohnt sind. Mit einigen wenigen Würgbewegungen und einer Anstrengung der Bauchpresse werden im Strahl die Nahrungsmengen hervorgewürgt, oder es entleeren sich ruckweise einzelne kleinere Portionen während der ersten Zeit, die der Mahlzeit folgt. Im auffallenden Gegensatz zum Erwachsenen und zum älteren Kinde steht nur das fast vollständige Fehlen der den Brechakt einleitenden Nausea. Die Säuglinge sehen allerdings zuweilen etwas blass aus, das Auge erscheint weit geöffnet und glänzend; aber nach Beendigung des Erbrechens sind die Kinder sofort wieder munter und zu neuer Nahrungsaufnahme bereit. Vielleicht dass ein kurzes ängstliches Geschrei sich im Anschluss an das Erbrechen einstellt. Diese Form des habituellen Speiens und Erbrechens, bei der offenbar unter einer gewissen Muskelanspannung die Nahrung zurückgegeben wird, hat man als „spastisches Erbrechen" bezeichnet. Ihr gegenüber steht das sogenannte „atonische Speien und Erbrechen". Langsam, in dünnen Rinnsalen fliesst hier bald schluckweise, bald kontinuierlich Mageninhalt aus den Mundwinkeln. Beschwerden scheinen dabei nicht zu bestehen; ebenso fehlen alle stärkeren Muskelanstrengungen, die Kinder liegen dabei stets wach, still und zufrieden. Meist bestehen leichte Kaubewegungen und Bewegungen der Zunge. Dieses atonische Speien und Erbrechen besitzt gewisse Ähnlichkeit mit dem Wieder-käuen der Tiere und mit der Rumination, wie sie gelegentlich auch bei älteren Säuglingen erscheint.

Das habituelle Speien und Erbrechen besteht fast nie von der Geburt an. Es erscheint in der zweiten und dritten Lebenswoche, ohne dass es möglich wäre, eine äussere Schädigung als auslösende Ursache nachzuweisen. Es bleibt als einziges Symptom dann einige Monate bestehen und verliert sich in der Regel spontan um die Zeit des vierten bis fünften Lebensmonats. Bei den Brustkindern ist es fast häufiger als bei den Flaschenkindern. Zudem wird man sich zur Diagnose eines habituellen Erbrechens beim natürlich ernährten Säugling eher entschliessen als beim künstlich ernährten Kinde, bei dem immerhin der Verdacht bestehen wird, dass Speien und Erbrechen hier eine Folge von Fehlern in der Beschaffenheit oder in der Zusammensetzung der Nahrung seien. Das Allgemeinbefinden der jungen Speikinder braucht nicht gestört zu sein, auch der Einfluss auf das Körper-gewicht ist in der Mehrzahl der Fälle gering, und es kann wochenlang Speien und Erbrechen bestehen, ohne dass es zur Gewichtsabnahme kommt.

Ganz anders ist das Erbrechen beim älteren Säugling zu bewerten. Stellt sich beim Kinde jenseits des sechsten Lebensmonats, dessen gastrische Funktionen bis-her ungestört waren, plötzlich stärkeres Speien oder Erbrechen ein, so kann mit grosser Wahrscheinlichkeit auf das Wirken einer äusseren Schädigung geschlossen werden. Das gilt vor allem auch für das ältere Brustkind, bei dem der Eintritt von Speien und Erbrechen fast mit Sicherheit auf das Einsetzen irgendeiner parenteralen Infektion hinweist. Dieses zentraltoxisch bedingte Erbrechen beein-trächtigt häufig auch das Allgemeinbefinden. Ein einmaliges Erbrechen dieser Art genügt, um bei vielen Kindern beträchtliche Gewichtsabnahmen von mehreren 100 g auszulösen, die sehr rasch wieder ausgeglichen werden können, wenn das Erbrechen sich nicht wiederholt und der Infekt nicht zur Ursache einer akuten Durchfallserkrankung wird (s. S. 193).

Die Säuglinge, die an habituellem Speien und Erbrechen leiden, gehören zum grossen Teile einem bestimmten Typus an. Im Sigaudschen Schema wären sie in der Mehrzahl dem Typus zerebralis zuzurechnen (s. Abb. 64). Es sind meist magere, schlankgliedrige Kinder, deren Fettpolster sich nur langsam bildet; oft sind es unruhige Kinder, die wenig schlafen. Zwangsbewegungen sind bei ihnen häufig; vor allem fällt die Neigung zum Stirnrunzeln auf, wobei die Stirn in tiefe Querfalten gezogen wird. Die Behaarung der Kinder ist oft auffallend dicht, und die struppigen Haare reichen weit in die Stirn hinein. Auch die Behaarung an den Schläfen und vor den Ohren bleibt auffallend lange bei den Speikindern bestehen.

Behandlung. Die Unmöglichkeit, im einzelnen Falle die mannigfaltigen Ursachen des habituellen Speiens anzugeben, erschwert auch die Behandlung des Leidens. Es kann daher nur versucht werden, die empirisch erprobten pflegerischen, diätetischen und medikamentösen Maßnahmen nacheinander oder nebeneinander anzuwenden, bis die Methode gefunden ist, die im speziellen Falle das Speien und Erbrechen zum Erlöschen bringt. Die pflegerischen Maßnahmen werden beim Sauggeschäfte selbst zu beginnen haben. Ein Luftschlucken beim Trinken an der Brust oder aus der Flasche muss nach Möglichkeit verhütet werden. Beim Trinken an der Brust wird dafür gesorgt werden müssen, dass das Kind nicht nur die Warze, sondern auch den Warzenhof mit seinen Lippen umfasst. Die Nasenatmung muss durch Abdrängen der Brust vom Gesicht des Kindes freigehalten werden. In manchen Fällen mag es auch nützlich sein, die übliche Stillhaltung des Kindes, bei der es quer auf dem Schosse der Mutter liegt, zugunsten einer Haltung aufzugeben, die von französischen Autoren empfohlen wurde, und bei der das Kind senkrecht vor der Mutter gehalten und gestillt wird. Beim Trinken aus der Flasche begünstigt ein weites Loch im Sauger das Luftschlucken. Durch Füttern in Bauchlage des Kindes, so dass die Brust des Kindes auf einem harten Kissen ruht, und der Kopf frei über den Rand des Kissens herausragt, soll es gelingen, das Luftschlucken zu verringern und manches habituelle Speien zu bessern. In keinem Falle sollte aber, worauf schon hingewiesen wurde, vergessen werden, das Kind in aufrechter Haltung während und nach dem Trinken aufstossen zu lassen, um die mitgeschluckte Luft ohne Nahrungsverlust zu entfernen.

Die **diätetische** Behandlung muss sich zunächst von der Vorstellung freimachen, dass gewohnheitsmäßig speiende und brechende Kinder zuviel an Nahrung bekämen. Die Kinder, die speien oder brechen, leiden zum grossen Teil schon durch diese Nahrungsverluste an einem **Zuwenig** an Nährstoffen. Ja, eine Unterernährung löst, worauf hingewiesen wurde, sogar selbständig Speien und Erbrechen aus. Eine Schonungstherapie des Magens wird diese Form des Erbrechens und Speiens niemals heilen. Auch **stärkere Verdünnungen der Nahrungsmischungen oder eine Verminderung der Nahrungsmengen bringen hier niemals eine Besserung.** Überfütterung und Überbelastung des Magens finden in der Pathogenese dieser Störungen nur den geringsten Platz. Ausreichende Ernährung und damit Gedeihen ist die erste Voraussetzung zur Heilung dieser funktionellen gastrischen Störungen. Einen Fortschritt in der diätetischen Behandlung brachte die Erkenntnis, dass manches habituelle Speien und Erbrechen heilt, wenn es gelingt, den mangelhaft entwickelten peristolischen Reflex auszulösen. Durch Zulage einiger Teelöffel eines dicken Breies (Griessbrei oder Kartoffelbrei) vor der Mahlzeit gelingt es, das Erbrechen zum Schwinden zu bringen (Epstein), trotzdem die Nahrung im übrigen unverändert nach Menge und Zusammensetzung weiter gereicht wird. Bei anderen Patienten genügt die Breivorfütterung nicht, erst wenn die gesamte Nahrung in konzentrierterer Form, bei wieder anderen

Patienten in selteneren Mahlzeiten gereicht wird, tritt die Heilung des Speiens und Erbrechens ein. Als konzentrierte Nährgemische eignen sich die sogenannten Doppelnahrungen der Pirquetschen Klinik, in erster Linie Vollmilch mit 17% Zucker oder Buttermehlvollmilch nach Moro oder auch konzentrierte Eiweissmilch mit 15—20% Zucker, Gemische von denen etwa die Hälfte der Mengen, die bei einfachen Milchmischungen gegeben werden, bereits zur Deckung des Nahrungsbedarfs ausreichen. Werden bei einer solchen konzentrierten Ernährung selbst kleine Nahrungsmengen noch erbrochen, so ist trotzdem die Menge des bleibenden Nahrungsrestes zum Gedeihen häufig noch ausreichend. Kommt es aber erst zum Gedeihen, so wird auch ein Fortdauern des Speiens und Erbrechens mit Gleichmut hingenommen werden dürfen, zumal ja die Hoffnung besteht, dass spätestens im sechsten Lebensmonat die gastrischen Erscheinungen ganz schwinden.

Bei der Auswahl der konzentrierten Nährgemische wird darauf Bedacht genommen werden, dass kein Nährstoff in ihnen fehlt. In der Annahme, dass das Fett die Magenentleerung verzögert, hat man früher geglaubt, bei einer Neigung zum Speien und Erbrechen fettarm oder fettlos ernähren zu sollen. Die fettlosen Nährgemische bergen aber die Gefahr eines qualitativen Hungers; denn auch das Fett besitzt, wie schon betont wurde, gewisse Sondereigenschaften, die auch durch reichliche Zufuhr eines anderen Nährstoffes nicht ersetzt werden können. Zudem ist es schwierig, konzentrierten, aber fettarmen Nahrungsmischungen den hohen Brennwertgehalt zu geben, der notwendig ist, um bei der erstrebten Fütterung kleiner Nahrungsmengen den Energiebedarf des Kindes zu decken.

Welche Formen der konzentrierten Ernährung auch gewählt werden, stets ist aufs peinlichste darüber zu wachen, dass der Wasserbedarf des Kindes gedeckt wird. Die Gefahren eines Wassermangels stehen bei längerer Darreichung aller dieser Nahrungsmischungen, vor allem im Sommer, stets sehr nahe (s. Durstschäden). Es ist daher notwendig, zwischen den wenigen kleinen Mahlzeiten, die dem Kinde die energiespendenden Nährstoffe liefern, teelöffelweise oder in kleinen Portionen saccharingesüssten Tee oder Wasser zu geben.

Zur medikamentösen Therapie des habituellen Speiens und Erbrechens ist eine grosse Reihe von Arzneien empfohlen worden, die entweder dahin zielen, die beim Speikinde vermutete Gleichgewichtsstörung im vegetativen System wieder auszugleichen oder zentral zu beruhigen (Eckstein), oder die Überempfindlichkeit der Magenschleimhäute zu vermindern. Auch hier ist es nicht möglich, dem Vorgang des Speiens oder Erbrechens oder dem Gehabe des Kindes anzusehen, welche Gruppe von Arzneien am Platze ist. Der Arzt wird daher versuchen müssen, auf welchem Wege er am ehesten zum Ziele kommt. Patienten, bei denen alle diese Mittel versagen, sind überdies keineswegs selten. Anästhesierend auf die Magenschleimhaut wirkt das Novokain, das ca. 20 Minuten vor jeder Mahlzeit in Mengen von 0,0025—0,005 gegeben wird, z. B.:

> Rp. Novocain 0,05
> Aq. dest. ad 50,0
> Ds. 20 Minuten vor jeder Mahlzeit einen Teelöffel.

Eine Kombination mit Anästhesin wird die Wirkung verstärken. Vom Anästhesin erhält der Säugling 0,05—0,1 pro Dosis.

Am vegetativen System greifen Atropin oder das neuerdings als Ersatz empfohlene Eumydrin und Papaverin sowie Adrenalin oder Suprarenin an. Vom Atropin und vom Eumydrin erhält der Säugling von einer Lösung von 0,01:10,0 vor jeder Mahlzeit drei Tropfen, die vorsichtig bis zu fünf Tropfen gesteigert werden dürfen, wenn bei kleineren Mengen die gewünschte Wirkung ausbleibt. Das Auftreten eines Atropinrashs schadet nicht, zeigt aber an, dass die oberste Grenze der erlaubten Arzneimengen erreicht ist. Das Papaverin, das den erhöhten Tonus der glatten Magenmuskulatur herabsetzt, scheint bei innerlicher Darreichung (0,005—0,01 pro Dosis) weniger günstig zu wirken, als bei subkutaner Injektion (einmal täglich 0,01—0,02). Das Adrenalin nützt bei oraler Zufuhr nichts. Die Wirkung der subkutanen Injektion (zwei bis fünf Teilstriche der Lösung 1:1000) klingt sehr rasch ab. Anhaltender scheint gelegentlich der Einfluss zu sein, den intrakutane, vor jeder Mahlzeit ausgeführte Adrenalininjektionen auf die Regulierung der Vorgänge bei der Magenentleerung ausüben. In der allgemeinen Praxis dürften aber diese häufigen Injektionen kaum durchführbar sein. Bei atonischen Zuständen des Magens scheint — so lehren wenigstens Erfahrungen bei Magenatonien älterer Kinder — das Hypophysin, evtl. in Kombination mit Adrenalin oder Atropin, günstig zu sein. Vom Hypophysin Hoechst werden täglich dreimal 0,3—0,5ccm injiziert werden müssen. Zentral beruhigend auf ein übererregbares Brechzentrum wirken Luminal (0,03 bis 0,045 = 2 bis 3 Luminaletten, zwei- bis dreimal täglich pro Dosis oder dreimal $^1/_3$ Tablette Adalin). Erwünscht ist es, die Kinder dauernd in einem leichten Schlaf zu halten (s. Pylorospasmus).

3. Der Pylorospasmus.

Stellt sich beim jungen Säugling Erbrechen in besonders heftiger Form ein, so dass mit grosser Regelmäßigkeit im Anschluss an jede einzelne Mahlzeit grössere Nahrungsmengen im Strahl entleert werden, und setzt dieses heftige spastische Erbrechen schon in den allerersten Lebenswochen ein, so muss in jedem Falle daran gedacht werden, dass es sich um mehr als nur ein funktionelles Erbrechen handelt. Bei diesen Patienten findet sich als Ursache des starken Erbrechens, die bald unschwer nachweisbar wird, eine anatomische Veränderung des Magenausgangs, eine Hypertrophie des Pylorus, durch die es zum Spasmus und damit zur Pylorusstenose kommt.

Wenn es auch in den allerersten Tagen zuweilen nicht gelingt, die sicheren Symptome der Krankheit nachzuweisen, so vergehen doch nur selten mehr als drei bis vier Tage bis zum Erscheinen eindeutiger Krankheitszeichen. In der zweiten oder dritten Lebenswoche setzt unter einer leichten Unruhe des Kindes plötzlich heftiges Erbrechen ein, während bis dahin die Arbeit des Magens sich anscheinend störungslos vollzogen hat. Das Erbrechen selbst geschieht auch hier rasch und überraschend; eine einleitende Nausea fehlt. Nur bei einzelnen Kindern leitet ein ängstliches und schmerzhaftes, kurzes Schreien den Brechakt ein. Das Erbrechen erfolgt meist explosiv und während oder am Ende der Mahlzeit; aber auch noch eine viertel bis halbe Stunde nachher werden im Strahl mehr oder weniger grosse Teile der letzten Mahlzeit zurückgegeben, ganz ähnlich wie bei habituellem Erbrechen. Die Diagnose der Pylorusstenose wird erst möglich, wenn als führendes Symptom peristaltische Wellen der Magenbewegung sich sichtbar durch die dünnen Bauchdecken der Kinder abzuzeichnen beginnen. Aber auch hier sind noch Irrtümer möglich. Darmsteifungen sind bei jungen Kindern mit lebhafter Peristaltik gar nicht selten zu sehen. Die sichtbare peristaltische Welle erscheint bei der Pylorusstenose stets am linken Rippenbogen, wälzt sich träge über die Mittellinie und verschwindet unterhalb der Leber in der Gegend der rechten Mamillarlinie. Eine Antiperistaltik wird nie beobachtet, und der Sitz und Weg der sichtbaren Welle wechselt nicht, wie es bei einer sichtbar werdenden, lebhaften Darmperistaltik der Fall zu sein pflegt. In vielen Fällen gehört eine gewisse Geduld dazu, um das

Symptom aufzufinden. Am ehesten gelingt es noch, wenn man dem Kinde ein kleineres Nahrungsquantum zu trinken gibt und dann sorgfältig die Magengegend beobachtet. Streichen der Bauchwand, Kältereize bringen die Peristaltik zu lebhafterer Tätigkeit. Wenige Tage nach dem Einsetzen des Erbrechens gelingt es, als weiteres sicheres Symptom rechts neben der Mittellinie den verdickten spastischen Pylorus als etwa bleistiftdickes, kleinfingerglied langes, hartes, längliches Gebilde zu tasten. Dabei ist zuweilen deutlich zu fühlen, wie sich von Zeit zu Zeit unter der andrängenden Welle der Pylorus steift, um dann wieder zu erschlaffen und nicht mehr tastbar zu sein.

Vom Pylorospasmus werden fast nur Kinder nervöser Eltern und Kinder, die selber Stigmata der Neuropathie tragen, befallen. Fast alle gehören dem Typus cerebralis an. Das Erblichkeitsmoment prägt sich auch darin aus, dass bereits eine ganze Reihe von Beobachtungen vorliegen, in denen mehrere Kinder einer Familie am Pylorospasmus litten. Knaben sind weit häufiger betroffen als Mädchen. Die Kinder mit Pylorospasmus ähneln sich bis zu einem gewissen Grade. Fast alle sind hager, dunkelhaarig, dicht behaart; vor allem reicht die Kopfbehaarung weit in die Stirn herein, die Augenbrauen sind häufig auffallend dicht; alle Pylorospastiker sind, worauf Feer aufmerksam gemacht hat, ausgesprochene Stirnrunzler.

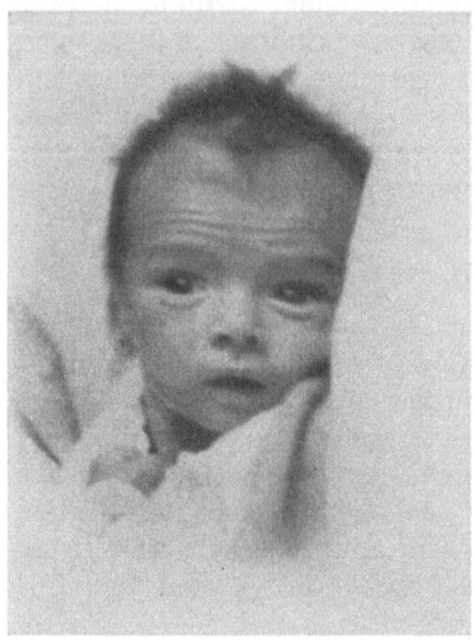

Abb. 64. Kind mit Pylorospasmus.
Typus cerebralis. Stirnrunzler.

Als Folge der grossen Nahrungsverluste durch das heftige Erbrechen stellen sich bei den Kindern eine Reihe weiterer Krankheitszeichen ein. Die Bauchdecken sinken ein. Passiert nur noch sehr wenig Nahrung durch den krampfhaft verschlossenen Pylorus, so fehlt die Stuhlbildung. In den schwersten Erkrankungen können echte, dunkle Hungerstühle entleert werden. Andererseits gibt es aber auch Kinder, bei denen der Hunger auch beim Pylorospasmus zum Durchfall führt. Es werden dann öfters am Tage kleine Mengen zerfahrenen, schleimigen Stuhles entleert. Die Urinsekretion wird geringer, und im spärlich entleerten Harn finden sich mit grosser Regelmäßigkeit Leukozyten und Spuren von Eiweiss. Noch nicht völlig geklärt sind die Fieberzacken, die beim Pylorospastiker von Zeit zu Zeit auftreten. Am Magen bedingt der krampfhafte Verschluss des Pylorus eine starke Verzögerung der Magenentleerung. Nicht nur bleibt die einzelne Mahlzeit viele Stunden im Magen liegen, sondern mit der Dauer der Krankheit kommt es zu einer Senkung, seltener zu einer Erweiterung des Magens, in dem dann Nahrungsreste von vielen Tagen liegen bleiben und sich zersetzen können, bis sie durch eine Magenspülung entfernt werden. Die Absonderung der Magenfermente und der Salzsäure ist ungestört, häufig sogar gesteigert. Die in den Magen entleerte Salzsäure geht dem Organismus durch das Brechen ständig verloren. Die Menge der sauren Valenzen im Organismus vermindert sich auf diese Weise, und es kommt zu einer kompensierten, gelegentlich auch unkompensierten Alkalose (Vollmer) im Organismus. Die intensive Peristaltik des Magens und die Verzögerung der Magenentleerung lassen sich im Röntgenbilde nachweisen, ohne dass es uns aus den hier feststellbaren zeitlichen und räumlichen Verhältnissen, ebenso wie aus der Wägung der Mengen des Erbrochenen möglich erscheint, bindende Schlüsse für die Beurteilung der Schwere des einzelnen Krankheitsfalles oder für den Weg der Therapie zu ziehen.

Entscheidend für den einzelnen Krankheitsfall scheint vielmehr die Konstitution des Kindes zu sein, die hier zwei ganz differente Krankheitsbilder zur Entwicklung bringt. Auf ein gleich heftiges Erbrechen reagiert ein Teil der Säuglinge schon in den ersten Krankheitstagen mit Gewichtssturz und Verfall und der Entwicklung der Zeichen der Exsikkose. Bei der zweiten Gruppe von Patienten kommt es ohne wesentliche oder bei nur sehr allmählichen Gewichtsabnahmen zur Entwicklung einer Dystrophie leichteren oder mittleren Grades. Während bei den hydrolabilen Kindern, bei denen mit dem Beginn des Pylorospasmus die rasche Entwicklung von Verfall und Dekomposition droht, jeder weitere Hungertag schwerste Gefährdung bedeutet, vermögen die hydrostabilen, lediglich dystrophisierenden Kinder den durch das Erbrechen bedingten Hunger weit besser zu vertragen. Erscheinen bei den in wenigen Tagen atrophisierten Pylorospastikern im Krankheitsbilde noch Zeichen der Exsikkose und kommt es schliesslich zur Entwicklung einer Intoxikation, so ist ein Zustand höchster Lebensbedrohung eingetreten, der sich bei den Kindern, die sich trotz ihres Erbrechens lange Zeit in ihrem Gewebsaufbau halten, fast nie einstellt.

Das Wesen der Pylorusstenose besteht im Gegensatz zu allen anderen Störungen der Magenentleerung in einer krankhaften Veränderung, vor allem des Magenausganges, der tumorartig verdickt ist. Dieser Pylorustumor kommt durch eine echte Hypertrophie vor allem der Ring- und weniger der Längsmuskulatur des Pylorus zustande, wobei die einzelnen Muskelfasern an sich vergrössert sind. Die Verdickung der Muskulatur setzt sich im Duodenum und am Magen auf die dem Pylorus angrenzenden Teile fort; sie kann sich selbst bis auf den Magenfundus und auf die Speiseröhre erstrecken, wo die Muskulatur auch auffallend weiss und derb erscheint. An der Verengerung des Pylorus ist die starke Fältelung der Schleimhaut, die bei länger bestehender Erkrankung leicht verdickt, ja im Sinne einer Gastritis verändert und mit oberflächlichen Erosionen bedeckt erscheint, wesentlich beteiligt. Für die Entwicklung der Passagestörung mag auch die auffallende Verkürzung des Magenmesenteriums und der Aufhängebänder des Magens von Bedeutung sein, die den Pylorusteil in leicht abgeknickter Stellung starr festhalten. Die Entstehung der Muskelhypertrophie des Pylorus ist noch nicht ganz geklärt. Die Vorstellung, dass es sich um eine sekundäre Arbeitshypertrophie im zunächst nur spastisch kontrahierten Muskel handelt, scheint heute zugunsten der Annahme einer primären Hypertrophie aufgegeben werden zu müssen, nachdem es, wenn auch nur in einzelnen Fällen, gelungen ist, bereits bei Föten und Neugeborenen eine Hypertrophie des Pylorus nachzuweisen. Zur sekundären Hypertrophie des Pylorus gesellt sich unter der Wirkung noch unbekannter Reize ein Krampf des hypertrophischen Pylorus, der dann erst zur Entwicklung des klinischen Bildes der Pylorusstenose führt. Der Verschluss des Magenausganges, der auf diese Weise zustande kommt, ist sehr fest, so dass, wie sich am Magen von Kindern, die an einer Pylorusstenose verstorben sind, zeigen lässt, ein Wasserdruck von mehr als 100 cm notwendig ist, um den Verschluss des Pylorus zu sprengen, während ein normaler Magen oder selbst der sogenannte systolische Leichenmagen (v. Pfaundler), der ähnlich wie der Magen eines Pylorospastikers aussehen kann, bereits bei einem Wasserdruck von 30 cm entfaltet wird. Für das Krankheitsbild ist der Spasmus der Muskulatur wichtiger als die tumorartige Verdickung. Dafür spricht, dass vor Krankheitsbeginn die Muskelverdickung offenbar zwei bis drei Wochen bestehen kann, ohne Erscheinungen zu machen, und dass es zur Heilung der Krankheit kommt, während die Pylorushypertrophie Monate, ja vielleicht jahrelang fortbestehen bleibt. Welcher Art die nervöse Störung ist, die den spastischen Zustand des Pylorus auslöst, scheint noch völlig ungeklärt. Die Annahme eines erhöhten Vagustonus hat sich bisher nicht beweisen lassen, wenn auch die gelegentlich zu beobachtende günstige Wirkung von Arzneimitteln, die den Tonus im vegetativen System zuungunsten des Vagus verschieben, als Beweis angeführt werden könnte.

Die **Behandlung** der Pylorusstenose ist auch heute noch umstritten. Es erscheint nicht möglich und nicht berechtigt, hier schematisch das eine oder

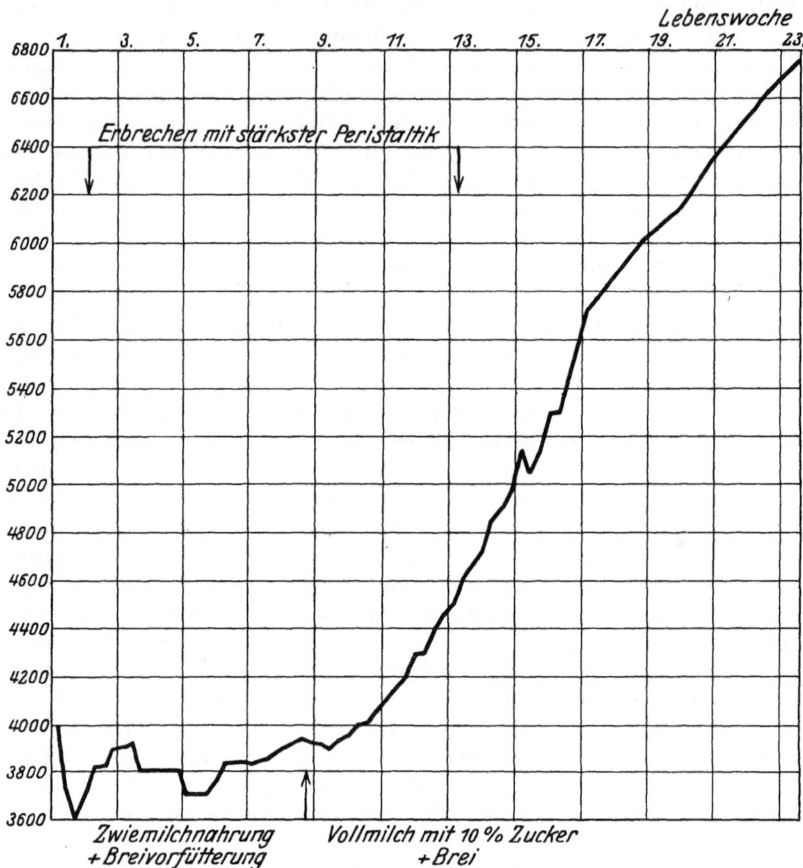

Abb. 65. Pylorospasmus. Hydrostabiles Kind. Keine grösseren Gewichtsabnahmen. Geheilt bei interner Behandlung. Brustmilch (sechs Mahlzeiten) nach Belieben des Kindes. Vor jeder Brustmahlzeit Vorfütterung von drei bis vier Teelöffeln Vollmilchbrei mit Mehl und Butter (Morobrei). Nach längerem dystrophischem Zustand Heilung bei Vollmilch und 10% Zucker (kleine Mahlzeiten) und Vorbrei.

das andere Verfahren zu empfehlen. Sowohl die interne wie auch die chirurgische Therapie, die heute noch um den Vorrang streiten, haben ihre volle Berechtigung, wenn sie nur dem einzelnen Falle angepasst herangezogen werden. Es erscheint ratsam, in jedem Falle zunächst den Versuch einer internen Behandlung zu machen. Die Operation sollte für die Fälle vorbehalten bleiben, die auf die interne Behandlung nicht ansprechen. Dabei darf aber wieder nicht zu lange mit der Operation gezögert werden, um nicht das Kind in allzu schlechtem Ernährungszustande den Anstrengungen der Operation auszusetzen. Ein Zuwarten unter interner Behandlung kommt daher vor allem für die Patienten in Frage, die hydrostabil sind, und die trotz ihres Erbrechens und Hungerns nur wenig und

sehr allmählich dystrophisieren. Alle Kinder mit Pylorospasmus, die **h y d r o -
l a b i l** sind, bei denen rasche und **s t ä r k e r e G e w i c h t s a b n a h m e n** eintreten,
oder bei denen Zeichen der Exsikkose erscheinen, sind sofort dem **C h i r u r g e n**
zuzuführen. Eine Anzeige zur Operation scheint uns auch aus sozialer Indikation

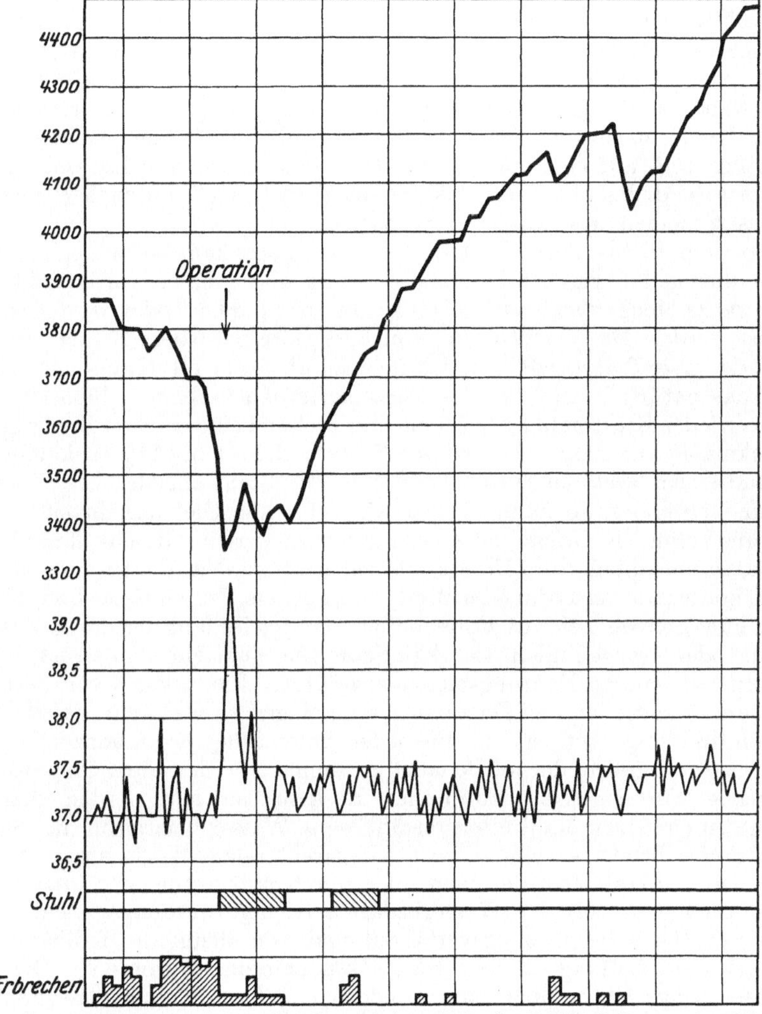

Abb. 66. Nach anfänglich ungestörtem Gedeihen setzt am Ende der dritten Lebenswoche plötzlich sich
rasch steigerndes heftiges Erbrechen ein, das sich am Ende der vierten Woche nach jeder Mahlzeit wiederholt. Sichtbare Peristaltik. Anfang der fünften Lebenswoche Gewichtsstürze, Kind blass, verfällt. D a m i t
i s t e i n e d r i n g e n d e A n z e i g e z u r O p e r a t i o n g e g e b e n. Nach der Operation sofort Gewichtsstillstand, noch zwei Tage hohes Fieber. Bei vorsichtiger Nahrungssteigerung rasche Erholung.
F a l s c h w ä r e g e w e s e n, angesichts des akuten Verfalls zu versuchen, allein durch diätetische
Behandlung die Heilung zu erreichen.

gegeben zu sein. Fehlt die Möglichkeit, die Mittel für die notwendige monate-
lange Krankenhausbehandlung aufzubringen, oder fehlt die Möglichkeit, in der
häuslichen Pflege. die niemals geringe pflegerische Arbeit bei dem Kinde mit
Pylorospasmus sachgemäß durchzuführen, so scheint eine Anzeige gegeben, durch
die relativ ungefährliche Operation das Kind in wenigen Tagen von seiner
Krankheit zu befreien.

   Bei der **i n t e r n e n T h e r a p i e** steht die diätetische Behandlung im Vordergrund, d. h. es gilt die Frage zu lösen, wie das Erbrechen einzudämmen, und gleich-

zeitig ein allzu ausgedehnter Hunger zu vermeiden ist. Die Wahl der Heilnahrung ist dabei von geringerer Bedeutung. Die Pylorusstenose kann bei jeder Nahrung heilen. Komplette Nahrungsgemische sind auch hier notwendig, und die früher angewandten kalorienarmen, stark verdünnten, fettarmen oder fettlosen Nährgemische sind unzweckmäßig und bedeuten sicher eine Gefahr, indem sie zur Verschlechterung des Ernährungszustandes beitragen. Die Nahrung kann dabei nach der älteren Empfehlung Heubners in fünf bis sechs grösseren Mahlzeiten, oder nach einem Vorschlage Ibrahims in vielen kleinen Mahlzeiten gereicht werden, wobei man vorsichtig tastend das Nahrungsquantum zu erreichen sucht, das vom Kinde eben nicht mehr erbrochen wird. Auch hier erscheint es nicht zweckmäßig, sich auf eines der Verfahren festzulegen; denn im einzelnen Falle erweist sich bald das eine bald das andere Vorgehen als nützlicher, um ein allmähliches Gedeihen des Kindes zu erreichen.

Ein wesentlicher Fortschritt in der Behandlung kam zustande, als von der üblichen flüssigen Form der Säuglingsnahrung abgegangen wurde, und ein Teil oder die ganze Menge der Nahrung in konzentrierter oder breiiger Form verfüttert wurde. Die Vorfütterung von Brei sollte bei jedem Kinde mit Pylorospasmus der erste diätetische Versuch im Kampf gegen die Krankheit sein. Das gilt für das natürlich und für das künstlich ernährte Kind. Beim Brustkinde werden vor jeder Brustmahlzeit zwei bis drei Teelöffel eines dicken Breies gefüttert, der zweckmäßig aus 100 g abgespritzter Frauenmilch, 1 bis 1½ Teelöffeln feinem Griess und einem Teelöffel Zucker hergestellt ist. Steht abgedrückte Frauenmilch nicht zur Verfügung, so kann ebenso wie beim künstlich ernährten Kinde ein Vorbrei aus Vollmilch, Griess und Zucker gefüttert werden. Reicht dieses Vorgehen nicht aus, so muss auch beim Brustkinde versucht werden, die gesamte Nahrungsmenge in konzentrierter Form oder Breiform zu geben. Durch Griessbrei, Kartoffelbrei, der zum grossen Teil aus Frauenmilch bereitet ist und der durch Zusatz von Einbrenne oder Trockenmilch noch kalorienreicher gemacht worden ist, wird dem Körper die notwendige Nahrungsmenge zugeführt. Die Zulagen von Fett sollten, um stärkere Retentionen und Zersetzungen im Magen zu verhüten, dabei nicht 3% der Gesamtnahrung übersteigen. Bei jeder Anwendung einer konzentrierten Ernährung muss sorgfältig darauf Bedacht genommen werden, dem Organismus eine ausreichende Wassermenge zuzuführen. Es kann versucht werden, dem Kinde zwischen den einzelnen Mahlzeiten teelöffelweise Wasser beizubringen. Stellt sich dabei stärkeres Erbrechen ein, so wird auf parenteralem Wege, am besten durch Halteklysmen, rektale Instillationen oder durch subkutane oder intramuskuläre Zuckerinfusionen (5%ig) der Wasserbedarf befriedigt werden müssen.

An sonstigen Behandlungsverfahren und vor allem an Medikamenten ist vielerlei zur Behandlung der Pylorusstenose empfohlen worden. Der Nutzen aller dieser Dinge ist fraglich, zum mindesten nicht mit einiger Regelmäßigkeit und Sicherheit vorauszusagen. Aus der Annahme, dass ein erhöhter Vagustonus den Spasmus des Magenpförtners auslöst, sind von pharmakologischen Mitteln Atropin, Eumydrin, Papaverin und Adrenalin empfohlen worden (Dosierung s. Seite 224). Erfolge sind hier mit Regelmäßigkeit ebensowenig zu erwarten wie beim funktionellen Erbrechen der Säuglinge. Besser scheint gelegentlich die Anwendung von Narkotizis zu sein. Vor allem bei den Kindern, bei denen der Krampf des Magenausganges anscheinend mit starkem Unbehagen oder Schmerzen verbunden ist, so dass die Kinder unruhig werden, viel schreien und die Bauchpresse anspannen, gelingt es die Stärke des zentral bedingten Erbrechens zu mindern, wenn die Kinder durch Narkotika (Luminal, Urethan, Adalin 2—3 × 0,25) in dauerndem Schlaf gehalten werden.

Zu einer neuen, aber auch nicht ursächlichen Therapie führten die Untersuchungen des Stoffwechsels beim Pylorospasmus, die eine Alkalose als Folge des häufigen Erbrechens aufdeckten, von der Vollmer und Serebrijski annahmen, dass sie den Vagustonus erhöht und dadurch wiederum die Übererregbarkeit des Pylorus steigert. Wurde die Alkalose durch grosse Salzsäuremengen (20 bis 30 ccm Normalsalzsäure verteilt auf die Mahlzeiten am Tage) ausgeglichen, so kam es zu einem raschen Aufhören oder zu einer Minderung des Erbrechens. Wenn auch mit dieser Behandlung keineswegs regelmäßige Erfolge zu erzielen sind, so kann sie in leichten, dystrophisierenden Fällen immerhin versucht werden. Von Magenspülungen ist eine heilende Wirkung nicht zu erwarten. Nach längerem Bestehen einer Pylorusstenose sollten aber Spülungen mit alkalischen Wässern von Zeit zu Zeit doch durchgeführt werden, um stagnierende, saure Nahrungsreste zu entfernen.

Die von A. Hess empfohlene Duodenalsondierung vermag eine Pylorusstenose zu überwinden. Die Anwendung dieser Therapie scheitert aber häufig an technischen Schwierigkeiten. Es gelingt nur gelegentlich und mit grosser Geduld, den krampfhaft verschlossenen Magenpförtner mit der Sonde zu durchdringen. Ist erst einmal eine Sondierung gelungen, so genügt diese einmalige Dehnung des Pylorus zuweilen schon, um das Erbrechen zum Stehen zu bringen. Bei anderen Patienten werden wiederholte Sondierungen notwendig, ehe ein Erfolg eintritt. Nach erfolgreicher Duodenalsondierung muss mit der Nahrungszufuhr zunächst Zurückhaltung geübt werden. Es ist falsch, in der Freude über die Beseitigung des Hindernisses sofort grosse Nahrungsmengen in das Duodenum hineinzugiessen. Vorsichtige Nahrungssteigerung, beginnend mit einer Tagesmenge von 200—300 g, ähnlich wie nach erfolgreicher Operation der Stenose, ist notwendig, um das Auftreten schwerer toxischer Krankheitsbilder zu verhüten, die zuweilen entstehen, wenn der der Verarbeitung grosser Nahrungsmengen ungewohnte Darm und die Leber plötzlich mit grossen Nahrungsmengen überschüttet werden.

Schliesslich sei zur Behandlung der subakut verlaufenden Erkrankungen die Diathermie angeführt, von der Tobler nützliches gesehen hat.

Erweist sich die interne medikamentöse und physikalische Therapie der Pylorusstenose als unzulänglich, oder gehört der vorliegende Fall zu denen, die sich unter Gewichtsverlusten, Zeichen der Exsikkose und Toxikose rasch entwickeln und verschlechtern, oder besteht eine soziale Indikation, die die langwierige innere Behandlung unmöglich macht, so sollte heute mit der operativen Behandlung nicht mehr gezögert werden. Die Erfolge mit dem heute üblichen Verfahren der Weber-Rammstedtschen Operation d. i. ein einfacher Längsschnitt in die hypertrophische Pylorusmuskulatur, sind in der Hand eines erfahrenen Chirurgen recht günstig. So berichtet Heile über 42 Operationen mit nur einem Todesfall; Strauß verlor von 226 Operierten 6; Hundsdörfer hatte bei 15 operierten Pylorospastikern, die z. T. in schlechtem Zustand waren, keinen Verlust zu verzeichnen. Es darf aber nicht verschwiegen werden, dass in anderen Statistiken die Sterblichkeit der operierten Patienten mit Pylorospasmus weit höher lag, ja dass über Verluste von 50% und mehr der operierten Kinder berichtet wird. Jede Modifikation des Verfahrens scheint die Gefahr der Operation zu erhöhen und den Erfolg zu mindern. Hierher gehört die Keilexzision, der Versuch einer Deckung des klaffenden Schnittes des Pylorus usw. Vor allem aber sollte die vor der Einführung der Weber-Rammstedtschen Operation geübte Gastroenterostomie ganz aufgegeben werden. Die Operation selbst bietet wenig Gefahren. Die Blutverluste sind gering. Der Schnitt in die Muskulatur sollte genügend tief geführt werden, da wir es erlebt haben, dass eine zweite Operation notwendig wurde, wenn nicht genügend Muskelbündel durchtrennt worden waren. Andererseits muss selbstverständlich jede Verletzung der Schleimhaut des Magens peinlichst vermieden werden. Fast grössere Gefahren als die Operation selbst schliesst die notwendige Narkose ein, als deren Folge sich nach der Operation gar nicht selten schwerste tödliche Krampfzustände bei den jungen Kindern einstellen können. Eine Verminderung des zur Narkose notwendigen Äthers scheint diese Narkoseschädigung zu verringern. Das gelingt, wenn die Kinder vor der Operation eine Injektion von Morphium (0,001) erhalten. Von Wichtigkeit ist es weiter, während und nach der Operation für ausreichende Wärmezufuhr zu sorgen.

Zur Nachbehandlung wird das Kind von den meisten Chirurgen sofort in die Hände des Kinderarztes zurückgegeben, da Pflege und Ernährung des frisch operierten Kindes kinderärztliche Erfahrung erfordern. Das Erbrechen verringert sich nach der Operation sehr rasch oder schwindet vollständig. Regelmäßig kommt es aber in den ersten 24 Stunden nach der Operation zur Fiebersteigerung, die 39^0 und mehr betragen kann. Die Genese dieses Fiebers ist noch völlig ungeklärt. Mit Veränderungen im Gebiete der Operation, peritonitischen Reizungen, septischen Prozessen u. ä. hat es jedenfalls nichts zu tun. 24 bis 48 Stunden später schwindet das Fieber. Das Aufhören des Krampfes am Magenausgang, und damit das Aufhören des Erbrechens könnte ähnlich wie nach erfolgreicher Duodenalsondierung dazu verführen, dem Kinde, das bis dahin hungerte, sofort grössere Nahrungsmengen zuzuführen. Ein solches Vorgehen bedeutet aber eine grosse Gefahr. Toxische Zustände stellen sich da ein, wo bald nach der Operation die Kinder reichlich ernährt werden. Bald nach der Operation können die Kinder zunächst teelöffelweise saccharingesüssten Tee erhalten. Nach 5 bis 6 Stunden beginnt man, zunächst stündlich einen Teelöffel Frauenmilch oder gezuckerte Buttermilch oder Halbmilch mit 5% Zucker zu reichen. Am zweiten Tage gibt man stündlich etwa 10 g der Nahrung, um dann von Tag zu Tag steigend, nicht allzu zögernd den notwendigen Nahrungsbedarf an Quantität und Qualität zu erreichen. Daneben darf aber nie vergessen werden, den Wasserbedarf des Kindes durch reichliche Wasserzufuhr, evtl. durch rektale Instillationen oder selbst durch subkutane Injektionen zu decken. Die Erholung der Kinder, deren Ernährungszustand · schon beträchtlich geschädigt war, geschieht nach erfolgreicher Operation immer wieder überraschend schnell. Das Erbrechen steht meist sofort, wenn auch zunächst noch einige Zeit eine gewisse Neigung bestehen bleibt, auf geringfügige Reize mit leichten neuen Brechattacken zu reagieren. So bringt die regelrecht durchgeführte Operation in der Regel einen schönen, raschen Erfolg. Die Gefahr der Operation liegt vor allem in Fehlern der Nachbehandlung. Gelegentlich können sich im Anschluss an die Operation peritonitische Verwachsungen und Stränge ausbilden, die bei einem Kinde unserer Beobachtung zur Entwicklung eines sekundären Ileus Veranlassung gaben.

Ist durch interne oder durch chirurgische Behandlung die Zeit des akuten Stadiums der Pylorusstenose überwunden, so ist die Prognose für die weitere Entwicklung des Kindes im ganzen recht günstig. Auch das Fortbestehen der Hypertrophie des Pylorus hindert anscheinend die Magenfunktion nicht mehr, wenn nur erst die Zeit des ersten Trimenons überwunden ist, nach der fast regelmäßig der störende Spasmus im hypertrophischen Muskel nachlässt und aufhört. Das Gedeihen der Pylorospastiker unterscheidet sich nach dieser Zeit nicht mehr von dem gesunder Kinder. Auch die neuropathische Belastung wirkt sich, wenigstens im späteren Säuglingsalter, nicht besonders stark aus. Bei einzelnen Kindern scheint später eine Neigung zu nervösen Erscheinungen zutage zu treten.

b) Qualitative Fehlnährschäden.

Ebenso wie die dauernde Zufuhr quantitativ ausreichender Nahrung zum Gedeihen unerlässlich ist, kann der Organismus auch für relativ kurze Zeit keinen der wesentlichen Nährstoffe entbehren, aus denen er sich aufbaut oder die er zu seinen Leistungen gebraucht. Jeder Ausfall an Nährstoffen durch fehlerhafte Ernährung macht sich deshalb nicht nur in der Entwicklung, sondern auch im ganzen Gefüge und in den Funktionen des Körpers bemerkbar, und es gehört wieder zu den besonderen Kennzeichen des Säuglingsalters, dass der schnell wachsende Organismus viel eher und viel stärker auf jeden Mangel in der Nahrung reagiert als das langsam wachsende Kind oder der im Wachstum abgeschlossene Erwachsene. Es ist kein Zufall, dass die qualitativen Fehlnährschäden im Säuglingsalter so häufig beobachtet werden. Um einen Fehlnährschaden beim Erwachsenen auszulösen, müssen schwerste Verstösse in der Diät lange Zeit einwirken, ehe es zur Krankheit kommt. Beim Säugling reicht oft eine kurze Zeit der Entbehrung lebenswichtiger Stoffe aus, um ernste Schädigungen hervorzurufen; man denke vergleichsweise nur an den Mehlnährschaden der Säuglinge, dem die erst unter den schwersten Entbehrungen des Krieges aufgetretene Ödemkrankheit beim Erwachsenen entspricht.

Ein Mangel an Eiweiss kommt bei Darreichung der gewöhnlichen Milchmischungen kaum je in Betracht, da auch die stärkste gebräuchliche Verdünnung der Kuhmilch mit zwei Teilen Wasser ($^1/_3$ Milch) stets noch den Eiweissbedarf des Kindes vollauf deckt. Eher als beim künstlich ernährten Kinde könnte eine einseitige Unterschreitung des Eiweissbedarfs bei bestimmten Gruppen von Brustkindern (cf. S. 305) in Betracht kommen, die entweder durch eine besonders grosse Wachstumsintensität oder durch die Notwendigkeit, vorher erlittenen Verlust auszugleichen, auf stärkste Eiweisszufuhr angewiesen sind. Es sind das die rasch wachsenden Frühgeburten, und die Rekonvaleszenten nach schweren Ernährungsstörungen. In der Tat ist gezeigt worden, dass in diesen Fällen durch isolierte Zulage von Eiweisspräparaten dystrophische Zustände behoben werden können.

Ein Eiweissmangel neben einem Ausfall an anderen wichtigen Nährstoffen besteht bei jenen Säuglingen, die kürzere oder längere Zeit ausschliesslich mit Mehlsuppe ernährt wurden.

1. Der Mehlnährschaden.

Der Mehlnährschaden, dessen erste Beschreibung durch Czerny den Begriff des Nährschadens so sehr gefördert hat, und der seiner Zeit weit über das Bild des Mehlnährschadens hinaus wesentlich zum Verständnis der Ernährungstherapie der Nährschäden beigetragen hat, ist heute dank der aufklärenden Arbeit an den Müttern und Kinderpflegerinnen ein seltenes Krankheitsbild geworden. Es ist aber von mehr als historischem Interesse, den Mehlnährschaden klinisch zu schildern, da er von allen Fehlnährschäden vielleicht am geeignetsten ist, ein Verständnis für die schweren Folgen einer qualitativ unzureichenden Ernährung zu vermitteln, die sich keineswegs mit einer Störung des Ansatzes erschöpfen, sondern für lange Zeit sämtliche Leistungen und die gesamte Entwicklung des kindlichen Organismus aufs schwerste schädigen.

Zum Mehlnährschaden kommt es, wenn Säuglingen über längere Zeit eine Nahrung gereicht wird, die im wesentlichen aus Abkochungen von Mehl oder Flocken besteht, die vielleicht noch mit Zucker gesüsst sind, und denen nach den üblichen Kochrezepten meistens Kochsalz in relativ grossen Mengen zugesetzt wird. Diese Gemische sind reich an Kohlenhydraten und an wasserbindendem Salz; es fehlt ihnen Eiweiss, Fett und aufbauende Salze (Kalk), die zur Gewebsfestigung beitragen.

Eine solche unvollkommene Ernährung wird meistens im Anschluss an eine vorangegangene Zeit von Durchfällen eingeleitet. Schleim- und Mehlabkochungen sind die ältesten und auch heute noch weit verbreitetsten Heilmittel eines Durchfalls, durch deren Anwendung es in der Tat in vielen Fällen gelingt, einen Durchfall zu heilen. Die Furcht vor der Rückkehr zu einer milchhaltigen

Nahrungsmischung, bei der der Durchfall sich einstellte, bestimmt aber viele Mütter, die einseitige Mehlernährung Wochen, ja Monate fortzusetzen. In einzelnen Gegenden ist es Volkssitte, junge Kinder längere Zeit einseitig mit Mehl zu ernähren. Die Schnelligkeit, mit der es dabei zum Mehlnährschaden kommt, hängt weitgehend vom Alter der Kinder ab. Die rasch wachsenden Zellen der jüngsten Säuglinge mit ihrer ausserordentlichen Quellungsbereitschaft leiden unter der falschen Ernährung viel rascher als die Zellen des älteren Säuglings, dessen Wachstumstrieb bereits physiologisch geringer geworden ist.

Das **klinische Bild** des Mehlnährschadens ist das einer D y s t r o p h i e oder A t r o p h i e , das aber durch die Wirkungen der im Übermaß dargereichten Kohlenhydrate eine besondere Prägung erhält. Alle Vorgänge, die mit der Wasserbindung im Organismus zusammenhängen, werden damit am schwersten betroffen. In den ersten Stadien der Krankheit kommt es zu einer überschiessenden Quellung der Gewebe, die klinisch ihren Ausdruck in einer zunächst verstärkten Gewichtszunahme findet. Der überschiessenden Wassereinlagerung fehlt aber das Gegenspiel einer Zügelung der Wasserbindung, und dadurch leidet die physiologische Festigkeit im Aufbau der Gewebe. Der Körper gleicht einem Schwamm, der sich mit Wasser vollsaugt. Wie aber schon der geringste Druck genügt, das im Schwamm nur locker festgehaltene Wasser wieder abzugeben, so stehen der abnorm grossen Zunahme der Mehlkinder schnell eintretende übergrosse Gewichtsabnahmen aus geringer Ursache gegenüber. Dem „Scheinansatz" in der Periode der Wasseraufnahme folgt unausbleiblich durch rasche Wasserabgabe die „Reversion des Scheinansatzes". Diese Schwankungen im Wasserhaushalt betreffen aber weit über die eigentlichen Vorgänge einer Bindung und Abgabe von Wasser hinaus aufs Schwerste die gesamte Struktur des Organismus, seine Leistungen und seine Entwicklung. Es kommt offenbar zu einem tiefgreifenden Umbau im Protoplasma. Damit beeinträchtigt der Mehlnährschaden vielleicht von allen Fehlnährschäden am meisten die lebenswichtigsten Funktionen des Organismus. In erster Linie wird die Abwehr gegen Infektionen betroffen. Der Mehlnährschaden selbst setzt dem Leben der Kinder nur selten ein Ende. Die Kinder mit Mehlnährschaden sterben zumeist an interkurrenten Infektionen, die der abgeartete Organismus nicht mehr abzuwehren vermag.

In eindrucksvoller Weise lässt sich die Wirkung einer einseitigen Mehlernährung am lebenden Organismus darstellen, wenn man ein Meerschweinchen längere Zeit einseitig mit Mehl, Molke und Vitaminen ernährt. Nach etwa drei Wochen, in denen die Tiere steil an Gewicht zunehmen, kommt es zu Ödemen, die sich besonders an der Unterseite der Zehen einstellen, zu starkem Meteorismus und gleichzeitig zum Verlust des Haarkleides. In diesem Stadium erliegt ein grosser Teil der Tiere Infektionen. Ein rechtzeitiger Übergang zu einer kompletten Kost heilt in wenigen Tagen die schwerkranken Tiere.

Klinisch zeigt sich der Mehlnährschaden in z w e i F o r m e n . Der hydrämischen Form des Mehlnährschadens, die der Zeit der überschiessenden Wasserretention entspricht, folgt meist eine atrophische Form des Mehlnährschadens in der nach Ausschwemmung des locker gebundenen Wassers eine schwere Dystrophie oder Atrophie die tiefgreifenden Schädigungen entschleiert, die bis dahin durch den Scheinansatz für das unkundige Auge verdeckt waren. Bei einzelnen Kindern, deren Bereitschaft zur Quellung offenbar konstitutionell geringer ist, kommt es im Anschluss an die Fehlernährung direkt zu dystrophischen oder atrophischen Zuständen. Im hydrämischen Zustand (R i e t s c h e l) sehen die Kinder zunächst nicht schlecht aus. Bald schwindet aber die rosige Farbe; die Kinder werden blass; das Gesicht erscheint gedunsen; Ödeme an den Lidern, an den Unterschenkeln und an der Stirn stellen sich ein. Der Verdacht einer entzündlichen Nierenerkrankung könnte auftauchen, wenn nicht im Urin stets Eiweiss, Zylinder usw. fehlten. Der Turgor der Gewebe lässt nach. Die Muskulatur erscheint häufig schon jetzt hypertonisch. Die Widerstandskraft und Abwehrfähigkeit aller Gewebe leidet. Ausgedehnte hartnäckige Furunkulosen entstehen auf der wasserreichen Haut. Grippale Infektionen erscheinen häufiger als beim gesunden Kinde und zeigen eine Neigung zu langwierigem, komplikationsreichen Verlauf. Die atrophische Form des Mehlnährschadens bietet das vollkommene Bild der schweren Schädigung des Ernährungszustandes, wie es mit all seinen Folgen für die Vorgänge bei der Verdauung, der Immunität usw. schon früher geschildert wurde. Vielleicht nur mit dem Unterschiede, dass der Grad der Schädigung und die Labilität des noch vorhandenen Zellgefüges niemals grösser ist als bei den Atrophien, die durch einseitige Mehlernährung zustande kamen.

Die reinen Bilder des Mehlnährschadens, wie sie bisher kurz geschildert wurden, bringt das Leben allerdings nur selten. Die häufigeren Zwischenformen werden in ihrer Entwicklung durch zwei Faktoren bestimmt: 1. durch die Häufigkeit von Durchfällen, die dem Bilde des Mehlnährschadens die Züge einer akuten Durchfallserkrankung aufprägen, und durch die dabei eintretenden Gewichtsverluste, die den eigentlichen Nährschaden in seiner reinen Form verdecken können; 2. dadurch, dass eine ausschliessliche Mehlernährung heute, dank der aufklärenden Arbeit durch die Kinderärzte, nur noch recht selten geübt wird, so dass es sich meist nur um eine im Vergleich zu den anderen Nährstoffen relative Überernährung mit Mehl handelt. Wenn auch in jedem Falle die Hauptzüge des Krankheitsbildes durch die absolute oder relative Überernährung mit Kohlenhydraten zustande kommen, so treten doch daneben Ausfallserscheinungen auf, die nicht mehr als Folge der einseitigen Fehlernährung gedeutet werden können, sondern durch den Mangel an anderen wertvollen Nährstoffen hervorgerufen werden. Den einseitig mit Mehl ernährten Kindern fehlt in ihrer Nahrung das Vitamin-C. Dieser Ausfall wird sich vor allen Dingen bei Kindern jenseits des fünften Lebensmonats, die mit Mehl gepäppelt werden, ohne Beikost zu erhalten, bemerkbar machen. Es kommt zur Aufpfropfung eines skorbutischen Nährschadens, der selbst wieder durch die Grundlage des Mehlnährschadens ein besonderes Gepräge erhält. In schweren Fällen von Mehlnährschaden kommt es als Folge des Mangels an A-Vitamin (im Fett) nicht selten zur Keratomalazie, dem Kardinalsymptom der Dystrophia alipogenetica. Abgesehen von seinem Vitamingehalt wird sich der Mangel an Fett auch durch den Ausfall der anderen dem Fett eigenen Sonderwirkungen bemerkbar machen, die sich vor allem in den Vorgängen beim Wachstum, bei der Gewebsstabilisierung und bei der Erhaltung der Immunität zeigen. Insgesamt ergeben sich als Folge der Fehlernährung beim Mehlnährschaden zwei Kennzeichen, die gleichzeitig für die Prognose der Krankheit von entscheidender Bedeutung sind: das ist die starke Immunitätssenkung und der völlig hemmungslose, wenig stabile, unstete Wasseransatz.

Ätiologie und Pathogenese. Als Ursache des Mehlnährschadens, so konnte schon bisher ausgeführt werden, kommt im wesentlichen das Übermaß von Kohlenhydraten, das die Kinder in der Nahrung erhalten, in Betracht. Daneben darf das Unterangebot an anderen Nährstoffen nicht gering gewertet werden. Die unphysiologische Nahrung, die das Kind beim Mehlnährschaden erhält, baut den Organismus falsch auf; die bestehenden Gewebe werden umgebaut und schliesslich zerstört.

Die bisher nachgewiesenen grobchemisch fassbaren Veränderungen des Körperbestandes erweisen sich aber nicht so gross, wie es nach den hohen Graden der Funktionsstörung vielleicht zu erwarten wäre. Das Fehlen einer fassbaren Unterlage für die Abartung der Gewebe muss z. T. wohl damit erklärt werden, dass die Analysen der an Mehlnährschaden verstorbenen Kinder meist nach der Reversion des Scheinansatzes, d. h. nach den grossen Wasserverlusten vorgenommen wurden, die durch die akuten Durchfallserkrankungen oder durch die fieberhaften Infektionen verursacht wurden, die die letzten Stadien des Mehlnährschadens meistens begleiten. Im Tierexperiment konnte Weigert, wie schon vor ihm Voit, die durch die einseitige Kohlenhydraternährung hervorgerufene Wasseranreicherung des Organismus beweisen. Ein mit Sahne ernährtes Tier bestand zu 72,02%, ein mit Semmel und Zucker ernährtes Tier zu 85,09% aus Wasser. In den einzelnen Organen von Kindern, die nach langer Mehlernährung gestorben waren, fanden Frank und Stolte eine Wasseranreicherung, und im Tierversuch wie auch im Säuglingskörper konnte Klose in der Haut und in der Muskulatur eine Vermehrung des Chlors und des Natriumbestandes auf Kosten von Kalium und Phosphor nachweisen. Im Blute fand Lederer den Wassergehalt bis zu 85 und 86% gegenüber 80% der Norm erhöht. Der Verlust an Mineralstoffen kann nach länger ausgedehnter Mehlernährung so weit gehen, dass die Salzsäureausscheidung im Magen fehlt und im Urin kein Chlor mehr ausgeschieden wird. Diese Umstellung im Mineralstoffwechsel wird sicherlich für die Innehaltung des Basen-Säuregleichgewichts nicht ohne Bedeutung sein.

Alle diese chemischen Abartungen vermögen aber nur einen schwachen und unvollkommenen Begriff von der ungeheuren Umgestaltung zu geben, die das kolloidale System als Folge der Fehlernährung erleiden muss. Vor allem harrt auch noch die nächstliegende Frage der Beantwortung, wieso gerade die einseitige Kohlenhydraternährung die Wasserspeicherung in so besonderer Weise lenkt und begünstigt, so dass es im Gegensatz zum Gesunden nicht zu einer festen Wasserbindung, sondern nur zu einer lockeren Wasserdurchtränkung im Organismus kommt. Die bei der Glykogenspeicherung zurückgehaltene Wassermenge reicht zur Erklärung der Grösse der Wasserbindung, wie sie bei der hydrämischen Form des Mehlnährschadens beobachtet wird, keineswegs aus; es muss sich daher um einschneidende Einwirkungen der Kohlenhydrate auf die physikalisch-chemische Struktur des Protoplasmas handeln, durch die die Dynamik der Quellungsvorgänge in einer vorerst allerdings noch völlig unbekannten Weise umgestaltet wird.

Die Behandlung des Mehlnährschadens hat die Aufgabe zu erfüllen, die durch die Fehlernährung verursachte chemische und biologische Destruktion des kindlichen Körpers wieder auszugleichen. Bei den tiefgreifenden Veränderungen, die jede länger dauernde Mehlernährung nach sich zieht, ist diese Aufgabe schwer und klippenreich. Bis zur Wiederherstellung eines Zustandes völliger Gesundheit in morphologischer und funktioneller Hinsicht vergehen stets viele Wochen; ist gar erst der Zustand der Atrophie als Folge der Fehlernährung erreicht, so dauert es Monate bis zur Heilung der Krankheit. Nicht selten entschleiert der besonders schwere Verlauf eines der üblichen Infekte die noch andauernde verminderte Schlagkraft des Organismus.

Von drei Punkten aus drohen Gefahren für den Wiederaufbau des Organismus: 1. von seiten des Darmes; 2. von seiten der Gewebsstruktur und 3. von seiten der Immunität. Es ist schwer zu sagen, welche von diesen drei Fährnissen die bedrohlichste ist, zumal alle drei zum Schaden des Kindes ineinander greifen und sich gegenseitig vertiefen. Dem Eintritt eines Durchfalls folgt der Abbau des Gewebes, aber gleichzeitig auch eine Verringerung der immunisatorischen Tüchtigkeit. Der Eintritt eines Infektes ist in der ersten Zeit der Rekonvaleszenz fast regelmäßig von Durchfällen begleitet, die wiederum im Verein mit der infektiösen Schädigung einen weiteren Einbruch im Gefüge der Körpersubstanz verursachen. Versucht man eine Wertung, so ist es doch vielleicht die Infektion, die das Leben des schwer dystrophischen oder atrophischen Mehlkindes am meisten bedroht. Das therapeutische Handeln muss versuchen, durch seine Maßnahmen die drei Gefahrpunkte auszuschalten, d. h. die zur Heilung gewählte Nahrung muss nach Möglichkeit Schutz vor dem Eintritt von Durchfällen gewähren, sie muss den Wiederaufbau der Gewebe widerstandsfähig gestalten und sie muss schliesslich einen hohen Grad von Immunität sichern. Bei schwerster Abartung der Gewebe (Atrophie) und bei den jungen Säuglingen der ersten Lebensmonate werden diese Forderungen nur durch eine Ernährung mit Frauenmilch erfüllt werden. Es wäre aber eine unheilvolle Täuschung, wenn der Arzt glaubte, die Aufgaben der Therapie beim Mehlnährschaden mit der Empfehlung der natürlichen Ernährung erschöpft zu haben. Denn auch die natürliche Ernährung birgt nicht geringe Gefahren, deren Vermeidung nur durch eine sorgfältige Überwachung des Patienten und bei möglichster Ausschaltung neuer exogener Schäden (vor allem Infektionen) gelingt.

Die quantitative Regelung der Zuführung der Frauenmilch richtet sich in erster Linie nach dem Zustand des Darmkanals. Bestehen keine Durchfälle, dann kann sofort mit grösseren Mengen Frauenmilch, die den Bedarf des Kindes annähernd decken, begonnen werden. Das gilt vor allem für die weniger schwer geschädigten, nur dystrophischen älteren Säuglinge. Bei jungen Kindern oder im Zustande der Atrophie wird, selbst wenn im Augenblick die Darmfunktion normal erscheint, in den ersten Tagen der Behandlung Zurückhaltung in der Bemessung der Mengen von Frauenmilch angezeigt sein. 300—400 g Frauenmilch am Tag, verteilt auf fünf bis sechs Mahlzeiten, werden zur Einleitung der Therapie bei den schwer geschädigten Kindern ausreichen. Der Arzt wird in der Regel ein Kind mit Mehlnährschaden aber erst in dem Augenblick sehen, in dem der Zusammenbruch des unzweckmäßig ernährten Organismus durch irgend einen Zwischenfall eingetreten ist, und dem Scheingedeihen des Kindes ein über- raschendes Ende gesetzt hat. In diesem Stadium sind Durchfälle fast immer vor- handen. Die Beseitigung des Durchfalls gelingt am schnellsten durch Verwendung der Heilnahrungen (cf. S. 156), wobei man sich an das Schema für die Behandlung der akuten Dyspepsie halten muss. Die Reaktion auf die Nahrungsverminderung ist beim Kinde mit Mehlnährschaden geradezu charakteristisch: Es kommt zu starken Gewichtsabnahmen, besonders bei den Kindern, die sich noch im hydrä- mischen Stadium des Mehlnährschadens befinden, oder die durch den Mehl- nährschaden in die letzten Stadien der Atrophie gebracht sind. Die Vorgänge bei dieser „initialen Verschlimmerung" (Finkelstein) sind als Einleitung des Heilungsprozesses anzusehen, durch die die chemische Abartung des Organismus, wie sie durch die unzweckmäßige Ernährung zustande kam, wieder ausgeglichen wird. Das im Übermaß im Körper eingelagerte, aber nur locker gebundene Wasser muss abgegeben werden, wenn das normale Gefüge der Zellen und der Gewebe wieder erreicht werden soll. Nur unter Abgabe dieses Ballastwassers kann die Zelle wieder gesunden.

Das Stadium der initialen Verschlimmerung wird nach vier bis fünf Tagen überwunden sein und einer Zeit des Gewichtsstillstandes (Reparationsstadium nach Keller) Platz machen. Nach erfolgter Einstellung des Gewichts und Abheilung der Durchfälle wird man nach Möglichkeit auf Frauenmilch über- gehen; von Tag zu Tag kann eine Mahlzeit nach der anderen durch Frauen- milch ersetzt werden. Das Stadium der Reparation wird bei ausschliesslicher Ernährung des Kindes mit Frauenmilch, selbst wenn dabei der kalorische Bedarf des Kindes überschritten wird, lange Zeit andauern können. Ein relativer Mangel an plastischen Nährstoffen, wie er bei Ernährung schwer geschädigter Kinder eintritt, die über das normale Maß hinaus Bausteine zum Neubau und Umbau ihres Körpers bedürfen, verhindert einen Gewichtsgewinn. Reparationsstillstände von Wochen und Monaten waren früher die Regel. Es ist in die Hand des Arztes gegeben, die Dauer der Reparation durch Zufütterung der plastischen

Nährstoffe abzukürzen. Obwohl jeder künstlich erzwungene Ansatz im Beginn auf Wasserretention zurückzuführen ist, die ja gerade durch die Heilnahrung beim Mehlnährschaden ausgeglichen werden soll, so wird man doch (wenn auch wegen der Gefahren der Reversion vor einer übertriebenen Begünstigung der Gewichtszunahme gewarnt werden muss) nach ungefähr zwei Wochen des Gewichtsstillstandes eine langsame stetige Gewichtszunahme zu erreichen suchen. Denn nach dieser Zeit, so kann man annehmen, ist die krankhafte Tendenz der Gewebe zur Wasserbindung durch die Ernährung mit Frauenmilch soweit ausgeglichen, dass jetzt bei Zufuhr einer zweckmäßigen Nahrung allmählich ein normales Zellwachstum wieder geleistet werden kann. Die Dauer der Ernährung mit Frauenmilch beim Mehlnährschaden sollte um so länger durchgeführt werden, je jünger das erkrankte Kind war und je schwerere Grade der Schädigung sich ausgebildet hatten. Zum mindesten sollte vor dem Übergang zur künstlichen Ernährung ein Stadium der Eutrophie im klinischen Bilde erreicht sein. Bei dystrophischen Kindern werden hierzu zwei bis drei Monate, bei atrophischen mindestens vier Monate erforderlich sein.

Zwischenfälle bleiben auch bei natürlicher Ernährung eines Kindes mit Mehlnährschaden nicht aus, wenn sich ihr Ausmaß auch in gewissen Grenzen hält. Durchfälle und Gewichtsstürze und schwer verlaufende Infektionen stören auch hier gelegentlich den Heilungsvorgang, da auch bei Frauenmilchernährung Wochen vergehen, ehe die Zellen wieder die hochwertige Funktionskraft erlangt haben, die dem gesunden, natürlich ernährten Kinde eigentümlich ist. Im Vertrauen auf die Heilkraft der Frauenmilch wird man aber in den meisten Fällen die störenden Zwischenspiele ohne neue Nahrungsänderung abklingen lassen können. Insbesondere bedürfen Durchfälle, die sich bei natürlicher Ernährung einstellen, keiner Schonungstherapie, solange sie nicht von toxischen Erscheinungen begleitet sind. Daher ist die konsequente Durchführung der einmal aufgenommenen Ernährungstherapie bei keiner anderen Nahrung so leicht, wie bei Ernährung mit Frauenmilch. Ebensowenig wie Durchfälle dürfen auch gelegentliche, selbst stärkere Gewichtsabnahmen Veranlassung zu erneuter Nahrungsbeschränkung oder Nahrungsänderung sein. Denn nur durch eine ununterbrochene, den Nahrungsbedarf voll deckende Ernährung wird ein Ausgleich des schweren Schadens möglich, den der Organismus erlitten hatte.

Für die durch einseitige Mehlernährung atrophisch gewordenen Säuglinge der ersten drei Lebensmonate wird die Frauenmilch als Heilnahrung unbedingt empfohlen werden müssen. Erst jenseits des ersten Vierteljahres wird mit grösserer Aussicht auf Erfolg auch durch künstliche Ernährung eine Wiederherstellung der schwer geschädigten Kinder erreicht werden können. Die gleichen Schwierigkeiten, die sich bei natürlicher Ernährung der Genesung entgegenstellen, werden auch bei unnatürlicher Ernährung zu erwarten sein. Gewissen Vorteilen, die die künstliche Ernährung für die Heilung des Mehlnährschadens z. T. bringt, stehen auf der anderen Seite nicht gering einzuschätzende Nachteile gegenüber. Als Vorteile sind bei künstlicher Ernährung zu buchen: 1. die Möglichkeit durch eine geeignete Auswahl der Nährstoffe dem Wiederauftreten von Durchfällen entgegen wirken zu können und 2. die Möglichkeit, schneller einen Wiederbeginn des Ansatzes zu erzielen. Der Nachteil der künstlichen Ernährung beim Mehlnährschaden liegt vor allem in der verzögerten Rückkehr der immunisatorischen Kräfte; dadurch wird die Gefahr einer Unterbrechung der Rekonvaleszenz durch störende Infektionen erhöht.

Die Auswahl der Nährstoffe im Heilplan des Mehlnährschadens muss vor allem in der Richtung getroffen werden, dass die bis dahin fehlenden Bestandteile der Nahrung in ausreichender oder sogar überschiessender Menge zur Verfügung stehen; das sind vor allem Eiweiss, Mineralstoffe und, bei den Kindern jenseits des vierten Lebensmonats, Vitamine. Von den gebräuchlichen Nahrungsmitteln erfüllt diese Anforderungen am ehesten die mit Butter und Mehl angereicherte Buttermilch, die Eiweissmilch, oder auch für Patienten mit wenig gestörter Darmfunktion die gezuckerte Vollmilch.

Eine wichtige Aufgabe der künstlichen Ernährung beim Mehlnährschaden ist es hier, möglichst rasch eine Komplettierung der Heilnahrungen zu erreichen. Sobald der Zustand des Darmes es gestattet, muss eine Ergänzung der Nahrung durch Fett vorgenommen werden; vor einer Komplettierung der Nahrung an Vitaminen braucht aber auch der Fortbestand von Durchfällen nicht zurückzuhalten. Zu einem solchen Vorgehen zwingt der Mangel an Widerstandskraft gegen Infektionen, der beim vitaminlos ernährten Mehlkinde ganz besonders ausgesprochen ist. Vom ersten Tage der Behandlung an müssen daher, ohne Rücksicht auf bestehende Durchfälle, rohe Obstsäfte zunächst in kleineren Mengen 20 g, bald aber in grösseren Mengen 50—100 g zugefüttert werden. Die Komplettierung der Nahrung durch Fett, das möglichst rasche Verlassen der Schonungskost ist notwendig, um den durch den Fehlnährschaden schwer geschädigten Zellen wieder alle notwendigen Nährstoffe zuzuführen, deren sie zur Wiedererlangung ihrer vollen Funktionskraft bedürfen. Die Furcht vor einer Überschreitung der Darmtoleranz darf von der Komplettierung der Kost nicht zurückhalten. Denn immer wieder kann man sich davon überzeugen, dass die Darmtoleranz keine Eigenschaft ist, die zu den unabänderlichen konstitutionellen Besonderheiten eines Kindes gehört. Die scheinbar verlorengegangene Darmtoleranz wird durch eine geeignete diätetische Behandlung sehr rasch wiederhergestellt. Selbst bei schwerster Atrophie wird die Darmtoleranz, bei richtiger Auswahl der Nahrung verhältnismäßig schnell wiedergewonnen sein. Die Toleranz des Darmes steht damit in einem gewissen Gegensatz zu den immunisatorischen Kräften des Organismus; selbst bei zweckmäßigster Ernährung bedarf die Immunität lange Zeit bis zu ihrer Rückkehr zur normalen Höhe. Eine Nahrungstoleranz, die zu Zeiten eines Durchfalls bis auf ein Minimum gesunken schien, steigt nach Überwindung des Durchfalls in wenigen Tagen fast wieder bis zu der Höhe, die das eutrophische Kind auszeichnet. Aus diesen Feststellungen leitet sich die Berechtigung ab, selbst schwer erkrankte Kinder nach Beseitigung des Durchfalls sofort wieder quantitativ und qualitativ voll ausreichend zu ernähren.

Bei den durch Mehlernährung geschädigten Kindern jenseits des sechsten Lebensmonats können Milch und Milchprodukte in der diätetischen Behandlung wesentlich in den Hintergrund treten, ja sogar ganz ausgeschaltet werden. Eine Komplettierung der Kost sollte in diesem Alter nach möglichst vielen Richtungen erfolgen. Den besonderen Wünschen und Neigungen der Kinder kann dabei weitgehend entgegengekommen werden. Püriertes Fleisch, weiche, wenig gewürzte Wurst, Ei, Brot können hier ohne Gefahr als diätetische Heilmittel angewandt werden. Bei entsprechender Einschränkung der Milch kann das Angebot an gemischter Kost weitherzig gehandhabt werden. So ist auch der Rat Stoltes, Tee- oder Leberwurst mit fein zerriebenem Keks oder Zwieback zu einem weichen Brei verrührt in Mengen von 20—30 g, evtl. mit etwas Tee übergossen, zu füttern, sicherlich oft nützlich. Die Fettarmut einer solchen Nahrung kann durch Zulagen von Butter zum Wurst-Zwiebackbrei oder durch Brühgriess mit Einbrenne ausgeglichen werden. Der Kalk, der in einer solchen Kost fehlt, kann durch Medikation von Calcium carbonicum, (5 g pro die), Calcium lacticum, Calcan und ähnlichem zugeführt werden. Daneben sind frische rohe Obstsäfte in ausreichenden Mengen zu geben.

2. Der Milchnährschaden.

Das Krankheitsbild des Milchnährschadens ist zuerst von Czerny gezeichnet worden; es erwuchs aus klinischen Erfahrungen. Die Breslauer Schule hatte die Beobachtung gemacht, dass Kinder, die einseitig lange Zeit mit grossen Milchmengen, zu denen kein Zucker oder nur wenig Zucker zugesetzt war, ernährt wurden, in typischer Weise in ihrer Entwicklung beeinträchtigt wurden. Eine Gewichtszunahme blieb bei diesen Kindern aus, obgleich sie ausreichend, ja vielfach sogar weit über den Bedarf hinaus, ernährt wurden. Bei diesen nichtgedeihenden Kindern stellten sich eine Reihe charakteristischer Allgemeinerscheinungen ein: Blässe der Haut, Verlust des Tonus, Abnahme des Turgors, Verringerung der Immunität, Zeichen allgemeinen Unbehagens und als auffallendes Merkmal einer Störung in der Tätigkeit des Magen-Darmkanals die Entleerung sogenannter Fett-Seifenstühle, das sind jene kalkweiss- oder grau gefärbten, bröckligen, wasserarmen, an der Windel nicht haftenden Stühle, die wegen ihrer hellen Farbe scheinbar frei von Gallenfarbstoffen sind.

Im Gegensatz zum Mehlnährschaden blieben diese dystrophischen Kinder aber von tiefergreifenden Veränderungen in ihrem Aufbau und in der Tüchtigkeit ihrer Funktionen verschont. Es handelte sich mehr um ein Nichtgedeihen einer Dystrophie, bei dem vor allem der Antrieb zur Weiterentwicklung und zum Gedeihen fehlte, ohne dass es dabei zu den schwerwiegenden Abartungen des Gesamtorganismus kam, die die letzten Stadien des Mehlnährschadens kennzeichnen. Der Ausgang des Milchnährschadens, so lässt sich vielleicht sagen, ist schlimmstenfalls eine Dystrophie, niemals eine Atrophie oder eine Dekomposition.

Vom Milchnährschaden betroffen werden nur immer einzelne Kinder. Bei Milchmischungen, die 2—5% Kohlenhydrate als Zusatz enthalten, zeigt ein nicht kleiner Teil aller Säuglinge noch ein befriedigendes Gedeihen; ja gar nicht selten trifft man auf Kinder, die selbst bei reiner Vollmilch ohne jeglichen Zuckerzusatz noch eine normale Entwicklung aufweisen. Die Kandidaten des Milchnährschadens müssen durch eine besondere Veranlagung ausgezeichnet sein, die sich, so lässt sich aus der klinischen Beobachtung schliessen, als besonders ausgeprägtes Zuckerbedürfnis kennzeichnen lässt.

Die Nahrung, die das Kind mit Milchnährschaden beim Eintritt der Störung erhält, ungezuckerte oder wenig gezuckerte Milch, liefert dem Kinde eigentlich alle Bestandteile, die auch in der Frauenmilch enthalten sind. Es besteht also beim Milchnährschaden im Gegensatz zum Mehlnährschaden kein offenbarer Mangel an einem der lebenswichtigen Nährstoffe. Daher war es zunächst nicht leicht, die Ursache der Schädigung zu erkennen und es wird verständlich, dass manche Irrwege gegangen wurden, ehe die Ursachen des Milchnährschadens erkannt wurden.

Stoffwechsel und Pathogenese. Stoffwechseluntersuchungen ergaben, dass der Eiweissumsatz ungestört blieb; die Ausnutzung des Fettes garnicht (Freund) oder nur wenig herabgesetzt war; dagegen hatten in der Zusammensetzung des Kotfettes beträchtliche Verschiebungen in dem Sinne stattgefunden, dass die unlöslichen Kalzium- und Magnesiumseifen fast auf das dreifache der Norm zugenommen hatten.

An einen abnormen Abbau des Fettes im Darm und Stoffwechsel hat man zunächst als eine wesentliche Bedingung des Milchnährschadens geglaubt. Die Berechtigung dazu schien das Auftreten der Fettseifenstühle zu geben.

Diese vermehrte Entstehung unlöslicher Fettseifen im Darm bedingt beträchtliche Verluste an Kalzium und Magnesium, die von Birk und Freund im Stoffwechselversuch auch nachgewiesen wurden. Aber auch die Bilanz der Alkalien ist beim Milchnährschaden bedroht, vor allem dann, wenn Fettseifenstühle entleert werden, die noch wasserreich und wenig gebunden sind. Die negativen Bilanzen im Umsatz der Erdalkalien und der Alkalien führen zu einem Verlust von säurebindenden Valenzen im intermediären Stoffwechsel. Zur Neutralisation der sauren Endprodukte des Stoffwechsels muss der Organismus dann Ammoniak heranziehen, das daher gegenüber der Norm stark vermehrt im Harn ausgeschieden wird. Diese Erhöhung des Ammoniakkoeffizienten im Harn kann als Zeichen für das Bestehen einer durch Alkali nicht mehr neutralisierbaren relativen Azidose gelten.

Diese Betrachtungsweise kann aber heute kaum mehr aufrecht erhalten werden. Sie ist ebenso wie die merkwürdigen Veränderungen der Farbe und der Konsistenz der Stühle wohl lediglich als sekundäre Folgen einer übergeordneten Störung anzusehen. Der durch Milchüberfütterung entstandene Nährschaden kann heute mit grosser Wahrscheinlichkeit auf Verstösse gegen eine zweckmäßige Nahrungsmischung zurückgeführt werden, worauf vor allem Finkelstein hingewiesen hat. Es sei daran erinnert, dass in der Frauenmilch, dem natürlichen Vorbilde aller künstlichen Nährgemische, in dem die Nährstoffe den Bedürfnissen des wachsenden Säuglings entsprechend angeordnet sind, Fett und Kohlenhydrate etwa in einem Verhältnis von 1:2 enthalten sind. Jede Abweichung von dieser Relation bedroht, wie schon öfters betont wurde, die Vorgänge eines normalen Körperaufbaues. Bei der Ernährung mit reiner Milch oder mit ungezuckerten Milchmischungen wird gegen diese Forderung der Natur beträchtlich verstossen. In der Vollmilch und in den ungezuckerten Milchverdünnungen ist die Korrelation von Fett: Kohlenhydraten wie 1:1. Daraus folgt: in den Nahrungsgemischen, bei denen es am häufigsten zum Milchnährschaden kommt, ist relativ zu wenig Kohlenhydrat enthalten. Im Missverhältnis von Fett zu Zucker, den Gegenspielern im Stoffwechsel und beim Aufbau des Säuglingsorganismus, und nicht im Milchfett als solchem ist die Ursache für die Störungen in der Entwicklung zu suchen, die sich beim Säugling mit Milchnährschaden bemerkbar machen.

Die enge Abhängigkeit der Wachstumsvorgänge von einer jeweils optimalen Korrelation der Nährstoffe lässt sich auch für den speziellen Fall des Milchnährschadens beim wachsenden tierischen Organismus beweisen. Ernährt man junge Meerschweinchen mit einer fett- und eiweissreichen, aber kohlenhydratarmen Nahrung, die an Salzen und Vitaminen im übrigen allen Bedürfnissen des wachsenden Organismus genügt, so kommt es auch beim Tier zu Störungen in der Entwicklung, die dem Bilde des Milchnährschadens in vieler Beziehung ähneln. Die Gewichtszunahme hört auf, das Wachstum ist verzögert; es kommt zu charakteristischen Veränderungen des Haarkleides.

Die Auswirkung der Kohlenhydratarmut der Nahrung erfolgt demnach in zwei Richtungen. In erster Linie wird der Bedarf der wachsenden Zelle nicht befriedigt. In zweiter Linie kommt es zu abnormen Vorgängen im Magendarmkanal. Die das Stuhlbild bestimmende bakterielle Tätigkeit im Darm richtet sich in wesentlichen Zügen nach der korrelativen Zusammensetzung der aufgenommenen Nahrung. Bei der Besprechung der Bakterienflora des Darmes wurde schon darauf hingewiesen, dass die jeweils im Darm vorherrschende Flora von der Art der zugeführten Nahrung abhängt. Die Kohlenhydratarmut der Nahrung, wie sie beim Milchnährschaden vorliegt, ist daher von charakteristischen Abweichungen in der normalen Bakterienbesiedelung gefolgt. Die geringen Kohlenhydratmengen, die in der Vollmilch enthalten sind, werden schnell aus dem Dünndarm aufgenommen und schon im Anfang des Dickdarmes wird ein praktisch kohlenhydratfreier Speisebrei anzutreffen sein. Bakterien, die diesen Darmabschnitt stets besiedeln, werden nur noch Fett und Eiweiss, bzw. deren Abbauprodukte als Nährsubstrat zur Verfügung haben. Es kann nur noch ein bakterieller Abbau dieser Nährstoffgruppen stattfinden; es fehlt aber jeder Abbau von Kohlenhydraten und daher jede Kohlenhydratgärung, wie sie für den Darm des gesunden Säuglings charakteristisch ist.

Damit kommt es zu einem Überwiegen der Fäulnisprozesse im Darm, die durch die grossen Eiweissmengen der reichlich zugeführten Vollmilch noch verstärkt werden. Es fehlt bei dieser Einstellung der Verdauungsvorgänge im Darm der Reiz, der von den aus den Kohlenhydraten gebildeten niederen Fettsäuren ausgeht. Es kommt zu einer Verlangsamung der Peristaltik, bei dem langen Verweilen der Nahrung im Darm zur vollkommenen Aufsaugung allen Wassers, vor allem auch aus dem Inhalt des Dickdarms, und damit zur Verstopfung. Es werden dann jene wasserarmen, harten, alkalisch reagierenden, meist übelriechenden Stühle entleert, die man als Fettseifenstühle bezeichnet. Auch die helle Farbe dieser Stühle ist wahrscheinlich eine Folge von Reduktionsprozessen der Gallenfarbstoffe bei der langsamen Passage der Nahrungsreste durch den Dickdarm, wobei die alkalische Reaktion und vielleicht besondere Bakterientätigkeit diese Vorgänge begünstigt. Aber auch für die Bildung des Stuhles gilt, dass nicht ein pathologisches Schicksal des Fettes als solches die Bildung von Seifenstühlen bedingt, sondern dass auch neben einer verminderten Gallensekretion (Orgler, Elsner, Klinke) das Fehlen von Kohlenhydraten in Mengen, wie sie zur Bildung eines normalen Stuhles unentbehrlich sind, letzten Endes die krankhaften Erscheinungen erklärt.

Der Beweis für die Berechtigung der Auffassung von der entscheidenden Bedeutung des Kohlenhydratmangels für die krankhaften Erscheinungen, die sich im Krankheitsbilde nicht nur von seiten des Darmes, sondern auch von seiten des gesamten Organismus zeigen, ist unschwer dadurch zu erbringen, dass sowohl die Hemmung in der Entwicklung als auch das pathologische Stuhlbild allein durch eine Zulage von Kohlenhydrat beseitigt wird. Eine Änderung in der Quantität des angebotenen Fettes ist keine Voraussetzung für den Eintritt der Heilung.

Ein in der Symptomatologie ähnliches Bild einer Dystrophie mit den Besonderheiten des Milchnährschadens ist auch bei Kindern jenseits des sechsten Lebensmonats nicht selten zu beobachten, wenn eine ausschliessliche Milchernährung über die physiologische Zeit hinaus fortgesetzt wird. Namentlich bei frühgeborenen und debilen Säuglingen, bei denen als Folge der Rückständigkeit in der körperlichen Entwicklung eine rechtzeitige Zulage von Beikost zu Unrecht gefürchtet und daher unterlassen wird, ist diese Form der Dystrophie mit den Zügen des Milchnährschadens nicht selten. Bei diesen Patienten handelt es sich in der Regel weniger um einen absoluten oder relativen Mangel an Kohlenhydraten, als um die Vorenthaltung aller der Nährstoffe, die in der gemischten Kost, wie sie den älteren Säuglingen zukommt, enthalten sein müssen. Es fehlen die Ergänzungsnährstoffe, die Vitamine, es fehlen vielleicht aber auch noch andere akzessorische Nährstoffe, die in den natürlichen Nahrungsmitteln (Obst, Gemüse) enthalten sind, und deren Wesen sich im einzelnen unserer Erkenntnis noch völlig entzieht. In diesen Fällen ist es nicht der Mangel an Kohlenhydraten, sondern der Mangel an Beikost, der das Krankheitsbild des Milchnährschadens erzeugt.

Therapie. Der Beweis für die Richtigkeit dieser Auffassung ist durch den Erfolg der Therapie jederzeit zu erbringen. Bei den jüngeren Säuglingen genügt bei allen leichteren unkomplizierten Erkrankungen die Zulage von Zucker oder die Vermehrung des Zuckers in der Nahrung auf 6—8 oder gar 10% der Nahrungsmenge, um die vorhandenen Störungen im Ansatz und im Stuhlbild zum Verschwinden zu bringen. Bei weniger geschädigten Kindern und bei bestehender Verstopfung kann dabei sofort die gezuckerte Milchmischung in einer Menge gegeben werden, wie sie dem Alter und Gewicht des Kindes entspricht. Bei schwererer Schädigung des Kindes, bei der nicht selten eine Neigung zu Durchfällen besteht, wird man gut tun, um die diarrhöische Wirkung grösserer Zuckermengen auszuschalten, einen Teil des Zuckers durch Kohlenhydrate in Form von Mehl, oder bei Kindern der ersten Lebensmonate durch eine Schleimabkochung zu ersetzen. Vorsicht ist vor allem dann am Platze, wenn in der Vorgeschichte der Krankheit bereits einmal Durchfälle bei dem Kinde bestanden haben. In diesen Fällen wird Buttermilch mit 3—5% Zucker und 1—2% Mehl oder auch Buttermilch mit 3—5% Zucker und 1—2% Butter oder auch Eiweissmilch mit Einbrenne angezeigt sein, weil diese Mischungen die Zufuhr der zur Heilung notwendigen Kohlenhydratmengen erlauben, während ihnen gleichzeitig eine die abführende Wirkung des Kohlenhydrates kompensierende antidyspeptische Wirkung zukommt. Fehlen im Augenblick des Einsetzens der Heilbehandlung Durchfälle im Krankheitsbilde, so kann auch von diesen Nahrungsgemischen sofort eine Menge gegeben werden, wie sie dem Kinde nach Alter und Gewicht zukommt. Bestanden noch vor kurzem Durchfälle oder werden noch dünne Stühle entleert, so wird nach einer kurzen Teepause zunächst eine Beschränkung der Nahrungsmengen auf etwa 300 g am Tage vorzunehmen sein, die aber dann rasch bis zur Deckung des Bedarfs des Kindes gesteigert werden muss.

Stärkste Zufuhr von Kohlenhydraten, bei gleichzeitiger Verringerung des Milchfettes und des Milcheiweisses, ermöglicht die Medikation der Kellerschen Malzsuppe[1]). Bei den Säuglingen mit Milchnährschaden, die älter als ein Vierteljahr sind, beseitigt die Malzsuppe in der Tat die krankhaften Erscheinungen. Es ist aber zu bedenken, dass die Malzsuppe eine in ihrer Zusammensetzung inkomplette und in ihrer Korrelation von der Norm stark abweichende Heilnahrung darstellt. Sie wird daher nur kurze Zeit gegeben werden dürfen, um

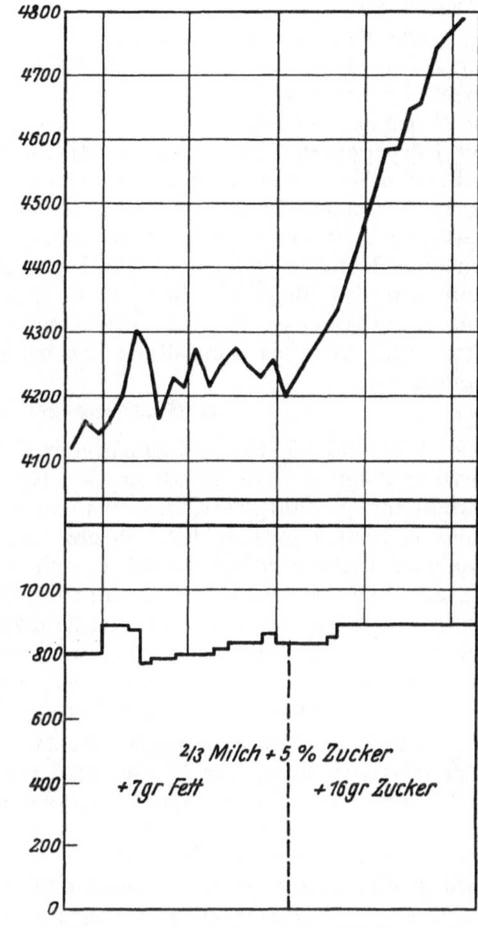

Abb. 67. Ansatzsteigernde Wirkung des Zuckers. Dystrophie bei fettreicher Nahrung und 5% Kohlenhydraten. Sofortiger Gewichtsanstieg bei Ersatz des Fettes durch eine dem Brennwert nach gleiche Menge von Kohlenhydraten. Gesamtnahrungsmenge nicht verändert.

dann sehr bald durch eine Nahrung ersetzt zu werden, die alle Anforderungen des wachsenden Organismus erfüllt.

Bei dem gutartigen Charakter des Milchnährschadens wird fast in jedem Falle durch die Nahrungsregulierung eine schnelle Heilung des Schadens erwartet

---

[1]) 100 g Löflunds Malzsuppenextrakt (nicht Malzextrakt) werden in $^2/_3$ l Wasser aufgelöst. In einem zweiten Topfe werden 50 g weisses Mehl (Weizenmehl) unter ständigem Rühren über gelindem Feuer in $^1/_3$ l Milch aufgekocht. Beide Mischungen werden vereinigt und nochmals stark aufgekocht. Keine weiteren Zusätze. Beim Kinde jenseits des vierten Monats kann an Stelle der milcharmen Malzsuppe auch Malzextrakt (1 Teelöffel = 10 g) anstatt Zucker zu jeder Mahlzeit zur Halbmilch oder $^2/_3$ Milch zugegeben werden.

werden dürfen. Für die älteren Kinder, die einseitig mit Milch ernährt wurden, reicht die Vermehrung der Kohlenhydrate zur Heilung nicht aus. Hier kommt lediglich die Anordnung einer kompletten gemischten Kost in Frage. Auch bei den Frühgeborenen und in der Entwicklung noch rückständigen Kindern sollte die unbegründete Furcht vor dem Eintritt krankhafter Darmerscheinungen niemals Veranlassung sein, vor der notwendigen Zulage der Beikost zurückzuschrecken.

Die Prognose des Milchnährschadens kann als gut angesehen werden. Zwar bedrohen interkurrente Infektionen wegen der gesunkenen Immunität auch hier die Kinder. Die Immunitätssenkung betrifft dabei vor allem die Haut, auf der Furunkulosen und Abszesse nicht selten Platz greifen. Die Abartung der Körpergewebe ist aber beim Milchnährschaden niemals so tiefgreifend, wie z. B. beim Mehlnährschaden. Vor allem gelingt die Wiederherstellung des eutrophischen Zustandes in relativ kurzer Zeit und es wird sehr bald wieder eine normale Festigkeit und Funktionskraft der Zellen des Organismus erreicht, die sich auch erneuten Beanspruchungen gegenüber, wiederum im Gegensatz zu den Scheinheilungen des Mehlnährschadens, bewährt. Der Milchnährschaden gehört zu den Erkrankungen, die bei Beachtung der einfachen Regeln der künstlichen Ernährung und bei sorgfältiger Beobachtung des Kindes unbedingt zu vermeiden sind.

3. Wassermangel in der Nahrung.

Während die bisher betrachteten Fehlnährschäden langsam einsetzen und fortschreitend die Entwicklung der Kinder hemmen, im ganzen also einen chronischen Verlauf des Krankseins darbieten, erscheinen die Störungen als Folge eines Wassermangels in der Nahrung nur selten in dieser allmählich dystrophisierenden Form, häufiger handelt es sich hier um akute, ja stürmisch verlaufende Krankheitsbilder. Um die Übersicht im System der Fehlnährschäden einzuhalten, ist es notwendig, auch diese akuten Krankheitsbilder an dieser Stelle abzuhandeln, zumal — in Analogie zu jedem anderen Fehlnährschaden — auch hier allein die Zufuhr des bisher ungenügend angebotenen Nahrungsbestandteiles die Heilung der Störung zu bringen vermag.

Klinik des Wassermangels. Ausfallserscheinungen, die sich beim absoluten oder relativen Mangel an Wasser in der Nahrung einstellen, zeigen sich klinisch im wesentlichen als ein akut einsetzendes Krankheitsbild, das sich in ganz wenigen Tagen, ja selbst in Stunden, entwickeln und abspielen kann. Im Vordergrunde stehen die Hyperthermie, die Einbussen an Gewicht und danach eine ganze Reihe, je nach dem Grade der Störung mehr oder weniger stürmisch einsetzende Zeichen des gestörten Allgemeinbefindens.

Die Kinder sehen blass und grau aus, die Augen sind unterschattet, die Lippen sind leuchtend rot, rissig und trocken, ähnlich verhält sich die Schleimhaut des Mundes, die Fontanelle scheint eingesunken, die Haut welk, glanzlos und ausgetrocknet, Unruhe plagt die Kinder. Gelegentlich verdecken Ödeme die eingetretenen Wasserverluste der Zellen; dieses am falschen Orte vorerst noch zurückgehaltene Wasser darf über den bereits eingetretenen Wasserverlust in den Zellen und Geweben nicht hinwegtäuschen.

An den Schleimhäuten spielen sich offenbar ähnliche Austrocknungserscheinungen ab, und so ist die Reizung der Harnwege, wie sie bei dürstenden Kindern angetroffen wird, direkt als Folge der Austrocknung der Schleimhäute zu deuten (Schiff) (Deshydratationspyurie bei Intoxikationen, schwerem Pylorusspasmus). Hierher gehört wahrscheinlich auch die sogenannte physiologische Albuminurie der Neugeborenen. Als alarmierendste Symptome können allgemeine Krämpfe und Benommenheit eintreten.

Bei den schwersten Formen des Durstschadens, die im Gefolge einer Infektion auftreten, kommt es zu Zuständen der Exsikkation, wie sie bei der alimentären Intoxikation anzutreffen sind. Die hier aufgezählten Symptome des Zelldurstes finden sich in ihrer Gesamtheit nicht immer zusammen. Fiebersteigerung, Gewichtsabnahmen und Unruhe sind die frühesten und häufigsten Erscheinungen des Durstes. Daneben gibt es aber eine Anzahl von Patienten, bei denen vorerst auch der geübte klinische Blick Anzeichen eines drohenden oder bereits eingetretenen Wassermangels namentlich im Bilde einer infektiösen Erkrankung nicht zu erkennen vermag. Lediglich der Erfolg der Wasserzufuhr belehrt darüber, dass auch hier ein Wassermangel an der Entwicklung der klinischen Erscheinungen beteiligt ist.

Eine subakute oder chronische Form des Wassermangels steht als häufig verkanntes Krankheitsbild den stets alarmierenden Formen des Durstschadens gegenüber. Besondere klinische Merkmale fehlen dieser schleichenden Form des Fehlnährschadens. Betroffen werden meist frühgeborene Kinder, seltener junge Säuglinge der ersten Lebenswochen und Lebensmonate. Das wesentliche Zeichen des Wassermangels ist das Fehlen einer Gewichtszunahme trotz kalorisch reichlicher Ernährung. Es kann zu dystrophischen Zuständen kommen, ohne dass der Wassermangel sich in den beschriebenen Zeichen des Durstes zu erkennen gibt. Ein bekanntes Beispiel hierfür ist ein Enkel Heubners, ein Brustkind, das bei Ernährung mit sehr fettreicher, aber den Wasserbedarf nicht deckender Frauenmilch nicht gedieh. Gelegentliche Temperaturzacken, vielleicht eine leichte Blässe und Trockenheit der Schleimhäute, lassen diesen Gewichtsstillstand als etwas besonderes erkennen. Es fehlt in diesen Fällen offenbar ein Teil des Wassers, das die Vorbedingung einer regelrechten Entwicklung ist. Eine Zugabe von Wasser genügt, um eine Gewichtszunahme zu erreichen. Im Vergleich mit den akuten Formen des Wassermangels tritt diese auch bei Brustkindern nicht ganz seltene subakute oder chronische Form an Häufigkeit weit zurück.

Pathogenese des Wassermangels. Auf folgenden Wegen kann es zu einem Wassermangel kommen:

1. durch ungenügendes Angebot von Wasser bei Ernährung mit den üblichen Nahrungsmischungen;
2. bei Ernährung mit konzentrierten besonders eiweissreichen Nahrungsmischungen;
3. durch Wasserverluste beim Speien und Erbrechen;
4. durch Wasserverluste an heissen Tagen;
5. durch die Umstellung im Wasserhaushalt bei infektiösem Fieber.

Die Gefahr eines Wassermangels liegt im ersten Lebensjahr besonders nahe, da der Wasserbedarf des Säuglings ausserordentlich gross ist. Er beträgt im Durchschnitt etwa 150 g pro Kilo Körpergewicht und Tag. Damit soll aber nicht gesagt sein, dass dieser Durchschnittsbedarf, wie er von den meisten an der Brust der Mutter genährten Säuglingen erreicht wird, in jedem Falle zur gedeihlichen Entwicklung eines Kindes notwendig ist. Der Wasserbedarf schwankt in weiten Grenzen (80—200 g pro Kilo Körpergewicht und Tag); für das einzelne Kind ist er aber anscheinend durch konstitutionelle Besonderheiten festgelegt. Daher werden viele Individuen auch mit einem weit geringeren Wasserangebot als 150 g pro Kilo Körpergewicht wirtschaften können. Vielleicht spricht die Möglichkeit eines Gedeihens bei relativ kleinen Wassermengen in der Nahrung für eine im ganzen bessere Konstitution in bezug auf Aufbau und Festigkeit der Gewebe.

Schliesslich gibt es aber eine für alle Säuglinge gültige untere Grenze, unter die die Wasserzufuhr nicht sinken darf, wenn es nicht zu krankhaften

Erscheinungen kommen soll. Im allgemeinen darf das Wasserangebot nicht unter 75 g pro Kilo Körpergewicht am Tage sinken. Bei den gebräuchlichen Milchmischungen wird, solange genügende Mengen angeboten und getrunken werden, eine Verknappung des Nahrungswassers nicht in Frage kommen. Lediglich in den ersten Tagen einer Schonungsdiät nach Durchfallserkrankung wird diese Möglichkeit gegeben sein.

Anders bei den konzentrierten Nahrungsgemischen, bei denen mit relativ kleinen Nahrungsmengen der kalorische Nahrungsbedarf des Kindes gedeckt ist. Bei Ernährung mit Buttermehlvollmilch oder mit dem Buttermehlbrei, Nahrungsgemischen, die in der Maßeinheit das doppelte bis dreifache an Kalorienwerten enthalten als die gleiche Menge einer üblichen Milchverdünnung, rückt die Gefahr eines Wassermangels nahe. Denn bei diesen Doppelt- oder Dreifachnahrungen genügt die Hälfte bis ein Drittel der Nahrungsmenge, um den Bedarf des Säuglings an Brenn- und Baustoffen zu decken; d. h. das Nährstoffbedürfnis des Kindes ist befriedigt mit einer Nahrungsmenge, die nur die Hälfte oder ein Drittel der üblichen Wassermenge enthält. Wird daher ein Kind ausschliesslich mit solchen konzentrierten Nährgemischen oder Breien, wie es z. B. für Spei- und Brechkinder empfohlen wurde, ernährt, so wird der Bedarf des Kindes an Wasser sicherlich unterschritten, wenn nicht die Zufuhr von Wasser nach oder zwischen den einzelnen Mahlzeiten verordnet wird.

Bestimmte Korrelationen der Nährstoffe sind an der Entstehung des Durstes besonders beteiligt. Es gibt Nährstoffe, die auf den Wegen ihrer physiologischen Verarbeitung grosse Anforderungen an den Wasserstoffwechsel stellen. Sind solche Nährstoffe im Übermaß in einem Nahrungsgemisch enthalten, so wird selbst ein Wasserangebot, das sich in normalen Grenzen bewegt, nicht mehr ausreichen, um den starken Ansprüchen, die diese Nährstoffe an den Wasserbedarf stellen, gerecht zu werden. Zu diesen Nährstoffen gehört in erster Linie das Eiweiss, in zweiter Linie die Salze, und hier wiederum vor allem die Natriumsalze. Eine Nahrung wird daher um so eher zu Erscheinungen des Wassermangels führen, je mehr Eiweiss und Salze sie enthält.

Die hydropigene Wirkung der Salze entzieht einen Teil des Wassers den Bedürfnissen des Stoffwechsels. Es ist damit ein Zustand erreicht, der dem eines Durstes durch äusseren Wassermangel in der Nahrung gleich zu setzen ist.

Schwieriger ist es, den Einfluss des Eiweisses auf den Wasserumsatz zu erklären. Die Erscheinungen bei eiweissreicher und wasserarmer Kost gleichen denen, die wir beim durstenden Kinde zu sehen gewohnt sind und die schwinden, wenn lediglich die Menge des angebotenen Wassers gesteigert wird. Zur Erklärung der Wasserbeanspruchung durch den Eiweissreichtum der Nahrung sind zwei Theorien aufgestellt worden. Die eine führt diese Erscheinung auf die vermehrte Verdauungsarbeit zurück, die ja gerade bei der Verdauung von Eiweiss im Körper besonders gross ist (spezifisch dynamische Wirkung des Eiweisses). Die vermehrte Verdauungsarbeit führt zur vermehrten Wärmebildung im Körper, die durch die Unruhe, die sich bei diesen Kindern stets einstellt, noch gesteigert wird. Nur durch eine verstärkte Perspiration vermag der Körper die im Übermaß gebildete Wärme zu entfernen. Fehlen ihm hierzu, wie es bei eiweissreicher, aber relativ wasserarmer Kost der Fall ist, die notwendigen Wassermengen, so muss sich ein Durstzustand einstellen, der erst behoben wird, wenn dem Körper genügende Wassermengen zur Verstärkung seiner Perspiratio zugeführt werden.

Die andere Anschauung geht von der Annahme aus, dass durch die Wasserarmut der Nahrung im Ablauf des Stoffwechsels die physiologischen Umsetzungen des Eiweisses gestört würden. Wasser ist zum Abbau des Eiweisses und zum Abtransport der Stoffwechselschlacken aus den Zellen und aus den Geweben notwendig, und schliesslich geschieht die Ausscheidung der Abbauprodukte des Eiweisses stets in Begleitung relativ grosser Wassermengen. Steigt bei reichlicher Eiweissernährung die Menge der Eiweissabbauprodukte, so könnte bei einem nicht entsprechenden Wasserangebot ein Teil der Abbauprodukte nicht harnfähig werden, es könnte auch ein Stillstand im Eiweissabbau auf einer Stufe eintreten, die die Zellen schädigt, und schliesslich könnte auch ein Teil der Abbauprodukte unausgeschwemmt in den Geweben liegen bleiben.

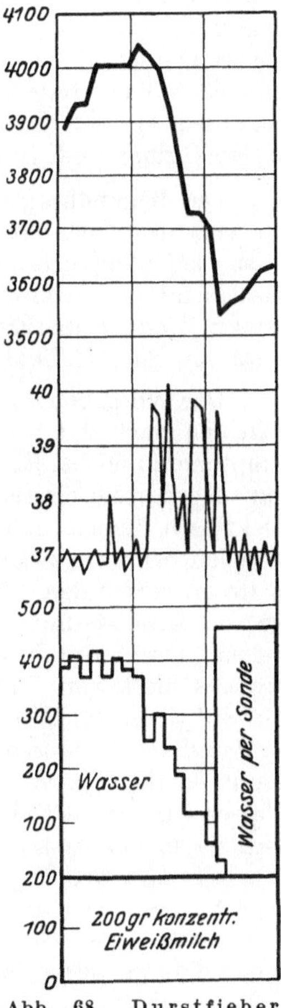

Abb. 68. Durstfieber. Ernährung eines schlecht trinkenden Kindes mit konzentrierter Nahrung. Zunächst bei Zufütterung von 200 g Wasser leidliches Gedeihen. Bei fortschreitender Trinkunlust wird Wasser kaum noch genommen. Folge: Gewichtssturz, Fieber, das erst kritisch bei unveränderter Nahrung schwindet, als zwangsweise ausreichend Wasser zugefüttert wird.

Auf welchem der oben geschilderten beiden Wege der Durstzustand, insbesondere die Hyperthermie, zustande kommt, ist heute noch eine offene Frage (s. Kap. Intoxikation). Für die Praxis der Ernährung steht aber als wichtiger Grundsatz schon fest, dass je mehr Eiweiss oder Salze eine Nahrungsmischung enthält, um so grösser auch die Menge des angebotenen Wassers sein muss.

Das transitorische Fieber der Neugeborenen, das in den ersten Lebenstagen bei Brustkindern nicht selten auftritt, hat heute allgemein eine solche Erklärung gefunden. Es ist wahrscheinlich, dass auch die physiologische Albuminurie und die initiale Gewichtsabnahmen auf Wassermangel zurückzuführen sind. Die Nahrung, die der Säugling in den ersten Lebenstagen der Brust entnimmt, ist eiweissreich und salzreich, und wenn nicht Wasser zugeführt wird, so ist bei den kleinen Trinkmengen die Voraussetzung zum Eintritt eines Durstes erfüllt.

Bei künstlich genährten Kindern, die schlecht trinken und mit konzentrierten eiweissreichen Mischungen (konzentrierte Eiweissmilch, Vollmilchbrei u. ä.) ernährt werden, kann es analog zum Durstzustand kommen.

Auch bei häufigem Erbrechen verlieren Säuglinge nicht nur Nährstoffe, sondern auch, vor allem im Stadium der Nausea, reichliche Wassermengen, und es ist daher nicht überraschend, dass Durstschäden gerade bei den Speikindern und bei den Kindern mit Pylorusspasmus gar nicht selten sind, zumal aus therapeutischen Gründen hier eine konzentrierte Ernährung beliebt ist.

An heissen Sommertagen wird es bei unsachgemäßer Pflege, besonders dann wenn durch Schweisse starke Wasserverluste eintreten, zu Erscheinungen des Durstes kommen. Für den Gesamtwasserhaushalt werden sich diese durch eine verstärkte Perspiration durch Haut und Lunge eintretenden Wasserabgaben ebenso auswirken, wie ein ungenügendes Wasserangebot unter ausgeglichenen pflegerischen Bedingungen. Besonders gefährdet und daher stets besonderer Beaufsichtigung bedürftig werden die Kinder sein, die in heissen Sommermonaten mit konzentrierten Nährgemischen ernährt werden. Auf reichliche Wasserzulagen ist hier ganz besonderer Wert zu legen.

Jedes Fieber stellt besondere Anforderungen an den Wasserhaushalt. Im Fieber ist die Wasserabgabe durch den Harn und durch Lungen und Haut eingeschränkt. Die Zellen des Fieberkranken besitzen offenbar ein stärkeres Wasserbedürfnis als die Zellen des gesunden Kindes. Der starke Durst des

Fieberkranken zeigt das erhöhte Wasserbedürfnis der Zellen an. Diesem erhöhten Wasserbedarf wird ganz besonders beim Säugling, dessen Durstzustand aus nicht sehr eindrucksvollen klinischen Zeichen erkannt werden muss, nicht immer Rechnung getragen. Daher kommt es in der Praxis beim fiebernden Säugling gar nicht selten zu der Erscheinung, dass ein zunächst durch eine Infektion hervorgerufenes Fieber sekundär durch ein Fieber unterhalten wird, das nicht mehr die Infektion zur Ursache hat, sondern das ein Symptom des inzwischen eingetretenen Durstzustandes darstellt. Sobald der Wassermangel durch reichlichere Wasserzufuhr, am besten in Verbindung mit Zucker ausgeglichen wird, schwindet der Durstzustand, und damit sinkt bei einer nicht kleinen Zahl von Patienten kritisch oder lytisch die hohe Temperatur zu normalen Werten ab (s. Ernährung und Infektion).

Die **Behandlung** der akuten Durstschäden ist einfach und schlüssig, wenn nur erst der Gedanke an die besondere Genese der Störung aufgetaucht ist. Diese Gedankenverbindung wird sich bei den Kindern leicht einstellen, die mit wasserarmen, konzentrierten Nährgemischen ernährt waren. Aber auch bei grosser Hitze, beim Eintritt stärkerer Durchfälle, bei jeder fieberhaften Infektion sollte an die Möglichkeit eines Durstschadens stets gedacht werden.

Das Vorgehen bei der Beseitigung eines Durstschadens richtet sich im einzelnen nach der Schwere der eingetretenen Störung. Bei leichten Krankheitssymptomen und bei Kindern im guten Ernährungszustande genügt die Zufütterung von saccharingesüsstem Wasser. Wenn es aber gilt, wie vor allem beim infektiösen Fieber, möglichst rasch die Wasserversorgung der Zellen wieder herzustellen, wird am zweckmäßigsten die Wasserzufuhr mit einer Zufuhr von Kohlenhydraten verbunden. Gleichzeitig müssen die Nährstoffe eingeschränkt werden, die wie Eiweiss und Salze besondere Anforderungen an den Wasserstoffwechsel stellen. Durch die Zufuhr von Zuckerwasser wird erreicht, dass dem Körper ein gewisses Maß von Brennwerten zugeführt wird. Ausserdem wird durch das Kohlenhydrat die Wasseranziehungskraft der einzelnen Körperzellen erhöht. Der im Säuglingsalter besonders starken Tendenz der Zellkolloide zur Quellung wird damit Genüge getan. „Das Kohlenhydrat ist der beste Wegbereiter für das Wasser auf seinen Bahnen durch den Kreislauf bis zur Zelle". Das Zuckerwasser wird dabei am besten in Form von einer 15%igen Nährzuckerlösung zugeführt, von der man pro Tag etwa 150 g pro Kilo Körpergewicht, im ganzen aber nicht über $^3/_4$ bis höchstens 1 Liter anbietet. Durch subkutane, rektale und intraperitoneale Wasserzufuhr kann bei bedrohlichen Durstzuständen der Kampf gegen den Zelldurst wesentlich unterstützt werden.

Der Erfolg der Behandlung tritt bei den Patienten, bei denen tatsächlich ein Durstzustand den krankhaften Erscheinungen zugrunde lag, augenblicklich ein. Allgemeinbefinden und Fieber bessern sich innerhalb weniger Stunden. Die graue Blässe schwindet, die Haut erscheint besser durchblutet und durchfeuchtet, die Unruhe vergeht und wird häufig von einem ruhigen Schlaf abgelöst. Am eindruckvollsten prägt sich die Ausschaltung des Wassermangels am Verhalten der Körpertemperatur aus. Kritisch fällt nicht selten das Fieber ab, das sich vielleicht seit Tagen um 39⁰ und darüber bewegte. Nur da, wo der Durstzustand einem Infekt aufgepropft war, der noch nicht zur Abheilung kam, wird nicht völlige Entfieberung eintreten, sondern mit einem um einen oder zwei Grad tieferen Fieber wird die infektiöse Erkrankung unbeschwert vom Durstschaden ihren regelrechten Ablauf nehmen. Häufiger wird aber ein überraschender Fieberabfall in der Richtung klärend wirken, dass Krankheitszustände und Fieber, die bis dahin als Auswirkung eines Infektes betrachtet wurden, mit einem Schlage schwinden und sich damit als Durstzustände offenbaren.

4. Die Avitaminosen.

Eine Darstellung der Fehlnährschäden durch Mangel an Vitaminen hätte sich noch vor wenigen Jahren auf eine Beschreibung des Krankheitsbildes des Skorbuts beschränkt. Die Schwierigkeiten und Entbehrungen bei der Ernährung haben in den letzten Jahren in einem auferzwungenen Versuch an breitesten Schichten der Bevölkerung, darunter nicht zuletzt an Säuglingen und Kindern, aber eindrucksvoll gelehrt, dass die sogenannten Vitamine weit über den engen Rahmen des Skorbuts hinaus von grösster Bedeutung für die normale Entwicklung und für die Gesundheit des Säuglings sind. Es erscheint heute beinahe schon wieder notwendig, an diese Zeiten zu erinnern, wenn man die Folgen des Vitaminmangels ins gehörige Licht setzen will. Denn heute sind die Mängel, die noch vor ganz wenigen Jahren der nativen Nahrung anhafteten, und die noch durch die Unmöglichkeit eine ausgleichende Beikost zu geben, verstärkt wurden, bereits in vieler Beziehung wieder beseitigt und ihre Folgen fast schon wieder in Vergessenheit geraten. Als Gewinn der trüben Erfahrungen dieser Zeit bleibt die Bereicherung an Kenntnissen auf dem Gebiete der Avitaminosen. Nicht nur die ausgeprägten Krankheitsbilder, sondern auch die klinisch weit bedeutsameren häufigen, schleichend verlaufenden a b o r t i v e n Formen wurden den Ärzten immer wieder vor Augen geführt, und so klare Erkenntnisse von den Ursachen der Avitaminosen und den Wegen zu ihrer Bekämpfung und Verhütung gewonnen. Heute weiss man, dass eine zweckmäßige, in jeder Hinsicht komplette Ernährung imstande ist, nicht nur das Auftreten der ausgeprägten, leicht erkennbaren und eindeutigen Stadien der Avitaminosen zu verhüten, sondern dass die komplette Kost auch die ihnen wesensverwandten, nur durch wenige feine Züge ausgezeichneten d y s t r o p h i s c h e n Z u s t ä n d e d e r H y p o v i t a m i n o s e n zu unterdrücken vermag. Die praktische Durchführung dieser Ernährungsvorschriften machte z. B. den Skorbut bereits wieder zu dem relativ seltenen Krankheitsbilde, das er auch in früheren Jahren immer gewesen ist. Es erübrigt sich daher, die hierher gehörigen Krankheitsbilder mit jener Ausführlichkeit zur Darstellung zu bringen, die noch vor wenigen Jahren notwendig schien.

Ein Verständnis für das krankhafte Geschehen, wie es die ersten Nachkriegsjahre mit ihrer Fülle schwerer ausgeprägter Avitaminosen als etwas Neues brachten, wäre aber nicht möglich gewesen, wenn nicht die experimentelle Pathologie das Vitaminproblem schon Jahre vorher erfasst und ausgewertet hätte. Die tierexperimentellen Erfahrungen bei der Beri-Beri, beim Skorbut usw. gestatteten erst die bedeutsamen praktischen Folgerungen, die dem Arzte sichere Waffen im Kampfe gegen diese Fehlnährschäden in die Hand gaben. Was die letzten Jahre am Krankenbette des Säuglings uns an Neuem auf diesem Felde gelehrt haben, ist nichts anderes gewesen als das Erleben des Experimentes in der Klinik.

Als Vitamine bezeichnen wir mit F r i e d r i c h v. M ü l l e r „diejenigen Stoffe, welche der Körper zur Erhaltung seiner Organe und seiner Funktionen, zum Wachstum und zum Wiederaufbau unbedingt notwendig hat, und welche der Organismus nicht selbst aus anderen Grundstoffen aufbauen kann". Dass solche Stoffe existieren, haben bereits B u n g e und F o r s t e r vor vielen Jahrzehnten vermutet, als sie ihre Versuchstiere mit synthetischer Nahrung, die alle damals bekannten Bausteine der Nahrung enthielten, nicht am Leben erhalten konnten. Die klare Erkenntnis von der Bedeutung der Vitamine stammt aber erst aus den Studien des holländischen Arztes E y k m a n n über die Beri-Beri-Erkrankung. Rasch haben sich unsere Kenntnisse seitdem vermehrt, und heute darf man auf Grund der Arbeiten amerikanischer Autoren bereits drei grosse, bestimmt charakterisierte Gruppen von Vitaminen voneinander abgrenzen: die

Vitamine A, B und C; als viertes trat hinzu das antirachitische Vitamin D, dessen Vitaminnatur heute noch bestritten ist. Dabei sollte das fettlösliche A-Vitamin nach der ursprünglichen Auffassung antirachitische Eigenschaften besitzen. Diese Annahme erwies sich als irrig, und man sieht heute im Vitamin A

a

b

c

B-Vitamin-freie Fütterung.   B-Vitamin-Zulage (Hevitan).

Abb. 69. Beri-Beri-Erkrankung der Taube nach 50 Tagen B-Vitamin-freier Nahrung. Schnelle Heilung durch B-Vitamin-Zulage nach Reyher.

Abb. 70. Skorbutkrankes Meerschweinchen nach 25 Tagen C-Vitamin-freier Ernährung (Hafer und Wasser).   Abb. 71. Heilung nach 14 Tagen lediglich durch Zufütterung von frischem Obstsaft.

lediglich den Stoff, der die Keratomalazie verhütet. Das Vitamin B, das antineuritische Vitamin, ist der bei der Heilung der Beri-Beri wirksame Stoff, das Vitamin C das antiskorbutische Vitamin. Das Vitamin D hat als Heilfaktor der Rachitis besondere Bedeutung erlangt. Hält man sich an die strenge Definition des Vitaminbegriffs, so ist nach der fast vollendeten chemischen

Klarstellung dieses Stoffes seine Eingliederung in die Vitaminreihe nicht mehr ganz berechtigt. Deshalb erscheint es zweckmäßiger von einem antirachitischen Faktor als von einem antirachitischen Vitamin zu sprechen.

Ob die zur Zeit übliche Gruppierung der Vitamine nach ihren Wirkungen den Tatsachen entspricht, mag noch dahingestellt bleiben. Erst recht bleibt es eine offene Frage, ob die heute angenommene Zahl von Vitaminen bereits als abgeschlossen gelten kann.

Scharf umrissen und dem praktischen Handeln zugängig sind lediglich jene Ausfallserscheinungen, die auf einen Mangel an A-Vitamin und an C-Vitamin zurückzuführen sind. Umstritten ist für die Praxis der Säuglingsernährung schon die Stellung des B-Vitamins, dem in den letzten Jahren, vor allem von Reyher ein Platz unter den für den Säugling lebenswichtigen Nährstoffen eingeräumt wurde. Eine Darstellung der Fehlnährschäden, die für den Kliniker von Interesse sind, beschränkt sich daher auf jene Nährschäden, die durch einen Mangel an Vitamin A, C oder D (antirachitischer Faktor) entstanden sind.

Folgende Tabelle nach Shermann gibt eine Übersicht über den Vitamingehalt einiger wichtiger Nahrungsmittel.

Nahrungsmittel	A antikeratomalazisch	B antineuritisch	C antiskorbutisch	D antirachitisch
Brot	—	+	—	—
Leber	+ +	+ +	? [1]	+
Nieren	+ +	+ +	+	+
Hirn	+	+ +	?	+
Fisch	+	+	+	+
Milch, frisch, roh	+ + +	+ +	+ + (wechselnd)	
Trockenmilch	+ + +	+ +	+ (wechselnd)	
Entrahmte Milch	+	+	+ (wechselnd)	
Buttermilch	+	+ +	+ (wechselnd)	
Sahne	+ + +	+ +		
Butter	+ + +	—	—	+
Käse	+ +	+ +	—	
Eier	+ + +	+	—	+
Tomaten, roh	+ +	+ + +	+ + +	
Kohl, roh	+ +	+ + +	+ + +	
Gelbe Rüben, roh	+ +	+	+	
Blumenkohl	+	+ +	?	
Walnüsse		+ +		
Kopfsalat	+ +	+ +	+ + +	+
Kartoffeln, gekocht	+	+ +	+ + +	
Spinat	+ + +	+ + +	+ + +	
Kohlrübe	—	+ +	+ + +	
Äpfel	+	+ +	+ +	
Bananen	?	+	+	
Traubensaft	?	+	+	—
Zitronensaft	—	+ +	+ + +	
Apfelsinensaft	+	+ +	+ + +	
Himbeeren, roh			+ + +	
Pfirsiche, roh	+ +	+	+ +	

[1] Von Aron neuerdings nachgewiesen.

Die unbekannte stoffliche Natur der Vitamine, deren Existenz bisher immer nur aus ihren Wirkungen geschlossen wurde, versuchte Erich Müller in einer Weise zu erklären, die die Stoffe vitaminartigen Charakters den bereits bekannten chemisch definierten Nährstoffen einreihte. Nach dieser Vorstellung sollten die Vitamine lediglich Salzverbindungen bestimmter Struktur sein, die in Verbindung mit dem Eiweiss des Protoplasmas zur normalen Funktion der Zellen notwendig wären. Die Vitamine wären danach nicht neuartige Substanzen, sondern nur eine Sonderform bekannter Nährstoffe. Wenn die Möglichkeit, dass sich das Wesen der Vitamine eines Tages tatsächlich in dieser Richtung enthüllt, zugegeben werden muss, so wird eine solche Auffassung an der klinischen Darstellung vorerst nichts ändern, da auch hier mit einer noch unbekannten chemischen Verbindung gerechnet werden muss.

Dystrophia alipogenetica. Die Keratomalazie.

Die Keratomalazie ist der Fehlnährschaden, der auf einen Mangel an Vitamin A zurückzuführen ist. Dieser Mangel kann nur dann in Erscheinung treten, wenn die Träger des A-Vitamins, die tierischen Fette, völlig oder fast völlig in der Nahrung fehlen. Denn nur bei einem hochgradigen Unterangebot von Fett in der Nahrung des Säuglings, nur bei allerschwersten Verstössen gegen die Praxis der Säuglingsernährung und nur selten aus anderen Ursachen wird sich die reine Form dieses Fehlnährschadens, die Dystrophia alipogenetica Blochs entwickeln. Denn, um den Bedarf an antikeratomalazischem Vitamin zu decken, genügen sicherlich schon die minimalen Mengen von Fett, wie sie etwa in einer Drittelmilch oder selbst in den käuflichen Buttermilchen enthalten sind. Nur bei langdauernder Ernährung mit extrem entfetteter Magermilch oder bei Mehlpäppelung (s. Mehlnährschaden) tritt die hochgradige Fettarmut in der Kost ein, die Voraussetzung zur Entwicklung dieses Fehlnährschadens ist. Wie bei allen Fehlnährschäden ist mit um so grösserer Wahrscheinlichkeit auf den Eintritt der Erkrankung zu rechnen, je jünger das Kind ist, und je länger es der Fehlernährung ausgesetzt wurde. In den meisten Fällen genügt die Unterernährung mit A-Vitamin allein aber nicht, um die ganze Summe krankhafter Erscheinungen zur Entwicklung zu bringen. Als wichtigste Schrittmacher sind auch im Gebiete der A-Avitaminosen Infekte anzusehen. Fast stets treten die charakteristischen Züge des Krankheitsbildes erst dann zutage, wenn ein Infekt das Kind trifft; ein Zeichen dafür, dass während einer Infektion der Umsatz und der Verbrauch der Vitamine besonders gesteigert ist.

Das klinische Bild der Keratomalazie erschöpft sich nicht mit dem Symptom, das der Krankheit den Namen gegeben hat. Schon lange vor dem Eintritt der krankhaften Augenveränderung erscheinen als Folge des Ausfalls in der Ernährung uncharakteristische Hemmungen und Störungen in der Entwicklung, die sich insgesamt zum Bilde einer schweren Dystrophie vereinigen, in dem vielleicht die hochgradige Beeinträchtigung des Fettansatzes und die ganz besonders hochgradige Dysergie im Vordergrunde stehen. Erst Wochen nach dem Bestehen dieser warnenden Vorzeichen tritt unter der Belastung einer neuen schwereren Infektion plötzlich das Krankheitszeichen in Erscheinung, das der Dystrophie erst ein spezifisches Gepräge gibt. Krankhafte Veränderungen am Auge erscheinen im Mittelpunkte des krankhaften Geschehens. Am Hornhautrande entwickeln sich im Bereich der Lidspalte, auf der Conjunktiva bulbi trockene Stellen, die sich rasch weiter ausbreiten, so dass die injizierte Bindehaut nach kurzer Zeit trübe, wie gefältelt aussieht. Gleichzeitig trübt sich die Hornhaut, die ihren Glanz verliert und opak und wie gestichelt erscheint. Diese Infiltration breitet sich in der Fläche und nach der Tiefe hin aus und kann schliesslich zum Durchbruch der erweichten Hornhaut führen.

Pathogenese: So sicher das Krankheitsbild der Keratomalazie auf den Mangel eines an das Fett gebundenen Bestandteiles der Nahrung zurückzuführen ist, so werden bei einem gleich starken Mangel doch immer nur einzelne Kinder mit krankhaften Erscheinungen reagieren. Eine starke individuelle Disposition scheint daher zum Erkranken an Keratomalazie notwendig. Faktoren, die das Auftreten einer Keratomalazie begünstigen, sind z. B. Debilität und Frühgeburt des Kindes. Auf den fördernden Einfluss der Infekte wurde schon hingewiesen, und auch hier scheinen manche Infektionen, wie z. B. die Masern, die Entwicklung einer Keratomalazie ganz besonders zu begünstigen. Auf welchem Wege aber die klinisch sichtbare Zellschädigung zustande kommt, entzieht sich noch vollständig unserer Kenntnis. Man mag sich vorstellen, dass mit den fettverbundenen Vitaminen Substanzen fehlen, die für den Aufbau der Zellmembran, für ihre Stabilität und Dichtung von besonderer Bedeutung sind.

Die Behandlung der Keratomalazie ist wie bei allen Fehlnährschäden gegeben. Auf schnellstem Wege müssen A-vitaminhaltige Fette z. B. Milchfett, Lebertran (nicht Margarine und Schmalz) dem Körper zugeführt werden. Leider wird man mit der Therapie nicht selten zu spät kommen, da die Diagnose der spezifischen Dystrophie häufig erst dann gestellt werden kann, wenn sich bei einem bereits aufs schwerste veränderten Organismus als letztes Zeichen der Krankheit die charakteristischen Augenveränderungen einstellen. Nicht selten endigt dann der bei den Kindern meist vorhandene Infekt das Leben der Kinder. Immerhin gelingt es, namentlich bei älteren Säuglingen, durch schnelle und reichliche Fettzufuhr noch Besserung und Heilung zu erzielen. In diesen günstig ausgehenden Erkrankungen erholt sich die erkrankte Hornhaut überraschend schnell, und selbst schwere Veränderungen bilden sich in kurzer Zeit zurück. Aber selbst nach Abheilung der lokalen Erkrankungen am Auge bleibt noch für Monate die gesunkene Widerstandskraft des Organismus gegenüber Infektionen zurück, und aus diesen Nachwehen des Fehlnährschadens erwachsen nicht selten noch mannigfache Schwierigkeiten, die die Rekonvaleszenz des Kindes stören, ja sogar zum Scheitern bringen können.

Der Skorbut.

Der Skorbut der Kinder entsteht durch Mangel an Vitamin-C, dessen Existenz in rohen Obstsäften, frischen Gemüsen usw. angenommen wird. Die Erkenntnis von der Identität des schon seit Jahrhunderten bekannten Bildes des Skorbuts beim Erwachsenen und der beim Säugling und Kleinkind in vielen Punkten abweichenden Krankheitsform, wurde erst gegen Ausgang des 19. Jahrhunderts (1883) gewonnen. Während früher die Krankheitsbilder der Rachitis (akute Rachitis von Möller) angereiht wurden, gelang erst Barlow, Heubner, Neumann u. a. der Nachweis der skorbutischen Natur der hierher gehörigen Krankheitsbilder. Heute besteht kein Zweifel, dass die Möller-Barlowsche Krankheit, die besondere Form des Skorbuts der ersten Lebenszeit darstellt, in ihren Besonderheiten bedingt durch die Wachstumsvorgänge, die andere Beschaffenheit der Gewebe und die andere Beanspruchung der Organe in den Jahren des Säuglings- und Kleinkindesalters.

Das **klinische** Bild des ausgeprägten Skorbuts, der Möller-Barlowschen Krankheit, ist so oft und so ausführlich in allen Lehrbüchern beschrieben worden, dass es erlaubt sein dürfte, sich in dieser Beziehung kurz zu fassen. Das Krankheitsbild des Skorbuts wird durch drei krankhafte Eigenschaften bestimmt:

1. durch die Angiodystrophie,
2. durch die Dystrophie,
3. durch die Dysergie.

Die Angiodystrophie, die Gefässbrüchigkeit, gibt dem Skorbut seine Prägung anderen Nährschäden gegenüber. Infolge der Angiodystrophie kommt es zu Blutungen in der Haut, in der Schleimhaut, in den Knochen. Die Blutungen in der Haut bevorzugen im Säuglingsalter das Gesicht, während — im Gegensatz zum Erwachsenen — die unteren Extremitäten weit seltener betroffen werden. Die Blutungen finden sich am häufigsten um die Augen, in den Augenlidern, auf den Wangen, in den beim Säugling noch nicht durch Knorpelgewebe widerstandsfähigen Ohrmuscheln und in den Falten des Halses. Die Blutungen erscheinen zunächst als punktförmige oder mehr flächenhafte rötliche bis rötlichblaue Verfärbungen der Haut, die erst später die für Blutungen übliche Farbveränderung nach blau und grün erleiden; ein Teil der Blutungen schwindet sehr rasch, ohne diese Veränderung durchgemacht zu haben. Kapillarektasien mögen hier neben Blutaustritten bestanden haben. Von den Schleimhäuten sind am häufigsten die Schleimhaut des Mundes und die Schleimhäute der Harnwege von Blutungen befallen. Die charakteristischen Z a h n f l e i s c h b l u t u n g e n stellen sich bis auf Ausnahmen nur bei den Kindern ein, bei denen bereits Zähne vorhanden sind. Dem Eintritt der Blutung geht fast stets eine Zeit voraus, in der das Zahnfleisch gerötet, geschwollen und aufgelockert erscheint. Nicht selten finden sich im Bereich der Blutungen auf den widerstandslosen Schleimhäuten, namentlich bei Kleinkindern, sekundäre Infektionen, die das Bild einer selbständigen Stomatitis aphthosa oder ulcerosa vortäuschen. Ausserhalb des Zahnfleisches finden sich auf der Mundschleimhaut Blutungen am harten und weichen Gaumen, auf der Wangenschleimhaut, hier meist im Bereich des Kieferbisses und in der Muskulatur der Zunge.

Blutungen aus den Harnwegen begleiten bald in Form einer schon makroskopisch sichtbaren Hämaturie, bald nur als mikroskopisch feststellbare Erythrozyturia minima fast 90% aller Skorbuterkrankungen. Auch die Darmschleimhaut kann sich mit Blutungen am Krankheitsprozess beteiligen, und die stärkeren Blutungen täuschen im Verein mit den Durchfällen, an denen die skorbutkranken Kinder nicht selten leiden, eine Ruhrerkrankung vor.

Blutungen bedingen z. T. auch die schmerzhaften K n o c h e n a u f t r e i b u n g e n , die sich fast ausschliesslich in der Gegend der Epiphysen der langen Röhrenknochen, aber auch unter dem Periost der platten Schädelknochen, der Orbita oder an der Knorpelknochengrenze der Rippen finden. Bei all diesen subperiostalen Blutungen droht ganz besonders die Gefahr einer sekundären Infektion und damit einer Abszessbildung. Die Blutungen in das Periost sind aber nur ein Teil der Veränderungen, die sich beim Skorbut am Skelett abspielen. In der Wachstumszone des Knochens kommt es zu tiefgreifenden Veränderungen, die ihren Ausgang vom Knochenmark nehmen, das durch ein gefäßarmes, an jungen Bindegewebszellen reiches sogenanntes Stütz- oder Gerüstmark ersetzt wird. Die Resorption der provisorisch verkalkten Teile der Wachstumszone geht ungestört weiter, während die Neubildung von Knochensubstanz wegen der mangelhaften Tätigkeit der Osteoblasten unterbleibt, mit der Folge einer Rückbildung der Spongiosa und der Kortikalis der Knochen. Die Knochen werden dünn und brüchig, und geringe mechanische Beanspruchungen genügen, um schwere Einbrüche und Verschiebungen in der Gegend der am meisten betroffenen Wachstumszone hervorzurufen. Am regelmäßigsten lassen sich diese Verschiebungen an der Knochenknorpelgrenze der Rippen beobachten, an der eine stufenförmige Abknickung entsteht, die als skorbutischer Rosenkranz (Hess) beschrieben wurde. An Stelle der geordneten Struktur der Epiphysenlinie entsteht auf diese Weise die sogenannte T r ü m m e r f e l d z o n e , eine wirre Anhäufung von Kalk und Knochentrümmern, von bindegewebsreichem Gerüstmark, von frischem und älterem Blut. Diese Störungen im Knochengefüge bedingen im Verein mit den subperiostalen Blutungen und der ödematösen Durchtränkung von Periost, Knorpel, Muskulatur und Haut die für den Skorbut charakteristischen äusserst schmerzhaften Auftreibungen der Glieder, die sich so weit steigern können, dass es nicht nur zur Bewegungsunlust, sondern zu Scheinlähmungen kommt. Dabei können die Schmerzen schon lange Zeit, ehe die tiefgreifenden Veränderungen als sichtbare Auftreibungen der Gelenkgegenden erscheinen, als frühes Symptom der Krankheit nachweisbar sein. Schmerzen bei der Berührung, Schmerzen beim Baden und Wickeln des Kindes weisen nicht selten zu allererst auf die drohende Erkrankung hin.

Während die Angiodystrophie als für Skorbut spezifisch gelten darf, sind Dystrophie und Dysergie uncharakteristische Begleiter jedes Nährschadens,

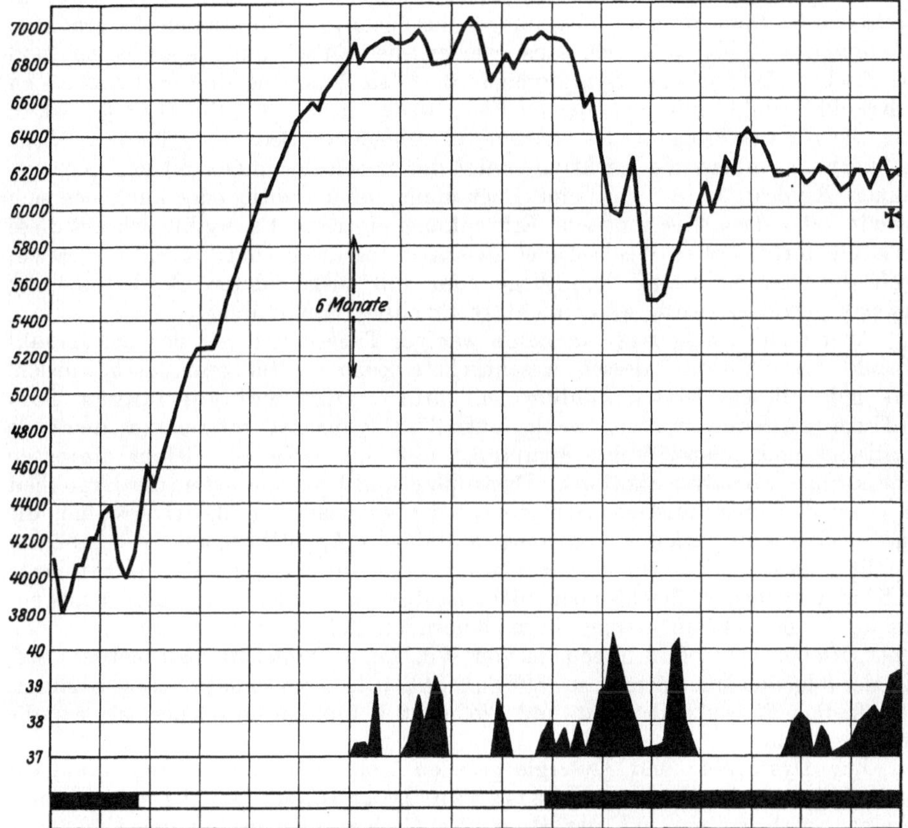

Abb. 72. Skorbutischer Nährschaden. Fast genau mit einem halben Jahre kommt es zu Gewichtsstillstand, bald zu fieberhaften Erkrankungen, die sich steigern, und denen das Kind im Zustand der Dystrophie am 25. 10. 22 erliegt. Die Ursache der Dystrophie ist hier in einer inkompletten Ernährung (Mangel an Vitamin C) zu suchen.

die zwar im Bilde des skorbutischen Krankseins nie fehlen, aber einen Schluss auf die Ursache des Nährschadens nicht zulassen. Die Dystrophie, mangelhaftes Gedeihen mit verlangsamter oder ausbleibender Gewichtszunahme und häufig auch Stillstand des Längenwachstums, bleibt kaum je aus. Dieses Nichtgedeihen mag einerseits eine Folge der Appetitlosigkeit sein, an der alle skorbutkranken Kinder leiden, und die eine unzureichende Nahrungsaufnahme zur Folge hat. Andererseits gehört die Appetitlosigkeit aber wohl auch in den Kreis der psychischen Veränderungen, die sich in Form von Unlustgefühlen und als Abwehrreaktion gegen die Umgebung bei den skorbutkranken Kindern einstellen. Schlechte Laune, viel Weinen und Geschrei, niemals ein Lächeln geben stets dem seelischen Gehabe der skorbutkranken Kinder das Gepräge.

Neben der Dystrophie begleitet eine regelwidrige Beantwortung infektiöser Reize, die Dysergie, als nicht spezifisches Symptom die meisten skorbutischen Erkrankungen. Als Dysergie (Abels) bezeichnet man das veränderte Verhalten des Organismus gegenüber Infektionen, das sich darin zeigt, dass die Fähigkeit zur regelrechten Abwehr eines Infektes gelitten hat oder verloren gegangen ist. Diese Unfähigkeit oder Schwäche in der bakteriellen Abwehr zeigte sich in der schon erwähnten Neigung der Blutungen zur Abszedierung. Aber auch jede andere Infektion, die das Kind erleidet, erwächst als Folge der ungenügenden Abwehr beim skorbutkranken Kinde zu einer langdauernden, hochfieberhaften Erkrankung, deren Ausbreitung im Organismus ungenügender Widerstand entgegengesetzt wird. Dazu kommt, dass umgekehrt jede Infektion wegen des erhöhten Vitaminverschleisses von sich aus wieder die Entwicklung spezifischer und aspezifischer skorbutischer Symptome fördert, so dass neue Blutungsschübe sich im Krankheitsbilde mit jeder neuen Fieberwelle einstellen. Die Dysergie ist es auch, die für die Prognose des Skorbuts entscheidende Bedeutung besitzt. Nicht der Skorbut, sondern die Infektion endigt das Leben des unbehandelten skorbutkranken Kindes; sei es, dass eine Pneumonie, eine Pyurie oder ähnliches sich einstellt, oder dass eine septische Erkrankung eintritt. Es ergibt sich auf diese Weise ein fortgesetztes Wechselspiel zwischen Infektion und Vitaminverbrauch, durch das das Kind auf dem Wege zum voll ausgebildeten Skorbut ständig vorwärts getrieben wird, wenn nicht rechtzeitige Behandlung einsetzt.

Aber nicht schlagartig, im Laufe weniger Tage entwickelt sich das Krankheitsbild des Skorbuts, dessen wesentlichste Züge soeben geschildert wurden. Stets geht diesem letzten Stadium ein mehr oder weniger langes Vorstadium voraus, in dem wenig auffällige, zunächst schwer zu deutende spezifische und unspezifische Symptome auf die drohende Gefahr hinweisen (Praeskorbut, abortiver Skorbut). Dystrophie und Dysergie leiten die Krankheit ein. Von den unspezifischen Symptomen ist es wiederum die Dystrophie, die sich — vielleicht begleitet von einer auffälligen Appetitlosigkeit — zunächst einstellt. Fast gleichzeitig leidet schon jetzt die Abwehr gegenüber Infektionen; die Kinder fiebern vielleicht noch nicht häufiger als gedeihende Altersgenossen; aber an Stelle der nur wenige Tage dauernden fieberhaften Erkrankung treten Fieberperioden von vielen Tagen, ja von Wochen. Vergleicht man mehrere aufeinander folgende Infektionen, so fällt auf, dass jede neue Infektion länger dauert, mit höherem Fieber einhergeht und vielleicht komplikationsreicher ist, als die vorhergegangene.

Zur Dystrophie und Dysergie gesellen sich dann nicht selten schon die ersten Zeichen der hämorrhagischen Diathese. Im Urin erscheinen einzelne Erythrozyten, auf der Haut des Gesichtes, meist in der Umgebung der Augen oder des Mundes entsteht eine mehr oder weniger dichte Aussaat punktförmiger Blutungen, die rasch wieder verschwindet. Diese minimalen Petechien können sich gelegentlich selbst dann schon einstellen, wenn die Dystrophie beim Kinde noch wenig ausgeprägt ist. Der naheliegende Verdacht, dass es sich in diesen Fällen um Blutungen handeln könnte, die sich im Gefolge einer Bluterkrankung zeigen, wird durch den Befund normaler Werte für Blutplättchen, Gerinnungszeit und Blutungszeit ausgeschlossen. Auffallend ist es dagegen, wie eng diese Blutungen an den Eintritt der Fiebersteigerung gebunden sind. Wenige Tage oder Stunden vor der Manifestation eines Infektes oder auch erst mit dem Einsetzen des Fiebers schiessen innerhalb weniger Stunden diese unscheinbaren Blutungen auf. Auch die Pachymeningitis hämorrhagica dürfte auf den Boden der skorbutischen Blutungsneigung entstehen und dem skorbutischen Komplex zuzuzählen sein. Die Brüchigkeit des Gefäßsystems lässt sich in diesen Vorstadien des Skorbuts auch durch den Rumpel-Leedeschen Versuch nachweisen. Eine mäßige Stauung von weniger als 5 Minuten am Oberarm genügt, um am Unterarm eine dichte Aussaat punktförmiger Blutungen hervorzurufen. So wertvoll dieses Symptom zur Stützung der Diagnose sein kann, so möchten wir es doch keineswegs als pathognomonisch für die skorbutische Erkrankung ansehen.

Zur Sicherung der Diagnose leistet die Röntgenuntersuchung, vor allem der langen Röhrenknochen, wertvolle Dienste. Schon frühzeitig erscheint die Trümmerfeldzone im atrophischen Knochen als ein breites, dichtes, unregelmäßig begrenztes Schattenband. Wenn dieses Bild, das viele Monate auch nach Heilung eines Skorbuts bestehen bleibt, vielleicht nicht immer eindeutig als Skorbut zu deuten ist, so wird es in diesem Sinne durch eine Veränderung an den Knochenkernen der Epiphysen ergänzt, auf die Wimberger hingewiesen hat. Um jeden einzelnen Knochenkern erscheint im Röntgenbilde ein zirkulärer Schattensaum, so dass die Knochenkerne „blasenartig" (Gött) aussehen. Die Ursache dieses Schattens sind wahrscheinlich Veränderungen am Knochenkern, die denen der Trümmerfeldzone analog sind.

Die **Diagnose** des Skorbuts in der wenig charakteristischen Vorbereitungs- zeit wird stets Schwierigkeiten bereiten, und nur die sorgfältigste klinische Unter- suchung wird die feinen Züge auffinden lassen, die es erlauben, den uncharakte- ristischen Zustand der Dystrophie und Dysergie dem Formenkreise der skor- butischen Nährschäden einzureihen. Aber selbst das imponierende Krankheits- bild des vollentwickelten Skorbuts führt nicht selten in die Irre. Irrtümer be- dingen vor allem die Skorbuterkrankungen, bei denen ein Krankheitssymptom, etwa die Knochenschwellung, die Pseudoparalysen, besonders ausgeprägt ist oder die Nierenblutung das klinische Bild beherrscht. Die Schwellung im Bereich einzelner Knochen oder Gelenke gibt Veranlassung zur Verwechslung mit Frakturen, die unnötiger Weise mit Verbänden behandelt werden, oder mit Tumoren, die das Kind überflüssigen eingreifenden Operationen aussetzen. Die Scheinlähmung, hervorgerufen durch die Schmerzhaftigkeit jeder Bewegung, wird eine nervöse Lähmung vortäuschen oder zur Verwechslung mit einer syphilitischen Parrotschen Paralyse führen können. Gegen die nervöse Lähmung spricht die Intaktheit der Reflexe und die grosse Schmerzhaftigkeit in allen auch nicht von der Lähmung betroffenen Gliedern. Gegen eine syphilitische Lähmung spricht das Alter der Kinder; die syphilitische Lähmung findet sich zumeist im ersten Vierteljahr, die skorbutische Scheinlähmung kaum jemals vor dem Ende des zweiten Quartals. Auch die Lokalisation der Lähmung ermöglicht bis zum gewissen Grade eine Unterscheidung. Die syphilitische Lähmung sitzt häufiger an den oberen Extremitäten, die schwersten Knochenveränderungen finden sich beim Skorbut häufiger an den unteren Extremitäten. Auch die Blutungen aus Niere und Darm können zu Fehldiagnosen führen. Bei den Hämaturien taucht der Gedanke an eine hämorrhagische Nephritis oder an eine Steinblutung auf; bei den Darmblutungen ist gelegentlich schon eine Dysenterie, ja sogar ein Ileus diagnostiziert worden. Vor allen diesen Fehlern schützt nur die sorgfältigste Betrachtung des ganzen Kindes, denn auch bei dem Vorwiegen eines Symptomes werden andere Erscheinungen nicht fehlen, die auf die besondere Ursache der Erkrankung hinweisen. Dieses Suchen wird dann um so notwendiger sein, wenn es sich um die schon geschilderten larvierten Formen handelt, die viel häufiger vorkommen, als man früher angenommen hat. Das Vorstadium mit seinen wenig ausgeprägten, sich erst allmählich zum bekannten Bilde des Skorbuts zusammenfindenden Symptomen, bedarf zu seiner Entwicklung eine Zeit von 1—3 Monaten, deren Länge sich im einzelnen Fall nach der Konstitution des Kindes und nach der Grösse des Vitaminausfalles richtet.

Ätiologie. Als Ursache des Skorbuts muss man heute den Mangel an Vitamin C in der Nahrung ansehen. Damit ist freilich noch nicht gesagt, dass sich zwischen Ursache und Wirkung nicht noch andere bekannte und unbekannte Faktoren einschieben. Das geht schon aus der Erfahrung hervor, dass Vitaminmangel nicht immer und nicht bei jedem Kinde zum Skorbut führt. Im gleichen Sinne spricht die Beobachtung, dass es zuweilen trotz eines gewissen Vitaminangebots nicht gelingt, den Eintritt eines Skorbuts zu verhüten. Die individuelle Disposition spielt, und das bestätigen ja auch die Erfahrungen im Tierexperiment, bei der skorbutischen Erkrankung eine ganz besondere Rolle. Ebensowenig wie das Vorhandensein z. B. von Diphtheriebazillen in jedem Falle eine Diphtherieerkrankung bedeutet, ebensowenig reicht der Mangel an C-Vitamin zum Entstehen von Skorbut aus. Nur wenn äussere und innere Umstände den Boden für den Skorbut bereiten, wird die Avitaminose als Krankheit auftreten. Daher kommt es, dass die Entwicklung von Säuglingen, worauf Schmitt neuerdings hinwies, auch ohne Zufütterung von vitaminhaltigen Stoffen, wie wir uns selbst des öfteren überzeugen konnten, glatt und ungestört vonstatten gehen kann. Jedenfalls ist der Vitaminbedarf des gedeihenden Säuglings sehr gering, sicherlich viel geringer als der mancher tierischen Organismen, wie z. B. der des Meerschweinchens.

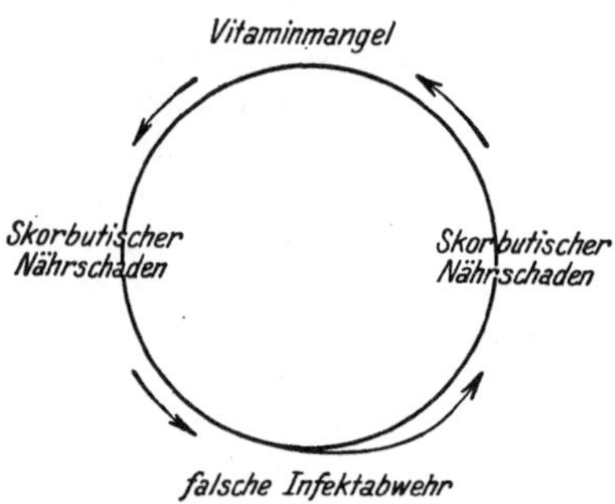

Abb. 73. Wechselspiel zwischen Infekt, Nährschaden und Vitaminverbrauch.

Diese Sachlage ändert sich aber von Grund auf, sobald Infektionen oder Ernährungsstörungen eintreten. Namentlich chronische Infektionen fördern, wie z. B. Erfahrungen an tuberkulösen Säuglingen lehren, die Entwicklung eines Skorbuts. Aber nicht nur im akuten Ausbruch des Skorbuts besitzt die Infektion eine entscheidende Bedeutung, sondern die Häufung von Infektionen und die Dysergie, die in kaum einer Anamnese eines skorbutkranken Säuglings fehlen, zehren am Vitaminvorrat und steigern die Vitaminansprüche des Kindes. Wie der Infekt wirkt jede Ernährungsstörung, die das Kind in dem Alter erleidet, das zur skorbutischen Erkrankung besonders disponiert ist (6.—24. Lebensmonat). Infekt und Ernährungsstörung werden dabei wahrscheinlich auf den gleichen Wegen die Entwicklung eines Skorbuts fördern. Die Unstimmigkeiten in der Beurteilung der Häufigkeit des Skorbuts, wie sie in den letzten Jahren aus verschiedenen Städten berichtet wurden, werden in diesen skorbutfördernden Einwirkungen eine Erklärung finden können. Je günstiger der Gesundheitszustand der Kinder ist, um so seltener werden Skorbuterkrankungen sein.

Von Bedeutung ist schliesslich auch die Jahreszeit. Der Skorbut der Säuglinge ist eine Erkrankung des Winters und des Frühjahrs. Die Häufung fieberhafter grippaler Infektionen, der Mangel an frischen Gemüsen, die Schwierigkeit, ausreichende Mengen vollwertiger Vitaminträger (frische Obstsäfte) zu beschaffen und ein Absinken des Vitamingehaltes der Kuhmilch in der dunklen Jahreszeit treffen als Faktoren zusammen, die insgesamt die Manifestation skorbutischer Krankheitssymptome fördern.

Als Faktoren, die den Eintritt eines Skorbuts fördern, können also gelten:

1. Das Alter (6.—24. Lebensmonat).
2. Disposition.
3. Infektion.
4. Ernährungsstörungen.
5. Jahreszeit.

Die Bedeutung des Mangels an C-Vitamin für die Entstehung eines Skorbuts wird durch den Erfolg der Prophylaxe und der Therapie über jeden Zweifel erhoben, und Misserfolge, die zu einer andern Deutung verführen könnten (z. B. Erkranken trotz Vitaminzufuhr), erweisen sich immer als Fehler in der quantitativen Zumessung der Vitaminmengen. Dabei liegt beim Säugling fast nie ein absolutes Fehlen von C-Vitamin vor. Stets handelt es sich um einen relativen Mangel, der als skorbuterzeugender Reiz immer unter Berücksichtigung der inneren und äusseren Umstände, unter denen der Patient lebt, zu bewerten ist. Es gelingt stets, durch eine den Umständen angepasste ausreichende Zufuhr von C-vitaminhaltigen Nahrungsmitteln einen Skorbut zur Abheilung zu bringen und durch entsprechende prophylaktische Darreichung einer derartigen Kost zu verhüten. Dabei muss sich die Quantität der Vitaminzufuhr dem durch Infektionen oder Ernährungsstörung jeweils erhöhten Bedarf anzupassen suchen. Seitdem in unserer Anstalt bei allen Kindern eine reichliche Vitaminernährung geübt wird, sind die in früheren Jahren häufigen Skorbuterkrankungen völlig geschwunden. Dieser Gegensatz zwischen einst und jetzt kann als bester Beweis für die ätiologische Bedeutung des C-Vitamins beim Skorbut gelten.

Die **Pathogenese** der skorbutischen Erkrankung ist noch nicht geklärt. Auf welchen Wegen der Mangel an C-Vitamin zu den mannigfachen Krankheitssymptomen führt, ist noch ganz unübersichtlich. Die Betrachtung des Stoffwechsels hat keinerlei Klärung gegeben. Die Befunde einer schweren Beeinträchtigung des Mineralstoffwechsels dürften, ebenso wie die von Bickel festgestellten Störungen der Oxydationsvorgänge in den Geweben, nur ein Symptom der durch die Fehlernährung eingetretenen schweren Zellschädigung sein. Hierher gehören auch das von Leichtentritt u. a. nachgewiesene Fehlen der trypanoziden Substanzen im Blutserum der skorbutkranken Kinder und der Befund, dass auf dem Serum skorbutkranker Kinder ein abwegiges Wachstum von Diphtheriebazillen und Influenzabazillen stattfindet. Eine Deutung des pathogenetischen Geschehens beim Skorbut vermitteln am ehesten vielleicht noch die Vorstellungen von Aschoff und Koch, die annehmen, dass es als Folge des Vitaminmangels zu Defekten in den interzellulären Kittsubstanzen kommt. Diese betreffen vor allem das Gefäßsystem und das Stützgewebe. Am Gefäßsystem führen sie zu einer grösseren Durchlässigkeit der Gefässwände und damit zu den klinischen Erscheinungen der Blutungen, der Exsudate und der Ödeme. Am Knochensystem bedingt das Fehlen der Kittsubstanzen die allgemeine Atrophie (Osteoporose) der Knochen, die sich klinisch in der Neigung zu Frakturen und Infraktionen äussert.

Prophylaxe. Bei dem heutigen Stand der Kenntnisse muss es in allen Fällen gelingen, den Eintritt einer Skorbuterkrankung hintanzuhalten. Selbst in der Massenpflege der Anstalten, in denen durch die häufigeren Infektionen und Ernährungsstörungen die Bedingungen zum Auftreten eines Skorbutes besonders günstige sind, ist die Verhütung des Skorbuts stets möglich. Da wo Skorbuterkrankungen heute noch vorkommen, war der Vitaminbedarf quantitativ sicherlich nicht gedeckt. Man muss sich von der Vorstellung frei machen, dass die Vitamine nach Art eines Katalysators im Stoffwechsel wirken, also in kleinsten Mengen, in der Praxis teelöffelweise oder gar nur tropfenweise dargereicht, bereits sichtbare Wirkungen entfalten. Die Vitamine sind aller Wahrscheinlichkeit nach Ausgangsmaterialien für den Aufbau bestimmter im Stoffwechsel unentbehrlicher Substanzen, wobei man z. B. an den Aufbau der Inkrete der Drüsen mit innerer Sekretion denken könnte. Werden diese Bausteine nicht in der Nahrung geliefert, so muss es bei der Unfähigkeit des Organismus, sie synthetisch aus eigener Kraft zu bilden, zu Ausfällen im Stoffwechsel kommen. Um den Eintritt dieses Mangels zu verhüten, wird in der Praxis der Ernährung daher eher ein Zuviel als ein Zuwenig im Vitamin-angebot am Platze sein. Wenn auch für das gut gedeihende Kind ein geringes Vitaminangebot ausreicht, so möchten wir doch angesichts des nach der Individualität wechselnden absoluten Bedarfs an Vitaminen, der wahrscheinlich auch Schwankungen unterworfen ist, im ganzen einem Luxus in der Vitamin-zufuhr das Wort reden. Bei der Unsicherheit über den Vitamingehalt einer zur Säuglingsernährung dienenden Milch, der weitgehend abhängt von der Fütterung der Milchtiere, von der Düngung des Bodens, auf dem das Futter der Tiere wächst, von den Jahreszeiten und von den Methoden der Milchver-arbeitung, wird man gut daran tun, den Vitamingehalt der Milch stets recht niedrig zu schätzen. Die Möglichkeit, den Säuglingen auch andere vitaminhaltige Nahrungsmittel zu reichen, macht uns aber vom unbeständigen Vitamingehalt der Milch unabhängig.

Die notwendigen Mengen vitaminhaltiger Nahrungsstoffe schwanken je nach der Art des Vitaminträgers. Das C-Vitamin findet sich in allen rohen Obstsäften und Gemüsen. Keineswegs sind die einzelnen Sorten dieser Nahrungsstoffe in ihrem Vitamingehalt gleichwertig, und selbst gleiche Früchte zeigen einen wechselnden Vitamingehalt in Abhängigkeit von der Besonnung und der Düngung und vom Reifegrade. Da in der Praxis eine Prüfung des Vitamingehaltes der zur Verfügung stehenden Früchte nicht möglich ist, so wird es ratsam sein, die vitaminreichsten Früchte zu verwenden. Von den Obstsäften sind im Sommer Kirschsaft, frischer Himbeersaft, Erdbeersaft und Tomatensaft brauchbar; im Winter ist die Auswahl dagegen beschränkt. Als wirklich vitaminreiche Früchte erweisen sich dann nur noch Tomaten, Apfelsinen und Zitronen, solange es sich nicht um zu alte oder welke Früchte handelt. Alle anderen als Antiskorbutika empfohlenen Säfte wie Karottensaft, Preßsaft von Gemüsen oder gar erst die angeblich C-vitaminhaltigen fabrikmäßig hergestellten und konservierten Obst-saftpräparate sind meist wenig oder gar nicht wirksam. Eher eignen sich, wenn eine gewisse Abwechslung im Speisezettel gewünscht wird, geschabte Äpfel und Birnen und vielleicht auch Bananen als Vitaminträger. Die Menge der Obstsäfte, die zu einer wirksamen Prophylaxe notwendig sind, sollte nicht weniger als 30 g (zwei Esslöffel) am Tage betragen oder ½—1 Banane oder ½ mittelgrosser Apfel. Diese Mengen gelten aber nur für das gesunde gedeihende Kind. Die Quantität muss sofort erhöht werden, sobald Infektionen oder andere schwere Störungen das Kind heimsuchen. Wir zögern dann nicht, die Vitaminzufuhr auf 50—100 g Obstsaft am Tage zu steigern. Das gilt namentlich für die Patienten mit rekur-rierenden Infektionen. Es darf dabei von der Vitamindarreichung nicht, wie von einigen Seiten angenommen wurde, in kürzester Frist eine Hebung der bei diesen Kindern verloren gegangenen Abwehrfähigkeit gegen Infektionen erwartet werden. In jedem Falle wird eine gewisse Zeit vergehen, ehe die Anfälligkeit des Kindes schwindet.

Der Zeitpunkt, an dem die Vitamindarreichung zu beginnen hat, wird beim Säugling durch die klinische Beobachtung bestimmt. Die Tatsache, dass ein Skorbut niemals vor dem fünften Lebensmonat auftritt, und dass er als Vorbereitungszeit im Maximum zwei bis drei Monate benötigt, gibt die Berechtigung, in den ersten Lebensmonaten von einer Zufütterung von vitamin-haltigen Säften abzusehen. Spätestens aber im Beginn des vierten Lebens-monats sollte mit der Zugabe von rohen Obstsäften begonnen werden. Dabei muss die Zufütterung der Säfte nicht nur beim Flaschenkinde, sondern auch beim Brustkinde empfohlen werden. Nach dem Säuglingsalter, in einer Zeit, in der die Intensität der Vorgänge beim Wachstum und bei der Entwicklung nachlässt, scheint auch der Vitaminbedarf allmählich geringer zu werden, so dass man dann mit geringeren Mengen der Obstsäfte auskommen kann.

Behandlung. Bei kaum einer anderen Krankheit wendet sich schweres Kranksein so rasch zur Genesung wie bei einem zweckmäßig behandelten Skorbut.

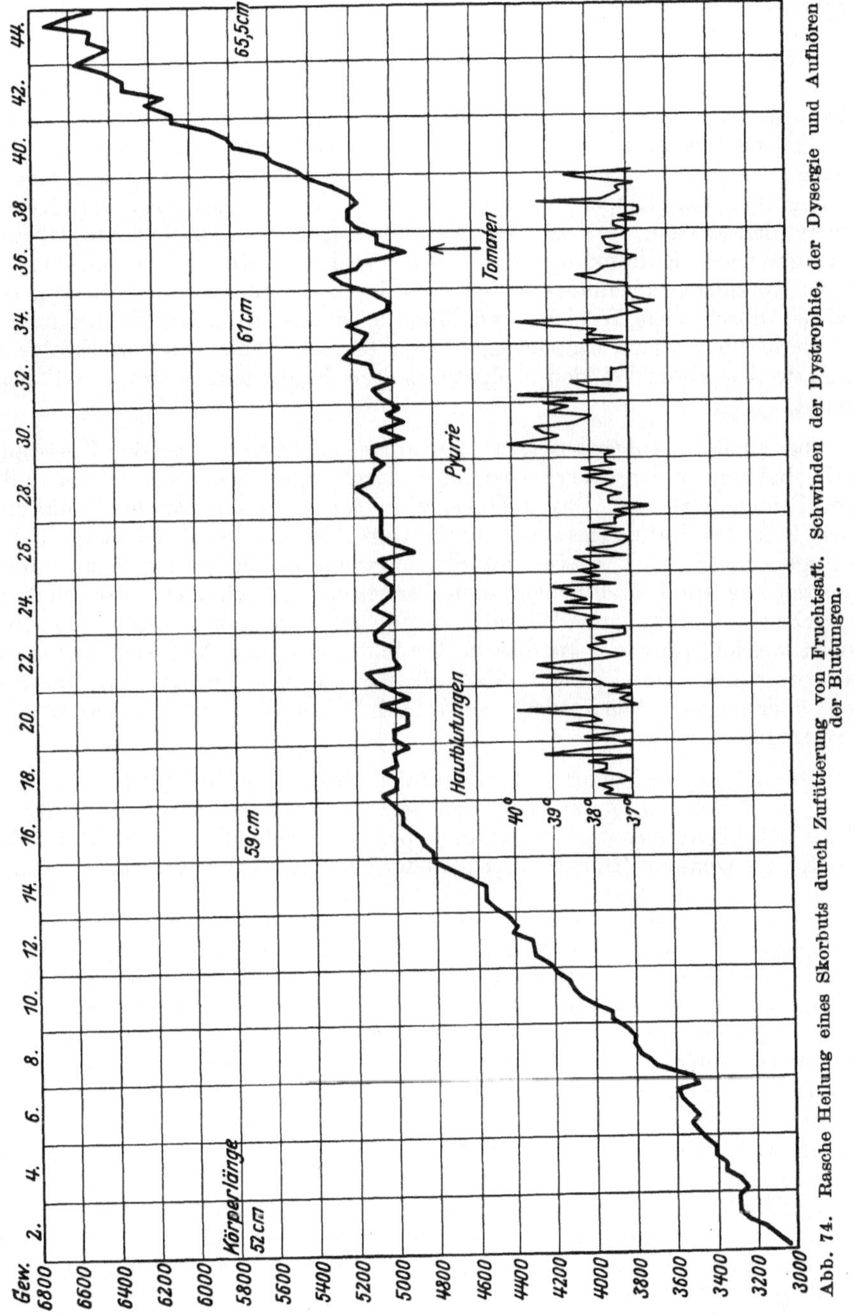

Abb. 74. Rasche Heilung eines Skorbuts durch Zufütterung von Fruchtsaft. Schwinden der Dystrophie, der Dysergie und Aufhören der Blutungen.

Mit gewonnener Diagnose ist der Weg der Therapie und fast mit Sicherheit der Eintritt der Heilung gegeben. Selbst schwerste körperliche und seelische Beeinträchtigung und das schmerzhafteste Leiden können in wenigen Tagen behoben sein. Ein Kind, das eben noch bei jeder Berührung gellend aufschrie und fast gelähmt schien, bewegt sich nach kurzer Zeit schmerzlos und frei in seinem Bett. Blutungen bilden sich rasch zurück, Nieren- und Darmblutungen kommen zum Stehen; die Fieberzustände, die den Ausbruch des Skorbuts fast regelmäßig begleiten, werden bisweilen überraschend schnell beendigt, und Kinder, die im Vorstadium des Skorbuts von ständig wiederkehrenden Infektionen heimgesucht wurden, gewinnen nunmehr die Möglichkeit ungestörter Entwicklung. Auch die Veränderungen am Knochen bilden sich zurück. An der Stelle subperiostaler Blutungen kommt es zur Knochenbildung; die Festigkeit der Knochen nimmt wieder zu; nur da, wo im Bereich der Trümmerfeldzone oder an der Knorpel-knochengrenze der Rippen Verschiebungen in der Kontinuität der Knochen stattgefunden hatten, bleiben diese Veränderungen als nachweisbare Überreste der vergangenen Erkrankung lange Zeit zurück. Mit der Beseitigung der akuten Krankheitserscheinungen wird auch der Dystrophie bald ein Ende gesetzt, die bisher durch viele Wochen und Monate bestanden hatte. Es beginnt eine neue Phase ungestörter Entwicklung beim Kinde. Diese schönen Erfolge sind dem Arzte vor allem bei den vollentwickelten Krankheitsbildern des Skorbuts vergönnt.

Aber auch in weniger ausgesprochenen Krankheitsfällen, bei den Dystrophien mit skorbutischem Einschlag, wird man durch eine zweckmäßige Behandlung sichere Erfolge erzielen. Das gilt besonders für die dystrophischen Kinder, die um die Zeit der Halbjahreswende unter gehäuften Infektionen leiden, und die ihre Zugehörigkeit zum Kreise des Skorbuts nur durch gelegentliche minimale Blutungen der Haut und Schleimhäute erweisen. Auch hier wird durch eine entsprechende Zufuhr von Vitaminen die lange Zeit bestehende Dystrophie behoben werden können. In diesem Vorgehen darf der Arzt sich nicht durch etwa vorhandene Durchfälle hindern lassen. Immer wieder wird man sich davon überzeugen können, dass selbst bei Durchfällen die frischen Obstsäfte gut vertragen werden.

Nur bei ausreichender Vitaminzufuhr wird beim heilenden Skorbut die Gefahr eines Rezidivs vermieden, das sich als voll ausgebildete Erkrankung oder als Rückkehr einzelner Symptome bei unzureichender Vitamindarreichung bei erster Gelegenheit (Infekte u. ä.) wieder einstellt. Der Eintritt einer neuen Blutung oder eines anderen skorbutischen Symptomes gilt daher als mahnendes Zeichen, die bis dahin zugeführten Vitaminmengen weiter zu vermehren. Für die Therapie des Skorbutes halten wir Mengen von etwa 100 g Obstsaft am Tag als ausreichend zur Heilung. Die Darreichung dieser grossen Mengen ist fortzusetzen, bis ein in jeder Hinsicht zufriedenstellendes Gedeihen des Kindes eingesetzt hat, und bis die ersten Belastungsproben durch Infektionen oder andere Schäden vorübergegangen sind, ohne erneut Erscheinungen des Skorbuts hervorzurufen. Erst mit Beendigung der Neigung zum Wieder-aufflammen von Skorbutsymptomen, mit dem Schwinden der skorbutischen Diathese, darf die Rückkehr zu den kleineren Mengen an Vitaminträgern erfolgen, wie sie für die Prophylaxe des Skorbuts empfohlen wurden. Auch eine gute und hygienisch einwandfreie Rohmilch kann als Träger von Vitamin verwendet werden. Die Beschaffung einer solchen Milch ist zumal in den Städten schwierig. Steht eine solche vitaminreiche Milch zur Verfügung, so genügen etwa 500 g am Tage, um einen Skorbut zu heilen. Die Seltenheit einer solchen Milch und die Bedenken, die von jeher gegen die Verwendung der Rohmilch zur Säuglingsernährung erhoben wurden, schränken aber ihren praktischen Wert als Heilmittel gegenüber dem stets zu beschaffenden, hygienisch ein-wandfreien rohen Obstsaft beträchtlich ein.

Die B-Avitaminose.

Die Erörterung der Frage nach dem Vorkommen eines Fehlnährschadens durch Mangel an Beri-Beri-verhütendem B-Vitamin schien bis vor kurzem für das Säuglingsalter ohne Interesse. Erst in den letzten Jahren ist, vor allem von Reyher, die Entstehung einer Reihe von Krankheitsbildern mit einem Mangel an antineuritischem B-Vitamin in Zusammenhang gebracht worden. Reyher selbst äussert sich zu der Frage dahin: „So gesichert nun die Frage des Vorkommens der C-Avitaminose bei Kindern, zumal bei Säuglingen ist, so viel umstritten ist andererseits die Frage, ob es auch noch andere Avitaminosen des Kindes — bzw. Säuglingsalters bei uns in Deutschland gibt". Wenn uns auch die Existenz einer B-Avitaminose vorerst noch nicht als endgültig gesichert erscheint, so sollen die breit angelegten Studien Reyhers hier doch Erwähnung finden, zumal die Zukunft vielleicht noch in dieser oder jener Richtung eine Bestätigung der dort niedergelegten Anschauungen bringen mag. Vorläufig ist die Erforschung des Gebietes der B-Avitaminose jedenfalls noch kein abgeschlossenes Gebiet, sondern sie erscheint eher als eine Problemstellung, auf die eine endgültige Antwort noch aussteht. Richtunggebend für die Auffassung Reyhers waren die Ergebnisse der tierexperimentellen Forschung bei Vorenthaltung des B-Vitamins und vergleichende klinische und ·pathologisch anatomische Beobachtungen mit der Beri-Beri-Erkrankung beim Erwachsenen, beim Kinde und beim Säugling in den Ländern, in denen, wie in Japan, die Beri-Beri als endemische Krankheit herrscht. Der Ablauf der B-Avitaminose ist beim Menschen und beim Tier durch eine ganze Reihe klinischer Veränderungen ausgezeichnet. Es kommt nach einer Zusammenstellung Reyhers zu einer Verminderung des Appetits, zur Verschlechterung der Stimmung, zur Hemmung des Gewichtswachstums, zunächst zur Verlangsamung, schliesslich zum Stillstand des Längenwachstums. Im Blute entwickeln sich nach einer anfänglichen Polyglobulie anämische Zustände; es kommt auch hier zur Dysergie; am Nervensystem finden sich mannigfache Zeichen der Übererregbarkeit; es entwickeln sich Ödeme, Störungen des Knochenwachstums, Störungen im Wachstum der Haare, Nägel und Zähne, es entsteht eine Hypertrophie und Dilatation des Herzens.

Diese Störungen entwickeln sich — und diese Folgerung überträgt Reyher auch auf die im Säuglingsalter angeblich vorkommenden B-Avitaminosen — äusserst langsam und sind therapeutisch erst nach einer recht langen Zeit nach Zufuhr des B-Vitamins zu beheben.

Das Kardinalsymptom der B-Avitaminose im Säuglingsalter sind spastische Erscheinungen. Aus diesem Grunde spricht Reyher vom spasmogenen Nährschaden. Der spasmogene Nährschaden geht einher mit einer Störung der Entwicklung im Sinne der Dystrophie oder sogar der Atrophie. Die Krankheitsbilder, die sich als Folge des Mangels an B-Vitamin entwickeln, stellen gleichsam eine Stufenleiter von fünf Erkrankungsreihen dar, an derem Ende das schwere Bild des intestinalen Infantilismus steht. Krämpfe und elektrische Übererregbarkeit können als fakultative Symptome im krankhaften Geschehen auftauchen, gehören aber nach Reyhers Ansicht nicht einmal zu den obligaten Erscheinungen der Spasmophilie, der von Reyher gleichfalls ein Platz unter den B-Avitaminosen angewiesen wird. Der Mangel an B-Vitamin spielt nach Reyhers Ansicht eine wichtige Rolle bei: 1. den Frühgeburten und debil Geborenen nervöser Mütter; 2. bei alimentärem Ödem junger Säuglinge, deren Mütter an Hyperemesis gravidarum oder Schwangerschaftstoxikosen gelitten haben; 3. beim Pylorospasmus und beim nervösen Erbrechen; 4. bei der Spasmophilie und 5. beim intestinalen Infantilismus. Begleitet wird weiterhin der Vitaminmangel von einem Verlust der Abwehrfähigkeit gegenüber Infektionen, wie er als Dysergie für den skorbutischen Nährschaden geschildert wurde.

Bereits aus der Mannigfaltigkeit der Krankheitsbilder geht hervor, dass im Gegensatz zu allen bisher bekannten und beschriebenen Fehlnährschäden bei den B-Avitaminosen ein wohl umschriebenes Krankheitsbild oder ein spezifisches Krankheitssymptom nicht zu fassen ist. Ferner gehört es nun einmal zur Definition einer Avitaminose und schliesslich zur Definition jeden Fehlnährschadens, dass nach Darreichung des bis dahin entbehrten Nährstoffes vielleicht mit Ausnahme der schwersten Erkrankung eine schnelle Genesung eintritt. Diese Kennzeichen fehlen aber nach Reyhers Angaben bei der B-Avitaminose, die ebenso freilich wie die Beri-Beri beim Erwachsenen trotz Darreichung des angeblich fehlenden Nährstoffes, auffallend langer Zeiten zu ihrer Heilung bedarf. Sucht man weiter auch nur nach einem einzigen Symptom, das bei den so verschiedenartigen Krankheitsbildern eine gewisse gemeinsame Grundlage abgeben könnte, so scheint es am ehesten noch das mangelhafte Gedeihen zu sein, das allen diesen Krankheitsbildern eigentümlich ist. Aber nicht nur das vieldeutige Symptom der Dystrophie, sondern auch jede einzelne dieser Erkrankungen selbst ist von jeher auch ohne die spezielle Zufuhr von B-Vitamin geheilt worden. Solange daher nicht schlüssigere Beweise für die Rolle des B-Vitamins in der Pathogenese der verschiedenartigen Erkrankungen beigebracht sind, wird man sich kaum entschliessen können, auch nur eine der hier aufgezählten Krankheiten als durch Vitamin B-Mangel entstanden, anzusehen.

Aber nicht nur den Vitaminen in der Nahrung der Kinder, sondern auch der vitaminarmen Nahrung der Mütter wird von Reyher und von Abels ein ungünstiger Einfluss auf die Entwicklung der Kinder zugesprochen. Beide Autoren machen die mangelhafte Ernährung mit B-Vitamin während der Schwangerschaft für das Zustandekommen eines grossen Teiles der Frühgeburten verantwortlich. Als besonderen Beweis für die Bedeutung der Ernährung im Mutterleib und dem späteren Schicksal der Kinder führt Reyher die allgemein anerkannte Tatsache an, dass ohne zweckmäßige Prophylaxe drei Viertel aller frühgeborenen Kinder in späteren Lebensmonaten an Spasmophilie erkranken. Die Grundlagen für die Aufstellung des Begriffs der avitaminotischen Frühgeburt erscheinen noch unsicher und haben vielfachen Widerspruch erfahren. Das gilt auch für die Behauptung von Abels, dass die in der ungünstigen kalten Jahreszeit geborenen Kinder ein geringeres Geburtsgewicht aufweisen, als die in günstigerer Jahreszeit zur Welt gekommenen Kinder derselben Mütter. Die bessere Ernährung vor allem mit vitaminreichen Gemüsen und Früchten soll das höhere Geburtsgewicht in den Sommer- und Herbstmonaten ebenso erklären, wie die von einigen Autoren behauptete Untergewichtigkeit der Kriegskinder mit den damals vorliegenden Schwierigkeiten in der Ernährung erklärt wurde. Aber selbst wenn in der Tat in den Monaten April bis Juni regelmäßig im Durchschnitt ein niederes Geburtsgewicht festzustellen wäre (eine Behauptung, die keineswegs unbestritten geblieben ist), so liessen sich doch eine Reihe anderer Erklärungen für die Erscheinung unschwer finden. Die Frage, ob Debilität oder Frühgeburt auch nur in einzelnen Fällen auf einen Mangel an B-Vitamin zurückgeführt werden kann, muss daher zum mindesten als offen bezeichnet werden. In der Ablehnung einer B-Avitaminose sowohl beim Säugling als auch bei der Mutter ist sich bis auf wenige Ausnahmen die Mehrzahl der Kinderärzte einig. Für diejenigen, die sich zu der B-Avitaminose bekennen, ergibt sich als zwingender Schluss die Notwendigkeit, den Säuglingen prophylaktisch, und gegebenenfalls auch therapeutisch, B-Vitamin zuzuführen. Die Möglichkeit hierzu wurde von Reyher gegeben, der im Hevitan ein Nährpräparat geschaffen hat, das B-Vitamin tatsächlich enthält. Damit steht das Präparat im Gegensatz zu allen anderen Präparaten, in deren Ankündigung zwar recht viel versprochen wird, die aber bei exakter Prüfung wenig oder gar kein Vitamin enthalten. Reyher empfiehlt, vom Hevitan 0,5—1 g pro Kilo Körpergewicht am Tage, mit Einschiebung längerer Pausen, zu geben.

Es muss schliesslich noch darauf hingewiesen werden, dass der Mangel an B-Vitamin in Kombination mit einem Mangel an C-Vitamin die Grundlagen wiederum anderer bestimmter Krankheitsbilder abgeben soll; so deutet Reyher vor allen Dingen die Rachitis als Folge eines solchen mehrfachen Mangels. Die Berechtigung dieser Auffassung ist nicht bewiesen.

Die Überfütterung.

Ebenso wie eine Fehlernährung durch quantitatives und qualitatives Unterangebot, führt auch eine Fehlernährung infolge eines Überangebotes zu einer Beeinträchtigung des Ernährungsresultates. So dürfen die Schäden der Überfütterung mit einem gewissen Recht im Anschluss an die Fehlernährung abgehandelt werden, wenn auch der dabei zutage tretende Fehlnährschaden von dem durch Mangel verursachten in Aussehen und Bedeutung für das Leben erheblich abweicht.

Die Überfütterung eines Säuglings, sei es mit natürlicher oder unnatürlicher Nahrung, ist als Krankheitsursache früher sicherlich überschätzt worden. Der gesunde Säugling vermag, dank seiner vorzüglichen Verdauungskraft ein Zuviel an Nahrung in den meisten Fällen zu bewältigen, ohne dass es zur Störung der Ernährungsvorgänge kommt. Die Gefahren der Überfütterung liegen in zwei verschiedenen Richtungen: Bei einem Teil der Kinder bedingt die Überfütterung eine unerwünschte Mästung, bei einem anderen, kleineren Teil kommt es früher oder später zu akuten Durchfallserkrankungen.

Die Mästung schafft eine für den Organismus ungünstige Situation. Es leidet die Immunität; infektiöse Erkrankungen verlaufen erfahrungsgemäß beim gemästeten Kinde mit höherem Fieber und schwerer als beim Kinde im normalen Ernährungszustand. Die Gefahr, an schwereren Formen der Rachitis zu erkranken, ist bei den überernährten, fetten Kindern besonders gross. Vielleicht weil bei zu starker Zunahme zu wenig Kalk für den physiologischen Verkalkungsprozess zur Verfügung steht. Besonders ungünstig wirkt sich die Mästung bei den Kindern mit lymphatischer und exsudativer Diathese aus (s. S. 277). Hier kommt es nicht nur, wie beim konstitutionell normalen Kinde, zu einer übermäßigen Bildung eines stabilen Fettgewebes, sondern die Mästung zeitigt einen wasserreichen, schwammigen Fettansatz und Gewebsaufbau, der von Hyperplasien der lymphatischen Gewebe begleitet ist. Der gemästete Lymphatiker wird blass, pastös, von schlechtem Tonus und Turgor; er bildet ein Gewebe, das bei Belastungen nicht standhält.

Neben dieser sich langsam auswirkenden schädlichen Mast kann jederzeit eine akute Gefahr in Form einer Durchfallserkrankung aus der Überfütterung erwachsen. Besonders bedroht sind in dieser Beziehung drei Gruppen: 1. die Rekonvaleszenten nach Ernährungsstörungen; 2. die Kinder des ersten Lebensvierteljahres; 3. alle Frühgeburten.

Gemeinsam ist diesen Kindern eine Tropholabilität und Darmempfindlichkeit, die bei einer Überschreitung des Zuträglichen rascher eine Durchfallserkrankung entstehen lassen.

Dabei ist gerade bei diesen empfindlichen oder bereits geschädigten Kindern eine Überfütterung besonders leicht möglich, weil zu ihrer Aufzucht vielfach kalorienreiche, konzentrierte Nahrungsgemische gewählt werden. Während bei den üblichen Nahrungsgemischen, die in ihrem Brennwerte etwa der Frauenmilch entsprechen, einer wesentlichen Überschreitung des Nahrungsangebotes durch das Fassungsvermögen des Magens eine Grenze gesetzt ist, und durch Verweigerung der Nahrung, durch Speien und Erbrechen instinktiv Sicherheitsmaßnahmen gegen eine Überfütterung in Gang gesetzt werden, sind bei konzentrierter Ernährung alle diese Sicherungen ausgeschaltet. Daher ist bei den heute vielfach üblichen Doppelt- und Dreifachnahrungen (Vollmilch mit 17% Zucker, Morobrei, Buttermehlnahrung, konzentrierte Eiweissmilch mit 20% Zucker usw.) die Gefahr einer Überfütterung in besondere Nähe gerückt. In dieser Möglichkeit scheint uns eine Schattenseite der konzentrierten Ernährung gegeben zu sein, die besonders häufig dann zutage tritt, wenn die kalorienreichen Gemische ohne Kritik und ohne ärztliche Kontrolle von den Müttern zur Nahrung gewählt werden. Besonders schwere Krankheitsbilder pflegen sich zu entwickeln, wenn nach vorangegangener Mästung eines Tages der Zusammenbruch erfolgt.

IV. Konstitution und Ernährung.

Die Beobachtung lehrt, dass die Entwicklung eines Säuglings niemals völlig der eines anderen gleicht. Noch eindrucksvoller wird dieses verschiedene Verhalten bei der Abwehr ursächlich gleichen Krankseins. Auch im speziellen Falle der Ernährungsstörungen des Säuglingsalters findet sich niemals ein Krankheitsbild, das sich in allen Zügen mit der gleichen Erkrankung bei einem anderen Kinde deckt. Die Grundlage dieses verschiedenen Verhaltens gegenüber gleichen Reizen wird heute mit der verschiedenen Konstitution der einzelnen Kinder erklärt, die sich im wesentlichen mit dem Begriff der Persönlichkeit deckt. Dabei bezeichnen wir mit Tandler als Konstitution die Summe der Körpereigenschaften, die das Kind im Augenblick der Geburt besitzt, die es also zum weitaus grössten Teile von seinen Vorfahren ererbt mit zur Welt bringt. Die Konstitution + der Summe der im Laufe des Lebens erworbenen Eigenschaften bezeichnen wir mit Tandler als Kondition; sie stellt den augenblicklichen Zustand der Persönlichkeit dar, der unter dem Einfluss innerer und äusserer Einwirkungen theoretisch in jedem Augenblicke wechselt.

Die Verschiedenheit der Konstitution wirkt sich beim gesunden und beim kranken Säugling deutlicher aus, als beim Erwachsenen. Es ist daher kein Zufall, dass die Konstitutionspathologie zuerst wieder auf dem Gebiete der Kinderheilkunde Raum gewann. Es ist das grosse Verdienst Czernys, in einer Zeit den Konstitutionsbegriff wieder zu Ehren gebracht zu haben, in der unter der Führung bedeutender Persönlichkeiten (Virchow, Koch usw.) eine Richtung der Forschung das Feld beherrschte, die die Krankheitsentstehung im wesentlichen durch exogene Ursachen zu erklären suchte. Heute gibt es kein Kapitel der Physiologie und Pathologie des Säuglingsalters, in dem nicht der Konstitution ein breiter Raum eingeräumt wird, und auch in unseren bisherigen Ausführungen ist an vielen Stellen der Konstitution bereits Rechnung getragen worden. Dabei ist aber das Gebiet, das man früher als abnorme Konstitution umschrieb, mehr und mehr erweitert worden. Nicht nur bei dem Kinde ist im krankhaften Geschehen die Konstitution im Spiele, das durch gewisse Besonderheiten, wie Ekzem und ähnliches, ausgezeichnet ist, sondern konstitutionelle Momente tragen zur Formung jeglicher Reaktion auf physiologische und pathologische Reize ein wesentliches bei. Die Konstitution ist in diesem Sinne ein sehr weiter Begriff, der gleichsam die morphologische Grundlage für jede Lebenserscheinung und Lebensäusserung des gesunden und des kranken Kindes darstellt. Eine kleinere Gruppe von besonderen Veranlagungen lässt sich aus der Fülle der Konstitutionen herausheben, die dadurch ausgezeichnet ist, dass sie auf Reize mit grosser Regelmäßigkeit mit dem Erscheinen bestimmter Krankheitssymptome reagiert. Diese Krankheitsbereitschaften haben unter dem Namen der Diathese ihren Einzug in die klinische Pathologie gehalten. Die Diathesen liefern die Grundlagen für eine abwegige Funktion; sie stellen in der Mechanik des krankhaften Geschehens gleichsam die potentielle Energie dar, die erst durch Reize in die kinetische Form, die Manifestation der Diathese, übergeführt wird. Wir definieren also: Konstitution als die morphologische Grundlage jeder Lebensäusserung in ihrer besonderen Form; Diathese als den latenten funktionellen Defekt eines besonderen Konstitutionstypus und die Manifestationen der Diathesen als den morphologischen und funktionellen Ausdruck des Versagens, der sich auf Grund der Diathese bei Reizen einstellt.

Es ist viel Mühe und Arbeit darauf verwandt worden, die verschiedenen Konstitutionen und Diathesen bereits im Zustand der Ruhe, aus der Beschaffenheit, dem Habitus der Gesamtperson zu erkennen. Es wurde versucht, Typen abzugrenzen, die solchen Konstitutionen und Diathesen entsprechen. Auch in der Kinderheilkunde hat es nicht an Versuchen gefehlt, in Anlehnung an die Beschreibungen von Sigaud und Kretschmer Grundlagen für eine Morphologie der Konstitution zu finden. Solche Bemühungen verdienen klinisches Interesse, da von verschiedenen Typen verschiedene Reaktionen zu erwarten wären. Sigaud und seine Schüler, Chaillou und Mac Auliffe unterscheiden vier Typen: den respiratorischen, digestiven, muskulären und zerebralen. Dem Typus muscularis entspricht der athletische Habitus, dem Typus digestivus der pyknische Habitus der Kretschmerschen Einteilung, während der Typus respiratorius und cerebralis sich im asthenischen Habitus nach Kretschmer vereinigen. Für das Säuglingsalter soll nach Lederer die Sigaudsche Einteilung brauchbar sein. Der Typus muscularis stellt gut gedeihende, kräftige Säuglinge, mit kräftiger Muskulatur und von rosigem Aussehen dar. Die Extremitäten sind bei ihnen eher kurz, der Schädel rund, Mund, Ohren und Nase klein. Der Haarwuchs ist spärlich, die Stirn niedrig. Der Typus digestivus erscheint in der Brust schmäler, der Bauch eher gross und vorgewölbt. Es sind Kurzschädel, der Haarwuchs ist reichlicher, die Haargrenze bogig, die Stirn niedrig; die Nase ist klein, häufig aufgestülpt, die Kiefer gross und kräftig. Der Typus respiratorius ist auch nach Lederer im Säuglingsalter wenig charakteristisch. Er erscheint häufig als Mischform; der Thorax ist bei den reinen Formen lang, schmal, der epigastrische Winkel sehr eng; die Nase erscheint ungewöhnlich gross, der Nasenrücken sehr breit. Die Kinder des Typus cerebralis erscheinen lang und schmal, der Brustkorb flach, der Leib eher eingesunken; Arme, Beine und Finger sind lang und dünn. Auffallend ist stets die Form des Schädels mit der hohen, gewölbten Stirn; der Hinterkopf ist häufig stark entwickelt, nach dem Kinn zu verjüngt sich die Gesichtskontur sehr stark; die Behaarung ist oft auffallend reichlich, die Haare häufig gelockt und dünn, die Haargrenze springt mit einem spitzen Winkel in die Stirn oder sie verläuft konkav fast auf der Höhe des Schädels. Der Freundsche Haarschopf (s. S. 290), findet sich bei diesen Kindern. Die Ohren sind meist gross, dünnrandig, abstehend.

Wenn es der aufmerksamen Beobachtung auch gelingt, die einzelnen Typen schon im Säuglingsalter zu unterscheiden, so besitzt doch vorerst nur der Typus cerebralis praktisches Interesse. Alle diese Kinder pflegen bei ihrer Entwicklung Schwierigkeiten zu bereiten. Die Neuropathen und Psychopathen rekrutieren sich aus ihnen; hierher gehören auch die Brecher und Pylorospastiker; unter ihnen findet sich schliesslich auch ein grosser Teil der Kinder mit neuropathischer oder exsudativer Diathese. Die praktische Bedeutung der anderen Typen erscheint heute dagegen noch wenig geklärt. Für die Zukunft sind aber von weiteren Forschungen hier sicherlich noch praktisch wichtige Erkenntnisse zu erwarten.

Der Einfluss der Konstitution auf Eintritt und Ablauf aller Formen der Ernährungsstörungen erweist sich heute als viel geringer als man sich früher im allgemeinen vorzustellen pflegte. Die Zeiten liegen noch nicht weit zurück, in denen man glaubte, bei der Entstehung jeder Atrophie oder Dystrophie dem Genotypischen die allergrösste Bedeutung zumessen zu können. Diese Vorstellungen sind insofern berechtigt, als es immer nur eine bestimmte kleine Anzahl von Kindern ist, die auf bestimmte Fehler in der Ernährung, eben auf Grund ihrer besonderen Körperbeschaffenheit, abwegig reagiert. Es wäre aber falsch, aus dieser Tatsache den Schluss zu ziehen, dass der im Kinde gelegene endogene Anteil den entscheidenden oder sogar alleinigen Einfluss bei der Entwicklung eines schlechten Ernährungszustandes hätte. Ohne äussere Fehler kommt es niemals zur Dystrophie oder zur Atrophie. Die Dinge liegen auf diesem Gebiete nicht anders als bei der Rachitis, für deren Entwicklung ein erbliches, endogenes Moment sicherlich von Bedeutung ist, bei der es aber trotz vorhandener Veranlagung durch zweckmäßige Lebenshaltung schliesslich doch gelingt, das Auftreten rachitischer Erscheinungen zu unterdrücken. Mit den Fortschritten in der Erkenntnis der Ursachen der Ernährungsstörungen und in ihrer Behandlung schrumpfte daher die Zahl der hierher gehörigen konstitutionell bedingten Erkrankungen mehr und mehr zusammen. Erst wenn alle Möglichkeiten einer Krankheitsentstehung durch exogene Reize erschöpft sind, darf, um Nichtgedeihen eines Säuglings zu erklären, ein konstitutionelles Moment angeschuldigt werden. Mit dessen Einführung in die pathogenetische Erklärung rückt dann die Behebung der Störung sofort fast ausserhalb ärztlicher Kraft. Für die Praxis erscheint es z. B. viel weniger interessant, dass manche Kinder bei einem Zuckergehalt der Nahrung von 5% (bei dem die Mehrzahl der Kinder sich normal entwickelt), nicht gedeihen; sondern viel wichtiger ist es für den Arzt, dass die Mehrzahl dieser Kinder bei einer Steigerung des Zuckers auf 7—10% doch noch eine befriedigende Entwicklung nimmt.

Es muss in jedem Falle versucht werden, dem Konstitutionellen im Kind durch Anpassung der Ernährungsvorschriften gerecht zu werden. Da dieses meistens gelingt, so ist mangelndes Gedeihen auf Grund konstitutioneller Besonderheiten mit den Fortschritten der Ernährungstechnik immer seltener geworden. Wir möchten den Anteil der aus konstitutionellen Gründen nicht gedeihenden Kinder heute auf etwa 1 zu 200 schätzen, ohne damit sagen zu wollen, dass sich diese kleine Anzahl nicht noch weiter verringern liesse.

In der Reaktion auf Ernährung lässt sich eine Gruppe von Kindern unterscheiden, bei denen eine grosse Assimilationsfähigkeit gegenüber der Nahrung ihre Konstitution kennzeichnet. Bei jeder Nahrung bleiben diese Kinder gesund, gleichgültig, ob in Vergleich mit „Normalkindern" zuviel oder zuwenig gegeben wird, ob sie viel oder wenig Zucker erhalten, ob ihr Vitaminbedarf durch äussere Zufuhr gedeckt ist oder nicht. Von diesen wenigen glücklichen Kindern, die mit ungezuckerter Vollmilch ebenso gedeihen wie mit Mehlabkochungen und jeder anderen Fehlernährung, zweigt sich die grosse Gruppe von Kindern ab, bei denen eine normale Entwicklung nur möglich ist, wenn in der Zusammensetzung und in der Bemessung der Nahrung gewisse Voraussetzungen erfüllt sind; das gilt z. B. für eine ausreichende Zufuhr von Kohlenhydraten; hierher gehören die Kandidaten des Milchnährschadens. Auf der anderen Seite sieht man aber auch, dass auf die gleiche Nahrung auch die gedeihenden Kinder mit völlig verschiedener Entwicklung reagieren: gute und schlechte Fettbildner lassen sich unterscheiden, kurze und lange Kinder usw. erwachsen bei der gleichen Ernährung. Alle diese verschiedenen Entwicklungsformen können aber schliesslich zu einem Ernährungszustand führen, dem die Bezeichnung der Eutrophie zukommt.

Viel wesentlicher wird der Begriff der Körperbeschaffenheit, wenn er ins Krankhafte hinüberspielt und sich in abnormen Reaktionen offenbart, die wir heute noch nicht oder oft nur mit Mühe unter Aufwendung ärztlicher Kunst unterdrücken können.

Aus der Fülle der Konstitutionen hat man von jeher versucht, einige herauszugreifen, bei denen aus dem Auftreten bestimmter Krankheitserscheinungen auf einen Defekt geschlossen werden kann, der auf geringe Reize zutage tritt. Der funktionelle Ausfall, der erst bei Beanspruchung offenbar wird, ist die Krankheitsbereitschaft, die Diathese. Die Diathese als solche ist also von vornherein nicht sinnfällig, sondern erst die Beanspruchungen und Belastungen des Lebens zeigen die Voll- oder Minderwertigkeit der Systeme. Besonders an den Systemen, die äusseren Reizen leicht zugängig sind, an Haut, Schleimhäuten, Lymphknoten und Nervensystem, lässt sich daher das Vorhandensein einer abnormen Reizbarkeit ablesen.

Ihre Minderwertigkeit manifestieren diese Organsysteme dabei einzeln oder kombiniert. Dieses wechselnde Zusammenspiel einzelner Typen macht es verständlich, dass die eine Richtung in der Pädiatrie versucht, die einzelnen Zeichenkreise der Diathesen scharf voneinander abzutrennen, während eine andere Richtung mehr dazu neigt, das Mosaik, entstanden durch die Äusserungen mehrerer Diathesen, zu beschreiben, d. h. den Diathesenbegriff zu verallgemeinern. Folgende häufig vorkommende Krankheitsbereitschaften hat man unterschieden:

1. Die Veranlagung zu entzündlichen Erscheinungen auf Haut und Schleimhaut, die exsudative Diathese.
2. Die Veranlagung zur lymphatischen Reaktion, die lymphatische Diathese.
3. Die Veranlagung zu sensorischer, motorischer und vegetativer Übererregbarkeit, die neuropathische Diathese.

Die Summe dieser drei Diathesen entspricht insgesamt etwa dem Arthritismus der französischen Autoren. Hierin kommt der Begriff einer allgemeinen Minderwertigkeit besonders stark zum Ausdruck, während von deutschen Autoren lieber die Partialminderwertigkeit, die Minderwertigkeit einzelner Organsysteme in den Vordergrund gerückt wurde.

Als vierte Diathese kann vielleicht die Hydrolabilität aufgestellt werden, zumal sie nicht nur im Säuglingsalter vorkommt, sondern wie jede echte Diathese sich auch in spätere Lebensalter fortsetzt. Ihr Kennzeichen ist die Unfähigkeit zum festen Gewebsaufbau. Im Säuglingsalter äussert sie sich in der Neigung zu Gewichtsabnahmen und zur Exsikkose. Hydrolabile Kinder sind bei geringen Anlässen durch grosse Wasserabgaben gefährdet. Wenn diese Form der Diathese nicht mehr ausführlich erwähnt wird, so geschieht dies im Hinblick darauf, dass sie ihre entscheidende Bedeutung im Säuglingsalter nur im Rahmen der akuten Ernährungsstörungen besitzt, bei denen sie bereits ausführlich besprochen wurde.

a) Die exsudative Diathese.

Die alte, vergessene Krasenlehre wurde wieder neu belebt, als Czerny zeigte, dass nicht der Reiz als solcher die Form der Reaktion maßgebend bestimmt, sondern dass gleiche Reize ganz verschiedene Beantwortung von seiten der einzelnen Individuen finden. Maßgebend für die Neuschaffung des Diathesenbegriffes war die Beobachtung, dass unter gleicher Pflege und Umweltsbedingung sich einige Kinder durch ihre Reaktion an Haut und Schleimhäuten von der Mehrzahl der anderen unterschieden. Die Summe der sich häufiger wiederholenden Krankheitserscheinungen fasste Czerny im Bilde der exsudativen

Diathese zusammen. Diese Geschlossenheit des Krankheitsbildes kann heute nicht mehr nach allen Richtungen hin voll aufrecht erhalten werden (s. später); dazu kommt, dass wir in der Diathese nicht mehr das krankhafte Geschehen als solches sehen, sondern nur die Bereitschaft zu zwangsläufig bedingten Reaktionen, die sich in Form bestimmter krankhafter Manifestationen äussert. Eine weitere Wandlung im ursprünglichen Begriff der exsudativen Diathese scheint sich in Anlehnung an die Erfahrungen der Dermatologie aber auch in der Richtung anzubahnen, dass dem äusseren Reiz heute doch neben der besonderen Beschaffenheit der Gewebe schon wieder ein breiterer Raum eingeräumt wird, als es der ursprünglichen Auffassung vom Wesen der Diathese vielleicht entspricht.

Die Klinik der exsudativen Diathese. Bei einer Beschreibung der klinischen Erscheinungen der exsudativen Diathese erscheint es notwendig, die Krankheitsäusserungen in den verschiedenen Altersstufen gesondert zu betrachten, da in den einzelnen Vierteljahren des ersten Lebensjahres die Manifestationen der Diathese nach Form, Aussehen und Sitz wechseln; damit ergibt sich die Notwendigkeit, einzelne der Dermatosen aus dem Zeichenkreise der exsudativen Diathese herauszunehmen. Schon Czerny scheint bei seiner ursprünglichen Darstellung Einschränkungen für nötig gehalten zu haben, wenn er z. B. die Intertrigo des jungen Säuglings nicht den Symptomen der exsudativen Diathese zurechnete.

Diese Abgrenzung gilt zunächst für die Hauterscheinungen im ersten Vierteljahr. Die durch mannigfache Besonderheiten, durch ihren Verlauf und durch die Behandlung besonders charakterisierten Veränderungen an der Haut junger Säuglinge wurden daher von Leiner und Finkelstein und neuerdings von Tachau als Dermatosen oder Dermatitiden des frühen Säuglingsalters abgetrennt und aus dem Rahmen der exsudativen Diathese herausgehoben. Es ist das Verdienst Moros, die bedeutsame Sonderstellung der hierher gehörigen Krankheitsformen, für die er die ätiologisch zutreffende Bezeichnung Dyskeratosen vorschlägt, klar betont zu haben, die — im scharfen Gegensatz zu den Erscheinungen der exsudativen Diathese im engeren Sinne — praktisch kaum einen Säugling verschonen. Auch im weiteren Verlauf unterscheiden sich diese Dermatosen des ersten Vierteljahres von den Erscheinungen an Haut und Schleimhaut, die in späteren Lebensmonaten auftreten. Bei dem grössten Teil der Säuglinge schwinden selbst ausgedehnte Hautveränderungen nach sechs bis zwölf Wochen, um nachher niemals mehr wiederzukehren. Die Manifestationen der exsudativen Diatheses sind weit hartnäckiger und schwerer zu beeinflussen; sie begleiten den Säugling während des ganzen ersten Lebensjahres und tauchen auch später in gleicher oder abgewandelter Form immer wieder auf. Gerade diese Chronizität gibt ja schliesslich erst die Berechtigung, eine abnorme Konstitution als Grundlage der Krankheitserscheinungen anzunehmen, während es sich bei den Veränderungen, die im ersten Vierteljahr zu beobachten sind, um Erscheinungen handelt, die fast als physiologisch anzusehen sind, für die die Annahme einer besonderen Konstitution jedenfalls keine Berechtigung hat.

Die Krankheitserscheinungen, die im ersten Vierteljahr immer wiederkehren, lassen sich als Erythem und eine dem Erythem folgende, mehr oder weniger starke Schuppung charakterisieren. Auf dem behaarten Kopf entwickelt sich das bekannte Bild des Milchschorfs, im Gesicht kommt es zu meist kreisförmig oder guirlandenförmig angeordneten, mehr oder weniger stark geröteten, schuppenden Stellen, in deren Umgebung die Haut zart und nicht mit Ekzemknötchen bedeckt erscheint. Für diese Veränderungen, die sich ganz ähnlich auch am Rumpf und vereinzelt auch an den Extremitäten (Handrücken) finden, ist von dermatologischer Seite (Jadassohn) der zutreffende Name des Psoriasoids vorgeschlagen worden. Diese Hautveränderungen zeichnen sich im Gegensatz zu den Erscheinungen der exsudativen Diathese vor allem dadurch aus, dass die im späteren Leben so charakteristische Exsudation, das Nässen, völlig fehlt. Damit hängt es auch zusammen, dass sekundäre Infektionen der Hautveränderungen im ersten Vierteljahr kaum vorkommen; denn erst die Exsudation schafft den Nährboden für die Entwicklung des infizierten Ekzems. Selbst bei den stärksten Graden der Schuppung, bei denen es vor allem an mechanisch lädierten Stellen (Gesäss, Halsfalten, Achselbeugen) zu einem völligen Verlust der Oberhaut und zum Blossliegen tieferer Hautschichten kommt, stellt sich niemals ein stärkeres Nässen und nur selten eine sekundäre Infektion ein. Es entstehen bei den Psoriasoiden auf diese Weise nur die leicht blutenden Defekte der obersten Hautschichten, die klinisch als Intertrigo erscheinen. Die Intertrigo steht jedenfalls den Psoriasoiden viel näher als den eigentlichen Ekzemen. Das lehrt auch die Beobachtung, dass in der Umgebung der verschiedenen Grade der Intertrigines sehr häufig Veränderungen zu finden sind, die in ihrer Entwicklung und in ihrem Aussehen den seborrhoischen Ekzemen des frühen Säuglingsalters zuzurechnen sind. Hierher gehört das Erythema glutäale, rundliche bis linsengrosse papulöse Effloreszenzen, deren Oberfläche z. T. abgeschuppt und exkorriiert ist, Veränderungen, die syphilitischen Erscheinungen ähneln können, und das Erythema vacciniforme, das Vakzinepusteln ähnelt.

Den stärksten Grad von Erythem- und Schuppenbildung stellt die Erythrodermia desquamativa dar, die nach der Zeit ihres Auftretens, durch das Fehlen von Exsudation, durch das Ausbleiben sekundärer lokaler Infektion und durch die restlose Heilung ohne weitere Folgeerscheinungen an Haut oder Schleimhaut viel mehr Eigenschaften mit den Früh-Dermatosen der Säuglinge teilt, als mit den Ekzemen der Kinder mit exsudativer Diathese. Die Gefahr droht bei allen diesen Formen des Erythems nicht durch die lokale sekundäre Infektion, sondern nur durch eine Sepsis, die sich entwickelt, wenn durch die von der Oberhaut entblössten Stellen Krankheitskeime in den Kreislauf gelangen. So geht ein Teil der Kinder mit Erythrodermia desquamativa an Sepsis zugrunde. Die verschiedenen Formen der hierher gehörigen Hautveränderungen finden sich bei Säuglingen in jedem Ernährungszustand. Sie verschonen weder das Flaschenkind noch das Brustkind. Es muss aber zugegeben werden, dass sich (mit Ausnahme der Erythrodermia desquamativa) die ausgebreiteteren Prozesse häufiger bei Kindern in schlechtem Ernährungszustande finden, und dass sich — und das wird bei der Behandlung zu betonen sein — mit jeder Besserung des Ernährungszustandes auch die Intensität der Veränderungen verringert. Dabei bessert sich nicht so sehr Ausbreitung und Intensität der Schuppung, als die Neigung zur Exkoriation und die ausgedehnteren Verluste der oberen Hautschichten. Das bedeutet klinisch eine Verringerung der Neigung zur Intertrigo und der ihr verwandten Prozesse.

Wie gestaltet sich der Übergang von diesen, in der Regel mit dem Ablauf des ersten Vierteljahrs schwindenden Hautveränderungen zu den Krankheitsäusserungen, die in den späteren Lebensmonaten als Manifestationen der exsudativen Diathese erscheinen? Diese, für die spätere Lebenszeit charakteristischen Hautveränderungen sind im ersten Vierteljahr so selten, dass sich die hierher gehörigen Kinder unter der grossen Zahl der mit Dermatosen behafteten verlieren. Sie herauszukennen, erscheint z. Z. nicht möglich, so dass die Frage berechtigt erscheint, ob die exsudative Diathese sich überhaupt vor dem zweiten Lebensvierteljahre manifestiert. Jedenfalls ist zu beobachten, dass sich nur bei einem kleinen Teil von Kindern ganz allmählich das schuppende Erythem, das Psoriasoid, im Laufe der Monate in das nässende Ekzem wandelt. Bei einem anderen Teil der Säuglinge, der gleichfalls in der ersten Lebenszeit an Psoriasoiden litt, beginnt nach einer Zeit scheinbarer Hautgesundheit das Ekzem als völlig neue Erkrankung, und schliesslich findet sich eine dritte Gruppe von Kindern, die als junge Säuglinge stets eine glatte, von Krankheitssymptomen freie Haut aufweisen, und die dann im zweiten Vierteljahr doch an schwersten Ekzemen erkranken.

Die Berechtigung, als Grundlage der mannigfaltigen Krankheitserscheinungen an der Haut und an der Schleimhaut, wie sie sich vom zweiten Lebensvierteljahr an oder wenig später einstellen, eine Diathese anzunehmen, ergibt sich vor allem aus der Tatsache, dass sehr häufig die um diese Zeit vielleicht zunächst harmlos einsetzende Reihe von Krankheitsbildern von nun an das Kind für Monate und Jahre begleitet. Diese Folge krankhafter Prozesse reisst häufig genug auch nicht mit dem Übergang ins spätere Kindesalter und im Erwachsenenalter ab, wenn sich auch die Formen, in der sich die Manifestationen der Diathese jetzt zeigen, so stark wandeln, dass im ersten Augenblick Zusammenhänge mit der ursprünglichen Hauterkrankung kaum noch zu bestehen scheinen.

Vom dritten Vierteljahr ab sind es die Schleimhäute, die sich durch krankhafte Reaktion in die Reihe der Manifestationen der Diathese einschieben. Krankhafte Erscheinungen von seiten des Nervensystems und gewisse Stoffwechselanomalien schliessen sich z. T. schon im Kindesalter, häufiger erst im Jugendalter oder im Erwachsenenalter hier an. Der schlagende Beweis, dass alle diese verschiedenen Zweige letzten Endes aus demselben Stamme erwachsen, erbringt vielleicht die Betrachtung der Familiengeschichten von Kindern, die wegen einer Hauterkrankung auf exsudativ diathetischer Basis in ärztliche Behandlung treten. Zur Überraschung der Angehörigen wird sich durch anamnestische Rückfragen immer wieder feststellen lassen, dass bestimmte Krankheitsformen, die zunächst gar nichts mit der Hauterkrankung des Säuglings zu tun haben, sich in der Aszendenz dieser Patienten wiederholen. Dabei scheint die Mutter und die mütterliche Familie in stärkerem Ausmaße als die väterliche Seite die ungünstige Veranlagung zu bringen. An Erkrankungen, die sich im Erbgang exsudativ diathetischer Kinder immer wiederholen, finden sich bei Geschwistern oder bei den Eltern und Grosseltern oder bei Verwandten zweiten Grades: Asthma, Migräne, Gicht, rheumatische Affektionen, Heuschnupfen, Steinleiden neben den auch in der Aszendenz immer wiederkehrenden Hauterkrankungen.

Folgende Stammbäume können diese Zusammenhänge illustrieren:

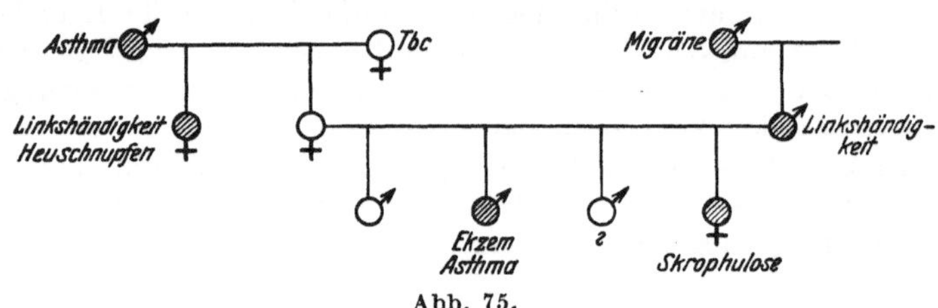

Abb. 75.

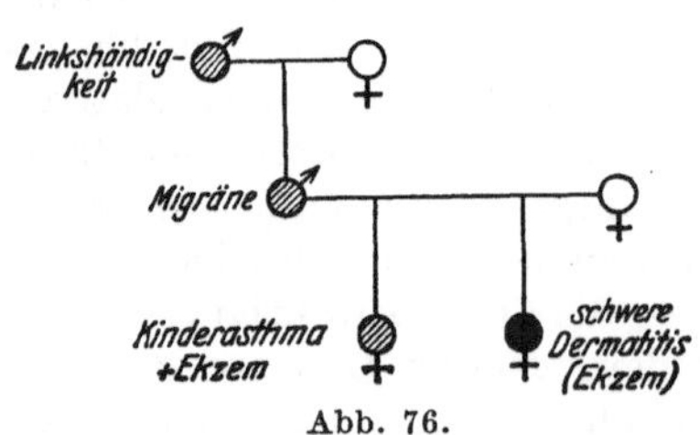

Abb. 76.

Und ebenso, wie durch Generationen die Manifestationen der Diathesen wechseln können, so wandelt sich auch im Laufe eines Menschenlebens die Form, in der die Diathese zutage tritt. Dieser Umschwung kann bereits in der kurzen Spanne eines Säuglingsalters verfolgt werden. Das zweite Vierteljahr ist ausgezeichnet durch die krankhaften Erscheinungen von seiten der Haut. Betroffen ist in der Regel jetzt nur noch das Gesicht, während die Stellen, die Lieblingssitz der Intertrigo waren, immer mehr ihre Neigung, mit krankhaften Erscheinungen zu reagieren, verlieren. Das Ekzem des Gesichtes erscheint in mannigfachen

Formen. Es beginnt als rotes Knötchen und als mit seröser Flüssigkeit gefülltes
Bläschen, das sehr bald einreisst und seinen zähklebrigen Inhalt auf die umgebende
Haut ergiesst. Vor allem auf der Wangenschleimhaut erscheinen diese Bläschen
und Knötchen in dichtester Aussaat, so dass scheinbar eine diffuse Wangenröte
entsteht. Die stets vorhandene Exsudation wird jetzt zum Nährboden für die
massenhaften Bakterien der Haut. Das Ekzem infiziert sich, und der Reiz der
Infektion fügt zur Röte des Ekzems die Röte der Entzündung. Gleichzeitig
steigert der neue Reiz die Exsudationsprozesse, und der reichlich fliessende
Gewebssaft trocknet auf der entzündeten Haut zu dicken Krusten ein, es entsteht
auf diese Weise das infizierte und das krustöse Ekzem. Bei einzelnen Kindern
kommt es, wenn Staphylokokken das Ekzem infizieren, zu Bildern, die als
impetiginöses Ekzem zu bezeichnen sind. Heilt das Ekzem, so schwindet
zunächst die Infektion; es folgt die Rückbildung der sekundären Entzündung,
die Bläschen des Ekzems trocknen ein, und wenn es nicht zu einem neuen
Schube kommt, so entsteht das Bild des trockenen, schuppenden Ekzems.
Über das Gesicht hinaus erfolgt die Ausbreitung des Ekzems meist nur in
geringerem Maße.

Erst im dritten Vierteljahr gesellen sich hierzu krankhafte Erscheinungen
von seiten der Schleimhäute, die in der Regel im Laufe des zweiten oder
dritten Lebensjahres dann die Manifestation von seiten der Haut ablösen. Die
Neigung zum Schnupfen und zu Katarrhen der oberen Luftwege, zu chronischen
Bronchitiden, die häufig von asthmatischem Charakter erscheinen, sehr bald aber
auch anfallsweise auftretendes Asthma, kennzeichnen dann die besondere Veranlagung des Organismus, die sich nunmehr nicht nur in Exsudationen auf der
Haut zeigt, sondern die sich jetzt in einer ähnlichen Bereitschaft der Schleimhäute
zu exsudativen Prozessen manifestiert. Klinisch entsteht so der Typus des
anfälligen Kindes. Diese am Ausgang des ersten Lebensjahres häufige
Syntropie von Exsudationen auf Haut und Schleimhaut ist dabei nicht bei allen
Kindern nachzuweisen. Nicht wenige Kinder zeigen ihre Krankheitsbereitschaft
lediglich durch Veränderungen auf der Haut, während andere die besondere
Empfindlichkeit der Schleimhäute aufweisen, bei denen keine oder nur ganz
geringfügige Hautveränderungen vorhergingen. Ob es sich hierbei um krankhafte Veranlagung lediglich eines Organsystems oder schliesslich doch nur um
das Ausbleiben zur Manifestation notwendiger bestimmter Reize handelt, muss
dahingestellt bleiben.

Zu den Manifestationen der exsudativen Diathese sind ebensowenig wie
die Psoriasoide alle Hauterkrankungen zu rechnen, denen eine primäre Infektion
der Haut zugrunde liegt. Das bekannteste der hierher gehörigen klinischen Bilder
ist die Impetigo contagiosa, die als eine primäre Staphylokokkenerkrankung der
Haut anzusehen ist. Weniger bekannt, aber praktisch von besonderer Wichtigkeit
sind Hautveränderungen, die durch eine Infektion der Haut mit Diphtheriebazillen zustande kommen, und die weitgehend einem infizierten Ekzem ähneln
können. Der graugrünliche Belag, der sich an den Stellen bildet, an denen der
Diphtheriebazillus sich festsetzt, eine Neigung zu tiefergreifenden Ulzerationen
und schliesslich der bakteriologisch zu führende Nachweis einer Besiedelung mit
Diphtheriebazillen kennzeichnen die Erkrankung als etwas besonderes. Staphylo-
mykosen und Hautdiphtherien finden sich sowohl beim Kinde, das nicht exsudativ-
diathetisch veranlagt ist, wie sie auch gelegentlich neben Erscheinungen der
Diathese bestehen können.

Von den Manifestationen der exsudativen Diathese sind weiterhin die Hautveränderungen abzutrennen, die in den Gelenkbeugen lokalisiert sind, die besonders
stark jucken, wobei der Juckreiz sich nicht auf die krankhaft veränderten Stellen

beschränkt, und die schliesslich häufiger am Ende des ersten Lebensjahres auftreten, dafür aber auch im Gegensatz zum Ekzem weit in die Kindheit hinein anzudauern pflegen. Das Fehlen anderer, der exsudativen Diathese zuzurechnenden Erscheinungen, der Verlauf und — wie schon das starke Jucken zeigt — der starke Einschlag nervöser Krankheitserscheinungen, ist bereits für die Czernysche Schule Veranlassung gewesen, diese hartnäckige Form der Hauterkrankung aus dem Kreise der Manifestationen der exsudativen Diathese herauszunehmen und sie als Neurodermitis gesondert zu betrachten.

Dafür spricht auch das Vorkommen anderer nervöser Leiden in der Ascendenz dieser Kinder, wie sie aus folgenden Stammbäumen hervorgeht.

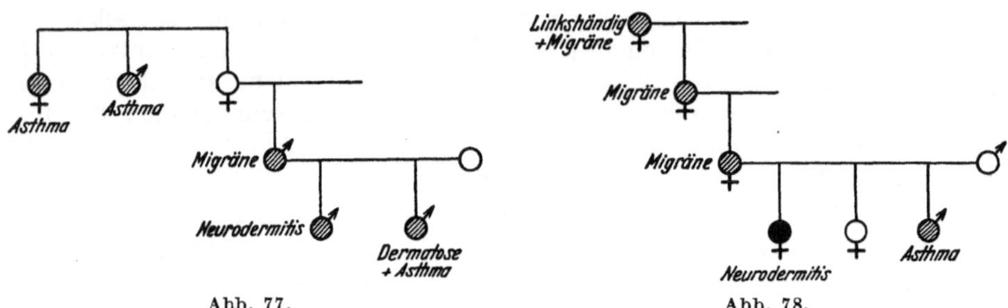

Abb. 77.   Abb. 78.

Die Krankheitssymptome der exsudativen Diathese treten dann in Erscheinung, wenn ein ekzematogener oder (bei den Manifestationen am Nervensystem oder an den Schleimhäuten) aktivierender Reiz die Organe trifft, die sich bei diesen Kindern in einem Zustand reizbarer Schwäche (Hufeland) befinden, der das Wesen der exsudativen Diathese ausmacht, ohne dass es heute möglich wäre, diese besondere Beschaffenheit oder funktionelle Einstellung der Organe und Gewebe näher zu charakterisieren. Ohne Reiz keine Manifestation, trotz aller Veranlagung. Für die Praxis ergibt sich aus dieser Vorstellung die wichtige Folgerung, dass selbst in den Fällen, in denen aus dem Krankheitsbilde und Krankheitsverlauf das Vorliegen einer exsudativen Diathese diagnostiziert wurde, stets versucht werden muss, den auslösenden Reiz zu finden und nach Möglichkeit auszuschalten. Allein die Prädilektionsstellen, an denen sich die Manifestationen der Diathese zeigen, sprechen in dem Sinne, dass äussere Reize an der Entwicklung der Krankheitserscheinungen nicht unbeteiligt sind. Die Neigung zur Ekzematisation bei einzelnen Kindern, deren Gesichtshaut durch starken Speichelfluss, durch Erbrochenes, durch ständiges Saugen an den Fingern gereizt wird, stellt diese Ekzeme in eine Reihe zum Arbeitsekzem, wie es beim Erwachsenen an Armen und Händen auftritt. Ein Beispiel der Ekzementstehung durch äusseren Reiz gibt auch die Krätze, die bei einzelnen Kindern eine Ekzematisation hervorruft. Aber nicht nur Reize, die von aussen den Körper treffen, führen zu Manifestationen der Diathese, sondern auch Stoffwechselprodukte scheinen in diesem Sinne wirken zu können. Das Auftreten eines Strophulus im Beginn von Infektionen spricht für die Wirksamkeit innerer Reize, und vielleicht vermögen selbst Produkte des normalen Stoffwechsels beim disponierten Kinde Erscheinungen der exsudativen Diathese auszulösen.

Wenn es heute auch nur erst in einem kleinen Teil der Fälle gelingt, die krankmachenden Reize mit Sicherheit aufzufinden, so sollte doch keine Bemühung in dieser Richtung versäumt werden, da mit der Ausschaltung des Reizes die Diathese stumm gemacht werden kann. So gelingt es, manches

Ekzem des Körpers zu heilen, wenn Chlor oder Persil, das zum Reinigen der Windeln benutzt wurde, fortgelassen werden. Und schliesslich bedeutet ja die bei jeder Ekzembehandlung übliche Empfehlung, auf Wasser zur Reinigung des Gesichtes oder des Körpers zu verzichten, nichts anderes als die Ausschaltung eines ekzematogenen Reizes. Die Diagnose „Diathese" bedeutet eben noch nicht Lähmung des therapeutischen Handelns, und ein wesentlicher Anteil der heute üblichen Methoden der Ekzembehandlung zielt ja daraufhin, den hier wirksamen, aber nicht näher fassbaren Reiz von den krankheitsbereiten Geweben fernzuhalten.

Die ekzematisierte Haut verliert ihre Widerstandskraft aber auch gegenüber anderen Schädigungen. Sie wird unter anderem ein Nährboden für Bakterien, und so entsteht aus dem Ekzem, das an sich nichts mit Infektion zu tun hat, durch sekundäre Bakterienansiedelung das Stadium des infizierten Ekzems. Das wesentlichste klinische Merkmal der erfolgten Infektion ist das Einsetzen einer stärkeren Sekretion. Diese Umwandlung des Ekzems in den infizierten Zustand beginnt am häufigsten im Gesicht, während Ekzeme an anderen Körperstellen viel seltener Anzeichen einer erfolgten Infektion aufweisen. Unter dem neuen Reiz der Infektion verändert sich das Ekzem zu Bildern von klinisch ganz verschiedener Wertigkeit, bei denen es sich einmal nur um Schönheitsfehler, ein anderes Mal um schwerste, ja tödliche Erkrankungen handelt, die mit hohem Fieber und starker Beeinträchtigung der Ernährungsvorgänge einhergehen. Das, was als scheinbar konstitutionell bedingter sogenannter Ekzemtod beschrieben worden ist, ist z. T. eine akut tödlich verlaufende Pyämie oder Sepsis von der infizierten Haut aus. Die Infektion des Ekzems entwickelt sich besonders bei den lymphatischen Kindern zu den schwersten Formen. Die von vielen Autoren (Cornet, Ponfick) angenommene stärkere Durchlässigkeit der Lymphspalten der Haut und der Lymphwege oder die stärkere Lymphdurchströmung der tieferen Hautschichten bewirkt eine besonders starke Exsudation aus der ekzematisierten Haut, und in dieser reichlichst abgesonderten Lymphe finden die stets vorhandenen Hautkeime günstigste Bedingungen für ihre Entwicklung.

Untersuchungen des **Stoffwechsels** bei Kindern mit den Zeichen der exsudativen Diathese vermochten kaum etwas zum Verständnis der besonderen Körperbeschaffenheit dieser Kinder beizutragen. Der Stickstoff-Stoffwechsel erwies sich als normal. Tiefer greifende Störungen im Fettstoffwechsel liessen sich ausser einer gelegentlichen schlechteren Ausnutzung des Fettes nicht nachweisen, wobei es noch zweifelhaft ist, ob diese Veränderung nicht durch sekundäre Ernährungsstörungen bedingt ist, da es meist dystrophische Kinder sind, die diese Anomalie aufweisen. Im Kohlenhydratstoffwechsel ist die Assimilationsgrenze für Zucker vielleicht herabgesetzt, so dass es leichter als beim gesunden Kinde zur Glykosurie kommt. Der Salzstoffwechsel erscheint labiler, als es der Norm entspricht. Chlor wird stärker retiniert, gelegentlich aber auch leichter abgegeben als beim normalen Kinde. Damit und mit der von Freund nachgewiesenen stärkeren Neigung zur Natriumretention hängt es wohl zusammen, dass die Neigung zur Wasserbindung bei den exsudativ-diathetischen Kindern besonders gross ist. Auf der anderen Seite besteht die Neigung, bei geringen Schädigungen wieder grosse Wassermengen abzugeben, so dass die Zeichen der Hydrolabilität zu den Kennzeichen der exsudativen Diathese hinzutreten. Diese Stoffwechselanomalien gelten aber im wesentlichen nur für die pastösen Kinder mit Erscheinungen der exsudativen Diathese. Eine Erklärung der klinischen Erscheinungen bieten diese Besonderheiten des Stoffwechsels letzten Endes nicht.

Pathogenese und Ätiologie. Strittig, wie bereits vor zwei Generationen, ist auch heute noch die Frage nach dem „Sitz" der Krankheitsbereitschaft. Handelt es sich im Sinne einer Dyskrasie um eine Entmischung der Säfte, oder besteht lediglich eine abnorme Artung einiger Organsysteme, der Haut und der Schleimhäute ? Die erste Vorstellung würde bedeuten, dass der gesamte Organismus dieser Kinder von der Diathese betroffen ist, während es sich anderen Falles lediglich um eine lokalisierte Krankheitsbereitschaft handeln würde. Die dermatologische Schule, unter Führung von J. Jadassohn und Bloch, neigt mehr zur Annahme einer Organdisposition, während bei der Mehrzahl der Kinderärzte bisher noch mehr die Neigung besteht, eine allgemeine fehlerhafte Beschaffenheit der Säfte als Grundlage der Manifestationen bei der exsudativen Diathese anzunehmen. Sichere Grundlagen, die es heute schon ermöglichen würden, sich endgültig für die eine oder die andere Ansicht zu entscheiden, liegen bisher nicht vor, wenn auch an dieser Stelle nochmals auf die älteren anatomischen Untersuchungen verwiesen sei, die über die Beschaffenheit des Integuments bei lymphatischen Kindern vorliegen. So fand Hueter eine abnorme Weite der Porenkanälchen zwischen den Epithelien und Epidermiszellen der äusseren Haut, besonders im Rete Malpighi (zitiert nach Moro), und ähnliche Anschauungen sind ja später auch von Cornet und Ponfick vertreten worden. Auch Finkelstein nimmt eine primär veränderte Beschaffenheit der Haut zum mindesten als eine Voraussetzung an, wenn es zu Manifestationen der exsudativen Diathese kommen soll. Die Haut ist an den Stellen, an denen sich Ekzem mit Vorliebe ansiedelt, asteatotisch, die Mauserung der Haut geschieht in einem über die Norm hinausgehenden Maße, so dass die Bildung einer widerstandsfähigen Hautdecke verhindert wird. So entsteht eine für äussere Schädigungen besonders empfindliche Oberhaut, die sicherlich für die Entstehung der Psoriasoide der ersten Lebensmonate und manche Begleiterscheinungen der echten Ekzeme von Bedeutung ist. Für die Entstehung des zum Nässen neigenden Ekzemes der exsudativ diathetischen Kinder sind nach Unna und Finkelstein noch konstitutionelle Besonderheiten in der Beschaffenheit tieferer Hautschichten der Cutis verantwortlich zu machen. Danach würde sich das typische Säuglingsekzem auf einer lymphophilen, anämischen, vasomotorisch übererregbaren Haut entwickeln, die von einer leicht verletzlichen Oberfläche bedeckt ist. Im ganzen lässt sich aber im Augenblick nicht viel mehr sagen, als dass beim Kinde mit exsudativer Diathese letzten Endes eine „reizbare Schwäche" des Hautorganes vorliegt. Dabei spricht, ausser den angeführten Gründen, auch das häufige Zusammentreffen mit nervösen Symptomen vielleicht dafür, dass es sich lediglich um eine partielle mehr lokalisierte, zum mindesten zelluläre (nicht im Saftstrome gelegene) Abartung im Organismus handelt, da Hautorgane und Nervensystem ja aus dem gleichen Keimblatt hervorgehen. Vielleicht entspricht es noch mehr den Tatsachen, wenn nicht das äussere Keimblatt, sondern, wie v. Pfaundler annimmt, das Mesenchym als eigentliches Organ der Diathese angenommen wird. Am Aufbau des äusseren und des inneren Körperintegumentes beteiligt sich das Mesenchym durch Lieferung des Hautfaserblattes und des Darmfaserblattes. Damit würde übereinstimmen, dass es sich bei der esxudativen Diathese nicht nur um eine reizbare Schwäche der Haut und der Schleimhäute handelt, sondern dass, wie vor allem die Beobachtungen über den Erbgang der Erscheinungen lehren, eine grosse Reihe von Anomalien an anderen Organsystemen gleichwertig auftritt, die aber ohne Zweifel mit den Erscheinungen der exsudativen Diathese in Wechselbeziehungen stehen. Die inneren Zusammenhänge zwischen den Erkrankungen, die wohl als Folge der „Mensenchymschwäche" gedeutet werden können und den ebenfalls hierher gehörigen allergischen Erkrankungen, wie Asthma, Heuschnupfen oder den Stoffwechselstörungen, wie Migräne und Epilepsie, sind heute noch völlig undurchsichtig. Sie weisen aber auf die durch klinische Beobachtung sichergestellte Tatsache der sehr häufigen Vergesellschaftung von Erscheinungen der exsudativen Diathese mit den Zeichen einer nervösen Übererregbarkeit hin.

Auf die Beschaffenheit der Gefässe als Grundlage der Diathese legte vor allem Kreibisch besonderen Wert. Lassen sich somit für eine lokalisierte, zelluläre, abwegige Beschaffenheit immerhin einige Vermutungen anführen, so sind Tatsachen, die für eine fehlerhafte Säftemischung sprechen, sehr spärlich. Vielleicht könnte die Mannigfaltigkeit im Sitz der Manifestationen, vor allem auch der Wechsel der Krankheitserscheinungen im Laufe der Generationen und im Laufe eines Menschenlebens für eine fehlerhafte Beschaffenheit des die mannigfachen Organe verbindenden Mediums sprechen, d. h. es könnte eine besondere Mischung des Blutes oder der Lymphe die Grundlage der Krankheitsäusserungen sein.

Das Ekzem des Erwachsenen stellt sich nach der Ansicht der Dermatologen häufig als Reaktion auf einen spezifischen Reiz ein. Es ist die Äusserung einer seltener erworbenen, meist angeborenen Idiosynkrasie auf einen einzigen oder einige wenige verwandte Reize. Die Arbeitsekzeme, das Odolekzem, das Primelekzem sind einige hierher gehörige Beispiele. Die meisten Ekzeme des Erwachsenen kommen durch eine „Wechselwirkung von ekzematogenem Reiz und Ekzemdisposition der Haut" zustande. Beim Säugling scheinen die Dinge insofern viel schwieriger zu liegen, als im Gegensatz zum Erwachsenen es sich nicht um eine einzige bestimmte, fassbare und jederzeit nachweisbare Idiosynkrasie handelt; die Reihe der Reize, die ein Ekzem auslösen können, ist beim Säugling offenbar ausserordentlich mannigfaltig. Die Reize, die zur Ekzementstehung beim Kinde mit exsudativer Diathese ausreichen, sind so gering und so wenig umgrenzt, dass sich ihre Zahl praktisch beliebig vermehren liesse. Beim Kinde mit exsudativer Diathese besteht gleichsam eine Idiosynkrasie gegen Alles, eine Überempfindlichkeit für tägliche, oft unvermeidbare Reize. Da beim Säugling schliesslich alles Ekzem hervorrufen kann, so dass der auslösende Reiz in der Regel gar nicht zu charakterisieren ist, so wird der Gegensatz in der Auffassung der Pathogenese des Ekzems, der heute noch vielfach zwischen Dermatologen und Pädiatern besteht, bis zu einem gewissen Grade verständlich; beim Erwachsenen lässt die Möglichkeit, jederzeit den ekzematogenen Reiz aufzufinden und auszuschalten, es berechtigt erscheinen, in der pathogenetischen Betrachtung den Faktor des ekzematogenen Reizes vor dem Anteil, den die biologisch abnorme Haut darstellt, in den Vordergrund zu rücken; beim Säugling, bei dem es nur in einzelnen Fällen gelingt, den ekzematogenen Reiz zu charakterisieren, wird die Krankheitsbereitschaft der Haut praktisch wichtiger erscheinen müssen, da nur hier der Hebel der Therapie ansetzen kann. Dass auch einzelne Säuglingsekzeme entsprechend den Anschauungen amerikanischer Autoren durch eine Überempfindlichkeit für einen einzigen Reiz (z. B. Kaninchenhaare, einzelne Fleischsorten, Schokolade und vieles andere) zustande kommen, muss zugegeben werden. Für das Bestehen einer solchen umschriebenen Überempfindlichkeit spricht vor allem die Möglichkeit, diese Kinder durch zweckmäßig angeordnete Injektionen mit den entsprechenden Substanzen zu desensibilisieren und damit das Ekzem zu heilen.

Neben den Faktoren, die unwandelbar im Kinde liegen und die zur Grundlage der exsudativen Diathese werden, gibt es eine Reihe äusserer konditioneller Bedingungen, die bis zum gewissen Grade die Neigung zur Manifestation der Diathese fördern können. Für die exsudative Diathese steht hierbei in erster Linie, worauf Czerny aufmerksam machte, die Mästung des Kindes, die die pathologische Reaktionsbereitschaft ganz besonders verstärkt.

In einem Schema mag noch versucht werden, das pathogenetische Geschehen beim Auftreten eines Ekzems des exsudativen Säuglings zu versinnbildlichen:

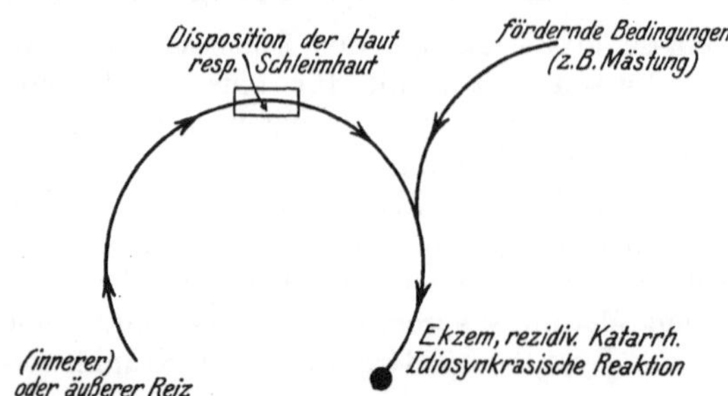

Abb. 79. Schematische Darstellung der Pathogenese des Säuglingsekzems. Ein äusserer (häufig nicht fassbarer Reiz) trifft auf ein disponiertes Haut- oder Schleimhautorgan. Daraus entwickelt sich ein Ekzem, resp. ein rezidivierender Katarrh, dessen Eintritt durch unterstützende (nicht obligate) Bedingungen, z. B. Mästung des disponierten Kindes, gefördert wird.

Zur Entstehung des Ekzems und gleicher Weise für den Eintritt der rezidivierenden Katarrhe ist nach unserer Ansicht die Anwesenheit einer Bereitschaft der Haut, resp. der Schleimhäute und die Beteiligung eines ekzematogenen Reizes notwendig. Das Ausmaß, mit dem sich die beiden Faktoren an der Entstehung eines Ekzems beteiligen, dürfte aber ausserordentlich verschieden sein. Beim Kinde mit wenig ausgesprochener Krankheitsbereitschaft des Hautorgans werden starke Reize notwendig sein, ehe es zum Ekzem kommt; umgekehrt kann bei anderen Kindern die Empfindlichkeit des Hautorgans so hoch entwickelt sein, dass geringste Reize genügen, um Erscheinungen der exsudativen Diathese hervorzurufen.

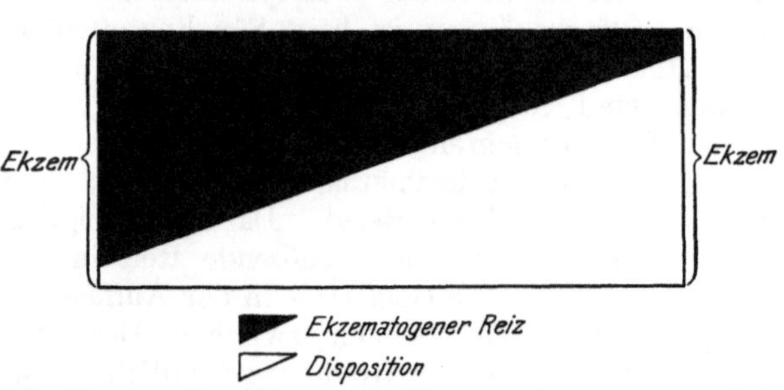

Abb. 80. Aus dem Zusammentreffen von ekzematogenem Reiz und Disposition entsteht das Ekzem. Beide Faktoren sind im einzelnen Falle in sehr verschiedener Grösse beteiligt, wenn es zum Ekzem kommt. Für die Ekzemgenese stehen beide Faktoren gewissermaßen in einem umgekehrten Verhältnis.

Neben äusseren Reizen, wie Pflegeschäden, klimatischen Einflüssen und anderem, scheinen beim Kinde mit exsudativer Diathese vielleicht wieder mehr als beim Erwachsenen auch innere Reize an der Auslösung eines Ekzems mitwirken zu können. Diese inneren Reize sind in physiologischen und pathologischen Stoffwechselprodukten zu suchen. So glaubte Monrad in den Abbauprodukten des tierischen Fettes eine häufige ekzemauslösende Ursache gefunden zu haben, und das Säuglingsekzem durch Ersatz tierischen Fettes durch pflanzliches heilen zu können. Sicherlich sind gelegentlich auch Bestandteile der Nahrung, wie die amerikanischen Untersuchungen ergeben haben, ätiologisch an der Entstehung des Ekzems beteiligt.

Die Prognose. Die Konstatierung einer exsudativen Diathese auf Grund irgendwelcher Manifestationen bedeutet für das Kind noch keineswegs die Festlegung eines unabwendbaren, trüben Schicksals. Selbst bei vorhandener Krankheitsbereitschaft kommt es doch gar nicht so selten vor, dass ein Kind nur vorübergehend an Ekzemen leidet, die dann verschwinden ohne jemals wiederzukehren. Auch ist keineswegs in jedem Falle zu erwarten, dass sich im Gefolge der Ekzeme in späteren Lebensjahren etwa eine besondere Anfälligkeit, ein Asthma, eine Migräne entwickeln m ü s s t e. Es sind immer nur einzelne Kinder, die den ganzen Leidensweg durchlaufen, den die Krankheitsbereitschaft vorbereiten kann. Die exsudative Diathese als solche bedeutet für das Kind nur insofern einen Nachteil, als ärztliches Können nicht imstande ist, die besondere reizbare Schwäche der

Organe und Gewebe zu beseitigen. Die Manifestationen der Diathese, vor allem das Ekzem, stellen aber ein Feld dar, auf dem sich durchaus erfolgreiche Therapie treiben lässt. Jede Manifestation der Diathese ist praktisch auf ein Maß zurückzuführen, das sie für den Träger der Krankheitsbereitschaft erträglich macht. Für das Säuglingsalter darf die Prognose insofern noch günstiger gestellt werden, als die für diese Lebenszeit charakteristischen Äusserungen der Diathese, die Ekzeme, sich mit dem Ausgang des ersten Lebensjahres abschwächen, ja häufig sogar völlig verlieren. Ein Übergang in das Stadium der rezidivierenden Katarrhe oder eine stärkere Beteiligung der Lymphdrüsen kann sich dann allerdings einstellen. In jedem Fålle erscheint es aber ratsam, sich zu hüten, allzuviel und Allzutrübes vorauszusagen, nachdem ein Säugling einmal Erscheinungen der exsudativen Diathese dargeboten hat. Die Prognose der Krankheit wird sich um so günstiger gestalten, je geringfügiger der Grad der Ekzembereitschaft ist, und je vollkommener es gelingt, den oder die ekzematogenen Reize vom Kinde fernzuhalten.

Die Behandlung der häufigsten Hauterkrankungen des ersten Lebensjahres. Es ist notwendig, an dieser Stelle zunächst die Behandlung der Psoriasoide darzustellen, da sie noch allzu häufig als Manifestationen der exsudativen Diathese gewertet werden, während ihre Behandlung aber ganz andere Methoden verlangt als die Maßnahmen, die zur Unterdrückung der Manifestationen der Diathese dienen.

Die Hautveränderungen, die als Psoriasoide beschrieben wurden, stellen sich ein, weil die zarte Epidermiszelle in den ersten Lebensmonaten besonders empfindlich ist, und weil dieses empfindliche Gewebe vielfach durch die Schädigungen mechanisch gereizt und verletzt wird, die sich auch bei sorgsamster Pflege und Wartung des Säuglings nicht vermeiden lassen. Mit dieser Voraussetzung ist der Weg, den die Therapie zu gehen hat, vorgezeichnet. Eine Spontanheilung ist zu erwarten, wenn der Säugling älter wird und damit seine Zellen an Widerstandskraft gewinnen. Diese geringere Verletzbarkeit der Zellen stellt sich nur ein, wenn das Kind gedeiht. Zum Gedeihen ist aber eine komplette Ernährung Voraussetzung, und niemals wird die Widerstandskraft der Zellen zunehmen, solange das Kind dystrophisch oder gar atrophisch ist. Die möglichst vollkommene Fernhaltung aller Reize, die zur Mazeration der Haut beitragen können, wird als zweite therapeutische Maßnahme zu berücksichtigen sein. Mit dieser Auffassung vom Wesen der Psoriasoide wird mancherlei, was zur Behandlung der Manifestationen der exsudativen Diathese empfohlen wurde, überflüssig, ja schädlich. Die erste Forderung, den Säugling der ersten Lebensmonate, der an Psoriasoiden leidet, zum Gedeihen zu bringen, wird nicht immer einfach zu erfüllen sein. Jede Dystrophie aber, gleichviel ob sie sich beim Brustkinde oder beim Flaschenkinde einstellt, beeinträchtigt den Ernährungszustand der Haut, die gegen alle Reize widerstandsloser wird. Dazu kommt, dass von den Durchfällen ein ständiger Reiz auf die Haut, insbesondere des Gesässes, ausgeübt wird, so dass sich an diesen Stellen Intertrigo und Psoriasoid mit besonderer Vorliebe entwickeln. Die Ernährungstherapie wird daher in jedem Falle versuchen müssen, die Kinder zum Gedeihen zu bringen, und die Durchfälle zu heilen. Diese Forderung besteht auch für das Brustkind. Auch die Brustkinder müssen zunehmen. Im einzelnen werden die hier zu treffenden Maßnahmen im Kapitel der Ernährungsstörungen des Brustkindes abgehandelt. Auch für das Flaschenkind wird die Nahrung so gewählt werden müssen, dass ein Gedeihen des Kindes einsetzt. Bestehen stärkere Durchfälle, so werden antidyspeptische Heilnahrungen gewählt werden müssen, wie sie zur Behandlung der monosymptomatischen Diarrhöen empfohlen wurden (s. S. 140). In jedem Falle ist es aber falsch, Kinder wegen des Erscheinens von Psoriasoiden knapp oder

milchfrei zu ernähren, oder gar hungern zu lassen. Auch die Ausschaltung
eines einzelnen Nahrungsbestandteiles, z. B. des Fettes ist überflüssig, ja vielleicht sogar schädlich. Denn nur bei möglichst kompletter Ernährung wird
am schnellsten eine hohe Widerstandskraft der Gewebe erreicht.

Neben der Ernährungstherapie steht der Versuch, alle schädigenden Reize
vom Körper des Kindes fernzuhalten. Zur Mazerationsverhütung stehen
zwei Wege offen: einmal die Ausschaltung aller Pflegemaßnahmen, die zur Auf-
lockerung der Haut durch Verhinderung der Abdunstung beitragen. Fortlassen
von Gummihosen, aber auch von Gummiunterlagen, lockeres Bündeln des Kindes
und ein möglichst freier Zutritt der Luft zur Haut unterstützen die Abheilung
der Psoriasoide. Der zweite Weg besteht in einer Herabminderung der Haut-
empfindlichkeit durch Anwendung adstringierender Bäder mit Eichenrinde und
in einem Schutz der Haut vor äusserer Schädigung durch Auftragen von Puder
oder indifferenten Salben, wie Zinkpaste, Zinköl, Desitin u. ä. Notwendig ist
es auch, die starke Seborrhöe des Kopfes zu beseitigen, an der viele dieser
Kinder leiden. Auflegen eines dick mit 2% Salizylvaselin bestrichenen Lappens
für 12 Stunden, nachträgliches Waschen des Kopfes, am besten mit grüner
Seife und vorbeugendes Einfetten der Kopfhaut mit indifferentem Öl beseitigt
mit Sicherheit die Schuppenbildung. Unter dieser Kombination einer Ernährungstherapie mit einer äusserst zurückhaltenden lokalen Behandlung der erkrankten
Hautstellen heilen die Dermatosen in der Regel in drei bis vier Wochen bis
auf geringfügige Reste ab.

Hand in Hand mit der Besserung der Hautveränderung schwindet auch
die Eosinophilie, die sich bei vielen dieser jungen Säuglinge findet. Die
Eosinophilie, die lange Zeit als Symptom der exsudativen Diathese gegolten hat,
erscheint danach lediglich als Folge eines krankhaften Prozesses auf der Haut,
ähnlich wie die Eosinophilie sich auch bei jeder Krätzeerkrankung im Kindesalter einstellen kann.

Ist die Dermatose beim jungen Säugling einmal erst in Rückbildung
begriffen und geheilt, so sind Rezidive der Erkrankung selten, wenigstens
solange wie der Ernährungszustand des Kindes nicht leidet. Nur gelegentlich
erweist der Übergang der Frühdermatose in ein echtes Ekzem, dass vielleicht
schon die Erscheinungen in den ersten Lebensmonaten als Manifestationen der
exsudativen Diathese zu gelten hatten.

Die Behandlung der Erythrodermia desquamativa beansprucht eine ähnliche
Sonderstellung, wie sie den Psoriasoiden eingeräumt werden musste. An sich
ist das Krankheitsbild nur viel schwerer und ernster zu werten, so dass wie
aus den Berichten hervorgeht, eine Lebensgefährdung gar nicht selten vorhanden
ist. Immerhin scheint der Ernst der Krankheit in den ersten Beschreibungen
doch überschätzt worden zu sein, weil zunächst wohl nur schwerste Formen
der Krankheit als solche erkannt und behandelt wurden. Die Zahl der Misserfolge, wie sie Leiner in seiner ersten Beschreibung des Krankheitsbildes
berichtete, konnten durch Fortschritte der Therapie zum grossen Teil ausgemerzt
werden. Gefahr droht dem Kinde, das an einer Erythrodermia desquamativa
leidet, vor allem durch die Möglichkeit des Eintrittes einer septischen Erkrankung.
Die vielfach lädierte, der schützenden Decke beraubte Haut wird leicht zur Eintrittspforte irgendwelcher krankhafter Keime. Das jugendliche Alter der Patienten, der
meist schon reduzierte Ernährungszustand und die damit verbundene Minderung
der Resistenz gegen jegliche Infektion begünstigen zudem Haften und Ausbreitung
der Krankheitskeime.

Ziel der Therapie muss es sein, die Haut zu heilen und den Ernährungszustand des Kindes zu heben, indem Gewichtszunahme und Gedeihen erzwungen
werden. Die Ernährungstherapie der Erythrodermia desquamativa wird sich daher

der diätetischen Behandlung anschliessen können, wie sie für die Psoriasoide angegeben wurde. Die Vermeidung des Hungers ist auch hier in jedem Falle das wesentliche. Selbst bei starken Durchfällen darf eine Schonungstherapie nur ganz kurz und vorübergehend geübt werden. Brustkinder, die besonders oft an einer Erythrodermia desquamativa erkranken, sollten nur im Notfall abgesetzt werden, sondern es wird durch Zufütterung geeigneter Nährstoffgemische die Abheilung des Durchfalls erreicht werden müssen. Im einzelnen ist dabei nach den Vorschriften zu verfahren, wie sie für die Behandlung der Diarrhöen beim natürlich ernährten Kinde Gültigkeit haben (s. später). Bei den künstlich ernährten Säuglingen wird, ähnlich wie bei den Psoriasoiden, die bisher gereichte Nahrung durch Zufütterung anti-dyspeptischer Nahrungsgemische ergänzt oder ersetzt werden müssen. Hierzu eignen sich Buttermilch und Eiweissmilch, denen möglichst bald eine Einbrenne zugegeben wird. Erst wenn eine Gewichtszunahme eintritt, ist die geübte Ernährungstherapie als ausreichend zu bezeichnen. Diese Feststellung scheint besonders für die natürlich ernährten Kinder wichtig, bei denen gar nicht selten die Zulage kleiner Mengen einer antidyspeptischen Nahrung oder die Ver-fütterung von Brei und ähnlichem nicht genügen, um das gewünschte Gedeihen eintreten zu lassen. Ein völliger Ersatz von ein bis drei Brustmahlzeiten durch künstliche Heilnahrungen kann dann notwendig werden, ja in einzelnen Fällen ist der Arzt zu einem vorübergehenden, völligen Verzicht auf die natürliche Ernährung gezwungen. Da nach kurzer Zeit die natürliche Ernährung wieder aufgenommen werden kann, ohne dass dann die Gefahr eines Wiederaufflammens der Durchfälle oder der Hauterscheinungen besteht, so muss mit aller Sorgfalt darauf Bedacht genommen werden, durch Abspritzen oder Abpumpen der Milch die Milchsekretion in Gang zu halten. Im Rahmen der diätetischen Be-handlung der Erythrodermie ist auch einer reichlichen Vitaminzufuhr das Wort geredet worden. Wir haben uns von einem eindeutigen Nutzen dieser Behandlung nie recht überzeugen können, und die Notwendigkeit, in dieser frühen Lebens-zeit bereits in grösseren Mengen Vitamine, vor allem Vitamin C und B zuzu-führen, scheint auch allen anderen Erfahrungen über die Regeln des Vitamin-bedarfs nicht zu entsprechen. Immerhin kann versucht werden, durch Zulage von 20—30 g rohen Obstsaftes die Nahrung weiter zu komplettieren.

Bei der Behandlung der Hautveränderungen sollte Zurückhaltung geübt werden. Das Beste zur Heilung der krankhaft veränderten Haut tun das Aufhören der Durchfälle und die Besserung des Ernährungszustandes. Vor allem scheint jede energische Salbenbehandlung überflüssig, ja sogar schädlich zu sein. Wesentlich ist nur die Beseitigung der starken und zur Wiederkehr neigenden Seborrhöe des Kopfes. Auch hier gelingt es leicht, durch Auftragen einer 1—2%igen Salizyl-vaseline, wie vorher beschrieben wurde, die Schuppen und Talgansammlungen zu entfernen. Nach 10—12 Stunden lassen sich die gelockerten und gelösten Massen durch Wasser und Seife und Abkämmen unschwer entfernen. Hinterher ist die Kopfhaut durch ein indifferentes Öl stets fett zu erhalten, bis erneute Schuppenbildung wieder zur Anwendung der Salizylvaseline zwingt. Die Behandlung der übrigen stark schuppenden, entzündeten und defekten Haut soll möglichst indifferent und schonend sein. Einpudern mit einem austrocknenden Puder genügt stets als medikamentöse Behandlung der Haut. Die Gegend der Glutäen wird, solange stärkere Durchfälle bestehen, durch Auftragen von Zink-paste, Zinköl, Lebertransalbe oder ähnlichem zu schützen sein. Im übrigen heilt die Haut am raschesten, wenn nach Möglichkeit jede Mazeration vermieden wird. Dazu gehört 1. Fortfall des täglichen Bades; zum mindesten ist es not-wendig, dem Badewasser gerbende oder austrocknende Substanzen zuzusetzen; in diesem Sinne wirken Kleiebäder und vor allem Eichenrindenbäder. Beide können Anwendung finden, sobald der Heilungsprozess begonnen hat. In den ersten Krankheitstagen ist es besser, auf das Baden ganz zu verzichten, und zur Reinigung des Körpers nur in Olivenöl getauchte Wattebäusche zu benutzen. 2. Die Austrocknung der Haut wird durch möglichst ausgiebigen Zutritt von Luft zum Körper wesentlich gefördert. Das wird erreicht durch weitgehenden Verzicht auf jede enger anschliessende Kleidung, vor allem durch ein möglichst lockeres Bündeln des Kindes. Auf den Gummieinschlag sollte ganz verzichtet werden. Um der Luft auch von der Rückenseite her Zutritt zum Körper zu verschaffen, empfiehlt es sich, das Kind in eine Art Schwebe oder Hängematte zu lagern, die sich in jedem Kinderbette mit Hilfe einer grösseren Windel und einigen Bändern oder Sicherheitsnadeln improvisieren lässt. Bei der luftigen Lagerung und lockeren Kleidung des Kindes ist für ausreichende Wärmezufuhr in der kühleren Jahreszeit zu sorgen. Zu warnen ist aber ganz besonders vor stärkeren Sonnenbädern, da abgesehen von allen sonstigen Schädigungen hierbei gar nicht selten eine unerwünschte, die Haut mazerierende Exsudation zustande kommt. 3. Zur Hebung des Allgemeinbefindens und zur Beseitigung der Anämie, an der die meisten Kinder mit Erythrodermie leiden, sind mit Erfolg Transfusionen von mütterlichem Blut angewandt worden. 30—100 ccm Blut können diesen Kindern intramuskulär, intravasal oder intraperitoneal injiziert werden.

Die Behandlung des Ekzems muss auf folgendem Grundsatz aufgebaut werden: es besteht ein grundlegender Unterschied zwischen der Behandlung eines nicht infizierten, reinen Ekzems und der eines sekundär infizierten Ekzems. Die häufige Vernachlässigung dieses Unterschiedes führt manche Ekzembehandlung zum Misserfolg. Die Notwendigkeit einer solchen Trennung gilt nicht nur für die diätetische Therapie des Ekzems, auch die medikamentöse, lokale Behandlung hat in beiden Fällen recht verschiedene Wege zu gehen. So reagiert das infizierte Ekzem besonders ungünstig auf Salbenbehandlung, wie sie beim reinen Ekzem angezeigt ist. Salben können geradezu Förderer und Nährboden für die Ausbreitung der sekundären Infektion werden. Sicher ist es kein Zufall, dass bei lange mit Salbe behandelten infizierten Ekzemen häufig Krankheitserreger, wie Diphtheriebazillen oder Staphylokokken auftauchen, so dass Erkrankungen an Hautdiphtherie oder Erkrankungen impetigenöser Art sekundär das Ekzem entstellen und verschlimmern. Es erscheint daher ratsam, bei jedem hartnäckigen, infizierten Ekzem zu versuchen, ätiologisch das Wesen der sekundären Infektion zu klären, um beim Auffinden eines spezifischen Erregers eine ätiologische Therapie treiben zu können. Bei der gar nicht seltenen Ansiedelung von Diphtheriebazillen auf infizierten Ekzemen bedingt dann die spezifisch eingestellte Therapie in kurzer Zeit die Heilung, die sonst nur nach langem Kranksein erreicht wird. Dabei darf der Gedanke, nach Diphtheriebazillen zu suchen, nicht erst dann auftauchen, wenn grau-weisse, schmierige Beläge das Ekzem bedecken. Das scheinbar nur banal infizierte Ekzem kann Diphtheriebazillen beherbergen; ekthymaähnliche Veränderungen, ulzerös-gangränöse Formen können als Folge der Diphtherieinfektion entstehen. Nur die bakteriologische Untersuchung der Haut kann hier als Richtschnur für die Behandlung dienen. Zur Behandlung der oberflächlichen Erkrankungen von Hautdiphtherie, die auf dem Boden eines Ekzems erwachsen sind, können häufig gewechselte Umschläge mit einer Rivanollösung 1:1000 oder Pinselungen und Salben von Trypaflavin (1%) empfohlen werden. Da bei diesen oberflächlichen Prozessen die Toxine der Diphtheriebazillen anscheinend nur selten resorbiert werden und zu Allgemeinstörungen führen, so ist die Anwendung des Heilserums nicht notwendig. Bei allen tiefer greifenden nekrotisierenden Prozessen, bei denen meist auch Fieber und Störung des Allgemeinbefindens bestehen, ist in jedem Falle eine intramuskuläre Injektion von 5000—10000 I E des Diphtherieheilserums vorzunehmen.

Alle anderen sekundär infizierten Ekzeme können heute noch nicht ätiologisch und spezifisch behandelt werden. Das Ziel der Therapie muss es sein, den Nährboden so zu verändern, dass die Lebensbedingungen für die sekundär vorgedrungenen Krankheitskeime möglichst ungünstig gestaltet werden. Es begegnet uns hier ein ähnliches Prinzip wie bei den akuten Durchfallserkrankungen, bei denen zur Heilung als erster Schritt ebenfalls versucht wurde, die sekundäre Infektion des Dünndarmes durch Verschlechterung der Lebensbedingungen für die eingedrungenen Keime zu beseitigen. Zum Kampfe gegen die bakterielle Infektion stehen zwei Wege offen, die beide dahin zielen, die Haut auszutrocknen. Das geschieht einmal durch äusserlich angewandte Maßnahmen und durch eine zweckentsprechende Ernährung. Durch Umschläge mit essigsaurer Tonerde gelingt es noch am ehesten, Infektion und Entzündung zu bekämpfen, vorausgesetzt, dass diese Umschläge sehr häufig, etwa stündlich gewechselt werden. Bleiben dagegen die feuchten Verbände längere Zeit liegen, so bewirkt die Wärme, die sich unter dem feuchten Verbande staut, eine Mazeration der Haut, und sie begünstigt das Wuchern der Bakterien, so dass nach einer derartig falsch gelenkten Behandlung hohes Fieber, schwerstes Kranksein und starke Verschlimmerung der Hautveränderung auftreten können. Die häufig gewechselten Umschläge dagegen bewirken nach 24—48 Stunden Abklingen der Entzündung und der Infektion. Bei geringeren Graden der sekundären Infektion kann der feuchte Umschlag mit Vorsicht durch eine 1—3%ige essigsaure Tonerdesalbe ersetzt werden.

Die Säuberung und Austrocknung der infizierten Haut wird durch alle die Maßnahmen unterstützt, die von innen heraus Haut und Gewebe austrocknen. Zwei Methoden stehen hier zur Verfügung: einmal der Übergang zur Trockenkost, bei der dem Kinde nicht mehr eine Wassermenge von 120—150 g pro kg Körpergewicht zugeführt wird, sondern bei der das Kind nur noch etwa 75 g Wasser pro kg Körpergewicht erhält. Durch Ernährung mit dickem fett- und zuckerreichem Vollmilchbrei oder durch Ersatz der bisher gereichten Milchmischung durch entsprechend kleinere Mengen Vollmilch mit 15% Zucker oder durch Übergang zu konzentrierter Eiweissmilch mit 15—20% Zucker gelingt es, eine Austrocknung des Organismus zu erreichen, ohne ihn in der Kalorienzufuhr zu beschränken. In der Regel ist dieses Verfahren wenig angreifend. Nur in der heissen Jahreszeit oder bei hochfiebernden Kindern besteht die Gefahr einer Durstschädigung, die unbedingt vermieden werden muss. Der andere Weg, den Geweben Wasser zu entziehen, besteht darin, dass man sie durch Entzug oder Beschränkung von Salzen und Kohlenhydraten zur Entquellung bringt. Die Verringerung dieser Nahrungsbestandteile, die in erster Linie das Wasser in den Zellen und Geweben festhalten, zwingt den Organismus, Wasser abzugeben. Auf diesen Prinzipien beruht die Ekzemsuppe Finkelsteins, eine salz- und zuckerarme Nahrung, die beim infizierten Ekzem überraschend Günstiges leisten kann.

Die Ekzemsuppe wird durch Labung der Milch gewonnen; sie besteht aus dem Käsegerinnsel, das in Wasser mit geringen Mengen Molke unter Zuckerzusatz aufgeschwemmt wird.

Der klinische Ausdruck für den Eintritt dieser Wasserverluste sind die grossen Gewichtsabnahmen, die sich nach Überführung eines Kindes auf Ekzemsuppe einstellen. Die Stärke und Schnelligkeit, mit der die Austrocknung über den Weg einer Wasserausschwemmung eintritt, birgt aber besonders bei konstitutionell hydrolabilen Kindern gewisse Gefahren. Die bei vollkommenem Entzug der Salze sich entwickelnde Exsikkose kann bei mangelnder Kontrolle das nützliche Maß überschreiten und die Kinder in die Gefahr eines schweren Kollapses führen. Es scheint daher ratsam, die Finkelsteinsche Ekzemkost nur im Rahmen einer klinischen Behandlung anzuwenden; für die ambulante Behandlung verdient die weniger rasch wirkende, dafür aber gefahrlosere Ernährung mit Trockenkost den Vorzug.

Mit jeder dieser Behandlungsweisen gelingt es aber in der Regel in vier
bis fünf Tagen, den Charakter des infizierten Ekzems durchschlagend zu ändern.
Das Ekzem ist nach dieser Zeit dann in das Stadium eines gereinigten, durch
sekundäre Infektion nicht mehr komplizierten Ekzems zurückgeführt. Die
Gefahr eines Rezidivs bleibt allerdings gross, und geringste Reize genügen, um
die Haut wieder erneut zu schädigen, so dass die ruhende Infektion sich wieder
ausbreiten kann. Begünstigend wirkt in dieser Richtung vor allem ein starker
Juckreiz, an dem nicht wenige der Kinder mit exsudativer Diathese leiden, bei
denen sich neuropathische Züge zur entzündlichen Diathese gesellen. Der Kampf
gegen den Juckreiz gehört daher zur Behandlung des infizierten Ekzems. Narkotika
dürfen nicht gespart werden. Durch sorgfältige Beobachtung und Pflege und
durch Fixierung der Arme ist dem Kratzen vorzubeugen und die sekundäre
Infektion nach Möglichkeit zu unterdrücken. Gerade bei diesen Kindern, deren
Ekzem stark juckt, entwickeln sich neben der Infektion des Ekzems häufig noch
Furunkel und impetigenöse Veränderungen, die die Behandlung ausserordentlich
erschweren und in die Länge ziehen können.

Ist es erst einmal gelungen, der Infektion Herr zu werden, so liegt meistens
ein leicht nässendes und wenig entzündetes Ekzem vor, dessen Behandlung zu
beschreiben schwieriger ist, da ein Schema für die Therapie hier nicht zu geben
ist, und auch der Erfahrene nicht ohne eine gewisse Intuition und, es muss zugegeben
werden, nicht ohne Probieren auskommt. Diese Unsicherheit rührt daher, dass
die Haut jedes einzelnen Kindes auf die in diesem Stadium angezeigte Salbenbehandlung anders reagiert. Das gilt nicht nur für die Medikamente, die wir zum
Kampf gegen die Infektion zur Förderung der Epithelialisierung usw. in Form
der Salben auf die Haut bringen, sondern das gilt sogar für die Salbengrundlagen.
So gibt es einzelne Kinder, von deren Haut alle mineralischen Fette, wie Vaselin,
nicht vertragen werden, während tierische Fette, wie Lanolin oder Schweinefett
die Heilung fördern. Es kann daher nur geraten werden, jede neue Salbe oder
jedes neue Medikament zunächst nur in dem Bezirk einer kleinen Hautstelle zu
versuchen, ehe das gesamte erkrankte Gebiet behandelt wird. An Salben bewähren
sich in diesem Stadium des leicht nässenden Ekzems am ehesten noch milde
Quecksilbersalben (z. B. $^{1}/_{4}$—$^{1}/_{2}$% Hydr. sulf. rubr.+Lanolin anhydr.) oder
indifferente Wismuth-Zinksalben, denen bei noch vorhandener Infektion Ichthyol
oder bei stärkerer Schuppenbildung Schwefel zugesetzt werden kann. Bei grossen
Hautdefekten ist Quecksilber stets mit besonderer Vorsicht anzuwenden, da die
Gefahr einer Vergiftung naheliegt. Auch gewisse milde Teerpräparate, wie Pix
lithanthracis, können hier nützlich wirken. Aber gerade dieses Stadium des Ekzems
wird häufig alle Geduld von seiten der Eltern und des Arztes wegen seiner Neigung
zur Rückkehr der sekundären Infektion beanspruchen. Ist erst einmal das Stadium
des trockenen Ekzems erreicht, so gelingt es unschwer, das Ekzem durch sorg-
same Pflege, durch Fernhalten äusserer Reize und durch indifferente Salben
und Pasten, denen bei stärkerer Schuppung ein Teerpräparat (Tumenol, Lenigallol,
Naphtalan u. ä.) zugesetzt ist, in Schranken zu halten.

Stets sollte versucht werden, den ekzematogenen Reiz aufzufinden, wenn
auch die Suche nach diesem, das Ekzem auslösenden Faktor häufig genug
erfolglos bleiben wird. Aber selbst beim Säugling finden sich doch schon ausgesprochene monovalente idiosynkrasische Reaktionen. So verursachen und
unterhalten gewisse Bleich- und Waschmittel, einige Seifen, das Dermatol im
Nabelverband manche hartnäckigen Dermatosen. Im ganzen finden sich diese
Idiosynkrasien aber häufiger beim älteren Säugling und Kleinkinde als beim
Kinde der ersten Lebenswochen.

Bei der Behandlung des Ekzems ist es weiter notwendig, wie es Feer und
Rietschel betont haben, zwischen mageren und dicken, pastösen Kindern zu

unterscheiden. Die Ernährungstherapie wird sich vor allem bei den Kindern bewähren, die dem dicken, pastösen Typus angehören. Die echten exsudativen Erscheinungen auf der Haut finden sich auch fast nur bei diesen Kindern, während es sich bei den mageren Kindern viel häufiger um Hautveränderungen handelt, die auf der widerstandslosen Haut dieser Kinder im schlechten Ernährungszustande durch äussere Schädigungen entstehen. Ähnlich wie bei den Dermatosen der Neugeborenen muss es bei den Mageren Ziel der Therapie sein, den Ernährungszustand des Kindes zu heben und damit auch die Hautzelle zu kräftigen. Die Sonderstellung des Ekzems der Mageren wird auch schon durch das klinische Bild betont, das den Dermatosen viel näher steht als den Manifestationen der exsudativen Diathese. Bei den dicken Kindern gelingt es dagegen, durch eine knappe, fettarme Ernährung, wie sie Czerny empfohlen hat, den Anteil im Gewebsaufbau günstig zu beeinflussen, der auf die exsudative und auf die lymphatische Komponente der Konstitution zurückzuführen ist. Bei diesen pastösen, exsudativen Kindern wird durch jede Mästung die Ekzembereitschaft erhöht, durch knappe Kost vermindert. Für diese dicken, ekzembereiten Kinder kann vom fünften Lebensmonat ab eine milcharme, an Kalorien beschränkte Kost verordnet werden.

1. Mahlzeit: 150 g Vollmilch + 5% Zucker (Milch event. entrahmt durch Abschöpfen der Sahne).
2.   ,,   rohes Obst. Zwieback.
3.   ,,   Keine Suppe. Gemüse (ohne Einbrenne), Griess, etwas Fleisch, Kompott.
4.   ,,   100 g Vollmilch (event. entrahmt) + 5% trocknen Zwieback.
5.   ,,   Griessbrei von 100 g Vollmilch, event. verdünnt mit 50 g Wasser. Obstsaft. Weissbrot.

Ob in einem solchen Speisezettel auf Fett vollständig verzichtet werden muss, mag dahingestellt bleiben. Auch der Vorschlag von Monrad, auf jedes tierische Fett zu verzichten, während pflanzliche Fette gegeben werden dürfen, bedarf noch der Nachprüfung. Es darf auch nicht vergessen werden, dass die Ausschaltung des Fettes in der Nahrung eine stärkere Kohlenhydratzufuhr notwendig macht. Starkes Angebot von Kohlenhydraten führt aber zu einer stärkeren Wasserdurchtränkung der Gewebe, die beim Kinde mit exsudativer Diathese sicher nicht günstig wirkt.

b) Die lymphatische Diathese.

Obgleich Czerny geglaubt hatte, die zuerst von Virchow beschriebene lymphatische Konstitution völlig in den Rahmen der exsudativen Diathese aufnehmen zu können, schien es anderen Autoren doch zweckmäßiger, den Lymphatismus von der exsudativen Diathese zu trennen und gesondert zu betrachten. Dieser Standpunkt scheint vor allem darum berechtigt, weil nicht jedes exsudative Kind gleichzeitig lymphatisch ist, und umgekehrt gelegentlich Kinder mit den typischen Erscheinungen des Lymphatismus beobachtet werden, bei denen sowohl in der Vorgeschichte als auch in der weiteren Entwicklung typische Zeichen der exsudativen Diathese fehlen. Dass in der Praxis beide Krankheitsbereitschaften häufig vermischt sind oder abwechselnd ihr Vorhandensein durch spezifische Manifestationen zeigen, braucht an der grundsätzlichen Auffassung der lymphatischen Diathese als besonderer Konstitutionsanomalie nichts zu ändern. Aber selbst wenn der Standpunkt Czernys eingenommen wird, nach dem der Lymphatismus lediglich eine Sonderform der exsudativen Diathese darstellt, so muss doch zugegeben werden, dass im Wesen und in der besonderen Beschaffenheit der Zellen und Gewebe der lymphatischen Kinder noch eine eigenartige Anlage vorhanden sein muss, die der Mehrzahl der Kinder mit exsudativer Diathese fehlt. In diese Richtung weist die Fülle besonderer klinischer Merkmale, mit der lymphatische Kinder behaftet sind, und die vielfältigen Krankheitszeichen der Diathese, die im reinen Bilde der exsudativen Diathese fehlen. Es erscheint daher aus Gründen der Praxis und der didaktischen Darstellung zweckmäßig, vorerst noch am Begriff des Lymphatismus als Sonderform einer Diathese festzuhalten, wobei der Arzt sich aber bewusst sein soll, dass vom Lymphatismus nicht nur breite Wege zur exsudativen Diathese führen, sondern dass ebenso enge Verbindungen auch zur Neuropathie bestehen, so dass v. Pfaundler für diese Form der Diathese den Begriff des Neurolymphatismus schuf, der sich in vielen Punkten mit dem Neuroarthritismus der französischen Autoren deckt. Diese vielfältige Verflechtung des Lymphatismus mit anderen Diathesen bringt es mit sich, dass das reine Bild der Konstitutionsanomalie, wie es im folgenden geschildert wird, nicht besonders häufig angetroffen wird.

Die lymphatische Diathese manifestiert sich im Säuglingsalter erst gegen Ende des ersten Lebensjahres. Die Hauptblütezeit der Konstitutionsanomalie ist das Kleinkindesalter und auch noch das Schulalter. Das Wesen der Diathese besteht, nach der ursprünglichen Auffassung Virchows, in einer ererbten Veranlagung des lymphatischen Gewebes, die sich in „einer krankhaft gesteigerten Reaktionsfähigkeit der Lymphknoten auf relativ geringfügige Reize in ihren Quellgebieten mit starken, anhaltenden Schwellungen zu reagieren" geltend macht. Aber ebensowenig wie das Wesen der exsudativen Diathese mit einer Beschreibung des Ekzems erfasst ist, ebenso wurde schon sehr frühzeitig, vor allem von Escherich, erkannt, dass es sich auch bei der lymphatischen Diathese um eine Abartung des Körpers handelt, die letzten Endes alle Zellen und Gewebe betrifft. Es fehlt der pralle Turgor des eutrophischen Kindes, es fehlt die Festigkeit und Straffheit der Muskulatur, und hinter einem häufig besonders reichlich erscheinenden Fettpolster verbirgt sich ein qualitativ offenbar abgeartetes, weiches, schwammiges, sulziges Fett. Dabei erscheinen Gesicht und Hand- und Fussrücken dieser Kinder häufig gedunsen, ödemähnlich geschwollen, ohne dass sich doch die Hautveränderung klinisch als abnorme Wasseransammlung erkennen liesse. Haut und Schleimhaut sind oft blass, wobei es sich in der Regel um Scheinanämien handelt. Aber auch echte Anämien sind nicht selten, wenn ihr Eintritt vielleicht auch auf das Hineinspielen von Fehlnährschäden (z. B. einseitige Milchmästung) hinweist. Seelisch unterscheiden sich die lymphatischen Kinder häufig von ihren Altersgenossen. Schon als Säuglinge erscheinen sie phlegmatisch und träge im Erwerb seelischen Fortschrittes. Ihr Körperbau zeichnet sich durch eine Reihe von Besonderheiten aus; niemals gehören sie dem Typus cerebralis an; häufiger bieten sie die Kennzeichen des Typus digestivus oder muscularis. Der Körperbau ist gedrungen, der Hals kurz, der Bauch gross und vorgewölbt, das Fettpolster ist ausser an den dicken, häufig hängenden Backen, vor allem am Unterkörper, am Gesäss und an den Oberschenkeln entwickelt, ähnlich wie Rosenfeld die Fettverteilung beim erwachsenen Biertrinker beschrieb. Neben diesem dicken, blassen Typus des lymphatischen Kindes kommt, besonders in späteren Jahren, ein Typus vor, den v. Pfaundler als „Schein-Prachtkinder" mit reichlich Fett und scheinbar blühendem Aussehen beschrieb. Einen dritten Typus, bei dem eine neuropathische Komponente ausgesprochen ist, bilden zarte, magere, grazile Kinder mit Glanzaugen und langen Wimpern, die vasomotorisch labil sind, und deren lebhafte schwankende Psyche auf die begleitende Neuropathie hinweist. Auch dieser dritte Typus wird meist erst in späteren Jahren durch das Erscheinen anderer Krankheitszeichen als zu den Lymphatikern gehörig stigmatisiert.

Von den Manifestationen der Diathese sind abnorme Drüsenschwellungen weitaus die häufigsten. Sie sind nicht auf eine primäre Hyperplasie der Drüsen zurückzuführen, sondern sie entstehen nach geringfügigen Reizen, die ihnen aus ihrem Quellgebiet zufliessen. Im Gegensatz dazu finden sich primär Schwellungen der Zungenfollikel, Vergrösserungen der Milz und vielleicht auch des Thymus; auch der lymphatische Rachenring ist am Ende des ersten Lebensjahres bereits stark entwickelt, so dass sich beträchtliche Tonsillen aus den Gaumennischen vorwölben, die hintere Rachenwand stark granuliert erscheint und Adenoide bereits die Nasenatmung erschweren. Von diesen krankhaften Symptomen kann besonders der bereits durch Palpation nachweisbare Milztumor bei den blassen Kindern zu diagnostischen Schwierigkeiten Veranlassung geben. Tuberkulose und Syphilis müssen in jedem Falle sorgfältig ausgeschlossen werden.

Auf einem so vielfältig abgearteten Gewebe erwachsen mit besonderer Vorliebe eine Reihe anderer Erkrankungen, und das Gewebe erweist sich besonderen Belastungen gegenüber als wenig widerstandsfähig. Die Rachitis und die Tetanie finden sich beim lymphatischen Kinde häufiger als beim normalen. Die Rachitis bevorzugt dabei vor allem die langen Röhrenknochen; starke Epiphysenauftreibungen und Verkrümmungen sind nicht selten. Die Tetanie der lymphatischen Kinder ist häufig besonders ernst durch schwerste Laryngospasmen (Escherich, Finkelstein). Allen Krankheiten gegenüber erweist sich das Gewebe des Lymphatikers als hydrolabil. Enorme Gewichtsstürze begleiten hier Ernährungsstörungen und fieberhafte Erkrankungen. Jede Infektionskrankheit ist ausgezeichnet durch einen besonders schweren Verlauf (Friedjung). Besonders Erkrankungen an Diphtherie sollen diese Kinder gefährden. Bei allen diesen Kindern besteht eine Neigung, bei Infektionen besonders hoch zu fiebern, während gleichzeitig das Allgemeinbefinden der Kinder im Fieber stark leidet. Da gleichzeitig im Fieber eine rasche Einschmelzung des abgearteten Fettes bei diesen Kindern einsetzt, so glaubt Czerny, das häufig schwere Kranksein der Lymphatiker bei Infektionen als Folge einer Wirkung noch unbekannter schädigender Abbaustoffe erklären zu können, die bei der raschen Einschmelzung aus dem Fett besonderer Beschaffenheit entstehen.

Der Status lymphaticus ist auch zu Vergrösserungen der Thymusdrüse in Beziehung gebracht worden. Die Vergrösserung des Thymus bzw. ihre Hypersekretion wurde sogar zeitweise als wesentlicher Faktor bei den plötzlichen Todesfällen angesehen, die gelegentlich lymphatische pastöse Kinder betreffen. Der regelmäßige Befund einer besonders grossen Thymusdrüse bei allen Säuglingen, die plötzlich ohne vorangegangenes Kranksein gestorben waren, schien diesen Vorstellungen eine Berechtigung zu geben, so dass Paltauf vom Status thymicolymphaticus sprechen konnte. Diese Auffassung kann heute nicht aufrecht erhalten werden, nachdem sich herausgestellt hat, dass der Befund eines grossen Thymus und grosser Lymphknoten bei allen Menschen, die aus voller Gesundheit sterben, die Regel ist. Das Wesen der lymphatischen Diathese kann heute jedenfalls nicht aus dem Befund einer grossen Thymusdrüse, die eine Hyperthymisation des Organismus zur Folge hat, verstanden werden (Thomas).

Die Grundlage des Status lymphaticus liefert — so lässt sich auch heute nur erst sagen — eine ererbte Veranlagung aller lymphatischen Gewebe, die auf äussere Reize hin mit besonders starken und anhaltenden Veränderungen reagieren. Aber wie die exsudative Diathese nicht nur eine Krankheitsbereitschaft der Haut und der Schleimhäute ist, so ist auch bei der lymphatischen Diathese letzten Endes der gesamte Organismus abgeartet. Die Manifestation der lymphatischen Diathese wird in erster Linie durch eine falsche Ernährung begünstigt. Überernährung, einseitige Ernährung, vor allem mit Milch, Mehlen, Zucker fördern die Entwicklung des lymphatischen pastösen Habitus, während das Kind, dem diese abnorme Veranlagung fehlt, auf die gleiche fehlerhafte Ernährung vielleicht nur mit einem starken Fettansatz antwortet. Dabei bleibt das konstitutionell normale Kind in seinem Aufbau derb und fest; das lymphatisch-diathetische Kind wird schwammig, blass und pastös. Auch die Milzschwellung, die sich bei diesen Kindern einstellt, ist, nach Czerny, als direkte Folge der Mästung zu deuten. Treffen dann ein so vorbereitetes Kind banale Infekte, so reagiert auch das gesamte lymphatische Gewebe dieser Kinder mit auffallend starken Drüsenschwellungen, und ein weicher Milztumor entwickelt sich auch bei Krankheiten, in deren klinischem Bilde die Milzschwellung bei der Mehrzahl der Kinder fehlt.

Die **Behandlung** der lymphatischen Diathese ist wichtig und dankbar. Durch zweckmäßige Ernährung gelingt es, einen grossen Teil der Manifestationen der Diathesen zu unterdrücken. Aber selbst unter ärztlicher Kontrolle entwickelt sich doch bei einem Teil der Kinder ohne starke Mästung oder einseitige falsche Ernährung der Habitus des Lymphatikers, d. h. das weiche, schwammige Fett und die Blässe des Kindes. Erscheinen diese Gewebsveränderungen als früheste Manifestationen des Lymphatismus, so müssen sie Veranlassung geben, die Ernährung besonders scharf zu regeln. Schon frühzeitig ist eine knappe Kost durchzusetzen, bei der für viele Wochen vielleicht sogar auf alle stärkeren Gewichtszunahmen verzichtet wird. Am ehesten lässt sich diese Einschränkung durch eine Verminderung der Zahl der Mahlzeiten erreichen. Vier Mahlzeiten im z w e i t e n V i e r t e l j a h r, drei Mahlzeiten jenseits des ersten Halbjahres sollten angestrebt werden. Frühzeitig ist die einseitige Milch- und Zuckerernährung durch gemischte Kost zu ersetzen. Diesen Kindern sollte bereits vom 3. oder 4. Monat an Gemüse, Obst, Zwieback oder Gelbei gereicht werden. Wichtig ist die Vermeidung einer reichlichen Flüssigkeitszufuhr und die Einschränkung der Milchmenge, so dass niemals mehr als 300—400 g Milch am Tage gereicht werden. Ja, für die Kinder, bei denen die Neigung zur Entwicklung des lymphatischen Habitus besonders stark ausgeprägt ist, wird sogar völlig auf jede Milchzufuhr verzichtet werden können. Die Kinder werden dann milchlos ernährt, so wie es R. Hamburger vorgeschlagen hat, mit gezuckerter Reissuppe, Einbrenne und Leberpüree.

Die P r o g n o s e der lymphatischen Diathese bleibt stets zweifelhaft. Einmal dadurch, dass diese Kinder bei jeder Infektion schlechter gestellt sind als andere, und weil plötzliche Todesfälle durch Herztod jederzeit.drohen. Erregungen und Angst scheinen den Eintritt dieses plötzlichen Versagens des Herzens zu begünstigen. Auf alle diagnostischen oder therapeutischen Maßnahmen, die das lymphatische Kind seelisch beeinträchtigen, sollte daher nach Möglichkeit verzichtet werden. Auch die Begleitkrankheiten des Lymphatismus, in erster Linie Rachitis, Tetanie und Anämie beeinflussen die Prognose beim lymphatischen Kinde bis weit in die erste Kindheit hinein.

c) Die neuropathische Diathese.

Eine abnorme Einstellung und ein abnormer Ablauf der nervösen Funktionen scheinen schon im Säuglingsalter geeignet zu sein, das Ernährungsresultat zu beeinträchtigen oder sogar in Frage zu stellen. Von Vorkommnissen dieser Art sei hier nur an gewisse Schwierigkeiten beim Stillgeschäft erinnert, wie sie trotz milchreicher Brust von einem scheinbar völlig gesunden Kinde ausgehen können. Es gehören hierher auch die häufig beträchtlichen Schwierigkeiten, die sich bei manchen Kindern bei jedem Versuch einstellen, eine Nahrung anderer Konsistenz oder einen neuen Geschmacksreiz in die Kost einzuführen. Hierher zu rechnen ist auch die Neigung mancher Kinder zu einer ständig erhöhten Peristaltik, zu Speien und zu Erbrechen. Solche krankhaften Erscheinungen, die als „nervös“

zu deuten sind, liessen sich noch eine ganze Reihe aufführen. Andererseits sollte aber nie vergessen werden, dass manches heute als nervös bezeichnet wird, nur aus dem Grunde, weil eine bessere Erklärung vorerst noch aussteht. Wenn ein Kind z. B. plötzlich, scheinbar ohne rechten Grund appetitlos wird und die Aufnahme jeder oder wenigstens jeder konsistenten Nahrung verweigert, so pflegen wir solch ein Kind sehr rasch als nervös zu stigmatisieren. Ob diese Auslegung in jedem Falle zutrifft, muss angesichts des Fehlens fast aller Kenntnisse über die Seelenvorgänge beim Kinde recht zweifelhaft erscheinen. Wir bezeichnen hier etwas als nervös, von dessen innerem Getriebe wir nur nichts wissen.

Will man die nervöse Diathese oder die Neuropathie definieren, so muss man sie als eine Einstellung des gesamten Nervensystems bezeichnen, bei der eine **gesteigerte Erregbarkeit**, eine **gesteigerte Erschöpfbarkeit** und ein **geringeres Ausgleichsvermögen**, d. h. eine verminderte Fähigkeit zur Rückkehr in die Ruhelage bestehen (**Homburger**). Die gesteigerte Erregbarkeit betrifft den gesamten motorisch-sensiblen und vegetativen nervösen Apparat. Geringe Reize, die die Sinnesorgane, vor allem Auge und Ohr, treffen, werden mit heftigen Reaktionen beantwortet; aber auch die Funktion der vegetativ innervierten Organe scheint den Kindern in Form von Unbehagen oder Schmerzen zum Bewusstsein zu kommen; oder die Übererregbarkeit der vegetativen Apparate führt zur krankhaft gesteigerten Tätigkeit der von ihnen versorgten Organe. Unruhe, Geschrei, Beschleunigung der Peristaltik sind in diesem Sinne ebenso Äusserungen der Neuropathie, wie die lange dauernde Unruhe und die Störungen des Behagens, die sich als Folge von optischen oder akustischen Reizen einstellen, die beim normalen Kinde vielleicht nur eine ganz vorübergehende geringe Reaktion auslösen. Es fehlt dem nervösen Kinde die vom Instinkt gelenkte, richtige und zweckvolle Wertung eines Reizes oder, wie **Heubner** es einmal beschrieben hat, dem nervösen Kinde erscheinen alle Reize, die ihm zufliessen, wie durch ein Vergrösserungsglas vergröbert und verzerrt. Aus diesem Grunde stellt sich die fehlerhafte Antwort auf den Reiz ein. Dem nervösen Kinde **fehlt**, nach **Homburger**, die **instinktsichere Selbststeuerung** seiner Nerventätigkeit.

Für die Fragen der Ernährung gewinnt das Verhalten des **Magen-Darmkanals** beim nervösen Kinde eine besondere Bedeutung. Schon der physiologische Reiz der Nahrung bei seinem Weg durch den Darmkanal kann hier zu vergröberten und unangemessenen Reaktionen führen. Speien, Würgen und Erbrechen zeigen die krankhaft gesteigerte Reizbarkeit des Magens an. Die erhöhte Peristaltik, Schmerzen, Tenesmen sind in vielen Fällen Folgen der abnormen Steuerung der Arbeit des Darmkanals. Ein extremes Beispiel dieser Art ist vielleicht ein grosser Teil der Erkrankungen an Pylorospasmus. Bei allen Äusserungen der Neuropathie am Magen-Darmkanal handelt es sich aber nicht um krankhafte Erscheinungen völlig neuer Art, sondern nur um gesteigerte Äusserungen physiologischer Vorgänge im spinalen oder vegetativen Nervensystem. Am reinsten erscheinen die Manifestationen der Neuropathie beim Brustkinde; beim künstlich ernährten Kinde ist es nicht immer einfach, Schäden und Nichtgedeihen, die durch die künstliche Ernährung verursacht wurden, als Ursache der Krankheitserscheinungen auszuschliessen. Aber auch bei der Entstehung und beim Ablauf der bei unnatürlicher Ernährung auftretenden Ernährungsstörungen spielt die nervöse Einstellung des Kindes eine beträchtliche Rolle.

Ist es möglich, das nervöse Kind an seiner **Körperform** zu erkennen, auch dann, wenn Manifestationen der nervösen Diathese noch nicht vorliegen? Versucht man, die Neuropathen in das **Sigaud**sche Schema einzureihen, so erscheint ein grosser Teil als **Typus cerebralis**. Es sind meist lange und schmalgliedrige Kinder, mit langem schmalem Gesicht, grossem Schädel und breiter, häufig etwas fliehender Stirn. Vielfach sind Züge des Stillschen Habitus asthenicus nachzuweisen, so dass sich mit dem Typus cerebralis bald mehr, bald weniger Züge des Typus respiratorius mischen. Die Behaarung der Kinder ist oft genug von Geburt an auffallend reichlich, das Kopfhaar meist dünn, gelockt, der Freundsche Haarschopf, die hahnenkammähnliche Haarwelle in der Mitte des Schädels bei wenig behaartem Hinterkopf und Schläfen, findet sich bei den hierher gehörigen Kindern besonders häufig. Eine starke motorische Unruhe zeichnet die Kinder aus; das Gesicht ist in steter Bewegung, die Stirn wird gerunzelt, die Nasen-lippenfalten angespannt, die Augen aufgerissen, aber auch die übrige Körper-muskulatur ist in ständiger Bewegung. Das gilt vor allem für die Bauchmuskulatur, die in steter Unruhe begriffen erscheint. Häufig werden von den Kindern von den ersten Lebenstagen an auffallende Zwangshaltungen eingenommen, von denen sie lange Zeit nicht zu entwöhnen sind. So liegen manche Kinder mit stark zurückgebogenem Kopf, hohlem Rücken auf der Seite (C. de Lange), andere dauernd mit scharf zur Seite gedrehtem, in den Nacken geworfenem Kopf. Diese Zwangshaltungen erinnern oft an reflektorisch bedingte Stellungen, wie sie Magnus bei dezerebrierten Tieren willkürlich erzeugen konnte.

Die ersten Manifestationen der neuropathischen Diathese können schon beim Neugeborenen auftauchen. Mannigfache Schwierigkeiten beim Stillgeschäft stellen sich ein. Das Trinken an der Brust, der reguläre Ablauf des Saugreflexes entwickeln sich nicht mit der gleichen Sicherheit wie beim normalen Kinde. Im Kapitel über die Brusternährung werden diese Zustände ausführlich zu besprechen sein. Die Schwierigkeiten bei der Einleitung des Stillgeschäftes werden noch dadurch erhöht, dass das neuropathische Kind stets in einer nervösen Umgebung geboren wird. Sind diese frühesten Hindernisse nach mehr oder weniger grosser Mühe überwunden, so können Speien und Erbrechen und eine erhöhte Peristaltik, die häufige Entleerung kleinster Stuhlmengen ver- ursacht, sich dem Gedeihen hemmend in den Weg stellen oder zum mindesten Unruhe und Besorgnis bei den Angehörigen verursachen. Durch geeignete Maßnahmen gelingt es in der Regel, diese nervösen Krankheitsäusserungen zu beseitigen. Der Durchführung der hierzu erforderlichen Maßnahmen bereitet aber wiederum die neuropathische Umwelt gewisse Schwierigkeiten, so dass manche der Anordnungen nur halb durchgeführt werden, oder Einflüsterungen Unberufener in den Dingen der Pflege und Ernährung des Kindes sehr leicht Raum gegeben wird. So kann es kommen, dass geringfügige Abweichungen vom normalen Ernährungsablauf, die beim Gesunden stets rasch ausgeglichen werden, beim nervösen Kinde ernste dystrophische Zustände, selbst bei Ernährung an der Brust, auslösen. Es wäre aber falsch, in diesen Fällen etwa auf die Brusternährung zu verzichten. Gerade beim nervösen Kinde sollte zum mindesten eine Zwie-milchernährung in den ersten Lebensmonaten durchgeführt werden.

Neue Schwierigkeiten ergeben sich bei dem Versuch, das Kind abzustillen. Die Gewöhnung an die Flasche kann unendlich schwierig sein und viele List und Kunst von seiten der Ärzte und Pflegerinnen erfordern. Wird die Konsistenz der Nahrung anders gewählt (z. B. Breifütterung), oder treffen mit neuen Nahrungsmitteln neue Geschmacksreize das Kind, so entstehen beim nervösen Kinde nicht selten beträchtliche Schwierigkeiten, deren Über-windung an Geduld, Ausdauer und Erziehungstalent der Pflegenden höchste Ansprüche stellt. Es scheint aber nicht berechtigt, die grosse Zahl dieser Kinder insgesamt als nervös zu kennzeichnen. In vielen Fällen handelt es sich doch um ganz vorübergehende Ereignisse, die rasch überwunden werden und die Kinder betreffen, die weder vorher noch nachher jemals andere Zeichen der Neuropathie darbieten. Ein kleiner Teil bleibt aber doch übrig, bei denen alle List und Kunst der Pflegenden die Abwehr gegen eine neue Nahrung lange Zeit nicht zu

überwinden vermag. Das sind Kinder, bei denen dann jede Mahlzeit zu einem
schwierigen Kampf und zu einer Kraftprobe zwischen der Mutter oder Pflegerin
und dem Kinde wird. Diese Nöte stellen sich manchmal schon ein, wenn eine
Breimahlzeit in den Speisezettel eingeführt werden soll; ein anderes Mal ist es erst
der Versuch, die Gemüsemahlzeit zu geben, die den Widerstand des Kindes
auslöst. Häufig bleibt die Ablehnung dann aber nicht auf diese eine Mahlzeit
beschränkt, sondern sie dehnt sich auf jede Nahrung aus, die dem Kinde gereicht
wird. Beobachtet man solche Kinder bei der Mahlzeit, so lassen sich zwei Typen
unterscheiden: bei beiden herrscht die Abwehr vor; beide sind der Nahrung gegenüber völlig negativistisch eingestellt, nur lehnt die eine Gruppe aktiv die Nahrung
ab, d. h. sie kämpft mit Geschrei und Speien und Spucken gegen jeden Versuch,
die Nährstoffe in den Mund zu bringen oder die Nahrung schlucken zu lassen.
Die andere Gruppe übt mehr passive Resistenz. Die Kinder liegen still, lassen
sich auch ohne Sträuben die Nahrung in den Mund füllen, denken aber nicht
daran, die Nahrung zu schlucken. Ist der Mund voll, so lassen sie flüssige und
breiige Nahrung aus den Mundwinkeln herausfliessen, kaum, dass sie dabei die Zunge
in Bewegung setzen. Der Eindruck, den alle diese Kinder erwecken, ist der, dass
die Lust, die die Nahrungsaufnahme dem normalen Kinde bereitet, hier fehlt, und
dass an Stelle des Lustgefühls ein Unlustgefühl getreten ist. In
vielen Fällen scheint auch hier neben der endogenen Veranlagung ein äusserer
Reiz notwendig gewesen zu sein, um diese Manifestation der Diathese auszulösen.
Störungen geringfügiger Art mögen einmal oder öfters dem Kinde die Lust am
Essen verdorben haben. Eine falsche Haltung des Kindes, zu heisses Essen, ein
schlechter Geschmack, Dinge, die das nichtnervöse Kind kaum empfindet oder
bald wieder vergisst, haften beim Neuropathen, erscheinen ihm vergröbert und
lösen dementsprechend grosse Wirkungen aus. Oft gelingt es allerdings nicht,
den ursächlichen Fehler zu finden. Herkunft und Betreuung der Kinder scheint
dabei von geringerer Bedeutung. Wir sehen die gleiche Schwierigkeit bei der
sorgfältigen Pflege eines Säuglings im bestsituierten Privathaus, wie beim Säugling
im Hause des Armen oder bei einem Kinde, das der Pflege einer Säuglingsschwester
in der Anstalt anvertraut ist. Da alle diese Essensschwierigkeiten aber schliesslich
doch eines Tages vorübergehen, so wäre es vielleicht am bequemsten, sie zu vernachlässigen. Das Speien, Erbrechen und Nichtschlucken dieser Kinder führt aber
doch sehr leicht zur Beeinträchtigung des Ernährungszustandes oder zu Fehlnährschäden, da diese Kinder, die nicht essen und schlucken wollen, sehr bald
quantitativ und qualitativ hungern. Dazu kommt, dass die beim nervösen Kinde
besonders ausgeprägte Unruhe und das Geschrei schon genügen, um seinen
Nahrungsbedarf um 100% und mehr in die Höhe zu treiben.

Der Mechanismus, der zu dieser seltsamen Einstellung der Kinder führt,
findet eine gewisse Erklärung in der Entwicklung der sogenannten Bedingungsreflexe, wie sie Pawlow zuerst beim Tier beschrieben hat. Ausser den auf spinalen
Reflexbogen ablaufenden Reflexen können bei Mensch und Tier unschwer noch
Reflexe ausgebildet werden, die nicht nur über die tieferen Teile des Nervensystems ihren Weg nehmen, sondern bei denen der Reflexbogen kortikal, meist
über optische oder akustische Zentren verläuft. Ein solcher Reflex ist es z. B.,
wenn bei einem Hunde, der zunächst nur beim Erscheinen einer bestimmten
Farbe oder eines bestimmten Tones gefüttert wurde, nach einiger Zeit auch ohne
Nahrungszufuhr, beim blossen Erscheinen der Farbe oder dem Ertönen des Tones
bereits die Absonderung des Magensaftes beginnt. Auch beim Kinde entwickeln
sich solche bedingten Reflexe sehr frühzeitig. So wird der hungrige,
schreiende Säugling, der gewohnt ist, vor dem Anlegen trockengelegt zu werden,
bereits still, wenn er nur ausgebündelt und neu gekleidet wird. Die Entwicklung
solcher Bedingungsreflexe scheint beim nervösen Kinde zuweilen besonders leicht

von statten zu gehen (Krasnogorski). Die schmerzhafte Erfahrung, die das Kind einmal gemacht hat, wird fixiert, und es genügt ein Ausschnitt aus dem Erlebnis, um die gesamte Reaktion wieder auszulösen.

Die reizbare Schwäche des Nervensystems, wie sie sich im Bilde der Neuropathie offenbart, findet sich gleichfalls wie die anderen Diathesen häufig vermischt und kombiniert mit anderen Krankheitsbereitschaften. In erster Linie steht hier vielleicht die Hydrolabilität, deren Vorhandensein wiederum ihr Teil dazu beiträgt, den Ablauf der Ernährung und den Aufbau des Organismus schwierig zu gestalten. Ähnliches gilt für die exsudative Diathese und für den Lymphatismus, die ihren Anteil, mit dem sie die Vorgänge der Ernährung zu stören vermögen, den Schwierigkeiten hinzufügen, die die Neuropathie von sich aus schon einer erfolgreichen Ernährung bereiten kann. Schliesslich muss daran erinnert werden, dass auch die Spasmophilie der Säuglinge nicht selten neuropathische Kinder betrifft oder dass bei gleicher Schädigung das Nervensystem des Neuropathen eher mit manifesten Erscheinungen der Tetanie reagiert als das des normalen Kindes.

Veranlagung und Umwelt scheinen an der Manifestation der Diathese in gleichem Maße beteiligt zu sein. Wie kaum bei einer anderen Diathese lehrt die Betrachtung des Milieus, in dem das Kind geboren wird und aufwächst, die grosse Bedeutung äusserer Reize für die Entwicklung von Krankheitserscheinungen aus einer Krankheitsbereitschaft. Die Krankheitsbereitschaft würde bei der neuropathischen Diathese latent bleiben, wenn es gelänge, die Erziehung vom ersten Lebenstage an normal zu gestalten. Die Umwelt, die nervösen, unruhigen Eltern und andere Angehörige bringen alle ihren Teil an den Schäden, die zur Manifestation der Diathese notwendig sind. Die Möglichkeiten zu Fehlern in der Behandlung, Pflege und Erziehung des nervösen Kindes sind unendlich zahlreich. Jeder einzelne Fehler genügt, um Krankheitserscheinungen hervorzurufen, und es gibt kaum einen, der von der Umgebung des nervösen Kindes nicht auch gemacht würde. Immerhin erscheint die Erkenntnis, dass beim nervösen Kinde auch immer ein nervöses Milieu vorhanden ist, aus dem heraus das Kind die Diathese erbte, und das später die schlummernden Krankheitserscheinungen weckt, nicht nur ätiologisch interessant, sondern auch therapeutisch von praktischer Bedeutung. Ist es erst einmal zu geringfügigen Manifestationen der Diathese gekommen, so genügen sie, um die nervöse Umgebung des Kindes zu alarmieren und in Unruhe zu versetzen. Vielgeschäftigkeit und Polypragmasie, die dann einsetzen, reflektieren wieder auf das Kind, die Symptome verschlimmern sich und geben Veranlassung zu neuen Fehlern und Unregelmäßigkeiten in der Erziehung. So kommt es, dass schliesslich Unordnung statt Ordnung und damit Krankheit und Leid in die Kinderstuben einzieht, in denen nervöse Kinder von nervösen Eltern betreut werden. Im verderblichen Kreislauf erwachsen damit sehr bald schon bei den physiologischen Vorgängen der Ernährung, aber auch aus geringfügigen Beeinträchtigungen des Ernährungsvorganges und aus harmlosen Krankheitssymptomen ernste Ernährungsstörungen und andere ernste Erkrankungen.

Aus diesem bedeutenden Einfluss des Milieus auf die Manifestationen der neuropathischen Diathese ergeben sich wichtige Schlüsse für die Prognose. Bei vernünftiger Führung und Erziehung wird ein grosser Teil der ernsten nervösen Krankheitsäusserungen vermieden oder zum mindesten im Keime erstickt werden können. Jedenfalls ist es keineswegs notwendig, dass die lange, bunte Reihe der hierher gehörigen Krankheitserscheinungen zum Schaden des Kindes durchlaufen wird. Das gilt in erster Linie für die Vorgänge der Ernährung, deren nervös bedingte Störungen, wenn sie nur richtig gewertet werden, das Gedeihen des nervös veranlagten Kindes keineswegs zu beeinträchtigen brauchen. Es ist in der Regel falsch, das Nichtgedeihen eines Säuglings direkt mit der Neuropathie des

Kindes zu entschuldigen. Es muss vielmehr auch beim Kinde, dessen Neuropathie bekannt ist, versucht werden, die Krankheitssymptome, die das Gedeihen hemmen, richtig zu werten und durch Ausschaltung äusserer Schädlichkeiten zu beseitigen.

Prognostisch ernster zu werten ist die Rolle, die die Neuropathie sekundär übernimmt, wenn das nervöse Kind an einer Infektionskrankheit oder einer Ernährungsstörung erkrankt. In jedem Falle ist dann ein nervöses Kind schlechter gestellt als ein Kind mit ausgeglichenem Nervensystem. Die Neuropathie kann nicht zuletzt durch Beeinträchtigung der Ernährungssphäre ein Hindernis für die Heilung jeder Erkrankung werden, mag es sich um eine Grippe, um eine Lungenentzündung oder um eine Durchfallserkrankung handeln. Die starke Unruhe des Kindes, das rasche Auftreten von Durchfällen und Erbrechen erschweren und bedrohen in jedem Falle die Heilung. Die Einschränkung, die das Vorhandensein einer neuropathischen Veranlagung für die Krankheitsprognose mit sich bringt, gilt nicht nur für das akute Stadium der Krankheit, in dem solche Kinder schwerer leiden, schwerer zu pflegen sind und von mannigfachen Komplikationen z. B. Krämpfen, Versagen des Herzens usw. bedroht sind. Die ungünstigere Krankheitsvoraussage bleibt auch weit in die Rekonvaleszenz hinein bestehen, die beim nervösen Kinde länger dauert und nicht selten durch unangenehme Rückschläge unterbrochen wird.

Die Behandlung der Neuropathie. Soweit die Erscheinungen der Neuropathie sich als lokalisierte Erkrankungen oder Krankheitssymptome äussern, ist ihre Behandlung bereits in verschiedenen vorangegangenen Abschnitten besprochen worden. Wir erinnern an die Behandlung des Speiens und Erbrechens im Kapitel des quantitativen Hungers, an die Behandlung der monosymptomatischen Diarrhöen im Kapitel der Durchfallserkrankungen. Von der richtigen Einschätzung und Behandlung dieser und vieler anderer nervöser Krankheitserscheinungen hängt entscheidend das Schicksal des Kindes ab. Durch ein zweckmäßiges und, wie bei den Manifestationen der neuropathischen Diathese ganz besonders betont werden muss, vernünftiges Verhalten wird am ehesten ein Erfolg bei der Behandlung zu erreichen sein; jedes unvernünftige Verhalten wird dagegen neuen und schwereren Schaden stiften.

Die überraschenden Erfolge, die sich durch einen Milieuwechsel beim neuropathischen Kinde erzielen lassen, lehren die Bedeutung, die im Guten oder im Bösen die Umgebung für Kommen und Gehen der nervös bedingten Krankheitserscheinungen besitzt. In der eigenen Familie fehlen meist die Grundlagen, die zur Unterdrückung oder zur Heilung der nervösen Erscheinungen notwendig sind. Denn, um neuropathische Kinder aufzuziehen, muss der Erzieher bestimmte Eigenschaften besitzen, die keineswegs jedem, der sich zur Kindererziehung berufen fühlt, gegeben sind. Gleichmäßigkeit, Ruhe und Bestimmtheit müssen schon im frühen Säuglingsalter die Grundlagen der Erziehung bilden. Zuviel Wissen und eine zu hohe Intelligenz tragen eher dazu bei, bei den Eltern und bei den Pflegerinnen die Stetigkeit in allen Maßnahmen der Körperpflege, der Ernährung und der seelischen Beeinflussungen zu stören. Die Mütter und die Pflegerinnen sind für die Pflege eines Säuglings die besten, die es verstehen, Behagen und Ruhe in ihrer Umgebung zu verbreiten. Denn schon das junge Kind besitzt ein überraschend feines Empfinden für die Persönlichkeit und das Wesen der Personen, die es pflegen und nähren. Ruhe und Behagen spenden bedeutet aber nicht Verzärtelung des Kindes, ebensowenig wie die pünktliche Sorgfalt in der Pflege zu einer übertriebenen Ängstlichkeit ausarten darf, die die Mutter mit unnötiger Arbeit und Besorgnis belastet und Ruhe und Schlaf des Kindes stört. Die Gefahr, die die Unrast der Pflegenden für das Kind bedeutet, liegt aber nicht nur darin, dass sie beim Kinde Missbehagen verursacht. Fehler in der Technik der Ernährung, Unstetigkeit und Unregelmäßigkeit bei der

Auswahl und bei der Zumessung der Nahrungsgemische sind niemals häufiger als dort, wo statt Ruhe Unruhe und statt Behagen Ängstlichkeit und übertriebene Sorgfalt in den Kinderstuben herrschen. Leider sind die negativen Eigenschaften, die zur Pflege nervöser Kinder ungeeignet machen, bei den Eltern der neuropathischen Kinder recht häufig. Die zerfahrenen, hastigen, ängstlichen Mütter verwirren allzu leicht Wesentliches und Unwesentliches in der Handhabung der Ernährung. Auch für den Arzt gestaltet sich dadurch die Situation recht schwierig. Vorschriften, die er gibt, werden nur mit halbem Ohre aufgenommen und nur halb befolgt. Bleibt der sofortige Erfolg seiner Verordnungen aus, so werden sie bald verlassen und immer neue Versuche mit neuen Ernährungsmethoden unternommen. Ein häufiger Wechsel des Arztes ist die Folge, bis das Kind schliesslich eines Tages aus dem ihm schädlichen Milieu herausgenommen, in eine Anstalt oder in die Hände einer Pflegerin kommt, die dann das Gedeihen des Kindes zur Überraschung der Eltern ohne grosse Mühe zuwege bringt.

Für die Behandlung ergibt sich aus dieser Betrachtung, dass die Therapie hier nicht nur beim Patienten, sondern auch am Milieu einzusetzen hat. Oft genug kommt der Erfolg erst zustande, wenn der Arzt, der gerufen wurde um das Kind zu behandeln, es versteht die Neuropathie der Eltern, in erster Linie die der Mutter, zu beeinflussen. Solche Angstneurosen um das Gedeihen und die Entwicklung des Kindes, die sich auch bei im übrigen wenig nervösen Frauen einstellen, sind bei dem ersten Kinde besonders häufig und besonders ausgeprägt. Die Sorge, ob das Kind genug hat, ob es genügend an Gewicht zunimmt, ob die Milch gut ist, ob die Entleerungen zu häufig oder zu selten sind und vieles andere quält und beunruhigt die jungen Mütter. Oft ist alle Energie des Arztes notwendig, um hier zu helfen. In erster Linie kommt es darauf an, dass die Mutter Vertrauen zur Therapie des Arztes gewinnt. Das ist nur möglich, wenn es gelingt, durch einen möglichst raschen und eindrucksvollen Heilungserfolg die Mütter vom Nutzen der eingeschlagenen Behandlung zu überzeugen. Der erste wirkliche Erfolg bringt hier nicht nur das Gedeihen des Kindes oder die Beseitigung von Speien und Erbrechen oder das Aufhören eines Durchfalls, sondern mit dem Schwinden der beunruhigenden Symptome heilt auch die Neurose der Mutter. Damit ist die Situation wesentlich einfacher geworden. Grundsatz der Therapie muss es deshalb beim neuropathischen Kinde sein, rasche Erfolge zu erzielen, um die Mütter zu beruhigen. Mittel und Wege, die es erlauben bei den Manifestationen der neuropathischen Diathese mit grosser Sicherheit Abhilfe zu schaffen, stehen heute in ausreichender Zahl zur Verfügung. Es sei auf die Kapitel verwiesen, in denen über die Behandlung der nervösen Störungen beim Brustkinde, über die Behandlung des Speiens und Erbrechens, über die Behandlung der Diarrhöen an der Brust und über monosymptomatische Diarrhöen mit Nichtgedeihen berichtet wurde. Es bleibt hier nur noch die Therapie der Appetitlosigkeit und die Behandlung der Schwierigkeiten zu besprechen, die sich der Ernährung gelegentlich infektiöser Erkrankungen entgegenstellen.

Zur Behandlung der Appetitlosigkeit, wie sie sich meist im zweiten Lebenshalbjahr gelegentlich der Einführung neuer Kostformen oder neuer Geschmacksreize einzustellen pflegt, ist schon Alles und Jedes empfohlen worden. Einer forzierten Ernährung, bei der die Nahrung dem Kinde mit hartem Zwang beigebracht wird, ist das Wort geredet worden. Andere Autoren glaubten dagegen, eher durch einen absoluten Hunger von 12—24 und mehr Stunden, den Widerstand des Kindes brechen zu können. Mit beiden Methoden sind sicherlich gelegentlich Erfolge zu erzielen; aber weit häufiger scheinen die Fehlschläge zu sein, denen man auf beiden Wegen begegnet. Bei der zwangsweisen Fütterung kommt es sehr leicht zum Erbrechen, häufig genug wächst, anscheinend unter dem Zwange, der Widerstand des Kindes. Wird mit Strafe, Vollstopfen des Mundes oder gar mit Zuhalten der Nase das Kind zum Schlucken gezwungen, so bedingt die damit verbundene Erregung und Angst neue Unlustgefühle beim Kinde, die sich sehr bald mit dem Vorgang der Nahrungsaufnahme selbst verknüpfen und Widerwillen und Abwehr des Kindes gegen jede Fütterung und Nahrung nur steigern. Lässt man dagegen diese appetitlosen Kinder hungern, so scheint ihnen jedes Hungergefühl vollständig zu fehlen. Die Kinder sind vergnügt und zeigen auch nach vielen Stunden noch keinerlei Verlangen nach Nahrung. Solche Hungerkuren schädigen aber den Ernährungszustand der Kinder. Ebenso schnell wie die Essunlust auftaucht, kann sie eines Tages schwinden. Zuweilen scheint die Rückkehr der Nahrungsaufnahme mit einem Wechsel der Person verbunden zu sein, die dem Kinde die Nahrung zu reichen hat.

Die Therapie der Appetitlosigkeit muss versuchen, das störende Erinnerungsbild wieder auszulöschen, das das Nichtessen auslöste. Am zweckmäßigsten scheint es, dem Willen des Kindes einige Zeit nachzugeben. Der hierin enthaltene Verstoss gegen eine der wichtigsten Grundregeln der Erziehung wird bewusst einige Zeit in Kauf genommen werden müssen, um das Kind in einem leidlichen Ernährungszustand zu erhalten. Da in der Regel flüssige Nahrung von den Säuglingen noch genommen wird, so begnügt man sich, dem Kinde nur Milch oder Milchmischungen und rohe Obstsäfte als Vitaminträger zu reichen. Zu diesem Vorgehen wird man sich auch noch bei Kindern am Ende des ersten Lebensjahres entschliessen müssen. Nach 14 Tagen bis 3 Wochen, in denen auch nicht einmal der Versuch gemacht wurde, dem Kinde konsistente Nahrung zu reichen, ist die ursprüngliche Erinnerung an das unbeliebte Essenmüssen meist vergessen. Es gelingt dann häufig, zunächst einen Brei, später Gemüse wieder in den Speisezettel einzuführen. Aber auch bei diesem Vorgehen kommen Fehlschläge vor. Es erscheint dann notwendig, dem Kinde für das beim Gesunden mit der Nahrungsaufnahme verbundene Lustgefühl einen Ersatz zu schaffen. Schaukeln und Singen, Ablenkung durch ein Spielzeug, Dinge, die sonst in der modernen Säuglingserziehung verpönt sind, sind hier nicht nur nicht unangebracht, sondern zuweilen notwendig, um den Ernährungszustand des Kindes nicht weiter sinken zu lassen. Es gelingt auf diese Weise an den Essensvorgang ein gewisses Quantum von Lustempfindungen zu binden. Zwang und Strenge führen zuweilen auch zum Ziel. Aber die zwangsweise Fütterung stellt doch eine beträchtliche Belastung für die Mütter dar, die selten robust genug sind, um sie durchzuführen. In anderen Fällen sind es scheinbar ganz gerinfügige Abänderungen in der Technik der Fütterung, die genügen, um das Kind zum Essen zu bringen. Ein Schluck Brühe oder Obstsaft, ein paar Tropfen kalten Wassers zwischen oder zu den einzelnen Löffeln der Mahlzeit genügen, um den Widerstand des Kindes zu beseitigen.

Die Schwierigkeiten bei der Nahrungsaufnahme, die im Säuglingsalter begannen, setzen sich nicht selten bis weit in das Kleinkindesalter fort. Manches der Kinder bleibt viele Jahre noch ein schlechter Esser.

Von Arzneimitteln (Salzsäure, Pepsin usw.) ist bei der Behandlung nicht viel zu erwarten. Ebenso wenig scheinen beim Säugling Magenausspülungen die Appetitlosigkeit zu bessern. Ein Wechsel im Milieu ist nützlich, wenn damit die nervöse Umgebung vollständig ausgeschaltet und die Pflege und Ernährung des Kindes einer ruhigen Pflegerin anvertraut wird. Als letztes Hilfsmittel bleibt schliesslich die Überführung der hartnäckigsten appetitlosen Kinder in die Behandlung einer Anstalt, in der es in der Regel gelingt, die Kinder über die Wochen oder Monate des Nichtessens hinwegzubringen.

Der Einbruch jeder **fieberhaften Erkrankung** in alle Vorgänge der Ernährung ist beim neuropathischen Kinde stets breiter und vielgestaltiger als beim normalen Kinde. Völlige Appetitlosigkeit und Verweigerung auch der flüssigen Nahrung ist die Regel. Heftiges und wiederholtes Erbrechen leitet die infektiöse Erkrankung ein und dauert nicht selten während der ganzen Zeit des Fiebers an. Neuropathen sind es auch, bei denen sich dieses Erbrechen zum sogenannten unstillbaren Erbrechen steigern kann. Die Behandlung und Beseitigung dieser Störungen ist nicht immer einfach. Gegen das heftige Erbrechen bewährt sich am ehesten ein Aussetzen der Nahrung für 12—24 Stunden. Während dieser Zeit erhält das Kind nur dünnen Tee oder 15%iges Zuckerwasser in Mengen von ½—1 Liter. Von manchen Kindern wird dabei die Flüssigkeit in kühlem oder selbst kaltem Zustande lieber genommen und besser behalten. Daneben kann versucht werden, durch Novokain, Atropin oder ähnliches medikamentös gegen das Erbrechen vorzugehen (s. S. 224). Gelegentlich gelingt es auch, durch eine Magenspülung mit nachfolgender Füllung des Magens mit einem alkalischen Mineralwasser das Erbrechen und auch die Appetitlosigkeit günstig zu beeinflussen. Dauert die Appetitlosigkeit des nervösen Kindes über die ersten Tage der Infektion an, so wird versucht werden müssen, durch konzentrierte Ernährung oder selbst durch eine Sondenfütterung die Deckung des Nahrungsbedarfs zu erzwingen, um eine Verschlechterung des Ernährungszustandes nach Möglichkeit zu vermeiden. Zur Behandlung der Appetitlosigkeit, die die Zeit des Infektes überdauert, bewähren sich in manchen Fällen Salzsäure und Pepsinpräparate. Im übrigen wird auch hier versucht werden müssen, durch seltenere und an Nährstoffen reiche Mahlzeiten ein Gedeihen des Kindes zu erzielen, mit dem sich nach einiger Zeit meist auch der Wille zur Nahrungsaufnahme wieder einstellt.

Durchfälle im Rahmen einer parenteralen Infektion bedürfen auch beim Neuropathen nur dann einer Behandlung, wenn das Allgemeinbefinden in Mitleidenschaft gezogen ist. Die reizbare Schwäche des Darmes ist bei diesen Kindern so gross, dass die Entleerung häufiger, zerfahrener und meistens sehr schleimreicher Stühle hier schon aus geringfügigster Ursache eintritt. Würden alle diese Diarrhöen sofort mit Nahrungsentziehung oder Nahrungsreduktion behandelt werden, so käme es in kurzer Zeit zum Aufhören des Gedeihens. Nur der Durchfall bedarf auch hier einer energischeren Behandlung, bei dem es zu Störungen im Allgemeinbefinden gekommen ist.

C. Die Ernährungsstörungen des Brustkindes.

Eine Ernährungsstörung beim Brustkinde darf erst dann angenommen werden, wenn die Zeichen der Gesundheit verloren gehen und krankhafte Züge erscheinen. Unter den krankhaften Symptomen, die hier heraufziehen können, ist, worauf schon wiederholt hingewiesen wurde, dem Speien und dem Durchfall der letzte Platz einzuräumen. Weit wichtiger sind die Erscheinungen, die auf einen abnormen Ablauf der Lebensvorgänge jenseits des Darmes hinweisen, und deren klinischer Ausdruck ein **Gewichtsstillstand** oder eine **Gewichtsabnahme**, Erblassen des Kindes, Schwund des Turgors, des Tonus u. a. sind. Alle Ernährungsstörungen sind beim Brustkinde weit seltener als beim unnatürlich ernährten Säugling. Das gilt wenigstens solange das Kind quantitativ genug hat.

Die Frauenmilch kann aus ihrer Beschaffenheit heraus niemals zur Ursache einer Ernährungsstörung werden. Damit entfällt für das Brustkind die grosse Gruppe der Fehlnährschäden, die für das Flaschenkind eine der häufigsten Quellen für Krankheit und Nichtgedeihen darstellen. Es gibt beim Brustkinde keinen Milchnährschaden, keinen Mehlnährschaden, keinen Skorbut. Lediglich die Rachitis macht hier eine Ausnahme; sie ist beim Brustkinde kaum seltener als beim Flaschenkinde, wenn sie bei natürlich ernährten Säuglingen in der Regel auch nur in leichteren Graden erscheint. Diese Sonderstellung der Rachitis muss mit dem geringen Gehalt der Frauenmilch an antirachitischem Schutzstoff erklärt werden, dessen Menge weder zur Vorbeugung noch zur Heilung ausreicht. Die absolut gute Beschaffenheit der Frauenmilch bedingt es weiter, dass auch die akuten Durchfallserkrankungen, die als alimentär zu bezeichnen sind, beim Brustkinde sehr selten auftreten. Das gilt in erster Linie für die schweren Formen der akuten Durchfallserkrankungen, für die alimentäre Intoxikation, die als Erkrankung infolge falscher Zusammensetzung der Nahrung oder als Folge verdorbener Nahrung entsteht.

Daher kommt es beim Brustkinde nur dann zur Ernährungsstörung, wenn eine **Über-** oder **Unterschreitung** des Bedarfs, eine **Infektion** oder eine **konstitutionelle, mangelhafte Beschaffenheit** des Organismus vorliegen. Eine ätiologische Diagnose der Ernährungsstörungen wird beim Brustkinde weit eher möglich sein als beim Flaschenkinde, da in der Regel ein einziger und auf Grund der Begleitsymptome exakt nachweisbarer Faktor zur Krankheitsursache wird. Der Kreis der Ernährungsstörungen ist auf diese Weise beim Brustkinde im scharfen Gegensatze zu den vielfachen Möglichkeiten beim unnatürlich ernährten Säugling leicht zu übersehen. Damit wird es auch erst verständlich, weshalb in früheren Jahren, in denen die Technik der künstlichen Ernährung noch weit mehr zu wünschen übrig liess als es heute der Fall ist, Morbidität und Mortalität der Brustkinder sich selbst unter schlechten äusseren Verhältnissen viel günstiger gestalteten als beim Flaschenkinde.

Zur Störung im Gedeihen kann es beim Brustkind kommen:

a) e quantitate

Überernährung und Unterernährung.

b) ex infectione

Allgemeininfekte und Darminfekte.

c) e constitutione.

Die drei Gruppen der Ernährungsstörung erscheinen beim Brustkinde im grossen und ganzen gebunden an bestimmte Altersstufen des Säuglings, eine Tatsache, die gelegentlich von diagnostischer Bedeutung sein kann: die Störungen e quantitate erscheinen meist in der ersten Lebenszeit, sei es, dass der Nahrungsbedarf des Säuglings nicht befriedigt wird oder dass weit seltener ein Überangebot an Nahrung erfolgt, weil die Mengen der dem Kinde zuströmenden und vom Kinde aufgenommenen Milch das erträgliche Maß überschreiten. In späteren Lebensmonaten sind Störungen beim Brustkinde durch Hunger oder Überernährung weit seltener. Die Ernährungsstörungen ex infectione sind am häufigsten um die Zeit der Halbjahreswende. Die Störungen e constitutione dagegen machen sich fast stets in den ersten Lebenswochen bemerkbar und schwinden häufiger spontan oder unterdrückt im zweiten Lebensvierteljahr.

a) Überernährung und Unterernährung beim Brustkinde.

Die Überfütterung spielte in früheren Jahren in der Pathogenese der Ernährungsstörungen beim Brustkinde eine grosse Rolle. Nicht wenige Ärzte glauben auch heute noch, dass Krankheit und Nichtgedeihen oft durch ein Zuviel an Nahrung ausgelöst sei. Seitdem aber die Fünfzahl der Mahlzeiten sich allgemein durchgesetzt hat, ist die Überernährung an der Brust zu einer ausserordentlich seltenen Krankheitsursache geworden. Sie kommt gelegentlich noch einmal bei Frühgeburten und bei debilen Kindern vor, die an eine bereits reichlich sezernierende, leichtgehende Brust angelegt werden. Dieses Überangebot an Nahrung stellt sich leichter ein, wenn solche Kinder an der Brust einer Amme trinken, als wenn sie bei der eigenen Mutter angelegt werden. In diesem Falle wird sich in der Regel Nahrungsbedarf des Kindes und Leistung der Brust so aufeinander einstellen, dass eine weitgehende Überschreitung des regelrechten Milchquantums nicht stattfindet. Eine Überfütterung wird beim ausgetragenen Kinde noch durch zwei weitere Umstände vermieden: einmal wird durch Speien und Erbrechen ein Teil der im Übermaß getrunkenen Nahrungsmengen entfernt, zweitens ist beim gesunden Kinde die Toleranz selbst für Mengen, die den Bedarf erheblich überschreiten, so gross, dass eine Erkrankung durch dieses Zuviel nur selten zustande kommt. Die Folgen einer zeitweisen Überernährung werden sich in Form eines starken Fettansatzes auswirken, aus dem sich schliesslich ein Zustand der Mästung entwickeln wird, der zwar unerwünscht ist und bekämpft werden muss, aus dem aber kaum jemals eine akute Störung erwächst. Die Möglichkeit eines akuten Schadens bleibt daher fast nur für das debile und frühgeborene Kind bestehen. Diese Gefahr lag besonders nahe, solange man glaubte, dass der Nahrungsbedarf dieser Kinder weit höher anzusetzen wäre, als der des ausgetragenen Kindes.

Kommt es durch eine Überfütterung zur Störung, so entwickelt sich das Bild der akuten Dyspepsie; es kommt zu Speien und Erbrechen, Durchfällen, Gewichtsstillständen und Erblassen des Kindes. Vor allem wird in diesen Fällen die paradoxe Reaktion auf eine weitere Steigerung der Nahrungsmengen deutlich vorhanden sein und sich in Form von Gewichtsabnahmen und als Verstärkung der krankhaften gastrointestinalen Erscheinungen äussern.

Die Behandlung der Überfütterung ist einfach. Es wird notwendig sein, die Nahrungsmengen zu verringern, und nur eine Zufuhr von 100 Kalorien pro Kilo Körpergewicht zu gestatten. Das gilt für die ausgetragenen Kinder ebenso wie für Frühgeburten und Debile. Diese Reduktion der Nahrungsmengen lässt sich am einfachsten durch eine Verkürzung der Trinkzeit auf etwa 5 Minuten erreichen. In anderen Fällen wird es zweckmäßig sein, vor dem Anlegen einen mehr oder weniger grossen Teil der in der Brust enthaltenen Milch durch Abspritzen zu entfernen. Während man bei einer Überfütterung in der Zeit von der dritten bis zehnten Lebenswoche in der Regel bei der Fünfzahl der Mahlzeiten bleiben wird, ist es nach dieser Zeit auch möglich, die Zahl der Mahlzeiten auf vier zu verringern. Bei einem Teil der frühgeborenen und debilen Kinder genügt aber die Einstellung auf eine Trinkmenge im Werte von 100 Kalorien pro Kilo Körpergewicht nicht, um ein Gedeihen einzuleiten. Es kommt zu Gewichtsstillständen, weil Salze und Eiweiss in der Nahrung mangeln. Durch Zulage von 30—50 g wenig gezuckerter (3%—5%) Buttermilch oder durch Zufütterung von 3—5 g eines Eiweisspulvers werden dem nach Eiweiss und Salzen besonders gierigen jungen Organismus die notwendigen Wachstumsstoffe geliefert, ohne Verdauung und Stoffwechsel mit den in der Nahrung bereits ausreichend vorhandenen und in diesem Falle nicht ungefährlichen Brennstoffen zu belasten.

Von ungleich grösserer praktischer Bedeutung als die Überfütterung ist beim Brustkinde die **Unterernährung.** Während die Bedeutung der Überernährung zumeist überschätzt wird, pflegt die der Unterernährung unterschätzt zu werden. Die Gefahren eines Zuwenig in der Nahrung werden z. T. deswegen nicht richtig gewertet, weil die Krankheitsbilder, unter denen der Hunger beim Brustkind erscheint, recht mannigfaltig sein können und nicht immer sofort den Gedanken an einen Hungerzustand aufkommen lassen. Es ist zu fordern, dass bei jedem Nichtgedeihen eines Brustkindes, aber auch bei jedem Durchfall und bei einem schlechten Zustand der Haut, ja selbst beim Speien und Erbrechen zunächst der Hunger als Ursache ausgeschlossen wird.

Diese Forderung gilt besonders für die erste Lebenszeit. Während der ersten 10—14 Lebenstage ist ein relativer Hunger ein physiologischer Zustand, der erst endigt, wenn die Brust eine ausreichende Milchmenge liefert und das Kind gelernt hat, die ihm zur Verfügung stehenden Milchmengen aufzunehmen. Da der Eintritt dieser Symbiose zwischen Mutter und Kind zuweilen auf sich warten lässt, so findet sich eine relative Unterernährung über die physiologische Grenze der ersten Lebenswochen hinaus nicht so selten. Aufgabe der verantwortlichen Leitung für die Ernährung wird es sein, das Ausbleiben einer Gewichtszunahme in den ersten 2—3 Lebenswochen oder eine Verzögerung im Wiederausgleich der physiologischen Gewichtsabnahme in seiner Bedeutung auf das rechte Maß zurückzuführen. Dagegen muss dafür gesorgt werden, dass das Kind spätestens nach der dritten Lebenswoche genügend Nahrung bekommt. Denn ein länger dauernder Hunger ist für das Brustkind kaum weniger von Gefahren begleitet, als für das Flaschenkind. Auch beim Brustkind entwickelt sich ein Zustand der Dystrophie, dem die gleichen Ausfälle und Minderwertigkeiten eigentümlich sind, wie der Dystrophie des Flaschenkindes. Das gilt in erster Linie für den Verlust an Immunität und Resistenz. Dabei mag zugegeben werden, dass sich die Verschlechterung des Ernährungszustandes und der Ausfall bedeutungsvoller Funktionen beim Brustkinde weit langsamer entwickeln als beim unnatürlich ernährten Kinde, bei dem ernst zu wertende Durchfälle, die beim Brustkinde in der Regel fehlen, die Hungerschädigung des Organismus wesentlich fördern und beschleunigen. Auf die Dauer wirkt aber auch der Hunger beim Brustkinde verderblich auf Zellbeschaffenheit und auf Zelleistung.

Klinisches Bild. Die Symptome des Hungers sind keineswegs so eindeutig, dass aus ihnen sofort ein Rückschluss auf das Vorliegen einer unzureichenden Nahrungszufuhr möglich wäre. Bei dem grösseren Teil der Kinder kommt es neben dem führenden Symptom der zu geringen oder selbst fehlenden Gewichtszunahme zur Verstopfung, die soweit gehen kann, dass nur selten geringe Mengen dunklen Hungerstuhles entleert werden. Die Bauchdecken der Kinder sind eingesunken, die Haut ist welk und nicht von der schönen rosigen Transparenz, die die Haut des gedeihenden Brustkindes auszeichnet. Diese Veränderungen am Integument stellen sich vor allem dann ein, wenn der Hunger nicht in späteren Monaten nach einer vorangegangenen Periode ausreichender Ernährung eintritt, sondern wenn er sich an den physiologischen Hungerzustand der Neugeborenenzeit anschliesst. Während nach dieser Zeit das ausreichend ernährte Kind die normale Welkheit der ersten Lebenswochen rasch ausgleicht und aufblüht, bleibt das hungernde Brustkind in seiner Hautbeschaffenheit welk und saftlos. Die Kinder sind dabei unruhig und unzufrieden und ihr häufiges Geschrei wird nicht immer als Hunger, sondern zuweilen als Zeichen einer Überfütterung oder einer schlechten Milchbeschaffenheit gedeutet. Manche Mutter wird durch diesen falschen Schluss dazu verführt, die Nahrung auszusetzen (weil sie dem Kinde nicht bekomme) oder an einzelnen Mahlzeiten nur Schleim zu geben.

Nicht immer sind aber die hungernden Brustkinder unruhig und hungrig. Ein Teil der Kinder erscheint eher schläfrig und sparsam in den Bewegungen, so dass leicht der irrtümliche Eindruck eines zufriedenen, satten Kindes entsteht. Der Hungerzustand wird bei manchen Kindern dadurch verschleiert, dass die Verstopfung ausbleibt und Durchfall, begleitet von Speien oder gar von Erbrechen, eintritt. Die Entstehung dieser Inanitionsdiarrhöen ist nicht einfach zu erklären. Wahrscheinlich lähmt der Hungerzustand des gesamten Organismus auch einen Teil der Funktionen, die notwendig sind, um das Gleichgewicht zwischen Darmzelle und Darmbakterien aufrecht zu erhalten. Die hungernde Darmzelle verliert die Fähigkeit zur Beherrschung der Bakterienflora; damit ist die Möglichkeit zur Entwicklung eines Reizzustandes im Dickdarm gegeben. Mit dem Übergang zu einer ausreichenden Ernährung schwindet der Durchfall. Diese Beobachtung beim Brustkinde scheint von einer gewissen prinzipiellen Bedeutung zu sein, indem sie lehrt, dass nicht jeder Durchfall mit Schonungstherapie und Nahrungsentziehung zu behandeln ist, sondern dass es — wie beim Flaschenkind — Durchfälle gibt, die durch bessere und ausreichende Ernährung geheilt werden. Beim hungernden Brustkind ist die Kenntnis vom Bestehen der Inanitionsdiarrhöe deswegen von besonderer Bedeutung, weil kein Symptom des Hungerzustandes leichter zu Irrtümern, im Sinne der Annahme einer Überfütterung führt, als die Entleerung häufiger dünner, grüner Stühle. Die Feststellung der Unterernährung ist dabei ausserordentlich einfach. Bleibt die Gewichtszunahme bei einem Kinde für die Spanne etwa einer Woche weit hinter dem Soll der Gewichtszunahme zurück, so wird durch Wägung jeder einzelnen Trinkmahlzeit eines Tages die Gesamttrinkmenge in 24 Stunden festgestellt. Liegt die gefundene Trinkmenge weit unter dem Nahrungsquantum, das notwendig ist, um den Kalorienbedarf des Kindes zu decken, so ist die Diagnose einer Unterernährung gesichert. Die zweite Aufgabe der Diagnose, die zuweilen schwieriger zu erfüllen ist, ist die Feststellung, ob die Ursache der Unterernährung bei der Mutter oder beim Kinde liegt. Die schon vorher aufgezählten und besprochenen Trinkschwierigkeiten, die durch Trinkfaulheit, Trinkungeschick usw. des Kindes zustande kommen, werden sich durch eine Beobachtung des Trinkaktes feststellen lassen. Auf jedem dieser Wege kann es zur Hypogalaktie kommen, selbst wenn zunächst die Brust der Mutter reichlich Nahrung spendete. Es kommt zur Milchstauung, und die ungenügende Entleerung der Brust führt sehr bald zu einer Verringerung der Milchbildung, die den Hungerzustand des Kindes noch weiter verstärkt.

Dieser sekundären Hypogalaktie gegenüber steht eine primäre Hypogalaktie, bei der die Ursache des Hungers bei der Mutter zu suchen ist. Hierher gehören einmal die Frauen, bei denen niemals eine ausreichende Milchabsonderung zustande kommt, die aber vom heiligen Eifer beseelt sind, ihr Kind zu stillen, und die vor jeder Zufütterung zurückschrecken. Hierher gehören weiter die Frauen, bei denen zunächst der Milchquell reichlich fliesst, häufig sogar so reichlich, dass auch in den Pausen zwischen den Mahlzeiten dauernd Milch aus der Brust tropft, bei denen es aber gar nicht selten schon in der zweiten bis dritten Lebenswoche, zuweilen auch erst im zweiten oder dritten Lebensmonat zu einem Nachlassen der Milchabsonderung kommt. Im Vertrauen auf den ersten schönen Anlauf wird hier von den Müttern ständig weiter ohne Zugabe gestillt und auf diese Weise die Kinder einem Hungerzustande ausgeliefert. Bei einer dritten Gruppe von Frauen schliesslich sinkt die Milchproduktion erst um die Zeit des sechsten bis siebenten Lebensmonats, so dass auch dann noch eine Unterernährung beim Brustkinde möglich ist.

Behandlung. Die Bekämpfung der Unterernährung wird in jedem Falle dahin zielen müssen, nach Möglichkeit dem Kinde die natürliche Nahrung in ausreichenden Mengen zu erhalten oder zu beschaffen. Liegen die Trinkschwierigkeiten beim Kinde, so ist dieses Ziel relativ leicht zu erreichen. Es muss darauf Bedacht genommen werden, den Ernährungszustand des Kindes soweit zu fördern, dass allmählich die Saugschwäche schwindet oder mit zunehmendem Alter die Saugungeschicklichkeit und Saugfaulheit überwunden wird. Ein häufigeres Anlegen dieser Kinder führt meist nicht zum Ziel. Besser ist es, durch vorübergehende Zufütterung den Nahrungsbedarf des Kindes zu decken und damit seine Entwicklung zu fördern. Zur Zufütterung eignet sich einmal abgedrückte Frauenmilch oder, falls solche nicht zur Verfügung steht, kalorienreiche Nährgemische, wie Vollmilch mit 10% Nährzucker, Buttermilch mit Einbrenne, Vollmilch-Griessbrei mit Zucker, dieser vor allen Dingen bei den Kindern, bei denen Speien und Erbrechen den Zustand der Unterernährung verschlimmern. Von allen diesen Gemischen genügen in der Regel sehr kleine Mengen, um den Mangel an Brustmilch auszugleichen. Tägliche Mengen von 50—200 g einer dieser Mischungen sind ausreichend. Dabei wird es ratsam sein, auch bei den jüngsten Kindern die Nahrung mit einem Teelöffel zu reichen, um das Kind nicht an die leichter zu entleerende Flasche zu gewöhnen. Mit Ausnahme des Breies, der zur Bekämpfung von Speien und Erbrechen vorgefüttert wird, sollte jede Zufütterung im Anschluss an das Stillen erfolgen, um nicht den ersten Hunger des Säuglings zu vermindern. Stellt sich nach einiger Zeit stärkere Trinklust, besseres Saugen und damit eine Zunahme der Milchabsonderung ein, so wird auf die Zufütterung verzichtet und die ausschliessliche Ernährung an der Brust wieder durchgeführt werden können. Weit schwieriger ist es, die primäre Hypogalaktie, entstanden durch eine Funktionsuntüchtigkeit der Brustdrüse, zu bekämpfen. Häufigeres Anlegen bringt bisweilen einen vorübergehenden Erfolg. Ein sicher wirkendes Laktagogon gibt es, trotz der zahlreichen Empfehlungen, nicht. Eine Mehrproduktion der Milch kann eher durch ausgiebige (manuelle oder mit Hilfe von Milchpumpen bewirkte) Entleerung der Brüste, bisweilen auch durch Massage erreicht werden. Dabei wird man sich vor übertriebener Aktivität hüten müssen, um die Stillende nicht nervös zu erschöpfen.

Auffallend günstige Wirkungen haben Stolte und Wiesner durch Bestrahlung der Brüste mit künstlicher Höhensonne erzielt. Die Technik ist einfach: Entfernung von 80 cm (allmählich vermindernd auf 60 cm) Beginn mit 5—7 Minuten, Steigerung täglich um 2—5 Minuten bis zu 25—45 Minuten. Deutliche Hautreaktionen, Hyperämie, Erythembildung, Pigmentierung, sind dabei erwünscht. Wenn die Milchsekretion gestiegen ist, werden statt der täglichen Bestrahlungen noch zwei Sitzungen in der Woche empfohlen. Wo es sich um langsam in Gang kommende Laktation oder vorübergehende Senkung der Milchsekretion handelt, wird man (auf dem Wege über die Psyche der Stillenden?) Leistungssteigerung durch die Bestrahlung erzielen, bei wirklicher Hypogalaktie müssen wir mit Freund an dem Effekt dieser Behandlung zweifeln.

Es bleibt schliesslich nur der Übergang zu einer Zufütterung kleiner Mengen kalorienreicher Nahrung oder die Einführung einer Zwiemilchernährung, bei der ein- oder mehrere Mahlzeiten am Tage durch eine künstliche Nahrungsmischung ersetzt werden. Zu diesem Übergang zum Allaitement mixte wird man sich besonders leicht bei den älteren Brustkindern entschliessen, deren Alter bereits die Einführung einer Brei- oder Gemüsemahlzeit rechtfertigt. In keinem Falle darf aber der Durchfall beim hungernden Kinde dazu verführen, eine Schonungs- und Hungertherapie einzuleiten in der Hoffnung, auf diesem Wege die störenden Diarrhöen zu beseitigen. Die häufigen Stuhlentleerungen werden beim hungernden Brustkinde erst dann einem normalen Stuhlbilde Platz machen, wenn der Nahrungsbedarf des Organismus voll gedeckt ist.

b) Störungen ex infectione.

Enterale oder parenterale Infekte führen beim Brustkind — nicht anders als beim Flaschenkind — zu Diarrhöen und Durchfallserkrankungen.

Klinisches Bild. Die infektiös bedingten Dyspepsien des Brustkindes unterbrechen ein bis dahin ungestörtes Gedeihen des Kindes. In der Regel besteht Fieber, dessen Höhe häufig in einem Gegensatz zu der relativ geringen Gewichtsabnahme steht. Das Missverhältnis zwischen Fieberhöhe und geringer Beeinträchtigung des Allgemeinbefindens weist schon darauf hin, dass es sich nicht um eine Erkrankung handelt, die den alimentär bedingten Dyspepsien und Intoxikationen gleichzusetzen ist. Die Kinder sind unruhig, schreien viel, der Schlaf und die Trinklust sind gestört und vor allem fällt ihre Blässe auf. Auf die infektiöse Genese der Durchfallserkrankung deutet das fast nie fehlende, häufig heftige Erbrechen, das die Erkrankung einleitet und während ihrer Dauer begleitet. Ein plötzlich einsetzendes Erbrechen kann beim bis dahin gedeihenden Brustkinde geradezu als ein Hinweissymptom auf den Eintritt einer Infektion gelten. Dieses Merkmal ist von diagnostischer Wichtigkeit bei den Kindern, bei denen der Infekt nicht durch hohes Fieber oder durch eindeutige klinische Symptome ohne Schwierigkeiten erkennbar wird, sondern bei denen die Infektion als leichter Schnupfen, als Pharyngitis erscheint oder ganz unterschwellig verläuft. Im letzteren Falle verhelfen manchmal Indizienbeweise, das Auftreten kleiner oder grösserer Drüsenschwellungen am Kieferwinkel oder hinter den Kopfnickern oder die Feststellung katarrhalischer Erkrankungen in der Umgebung des Patienten zur Aufklärung der infektiösen Natur der Diarrhöe. Niemals sollte vergessen werden, den Urin zu untersuchen, da auch eine Pyurie unter der Maske eines fieberhaften Durchfalls einsetzen kann.

Bei jeder akuten Durchfallserkrankung eines Brustkindes sollte schliesslich die Frage des Vorliegens einer Dysenterie bedacht werden, die gar nicht so selten ohne die typischen Erscheinungen der schleimig-blutigen Stühle unter dem Bilde eines akuten Magen-Darmkatarrhs verläuft.

Eine Erklärung der Zusammenhänge zwischen Infekt und Magen-Darmstörung beim Brustkind stösst auf die gleichen Schwierigkeiten, die die Beantwortung der Frage beim Flaschenkinde bereitet. Durchfall ist die übliche Reaktion des Säuglings auf jede infektiöse Schädigung. Der Weg, auf dem von parenteralen Infekten aus Durchfall ausgelöst wird, mag vielleicht über vegetative Bahnen gehen, ohne dass mit einer solchen Annahme das Wesen des Vorganges erklärt werden könnte (s. S. 197).

Bei der **Behandlung** dieser infektiös bedingten Dyspepsien der Brustkinder sollte möglichste Zurückhaltung mit allen einschneidenden Maßnahmen geübt werden. Ist das Wesen der Krankheit, die infektiöse Genese des Durchfalls erkannt, so wird der Arzt am besten fahren, der sich durch die abnormen Darmentleerungen und durch das Erbrechen nicht zu einer Überwertung der Symptome verleiten lässt. Vor allem muss versucht werden, auch bei der Stillenden das Vertrauen zu der Ernährung an der Brust zu erhalten. Die Annahme, dass eine schlechte Beschaffenheit der Milch, eine Überfütterung oder ähnliches Ursache der Störung sei, muss bekämpft werden, da solche Vorstellungen nur allzu leicht zu eingreifenden Änderungen im Ernährungsregime verführen, aus denen dann irrtümlicherweise völlige Abkehr von der natürlichen Ernährung folgt. Das Wesentliche zur Behebung dieser Störungen tut das Kind von sich aus. Die behinderte Nasenatmung, das Erbrechen führen dazu, dass die Trinkmenge und die mit der Nahrung aufgenommene Menge von Brenn- und Nährstoffen wesentlich verringert und damit vom Kinde selbst eine Schonungstherapie eingeleitet wird.

Diese Selbstbeschränkung in der Nahrungsaufnahme ist aber dann nicht unbedenklich, wenn dadurch der im Fieber ohnehin stärkere Wasserbedarf nicht mehr gedeckt ist. Es ist daher eine wesentliche Aufgabe der Behandlung, für eine Deckung des Flüssigkeitsbedarfs zu sorgen, sei es, dass zwischen den Mahlzeiten mit dem Löffel saccharingesüsster Tee oder Zuckerwasser gereicht wird, oder dass zu rektalen Instillationen oder subkutanen Infusionen gegriffen wird. Da stärkeres Erbrechen stets grossen Wasserverlust mit sich bringt, wird es bei den Kindern, bei denen das Erbrechen im Vordergrunde des Krankheitsbildes steht, notwendig sein, durch Sedativa (Luminal, Adalin) das Brechzentrum zu beruhigen oder durch Atropin und Eumydrin im vegetativen System einen Zustand zu schaffen, der dem Erbrechen entgegenwirkt. Falsch wäre es aber bei diesen Formen des Erbrechens, zur sonst bewährten Breivorfütterung überzugehen, da die Zufuhr konzentrierter Nahrung den Gewebsdurst noch erhöht und so die Störung verschlimmern kann.

Die zu erwartende Selbstheilung der Durchfälle lässt alle eingreifenderen Maßnahmen und Verordnungen überflüssig erscheinen. Die Heilung des Durchfalles stellt sich ein, wenn der Infekt abklingt. Da die Dauer der unkomplizierten grippalen Infektionen, wie sie das Brustkind in der Regel erleidet, im Durchschnitt vier bis fünf Tage beträgt, so ist auf die Rückkehr normaler Stuhlentleerungen bald nach dieser Zeit zu rechnen.

In der überwiegenden Mehrzahl aller Dyspepsien ex infectione wird man mit der zuwartenden Behandlung auskommen. Nur bei schwerer Beteiligung des Ernährungsvorgangs, bei starker Abnahme und ernster Veränderung des Allgemeinbefindens wird eine Schonungstherapie ebenso wie beim Flaschenkind nicht zu umgehen sein: Hungerpause (Tee), Beginn mit kleinen Mengen von 100—200 g Nahrung am Tag mit folgender stetiger Steigerung. Solche ernsteren Durchfallserkrankungen ereignen sich bei Ernährung mit Brustmilch nur bei konstitutionell schlechten Kindern oder bei solchen, bei denen wegen einer Ernährungsstörung bei künstlicher Ernährung zur Frauenmilch übergegangen war.

Ebendieselben Kinder sind es, bei denen die Dyspepsie sich in seltenen Fällen bis zur Intoxikation steigern kann. Die Behandlung ist dann hier nicht anders zu führen als bei der alimentären Intoxikation des künstlich genährten Säuglings (s. S. 179).

Die Prognose der infektiös bedingten Durchfälle ist beim Brustkinde gut, vor allem deswegen, weil die Erkrankungen sich fast stets bei eutrophischen Säuglingen ereignen, die nicht nur den ursächlichen Infekt rasch überwinden, sondern denen auch die Fähigkeit gegeben ist, eine Beunruhigung ihrer Magen-

Darmvorgänge unschwer und rasch wieder auszugleichen. Eine Ausnahme machen nur die oben genannten bereits geschädigten Kinder, bei denen der verschlechterte Ernährungszustand die Voraussage trüben muss.

c) Störungen e constitutione. Konstitutionelle Dystrophie.

Eine kleine Gruppe von natürlich ernährten Kindern ist nicht zum Gedeihen zu bringen, trotzdem die üblichen Voraussetzungen für eine gedeihliche Entwicklung von seiten der Mutter und des Kindes erfüllt zu sein scheinen. Dieses Nichtgedeihen bei gut trinkenden Kindern, bei reichlich fliessender Brust und bei richtiger Stilltechnik findet sich bei Säuglingen der ersten Lebenszeit. Durchfälle, zuweilen heftigster Art, begleiten diesen Zustand der gehemmten Körperentwicklung. Diese Kinder unterscheiden sich schon in ihrem Aussehen vom Idealtypus des Brustkindes. Der Ausgleich der physiologischen Welkheit der ersten drei bis vier Lebenswochen bleibt aus. Diese Kinder gleichen künstlich ernährten, dystrophischen Säuglingen. Es fehlt ihnen die rosige Hautfarbe; die Haut ist eher grau, Speien und Erbrechen stellen sich ein, die Kinder werden häufig unruhig und launenhaft, so dass auch die Regelmäßigkeit in der Grösse der einzelnen Trinkmahlzeiten, die sich beim gedeihenden Kinde nachweisen lässt, hier fehlt. Wie beim Dystrophiker erscheinen auch hier Zeichen, die auf eine Minderwertigkeit oder Widerstandslosigkeit einzelner Organsysteme hinweisen. Betroffen ist vor allem die Haut und das Nervensystem. Die Neigung zum Wundwerden ist besonders gross, im Gesicht und am Körper entwickeln sich Psoriasoide. Diese Hautveränderungen treten in allen Abstufungen, von lokalisierten Schuppenbildungen und von der einfachen Intertrigo bis zur schweren Erythrodermia desquamativa auf. Das dauernde Ausbleiben einer Zunahme verschlechtert den Zustand des Hautorgans, und jeder weitere Tag, den die Dystrophie bestehen bleibt, führt neue krankhafte Erscheinungen an der Haut herauf. Am Nervensystem äussert sich die Organminderwertigkeit in Erscheinungen, die den neuropathischen Säugling charakterisieren, und die in Form von Unruhe, schlechtem Schlaf, gelegentlich vorkommendem Hautjucken dem Gedeihen des Kindes hindernd entgegenstehen.

Es kann nicht zweifelhaft sein, dass hier Übergänge zu den echten Diathesen vorliegen, wenn es im einzelnen Falle auch kaum zu entscheiden ist, ob diese Erscheinungen durch das Nichtgedeihen an sich hervorgerufen sind, oder ob es sich um Manifestationen der exsudativen oder der neuropathischen Diathese handelt. Unabhängig von jeder ätiologischen Erklärung ist es Ziel der Behandlung, den Kindern zum Gedeihen zu verhelfen. Der abnorme Zustand von Haut und Nervensystem bessert sich, wenn es gelingt, die Dystrophie zu beseitigen, d. h. das Kind zur Gewichtszunahme zu bringen. Ähnliches gilt auch für die Durchfälle, die bei keinem dieser Kinder fehlen. Die Regulation der Funktionen des Magen-Darmkanals tritt ohne besondere Behandlung ein, wenn der dystrophische Zustand beseitigt wird. Dabei bleibt das Wesen dieser Dystrophien ungeklärt, die insofern eine Sonderstellung einnehmen, als der krankhafte Ernährungszustand sich hier bei einer für die Mehrzahl der Altersgenossen kompletten Kost entwickelt und ein quantitativ unzureichendes Nahrungsangebot nicht vorliegt. Die Unruhe, die vielen dieser Kinder eigentümlich ist, zeitigt sicherlich einen Mehrverbrauch an Brennwerten. Bei einzelnen Kindern geht auch durch Speien und Erbrechen soviel verloren, dass die ausbleibende Gewichtszunahme durch diese Ausfälle eine gewisse Erklärung findet. Bei anderen Kindern stellt sich aber die gleiche Verschlechterung des Ernährungszustandes ohne krankhafte Erscheinungen von seiten des Magens ein. Die Durchfälle führen vielleicht zu Verlusten an Mineralstoffen, die sich bei der salzarmen Frauenmilch besonders bemerkbar machen müssen, da hier das Angebot nur eben den Bedürfnissen des

Organismus entspricht. Wie weit bei diesen Kindern auch jenseits des Darmes die assimilatorischen Vorgänge in den Zellen gestört sind, ist nicht bewiesen.

Bei allen Zweifeln über die Pathogenese dieser Störungen steht lediglich eine Tatsache fest: durch Zufütterung von eiweiss- und salzhaltigen Mischungen wird der dystrophische Zustand behoben, gleichzeitig kommt es damit zur Besserung der Dermatosen und der Durchfälle. Das gilt in bezug auf die Hautveränderung sowohl für die Psoriasoide wie für die Erythrodermia desquamativa Leiners. Der Weg der Wirkung dieser Nahrungsergänzung ist unbekannt. Es ist unentschieden, ob es primär zu einer Umstellung der krankhaften Vorgänge im Darm zur Norm kommt, oder ob zunächst durch die Zufuhr von Eiweiss und Salzen dem besonderen Bedürfnisse der Zellen dieser Kinder Genüge getan wird, die erst nach Ergänzung der natürlichen Nahrung die Widerstandskraft gegen äussere Schädigungen erlangen, die das konstitutionell normale Kind von vornherein besitzt.

Wie die Erklärung der Wirkung auch ausfallen mag, der sichere Weg der Behandlung ist durch die praktische Erfahrung klar vorgezeichnet. Wenn aber diese Kinder bei Zugabe von Kuhmilchmischungen von ihren krankhaften Erscheinungen befreit werden, so darf aus solchen Erfahrungen doch nicht die Notwendigkeit einer völligen Abkehr von der natürlichen Ernährung gefolgert werden. Falsch ist es, bei diesen Kindern aber auch die Heilung durch ein starres Beharren bei ausschliesslicher Ernährung an der Brust erzwingen zu wollen. Nach den derzeitigen Erfahrungen ist die sicherste Methode zur Behandlung der konstitutionellen Dystrophien mit Durchfällen die Zwiemilchernährung, bei der ein Teil der Brustmilch durch eiweiss- und salzreiche Gemische ergänzt wird. Hierzu eignen sich entweder: Buttermilch mit 5% Zucker oder Eiweissmilch mit 5% Zucker oder Vollmilch mit 5—10% Zucker, häufig genügt auch die Zulage eines Eiweisspräparats (s. Abb. 81). Von den Nährgemischen werden zunächst zu jeder Mahlzeit 10—20 g zugefüttert, von Eiweisspräparaten 1—2 $^0/_0$ der Nahrungsmenge. Reicht diese Nahrungsänderung nicht aus, so muss die Menge der Zulage langsam erhöht werden. Um eine Überfütterung bei einer sehr reichlich fliessenden Brust zu verhüten, ist es bei manchen Patienten besser, an Stelle der Zufütterung zu jeder Mahlzeit ein bis zwei ganze Mahlzeiten durch eines der künstlichen Nährgemische in einer dem Alter und dem Gewicht des Kindes entsprechenden Menge zu ersetzen.

Bei diesem Vorgehen wird es fast momentan zu einem Aufstieg der bis dahin flach verlaufenden Gewichtskurve kommen. Die Durchfälle, die zunächst in unveränderter Heftigkeit fortbestehen, heilen nach etwa acht Tagen und erst wenn das Stuhlbild annähernd normal geworden ist, bessert sich der Zustand der Haut, es schwindet die Intertrigo, und bald danach vergehen auch die ekzematösen und desquamativen Veränderungen am Rumpf und im Gesicht. Im ganzen ist mit einer Krankheitsdauer von acht bis zehn Wochen zu rechnen.

Diesem anscheinend einfachen Behandlungsschema stellen sich in der Praxis aber nicht selten gewisse Schwierigkeiten entgegen. Die Kinder mit einem neuropathischen Einschlag sind oft starke Brecher, bei denen jede Zufütterung zur Steigerung der gastrischen Erscheinungen führt. Bei diesen Kindern bewährt sich besser als die Zulage von Milchmischungen der Ersatz von ein bis zwei Brustmahlzeiten durch entsprechende Breimahlzeiten. Hindernd steht der notwendigen Komplettierung der Nahrung oft auch die Appetitlosigkeit dieser Kinder entgegen. Durch Verwendung kleinster Mengen stark konzentrierter Nährgemische (Dubo, Vollmilch mit 17% Zucker, konzentrierte Eiweissmilch mit 20% Zucker) wird es möglich sein, bei diesen schlechten Trinkern schliesslich doch noch zu einer Gewichtszunahme zu kommen. Bei der Behandlung der konstitutionellen

Dystrophien mit Durchfällen muss es oberstes Prinzip der Behandlung sein, die Dystrophie niemals bestehen zu lassen. Eine Heilung des Nichtgedeihens, der Durchfälle und der Hauterkrankungen ist nur möglich, wenn Gewichtszunahmen erreicht werden. Hierzu ist jedes Mittel erlaubt, und selbst vor einer häufigen oder gar regelmäßigen Sondenfütterung darf dabei nicht zurückgeschreckt werden,

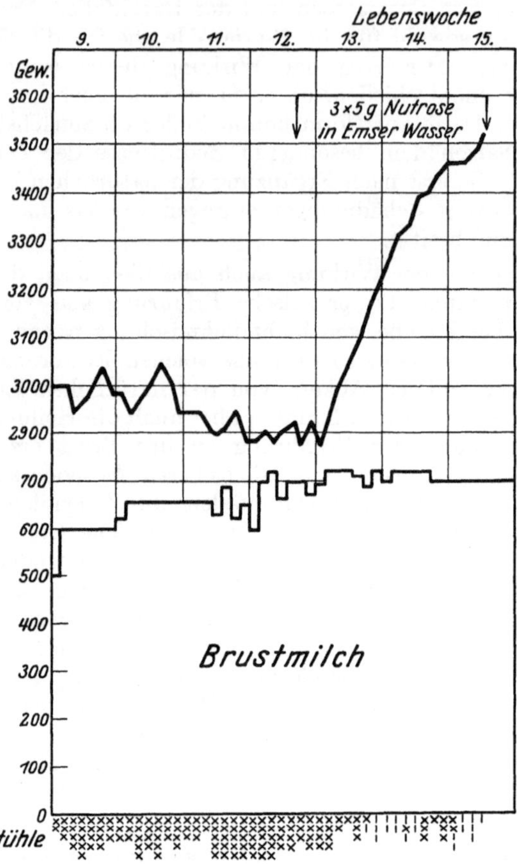

Abb. 81. Dystrophie mit Durchfällen bei ausreichender Ernährung an der Brust. Rasche Heilung der Dystrophie und der Durchfälle nach Zulage von 3×5 g eines Eiweisspräparates.

wenn auf anderen Wegen die heilende und ergänzende Nahrung nicht zugeführt werden kann. Mit der Erkenntnis der hier gegebenen therapeutischen Möglichkeiten sind die in früheren Jahren keineswegs seltenen sogenannten konstitutionellen Hypotrophien oder Hypoplasien der Brustkinder recht selten geworden.

D. Die sekundären alimentären Störungen.

Als sekundäre Ernährungsstörungen pflegt man jene Erkrankungen des Skelett-, Blut- und Nervensystems zu bezeichnen, die nur mittelbare Beziehungen zur Ernährung aufweisen. Wenn auch in Zukunft diese Krankheitsbilder vielleicht in dem Kapitel der Fehlnährschäden Platz finden werden, so möchten wir doch dieser Entwicklung nicht vorgreifen. Wir bescheiden uns mit dem alten Brauch Rachitis, Tetanie und Anämie unter dem nichts vorwegnehmenden Titel der sekundären alimentären Störungen zu besprechen.

1. Rachitis.

Die Fortschritte auf dem Gebiete der Rachitis sind in den letzten 10 Jahren weit grösser gewesen als in den vorangegangenen 300 Jahren, seit der Zeit, in der die Rachitis als Krankheit eigener Art beschrieben wurde. Der Fortschritt liegt in den praktischen Erfolgen in bezug auf die Heilung und Verhütung der Krankheit, während die Erkenntnis vom Wesen und der Entstehung der Krankheit auch heute noch voller Rätsel und ungelöster Fragen ist. Die Rachitis muss heute als Erkrankung der fortschreitenden Zivilisation aufgefasst werden, die wahrscheinlich schon in den Großstädten des Altertums die Kinder heimsuchte, die sich später in England stark ausbreitete, als im 17. Jahrhundert hier die Entwicklung der Industrien einsetzte. Mit dem Wachstum der Städte und der Abkehr von einer natürlichen Lebensweise hat die Rachitis in den grossen und mittleren Städten unserer Breiten, bei Berücksichtigung auch der geringeren Grade der Krankheit an Zahl so zugenommen, dass fast 100% der Säuglinge und Kleinkinder von ihr befallen und — im Gegensatz zur Tetanie — auch keineswegs Brustkinder von ihr verschont werden.

Die Auffassung vom Wesen der Rachitis hat im Laufe der Jahrhunderte gewechselt. Die ersten Berichte über die Krankheit reihen sie in die Dyskrasien ein. Unter dem Einfluss der aufblühenden pathologischen Anatomie erscheint sie als lokalisierte Erkrankung des Skelettsystems; unter dem Einfluss der zeitweise die gesamte Medizin beherrschenden Lehren der Bakteriologie wird sie, wenn auch nicht unter Zustimmung aller Autoren, den Infektionskrankheiten zugezählt. Zur Zeit ist entsprechend der gesamten Richtung medizinischer Betrachtungsweise eher wieder ein Anschluss an die älteste Auffassung, die Dykrasielehre, üblich. Die Rachitis gilt heute als Allgemeinerkrankung, als eine Erkrankung sämtlicher Säfte und aller Gewebe, deren sinnfälligste klinische Veränderungen sich am Skelettsystem abspielen. Die Rachitis ist in der überwiegenden Mehrzahl der Fälle eine Erkrankung des Säuglings- und frühen Kleinkindesalters. Weitaus die Mehrzahl aller rachitischen Erkrankungen heilt spontan um die Zeit des 4. bis 6. Lebensjahres, wenn auch die durch die Krankheit gesetzten Veränderungen das Kind oft genug ins spätere Leben begleiten.

Klinisches Bild. Die mannigfachen Veränderungen am Skelett erscheinen bei der Rachitis nicht in wahlloser Reihenfolge. Der Sitz der Rachitis wechselt in Abhängigkeit vom Alter des Kindes, so dass an einzelnen Abschnitten des Skeletts die Rachitis in Blüte steht, während andere Teile, zumindest klinisch, noch völlig frei von Veränderungen erscheinen: oder während an einer Stelle der Krankheitsprozess bereits zum Stillstand gekommen oder abgeheilt ist, beginnt an anderen Knochen die Krankheit sich soeben zu entfalten. Dieser Wechsel des Krankheitssitzes folgt einer bestimmten Regel, auf die Wieland zuerst hingewiesen hat: der rachitische Knochenprozess betrifft am stärksten die Knochen, deren Wachstum im Augenblick am intensivsten vor sich geht. Skelettabschnitte, die zu bestimmten Zeiten im Säuglingsalter besonders ausgeprägte Wachstumsvorgänge zeigen, sind im ersten Vierteljahr der Schädel, im zweiten Vierteljahr der Brustkorb und in den späteren Monaten die Gliedmaßen. Dementsprechend steigt der rachitische Knochenprozess, am Schädel beginnend, über den Brustkorb zu den Extremitäten ab, so dass früher von einem Wandern der Rachitis gesprochen wurde, Vorgänge, die heute als Funktionen des Wachstums und des damit verbundenen besonders hohen Kalkbedarfs einzelner Skeletteile gedeutet werden müssen. Die Folge dieser Aneinanderreihung der rachitischen Symptome, wobei sich Heilungsvorgänge mit neu auftretenden Veränderungen und mit den Restzuständen bereits vergangener Prozesse kreuzen und mischen, bedingt das bunte Bild der Rachitis, wie es die Klinik der Krankheit aufweist.

Die Schädelrachitis ist das früheste Symptom der Krankheit beim ausgetragenen Kinde. Sie stellt sich in Form einer Weichheit der Hinterhauptsschuppe im 2. bis 3. Lebensmonat, bei Frühgeborenen noch früher ein. Diese Kraniotabes wird heute von den meisten Autoren scharf von der nicht seltenen angeborenen Weichheit des Schädels abgetrennt, die anscheinend als Folge mechanischer Einwirkungen (Druck von seiten des mütterlichen knöchernen Beckens) auf den Schädel bereits in utero eintritt, wenn eine gewisse Schwäche der Knochenbildung („Ossifikationsschwäche") (Abels) bei der Frucht besteht. Die Berechtigung zu dieser Abtrennung geben der Sitz der Erkrankung (beim angeborenen Weichschädel die Schädelkuppe, bei der Kraniotabes das Hinterhaupt), das Fehlen der für Rachitis als typisch angesehenen Veränderungen der Knochenstruktur und die für die Rachitis charakteristischen Veränderungen im Blutchemismus. Die rachitische Kraniotabes verschont nur wenige Brustkinder und Flaschenkinder. Vorübergehend stellt sich — bisweilen sogar trotz vorbeugender Behandlung — eine geringere oder stärkere Erweichung, für längere oder kürzere Zeit, auch bei den bestgedeihenden Kindern ein. Höhere Grade und einen längeren Bestand erreicht die Kraniotabes aber doch nur bei den Kindern, auf die ungünstige, die Rachitis fördernde Lebensbedingungen einwirken. Die höchsten Grade erreicht die Kraniotabes dort, wo das Wachstum des knöchernen Schädels überstürzt vor sich geht. Das sind einmal die Kinder mit Hydrozephalus und zum anderen die Frühgeburten, bei denen die intensive Vergrösserung des Gehirns die Schädelkapsel zu besonders raschem Wachstum zwingt. Bei diesen Kindern kann sich auch besonders frühzeitig das gesamte Hinterhaupt, um die weitklaffenden Nähte und Fontanellen herum, in eine pergamentdünne Schicht verwandeln, die dem Druck der Hand knisternd, wie ein dünner Zelluloidball, nachgibt. Umgekehrt fehlt die Kraniotabes bei den Kindern, deren Schädelwachstum besonders gering ist, den Mikrozephalen. Die Kraniotabes besitzt eine ausgesprochene Neigung, spontan zu heilen. Nach dem ersten Halbjahr wird sie beim ausgetragenen Kinde viel seltener beobachtet, selbst wenn am übrigen Skelett schwere rachitische Veränderungen nachzuweisen sind.

Etwa vom 3. bis 4. Lebensmonat ab gesellt sich zur Kraniotabes die Thoraxrachitis, die klinisch zunächst in Form des rachitischen Rosenkranzes, der Auftreibung an der Knorpelknochengrenze der Rippen, erscheint. Den Zeitpunkt des Beginns der Thoraxrachitis genau anzugeben ist nicht möglich. Ebensowenig erlaubt es aber der klinische Aspekt, ein Urteil über die Abheilung der Thoraxrachitis abzugeben. Denn die sichtbaren Veränderungen bleiben monate- und jahrelang bestehen, selbst wenn alle übrigen Kriterien der

Heilung der Rachitis erfüllt sind. Die palpatorisch nachweisbare kugelförmige Auftreibung der Knorpelknochengrenze gleicht sich nur ganz langsam wieder aus. Dem floriden rachitischen Prozesse an der Knorpelknochengrenze folgt sehr bald eine abnorme Weichheit des gesamten Brustkorbes, einschliesslich des Brustbeins und der Schlüsselbeine. Die Folgen dieser Thoraxerweichung sind mannigfache Verunstaltungen des Brustkorbes. Die Wölbung des Brustkorbes geht verloren, wenn auch stärkere Abflachungen und seitliche Zusammendrückung, die zur Hühnerbrust führen, erst in den späteren Monaten des Säuglingsalters in Erscheinung treten. Frühzeitiger kommt es zur Ausbildung der sogenannten Schusterbrust oder zur Aufkrempelung des Teiles des Brustkorbes, der unterhalb des Zwerchfellansatzes liegt. Es entsteht auf diese Weise die sogenannte Harrisonsche Furche, die etwa der Insertion des Zwerchfelles folgt. Diese schweren Verunstaltungen bleiben bis weit in die Kindheit hinein bestehen, ja sie beeinflussen vielfach entscheidend die Formung des Brustkorbes beim Erwachsenen. Die Weichheit des Brustkorbes führt dazu, dass die entkalkten Rippen bei der Einatmung nach innen gedrückt werden. Die Folge ist, dass die reguläre Entfaltung der Lungen ausbleibt. Die Lungen des rachitischen Kindes bleiben daher klein, und in den schlecht gelüfteten Lungen kommt es zur Behinderung des Blutumlaufes, zur Stauung und damit zur Vorbereitung von Bronchitiden und Pneumonien, denen die Kinder mit stärkerer Thoraxrachitis besonders ausgesetzt sind. Das Zurückbleiben im Wachstum der Lunge wirkt wiederum ungünstig auf die Entwicklung des gesamten Thorax, der eng und klein bleibt und damit wieder Lungenventilation und Lungendurchblutung behindert. Die mangelhafte Entwicklung von Lunge und Brustkorb mit ihren Folgen sind es vor allem, die die höhere Lebensgefährdung des rachitischen Kindes bedingen. An der Rachitis selbst stirbt kaum jemals ein Kind. Die Atelektasen, die Bronchopneumonien, die Bronchiolitis sind es, die als selbständige Erkrankungen oder als Begleiterscheinungen anderer Infektionskrankheiten, vor allem der Masern und des Keuchhustens, die rachitischen Säuglinge dahinraffen.

Die rachitischen Veränderungen an den Extremitäten, die erst im zweiten Lebenshalbjahr in Erscheinung treten, zeigen sich im Säuglingsalter vor allem als Auftreibungen der Epiphysen, in Form des rachitischen Zwiewuchses. Die Erweichung des Knochenschaftes führt zu Verkrümmungen der langen Röhrenknochen, zu deren Auftreten eine statische Belastung keineswegs notwendig ist. Der Zug der Muskulatur, bei der die Kraft der Beuger stets die der Strecker überwiegt, ruft selbst beim Kinde, das niemals gesessen oder gestanden hat, bereits starke, nach innen konkave Verkrümmungen hervor. Eine Belastung der Knochen wird dabei fördernd wirken, vor allem in dem Sinne, dass die Knochen zusammengedrückt werden. Dadurch erscheint der Knochen des rachitischen Kindes, das bei florider Extremitätenrachitis steht oder geht, plump und in den Epiphysen weit ausladend und breit. Diese Formen der Rachitis sind aber im Kleinkindesalter häufiger als im ersten Lebensjahr. Eine besonders starke Neigung zur Brüchigkeit ist den weichen rachitischen Knochen nicht eigentümlich; sie findet sich häufiger bei den osteopsathyrotischen Formen. An Fingern und Zehen kommt es durch die Störungen in der Verknöcherung zur Bildung der sogenannten Perlschnurfinger, die auf die Beteiligung der kurzen Knochen an einer rachitischen Erkrankung hinweisen. Rachitische Veränderungen der Wirbelsäule sind im Säuglingsalter nur selten wahrnehmbar. Die rachitischen Verbiegungen der Wirbelsäule, als Ausdruck der unzweckmäßigen statischen Belastung, gehören zum grössten Teil der Zeit jenseits des Säuglingsalters an. Der rachitische runde Rücken, der vom zweiten Halbjahr an erscheint, ist nicht Folge einer Knochenveränderung, sondern Folge einer rachitischen Erkrankung der Muskeln und Bänder, die die Wirbelsäule stützen sollen.

Die Zähne sind in ihrer Struktur aus zwei Gründen von der Rachitis nur wenig betroffen: Während die Knochen, an denen sich überwiegend die rachitische Erkrankung abspielt, vom mittleren Keimblatt stammen, ist der Zahnschmelz ein Abkömmling des Ektoderms. Schwere der Zahnveränderung und Schwere des rachitischen Knochenprozesses gehen daher keineswegs parallel. Weiter ist in der Zeit, in der die Rachitis beginnt, die Bildung der ersten Zähne, auch der noch im Kiefer liegenden, bereits vollständig abgeschlossen, so dass dem harten Schmelz die Spuren der rachitischen Erkrankung kaum noch eingegraben werden können. In der Tat begegnet man selbst bei schwerrachitischen Kindern kariösen oder defekten Milchzähnen nicht häufiger als bei nichtrachitischen Kindern. Auch der Eintritt der Zahnung scheint mehr von familiären und erblichen Eigentümlichkeiten abzuhängen, als vom Vorhandensein oder Fehlen einer Rachitis.

Mit der Erkrankung der Knochen ist die Ausbreitung des rachitischen Krankheitsprozesses keineswegs erschöpft. Betroffen sind vor allem noch die gesamte Muskulatur, die Bandapparate und das Nervensystem. Die Muskulatur des rachitischen Kindes erscheint welk, schlaff, von schlechtem Tonus. Als Ursache dieser Hypotonien glaubte man früher anatomische Veränderungen des Muskels selbst beschuldigen zu können. Von einer spezifischen rachitischen Myopathie wurde gesprochen. Für den besonderen Zustand der Muskulatur scheinen aber vielmehr Störungen in den nervösen Vorgängen von Bedeutung zu sein, die den Tonus der Muskulatur regeln. Hierbei wäre vor allem an Störungen in dem Aufbau der nervösen Zentren zu denken, von deren regelrechtem, zeitlich scharf begrenztem Eintritt in den funktionellen Aufbau der Statik es abhängt, ob es zu einer normalen Entwicklung von Sitzen, Stehen und Laufen kommt. Der Einfluss solcher zentral-nervöser Vorgänge für den Muskeltonus, für die Entwicklung koordinierter Bewegungen und damit für die Entwicklung der Statik, ist vor allem durch die Untersuchungen von Magnus und für den speziellen Fall des rachitischen Säuglings durch Landau gezeigt worden. Dass es sich bei der Rachitis jedenfalls nicht um eine Myopathie handelt, die zur Hypotonie führt, lehrt die Beobachtung, dass es eine ganze Reihe rachitischer Kinder gibt, bei denen zum mindesten einzelne Muskelgruppen, z. B. die Adduktoren hypertonisch sind. Andererseits gehört die Störung in der Muskelfunktion oder der gestörte Synergismus der Muskulatur nicht zu den obligaten Symptomen der Rachitis. Die Muskelerkrankung erscheint weitgehend unabhängig vom Grade der Knochenerkrankung. Kinder mit schwerster florider Rachitis und stärksten Verkrümmungen der Extremitäten brauchen in ihrer Statik keineswegs gehemmt zu sein. Ist die Funktion der Muskulatur gestört, so kommt es zu Gleichgewichtsstörungen zwischen Beugern und Streckern. Das physiologische Überwiegen der Kraft der Beuger erscheint hier vergröbert. Die Folge ist, dass Arme und Beine, auch da, wo sie nicht statisch belastet werden, in der Richtung des Zuges der Beuger verkrümmt werden, vorausgesetzt, dass ein gewisser Grad der Knochenerweichung erreicht ist. Als Folge des schlechten Muskeltonus ist auch der dicke Bauch des Rachitikers aufzufassen, der teils durch den schlechten Zustand der Bauchmuskulatur, teils durch nervös oder muskulär bedingten Tonusverlust der glatten Darmmuskulatur hervorgerufen ist.

Anämische Zustände aller Grade finden sich beim rachitischen Kinde häufig. Sie sind des öfteren in einen direkten ätiologischen Zusammenhang mit der Rachitis gebracht worden. Die pathologisch-anatomischen Untersuchungen des Knochenmarks haben nichts ergeben, was für eine Erkrankung der hämatopoetischen Organe als Ausgangsort der Rachitis hätte gelten können. Dazu kommt, dass Veränderungen des Blutes, selbst bei schwersten rachitischen Erkrankungen häufig fehlen. Da aber Fehlern in der Ernährung heute in der Ätiologie der Rachitis ein breiter Raum eingeräumt werden muss, und auch die im Säuglingsalter vorkommenden anämischen Zustände zum überwiegenden Teile als alimentär bedingt angesehen werden müssen, so scheint es richtiger, in Ernährungsfehlern die Ursache der Anämien zu suchen, die so häufig die Rachitis begleiten. Von Rachitis mit begleitender Anämie werden vielleicht die Kinder bevorzugt betroffen sein, bei denen eine unzweckmäßige Ernährung die Entstehung nicht nur der Anämie, sondern auch der Rachitis begünstigte. Auch die Milzvergrösserung, die sich bei einem Teil der rachitischen Säuglinge findet, wird damit zu einem Symptom der Anämie und nicht, wie man gemeint hat, der Rachitis. Andere Milzschwellungen bei rachitischen Kindern mögen mit dem Lymphatismus zusammenhängen, der die Entwicklung schwerer Formen der Rachitis, aber auch die Entwicklung anämischer Zustände fördert.

Die starken Schweissausbrüche, an denen ein Teil der rachitischen Kinder leidet, und die auch ohne jegliche Körperanstrengung, ja im Schlaf vor allem an Stirn und Hinterkopf auftreten, müssen als Folge einer Störung der Schweissdrüsentätigkeit durch Umstellung im vegetativen System angesehen werden. Ob es sich hier lediglich um ein Symptom der Rachitis handelt, oder ob nicht dabei die Veränderungen im Nervensystem, wie sie der kindlichen Tetanie eigentümlich sind, eine Rolle spielen, erscheint noch nicht endgültig geklärt. Bei den Kindern mit der stärksten Neigung zu profusen Schweissen fehlen in der Anamnese oder im Befund jedenfalls Zeichen der latenten oder manifesten Tetanie nur selten.

Dass aber auch das gesamte Nervensystem nicht von der Rachitis verschont bleibt, lehrt die Beobachtung des psychischen Verhaltens der rachitischen Kinder. Die Entwicklung der Psyche wird durch die Rachitis gehemmt, zum Stillstand gebracht oder sogar zurückgeschraubt. Bereits erworbenes Können geht wieder verloren, vorhandene statische Funktionen werden nicht mehr ausgeübt, oder ein Neuerwerb geistiger Funktionen tritt nicht mehr oder nur verzögert ein. Dieser Einschnitt in die Entwicklung des Nervensystems erscheint aber keineswegs bei allen rachitischen Kindern. Auch die Schwere der Knochenerkrankung ergibt keinen Maßstab für den Grad der sich hier entwickelnden Hemmungen. Da wo sich Störungen von seiten des Intellekts und des Seelenlebens einstellen, betreffen sie die Perzeptionsfähigkeit und die Fähigkeit zur Beobachtung. Leichte Aufgaben, wie sie zur Intelligenzprüfung älterer Säuglinge angegeben wurden, werden nicht ausgeführt. Alle Reaktionen sind verlangsamt, nicht nur in Ausübung der seelischen Funktionen, sondern auch in der Steuerung der Motorik, so dass Zustände entstehen können, die an die Katatonie oder Katalepsie Jugendlicher oder Erwachsener erinnern. In solchem Zustand verharrt der rachitische Säugling in Haltungen und in Stellungen, in die seine Extremitäten einmal gebracht sind, starr und regungslos viele Minuten. Verlust des Bewegungsdranges und der natürlichen Lebhaftigkeit ist in vielen Fällen der leichtere Grad der durch die Rachitis gesetzten motorischen Hemmung. Die Psyche selbst ist bei den einzelnen rachitischen Kindern recht verschieden betroffen. Manche sind zufrieden und unterscheiden sich in ihrem Gehabe nur wenig vom normalen Kinde; bei anderen kommt es zu Störungen, die in ihren schwersten Graden entfernt an echte Geistesstörungen erinnern können, so dass von einer Dementia rachitica (Huldschinsky) gesprochen wurde. Der Rachitiker kann teilnahmslos oder ablehnend, negativistisch werden. Stereotypien, wozu auch der bei den rachitischen Kindern häufige Spasmus nutans und ähnliche Fehlbewegungen gehören, stellen sich ein. In diesem Zustand der seelischen Abwehr beantworten die Kinder häufig jede Annäherung mit Geschrei. Dadurch entsteht der Eindruck, dass jede Berührung dem Kinde schmerzhaft sei. Schmerzen gehören aber nicht zum Bilde der Rachitis. Sind tatsächlich die Knochen schmerzhaft, so handelt es sich um eine Mischung von Rachitis und Skorbut.

Die Grundlage der zerebralen Rachitis (Czerny) kann als Folge einer Störung des Kalk- und Phosphorstoffwechsels angesehen werden, die auch das Zentralnervensystem betroffen hat. Die nachgewiesene Kalkverarmung des Gehirns führt zu einer stärkeren Quellung der Hirnsubstanz und dadurch zum grossen Kopf mancher rachitischer Kinder, der oft genug fälschlich als Hydrozephalus gedeutet wird.

Auch die Hemmungen und Verschiebungen in der Entwicklung der Statik, auf die schon hingewiesen wurde, sind ja nur zum kleinen Teil eine Folge des Erkrankens der Knochen und Muskeln. Diese Störungen sind zum grössten Teil zerebral bedingt, dadurch dass die zu einer normalen Statik notwendige zentrale Regulierung der Motorik gestört ist. Wenn auch der Trieb und der Drang zur Bewegung bei vielen rachitischen Kindern vorhanden ist, so fehlt ihnen doch die Fähigkeit zur Ausführung der motorischen Leistung. Das Greifen, das normalerweise spätestens vom sechsten Lebensmonat ab mit opponiertem Daumen erfolgt, ist bei rachitischen Kindern häufig noch in der Mitte des zweiten Lebenshalbjahres das Greifen oder Klammern des jungen Säuglings, bei dem der Daumen in einer Reihe mit den übrigen Fingern steht und niemals gewollt in Oppositionsstellung gebracht wird. Die Säuglingshaltung mit stark angezogenen Oberschenkeln wird vom rachitischen Kinde im Ruhen und Schlafen noch zu einer Zeit beibehalten, in der das gesunde Kind bereits mit gelösten und gestreckten Gliedern schläft. Die Unfähigkeit, die dem Alter zukommenden Bewegungen bei stark entwickeltem Bewegungsdrange auszuführen, führt beim Rachitiker zu Fehlhandlungen der Bewegung, von denen der Spasmus nutans die häufigste ist.

Die Tetanie ist lange Zeit als Erscheinung der rachitischen Erkrankung des Nervensystems angesehen worden. Als Rachitis des Nervensystems wurde die Tetanie einst von Kassowitz bezeichnet. Wenn auch heute durch die Stoffwechseluntersuchungen die prinzipiellen Unterschiede zwischen Rachitis und Tetanie aufgedeckt sind, so bleibt doch die klinische Tatsache bestehen, dass zum Eintritt mancher Formen der Tetanie die Rachitis eine regelmäßig wiederkehrende Voraussetzung liefert, so dass wenigstens in diesen Fällen die Rachitis im Nervensystem die Veränderungen schafft, auf denen die nervösen Erscheinungen erwachsen können.

Prognose. Die weite Ausbreitung des rachitischen Prozesses im Organismus lässt die Aussicht auf eine Heilung in kurzer Frist wenig aussichtsreich erscheinen. Definiert man die Heilung der Rachitis in Analogie zur Heilung irgend einer anderen Krankheit als dauerndes und bleibendes Freisein von rachitischen Krankheitssymptomen, so wird die Zeit, die zur Heilung einer Rachitis notwendig ist, nicht mit wenigen Wochen angesetzt werden dürfen. Zur endgültigen Heilung einer Rachitis sind sicherlich viele Monate notwendig. Erst dann werden nicht nur die chemischen Veränderungen im Knochen und in den Säften ausgeglichen sein, sondern erst dann wird der Säugling auch die Rückständigkeit an motorischer Leistung und geistigen Fähigkeiten eingeholt haben.

Die **pathologische Anatomie** und die Störungen im **Stoffwechsel** werden bei der Rachitis von dem Gesichtspunkt aus betrachtet werden müssen, dass am Knochen trotz stärksten Kalkangebotes keine Verkalkung des neugebildeten Gewebes zustande kommt. Aus diesem Grunde erscheinen die Knochen weich, sie neigen zu Deformitäten, und beim Ausbleiben der Entwicklung eines normalen, wasserarmen, kalkreichen Knochens kommt es zur Bildung eines wasserreichen, kalkarmen Gewebes. Betroffen sind vor allem die Vorgänge der normalen Ossifikation an der Knorpelknochengrenze in der Linie, in der durch Neubildung von Knochengewebe das Längenwachstum der Röhrenknochen erfolgt. Daneben wird die Kortikalis der Röhrenknochen allmählich verdünnt. An der Grenze zwischen Diaphyse und Metaphyse ordnen sich die Knorpelzellen normalerweise zu langen Reihen, zwischen denen parallel Säulen knorpeliger Grundsubstanz stehen. Dieses Knorpelgerüst wird jeweils an den der Epiphyse am nächsten gelegenen Teilen durch Einlagerung von Kalksalzen provisorisch gefestigt (Osteoidbildung). Dieser provisorisch verkalkten Knorpelsäule wächst vom gefässreichen Markraum ein Zapfen entgegen und während die ursprünglich vorhandenen Knorpelzellen zugrunde gehen, wird jede dieser Knorpelsäulen von einem Netz von sogenannten Osteoblasten umsponnen. Die Osteoblasten saugen das Knorpelgewebe auf und bauen im gleichen Maße an seine Stelle das endgültige Knochengewebe. Dieser Vorgang, der sich solange wie das Wachstum dauert ständig wiederholt, geschieht so fein abgestimmt, dass nicht nur die Knorpelzellenreihen und Knorpelsäulen genau parallel angeordnet sind, sondern auch die Grenze, in deren Bereich die Umbildung von Knorpel in endgültig verkalkten Knochen erfolgt, stets als scharfe Linie erscheint. Die Linie, die der provisorischen Verkalkungszone entspricht, ist auch im Röntgenbild scharf sichtbar. Die Breite der Osteoidsäume ist stets gering, da neugebildetes Osteoid sofort in Knochen umgewandelt wird. Das Gleichgewicht zwischen Neubildung von Osteoid und Neubildung von Knochen ist bei der Rachitis gestört. Schon die provisorische Verkalkung bleibt aus, während sich immer neue Knorpelzellenreihen als Vorbereitung zum Verknöcherungsprozess bilden. Da diese ersten Störungen nicht gleichmäßig über die ganze Grenze zwischen Epiphyse und Diaphyse verteilt erscheinen, so verliert hier die Wachstumszone ihre normale scharfe Begrenzung. Sie erscheint pathologisch-anatomisch und im Röntgenbilde zerrissen und zerfranst. Allmählich bilden sich, je länger die Verknöcherungsprozesse ausbleiben, grosse Mengen von wenig festem Knorpelgewebe, das z. T. auch nicht mehr provisorisch verkalkt. Die mechanische Beanspruchung führt dann dazu, dass die Grenze zwischen Epiphyse und Diaphyse nicht mehr als leicht konvexe Linie erscheint, sondern Becherform annimmt. Das Ausbleiben der Verknöcherung im Schafte der Röhrenknochen bedingt auch hier vermehrte Osteoidbildung und damit Knochenweichheit. Das Einsetzen der Heilung der Rachitis zeigt sich darin, dass das Gleichgewicht zwischen den Abbau- und den Anbauprozessen insbesondere bezüglich der endgültigen Verkalkung wiederhergestellt wird. Der Körper schafft sich eine neue epiphysenwärts gelegene Verkalkungszone, in der er die normale Arbeit der Knochenneubildung im normalen Rhythmus wieder aufnimmt, während die durch die Rachitis entstandenen, anormalen Osteoidlager unabhängig davon allmählich verkalkt werden. Diese Zone, in der die Knochenstruktur in ihrer Architektonik vom Normalen abweicht, bleibt noch lange Zeit als ein anatomisch und röntgenologisch feststellbarer Rest der vergangenen Erkrankung bestehen.

Das **Röntgenbild** lässt einen Teil der anatomischen Veränderungen erkennen. Als feines Kriterium der beginnenden und der heilenden Rachitis ist das Röntgenogramm heute von unschätzbarem klinischem Wert.

Infolge der allgemeinen Verarmung an Kalksubstanz ist im Röntgenbilde des rachitischen Knochens die Kortikalis verdünnt und die Spongiosazeichnung weitmaschig. Das im floriden Stadium gebildete osteoide Gewebe gibt keinen deutlichen Schatten, sondern ruft nur eine verschwommene Trübung hervor, so dass das Gesamtbild wenig kontrastreich („flau") erscheint; bei den höchsten Graden, den osteomalazischen Formen, hebt sich der Knochen kaum von den Weichteilschatten ab. Bei reichlicher Bildung von periostalem Osteophyt ist der Kortikalis ein paralleler Randschatten angelagert, der ebenfalls wegen seines geringen Kalkgehalts im Gegensatz zu dem dichteren Begleitstreifen bei der Periostitis luetica nur eine geringe Intensität besitzt. Findet man bei fehlenden klinischen Symptomen einer Fraktur eine den Knochenschatten durchsetzende, bis 1 cm breite Aufhellung, so handelt es sich nicht um Frakturen, sondern um sogenannte LooSersche Umbauzonen; hier entsteht unter dem Einfluss von

Muskelzug oder statischer Belastung an Stelle des normalen ein geflechtartiger, kalkloser Knochen.

So lange sich eine mittelschwere oder schwere Rachitis im floriden Stadium befindet, treten im Röntgenbilde keine neuen Knochenkerne auf. Untersucht man dann zu Beginn des Heilungsvorgangs, so werden auf dem Röntgenbilde innerhalb weniger Tage Knochenkerne von einer Grösse nachweisbar, die monatelanges Vorherbestehen dieser Knochenkerne in knorpeligem Stadium vermuten lässt.

Als Ausdruck der gestörten Wachstumsvorgänge fehlt im Röntgenbild die scharfe lineare Grenzlinie, die normalerweise den Knochen epiphysenwärts abschliesst. Statt dessen geht der Diaphysenschatten in verwaschener und unscharfer oft fransenartiger Form in die helle breite Zone des transparenten Knorpels über; diese Grenzzone zeigt bisweilen aber nicht immer eine becherförmige Aushöhlung und aufgetriebene Ränder.

Im Gegensatz hierzu ist der Skorbut durch einen intensiven Schattenstreifen („Trümmerfeldzone") gekennzeichnet, der gegen die helle Knorpelzone scharf abgesetzt ist. Bei der Lues ist dieser den Knorpel abschliessende Querstreifen noch breiter als beim Skorbut, ausserdem wird die an der Diaphysengrenze lokalisierte Osteochondritis syphilitica kaum nach der zehnten Lebenswoche noch im akuten Stadium angetroffen, während die Rachitis erst nach dem fünften Lebensmonat Knochenerscheinungen im Röntgenbild macht.

Heilungsvorgänge sind durch das Auftreten eines zunächst isolierten Kalkbandes an der Epiphyse, der sogenannten „provisorischen Verkalkungszone" zu erkennen. Der Knochen gewinnt durch übermäßige Verkalkung ein plumpes, dichtes Aussehen, doch werden bereits nach einigen Wochen annähernd normale Verhältnisse geschaffen.

Die **Pathogenese** der Rachitis, die Frage, aus welchen Gründen die physiologische Verkalkung des vorgebildeten osteoiden Gewebes ausbleibt und die „Kalksalzfänger" (v. Pfaundler) im rachitischen Knochen fehlen, ist trotz allen Fortschritts noch ungeklärt. Es sind lediglich eine grosse Reihe von Einzeltatsachen bekannt, die auf das Bestehen tiefgreifender Veränderungen im intermediären Stoffwechsel hinweisen, ohne dass es möglich wäre, exakt eine dieser Umstellungen mit dem Ausbleiben der Verkalkung in Zusammenhang zu bringen. Vermutungen und Hypothesen sind zu diesen Fragen vielfach und mannigfaltig beigebracht worden. Die Lösung des eigentlichen Problems bei der Rachitis, die Frage, wieso der rachitische Knochen die Eigenschaft zur Kalkfixierung verliert, eine Eigenschaft, die den gesunden Knochen ganz scharf gegenüber allen anderen Geweben auszeichnet, ist bisher unbeantwortet geblieben. Man ist fast versucht zu sagen: der Knochen wird durch die Rachitis den übrigen gesunden Geweben des Körpers ähnlich, die ja die Eigenschaft besitzen, nicht zu verkalken, solange krankhafte Veränderungen fehlen.

Die Versuche, ein Verständnis für den gestörten Verkalkungsprozess aus Analysen der Knochensubstanz zu gewinnen, sind wenig aufschlussreich gewesen. Das Verhältnis der wesentlichen Knochensalze von $Ca:PO_4:CO_3$ ist im normalen wie im rachitischen Knochen annähernd gleich, wenn auch der Gesamtaschengehalt des rachitischen Knochens in der Regel etwas erniedrigt ist. Über Veränderungen des Kalk- und Phosphorgehaltes in anderen Geweben ist kaum etwas Aufschlussreiches bekannt. Im Blutserum ist die Menge des Serumkalkes entgegen früheren Erwartungen nicht erniedrigt. Dagegen ergab die Analyse des Blutserums bei florider Rachitis mit grosser Regelmäßigkeit eine Erniedrigung des Phosphatgehaltes, die so charakteristisch für den krankhaften Zustand der Rachitis ist, dass ihr Nachweis heute als feinstes Diagnostikum für das Vorhandensein eines floriden rachitischen Prozesses angesehen wird. Da normalerweise die Menge des Serumkalkes etwa 10 mg% (8—11 mg%) beträgt, die Menge der Phosphate 4,5—5 mg%, so ergibt sich für den gesunden Säugling ein Quotient

Ca:P = 2. Für die Rachitis mit ihrem annähernd normalen Kalkgehalt und stark erniedrigten Phosphatgehalt im Blutserum wird der Quotient Ca:P nicht mehr = 2 sondern etwa = 3—3,5 sein.

$$\text{Normalerweise ist das Produkt } Ca \times P > 40$$
$$\text{bei der Rachitis} \ldots \ldots \ldots \quad ,, \quad < 30.$$

Diese Störung im Verhältnis von Ca:P fördert zunächst noch nicht das Verständnis für das krankhafte Geschehen bei der Rachitis. Eine besondere Bedeutung dürfte aber der Senkung des Phosphatspiegels im Blutserum in bezug auf die Pathogenese der Rachitis zukommen. Zu dieser Auffassung führt eine Betrachtung der allgemeinen Stoffwechsellage bei der englischen Krankheit.

Die grosse Reihe weiterer Veränderungen, vor allem die Abnahme des Bikarbonatgehaltes und der Alkalireserve im Blut, sind im Verein mit vermehrter Säure- und Amoniakausscheidung im Urin als Zeichen für das Bestehen einer intermediären Säurebildung gedeutet worden. Die Entstehung dieser Azidose (Freudenberg und György) beruht nach der derzeitigen Annahme nicht darauf, dass im Übermaß gebildete saure Stoffwechselprodukte durch ein Versagen der Tätigkeit der Lungen (Kohlensäureausscheidung) oder der Nieren (Ausscheidung saurer organischer oder anorganischer Salze) im Körper zurückgehalten werden. Sie dürfte eher die Folge einer Verlangsamung des Gesamtstoffwechsels sein. Jede Verlangsamung der Zelloxydationen führt, wie vielfältige Untersuchungen gezeigt haben, zu einer intermediären Anhäufung saurer Stoffwechselprodukte. Die Ursache der Stoffwechselverlangsamung bei der Rachitis kommt zustande durch das Fehlen von Licht, durch Mangel an antirachitischem Schutzstoff, letzten Endes wohl aber durch eine Hemmung des Stoffwechsels beim Überwiegen innersekretorischer Drüsenprodukte, die die Verbrennungsvorgänge im Organismus dämpfen. Dabei scheint die rachitische Hypophosphatämie nicht ohne Einfluss zu sein. Es ist jedenfalls bekannt, dass das Phosphation die Umsetzungen in allen Geweben stark fördert. Die Abnahme der Milchsäuremengen im Blute bei Rachitis und die Hemmung der Glykolyse, die für die Rachitis bewiesen wurden, sind durch Ausfall der Wirkung von Phosphationen gedeutet worden. Die Hypophosphatämie erscheint danach als bedeutsames Glied in der Kette der Vorgänge, die zum azidotisch gerichteten Stoffwechsel bei der Rachitis führen. Das Anfangsglied dieser Reihe von Vorgängen ist aber in innersekretorischen Störungen zu suchen, die durch innere (Vererbung) oder äussere Faktoren (Lichtmangel) ausgelöst werden. Die Beziehung aller dieser Veränderungen zu dem Ausbleiben des Verkalkungsprozesses der Knochen hat indessen bis heute keine befriedigende Erklärung gefunden. Die meisten Forscher neigen dazu, eine direkte Beziehung zwischen der Hypophosphatämie und dem Ausbleiben der Kalkeinlagerung zu konstruieren.

Anknüpfend an Untersuchungen v. Pfaundlers sind über den normalen Verknöcherungsprozess von Freudenberg und György folgende Vorstellungen geäussert worden.

Die Verknöcherung verläuft danach in 3 Einzelphasen.

1. Kalzium und Knorpeleiweiss = Kalziumeiweiss.
2. Kalziumeiweiss und Phosphat = Kalziumeiweissphosphat.
   Kalziumeiweiss und Karbonat — Kalziumeiweisskarbonat.
3. Kalziumeiweissphosphat = Eiweiss und Kalziumphosphat.
   Kalziumeiweisskarbonat = Eiweiss und Kalziumkarbonat.

Störungen können in jeder dieser drei Phasen eintreten. Experimentelle Unterlagen sind von Freudenberg-György für die Störungen der ersten Phase beigebracht worden. Der Mangel an Phosphat, das Vorhandensein gewisser Eiweissabbauprodukte bewirken nicht nur ein Ausbleiben der Kalkfängereigenschaft, sondern sie führen sogar, wie manche Aminosäuren und Polypeptide, zur Ausschwemmung von Kalk aus den Geweben.

Eine übergeordnete Bedingung der ausbleibenden Verkalkung scheint zu sein, dass der Knochen in seinem Wachstumstrieb nicht gehemmt ist. Jedenfalls fehlt die Rachitis, wenn die Wachstumsvorgänge stark verzögert sind oder stillstehen. Beweise hierfür sind: das Fehlen der Rachitis beim Myxödem und die Rachitisfreiheit der atrophischen Säuglinge. Im gleichen Sinne wirken auch Hunger und Unterernährung, die das Wachstum hemmen, und die daher zur Heilung der Rachitis in Form einer knappen Kost empfohlen wurden. Auch das Seltenwerden florider rachitischer Erkrankungen jenseits des vierten Lebensjahres ist zum grossen Teil Folge der allmählich abnehmenden Wachstumsgeschwindigkeit (Jundell). Ungeklärt bleibt, auf welche Weise endogene, konstitutionelle Faktoren Einfluss auf die Entstehung einer Rachitis gewinnen. Die Bedeutung der Vererbung und der Konstitution für die Entstehung der Rachitis kann heute lediglich als eine sichere klinische Tatsache registriert werden.

Ätiologie. Im Gegensatz zu dem Dunkel, das über den pathogenetischen Vorgängen liegt, ist das Wissen um die ätiologischen Vorgänge gerade durch die Erkenntnisse der letzten Jahre weitgehend ausgebaut und gesichert worden.

Rachitis entsteht überall da, wo Mangel an Licht und Luft bei engen und ärmlichen Lebensverhältnissen herrscht. Diese wenig bestimmte Fassung musste noch bis vor wenigen Jahren der ätiologischen Definition der Rachitis gegeben werden. Die „allgemein schwächenden Einflüsse" (Heubner) mit der Herabsetzung der gesamten Lebenshaltung, mit den Fehlern bei der Pflege und Ernährung der Kinder waren überall da nachzuweisen, wo die schweren Formen der Rachitis erwuchsen. Leichtere Grade der Erkrankung fanden sich aber auch bei einer guten Lebenshaltung, so dass bei genauer Beobachtung der Kinder, wenigstens vorübergehend, fast bei jedem Säugling einmal die leichtesten Grade der Erkrankung klinisch wahrnehmbar wurden. Aus der Fülle der Schädigungen, die das Kind vor allem in den Großstädten unter armen Verhältnissen treffen, „Domestikation", den Faktor herauszuschälen, der ätiologische Bedeutung für die Rachitis besitzt, war lange Zeit unmöglich. Je nach der herrschenden Forschungsrichtung in der Medizin wurde die Ursache der Rachitis in einer Dyskrasie, in einer Infektion, in einer primären Stoffwechselstörung usw. gesucht. Erst die letzten Jahre haben es erlaubt, zwei Tatsachen herauszuheben, die von entscheidender ätiologischer Bedeutung für die Entstehung der Rachitis sind. Es sind das: der Mangel an Sonnenlicht und bestimmte Mängel in der Ernährung. Wie bei jeder Erkrankung besitzt auch hier neben diesen zwei äusseren Faktoren die Körperbeschaffenheit des einzelnen Individuums eine entscheidende Bedeutung für Ausbleiben oder Auftreten, für Geringfügigkeit oder Schwere der rachitischen Erkrankung. Dabei ist der Anteil der Konstitution vielleicht häufiger von seiten der Mütter ererbt, so dass sich ähnliche Bilder der Rachitis in zwei oder drei aufeinanderfolgenden Generationen wiederholen (Siegert, Czerny). An praktischer Bedeutung tritt der Erblichkeitsfaktor gegenüber dem Einfluss, der dem Lichtmangel und einer falschen Ernährung bei der Rachitis zukommt, weit zurück. Das Wissen um die Heredität ist deshalb wichtig, weil man bei belasteten Kindern besonders sorgsam Prophylaxe treiben muss.

Die Bedeutung des Lichtmangels für die Entstehung einer Rachitis ist auch älteren Ärzten nicht unbekannt gewesen. Die Tatsache, dass im dunklen Winter die Rachitis besonders häufig und schwer auftritt und mit den sonnigeren Frühjahrsmonaten heilt, wurde bereits von Kassowitz und später von H. Neumann betont. Im Hochgebirge beobachtete Neumann die Rachitis weit häufiger auf der Schattenseite der Gebirgstäler als auf den Hängen und Höhen, die der Sonnenbestrahlung ausgesetzt waren. Diese Erfahrungen und die sich daraus ergebenden praktischen Folgerungen für Verhütung und Heilung der Rachitis blieben aber unbeachtet. Erst 1919 konnte Huldschinsky an Hand einwandfreier therapeutischer Erfolge, die er bei systematischer Bestrahlung rachitischer Säuglinge mit Ultraviolettlicht erzielt hatte, die entscheidende Bedeutung des Lichtes für die Heilung der Rachitis beweisen. Gleichzeitig wurde bei diesen mit der Quecksilberdampflampe erzielten Erfolgen bewiesen, dass nicht das Licht als Ganzes, sondern lediglich ein bestimmter Anteil des Spektrums, nämlich die Zonen des Violett und Ultraviolett für die Rachitisheilung von Bedeutung seien. Erst später wurde von Hess und Wimberger gezeigt, dass auch das natürliche Sonnenlicht in seiner Heilwirkung den künstlichen Strahlenquellen wenigstens in den Frühjahrs- und Sommermonaten, in denen im Sonnenlicht viel wirksames Ultraviolett zur Erde gelangt, nicht nachsteht.

Der Abschnitt des Spektrums, der die hier wirksamen Strahlen spendet, umfasst die Strahlen von einer Wellenlänge von 297—313 $\mu\mu$. Es wird damit verständlich, wieso an den Meeresküsten und vor allem im sonnigen Hochgebirge, in dem eine besonders starke Ultraviolettstrahlung im Sonnenlichte vorhanden ist, Rachitis fehlt oder rasch heilt. Auch das Freibleiben der im tropischen Klima lebenden Kinder von der Rachitis wird damit erklärt, vorausgesetzt, dass dem Reichtum an Sonnenlicht hier Zutritt zum Körper des Kindes gestattet wird. Andererseits ist die besondere Häufung der Rachitis in den Großstädten mit ihrer staubreichen Atmosphäre, die einen grossen Teil der Ultraviolettstrahlen verschluckt, dadurch verständlich.

Dieser grosse Fortschritt in der Erkenntnis der Ätiologie der Rachitis beim Säugling wurde sehr bald durch eine Fülle von tierexperimentellen Untersuchungen erhärtet und weiter ausgebaut. Wenn auch vielleicht die rachitische Knochenerkrankung der weissen Ratte, dem meist bevorzugten Versuchstier zur Erforschung der Rachitisprobleme, mit der Rachitis beim Menschen nicht durchaus identisch ist, so hat die Möglichkeit, eine verwandte Krankheit beim Tier zu erzeugen, es doch gestattet, die Bedeutung des Mangels an Ultraviolettlicht für die Entstehung und die entscheidende Bedeutung des Ultraviolettlichtes zur Verhütung und Heilung der Krankheit zu beweisen. Die Übertragung der im Tierexperiment gewonnenen Erfahrungen auf die Probleme der Säuglingsrachitis hat sich bisher stets als berechtigt erwiesen.

Die Theorie vom Lichtmangel als wesentlichem, ja entscheidendem ätiologischen Faktor bei der Entstehung der Rachitis ist erst ein Produkt der jüngsten Zeit, während früher, aber auch noch heute gültig, den Einflüssen der Ernährung ein breiter Raum unter den Entstehungsursachen der Rachitis eingeräumt wurde. Dass auch auf anderen Wegen als durch Lichtmangel Rachitis entstehen und auf anderen Wegen als durch Lichtzufuhr Rachitis verhütet werden und heilen kann, ist nicht nur in zahlreichen Tierexperimenten bewiesen, in denen allein durch unzweckmäßige Ernährung Rachitis erzeugt und durch komplette Nahrung verhütet und geheilt werden konnte. Es sprechen im gleichen Sinne auch die älteren vielfältigen klinischen Erfahrungen von der Heilwirkung des Lebertrans und die Beobachtung, dass in den sonnenärmsten arktischen Gegenden Rachitis keineswegs häufiger ist, als in sonnenreicheren Bezirken der Erdoberfläche. Die falsche Ernährung wurde bereits von Glisson in seiner ersten Beschreibung der Rachitis, neben ungünstigen Lebensbedingungen und ungünstigen Einflüssen von seiten der Eltern und der Konstitution, betont. Der Ernährungsfaktor liess sich erst schärfer charakterisieren, als vor etwa 100 Jahren im Lebertran ein wirksamer Schutz- und Heilstoff der Rachitis gefunden schien. Aber auch der Nutzen des Lebertrans wurde z. B. von Heubner angezweifelt, und Kassowitz, der ihn eigentlich erst in die Reihe der anerkannten Medikamente einführte, glaubte in ihm mehr ein nützliches

Vehikel des zur Rachitisheilung empfohlenen Phosphors, als einen eigentlichen Heilstoff der Rachitis zu sehen. Erst einer späteren Zeit blieb es vorbehalten, klinisch und im Stoffwechselversuch (Schabad, Rosenstern, Schloss, Birk, Orgler) die Kalkretention und den Kalkeinbau in den Organismus nach Lebertranmedikation zu beweisen. Wenn in neuster Zeit wieder gegen die Wirksamkeit des Trans Bedenken erhoben werden mussten, so gelten sie nur für die heute vielfach im Handel befindlichen Trane, die durch falsche Gewinnungsmethoden und durch allzu eingreifende Reinigungs- oder Entfärbungsverfahren ihrer Wirksamkeit beraubt worden sind. Der wirksame Anteil des Lebertrans war schon vor vielen Jahren von Stoeltzner u. a. im unverseifbaren Anteil des Trans gefunden worden. Hier sollte es der Cholesterinanteil sein, an den die rachitisheilende Wirkung gebunden wäre. Da es aber nicht gelang, die hier wirksamen minimalen Mengen des heilenden Stoffes chemisch genauer zu definieren, lag es in den Jahren, in denen die Vitaminforschung das Ernährungsproblem beherrschte, nahe, das wirksame Prinzip des Trans der Gruppe der chemisch nicht definierbaren lebensnotwendigen Ergänzungsstoffe, den Vitaminen, einzureihen. Nachdem das antirachitische Vitamin zunächst mit dem fettlöslichen Vitamin A identifiziert worden war, ergab sich bald aus klinischer und experimenteller Erfahrung die Notwendigkeit, das antirachitische Vitamin als D-Vitamin vom antixerophthalmischen Vitamin A abzutrennen. Die Auffassung der Rachitis als einer Avitaminose, die vor allem Kasimir Funk, Hopkins u. a. vertreten hatten, blieb aber von vornherein nicht ohne Widerspruch (v. Pfaundler, Klotz).

In dieser Zeit musste man zugeben, dass zwei scheinbar ganz verschiedene ätiologische Faktoren häufig gemeinsam, aber sicherlich auch getrennt, die Entstehung einer Rachitis bewirken könnten: Lichtmangel oder Mangel an „Vitamin D" ergaben beim Kinde und im Tierexperiment eine Rachitis, während Lichtzufuhr oder Ernährung mit Substanzen, die Vitamin D enthielten, vor allem Zufuhr von Lebertran oder von Eigelb bei knapper Nahrungsdosierung (Iundell) eine Rachitis heilten. Durch eine ausserordentlich glückliche und kühne Fragestellung wurde die verbindende Brücke zwischen Lichtmangeltheorie und Vitaminmangeltheorie geschlagen. A. F. Hess und Steenbock und ihre Mitarbeiter suchten eine Antwort auf die Frage, wie sich Nahrungsstoffe, die an sich im Tierexperiment keinerlei Heil- oder Schutzwirkung gegenüber einer Rachitis besässen, verhielten, wenn sie einer intensiven Ultraviolettbestrahlung ausgesetzt wurden. Es ergab sich die zunächst überraschende Beobachtung, dass an sich unwirksame Substanzen durch Bestrahlung mit ultraviolettem Licht heilende Eigenschaften annehmen können. Aktivierbar in diesem Sinne waren eine grosse Reihe von Nahrungsmitteln und toten Stoffen: tierische und pflanzliche Öle, Holz, Milch, Sahne, Butter, grüner Salat, Stärke, Mehlarten, Fett, Haut- und Muskelstücke von Mensch und Tier. Als nicht aktivierbar erwiesen sich: Gelatine, Glyzerin, Paraffin, Mineralöl, Chlorophyll, reiner Zucker und Zwieback, reines Fett, Wasser und Salze. Alle aktivierbaren Substanzen enthielten, wie Hess feststellte, einen Stoff, das Cholesterin, das in den nichtaktivierbaren fehlte. Die rasch fortschreitende weitere Forschung, vor allem durch Windaus, ergab, dass nicht das Cholesterin selbst durch Ultraviolettlicht zum Rachitisheilstoff wurde, sondern ein verwandter des Cholesterins, das Ergosterin, das die in der Natur vorkommenden Cholesterine regelmäßig begleitet. Aus dem Ergosterin, dem Provitamin, entsteht durch Ultraviolettlicht der Stoff, der in minimalen Mengen imstande ist, Rachitis zu verhüten und zu heilen und der zur Zeit, solange seine chemische Konstitution nicht näher bekannt ist, als antirachitisches Vitamin, als D-Vitamin oder als Rachitisschutzstoff bezeichnet werden kann.

Damit schloss sich der Kreis. Die Lichtmangeltheorie der Rachitis und die Theorie des alimentären Mangels, ursprünglich anscheinend weit voneinander entfernt, fanden ihre Deckung. Mit einer gewissen Wahrscheinlichkeit darf angenommen werden, dass die Heilung bei direkter Bestrahlung und bei Aufnahme bestrahlter Substanzen auf gleichem Wege zustande kommt. Die Sterine des Hautfetts werden sich wohl bei direkter Bestrahlung in gleicher Weise mit Lichtenergie laden und zur Aufnahme ins Blut gelangen, wie die Sterine ausserhalb des Körpers, die wir in Form des bestrahlten Ergosterins darreichen.

Wenn auch dem Lichtmangel und dem Mangel an D-Vitamin bei der Entstehung der Säuglingsrachitis sicherlich die entscheidende Bedeutung zugemessen ist, so darf daneben doch nicht die Rolle vergessen werden, die eine im übrigen unzweckmäßige Ernährung, eine schlechte Pflege, Infektionen und manche anderen Schäden der „Domestikation" für die Entwicklung einer Rachitis besitzen, ohne dass es bisher möglich wäre, die Wirkungsweise dieser schädigenden Faktoren genauer zu umreissen. Von weit geringerer Bedeutung erscheinen dagegen schwere Ernährungsstörungen für die Entstehung einer Rachitis. Diese Erkrankungen hemmen das Längenwachstum. Voraussetzung zur Entwicklung einer Rachitis ist aber stets ein fortschreitendes Wachstum, das gegeben sein muss, wenn unter der Einwirkung aller vorher aufgezählten ätiologischen Faktoren eine Rachitis entstehen soll.

Die Behandlung der Rachitis. Die Möglichkeit einer zweckvollen Behandlung der Rachitis ist heute so gut fundiert und ausgebaut, dass eine Heilung der Krankheit praktisch mit Sicherheit vorausgesagt werden kann; bei rechtzeitiger Anwendung der antirachitischen Heilverfahren ist auch eine Verhütung aller schwereren Krankheitserscheinungen möglich. Es darf dabei nicht erwartet werden, wie es heute nicht selten in den Berichten über Heilerfolge der Rachitis zu lesen ist, dass nach wenigen Wochen die Rachitis geheilt ist. Wenn es gelingt, röntgenologisch die beginnende Knochenheilung nachzuweisen, oder wenn der niedrige Phosphatspiegel des Blutes steigt, so erscheint es zweckmäßiger, von einer Unterdrückung gewisser Krankheitszeichen der Rachitis als von Rachitisheilung zu sprechen. Eine Erkrankung, die so tiefgreifend jedes Organsystem verändert, die zu schweren somatischen und psychischen Abartungen führt, bedarf, wie die klinische Beobachtung rachitischer Kinder lehrt, zu ihrem Ausgleich mehrerer Monate. Dabei muss vorausgesetzt werden, dass nicht weiterhin oder erneut rachitiserzeugende Faktoren in stärkerem Ausmaße die Patienten treffen. In jedem Falle erscheint es notwendig, einen Säugling oder ein Kleinkind, das eine floride Rachitis durchgemacht hat, sorgfältig zu überwachen, da bei diesen zur Rachitis disponierten Kindern häufig eine Neigung zum Wiederaufflammen der nur unterdrückten Krankheitsmanifestationen besteht. Die Überwachung wird sich bis in die Zeit fortzusetzen haben, in der sich mit der Verlangsamung der Wachstumsvorgänge die Neigung zum Wiederauftreten florider rachitischer Erscheinungen allmählich verliert. Diese Grenze wird bei der Mehrzahl der Kinder etwa in der Zeit des 4. Lebensjahres erreicht. Jenseits dieser Grenze finden sich vielfach noch die entstellenden Spuren der früher durchgemachten Erkrankung, deren Beseitigung mit den therapeutischen Verfahren, die sich zur Heilung des akuten Stadiums bewähren, nicht mehr gelingt. Das rachitische Kind darf durch die Behandlung nicht nur klinisch gesund gemacht, sondern es muss auch gesund erhalten werden. Bei der im wesentlichen bekannten Ätiologie der Krankheit erscheinen die hier zu gehenden Wege klar vorgezeichnet.

Zur Behandlung der Rachitis stehen drei Wege offen:

1. die physikalische Therapie,
2. die Ernährungstherapie und die arzneiliche Therapie,
3. eine Allgemeinbehandlung, die vor allem darauf hinzielt, dem Kinde eine gesunde und zweckmäßige Lebensordnung zu schaffen.

ad 1. Das beste und sicherste Heilmittel der Rachitis ist das Licht, wie es in der natürlichen Sonnenbestrahlung oder von künstlichen Lichtquellen zum Körper des Kindes gelangt. Der wirksame Anteil des Lichtes geht nicht von den sichtbaren Lichtstrahlen aus, sondern von den Ultraviolettstrahlen, deren Absperrung sofort die heilende Wirkung des Lichtes unterbindet. Diese Ausschaltung der ultravioletten Strahlen kommt zustande, wenn die Strahlen auch nur durch eine dünne Glasscheibe gehen müssen. Sonnenbäder hinter geschlossenen Fenstern sind daher in bezug auf die Rachitisheilung wirkungslos. Ebenso verliert jede künstliche Strahlenquelle ihre Heilkraft, wenn der Brenner in einer gläsernen Hülle eingeschlossen ist. Quarz lässt dagegen die Ultraviolettstrahlen in unveränderter Wirkung passieren. In neuester Zeit ist es auch gelungen, Glassorten herzustellen, die sich in bezug auf ihre Durchlässigkeit für Ultraviolettlicht ähnlich wie Quarz verhalten, so das Brephos-Glas der deutschen Spiegelglas A.-G., Grünenplan bei Alfeld (Leine), das Sendlinger- oder Ultraviol-Glas der Sendlinger Optischen Glaswerke, Berlin-Zehlendorf, das Ultravit-Glas der Glashüttenwerke Gebr. Hirsch, Runzendorf (N.-L.) und das Vita-Glas der Firma Chance & Co. Birmingham. Da aber z. Z. noch die Unterlagen über den vermutlich recht geringen Gehalt der Großstadtatmosphäre an ultravioletten Strahlen fehlen, ist der praktische Wert des nach der Filterung verbleibenden Restes an ultravioletten Strahlen problematisch (Neumark). Vorläufig kann die Verwendung des ultraviolettdurchlässigen Glases für Anstalten, Schulen, Privathäuser in Großstädten deshalb nicht empfohlen werden. Der Staub und Russ, der sich in der Atmosphäre der Städte sammelt, ja anscheinend die Luft selbst, verschluckt und vernichtet einen Teil der Ultraviolettstrahlen, die von der Sonne zur Erde gelangen. So kommt es, dass in den Großstädten auch im Sommer das Licht relativ arm an Ultraviolettstrahlen ist, und dass nur in der reineren Atmosphäre der Hochgebirge oder der Seeküsten die Sonnenstrahlen ihre höchste Wirksamkeit entfalten.

Trotz gewisser Schwankungen im Gehalt des wirksamen Lichtanteiles bleibt, wenigstens in den Sommermonaten, die Bestrahlung durch natürliches Sonnenlicht die Methode der Wahl bei der Rachitisbehandlung, da sich nur hier mit der Lichteinwirkung die Einflüsse der Freiluftbehandlung geltend machen, die von sich aus auch wieder den Heilungsprozess bei der Rachitis begünstigen. Das Licht- und Sonnenbad soll als Ganzbestrahlung des Körpers verabreicht werden. Bestrahlung des Gesichtes allein genügt zur Rachitisheilung nicht. Eine genaue Dosierung der Sonnenbestrahlung ist aber notwendig, wenn Schädigungen des Kindes (s. Überhitzung) vermieden werden sollen. Beim Säugling beginnt man zweckmäßig mit einer kurzen Ganzbestrahlung von 2—3 Minuten, wobei der Kopf vor der Sonnenbestrahlung nach Möglichkeit geschützt wird. Von Tag zu Tag wird die Zeit der Lichteinwirkung um 2—3 Minuten gesteigert, bis eine Gesamtbestrahlung von etwa 30—40 Minuten erreicht ist, von denen 15 bis 20 Minuten auf Brust und Bauch, die übrige Zeit auf Bestrahlung des Rückens entfallen. Das Tempo der Steigerung hängt von der Reaktion der Haut ab. Auftreten von Erythemen und Entzündung zwingt zur Verlangsamung, rasche Pigmentierung erlaubt eine Beschleunigung in der zeitlichen Ausdehnung des Sonnenbades. Viel längere Zeiten als sie im Sonnenbad erlaubt sind, darf der Säugling an warmen, sonnigen Sommertagen leicht bekleidet und wenig bedeckt an beschatteten Plätzen im Freien liegen. Auch diese Freiluftkur ist nützlich, da auch im diffusen Tageslichte nicht unbeträchtliche Mengen von Ultraviolettlicht enthalten sind.

Natürliches Sonnenlicht steht den Ländern unseres Klimas in Mengen, die zur Rachitisheilung ausreichen, nur etwa an 100 Tagen des Jahres zur Verfügung. Es war daher ein grosser Fortschritt, als es Huldschinsky gelang, die rachitisheilende Wirksamkeit künstlicher, ultraviolettreicher Lichtquellen zu beweisen. Mit den künstlichen Lichtquellen, von denen sich in erster Linie die Quecksilber-dampflampe (künstliche Höhensonne) bewährt hat, gelingt die Heilung der Rachitis mit grosser Regelmäßigkeit. Die Bestrahlungsdauer muss hier unter Beobachtung der Reaktion des Kindes ähnlich wie bei den natürlichen Sonnen-bädern dosiert werden. Die Bestrahlungen werden je nach der Schwere der Krankheit drei- bis viermal wöchentlich vorzunehmen sein. Im allgemeinen genügen zur Anbahnung der Heilung einer Rachitis 15—20 Bestrahlungen, mit einer Maximaldauer von 30 Minuten für die einzelne Bestrahlung. An Stelle allzulange ausgedehnter Kuren sind öftere und kürzere Wiederholungskuren zu empfehlen, da die Wirksamkeit der Lichtbehandlung anscheinend von der Reaktivität des Hautorganes abhängt, nach sehr lange dauernden Bestrahlungen aber eine Gewöhnung der Haut eintritt, so dass die Wirkung des Reizes nach-lässt. Eine endgültige Heilung ist nur gesichert, wenn den ganzen Winter hindurch mit kurzen Unterbrechungen bestrahlt wird.

Die klinisch, blutchemisch und röntgenologisch einsetzende Heilung beginnt nach jeder Lichteinwirkung sehr rasch. Die Umstellung der Stoffwechselvorgänge verlangt beim Säugling Berücksichtigung, da sich beim rachitischen Kinde gelegentlich Störungen einstellen können. Bei einem Teil der latent tetanischen, rachitischen Kinder bringen die ersten Sonnenbestrahlungen nicht selten eine Manifestation der Krankheit, die sich dann in Form von Laryngospasmen oder Krämpfen äussert (s. Tetanie). Ergibt eine sorgfältige Prüfung Anzeichen für das Bestehen einer latenten Tetanie, so sollte die antirachitische Behandlung mit einer der bewährten symptomatischen, antitetanischen Behandlungsmethoden kombiniert werden. Beim rachitischen Brustkinde stellt die rasche Rachitis-heilung zuweilen Anforderungen an den Kalkbedarf, die bei der relativ kalk-armen natürlichen Ernährung nicht immer befriedigt werden können. Um hier scheinbare Misserfolge der Ultraviolettlichttherapie zu vermeiden, empfiehlt es sich, den Brustkindern während der Zeit der Lichtbehandlung ein Kalkpräparat (z. B. Calcium lact. 3—5 g am Tag) zu geben.

ad 2. Eine Kost, die an sich die Rachitis heilt, besitzen wir nicht. Dagegen lassen sich zahlreiche Fehler vermeiden, die das Auftreten einer Rachitis be-günstigen, und deren Vermeidung Berücksichtigung bei der Auswahl und Zusammenstellung eines Kostzettels beim rachitischen Kinde verlangt. Ein reichliches Milchangebot, das die Menge von ½ Liter und im zweiten Halbjahr ⅓ Liter am Tag übersteigt, sollte wegen der Gefahr eines Milchnährschadens und der dabei drohenden Kalkverluste vermieden werden. Aus demselben Grund wird man als Zusatz zur Milch die gärungsfördernden Kohlenhydrate, vor allem Malzextrakt wählen. Schon frühzeitig soll der Speisezettel C-Vitaminträger enthalten, die den Kalkansatz begünstigen; etwa vom dritten Lebensmonat an sollten Obstsäfte, vom vierten bis fünften Monat an Gemüse gegeben werden. Ein Eigelb, das besonders reich an antirachitischem Vitamin ist, kann zwei- bis dreimal wöchentlich gegeben werden.

Kostzettel für einen rachitischen Säugling von etwa ³/₄ Jahren:
1. Vollmilch oder Malzkaffee mit Zucker 100—150 g.
2. 1 Banane, Keks oder Zwieback.
3. 1 Teller Gemüse und Kartoffelbrei. Dreimal wöchentlich etwas Fleisch, dreimal wöchentlich 1 Gelbei, Obstsaft.
4. 100—150 g Vollmilch oder Malzkaffee mit Zucker, Zwieback oder Keks.
5. Butterbrot mit Teewurst oder weissem Käse, roher Obstsaft.

Die Ernährungstherapie wird bei der Rachitis zweckmäßig ergänzt durch die Anreicherung der Nahrung an den Stoffen, die besonders reich an dem

Heilstoff der Rachitis sind. In erster Linie steht hier der Lebertran, der in Kombination mit Phosphor oder Kalk gegeben wird.

Phosphor. . . . 0,01　　　　Calc. phosphor. tribas. pur. 10,0
Ol. jecor. aselli ad 100,0　　　　Ol. jecor. aselli ad 100,0

Der käufliche Lebertran besitzt aber z. Z. keineswegs durchweg rachitisheilende Eigenschaften. Eine pharmakologische Prüfung der in den Handel gebrachten Trane und erst recht der aus Tran hergestellten Präparate (Emulsionen) wäre dringend zu verlangen. Die Unbeständigkeit in der antirachitischen Wirksamkeit dieser Transorten erklärt sich aus den heute vieler Orten üblichen Reinigungsmethoden des nativen Tranes, die darauf zielen, ein, möglichst klares und helles Präparat zu liefern. Die Möglichkeit, ein unwirksames Präparat zu erhalten, ist daher stets gegeben. Als Dosierung empfiehlt sich für den Säugling jenseits des dritten Lebensmonats eine Tagesmenge von 10—15 g Tran.

Ernährungstherapie und pharmakologische Therapie haben ihre grösste Förderung durch die Erkenntnis erfahren, dass es gelingt, durch Ultraviolettlichtbestrahlung an sich unwirksame Nahrungsstoffe zu wirksamen Heilmitteln der Rachitis zu machen. Für die Säuglingsernährung stehen hier in erster Linie die schon recht ausgedehnten Erfahrungen mit bestrahlter Milch oder bestrahlter Trockenmilch zur Verfügung. Der üble, ranzige Geschmack, der den Trockenmilch-Präparaten anhaftete, erschwerte ihre Anwendung in der Praxis. Durch neuere Bestrahlungsverfahren der Frischmilch gelingt es, die störende Geschmacksveränderung zu verringern. Vier Apparate stehen schon heute zur Milchbestrahlung zur Verfügung, der Apparat von Scheidt, der Hanauer Apparat nach Dr. Scholl, der recht einfache von Bogdandy-Warmoscher und der Apparat der Vitaray-Gesellschaft. Alle Apparate vermögen die Milch zu aktivieren, aber das Ausmaß der Aktivierung ist noch nicht vergleichend geprüft: Es ist eine dringliche Aufgabe — zunächst im Tierversuch — die Stärke ihrer antirachitischen Wirkung festzustellen, zumal hier noch keine Übereinstimmung erzielt ist. Von der nach Scholl bestrahlten Milch genügen nach Scheer 0,03 ccm, um eine Rattenrachitis zu heilen. Den Angaben von Degkwitz über einen recht hohen Gehalt der bestrahlten Milch an wirksamem Ergosterin stehen andere gegenüber, die diesen Gehalt weit niedriger errechnen.

Schädigungen der Kinder durch bestrahlte Frischmilch wurden bisher nirgends beobachtet. Im Tierexperiment hat Reyher die Feststellung gemacht, dass die Bestrahlung der Milch ihren C-Vitamingehalt vermindert. Diese Feststellung, die wir entgegen den Ergebnissen anderer Autoren bestätigen müssen, ist in der Praxis ohne grössere Bedeutung, da dieser Mangel durch Darreichung von Obstsäften leicht ausgeglichen werden kann.

Die Heilung der Rachitis bei Verabreichung bestrahlter Milch geht langsam vonstatten, weit langsamer als bei direkter Höhensonnenbestrahlung oder bei Verwendung des bestrahlten Ergosterins. Sechs bis zehn Wochen dauert es, ehe die klinischen Erscheinungen der Rachitis sich bessern. Dieses langsame Tempo der Verkalkung lässt die Verabreichung bestrahlter Milch bei schwereren Formen der Rachitis nicht angezeigt erscheinen, wenn es sich darum handelt, schnell Besserung zu bringen. Indikationsgebiet der bestrahlten Nahrung ist daher mehr der Beginn der Rachitis mit seinen leichten Veränderungen und die Prophylaxe. Die Menge der bestrahlten Milch, die zu therapeutischen Zwecken nötig ist, wird auf täglich ca. 500 g bemessen.

Die arzneiliche Therapie der Rachitis ist durch die Entdeckung der Heilwirkung des bestrahlten Ergosterins in den Vordergrund gerückt.

Das zuerst eingeführte Präparat ist das Vigantol (Merck und J. G. Farbenindustrie), das jetzt in schwächerer Konzentration als in der ersten Zeit ($^1/_5$)

in den Handel gebracht wird. Dosierung: 5—10 Tropfen des Vigantolöls oder 1—2 Dragées am Tag. Neben Vigantol hat sich auch das englische Präparat Radiostol durchgesetzt. Dosierung: 2 Dragées oder dreimal täglich 4—6 Tropfen. Als drittes Präparat, das ebenfalls Fürsprecher gefunden hat, ist das Präformin (Nordmarkwerke Hamburg) als Präformin-Emulsion im Handel mit 1% bestrahltem Ergosterin. Dosierung: 8 ccm der 1% Emulsion werden 1 Liter Milch zugesetzt. ¼ Liter Milch enthält dann 2 mg bestrahltes Ergosterin. Die therapeutisch empfohlene Dosis entspricht 1 mg Ergosterin; über 3 mg am Tage sollte man niemals hinausgehen.

Es ist der Versuch gemacht worden, die Dosierung nach Standard-Einheiten vorzunehmen. Als eine biologische Einheit wird eine Menge von 0,0001 mg bestrahlten Ergosterins bezeichnet, durch die nach zehntägiger Verfütterung eine an Rachitis erkrankte Ratte vollkommen geheilt wird.

Die anfängliche Begeisterung für das bestrahlte Ergosterin ist einer gewissen Entmutigung gewichen, nicht, weil das Präparat versagt hätte, sondern weil namentlich bei dem meist gebrauchten Vigantol schädliche Nebenwirkungen bei Mensch und Tier beobachtet wurden, die den Therapeuten zur Vorsicht mahnten.

Im Tierversuch haben Kreitmaier und Moll, Reyher u. a. durch Verfütterung von Vigantol, aber auch von Präformin (Heubner), besonders bei Überdosierung, schwerste toxische Veränderungen durch Verkalkung am falschen Ort gefunden. Kalkablagerungen an Herzklappen, Nieren, Magen und Darm, sowie allgemeine Entwicklungsstörung und Kachexie der Tiere (Ratten und Katzen) wurden beobachtet. Dem starken Kalkhunger des wachsenden Knochens des Säuglings ist es wohl zu danken, dass ähnliche Veränderungen der Sklerosierung an ungewollter, falscher Stelle bisher nirgends zur Beobachtung gekommen sind. Indessen ist zuerst von Degkwitz, dann auch von anderen Autoren über Nierenschädigungen ernster Art bei tuberkulösen Kindern durch Vigantol berichtet worden. Dass Nierenschädigungen leichter Art, Zylindrurien, Albuminurien auch bei nicht tuberkulösen Säuglingen im Gefolge der Vigantoldarreichung auftreten können, ist inzwischen auch von anderen Beobachtern mitgeteilt worden.

Über die Ursache dieser „Vigantolschäden" oder besser „Ergosterinschäden" ist man sich noch nicht im klaren. Die einen denken an eine Schädigung durch relative Überdosierung, die anderen an toxische Nebenwirkung durch die Art der Herstellung des Präparats oder Ungleichheiten seiner Zusammensetzung. Überall in der Medizin sind wir gewöhnt, gerade bei stark therapeutisch wirkenden Mitteln auch Nebenwirkungen zu sehen; man denke nur an die Serumtherapie. Solange die schädigende Komponente eines Heilmittels nicht stärker hervortritt als bisher bei bestrahltem Ergosterin, sollte das seiner Verwendung unter ärztlicher Kontrolle keine Einschränkung auferlegen. Weniger ins Gewicht fallen die Magen-Darmstörungen, die bei Verwendung von Vigantolöl hier und da beobachtet wurden, und die selbst bei dem indifferenten Lebertran nicht immer zu vermeiden sind.

Die Heilwirkung des bestrahlten Ergosterins tritt schnell ein. Schon nach zwei bis drei Wochen zeigen sich die Kalkeinlagerungen im Röntgenbild, schnell hebt sich auch die Hypophosphatämie, und nachweisbar bessert sich das klinische Bild. Das Tempo der Kalkeinlagerung steht kaum dem nach, wie es bei direkter Höhensonnenbestrahlung erzielt wird.

In Übereinstimmung mit den meisten Kinderärzten stehen wir nicht an, die therapeutische Verwendung bestrahlten Ergosterins unter ärztlicher Kontrolle bei Rachitis, die nicht direkt bestrahlt werden kann, anzuraten. Für das bestrahlte Ergosterin gilt das gleiche, wie für die Höhensonne: endgültige Heilung der

Rachitis wird nur bei perpetueller Zufuhr — mit kurzen Intervallen — durch den ganzen Winter hindurch zu erreichen sein. Die Pausen sollen stets nach vierwöchiger Ergosterindarreichung eingeschoben werden.

ad 3. Neben der Lichttherapie und der Ernährungstherapie sind zur Behandlung der Rachitis im Laufe der Zeiten eine nicht geringe Anzahl von Heilverfahren empfohlen worden, deren Anwendung den Ablauf der rachitischen Erkrankung, wenn auch weniger eindrucksvoll als Ultraviolettlicht und D-Vitamin, beeinflusst. Wir sehen dabei ab von der in der Regel utopistischen Forderung, die allgemeine Lebenshaltung des Kindes durch Hygienisierung der Wohnung oder Schaffung einer hygienisch einwandfreien Lebensordnung wesentlich zu bessern. Ein solches Verlangen scheitert heute allzu häufig an wirtschaftlichen und sozialen Schwierigkeiten. Dem von der Rachitis am meisten bedrohten Kinde des Proletariats wird ein gewisser Ersatz durch zeitweise Verbringung in ein Kinderheim oder ähnliches geschaffen werden können. Langdauernde Kuren sind notwendig, wenn bleibende Erfolge erzielt werden sollen.

Als unterstützende Maßnahme zur Heilung der Rachitis dient weiter ein regelmäßiges Turnen nach einem bewährten Verfahren und vorsichtige Massage, Übungen, die z. T. direkt die Schlaffheit der Muskulatur bessern, z. T. auch über den Weg des Nervensystems die Entwicklung der Statik fördern und schliesslich sicherlich auch durch Reiz und Anregung des Hautorgans die Stoffwechselvorgänge beeinflussen und dadurch günstig auf die Rachitis einwirken. Auf dem gleichen Wege entfalten auch die von jeher empfohlenen Salzbäder heilende Wirkungen bei der Rachitis. Die Haut wurde auch als Vermittler der Heilwirkung bei dem Versuche benutzt, den letzten Endes durch Störungen der inneren Sekretion abnorm verlangsamten Ablauf der Stoffwechselvorgänge durch Einfuhr stoffwechselbeschleunigender Inkrete wieder anzutreiben und zur Norm zurückzuführen. Die Versuche gehen auf Erfahrungen von Stoeltzner zurück, dem es gelang, durch Injektionen von Adrenalin rachitische Erkrankungen zu heilen. Auf Grund der späteren Erkenntnisse von der Pathogenese der Rachitis konnten dann Vollmer und Langstein eine Mischung von Inkreten angeben, die, in einer Salbengrundlage in der Haut verrieben, die Rachitis heilen sollte. Wenn auch zunächst von den beiden Autoren über Erfolge berichtet wurde, so scheinen vor einer allgemeinen Anwendung doch erst noch weitere Untersuchungen und Heilungsberichte abgewartet werden zu müssen.

Prophylaxe. Die weitgehend gesicherte Kenntnis von der Ätiologie der Rachitis ergibt die Möglichkeit, durch rechtzeitige Anwendung bewährter Antirachitika und durch Ausschaltung der Faktoren, die zur Entstehung einer Rachitis beitragen, vorbeugend die englische Krankheit zu bekämpfen.

Die Frage, ob eine Prophylaxe der Rachitis durch frühzeitige und systematische Behandlung etwa vom ersten Lebensmonat ab zu erreichen ist, besitzt — das bedarf keiner Ausführung — grösste sozialhygienische Bedeutung. Die Hoffnungen darf man hier nicht zu hoch spannen. Selbst bei regelmäßiger Bestrahlung von der ersten Woche ab sind mitunter gewisse rachitische Erscheinungen, wie Kraniotabes und Rosenkranz, nicht zu vermeiden. Das gilt ganz besonders für erblich stark zu Rachitis disponierte und für frühgeborene Kinder. Freilich pflegen diese Erscheinungen unter der Bestrahlung bald zur Abheilung zu kommen, ohne ernstere Formen anzunehmen. Mit Czerny möchten wir glauben, dass es eine absolute Prophylaxe gegenüber der Rachitis nicht gibt. Die Zufuhr von Ultraviolett wäre dem Wasserstrahl vergleichbar, der einen Brand löscht. Der Mangel an Wasser ist nicht die Ursache des Brandschadens, wenn er ihn auch beseitigt. In unsere Hand ist es gegeben, dass der Brand nicht um sich greift und grössere Zerstörungen verursacht. Wenn man also auch einer eigentlichen

Prophylaxe der Rachitis skeptisch gegenüber stehen muss, so ist doch sicher, dass es gelingt, die eben beginnende Rachitis sofort zur Abheilung zu bringen, was praktisch der Prophylaxe jeder ernsteren Form gleichkommt.

Alle Therapeutika, vor allem auch hygienische Lebensweise und zweckentsprechende Ernährung, sind auch Prophylaktika. Die gleichen spezifischen antirachitischen Mittel, die zur Therapie empfohlen wurden, stehen hier zur Verfügung. Das stärkste Prophylaktikum ist die Bestrahlung mit Ultraviolett, die natürliche im Sommer und die künstliche im Winter. Um einen Dauererfolg zu erzielen, muss aber die Bestrahlung den ganzen Winter hindurch vom dritten Lebensmonat und beim Frühgeborenen vom ersten ab fortgesetzt werden. Die direkte Bestrahlung mit Höhensonne kann der Natur der Sache nach niemals eine Volksprophylaxe werden. Es fehlt an Ort und Zeit, und Massenbestrahlungen bringen die Gefahren der Infektion. Die Höhensonne wird stets eine Individualprophylaxe bleiben. Universalprophylaxe, Volksprophylaxe würde nur durch die Zufuhr von Ultraviolettträgern zu erreichen sein, die sich lautlos und arztlos (Rietschel) vollziehen kann. Einer solchen Massenprophylaxe kann bei dem heutigen Stand der Dinge noch nicht das Wort geredet werden. Jeder Arzt sollte aber heute bereits bei den seiner Obhut anvertrauten Kindern Prophylaxe treiben. Welches Verfahren er wählt, ob er bestrahltes Ergosterin, Vigantol 2—3 Tropfen täglich, vier Wochen lang mit folgender achttägiger Pause, oder Radiostol 6—9 Tropfen täglich (die prophylaktische Dosis entspricht 0,1—0,2 mg Ergosterin), oder bestrahlte Milch (300—500 g) verordnet, bleibt seinem Erachten überlassen.

2. Die Tetanie im Säuglingsalter.

Die Tetanie des Säuglingsalters, die mechanische und elektrische Übererregbarkeit des gesamten spinalen und vegetativen Nervensystems, ist früher mit den Erscheinungen der rachitischen Erkrankung identifiziert worden, so dass Kassowitz glaubte, von der Tetanie als „der Rachitis des Nervensystems" sprechen zu dürfen. Der Trennungsstrich zwischen der Rachitis und der Tetanie ist erst viel später gezogen worden, und heute besteht eher eine Neigung, die tatsächlich vorhandenen Verschiedenheiten der beiden Krankheiten zu betonen, als die vor allem durch die klinische Beobachtung begründeten Übereinstimmungen hervorzuheben. Eine Wesensgleichheit der beiden Erkrankungen muss wohl vor allem auf Grund der weitgehenden Unterschiede im Stoffwechsel abgelehnt werden. So gibt es schon im Säuglingsalter Formen der Tetanie, die ebenso wie die Tetanie beim Erwachsenen kaum etwas mit einer Rachitis zu tun haben. Auch das völlige Fehlen der Tetanie beim Brustkinde, das von der Rachitis keineswegs verschont wird, spricht dafür, dass neben den Vorgängen, die zur Rachitis führen, noch andere Einwirkungen Platz greifen müssen, ehe es zur Tetanie kommt. Den Einfluss mancher einschneidender Stoffwechselstörung auf die Entstehung der Tetanie lehrt auch die Häufigkeit, mit der sich die Erscheinungen der Übererregbarkeit, z. B. bei dem Heubner-Herterschen Infantilismus mit seinen tiefgreifenden Störungen des gesamten Zellaufbaues, einstellen. Trotz aller dieser Ausnahmen bleibt die klinische Erfahrungstatsache bestehen, dass weitaus die Mehrzahl der tetanischen Erkrankungen im Säuglingsalter im Verein mit einer Rachitis oder auf dem Boden einer Rachitis erwächst. Rachitis und Tetanie sind nicht so sehr durch eine Blutsverwandtschaft, als durch eine allerdings sehr enge Wahlverwandtschaft verbunden.

Das Wesen der Tetanie im Säuglingsalter besteht in einer mechanischen und elektrischen Übererregbarkeit nervöser Zentren und peripherer Nerven, zu der sich zu manchen Zeiten mannigfache manifeste Krankheitserscheinungen als Ausdruck einer durch Übererregbarkeit gesteigerten, krankhaften Organfunktion gesellen. Das Stadium, in dem erst durch entsprechende Untersuchungsmethoden der Zustand der mechanischen oder elektrischen Übererregbarkeit aufgedeckt wird, wird als latente Tetanie der manifesten Tetanie gegenübergestellt, in der die klinisch wahrnehmbare, gestörte Organfunktion das Krankheitsbild beherrscht.

Klinisches Bild. Das Bestehen einer mechanischen Übererregbarkeit kann durch Beklopfen jedes oberflächlich liegenden peripheren, motorische Fasern enthaltenden Nerven aufgezeigt werden (Ibrahim). Es gelingt dies am leichtesten an der Durchtrittsstelle des Nervus facialis durch die Parotis, am Nervus radialis an der Aussenseite des Oberarms, in der Gegend der Grenze zwischen unterem und mittlerem Drittel, am Nervus ulnaris medial vom Olecranon, am Nervus peroneus hinter dem Fibulaköpfchen, oder schliesslich am Nervus femoralis an der Vorderseite des Oberschenkels, etwa an der Grenze zwischen oberem und mittlerem Drittel. Besteht eine mechanische Übererregbarkeit, so kommt es als Reizungserfolg zur Zuckung oder Bewegung in den von dem betreffenden Nerven versorgten Muskeln.

Die Prüfung auf elektrische Übererregbarkeit geschieht durch Reizung eines peripheren Nerven mittels eines schwachen galvanischen Stromes. Auftreten einer Kathodenöffnungszuckung in dem vom Nerven versorgten Muskelgebiete bei niedrigeren Stromstärken als normal oder ein Auftreten der Anodenöffnungszuckung vor der Anodenschliessungszuckung, sprechen für das Bestehen einer Tetanie. Für die Praxis genügt in der Regel die Bestimmung der Kathodenöffnungszuckung am leicht zugänglichen N. medianus (Anode auf Brust, Kathode auf Vorderseite des Unterarms); eine Zuckung bei weniger als 5 M. A. gilt als sicheres Zeichen für das Bestehen einer latenten Tetanie. Gegen diese Auffassung von der Bedeutung der erniedrigten K. Ö. Z. als Zeichen einer Tetanie sind von Reyher und Ulmer gewisse Bedenken erhoben worden, die aber wohl für die praktische Diagnose noch zurückgestellt werden dürfen.

Als Ersatz der Bestimmung der Erregbarkeit durch den galvanischen Strom ist von französischen Autoren die Messung der Chronaxie empfohlen worden, bei der, um gewisse Fehler auszuschalten, neben der zur Hervorrufung der Minimalzuckung notwendigen Intensität des konstanten galvanischen Stromes (Rheobase) die kürzeste Reizeinwirkungszeit bestimmt wird, die notwendig ist, um bei einer Stromstärke von doppelter Intensität wie die Rheobase die erste Muskelzuckung hervorzurufen. Die Chronaxie lässt bei der latenten Tetanie und wahrscheinlich auch bei manifester Tetanie gewisse Gesetzmäßigkeiten vermissen, die sich bei einer Prüfung der normalen Nerven ergeben. Die Autoren glauben, mit dieser Methode Werte finden zu können, die dem Grade der tatsächlich vorhandenen Funktionsstörung besser entsprechen, als es die Bestimmung der galvanischen Erregbarkeit der Nerven ermöglicht. In die Praxis hat die Bestimmung der Chronaxie bisher kaum Eingang gefunden.

Die latente Tetanie ist heute weit seltener geworden; noch vor wenigen Jahren konnte Finkelstein bei etwa 60% scheinbar gesunder, künstlich ernährter Kinder eine elektrische Übererregbarkeit feststellen. Heute finden wir in gleichem Milieu kaum 10% latent Tetanische. Dieser Rückgang der latenten Tetanie und Hand in Hand damit aller Manifestationen der Erkrankung ist ohne Zweifel auf die Rachitisprophylaxe und auf das bessere Ernährungsresultat bei der künstlichen Ernährung zurückzuführen. Trotz der Abnahme der Tetanie sollte auch heute stets die Untersuchung auf latente Übererregbarkeit, am einfachsten durch Prüfung der mechanischen Erregbarkeit der peripheren Nervenstämme, zu den obligaten Untersuchungsmethoden beim Säugling jenseits des dritten Lebensmonats gehören. Die Grenze zwischen der latenten und manifesten Tetanie ist in der Regel ganz scharf zu ziehen. Eine Bestätigung hierfür bringen auch tiefgreifende Umstellungen im Stoffwechsel, die sich beim Übergang von der Ruhe zum häufig genug dramatisch bewegten Krankheitsbilde der manifesten

Tetanie vollziehen (s. später). Der Umschlag in die Manifestation ist meist an das Hineinspielen irgend einer äusseren Schädigung oder Belastung gebunden.

Die führenden Symptome der **manifesten** Tetanie sind die tonisch-klonischen **Krämpfe**, die **Laryngospasmen** und die heute recht selten gewordenen **tonischen Dauerkontraktionen** einzelner Muskelgruppen, in erster Linie die **Karpopedalspasmen**. Wenn alle diese Symptome sich im Verlaufe einer schweren manifesten Tetanie auch nach und nach einstellen können, so lehrt die klinische Beobachtung doch, dass die Tetanie im Säuglingsalter sich in drei gut unterscheidbaren Zustandsbildern darzustellen pflegt, von denen jedes einzelne durch eines der führenden Symptome ausgezeichnet ist. Vor der Zeit der Halbjahreswende werden die tetanischen Erkrankungen beherrscht von allgemeinen Krämpfen. Zwillinge, Frühgeburten und junge Säuglinge in der Rekonvaleszenz schwerer Ernährungsstörungen zeigen diese eklamptische Frühform der Tetanie am häufigsten. Um die Zeit der Halbjahreswende geben die Laryngospasmen dem Bilde der Tetanie das Gepräge; hier sind es stets rachitische Säuglinge, vor allem die dicken pastösen Kinder, die aus mannigfachen recht wechselnden Ursachen an der laryngospastischen Form der Tetanie erkranken. Die tonische Form der Tetanie, bei der chronische Muskelspasmen im Krankheitsbilde vorherrschen, erscheint in reiner Form meistens bei Kindern jenseits der Halbjahreswende, die an schweren, chronischen Ernährungsstörungen leiden; es ist die Tetanie der Atrophiker, der chronisch Ruhrkranken und die Tetanie der Kinder mit chronischer Verdauungsinsuffizienz.

Die **eklamptische Frühtetanie** erscheint niemals beim eutrophischen, ausgetragenen Kinde, selbst dann nicht, wenn die Eutrophie bei unnatürlicher Ernährung erreicht wurde. Beim ausgetragenen Kinde kommt es zu dieser Form der Tetanie nur dann, wenn im Aufbau des Organismus schwerwiegende Veränderungen Platz gegriffen haben, sei es dass eine akute Durchfallserkrankung, eine chronisch verlaufende Ernährungsstörung oder ein Infekt die Gewebsbeschaffenheit veränderten. Viel häufiger neigt im dritten oder vierten Lebensmonat das **frühgeborene** Kind zu dieser durch Krämpfe ausgezeichneten Form der Tetanie, und hier kann die Eklampsie, aber auch nur beim künstlich ernährten Kinde, auch auftreten, ohne dass eine ernstere Abartung des Ernährungszustandes immer nachzuweisen wäre. Bei beiden Kinderkategorien schützt in dieser frühesten Lebenszeit aber nur die ausschliessliche Ernährung an der Brust vor dem Auftreten der Erscheinungen der Übererregbarkeit. Eine Zwiemilchernährung, bei der auch nur etwa $1/_3$ der Nahrungsmenge durch Kuhmilch ersetzt wurde, kann unter Umständen schon eine eklamptische Frühtetanie heraufführen. Die besondere Schwierigkeit in der Diagnose der eklamptischen Form der Tetanie besteht in der Ausschliesslichkeit, mit der die tonisch-klonischen Krämpfe tagelang als einziges Symptom bestehen können, ohne dass es möglich wäre die eindeutigen, eine Tetanie charakterisierenden Symptome der mechanischen oder elektrischen Übererregbarkeit nachzuweisen. Zuweilen schiebt sich sogar zwischen die Krampfperiode und eine spätere Periode der latenten Übererregbarkeit ein Zeitraum von 8—14 Tagen ein, in dem jedes Zeichen für das Bestehen einer Übererregbarkeit fehlt. Diese Zeit, in der Krämpfe als einziges Symptom vorhanden sind, kann zu mannigfachen Irrtümern (Hirnblutung, Meningitis) Veranlassung geben. Vielfach wird die Diagnose nur per exklusionem zu stellen sein, oder aus der sicheren Heilwirkung, die der Übergang zur ausschliesslichen Ernährung mit Brustmilch mit sich bringt. Beim älteren Säugling stehen Krämpfe bei gleichzeitigem Fehlen anderer latenter oder manifester Erscheinungen der Übererregbarkeit niemals mehr so absolut im Vordergrund des Krankheitsbildes wie bei der eklamptischen Form der Tetanie. Krämpfe in späteren Lebensmonaten und in späteren Jahren, bei denen andere Zeichen der Übererregbarkeit fehlen, stellen meistens sogenannte **Gelegenheitskrämpfe** dar, wie sie einzelne

Kinder im Beginn fieberhafter Infektionen erleiden, oder wie sie im Säuglingsalter den Zustand der alimentären Toxikose begleiten. Alle diese Krämpfe sind nicht Symptome einer Tetanie. Sie sind der Ausdruck einer zerebralen Überempfindlichkeit, die vielfach als ererbtes Phänomen auftritt, oder bei der sich andere Erscheinungen nervöser Erregbarkeit bei Mitgliedern der Familie nachweisen lassen. Das dauernde Fehlen der mechanischen oder elektrischen Übererregbarkeit und ihre Altersbedingtheit unterscheiden diese Krämpfe von den Eklampsien der Frühtetanie.

Weit häufiger ist die laryngospastische Form der Erkrankung, die ausgezeichnet ist durch das Auftreten von Stimmritzenkrämpfen. Mit dem Erscheinen dieser Manifestation ist der Nachweis der Übererregbarkeit stets möglich. Bei einzelnen Kindern gesellt sich zum zeitweiligen Krampf der Kehlkopfmuskulatur ein allgemeiner Krampf, so dass gelegentlich bei Säuglingen im fünften und sechsten Lebensmonat eklamptische und laryngospastische Formen der Tetanie verbunden auftreten können. Der Krampf der Glottis kann zu vorübergehender Apnoe, niemals aber zur Erstickung führen. Die Gefahr droht dem Kinde, das an Laryngospasmen leidet, nicht durch den Verschluss der Stimmritze, sondern von seiten des Herzens, das bei diesen Kindern nachweisbar vergrössert ist und auf Grund anatomischer und funktioneller Veränderungen zu plötzlichem Stillstand neigt. Der Eintritt der Laryngospasmen erfolgt in vielen Fällen scheinbar spontan, in anderen Fällen lassen sich Infekte, eine Erregung, eine Belastung durch eine grössere Mahlzeit als Anlass nachweisen. Die laryngospastische Form der Tetanie besitzt engste Beziehungen zur Rachitis, und für sie gilt es, dass sie niemals ohne gleichzeitig bestehende floride Rachitis erscheint. Dagegen scheinen Änderungen im Gewebszustande, wie sie Ernährungsstörungen mit sich bringen, nicht die Voraussetzung zum Auftreten dieser Erkrankungsform zu schaffen.

Neben der quergestreiften Muskulatur des Kehlkopfes kann sich bisweilen die Übererregbarkeit auch auf die glatte Muskulatur erstrecken. Übererregbarkeit der glatten Muskulatur des Darmes oder der Harnwege führt zur Verstopfung oder zur Harnverhaltung. Die Pupillen können ungleich weit sein, die Kornea kann sich eindellen (Ochsenius), die Muskulatur einzelner Bronchialäste kann durch Verschluss des Bronchiallumens und sekundäre Exsudation in abgesperrten Lungenpartien zum Bilde der Bronchotetanie (Lederer) führen, die asthmatischen Zuständen ähnelt.

Die tonische Form der Tetanie betrifft wiederum eine andere Kinderkategorie. Ihr Gebiet liegt am Ende des Säuglingsalters, mehr noch im Kleinkindesalter. Eine floride Rachitis ist nicht immer Voraussetzung für ihre Entstehung. Es sind vor allem schwere, langdauernde Ernährungsstörungen, die den Gewebsumbau zustande bringen, der auch hier Voraussetzung zur Krankheitsentstehung ist. Die tonische Form der Tetanie ähnelt mit ihren Dauerspasmen weitgehend den tetanischen Zuständen, wie sie gelegentlich bei Erwachsenen auftreten, und wie sie sich als Krankheitsmanifestation bei experimentell erzeugten Tetanien einstellen. Karpopedalspasmen und das Tetaniegesicht, verursacht durch Spasmen der Gesichtsmuskulatur, sind die häufigsten manifesten Symptome der Krankheit. Die glatte Muskulatur ist hier häufiger beteiligt als bei der laryngospastischen Tetanie. Allgemeine Krämpfe sind nicht selten, Laryngospasmen fehlen dagegen fast stets. Die Zeichen von mechanischer und elektrischer Übererregbarkeit sind stets von Anfang an vorhanden. Die tonische Form der Tetanie erscheint, wenn sich bei chronisch nichtgedeihenden älteren Kindern neue Gewichtsstürze einstellen oder in der Rekonvaleszenz ein scheinbar günstiger rascher Gewichtsanstieg einsetzt. In jedem Falle muss der Eintritt der tonischen Tetanie als ein ernstes Zeichen gewertet werden, das auf das Bestehen eines tiefgreifenden Gewebsumbaues hinweist. Der schlechte Ernährungszustand, weniger die Tetanie selbst, bedroht ernsthaft das Leben der Kinder, wenn auch durch eine Bronchotetanie oder durch die Mitbeteiligung des Herzens von dem Zustande der Übererregbarkeit selbst gewisse Gefahren dem Kinde drohen.

Die Tetanie der Säuglinge erscheint somit in drei verschiedenen Bildern, deren Symptome sich gelegentlich mischen können. Trotzdem scheint es berechtigt, an der Dreiteilung festzuhalten, da die Wege, auf denen die einzelnen Krankheitsformen der Tetanie entstehen, verschieden sind; bei der eklamptischen Frühform Frühgeburt und Störungen, verursacht durch akute Durchfallserkrankungen; bei der laryngospastischen Tetanie die Rachitis und bei der tonischen Form der Tetanie chronische Ernährungsstörungen. Dazu kommt eine recht ausgesprochene Altersbedingtheit, die dazu führt, dass jeder Zeitspanne des Säuglingsalters eine bestimmte Form der Tetanie überwiegend eigentümlich ist. Das Gemeinsame dieser, in ihrer Klinik und wahrscheinlich auch nach ihrem Entstehungsmodus, so verschiedenen Tetanieformen ist ein Umbau im Zellgefüge, eine Stoffwechselveränderung, die in jedem Falle zu dem allen Formen der Tetanie eigentümlichen Symptom der mechanischen und elektrischen Übererregbarkeit führt.

Untersuchungen des **Stoffwechsels** haben dazu geführt, in einer Störung des Kalkstoffwechsels die letzte z. Z. bekannte Ursache der Übererregbarkeitsphänomene zu sehen. Im Blute findet sich als regelmäßiger Ausdruck der Kalkstoffwechselstörung eine Hypokalzämie. Der beim normalen Säugling im Durchschnitt 10,2 mg% betragende Kalkgehalt des Serums ist bei der latenten Tetanie auf durchschnittlich 6,8 mg%, bei der manifesten Tetanie auf 5,9 mg% herabgesetzt, ohne dass der Grad der Kalkverminderung der Schwere der Krankheitssymptome parallel ginge. Der Zustand und Grad der Erregbarkeit wird bestimmt von der Menge des ionisierten Kalkes. Ein Parallelismus zwischen dem absoluten, leicht bestimmbaren Kalkgehalt des Serums und der Menge des hiervon dissoziierten Kalkes besteht nicht. Die Abnahme der Kalkionen beraubt den Organismus der wirksamen Substanz, die dämpfend auf die Erregungsvorgänge im Organismus einwirkt. Dem ionisierten Kalk in seinen Wirkungen verwandt ist das ionisierte Magnesium; die Gegenspieler von Kalk und Magnesium sind die erregbarkeitssteigernden Ionen des Natriums und vor allem des Kaliums. Nur bei einem bestimmten Gleichgewicht im Verhältnis von Erdalkalien (Kalk und Magnesium) zu den Alkalien (Kalium, Natrium) ist ein normaler Erregungszustand im Organismus gesichert. Zur Übererregbarkeit kann es kommen, wenn in den Säften und in den Geweben entweder die Menge der Kalkionen abnimmt oder die Menge der Kalium- und Natriumionen ohne gleichzeitige Steigerung der Kalkionen zunimmt. Bei den meisten tetanischen Erkrankungen scheint der erste Fall, die Abnahme von Kalkionen, vorzuliegen. Die Verschiebung im Salzgehalt im Milieu interne zeigt sich vielleicht auch in der Ödemneigung des tetanischen Kindes, bei dem der Befund einer prall-gespannten, ödemähnlichen Schwellung, vor allem über den tonisch kontrahierten Händen und Füssen recht häufig ist.

Das Problem der Pathogenese der Tetanie musste sich also dahin zuspitzen zu erforschen, unter welchen besonderen Bedingungen die Ionisierung des Kalkes abnimmt, und die Aufgabe der Therapie musste es sein, Veränderungen im Organismus auszulösen, die die Ionisierung des Kalkes steigerten. Die Löslichkeit und damit die Dissoziation eines Kalksalzes hängt nach Rona und Takahashi ab vom mehr sauren oder mehr alkalischen Charakter des Lösungsmittels, und zwar ist die Menge ionisierten Kalkes um so grösser, je saurer, gemessen an der wahren Azidität, das Lösungsmittel ist und um so geringer, je mehr alkalische Valenzen, vor allem Bikarbonat und nach György sekundäres Phosphat vorhanden ist. Erhöhung des Bikarbonat- und Phosphatgehaltes im Serum oder eine Erniedrigung der H-Ionenkonzentration führt zu einer Abnahme der Ca-Ionen oder anders ausgedrückt, eine Alkalose der Gewebssäfte bewirkt die Abnahme des biologisch aktiven Kalkanteils. Diese Verschiebung der Stoffwechsellage nach der alkalischen Seite ist die Voraussetzung zur Entstehung der Tetanie. Es ist daher weiter zu fragen, unter welchen Bedingungen es im Säuglingsorganismus zu dieser alkalotischen Umstimmung des Stoffwechsels kommen kann.

Die experimentelle Forschung hat eine ganze Reihe von Möglichkeiten kennen gelehrt, unter denen eine Verschiebung der Gesamtreaktion des Stoffwechsels nach der alkalischen Seite eintritt. Forzierte Atmung führt zur sogenannten Atmungstetanie, weil das Blut stark an Kohlensäure verarmt. Die sogenannte Magentetanie, die sich bei heftigem Erbrechen, bei Verschluss des Pylorus beim Erwachsenen einstellt, kommt zustande, weil mit dem Erbrochenen grosse Mengen saurer Valenzen verlorengehen, und damit der Bikarbonatgehalt des Blutes stark ansteigt. Der gleiche Zustand und damit das Auftreten manifester tetanischer Erscheinungen kann nach intravenöser Zufuhr grösserer Bikarbonatmengen eintreten; ähnliches ist durch sekundäre basische Phosphate zu erreichen, die gleichfalls die Menge des ionisierten Kalkes vermindern.

Wichtiger für die Pathogenese der Säuglingstetanie als diese experimentellen Tetanieformen, durch die lediglich der Beweis erbracht wurde, dass jede stärkere Alkalisierung des Stoffwechsels zur Kalkionenverminderung und damit zu tetanischen Manifestationen führt, scheinen Erfahrungen zu sein, die klinisch ungewollt und später im Experiment nachgeahmt, bei völliger Entfernung der Nebenschilddrüsen (Epithelkörperchen) erhoben werden konnten. Die Übertragung der Erfahrung, dass sich nach einer kompletten Schilddrüsenentfernung, bei der auch sämtliche Nebenschilddrüsen mit fortgenommen wurden, die Symptome einer Tetanie entwickelten, führten zu der Vorstellung, dass ein Untergang der Epithelkörperchen auch die Ursache der Säuglingstetanie wäre. Eine Stütze für diese Annahme schien der gelegentlich erhobene Befund von ausgedehnten Blutungen in den Epithelkörperchen von Säuglingen zu geben, die an Tetanie verstorben waren. Wenn eine Regelmäßigkeit dieser Befunde sich auch keineswegs nachweisen liess, so behält die Annahme von der Bedeutung eines Funktionsausfalls der Nebenschilddrüsen bei der Tetanie doch eine gewisse Wahrscheinlichkeit, zumal es in neuester Zeit gelang, ein Hormon der Epithelkörperchen in konzentrierter Form darzustellen (Parathormon Collip), das wenigstens im Tierversuch imstande war, den krankhaft gerichteten Tetaniestoffwechsel zur Norm zurückzuführen. Eine Heilung der kindlichen Tetanie brachte die Anwendung des Hormons zum mindesten nicht regelmäßig. Die Aufgabe der Epithelkörperchen war lange Zeit in einer Entgiftung oder Neutralisation von Stoffwechselprodukten gesehen worden, die auch im Ablauf des normalen Eiweissabbaues entstehen, deren Anhäufung im Organismus bei Ausfall der Epithelkörperchen aber zum Bilde der infantilen Tetanie führte. Vor allem wurde im Methylguanidin der Stoff gesehen, dessen Stauung im Organismus Tetanie verursacht (Frank u. a.). Wenn auch das Bild der Guanidinvergiftung gewisse Ähnlichkeiten mit dem Bild der Tetanie aufweist, so bestehen doch im intermediären Stoffwechsel so tiefgreifende Unterschiede, dass die Auffassung der Tetanie als Guanidinvergiftung heute von den meisten Autoren wieder verlassen ist.

Keine der experimentell erzeugten, der kindlichen Tetanie ähnlichen oder verwandten Bilder decken sich in bezug auf Klinik und biochemisches Verhalten völlig mit dem Bilde der kindlichen Tetanie, und keine dieser Tetanieverwandten hat es vermocht, die Pathogenese der Tetanie des Säuglingsalters restlos zu klären. Die Tetanie kann vorerst nur als eine Stoffwechselstörung aufgefasst werden, bei der eine Hypokalzämie und bei einer Verschiebung nach der alkalischen Seite eine Verminderung der Kalziumionen im Blut bestehen. Der Eintritt einer stärkeren Kalziumionenverminderung bedingt den Eintritt der manifesten Tetanieerscheinungen. Der Ausfall der die Erregbarkeit dämpfenden Kalziumionen wird begünstigt durch eine Vermehrung der Kalium- und vielleicht auch der Natriumionen, die von sich aus erregbarkeitssteigernd wirken. Eine steigernde Wirkung auf alle Lebensvorgänge, sei es Reizbarkeit, sei es Zellatmung, kommt weiter den Phosphaten zu, deren Menge im Serum bei der Tetanie relativ oder absolut erhöht gefunden wird.

Die Entstehung des alkalotisch gerichteten Stoffwechsels, der Vorbedingung zur Minderung des ionisierten Kalkes, scheint in ihren Bedingungen noch wenig geklärt. Einer stärkeren Erregbarkeit des Atemzentrums, die eine Überventilation und damit eine Abnahme saurer Valenzen im intermediären Stoffwechsel verursacht, ist in diesem Sinne ein fördernder Einfluss zugeschrieben worden. Dafür spricht auch die ältere klinische Beobachtung vom Ausbruch manifester tetanischer Anfälle nach heftigem Schreien, nach Erwachen aus dem Schlaf, bei Fiebersteigerung u. ä. Eine ähnliche Wirkung auf das Atemzentrum üben vielleicht alle hormonalen Einflüsse aus, die den Ablauf des Gesamtstoffwechsels beschleunigen. Jede Stoffwechselbeschleunigung führt aber zu einer Abnahme der sauren Valenzen, ebenso wie sich bei jeder Verlangsamung des Stoffwechsels, wie sie z. B. bei der Rachitis angenommen wird, saure Produkte im Organismus häufen.

Die Frage nach der Pathogenese der kindlichen Tetanie mündet also schliesslich in die Frage, welche Einflüsse bekannt sind, die zu einer Beschleunigung des Stoffwechsels führen. Die bekannte Tatsache, dass ein grosser Teil der manifesten Tetanieerkrankungen sich in den ersten Frühjahrswochen häuft, hat zu der Annahme geführt, dass unter dem Einfluss klimatischer Faktoren die Beschleunigung aller Stoffwechselvorgänge, gleichsam das Erwachen aus dem trägen Winterschlaf, in erster Linie unter der Einwirkung der stärkeren Sonnenbestrahlung, stattfände. Dieser Eingriff in den Stoffwechsel soll seinen Ausgang von den innersekretorischen Organen nehmen. Von einer „hormonalen Frühjahrskrise" (Moro) wurde gesprochen. Die tetanischen Erkrankungen sind fast durchweg Erkrankungen an laryngospastischer Tetanie, und in der Tat fehlen bei keinem dieser Kinder die Zeichen der Rachitis. Dabei könnte der mit der stärkeren Sonnenbestrahlung einsetzenden Rachitisheilung noch eine besondere Bedeutung für den Antrieb des Stoffwechsels zukommen. Die Hypophosphatämie, die dem rachitischen Stoffwechsel eigentümlich ist, schwindet unter dem Einfluss des Ultraviolettlichtes und macht einer Phosphatstauung Platz, die ihrerseits wieder zur Stoffwechselbeschleunigung beiträgt. Eine Bestätigung dieser Annahme bringt die Beobachtung, dass unter der künstlichen Ultravioletteinwirkung beim rachitischen Kinde gelegentlich Übererregbarkeitserscheinungen erst auftreten oder bereits vorhandene sich verschlimmern. Mit dem Fortschreiten des Jahres gleicht sich die im Frühjahr krisenartig hereingebrochene Stoffwechselbeschleunigung wieder aus. Damit muss auch wieder ein Grad der Kalziumionisierung eintreten, der einen normalen Erregbarkeitszustand garantiert.

Die Pathogenese der Erkrankungen des Frühjahrs, die unabhängig von der Jahreszeit erscheinen, und bei denen die Zeichen einer Rachitis (wie bei der Frühtetanie) zuweilen fehlen, muss bis zum Eintritt der Alkalose des Stoffwechsels hier andere Wege einschlagen.

Die einfache klinische Erfahrung muss bei dem Mangel an Einsicht in die dunklen intermediären Vorgänge diese Frage beantworten. Immer wieder sind es die gleichen Anstösse und zwar durch Infekte, starke Gewichtsschwankungen

nach unten und oben, Erregungen und Überfütterung, recht verschiedenartige
Noxen, die den Ausbruch der Tetanie auslösen.

Ungeklärt bleibt die Tatsache, dass nur künstlich ernährte Kinder, niemals
Brustkinder, an Tetanie erkranken, obgleich das Brustkind weder von der Rachitis
verschont ist, noch den Tetanie auslösenden klimatischen Einflüssen entzogen
ist, noch stets von einem Ausfall in der Funktion der Epithelkörperchen frei
sein wird.

Zur Erklärung dieser Unstimmigkeit ist an die grösseren Verluste an Salzsäure
gedacht worden, die bei Ernährung mit eiweissreicher Kuhmilch im Magen eintreten.
Auch die stärkeren Fäulnisvorgänge bei künstlicher Ernährung sollen die Entstehung
der Hypokalzämie begünstigen. Im gleichen Sinne sollten die grösseren Phosphat-
mengen wirken, die in der Kuhmilch enthalten sind. Im ganzen scheint eine klare
Deutung aber noch nicht gegeben, und man wird um die Annahme einer intermediär
bedingten, die Tetaniegenese fördernden Einstellung des gesamten Stoffwechsels
beim Flaschenkinde, deren Wesen bisher noch unbekannt ist, nicht herumkommen.

Ähnlichen Schwierigkeiten begegnet auch der Versuch, zu erklären, wie
die in ihrem Stoffwechsel so verschiedenen, ja in vielen Punkten geradezu ent-
gegengesetzten Stoffwechselvorgänge bei der Rachitis und Tetanie zusammenhängen. Denn klinisch und im Verhalten gegenüber endgültigen therapeutischen
Maßnahmen sind beide Erkrankungen immer wieder verwandt und verbunden.

Die Zusammengehörigkeit von Rachitis und Tetanie wird heute mit der Annahme erklärt, dass es sich trotz scheinbarer Gegensätze im Verhalten des Stoffwechsels letzten Endes doch nur um zwei Phasen einer einzigen Reaktion handelt,
ähnlich wie ein Pendel nach rechts und links über die Mittellinie hinausschwingt,
ehe es im Nullpunkt zur Ruhe kommt. Beginnt der Fluss der Stoffwechselvorgänge, z. B. im Frühjahr, rascher abzulaufen, so wird zunächst die Beschleunigung
so gross, dass erst das Einsetzen ausreichender Hemmungen das Gleichgewicht im
Milieu interne des Organismus wieder herstellt.

Die Behandlung der Tetanie. Zur Beseitigung der manifesten Symptome
der Krankheit stehen eine grosse Reihe von Mitteln und Methoden zur Verfügung,
die mit raschem Erfolge die bedrohlichen Krankheitserscheinungen zum Verschwinden bringen, ohne aber eigentlich die Krankheit zu heilen. Auf der anderen
Seite besitzen wir eine Reihe von Heilverfahren, die in langsamerer Wirkung die
Grundursache der Krankheit, den gestörten Stoffwechsel, wieder zur Norm zurückführen, so dass es zu einer tatsächlichen Heilung der Tetanie kommt. Sowohl
die lediglich symptomatisch wirkenden, als auch die eigentlichen Heilmittel bestehen in der Anwendung von Medikamenten, physikalischen Maßnahmen oder
diätetischen Heilverfahren. Die Heilung der Tetanie wird, und das gilt für die
Mehrzahl der Erkrankungen, in erster Linie auf allen den Wegen erreicht, auf
denen die die Tetanie in der Regel begleitende Rachitis zum Schwinden gebracht wird. In diesem Sinne bewährt sich in erster Linie eine Bestrahlungskur
mit Ultraviolettlicht, sodann die Medikation eines wirksamen Lebertranes oder
bestrahlten Ergosterins und die Verabreichung bestrahlter Milch.

Am raschesten und sichersten wirkt die Anwendung der Höhensonne. Bereits
nach fünf bis sieben Bestrahlungen, die in steigender Dosierung am besten täglich
verabfolgt werden, sind die klinischen Erscheinungen der Tetanie geschwunden.
Die elektrische Erregbarkeit der Muskeln und Nerven ist zur Norm zurück-
gekehrt, und im Blute zeigt das Steigen des Kalkspiegels den Eintritt der
Heilung an. Die Anwendung des Ultraviolettlichtes in der Therapie der latenten
und manifesten Tetanie ist aber nicht ohne Gefahr. Vor dem Eintritt der
Besserung stellt sich nicht selten vorübergehend eine weitere Steigerung der
Übererregbarkeit ein. Bei einem Kinde mit bis dahin nur latenter Tetanie
erscheinen nach den ersten Bestrahlungen manifeste Symptome der Krankheit;
zu leichten, geringfügigen, manifesten Symptomen gesellen sich bedeutungsvolle
Krankheitserscheinungen, wie Laryngospasmen oder allgemeine Krämpfe, die
gelegentlich sogar das Leben der Kinder gefährden. Zur Vermeidung dieser

unangenehmen Zwischenfälle muss jedes Kind mit latenter oder manifester Tetanie, bei dem eine Bestrahlungskur eingeleitet wird, zunächst, wie schon betont, eines der wirksamen, symptomatisch wirkenden Mittel erhalten, die das Auftreten manifester Erscheinungen der Krankheit unterdrücken. Ein Kalkpräparat, Säurezufuhr und ähnliches (s. später) werden im gewünschten Sinne wirksam sein. Die Möglichkeit einer Manifestation einer bisher latenten, vielleicht der Beobachtung entgangenen Tetanie unter dem Einfluss einer Bestrahlungskur lässt es ratsam erscheinen, bei jedem Säugling, bei dem zur Heilung einer Rachitis Ultraviolettlicht angewandt wird, sorgfältig nach den Erscheinungen einer latenten Tetanie zu fahnden. Bei den anderen Heilverfahren, wie Lebertran, bestrahlter Milch usw., erstreckt sich der Heilungsprozess über längere Zeit, und die Umstellung des Stoffwechsels geschieht dabei offenbar so schonend und langsam, dass es hier niemals zum Auftreten von Symptomen kommt, die eine vorübergehende Verschlimmerung bedeuten. Auch durch regelmäßige Darreichung von 10—15 g wirksamen Lebertrans und durch 1—2 mg Vigantol (5—10 Tropfen), Radiostol (12—18 Tropfen) am Tag, sowie durch Darreichung von etwa $^1/_2$ Liter bestrahlter Milch täglich gelingt es, eine Tetanie im Laufe von zwei bis drei Wochen zu heilen.

Die Wirkung aller dieser Heilverfahren könnte als Heilung der Tetanie über den Umweg der Heilung der Rachitis gedeutet werden, die sicherlich in vielen Fällen wesentlich an der Entstehung der Übererregbarkeit beteiligt ist. Die Rückkehr des Stoffwechsels zur Normallage scheint aber auch noch auf andere Weise als durch Anwendung antirachitischer Heilmittel erreicht werden zu können. Wenigstens spricht in diesem Sinne der eindeutige und rasche Erfolg, der durch die Ernährung mit Frauenmilch bei der Tetanie zu erzielen ist. Brustmilch ist keineswegs ein Schutz- oder Heilmittel der Rachitis; sie enthält, nach Untersuchungen von Hess, auch kaum D-Vitamin; trotzdem vermag sie mit grosser Sicherheit eine manifeste Tetanie, ja selbst schwere Krampfzustände, besonders bei jungen, frühgeborenen Kindern, zu heilen, vorausgesetzt, dass die Kuhmilch restlos aus der Nahrung ausgeschaltet wird. Nach drei bis vier Wochen ausschliesslicher Brustmilchernährung kann die Tetanie als unterdrückt gelten. Zu diesem Heilverfahren wird in erster Linie bei den Säuglingen zurückgegriffen werden müssen, die schon um die Zeit des dritten Lebensmonats an Tetanie erkranken. Aber auch beim älteren Säugling versagt die Frauenmilch nicht, wenn auch hier andere Methoden zur Verfügung stehen, die bequemer anzuwenden sind.

Mit der Anwendung der antirachitischen Heilmethoden und mit der diätetischen Behandlung durch den Übergang zur natürlichen Ernährung sind die eigentlichen Heilmittel der Tetanie erschöpft. Von den lediglich symptomatisch wirkenden Mitteln steht eine zweckmäßige Nahrung des Kindes in erster Reihe. Alle grossen Mahlzeiten sollen nach Möglichkeit vermieden werden, da jede stärkere Füllung des Magens die Erscheinungen der Übererregbarkeit steigert. Da Frauenmilch auf bisher noch keineswegs geklärte Weise vor dem Eintritt einer Tetanie schützt, künstliche Ernährung dagegen vielleicht den entscheidenden Faktor für die Entstehung der tetanischen Übererregbarkeit darstellt, so wird die weitgehende Verminderung oder sogar die völlige Ausschaltung der Kuhmilch aus dem Kostzettel des Kindes die Grundlage der Diätetik bei der Tetanie darstellen. Die Ausschaltung der Kuhmilch geschieht dabei am besten in der Weise, dass, ähnlich wie bei einer akuten Durchfallserkrankung, für 12—24 Stunden nur Tee, mit Zucker gesüsst, gereicht wird. Das gilt wenigstens für die Kinder im guten Ernährungszustand. Vorsicht mit einer so einschneidenden Hungertherapie ist vor allem bei den älteren, atrophischen Kindern am Platze, die zumeist unter dem Bilde einer Tetanie mit Dauerspasmen erkranken. Im Anschluss an die Teepause wird bei den jüngsten Kindern am besten Frauenmilch zur weiteren Ernährung des Kindes gewählt. Da stärkere Durchfälle häufig fehlen, so ist eine weitgehende Nahrungsreduktion hier nicht notwendig. 400—500 g können sofort gegeben werden. Beim älteren Säugling, für den Frauenmilch nicht mehr zur Verfügung steht, ist die Möglichkeit gegeben, alle Nährstoffe in einer Form zuzuführen, bei der der tetaniefördernde Anteil der Kuhmilch, das ist die Molke (Finkelstein), ausgeschaltet ist. Gemüse, Fleisch, Obst, die in dem Kostzettel des älteren Säuglings enthalten sind, können unbedenklich weiter gegeben werden. Als Getränk empfiehlt sich eine Schleimabkochung, der etwa 1% Mehl, 2% Butter, 5—7% Zucker und 1—2% eines Eiweisspräparates zugesetzt sind. Von dieser Mischung kann das Kind 5—800 g am Tag trinken. Zur Zubereitung der Breie darf Kuhmilch ebenfalls nicht oder nur in sehr beschränkten Mengen verwandt werden; Brühgriess oder Brühreis, mit Wasser bereiteter Kartoffelbrei müssen für einige Tage als Ersatz dienen, bis die heilende Wirkung der antitetanisch wirkenden Mittel zur Geltung gekommen ist. Tetanische Erscheinungen in der frühen Reparationszeit einer akuten Durchfallserkrankung oder tetanische Erscheinungen beim atrophischen Kinde oder eine Tetanie bei hydrolabilen Säuglingen, wozu auch die häufig zur Tetanie neigenden Patienten mit intestinalem Infantilismus zu rechnen sind, lassen eine so weitgehende Ausschaltung der Milch aus der Kost nicht ratsam erscheinen. Molkenarme Milchmischungen, wie Eiweissmilch oder Buttermehlsuppe, sind dann am Platze. Eine besonders intensive Anwendung anderer symptomatisch wirkender, antitetanischer Mittel ist dann aber notwendig, um die auch diesen molkenreduzierten Mischungen noch anhaftende Erregbarkeit fördernde Wirkung auszugleichen.

Die Erkenntnis vom Bestehen einer Alkalose im manifesten Stadium der Tetanie hat zur Empfehlung einer Reihe von Milchmischungen geführt, durch die zum Ausgleich reichlich saure Valenzen in den Körper eingeführt werden. Am ehesten hat sich hier die Salzsäuremilch (Scheer) bewährt, bei der 600 ccm Vollmilch mit 400 ccm $n/_{10}$ Salzsäure oder 960 ccm Vollmilch mit 40 ccm $n/_1$ Salzsäure gemischt werden (als Cutanmilch [Milchwerke Böhlen] im Handel). Nach Zusatz von 5—7% Zucker kann das Kind die seinem Alter und seinem Ernährungszustand entsprechenden Mengen und Mischungen erhalten. Die Salzsäuremilch stellt lediglich ein symptomatisch wirkendes Mittel dar, das das Symptom der Tetanie, die Alkalose, unterdrückt, das aber nicht die eigentliche Stoffwechselstörung der Tetanie heilt.

Die Zufuhr von Salzsäure in Form der Salzsäuremilch leitet zu der Reihe symptomatisch wirkender Mittel über, deren Effekt heute gleichfalls im Sinne einer Unterdrückung der Alkalose gedeutet wird. Es gehört hierher: die Medikation von Salmiak, das als 10% Ammoniumchloridlösung (p. kg 0,5—1,0 g) stets in grösseren Milchmengen gelöst gegeben wird; auch die Wirkung des Kalkes wird heute vielfach als Säurewirkung gedeutet. Die anorganischen Kalksalze sind dabei wirksamer als die organischen Verbindungen. Am häufigsten angewandt wird das Calcium chloratum siccum, von dem täglich 5—6 g bei manifester Tetanie gegeben werden müssen, sei es, dass von einer 10%igen Lösung zu jeder Mahlzeit ein Kinderlöffel zugesetzt wird, oder dass das schlecht schmeckende Präparat am besten in der von Göppert empfohlenen Form:

Sol. calc. chlorat. cryst. 30,0/250,0
Liq. ammon anis. 3,0
Gummi arab. 2,0
Sirup. simpl. ad . . . . [300,0
Ms. 5—6 mal täglich 1 Kinderlöffel

gereicht wird. Wirksamer als das Chlorsalz des Kalkes ist vielleicht noch das Calcium bromatum, bei dem sich eine azidotische Wirkung mit einer sedativen Wirkung kombiniert (Calc. bromat. 10,0 Aq. dest. ad 100,0 Ms. 4 mal täglich 1 Kinderlöffel). Einen Ausgleich des gestörten Gleichgewichts zwischen Alkalien und Erdalkalien schaffen auch die zur Behandlung der manifesten Tetanie empfohlenen Magnesium- und Strontiumsalze. Dabei kommt dem von Behrend in die Therapie der Tetanie eingeführten Magnesiumsulfat eine ausgesprochene Erregbarkeit dämpfende Wirkung zu. Die intramuskuläre Injektion von Magnesiumsulfat (von einer 25%igen Lösung 0,2 g $MgSo_4$ pro Kilo Körpergewicht zu injizieren) kommt vor allem bei den lebensbedrohenden Übererregbarkeitszuständen an der glatten Muskulatur (Bronchotetanie) zur Anwendung. Alle diese Medikamente: Salzsäure, Kalk, Magnesium, entfalten ihre Wirkung erst nach Stunden, wenn eine Umstimmung oder eine gewisse Sättigung des gesamten Organismus mit den zugeführten Erdalkalien eingetreten ist. Bei allen schweren, lebensbedrohenden Manifestationen der Tetanie, wie tonisch-klonischen Krämpfen, schweren Laryngospasmen, sind daher rasch wirkende Sedativa und Narkotika zur Beseitigung der momentanen Lebensgefahr nicht zu entbehren. Urethan (1—2 g), Chloralhydrat (0,5 g), Luminal (0,06—0,1 g) und ähnliches können zur Unterdrückung der ernsten Manifestation der Tetanie angewandt werden. Dabei werden Urethan und Chloral am besten in Form kleiner Halteklysmen (in 25 ccm Schleim gelöst), Luminal am besten in Form des Luminalnatriums als Injektion gegeben. Die Medikation dieser Mittel ist solange fortzusetzen, bis die Wirkung der langsamer wirkenden symptomatischen Mittel (wie Kalk, Ausschaltung der Kuhmilch) erreicht ist. Dazu werden in der Regel 6—12 Stunden notwendig sein. Diese zweite Gruppe symptomatisch wirkender Mittel muss ihrerseits wieder solange gegeben werden, bis der Einfluss der eigentlichen Heilmittel der Tetanie (Höhensonne, Frauenmilch, bestrahltes Ergosterin, bestrahlte Kuhmilch usw.) zur Geltung gekommen ist. Hierzu sind bei der manifesten Tetanie mehrere Tage notwendig.

Bei der latenten Tetanie ist die Anwendung symptomatisch wirkender Mittel nicht angezeigt. Es wird auf diesem Wege ja nur ein warnendes Symptom verhüllt, das auf das Bestehen einer ernsteren Störung des gesamten Stoffwechsels hinweist. Das Auffinden eines positiven Fazialisphänomens oder einer elektrischen Übererregbarkeit beim Säugling gibt unmittelbar die Anzeige, eines der bewährten Heilverfahren der Tetanie einzuleiten.

Ähnliches gilt für die Prophylaxe der Tetanie. Die rechtzeitige Anwendung eines antirachitischen Heilmittels oder die Ernährung an der Brust ist das sicherste Prophylaktikum der Tetanie beim künstlich genährten Kinde.

3. Die Anämien des Säuglingsalters.

Die Berechtigung, den Anämien des Säuglingsalters in einem Buche, das von der Theorie und Praxis der Säuglingsernährung handelt, ein eigenes Kapitel einzuräumen, ergibt sich aus der Tatsache, dass bei ihrer Entstehung und Heilung die Ernährung von ausschlaggebender Bedeutung ist. Dabei ist es auffallend, dass die schwersten alimentär bedingten Erkrankungen des Säuglingsalters, wie die Intoxikation oder die Atrophie, die hämatopoetischen Organe nur selten in stärkerem Grade in Mitleidenschaft ziehen. Zum Teil hängt dieses Verhalten von einer Altersdisposition der Anämien ab. Die schweren Formen der Anämie finden sich, bis auf wenige Ausnahmen, erst jenseits der Halbjahreswende, während die primären Ernährungsstörungen im ersten Lebenshalbjahr vorherrschen. Erst in einer Zeit, in der auch die ernsten Erkrankungen an Rachitis, Skorbut, Tetanie, die Infekthäufungen und die alle diese Zustände begleitenden sekundären Dystrophien auf dem Plane erscheinen, treten auch die Anämien häufiger und stärker auf.

Von klinischen Gesichtspunkten aus lassen sich im Säuglingsalter folgende vier Formen von Anämien abgrenzen, die nach ihrer Entstehung, nach ihrem klinischen Bilde und nach ihrem Ablauf gewisse Unterschiede aufweisen:

a) die Anämien der Frühgeburten und Zwillinge, einschliesslich der diesen Kinderkategorien eigentümlichen, vorübergehenden physiologischen Anämien,

b) die rein infektiösen Anämien (z. B. Luesanämie, Tuberkuloseanämie),

c) die infektiös-alimentären Anämien,

d) die rein alimentären Anämien.

Die Schwere der einzelnen Anämien kann bei allen Formen ausserordentlich wechseln. Schwerste und leichteste Grade der Erkrankung, Erkrankungen mit und ohne Milztumor finden sich bei allen ätiologisch so verschiedenen Gruppen. Drei Grade der Anämie kann man unterscheiden:

α) Eine Anämie vom chlorotischen Typ, ausgezeichnet durch eine stärkere Verminderung des Hämoglobins, während die Zahl der Erythrozyten relativ nur wenig abgenommen hat. Daraus ergibt sich ein Färbeindex, der beträchtlich kleiner als 1 ist. Ausser geringer Poikilozytose und Basophilie fehlen alle stärkeren Veränderungen im roten Blutbilde. Auch das weisse Blutbild erscheint nach Zahl und Zusammensetzung normal.

β) Anämien ohne Milztumor, mit geringen Reizerscheinungen im Blutbilde. Bei diesen Patienten sind Blutfarbstoff und Blutkörperchenzahl annähernd in gleichem Maße vermindert, so dass ein Färbeindex von etwa 1 besteht. Im roten Blutbilde fehlen alle Erscheinungen, die auf einen stärkeren Reizzustand oder Erschöpfungszustand der blutbildenden Organe hindeuten, wenn auch Basophilie und einzelne Jugendformen der Erythrozyten nachweisbar sind. Am weissen Blutbild sind, solange Infektionen fehlen, ausgesprochene Veränderungen nach Zahl oder Zusammensetzung nicht vorhanden.

γ) Anämien mit Milztumor und Veränderungen im Blutbilde, die auf schwere Funktionsstörungen im Knochenmark hindeuten. Die Zahl der Erythrozyten ist auf 2—3 Millionen, selten bis zu niedrigeren Werten verringert. Dem entsprechend ist der Hämoglobingehalt des Blutes gesunken, so dass ein Färbeindex von 1 besteht; nicht selten finden sich aber, ähnlich wie bei der perniziösen Anämie, im stark anisozytotischen Blute besonders hämoglobinreiche, grosse Erythrozyten (Megalozyten), so dass ein Färbeindex über 1 zustande kommt. Im übrigen weist das rote Blutbild, ausser bei der seltenen aplastischen Erkrankung, jede krankhafte Zellform auf: Polychromasie, basophil punktierte Zellen, Normoblasten, Megaloblasten sind stets nachzuweisen. Auch das weisse Blutbild erscheint nicht unbeteiligt. Selbst da, wo Infektionen fehlen, besteht eine mäßige Leukozytose, und in der Zellverteilung erscheinen die Lymphozyten, vor allem aber die grossen mononukleären Zellen und die Übergangsformen, gegenüber den neutrophilen Zellen vermehrt. Auch Myelozyten, selbst in grösserer Zahl, sind nicht selten. Bei den schwersten Graden der Anämie sinkt auch die Zahl der Blutplättchen, der Eiweissgehalt des Blutserums nimmt ab, der Wassergehalt des Blutes ist beträchtlich erhöht.

Bis zu welchem Grade die einzelne anämische Erkrankung sich fortentwickelt, scheint weniger von der besonderen Ätiologie, als vom Grade der

Schädigung und vor allem von der Konstitution des betroffenen Kindes abzuhängen. Alle drei Stadien können bald rascher, bald langsamer bei jedem der vorher aufgestellten Bilder der Anämie durchlaufen werden. Dies zu betonen erscheint nicht unwichtig, da noch immer die Neigung besteht, die schwersten Grade der Anämie, die mit starkem Milztumor und schweren Blutveränderungen einhergehen und die an die Veränderungen bei perniziöser Anämie erinnern, als eine Erkrankung eigener Art von den anderen Anämien des Säuglingsalters abzutrennen. Die Jaksch-Hayemsche Anämie ist nur der stärkste Grad einer Kinderanämie, die auf jedem Wege, vielleicht besonders leicht bei Frühgeburten und bei infektiös-alimentärer Schädigung erreicht wird.

a) Die Anämie der Frühgeburten.

Ein leichterer oder schwererer Grad von Blutarmut entwickelt sich bei jedem frühgeborenen Kinde und bei einem grossen Teil der Zwillingskinder. Dabei werden diese Kinder niemals anämisch geboren. Bei der Geburt sind Hämoglobingehalt und Erythrozytenzahl durchaus normal. Im Laufe von 4—6 Wochen nimmt dann im raschen Absturz der Hämoglobingehalt auf 40—60%, die Zahl der Erythrozyten auf 3—4 Millionen ab. Die entstehende Anämie ist häufig vom chlorotischen Typus, nur dass geradezu im Gegensatz zur echten Chlorose, diese frühgeborenen Kinder bisweilen gar nicht blass, sondern rosig und gut durchblutet erscheinen. Bei der Mehrzahl der Frühgeburten wird bei sorgsamer Pflege und Ernährung diese physiologische Anämie bis zum vierten bis sechsten Lebensmonat ohne besondere Nachhilfe wieder ausgeglichen.

Über die Ursachen dieser Anämie besteht noch keine rechte Klarheit. Ein Depotmangel an Eisen wäre möglich, da das zur Blutbildung notwendige Eisen, das in der Zeit der ausschliesslichen Milchernährung nur in minimalen Mengen in der Nahrung zugeführt wird, erst in den letzten Schwangerschaftsmonaten abgelagert wird. Die histologische Untersuchung von Milz und Leber anämischer Frühgeburten zeigt aber, dass diese Organe reichlich Eisen enthalten; ein eigentlicher Eisenmangel ist nicht vorhanden. Es scheint vielmehr die Fähigkeit zu fehlen, vorhandenes Eisen zur Hämoglobinbildung zu verwerten, oder es mag die Funktion des Knochenmarks überhaupt noch nicht zur genügenden Reife gelangt sein, um eine normale Blutbildung, die der Blutmauserung entspricht, zu leisten.

Praktisch wichtiger als die vorübergehenden physiologischen Anämien der Frühgeburten sind die Spätanämien dieser Kinderkategorie, in die die Frühanämie übergeht, und die sich selbst da entwickeln können, wo exogene Schäden wie häufige Infekte oder Ernährungsfehler fehlen. In anderen Fällen wird der Ausgleich der physiologischen Anämie durch Infektionen oder Ernährungsstörungen verhindert. Ein dispositionelles Moment scheint, wie bei jeder Anämieentstehung, auch für die Frage von entscheidender Bedeutung, ob eine Frühgeburtsanämie heilt oder ob sie in eine leichtere oder schwerere Anämie der späteren Lebensmonate übergeht. Die Entwicklung der echten Anämien fällt beim frühgeborenen Kinde in die Zeit des fünften bis sechsten Lebensmonats. Die Kinder erscheinen dann von gelber Blässe. Sie sind nicht dystrophisch, häufig sogar fett. Im Urin finden sich als Ausdruck des fortschreitenden Blutzerfalls Abbauprodukte des Gallenfarbstoffes. Die Schwere der Anämie wechselt von leichtesten Graden bis zum vollentwickelten Bilde der Jaksch-Hayemschen Anämie. Schliesslich werden alle diese Kinder, wenn die Anämie nicht heilt, dysergisch und in der Unfähigkeit zur Infektabwehr liegt die grösste Gefahr bei den auch in anderen Funktionen um diese Lebenszeit noch unvollkommenen Kindern.

b) Rein infektiöse Anämien.

Die rein infektiösen Anämien begleiten im Säuglingsalter vor allem die Lues und die Tuberkulose. Die schwersten Grade dieser Anämien werden meist aber erst erreicht, wenn, wie z. B. bei der Tuberkulose eine Häufung von grippalen Infektionen sich der Grundkrankheit hinzugesellt. Nachdem es insbesondere bei der Lues lange Zeit strittig erschien, ob die Syphilis allein oder die medikamentöse Behandlung mit Quecksilber und Salvarsan Ursache der Anämie wäre, scheint es heute sicher zu sein, dass anämische Zustände beim luetischen Kinde bereits vor jeder Behandlung ausgeprägt vorhanden sein können (Pogorschelsky).

c) Die infektiös-alimentären Anämien.

Die infektiös-alimentären Anämien stellen im Säuglingsalter die grösste Zahl. Fast stets sind Fehler in der Ernährung und häufige Infektionen in der Vorgeschichte nachzuweisen. Es ist dabei im einzelnen Falle nicht immer zu entscheiden, ob an der Entstehung der Anämie mehr der Infekt oder mehr ein Fehlnährschaden beteiligt ist. Ebenso ist es nicht immer klar, ob durch die Fehlernährung den folgenden Infektionen der Boden bereitet wurde, oder ob ein Infekt den Ernährungszustand und die Nahrungstoleranz zunächst schädigte. Im weiteren Verlauf erscheinen jedenfalls beide Schäden so innig verflochten, dass es kaum möglich erscheint, zu sagen, ob mehr die Infektion oder mehr die sich häufenden Ausfälle in der Ernährung das Kind den schwereren Graden der Anämie zutreiben. Die anämisierende Wirkung der banalen Infektion lässt sich beim Säugling jederzeit nachweisen, wenn man im Beginn und beim Ausgang einer auch nur wenige Tage dauernden Fieberperiode Hämoglobinwert und Erythrozytenzahl bestimmt. Die unter dem Einfluss einer Grippe, einer Varizellenerkrankung und ähnlichem entstandene Abnahme der roten Blutkörperchenzahl und des Blutfarbstoffes wird aber in kürzester Zeit wieder ausgeglichen, wenn dem abheilenden Infekt kein neuer Schaden, in erster Linie kein Ernährungsschaden, folgt. Dabei verhalten sich die einzelnen Infektionen in bezug auf Häufigkeit, Schwere und Hartnäckigkeit, mit der der Einbruch ins Gefüge des Blutes erfolgt und festgehalten wird, nicht gleichwertig. Die Pyurie wirkt z. B. weit stärker anämisierend als selbst eine schwere, langdauernde Pneumonie. Der anämische Zustand kann sich verschlimmern, wenn sich an den ersten Infekt bald neue Infektionen anschliessen, die nach Dauer und Schwere ansteigen. Eine solche Infekthäufung ist in der Regel begleitet von einer Beeinträchtigung des Ernährungszustandes im Sinne einer Dystrophie.

Ebenso wie die Infekthäufung die Anämie einleiten kann, so kann sie auch aus Fehlnährschäden hervorgehen. Dabei hat man den Mangel an C-Vitamin in erster Reihe als Ursache der Anämie beschuldigt. Die Konstitution des einzelnen Kindes sollte nach Aron darüber entscheiden, ob beim Fehlen ausreichender Mengen von C-Vitamin ein Skorbut oder eine Anämie entstände. Anämien auf dieser Grundlage sind im zweiten Lebenshalbjahr sicher nicht selten, da ein grosser Teil der Dystrophien dieses Lebensabschnittes auf einen Mangel an C-Vitamin zurückzuführen ist. Die scharfe Trennung von alimentären und infektiösen Schäden wird aber auch hier nicht durchzuführen sein, da bei allen diesen Patienten die Dystrophie stets verkettet mit einer Dysergie erscheint.

Auch die anämischen Zustände, die manche Rachitis begleiten, scheinen den alimentär-infektiösen Anämien eingereiht werden zu müssen. Wenn Anämien bei ausgesprochener Rachitis häufiger gefunden werden, so werden neben dem Mangel an Licht und D-Vitamin noch andere alimentäre und infektiöse Schädigungen vorliegen. Die Annahme einer besonderen Rachitisanämie, als die zuweilen die

Jaksch-Hayemsche Anämie angesehen wurde, erscheint nicht berechtigt, jedenfalls noch nicht bewiesen. In diesem Sinne spricht auch die völlige Unabhängigkeit, mit der Rachitis und Anämie, wenn sie sich beim gleichen Kinde finden, durch die für jede einzelne Erkrankung bewährten Heilverfahren zum Schwinden gebracht werden.

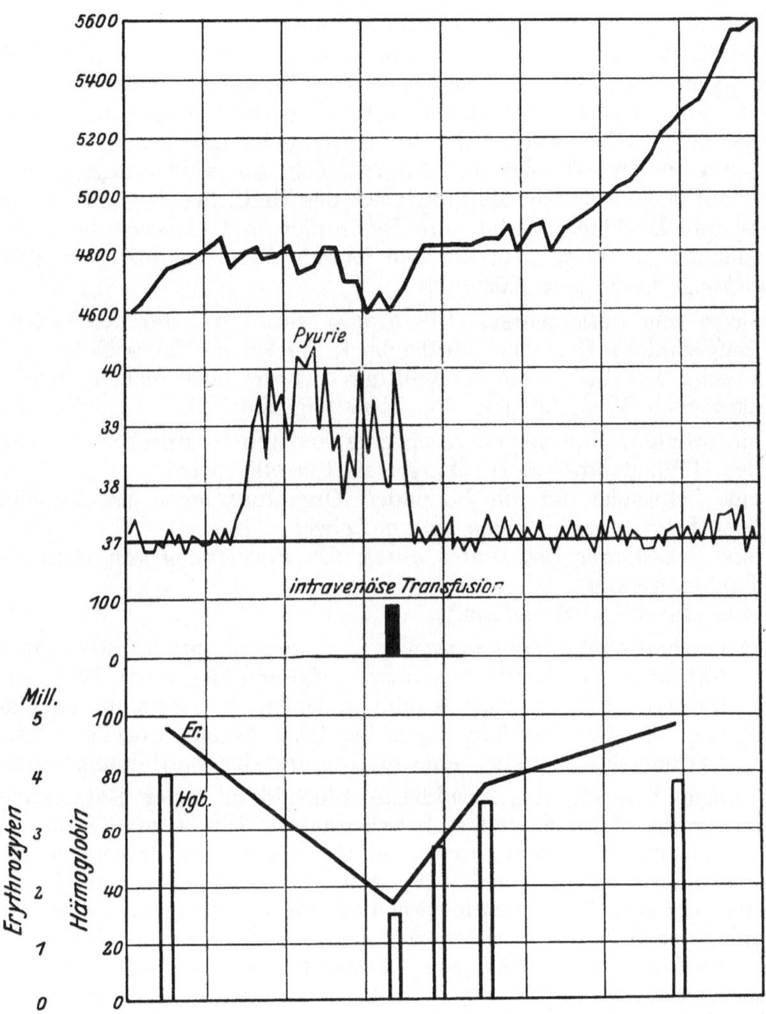

Abb. 82. Anämisierende Wirkung einer Erkrankung an Pyurie. Rasche Heilung durch Bluttransfusion.

d) Rein alimentäre Anämien.

Die rein alimentären Formen der Säuglingsanämie kommen unzweifelhaft vor. Wenn ihre Bedeutung für die pathogenetische Auffassung des gesamten Anämieproblems besonders aufschlussreich gewesen ist, so ist ihre praktische Bedeutung gegenüber den Anämien, an deren Entstehen Alimentation und Infektion beteiligt sind, geringer, da rein alimentäre Anämien im Säuglingsalter relativ selten sind. Sie erscheinen noch am ehesten unter dem Bilde der Ziegenmilchanämie.

Den verschiedenen Formen der Säuglingsanämie sind eine Reihe von Merkmalen gemeinsam, die wegen der Gefährdung des Patienten besonders wichtig sind: **Dystrophie, Dysergie und Dyshämatopoese**. Die Dystrophie ist dabei zuweilen wenig ausgesprochen, oft durch den Ansatz eines schwammigen, pastösen Fettes verschleiert. Die Dysergie fehlt auf die Dauer niemals im Krankheitsbilde der Säuglingsanämie. In der Mehrzahl der Erkrankungen beherrscht sie das krankhafte Geschehen. Infekthäufung und sich stetig mindernde Fähigkeit zur Infektabwehr sind klinisch und für das ärztliche Handeln wichtiger als der Grad der Blutbildveränderung; denn an der Anämie sterben die Kinder nur sehr selten. Den Schlußstrich unter den Lebensablauf zieht bei jeder Form der Anämie eine neue Infektion, eine Bronchitis, eine Pneumonie, eine Pyurie, mit der das Kind nach vorangegangenen anderen Infektionen nicht mehr fertig wird. Zur Dystrophie und Dysergie gesellen sich die Störungen in der Blutbildung, die von sich aus wieder ungünstige Rückwirkungen auf die gesamten Zellfunktionen des kindlichen Organismus ausüben. Ist es erst zur Dyshämatopoese, zur Dystrophie und Dysergie gekommen, so beginnt eine sich in ihren Auswirkungen fortschreitend ungünstig beeinflussende Wechselwirkung dieser drei Faktoren.

Ätiologie und Pathogenese. Die Frage, wieso es unter der Wirkung der eingangs aufgezählten Ursachen (Frühgeburt, Infektion, Nährschäden usw.) zur Anämie kommt, hat bisher eine endgültige Antwort noch nicht gefunden. Die bisher diskutierten Möglichkeiten sind etwa folgende:

1. ein primärer Mangel von Eisen oder anderen spezifischen Aufbaustoffen des Hämoglobins; z. B. Mangel an Pyrrolkörpern;
2. eine Schwäche der blutbildenden Organfunktionen im Knochenmark oder beim Säugling auch in der Leber;
3. eine Schädigung des Blutes durch die Einwirkung von Bakterien und Bakterientoxinen;
4. eine alimentäre Schädigung
   a) trophotoxische Schädigungen, bei denen durch Bestandteile der Nahrung eine Zersetzung oder Auflösung der roten Blutkörperchen bedingt wird, so dass es zum pathologischen Zelluntergang kommt;
   b) trophopenische Schädigungen, bei denen durch Mangel an bestimmten Nahrungsbestandteilen eine Schädigung der Blutbildung eintritt.

Bei einem Versuch, das krankhafte Blutbild in seiner Entstehungsweise zu erklären, ergibt sich eine weitere Schwierigkeit. Die Störung in der Bildung des Hämoglobins und die Störung in der Bildung des Blutkörperchenstromas gehen anscheinend nicht parallel. Vielleicht ist bei der unzureichenden Hämoglobinbildung neben der Knochenmarksfunktion auch die Lebertätigkeit gestört, während die Hemmung der Bildung des Blutkörperchengerüstes wahrscheinlich im wesentlichen ein Zeichen der geschädigten Tätigkeit des Knochenmarkes darstellt. Die Dissoziation beider Aufgaben beweist das Vorkommen von Blutveränderungen mit leidlicher Erythrozytenzahl und relativ stark vermindertem Hämoglobin, z. B. Chlorosen, und das Vorkommen von Anämien, bei denen die Erythrozytenzahl stärker vermindert sein kann als dem Bestande an Hämoglobin entspricht, z. B. perniziöse Anämie. Es muss aber zugegeben werden, dass nach unserem derzeitigen Wissen eine Aussage über die Beteiligung der beiden getrennten Funktionen an der Anämieentstehung noch nicht möglich ist.

Von den Möglichkeiten, die bei der Pathogenese der Anämie von Bedeutung sind, dürfte dem primären Eisenmangel die geringste Rolle zukommen. Die Theorie vom Eisenmangel als Ursache der Anämien des frühen Säuglingsalters hat lange Zeit im Vordergrunde gestanden. Ein Mangel im Angebot an Eisen sollte eintreten, wenn das Kind mit der sehr eisenarmen Milch ernährt wurde. In den ersten Lebensmonaten sollte dieser Mangel im Angebot durch

Eisenvorräte in der Leber ausgeglichen werden, die das ausgetragene Kind mit zur Welt bringt. Die Altersbedingtheit der Anämien und die besondere Neigung der Frühgeburten, die infolge der vorzeitigen Geburt keine Eisenvorräte in der Leber speichern konnten, schienen auf diese Weise eine Erklärung zu finden. Die Einwände gegen die Theorie des Eisenmangels sind bereits vorher besprochen. Schliesslich spricht das Versagen einer prophylaktischen oder therapeutischen Eisenzufuhr in organischer oder anorganischer Form gegen die Theorie vom Eisenmangel. Ähnlich wie bei der Rachitis durch Kalkzufuhr die Knochenerkrankung niemals geheilt wird, so schwindet auch die Anämie nach Eisenzufuhr nicht, weil das zugeführte Eisen zur Hämoglobinbildung überhaupt nicht verwertet werden kann. Erst, wenn durch besondere Reize die Fähigkeit zur Blutneubildung wieder erwacht ist, wird das zugeführte Eisen zur Hämoglobinbildung Verwendung finden können.

Die Annahme einer Schwäche der Blutbildung wird für jede Anämie zutreffen. Sie ist der Ausdruck der konstitutionellen Grundlage, die vorhanden sein muss, wenn es überhaupt zur Anämie kommen soll, und sie erklärt, wieso unter gleichen äusseren Bedingungen nur immer ein kleiner Teil der Kinder anämisch wird. Die Schwäche der blutbildenden Funktionen findet sich bei der Mehrzahl der frühgeborenen Kinder, die daher fast durchweg, wenigstens vorübergehend anämisch werden. Die Ursache dieser Schwäche ist die Unreife des Organismus bei der Geburt, die bis zum Ende des ersten Halbjahres von einer grossen Anzahl frühgeborener Kinder spontan überwunden wird. Der Sitz dieser Funktionsstörung musste bis vor kurzem in das Knochenmark verlegt werden. Nach den neuesten therapeutischen Erfolgen wäre es aber möglich, dass es sich hierbei um eine Hemmung der Leberfunktion handelt, sei es um den Ausfall eines Reizes auf das Knochenmark, der von einem Produkt der Leber ausgeht, sei es um das Fehlen eines noch unbekannten Stoffes, der zum Aufbau von Hämoglobin und Erythrozyten unerlässlich ist.

Die Wirkung bakteriell-toxischer Schädigungen auf das Blutbild lässt sich im Säuglingsalter fast bei jeder fieberhaften Erkrankung nachweisen. Aber nur einzelnen Infektionen kommt eine längerdauernde oder anhaltende anämisierende Wirkung zu. Ausser der Lues und der Tuberkulose, auf die schon vorher hingewiesen wurde, sind vor allem die Pyurie und die septischen Streptokokkenerkrankungen von stärkeren und hartnäckigeren anämischen Zuständen gefolgt. Der Angriffspunkt der bakteriell-toxischen Schädigung muss wiederum im Knochenmark gesucht werden, das direkt oder indirekt von der Leber aus geschädigt sein kann.

Die alimentären Schädigungen, die zur Anämie führen, sollten sich nach der zuerst von Czerny geäusserten Ansicht in der Weise auswirken, dass ein Bestandteil der Nahrung die roten Blutkörperchen schädigt und zerstört. Eine trophotoxische Wirkung geht nach dieser Vorstellung von der Nahrung aus. Die Beobachtung, dass die Anämien des Säuglingsalters ganz besonders durch eine einseitige Milchernährung begünstigt werden, führte dazu, den Blutschädling in der Milch, und zwar im Milchfett zu sehen. Durch eine abnorme Azidose der Säfte oder, nach späteren Vorstellungen, durch Fettsäuren, die bei künstlicher Ernährung in starkem Maße resorbiert werden, sollte ein stärkerer Blutzerfall ausgelöst werden, den Glanzmann durch Veränderungen im Bilirubinstoffwechsel auch nachweisen konnte. Da endgültige Beweise für eine trophotoxische Wirkung der Nahrung, insbesondere der Milch noch nicht vorliegen, muss auch eine zweite Möglichkeit zur Diskussion gestellt werden, durch die anämische Zustände ex alimentatione entstehen können. Die Anämisierung könnte auch durch einen Mangel an Stoffen zustande kommen, die zur medullären oder hepatogenen Blutbildung notwendig sind. Die Anämien rücken damit in eine

Reihe mit den Fehlnährschäden. Die Nahrung würde nach dieser Vorstellung nicht trophotoxisch, sondern trophopenisch wirken. Die Natur der fehlenden Substanzen ist noch wenig bekannt. Ein Mangel an C-Vitaminen, an den Aron dachte, scheint zum mindesten nicht in allen Fällen vorzuliegen. Sicherlich ist auch ein von der Leber gelieferter, nach neueren Forschungen für die Blutbildung notwendiger Stoff nicht identisch mit dem antiskorbutischen Vitamin.

Trophotoxische und trophopenische Schädigungen spielen wahrscheinlich bei der Entstehung der Ziegenmilchanämie eine Rolle. Der geringe Gehalt der Ziegenmilch an C-Vitamin und der Reichtum des Ziegenmilchfettes an den Fettsäuren, die wenigstens in vitro hämolytisch wirken, könnten diese Mittelstellung der Ziegenmilchanämie in Hinsicht auf ihre Pathogenese erklären. Gegen die Annahme einer aktiv schädigenden Wirkung der Ziegenmilch spricht aber, ähnlich wie bei den Kuhmilchanämien, die Erfahrung, dass trotz Fortsetzung der Ziegenmilchernährung die Anämie heilt, wenn nur die Nahrung in anderer Richtung komplettiert wird.

Die Behandlung der Anämien. Die Aussichten für eine Heilung der Anämien waren in früheren Jahren recht ungünstig. Die zur Verfügung stehenden Heilverfahren besserten die krankhaften Blutveränderungen nur sehr langsam; sie waren ohne wesentlichen Einfluss auf die Widerstandslosigkeit gegen Infektionen jeglicher Art, die sich bei der Mehrzahl der anämischen Kinder über kurz oder lang einstellten. Ein Fortschritt wurde erst erzielt, als Methoden gefunden wurden, die nicht nur rasch den krankhaften Blutbefund beseitigten, sondern die gleichzeitig günstig auf den Allgemeinzustand des Organismus, in erster Linie auf seine Immunität und Resistenz einwirkten. Die Behandlung der Anämien im Säuglings- und Kleinkindesalter ist seitdem zu einer dankbaren Aufgabe geworden. Die therapeutischen Fortschritte wurden in drei Etappen zurückgelegt: der erste Schritt war der Nachweis von der Bedeutung einer zweckmäßigen Ernährung für die Heilung der Anämie (Czerny); den zweiten Schritt vorwärts brachte der Ausbau einer systematischen Bluttransfusionstherapie, die für die Behandlung schwerer Anämien zuerst schon von v. Ziemssen empfohlen worden war; der dritte Schritt wurde getan, als von amerikanischen Autoren (Minot u. a.) die Darreichung von Leber und Leberextrakten zur Heilung der Anämie empfohlen wurde. Welche von diesen drei Heilverfahren im einzelnen Falle anzuwenden sind, hängt von der Schwere der Anämie und vom Grade der Beeinträchtigung des Allgemeinbefindens ab. Die alimentäre Behandlung wird bei j e d e m Patienten angezeigt und notwendig sein. In der Mehrzahl der Fälle wird hier die Lebertherapie einbezogen werden können, da der Arzt dieses rasch und sicher wirkende Mittel für die Blutregeneration im Interesse seiner Kranken nicht gern entbehren wird. Die Behandlung der Anämie mit Bluttransfusion wird, da sie technisch und methodisch immerhin einige Schwierigkeiten bereitet, überall da anzuwenden sein, wo durch eine schnelle Wiederherstellung des Blutstatus dringliche Gefahren vom Kinde abgewendet werden müssen. Die Transfusionstherapie wird daher vor allem bei den Patienten angezeigt sein, deren Anämie schon längere Zeit besteht, und bei denen die Häufung schwererer Infektionen eine ernste Lebensgefährdung verursacht. Mit der Anwendung einer Blutüberpflanzung sollte auch dann nicht gezögert werden, wenn andere Heilverfahren nach zwei bis drei Wochen eine deutliche Besserung des Blutstatus nicht erreicht haben.

Die Grundsätze der alimentären Therapie bei den Anämien des Säuglings- und Kleinkindesalters sind: möglichst weitgehende Ausschaltung der Milch, dafür eine möglichst gemischte Kost, in der auch Fleisch nicht fehlt, wobei in erster Linie die inneren Organe wertvoll zu sein scheinen, vor allem die Leber, die Czerny bereits vor 16 Jahren im Kostzettel der anämischen Kinder empfohlen hat. Jede komplette Kostform, die in ihrer Reichhaltigkeit eher über das beim gesunden Kinde übliche Maß hinausgehen soll, ist bei der Behandlung der Anämien am Platze. Zu vermeiden ist stets jede einseitige Kost, in der Milch und Milchmischungen überwiegen. Für ein Kind von etwa einem Jahr wäre folgendes Kostschema zu empfehlen:

1. Mahlzeit: Malzkaffee mit wenig Milch und Zucker, dazu Zwieback oder Graubrot mit Butter.
2. Mahlzeit: rohes Obst (½ geschabter Apfel, eine Banane oder ähnliches).
3. Mahlzeit: ein Teller frisches Gemüse mit etwas Kartoffelbrei oder Brühgriess, dazu 3—4 Teelöffel püriertes Fleisch, am besten Leber, dazu roher Obstsaft, etwa 50—100 g.
4. Mahlzeit: Malzkaffee mit wenig Milch und Zucker, dazu ein Keks.
5. Mahlzeit: Graubrot oder Schwarzbrot mit Butter, eingeweicht in etwa 100 g gesüsster Vollmilch, dazu 1—2 Teelöffel milde Teewurst oder 1—2 Teelöffel weisser Käse oder geriebener Schweizerkäse oder 2—3 mal wöchentlich ein Gelbei, danach noch etwas rohes Obst.

So gelingt es ohne andere Therapie, leichte und mittelschwere Anämien im Laufe von 6—12 Wochen wesentlich zu bessern oder zu heilen. Diese lange Heilungsdauer birgt aber beim dysergischen Kinde gewisse Gefahren. Hier und bei allen schweren Anämien müssen neben der alimentären Therapie die rasch wirksamen Heilfaktoren angewendet werden. Zunächst empfiehlt sich die Lebertherapie. 50—100 g gekochte oder gesottene und frisch pürierte Leber, jeden Tag gereicht, bringen eine überraschend schnelle Heilung selbst schwerer Formen der Säuglingsanämie. Dabei scheint von der Leber zunächst ein Reiz auf die Bildung neuer Blutkörperchen auszugehen, während die Bildung von Blutfarbstoff erst allmählich nachfolgt. In diesem Sinne spricht jedenfalls, dass es unter der Lebertherapie zunächst zu einem raschen Anstieg der Erythrozytenzahl kommt, während das Steigen der Hämoglobinwerte zurückbleibt. Die Darreichung von Leber in Form eines Pürees stösst bei den in der Regel appetitlosen anämischen Kindern oft genug auf Widerstand. Eher gelingt es, wenn die küchentechnischen Fähigkeiten der Mütter ausreichen, diese Lebermengen in Mehlspeisen versteckt den Kindern beizubringen. Angesichts dieser Schwierigkeiten muss es als Fortschritt angesehen werden, dass von der Industrie bereits wirksame Leberextrakte in flüssiger oder Pulverform zur Verfügung gestellt werden (Hepartrat, Hepatopson). Von den flüssigen Extrakten genügen beim Säugling 15—20 g am Tag. Im Laufe von 3—4 Wochen gelingt es bei der Mehrzahl der Kinder, einen normalen Blutstatus zu erzielen, ohne dass die Anwendung anderer eingreifender therapeutischer Maßnahmen notwendig wird.

Die Bluttransfusion wird für die anämischen Krankheiten reserviert bleiben dürfen, bei denen der Heilungsverlauf sich verzögert oder bei denen interkurrente Infektionen eine Lebensgefährdung des Kindes bedingen. Nach einigen älteren, mehr vereinzelten Erfolgen bei der Anämiebehandlung durch Bluttransfusionen ist der systematische Ausbau einer technisch relativ einfachen Methode und der vollgültige Beweis für die Wirksamkeit des Verfahrens vor allem der Arbeit von Opitz zu verdanken. Zur Transfusion stehen beim Kinde drei Wege offen. Das gespendete Blut kann dem Patienten intravenös, intraperitoneal oder intramuskulär zugeführt werden. Die intravenöse Infusion, die die raschesten und sichersten Erfolge bringt, ist in der Form der Infusion in den Sinus longitudinalis durch die offene Fontanelle relativ leicht und bei richtiger Technik auch gefahrlos. Beim älteren Säugling und beim Kleinkinde, deren Fontanelle bereits geschlossen ist, ist die intravenöse Infusion schwieriger. Die Vena jugularis ist bei hängendem Kopfe zwar deutlich zu sehen, aber ausserordentlich leicht verschieblich, so dass die Punktion nicht immer gelingt. Die

Vena mediana cubiti ist in diesem Alter noch sehr eng und häufig bei reichlicherem
Fettpolster kaum auffindbar. Die intraperitoneale Infusion ist der intravenösen
an Wirksamkeit nahezu gleichwertig. Auch hier sind die Gefahren bei richtiger
Technik gering. Die Blutaufsaugung aus der Bauchhöhle erfolgt relativ rasch.
Zu widerraten ist die intraperitoneale Infusion nur bei den Kindern, deren
Kreislauf bereits stark darniederliegt oder bei denen pneumonische Prozesse
oder septische Erkrankungen vorliegen. Ein Nachteil des intraperitonealen

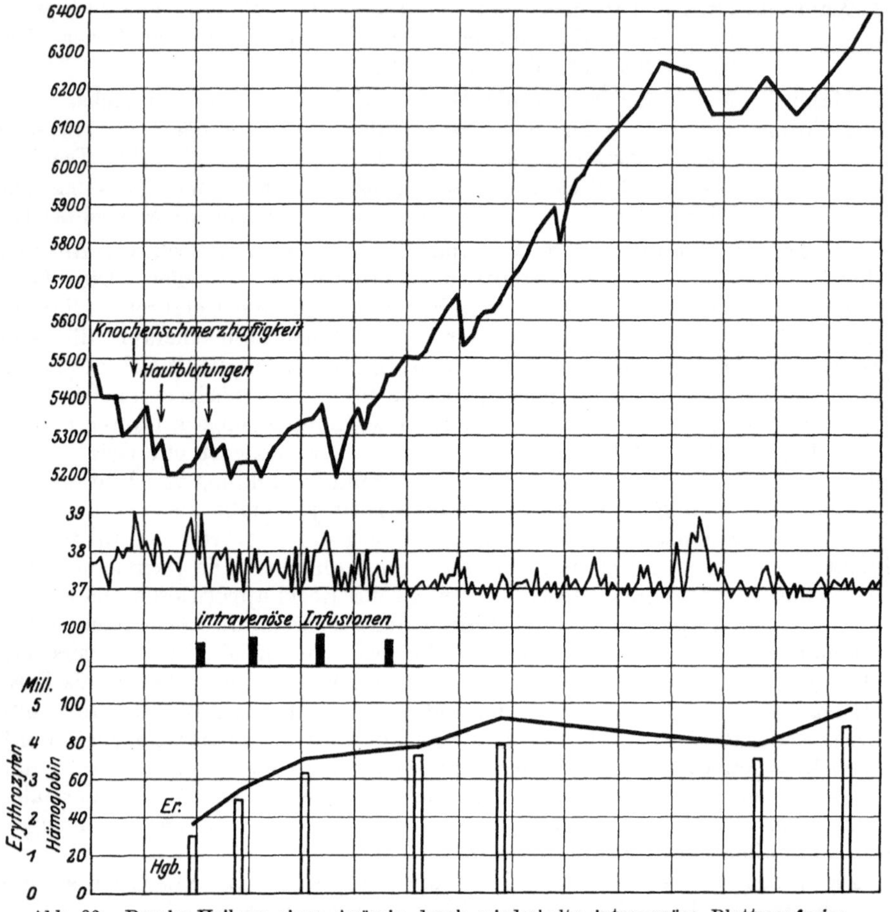

Abb. 83. Rasche Heilung einer Anämie durch wiederholte intravenöse Bluttransfusion.

Verfahrens liegt darin, dass es zuweilen zu stärkerem Meteorismus führt, und
dass intraperitoneale Infusionen fast stets von Schmerzen gefolgt sind, die
vorübergehend lebhafte Unruhe und Geschrei des Kindes bedingen. Durch die
Anwendung von Sedativis oder Narkoticis gelingt es, die Kinder über die Zeit
der Unruhe hinwegzubringen.

Die Mengen des zur Transfusion benötigten Blutes richten sich nach dem
Grade der Anämie. Bei der Verwendung eines nach Hämoglobingehalt und
Erythrozytenzahl normalen Blutes sind, um die Erythrozytenzahl beim Empfänger
um 1 Million pro cbmm Blut zu erhöhen, 15 ccm Spenderblut pro Kilo Körper-
gewicht des Empfängers notwendig. Wünscht man z. B. bei einem anämischen
Säugling von 7 Kilo Gewicht und einer Erythrozytenzahl von 2 Millionen pro cbmm

die Zahl der Blutkörperchen auf 3 Millionen zu erhöhen, so ist dazu die Transfusion von $7 \times 1 \times 15$ ccm Spenderblut $= 105$ ccm Spenderblut notwendig. Zur Transfusion wird, um Gerinnungserscheinungen zu vermeiden, das Blut durch Zusatz einer $3\frac{1}{2}\%$igen Natriumzitratlösung flüssig gehalten. Von diesen Zitratlösungen ist der zehnte Teil der Blutmenge zuzusetzen. Im vorher erwähnten Beispiel, bei dem 105 ccm Blut transfundiert werden müssen, wären 10 ccm

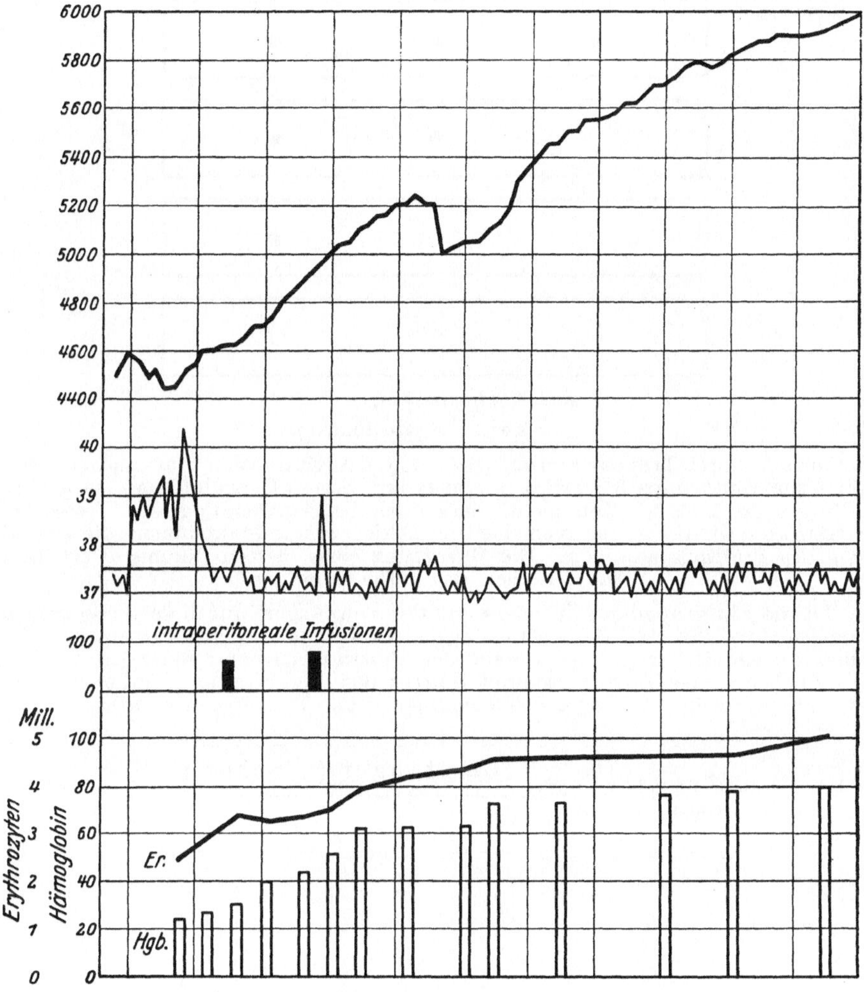

Abb. 84. Rasche Heilung einer Anämie durch intraperitoneale Blutzufuhr.

Zitratlösung notwendig gewesen, die in das Gefäss eingebracht wurden, das zum Auffangen des gespendeten Blutes diente.

Bei intravenöser und intraperitonealer Infusion ist, um störende Zwischenfälle nach Möglichkeit auszuschalten, eine Bestimmung der Blutgruppenzugehörigkeit von Spender und Empfänger notwendig. Eine Transfusion ist nur erlaubt, wenn das Blutserum des Empfängers die Blutkörperchen des Spenders nicht agglutiniert. Um diesen Mechanismus beurteilen zu können, ist die Blutgruppenzugehörigkeit von Spender und Empfänger zu bestimmen. Zu diesem Zwecke bringt man auf Objektträger Tropfen von Blutserum, die von Personen stammen, deren Blutgruppenzugehörigkeit bekannt ist, oder man benutzt eines der käuflichen Testsera (Hämotest). Zu einer vollständigen Bestimmung gehört die Verwendung eines Serums der Gruppe A, eines Serums der Gruppe B und zweckmäßigerweise auch eines Serums der Gruppe O.

In jeden dieser drei Tropfen überträgt man einen Tropfen des Blutes, dessen Gruppenzugehörigkeit man zu bestimmen wünscht. Es ergibt sich dann jeweils eines der auf
Tab. 1 aufgezeichneten Bilder. Nach folgendem Schema ist nach dem Auftreten
oder dem Fehlen einer Agglutination des Blutes die Gruppenzugehörigkeit unschwer
abzulesen.

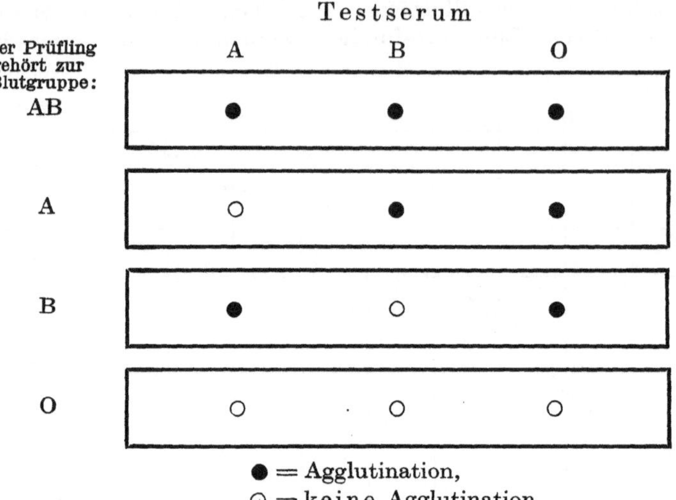

Findet in allen drei Tropfen (Serum A, B u. O) Agglutination statt, so gehört der
Prüfling zur Blutgruppe AB, wird Serum B und Serum O agglutiniert, so gehört er
zur Blutgruppe A usw. Man sieht, dass auch bei Verwendung von Testserum A
und Testserum B allein vier verschiedene Bilder zustande kommen, die eine Einreihung des Prüflings erlauben. Die Benutzung eines dritten Serums O erhöht nur
die Sicherheit der Differenzierung.

Ist die Blutgruppe des Spenders und des Empfängers auf diese Weise ermittelt,
so kann an Hand des zweiten Schemas abgelesen werden, wo eine Transfusion erlaubt
ist, und wo sie sich wegen der Gefahr des Eintritts schwerer Blutkrisen verbietet.
Ein +-Zeichen in der Tabelle bedeutet Eintritt der Agglutination, Verbot der Transfusion; ein —-Zeichen bedeutet keine Agglutination, Transfusion erlaubt.

Spender (Erythrozyten)	Empfänger (—Serum)			
	AB	A	B	O
AB	—	+	+	+
A	—	—	+	+
B	—	+	—	+
O	—	—	—	—

In der Regel wird es mit Hilfe dieser Vorsichtsmaßregeln möglich sein,
eine Schädigung zu vermeiden, wenn auch selbst bei der Auswahl passender Blut-
gruppen gelegentlich von Zwischenfällen berichtet worden ist.

Das Ergebnis der Transfusion ist eine sofortige Zunahme von Hämoglobin
und Erythrozyten, die fast zahlenmäßig genau der Menge der transfundierten
Blutkörperchen entspricht. Diese rasch einsetzende Besserung des Blutstatus
darf als Beweis gelten, dass die transfundierten Erythrozyten beim Empfänger
wenigstens für einige Zeit erhalten bleiben. Da aber auch diesen Erythrozyten
wie allen Blutkörperchen nur eine bestimmte Lebensdauer gegeben ist, andererseits aber nach wenigen Transfusionen die Anämie heilt, so muss man annehmen,

dass der Substitution ein Reiz folgt, der die gestörte Hämatopoese wieder in normalen Gang setzt. Die Heilung selbst schwerer Anämien ist, wenigstens was den Blutstatus anbelangt, meist durch drei Transfusionen erreichbar. Als Abstand der einzelnen Transfusionen wird, je nach der Schwere der Anämie, ein Zeitraum von acht Tagen gewählt werden. Der Umschwung im klinischen Bilde ist, abgesehen von der Besserung des Blutbefundes, deutlich erkennbar: im rosigeren Aussehen der Kinder, das schon während der Transfusion bemerkbar wird; in der Hebung des Appetits und der Stimmung; im Einfluss auf den dysergischen Zustand und zuweilen in sofortigem Einsetzen von Gewichtszunahmen. Immerhin gibt es einige Kinder, bei denen trotz richtiger Auswahl des Spenders der Erfolg der Transfusion vereitelt wird. Bei diesen Patienten wird das transfundierte Blut sofort hämolysiert und als Folge des starken Blutzerfalls kommt es zum Ikterus.

Die durch die Transfusion erreichte Besserung im Blutstatus ist zunächst noch recht labil. Ein neuer Infekt bringt das mühsam Aufgebaute rasch wieder zum Schwinden. Erst wenn nicht nur der Blutbefund, sondern auch der Allgemeinzustand des Organismus der Heilung zugeführt worden ist, darf man auch auf einen Bestand des erreichten Normalgehaltes von Hämoglobin und Erythrozyten rechnen.

Die intramuskuläre Injektion von Blut wird für die leichten Erkrankungen an Anämie reserviert werden müssen, bei denen eine raschere Besserung der Anämie, als sie durch alimentäre Therapie allein erreichbar ist, erwünscht erscheint. Zur intramuskulären Injektion verwendet man Zitratblut, das in Mengen von 20—40 ccm an ein bis zwei Stellen deponiert wird. Eine Blutgruppenbestimmung ist in diesem Falle überflüssig. Die transfundierten Blutkörperchen gehen nach der Transfusion zugrunde, und lediglich ihre Bestandteile werden resorbiert und wirken als Reizstoffe für die Blutneubildung. Es ist aus diesem Grunde geraten worden, die intramuskuläre Infusion nicht bei den Anämien anzuwenden, bei denen bereits im Blutbilde ein stärkerer Reizzustand des Knochenmarks abzulesen ist, sondern für die Anämien vorzubehalten, bei denen Jugendformen der Erythrozyten, Abartung in Gestalt und Färbung der roten Blutkörperchen im Blutpräparate fehlen.

Die arzneiliche Therapie der Anämien im Kindesalter ist durch die rascher wirkenden Heilmittel (Leber, Bluttransfusion) in den Hintergrund gedrängt worden. Vielleicht zu Unrecht, denn eine zweckmäßige Eisentherapie vermag bei den leichten Anämien von chlorotischem Typ, vor allem in Kombination mit einer energischen Ernährungstherapie, günstiges zu leisten. Dabei scheint die Eisenwirkung erst dann einzusetzen, wenn durch die veränderte Ernährung langsam wieder eine normale Blutneubildung einsetzt. Diesen zunächst nur träge verlaufenden Vorgang vermag das Eisen anscheinend wesentlich zu beschleunigen. Nützlich erscheint die Eisentherapie weiter nach jeder Anämie, die auf irgend einem Wege zur Heilung gebracht worden ist, um das Erreichte zu festigen, zu erhalten und weiter auszubauen. Das Eisen ist nur wirksam, wenn es in sehr grossen Mengen gegeben wird. Vom Ferrum oxydatum saccharatum oder einem ähnlichen anorganischen Eisensalz müssen am Tag fünfmal eine grosse Messerspitze bis dreimal ½ Teelöffel gegeben werden, um Eisenwirkungen zu erreichen. Niemals ist bei den Anämien des Säuglingsalters von einer Eisenmedikation ohne Diätänderung etwas zu erwarten. Zum mindesten wirkt diese Therapie nur sehr langsam und unsicher; sie ist daher bei dysergischen Kindern nicht zu empfehlen.

Die Prognose der Kinderanämien ist heute relativ günstig. Auch schwere Anämien sind heilbar. Das Blutbild kehrt sehr rasch zur Norm zurück, wenn zunächst auch Normoblasten und andere Reizerscheinungen leicht wieder auftreten. Die Zeit bis zur Heilung der Anämie kann bei Anwendung der neuen Heilverfahren auf etwa vier bis sechs Wochen geschätzt werden. Die Gefahr eines Todes an einem neuen Infekt ist durch diese Schnelligkeit der Heilung wesentlich verringert worden. Misserfolge sind vor allem da zu erwarten, wo eine Hämolyse eine Transfusionsbehandlung unmöglich macht oder ein zu langsamer Eintritt der Heilung das Zwischenspiel eines neuen tödlichen Infektes nicht aufzuhalten vermag.

Auch die Prophylaxe der Anämien hat durch die neuen Erkenntnisse einen Ausbau erfahren. Eine gemischte, komplette Kost, in der auch Leber und

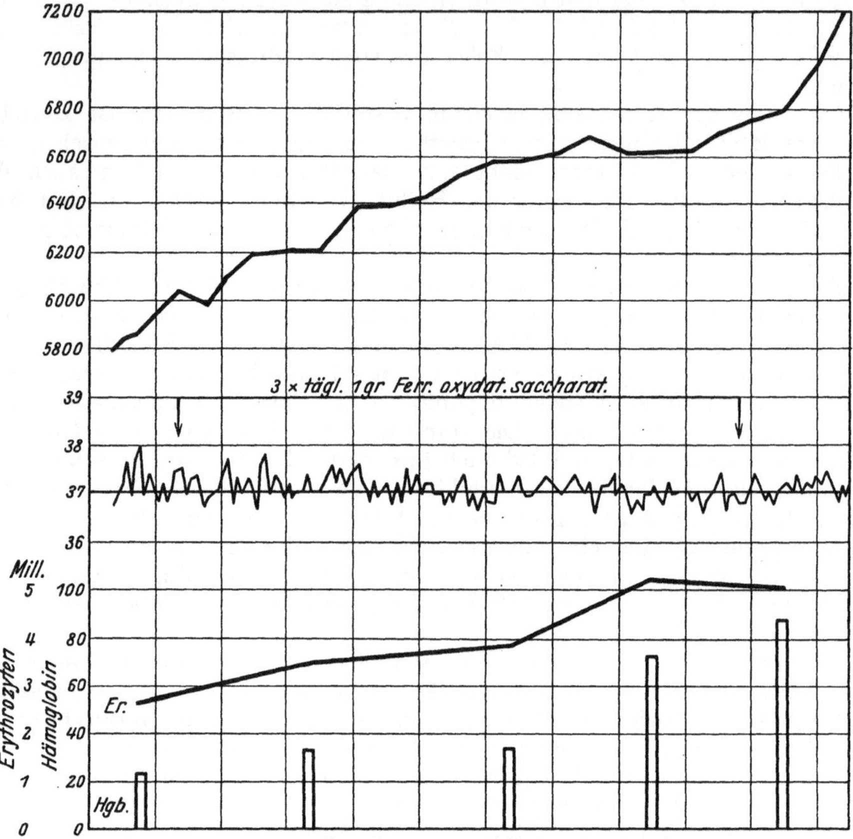

Abb. 85. Gute Heilwirkung der Eisenzufuhr bei Anämie.

Leberpräparate nicht fehlen, wird Schutz vor dem Eintritt von Anämien gewähren. Die Beachtung dieser Ernährungsvorschriften wird vor allem bei den Frühgeburten am Platze sein, um den Übergang der physiologischen Anämie in die klinisch ernstere Spätanämie zu verhüten. Die Prophylaxe der Anämien durch Eisengaben versagt beim frühgeborenen und beim ausgetragenen Kinde, wenn nicht in Form einer richtigen Ernährung dem Eisen der Weg zu den Stätten oder zu dem Vorgang der Blutneubildung bereitet wird. Schwieriger als die alimentäre Schädigung ist der Eintritt einer Infekthäufung als Anämie fördernder Faktor zu verhüten. Auch hier ist nach aller Erfahrung eine komplette Kost, die rechtzeitig durch möglichst reichhaltige Beikost ergänzt wird, der sicherste Weg, um das Nichtgedeihen zu unterdrücken, aus dem in der Regel erst sekundär die Dysergie erwächst.

Sachverzeichnis.

(B) Physiologie, Ernährung und Pflege des Neugeborenen einschliesslich des Lebensschwachen.

Von Professor Dr. **M. v. Pfaundler**, München. (Sonderausgabe aus „Handbuch der Geburtshilfe", herausgegeben von A. Döderlein, zweite Auflage.) Mit 32 Abbildungen und 1 Tafel. VIII, 298 Seiten. 1924. **RM 15.—**

(B) Physiologie, Pflege und Ernährung des Neugeborenen,

einschliesslich der Ernährungsstörungen der Brustkinder in der Neugeburtszeit. Von Dr. **Rud. Th. von Jaschke**, o. ö. Professor für Geburtshilfe und Gynäkologie, Direktor der Universitäts-Frauenklinik in Giessen. („Deutsche Frauenheilkunde", Band III.) Zweite, verbesserte und vermehrte Auflage. Mit 115 zum Teil farbigen Abbildungen im Text und 4 farbigen Tafeln. XV, 522 Seiten. 1927. **RM 39.—; gebunden RM 41.25**

Ernährung und Pflege des Säuglings.

Ein Leitfaden für Mütter und zur Einführung für Pflegerinnen unter Zugrundelegung des Leitfadens von Pescatore. Bearbeitet von Dr. **Leo Langstein**, a. o. Professor der Kinderheilkunde an der Universität Berlin, Direktor des Kaiserin Auguste Viktoria-Hauses, Reichsanstalt zur Bekämpfung der Säuglings- und Kleinkindersterblichkeit. Achte, vollständig umgearbeitete Auflage. (108—157. Tausend.) VI, 88 Seiten. 1923.
RM 1.20; ab 20 Expl. RM 1.10; ab 50 Expl. RM 1.—; ab 100 Expl. RM 0.90

Die Ernährung des Säuglings an der Brust.

Zehn Vorlesungen für Ärzte und Studierende. Von Dr. **Richard Lederer**, Privatdozent für Kinderheilkunde an der Universität Wien. Mit 3 Abbildungen im Text. VI, 107 Seiten. 1926. **RM 3.90**

Säuglingsernährung.

Von Professor Dr. **August Reuss**, Wien. Mit 8 Textabbildungen. VI, 98 Seiten. 1928. **RM 3.—**
(Bildet Band 13 der „Bücher der ärztlichen Praxis".)

Lehrbuch der Säuglingskrankheiten.

Von Professor Dr. **H. Finkelstein**, Berlin. Dritte, vollständig umgearbeitete Auflage. Mit 178 zum Teil farbigen Textabbildungen. XV, 898 Seiten. 1924.
Gebunden RM 39.—

Die Krankheiten des Neugeborenen.

(Aus:„Enzyklopädie der klinischen Medizin", Spezieller Teil.) Von Ritter Dr. **August von Reuss**, Assistent an der Universitäts-Kinderklinik, Leiter der Neugeborenenstation an der I. Universitäts-Frauenklinik zu Wien. Mit 90 Textabbildungen. VIII, 550 Seiten. 1914. **RM 22.—**

Die mit (B) bezeichneten Werke sind im Verlag von J. F. Bergmann / München erschienen.

Physiologie und Pathologie der Verdauung im Säuglingsalter.
Von Dr. **E. Freudenberg**, Professor an der Universität Marburg a. L. Mit 40 Abbildungen. V, 201 Seiten. 1929.

RM 14.80; gebunden RM 16.80

Ⓑ Allgemeine pathologische Physiologie der Ernährung und des Stoffwechsels im Kindesalter.
(Allgemeine pathologische Symptomatologie.) Von Professor Dr. **L. Tobler**, unter Mitarbeit von 1. Assistenten G. **Bessau**. (Aus „Handbuch der allgemeinen Pathologie und der pathologischen Anatomie des Kindesalters.") Mit 34 Abbildungen. V, 278 Seiten. 1914. RM 10.—

Die exsudative Diathese.
Von Privatdozent Dr. med. et phil. **S. Samelson**, Oberarzt der Universitäts-Kinderklinik Strassburg i. E. Mit 4 Textfiguren. 34 Seiten. 1914. RM 1.20

Das Exsiccoseproblem.
Von Professor Dr. **Erwin Schiff**, Berlin. (Sonderausgabe des gleichnamigen Beitrages in „Ergebnisse der inneren Medizin und Kinderheilkunde", Band 35.) Mit 11 Abbildungen. III, 85 Seiten. 1929. RM 6.80

Der Kraftwechsel des Kindes.
Voraussetzungen, Beurteilung und Ermittlung in der Praxis. Von Dr. **Egon Helmreich**, Assistent an der Universitäts-Kinderklinik in Wien. Mit einem Vorwort von Professor Dr. **C. Pirquet**, Vorstand der Universitäts-Kinderklinik in Wien. („Abhandlungen aus dem Gesamtgebiet der Medizin.") Mit 21 Textabbildungen und 18 Tabellen. VI, 113 Seiten. 1927. RM 6.90

Für Abonnenten der „Wiener Klinischen Wochenschrift" ermäßigt sich der Bezugspreis um 10%.

Die Behandlung und Verhütung der Rachitis und Tetanie
nebst Bemerkungen zu ihrer Pathogenese und Ätiologie. Von Professor Dr. **P. György**, Heidelberg. (Sonderausgabe des gleichnamigen Beitrages in „Ergebnisse der inneren Medizin und Kinderheilkunde", Band 36.) Mit 31 Abbildungen. II, 221 Seiten. 1929. RM 9.60

Avitaminosen und verwandte Krankheitszustände.
Bearbeitet von **W. Fischer**-Rostock, **P. György**-Heidelberg, **B. Kihn**-Erlangen, **C. H. Lavinder**-New-York, **B. Nocht**-Hamburg, **V. Salle**-Berlin, **A. Schittenhelm**-Kiel, **J. Shimazono**-Tokyo, **W. Stepp**-Breslau. Herausgegeben von **W. Stepp** und **P. György**. (Aus „Enzyklopädie der klinischen Medizin", Spezieller Teil.) Mit 194 zum Teil farbigen Abbildungen. XII, 817 Seiten. 1927. RM 66.—

Die mit Ⓑ bezeichneten Werke sind im Verlage von J. F. Bergmann / München erschienen.